Markus Hüging, Josef Kuse, Nico Nordendorf, Karl Renkert

Kernqualifikationen
Elektrotechnik

Lernfelder 1 bis 4

1. Auflage

Bestellnummer 50000

Bildungsverlag EINS

Haben Sie Anregungen oder Kritikpunkte zu diesem Buch?
Dann senden Sie eine E-Mail an bv50000@bv-1.de
Autoren und Verlag freuen sich auf Ihre Rückmeldung.

www.bildungsverlag1.de

Gehlen, Kieser und Stam sind unter dem Dach des Bildungsverlages EINS zusammengeführt.

Bildungsverlag EINS
Sieglarer Straße 2, 53842 Troisdorf

ISBN 3-427-**50000**-4

Copyright 2003: Bildungsverlag EINS GmbH, Troisdorf
Das Werk und seine Teile sind urheberrechtlich geschützt. Jede Verwertung in anderen als den gesetzlich zugelassenen Fällen bedarf deshalb der vorherigen schriftlichen Einwilligung des Verlages. Hinweis zu §52a UrhG: Weder das Werk noch seine Teile dürfen ohne eine solche Einwilligung eingescannt und in ein Netzwerk eingestellt werden. Dies gilt auch für Intranets von Schulen und sonstigen Bildungseinrichtungen.

Inhalt

Projektbeschreibung **18**

1 Elektrische Systeme analysieren und Funktionen prüfen 19

1.1 Torverriegelung aufbauen und testen 19

Elektrischer Stromkreis 19
Elektrische Spannung 21
Elektrischer Strom 22
Elektrische Ladung 22
Ladungsmenge 24
Elektrischer Widerstand 25
Ohmsches Gesetz 25
Potenzial 28
Spannungsfall 28
Elektrische Leitungen 29
Spannungsfall auf Leitungen 31
Stromdichte und Strombelastbarkeit 31
Leitungsschutz 32
Temperaturabhängigkeit des elektrischen Widerstandes 37
Energieumwandlung im Stromkreis 39
Kosten der elektrischen Arbeit 41
Wirkungsgrad 43
Elektrowärme 44
Grundschaltungen der Elektrotechnik 46
Schaltung von Widerständen 51
Unbelasteter Spannungsteiler 52
Belasteter Spannungsteiler 53
Brückenschaltung 54
Reihenschaltung von Spannungsquellen 56
Parallelschaltung von Spannungsquellen 59
Magnetisches Feld 61
Elektromagnetismus 63
Magnetischer Fluss 64
Magnetische Flussdichte 64
Magnetische Durchflutung 65
Magnetische Feldstärke 65
Feldstärke und Flussdichte 65
Kraftwirkung zwischen Magnetpolen 71

1.2 Verriegelungen installieren und Torantrieb anpassen 72

Wechselstrom 72
Kenngrößen 74
Darstellung sinusförmiger Wechselgrößen 76
Leistung im Wechselstromkreis 79
Effektivwert von Wechselgrößen 80
Gefahren des elektrischen Stromes 83
Fehlerstromkreis 87
Sicherheit beim Arbeiten in elektrischen Anlagen 90
Unfallverhütungsvorschrift 90
Erste Hilfe bei elektrischen Unfällen 92

1.3 Energieversorgung mit Akkumulatoren planen ... 94

Bleiakkumulator ... 94
Weitere Sekundärbatterie-Systeme ... 98
Primärelemente ... 102

1.4 Störung beim Akku-Ladegerät beheben ... 106

Nichtlineare Widerstände ... 108
Halbleiterwerkstoffe ... 111
PN-Übergang ... 113
Diode an Gleichspannung ... 113
Anwendung von Dioden ... 116
Zweipuls-Brückenschaltung ... 118
Leuchtdioden ... 122
Freilaufdioden ... 123
Z-Dioden ... 124
Kondensator ... 127
Elektrische Ladungen und elektrisches Feld ... 128
Influenz im elektrischen Feld ... 131
Dielektrikum und Polarisation ... 132
Kapazität des Kondensators ... 133
Kondensator an Gleichspannung ... 133
Zeitkonstante ... 134
Kondensator als Energiespeicher ... 135
Schaltung von Kondensatoren ... 136
Kondensator als Tiefpass in der Endstufe des Ladegerätes ... 138
Kondensator zur Entkopplung von Gleich- und Wechselspannung ... 139
Kondensator zur Unterdrückung von Störimpulsen ... 141

Messungen an der Ladegeräteschaltung ... 145
Digitale Multimeter ... 146

Messungen mit dem Elektronenstrahl-Oszilloskop ... 150

2 Elektrische Installationen planen und ausführen ... 159

2.1 Steckdose für Ladegerät und Zuleitung zur Schützschaltung Torantrieb installieren ... 159

Leitungsverlegung ... 159
Verlegearten ... 160
Isolierte Leitungen ... 163
Installationsrohre ... 164
Isolierte Leitungen zurichten ... 165
Berührungs- und Fremdkörperschutz ... 168
Anschlusstechnik ... 170

2.2 Elektroinstallation in der Tiefgarage durchführen 171

Arbeitsplan 173
Ausschaltung 173
Serienschaltung 174
Wechselschaltung 174
Kreuzschaltung 175
Entwicklung der Wechselschaltung 176
Entwicklung der Kreuzschaltung 177
Schalterbeleuchtung 178
Stromstoßschaltung 179
Treppenhausautomat 180
Leitungsschutzschalter 182
Verteilungsplan Tiefgarage 183
Elektromagnetische Induktion 185
Induktionsgesetz 185
Selbstinduktion 188
Induktivität 188
Spule an Gleichspannung 190
Zeitkonstante 191
Erzeugung von sinusförmigen Wechselspannungen 192
Erzeugung einer Dreiphasen-Wechselspannung 194
Verkettung 195
Sternschaltung 197
Dreieckschaltung 199

2.3 Leuchtstofflampen auswählen 201

Leuchten für die Tiefgarage 201
Leuchtstofflampen 202
Betrieb von Leuchtstofflampen 203
Stroboskopischer Effekt 205
Duoschaltung mit Glimmstarter und Drossel 206
Induktiver Widerstand 206
Scheinwiderstand 207
Kapazitiver Widerstand 207

2.4 Leuchtstofflampe in der Elektrowerkstatt analysieren 208

Wechselstromkreise 212

2.5 Installation von Duschraum, WC und PKW-Waschanlage 220

Räume mit Badewanne oder Dusche 221
Schutz gegen elektrischen Schlag (Fehlerschutz) 223
Potenzialausgleich 226
Netzsysteme 229
RCD 231
Schutzmaßnahmen – Schutz gegen elektrischen Schlag 235

2.6 Rufanlage und Gegensprechanlage installieren 242
Rufanlagen 242
Türöffnerschaltung 243
Sprechanlagen 243

3 Steuerungen analysieren und anpassen 245

3.1 Verriegelungsmagneten installieren 245
Netzspannungsüberwachung 247
Elektromagnetisch betätigte Schaltgeräte 250
Schütze 250
Relais 252
Mikroschalter 255
Befehls- und Meldegeräte 255
Kennbuchstaben von Betriebsmitteln 259
Schaltungsunterlagen 261

3.2 Ventilatorsteuerung in der Tiefgarage 270
Motorschutz 271
Schaltung mit Schütz und Motorschutzrelais 275

3.3 Torsteuerung für die Betriebseinfahrt 276
Schützsteuerung Drehrichtungsumkehr 276
Verriegelung 277
Selbsthaltung 278
Positionsschalter 279
Handlungen im Notfall 284

3.4 Torsteuerung mit Verriegelungsmagneten für Kleinsteuerung vorbereiten . . 284
UND-Verknüpfung 284
Binäre Steuerung 286
Analoge Steuerung 287
ODER-Verknüpfung 287
NICHT-Verknüpfung 288
NAND-Verknüpfung 288
NOR-Verknüpfung 289
Kleinsteuergeräte 292

3.5 Ventilator der Tiefgarage schadstoffabhängig schalten 294
Wahrheitstabelle 294
Funktionsplan 295
Entwicklung einer Kontaktsteuerung mit Hilfe des FUP . . . 296
Steuerung – Regelung 298
Steuerung mit Logik-ICs 299
Anschluss eines Kleinsteuerungsgerätes 301
NAND- und NOR-Schaltungstechnik 302

3.6 Torsteuerung Betriebseinfahrt mit Kleinsteuerung aufbauen 306

        Anschlussplan der Kleinsteuerung 307
        Erstellung des Steuerungsprogramms 308
        Signalspeicher 308
        Abfrage auf den Signalzustand „0" 310
        Programmtest 313

4 Informationstechnische Systeme bereitstellen 317

4.1 Hardware- und Softwarekomponenten auswählen 317

4.2 Betriebssystem 325

4.3 Anwenderprogramme 329

4.4 Internet und Onlinedienste 341

4.5 Informationsübertragung in Datenverarbeitungsanlagen 348

4.6 Datensicherung und Datenschutz 354

Sachwortverzeichnis

A

Abdeckung 239
Abgleichbedingung, Brückenschaltung 55
Abisolieren 165
Abisolierzange 165
Abmanteln 165
Abreißfunken 123
Abschaltstrom 230, 231
Abschaltzeit, maximale 230
Absicherung von Gleichstromkreisen 35
Aderendhülsen 166
Aderendhülsenzange 166
Adern, Farbkennzeichnung 163
Akkumulator 20
Akkumulatoren, Bezeichnungen 101
Akkumulatoren, Kapazität 97
Akkumulatoren, Kennwerte 101
Aktives Teil 83
Alkali-Mangan-Element 105
Anlagen, elektrische 229
Anschlussbezeichnung 258
Anschlussplan 264, 290
Anwenderprogramme 329
Arbeit 42
Arbeitsmessung 42
Arbeitsplan 173
Arbeitsplatz 326
Arbeitspreis 42
Arbeitspunkt 114, 116
Arbeitsspeicher 322
Atom 23
Atomkern 23
Atommodell 23
Auflösung 321
Ausgabe 286
Auslösekennlinie, Motorschutzrelais 273
Auslösekennlinie, Motorschutzschalter 273
Auslösezeit, Sicherung 36
Ausschaltung 173
Außenleiterspannung 197

B

B2-Schaltung 118
Balkenanzeige 145
Basisisolierung 239
Basisschutz 88, 238
Batterieverordnung 98
Bedienoberfläche 326
Begrenzerschaltungen 124
Belastung, symmetrische 195
Belegungsplan 289
Bemessungsbedingungen 58
Bemessungs-Differenzstrom 231
Bemessungsleistung 42
Bemessungsstrom, Sicherung 34, 35
Bereiche 221
Berufsgenossenschaft 90
Berührungsschutz 168
Berührungsspannung 84, 86, 88
Berührungsspannung, vereinbarte Grenze 86
Berührungsspannung, zu erwartende 86
Betätigung, Schaltglieder 27
Betätigungselemente 257
Betriebserder 230
Betriebsisolierung 239
Betriebsmittel, Kennbuchstaben 259
Betriebsmittelkennzeichnung 257
Betriebssystem 325
Betriebssystem, Anforderungen 328
Betriebssystemaufbau 325
Betriebszustandsanzeige 178
Bimetallrelais 273
Bindungsart 111
Bios 325
Bleiakkumulator 94
Bleiakkumulator, Entladevorgang 96
Bleiakkumulator, Ladevorgang 95
Blindleistung 212
Blindleistungsfaktor 219
Blindleitwert 214
Bögen 161
Bogenmaß 75
Booten 325
Braunsche Röhre 151

Sachwortverzeichnis

Braunstein 103
Brenner 323
Browser 327
Brückengleichrichter 119
Brückenschaltung 54, 55
Brückensysteme 170
Brummspannung 119, 128, 138, 156
Byte 321

C

Cache-Speicher 322
CDR 324
CD-ROM 323
CE 33
CEE 33
CEE-Prüfzeichen 34
Checkliste 315
Chemische Wirkung 83
Coulombsches Gesetz 129
CPU 323
CR-Schaltung 140

D

DDR-RAM 323
Depolarisation 103
Desktop 326
Dialogbox 326
Dielektrikum 132
Dielektrizitätszahl 133
Diffusionsspannung 113
DIN 33
Diode 113
Dipol 132
Direktes Berühren 88
Diskette 323
Doppelunterbrechung 251
DOS 325
Dotieren 112
Drahtbruchsicherheit 313
DRAM 323
Drehrichtungsumkehr 276
Drehstromgenerator 196
Drehstrommotor 276
Dreieckschaltung 195, 199
Dreileiter-Drehstromnetz 196
Dreiphasen-Wechselspannung, Erzeugung 194
Drucker 320
Drucktaster 255
DSL 324
Duoschaltung 206
Duoschaltung, induktiver Zweig 209
Duoschaltung, kapazitiver Zweig 210
Durchflutung 65
DVD 323
DVD-R 324

E

Edelgaszustand 111, 112
Effektivwert 80, 82
Eigenerwärmung 109
Eigenleitung 112
Eingabe 286
Einheitskreis 75
Einpuls-Mittelpunktschaltung 116
Einschaltvorgang, Kondensator 133
Elektrizitätszähler 43
Elektrofachkraft 90
Elektrolyt 94
Elektrolytkondensator 141
Elektromagnetische Induktion 185
Elektromagnetismus 63
Elektronen 128
Elektronenflussrichtung 26
Elektronengeschwindigkeit 26
Elektronenpaarbindung 111
Elektronenschalen 23
Elektronenstrahl 151
Elektronenstrahloszilloskop 150
Elektronenstrom 112
Elektrowärme 44
Elementarladung 24
Elementarmagnet 62
Elementarstrom 63
Energie, elektrische 40, 41, 46
Energieerhaltungssatz 45
Energiekosten 41
Energieumwandlung 39

Erde 83, 229
Erder 83, 230
Erdschluss 86
Errichter 90
Erste Hilfe 92
EVA-Prinzip 286
EVG 204
Exklusiv-ODER 176
Explorer 327

F

Fadenmaß 221
Faradayscher Käfig 131
Farbkennzeichnung, Adern 162
Farb-Laser 321
Farbwiedergabe 202
Fehlerschutz 88, 223, 239
Fehlerspannung 87
Fehlerstrom 87
Fehlerstromkreis 87, 88, 240
Fehlerstromkreis, TN-C-S-System 230
Feld, elektrisches 129
Feldkonstante, magnetische 66
Feldlinien, magnetische 61
Feldlinienrichtung 62
Feldstärke 131
Feldstärke, magnetische 65
FELV 236, 238
Fertigungshinweise 260
Festplatte 323
Festplatten-Cache 322
Flachstecker 166
Flammwidrigkeit, Installationsrohre 164
Fluss, magnetischer 64
Flussänderung 193
Flussänderungsgeschwindigkeit 186
Flussdichte, magnetische 64, 66
Freiauslösung 182
Freilaufdioden 123
Fremderwärmung 108
Fremdkörperschutz 167, 168
Frequenz 74
Frequenzmessung 147
Fundamenterder 226
Funkenlöschung 253

Funkenstrecke 131
Funktionsplan 176, 291, 295
Funktionstabelle 285, 287
Funktionsziffer 251
FUP 291

G

Galvanisches Element 102
Gasentladungslampe 202
Gebrauchskategorie 252
Gefahren des Stromes 83
Gefahrenzonen 221
Gegensprechanlage 243
Geräteverdrahtungsplan 264
Gesamterdungswiderstand 230
Glättung 117
Glättungswirkung 139
Gleichspannung, Mittelwert 118
Gleichspannung, mittlere 116, 128
Gleichspannung, pulsierende 118
Gleichstromanteil 138
Gleichstromkreis, Absicherung 35
Gleichwertigkeitsfaktor 84
Gleichstromwiderstand 206
Gradmaß 75
Gruppenschaltung von Spannungsquellen 60
Gruppenschaltung von Widerständen 52

H

Halbleiterwerkstoffe 111
Haltedraht 36
Hardware 317, 318
Hardwarekomponenten 317
Hartmagnetischer Werkstoff 70
Hauptanzeige 145
Hauptaufgabe 246
Hauptpotenzialausgleich 226
Hauptpotenzialausgleichsleitung 227
Hauptschütz 251
Hauptschutzleiter 227
Hauptzweck 246
Heißleiter 110
Herzkammerflimmern 84
Hilfsschaltglieder 251

Sachwortverzeichnis

Hilfsschütz 252
HSÖ-Tabelle 262
Hz 74

I

IC-Verdrahtung 299
Ideale Spule 212
Idealer Kondensator 216
Impedanz 83
Indirektes Berühren 88
Individualsoftware 329
Induktion der Bewegung 187
Induktion der Ruhe 187
Induktion, elektromagnetische 185
Induktionsgesetz 185
Induktiver Widerstand 206
Induktivität 189
Induzierte Spannung, Richtung 186
Influenz 99
Innenwiderstand, Spannungsquelle 56
Installationsrohre 160
Installationsrohre, Auswahl 164
Installationsrohre, Flammwidrigkeit 164
Installationsrohre, Nennweiten 164
Ion 23
Ionen 128
Ionisierung 23
IP-Kennzeichnung 167
ISDN-Karte 324
Isolierung 238
Istwert 298

J

Joule 45

K

Kabelmesser 165
Kabelschuhe 166
Kaltleiter 37, 108
Kaltleiter, Kennlinie 109
Kapazität von Akkumulatoren 97
Kapazität, Kondensator 133
Kapazitätsmessung 147

Kapazitätsverlust 99
Kapazitiver Widerstand 207
Kathodenstrahlmonitor 318
Kelvin 38, 45
Kennbuchstaben für Betriebsmittel 246, 259
Kennzahlen, Schütz 251
Kirchhoff 50
Kleinrelais, Kenndaten 254
Kleinspannung 236
Kleinspannung, Steckvorrichtungen 237
Kleinsteuergerät, Anschluss 300, 301
Kleinsteuergeräte 300
Kleinsteuerung 180
Klemmenbezeichnung 248
Klemmenspannung 57
Klemmleiste 264
Knotenpunktregel 51
Kondensator 127
Kondensator an Gleichspannung 133
Kondensator, Einschaltvorgang 133
Kondensatorentladung 135, 136
Kondensator, idealer 216
Kondensator, Kapazität 133
Kondensator, Zeitkonstante 134
Kontaktabbrand 123
Kontaktbezeichnung, Schütz 251
Kontaktschaltbilder 262
Kontaktverriegelung 307
Körper 87, 229
Körperimpedanz 83, 84
Körperschluss 86, 87, 230
Körperschluss, vollkommener 88
Körperstrom 84
Körperwiderstand 85
Kosten der elektrischen Arbeit 41
Kraftfeld, elektrisches 128
Kreisfrequenz 75, 76
Kreisstrom 63
Kreuzschaltung 175
Kunststoffrohre 161
Kupferatom 23
Kurzschluss 35, 86
Kurzschlussschutz 36

L

Ladung, elektrische 21, 22, 24
Ladungen 128
Ladungsausgleich 22
Ladungsmenge 24, 132
Ladungsträgerarten 128
Ladungsträgerpaar 112
Laserdrucker 321
Lastschütz 251
Lautsprecher 243
LC-Schaltung 138
Lebensdauer, mechanische 252
LED 122
Leerlaufspannung 57
Leistung 42
Leistung, elektrische 40
Leistung im Wechselstromkreis 79
Leistung, negative 212
Leistung, positive 212
Leistungsbestimmung 42, 43
Leistungsdreieck 215, 216, 219
Leistungsfaktor 214
Leistungsmessung 40
Leistungsschild 44
Leiter, aktive 229
Leiterschluss 86
Leitfähigkeit, elektrische 26
Leitungsschutzschalter 182
Leitungen 26, 29
Leitungen, harmonisierte 33
Leitungen, Kurzzeichen 164
Leitungsarten 32
Leitungseinführung 162
Leitungskreuzung 260
Leitungsschutz 32
Leitungsverbindung 260
Leitungsverlegung 159
Leitungswiderstand 30
Leitwertdreieck 215, 219
Leuchtdioden 122
Leuchtdrucktaster 257
Leuchten 201
Leuchtmelder 256, 257
Leuchtmelder mit LED 257
Leuchtstoff 202
Leuchtstofflampe 202

Leuchtstofflampe, Schaltung 205
Lichtausbeute 205
Lichtgeschwindigkeit 77
Lichtstrom 205
Lichtwirkung 83
LI-Ion-Akkumulatoren 101
Liniendiagramm 78, 197
Lithium-Manganoxid-Element 106
Lithium-Zellen 106
Löcherstrom 112
Logik-IC 299
LS-Schalter 182
LS-Schalter, Auslösecharakteristik 184
LS-Schalter, Back-up-Schutz 184
LS-Schalter, Nennstromstärken 184
LS-Schalter, Schaltvermögen 184
LS-Schalter, Strombegrenzungsklasse 184

M

M1-Schaltung 116
M1-Schaltung, Spannungen 117
Magnetfeld mit Eisen 68
Magnetfeld, Spule 62
Magnetisches Feld 61
Magnetisierungskurve 69
Magnetpol 62
Magnetpole, Kraftwirkung 71
Magnetwerkstoffe 71
Mantelschneider 165
Maschenumlauf 50, 56
Maus 319
Memory-Effekt 98
Metrisches Gewinde 168
Mikrofon 243
Mikroschalter 255
Minuspol 21
Mischstrom 138
Mittelpunktleiter 196
Modem 324
Monitor 320
Montagemesser 165
Motorschutz 271
Motorschutzrelais 273
Motorschutzrelais, Auslösekennlinie 273
Motorschutzschalter 271
Motorschutzschalter, Auslösekennlinie 273

Sachwortverzeichnis

Motorvollschutz 274
Multimeter 146

N

Nachladestrom 127
Nadeldrucker 320
NAND-IC 303
NAND-Schaltungstechnik 303
NAND-Technik, Steuerungsentwicklung 302
NAND-Verknüpfung 288
Nennkapazität 22
Nennweiten, Installationsrohre 164
Netzsysteme 229
Netzwerkkarte 324
Netzwerkumgebung 327
Neutralleiter 87, 196
Neutron 23
N-Halbleiter 112
NiCd-Akkumulatoren 98
NICHT-Verknüpfung 288
NiMh-Akkumulatoren 99
Nockenschalter 270
Nordpol 62
NOR-IC 304
Normalladung 97
NOR-Schaltungstechnik 303
NOR-Technik, Steuerungsentwicklung 303
NOR-Verknüpfung 289
Not-Aus 284
Not-Aus-Kette 284
Not-Aus-Schaltung 307
Notfall 284
NTC-Widerstand 110
Nullleiter 230

O

ODER-Verknüpfung 287
Öffner 27
Ohmsches Gesetz 25
Ordnungsziffer 251

P

Parallelschaltung von Kondensatoren 136
Parallelschaltung von Spannungsquellen 59

Parallelschaltung von Widerständen 51
Passschraube 36
PELV 236, 237
PEN-Leiter 230
Periode 74
Periodendauer 74
Permeabilität 66, 70
Permittivität 133
Pflichtenheft 317
PG-Gewinde 168
P-Halbleiter 112
Phasenverschiebung 213
Physiologie 86
Physiologische Wirkung 83
Pluspol 21
PN-Übergang 113
Polarisation 132
Positionsschalter 277, 279
Positionsschalter, zwangsöffnend 279
Potentiometer 53
Potenzial 28
Potenzialausgleich 226, 241
Potenzialausgleich, Prüfung 228
Potenzialausgleich, zusätzlicher 225
Potenzialausgleichsleitungen 226
Potenzialausgleichsschiene 227
Presszange 166, 167
Primärelemente 102
Programmentwicklung 306
Programmfenster 326
Programmtest 313
Proton 23
Prozessor-Cache 322
Prüfzeichen, CEE 34
Prüfzeichen, VDE 34
PTC-Widerstand 108
Pulsstrom 127
Pulsweitenmodulation 123

R

RAM 322
RAM-Speicher 322
RCD 231
RCD, vierpoliger 232
RCD, zweipoliger 231
RC-Parallelschaltung 219

RC-Reihenschaltung   218
Rechtsschraubenregel   64
Regeldifferenz   298
Regelgröße   298
Regelung   298
Reihenschaltung von Kondensatoren   137
Reihenschaltung von Spannungsquellen   56
Reihenschaltung von Widerständen   47, 51
Reißleine   284
Relais   252
Relais, monostabile   253
Relais, wechselstrombetätigt   253
Relaiskontakte   253
Remanenz   70
Restmagnetismus   70
Restwelligkeit   157
RL-Parallelschaltung   215
RL-Reihenschaltung   213
ROM   322
Rücksetzeingang   308
Rücksetzen   311
Rücksetzen, vorrangig   308
Rufanlagen   242

S

Satz des Pythagoras   209
Scanner   319
Schaltdiagramm   255
Schalter   26
Schalterbeleuchtung   178
Schaltfunktion   176
Schaltgeräte, elektromagnetisch betätigte   250
Schaltglieder   27
Schaltglieder, Betätigung   27
Schaltspiel   252
Schaltungsunterlagen   261
Scheinleitwert   216
Scheinwiderstand   207
Scheitelfaktor   82
Scheitelwert   74
Schleifenimpedanz   230
Schellen   161
Schließer   27
Schmelzeinsatz   36
Schmelzleiter   36
Schmelzzeit, Sicherung   37

Schneidklemme   170
Schnellladung   98
Schraubkappe   36
Schraubklemme   170
Schraubsicherung   36
Schutz gegen elektrischen Schlag   235
Schütz, Kennzahlen   251
Schütz, Kontaktbezeichnung   251
Schutzarten   167, 223
Schütze   250
Schutzisolierung   239
Schutzklassen   93
Schutzkontaktsteckdose   162
Schutzleiter   87, 227, 230
Schutzmaßnahmen   235
Schützschaltung, Darstellung   257
Schutztrennung   240
Schwellspannung   114
Seitengestaltung   331
Selbstentladung   99
Selbsthaltung   278
Selbstinduktion   188
Selbstinduktionsspannung   189
Selektivität   184
SELV   236, 237
Serienschaltung   174
Setzeingang   308
Setzen, vorrangig   308
Sicherheitsregeln   90
Sicherheitstransformator   236
Sicherungskopie   323
Sicherungssockel   36
Siebschaltung   139
Signal, analoges   287
Signalentkopplung   121
Signalspeicherung   308
Signalzustand   286
Signalzustand „0"   310
Silberoxidzelle   105
Sinuskurve   76
Software   317, 318
Softwarekomponenten   317
Sollwert   298
Soundkarte   324
Spannung, elektrische   21
Spannung, wirksame   190, 206
Spannungsbegrenzung   125, 126

Spannungsbereiche   93, 286
Spannungsdreieck   213
Spannungsfall   28, 29
Spannungsfall auf Leitungen   30
Spannungsmessung   21, 145
Spannungsquelle, chemische   102
Spannungsquellen, Parallelschaltung   59
Spannungsquellen, Reihenschaltung   56
Spannungsquellen, Schaltung   60
Spannungsreihe   102
Spannungsstabilisierung   125
Spannungsteiler, belastet   53
Spannungsteiler, unbelastet   52
Spannungsverschleppung   226
Speicher   310
Sperrdioden   121
Sperrschicht   113
Spin   63
Spitze-Spitze-Wert   82
Sprechanlagen   243
Spule an Gleichspannung   190
Spule, ideale   212
Spulenausführungen   255
Spulenspannung   250
SRAM   323
Standardsoftware   329
Starkstromleitungen, Kurzzeichen   164
Starter   203
Steckdosenstromkreise   162
Steckvorrichtungen, Kleinspannung   237
Sternschaltung   195, 197
Steuerung   298
Steuerung, analoge   287
Steuerung, binäre   286
Steuerungsprogramm eingeben   291
Steuerungsprogramm erstellen   291
Störgröße   298
Strangspannung   197
Strangströme   199
Stroboskopischer Effekt   205
Strom, elektrischer   22
Stromänderungsgeschwindigkeit   188
Strombegrenzung   206
Strombelastbarkeit   32
Strombelastbarkeit, Leitung   34
Stromdichte   31
Stromdreieck   215, 219

Stromglättung   123
Stromkreis, elektrischer   19, 26
Stromkreisnummer   173
Stromlaufplan   162, 247, 261
Strommessung   147
Stromrichtung   26
Stromrichtung, technische   26
Stromschlag   85
Stromstärke, elektrische   21
Stromstärkebereiche   85
Stromstoßschalter   179
Stromstoßschaltung   179
Stromversorgung   260
Stromweg   260
Strom-Zeit-Kennlinie, Schmelzsicherung   36, 89
Südpol   62
Symbole   326
Symmetrische Belastung   195

T

Tabellengestaltung   333
Tablett   319
Taktfrequenz   323
Taskleiste   326
Tastatur   319
Technische Stromrichtung   26
Technologieschema   306
Temperaturbeiwert   38
Temperaturdifferenz   38
Temperaturkoeffizient   38
Tesla   64
Textgestaltung   331
Textverarbeitung   329
TFT-Monitor   318
Tiefentladung   97
Tiefpass   139
Tintenstrahldrucker   320
TN-CS-System   229
TN-C-System   229
TN-Systeme   229
Trenntransformator   240
Treppenhausautomat   180
Trittleiste   284
Türöffnerschaltung   243

U

Überlastschutz 36
Übersichtsschaltplan 162, 261
Umhüllung 239
UND-Verknüpfung 285
Unfallverhütung 93
Unfallverhütungsvorschrift 90
Unterwiesene Person 90
UVV 90

V

Valenz 112
Valenzelektron 23
VDE 33
VDE-Prüfzeichen 34
Verarbeitung 286
Verbindungsplan 264
Verbraucherzählpfeilsystem 50
Verdrahtungsplan 247
Verkettung 195
Verkettungsfaktor 198
Verlegearten 34, 160
Verpolschutz 121
Verriegelung 277
Verschraubung 167
Verteilungsplan 181
Vorschaltgerät 202
Vorschaltgerät, elektronisch 204
Vorschaltgerät, konventionell 203, 204

W

Wahrheitstabelle 176, 177, 285, 288, 294
Wärme 45
Wärmeenergie 45
Wärmekapazität, spezifische 44, 45, 46
Wärmemenge 44, 46
Wärmeübertragung 45
Wärmeverlustleistung 117
Wärmewirkung 83
Wasserschutz 167, 169
Weber 64
Wechselgröße 74
Wechselgröße, Effektivwert 80

Wechselgrößen, Achsenbezeichnungen 77
Wechselgrößen, sinusförmige 76
Wechselschaltung 174
Wechselspannung, Erzeugung 192
Wechselspannung, Mittelwert 73
Wechselspannung, sinusförmige 193
Wechselstrom 72
Wechselstromkreis 212
Wechselstromkreis, Leistung 79
Wechselstromwiderstand 206
Wechsler 27
Weichmagnetischer Werkstoff 70
Wellenlänge 77
Welligkeit 138
Wertigkeit 112
Wickelkondensator 131
Widerstand, elektrischer 21, 25, 26
Widerstand, induktiver 139, 206
Widerstand, kapazitiver 207
Widerstand, Temperaturabhängigkeit 37
Widerstand, thermischer 45
Widerstandsänderung 38
Widerstandsdreieck 214, 218
Widerstandsmessung 147
Windungsschluss 35
Winkelfunktionen 209
Winkelgeschwindigkeit 75
Wirkleistung 81, 212
Wirkleistungsfaktor 214
Wirkleitwert 216, 218
Wirksame Spannung 190
Wirkungsgrad 43, 44, 45
Würgenippel 167

X

XOR 176

Z

Zählerkonstante 42
Z-Dioden 124
Zeigerbild, maßstäblich 210
Zeigerdiagramm 78, 197
Zeitkonstante, Kondensator 134
Zeitkonstante, Spule 191

Zentraleinheit 322
Zink-Kohle-Element 103
Z-Spannung 124
Zugklemme 170
Zugriffszeit 323

Zündspannung 202
Zuordnungsliste 289, 306
Zweikanaloszilloskop 152
Zweikanaloszilloskop, Bedienfeld 152
Zweipuls-Brückenschaltung 118, 120

Bildquellenverzeichnis

Wir danken folgenden Firmen und Institutionen für die tatkräftige Unterstützung bei der Entwicklung dieses Buches durch Bereitstellung von Fotos und technischen Informationen:

ABB Automation Products GmbH, Mannheim
Gebhard Balluff GmbH & Co, Neuhausen
Robert Bosch GmbH, Stuttgart
ELV Elektronik AG, Leer
Euchner GmbH & Co, Leinfelden
Hagen Batterie AG, Soest
Hewlet Packard, Bad Homburg
houben werkzeug, Köln
IBM, Stuttgart
Kendrion Binder Magnete GmbH, Villingen-Schwenningen
Marquard GmbH, Rietheim-Weilheim
Moeller Electric GmbH, Berlin
Regiolux, Fränkische Leuchten GmbH, Königsberg, Bayern
Siemens AG, Erlangen
Varta AG, Buchholz

I Projektbeschreibung

Ein Holz verarbeitender Betrieb wurde um das Gebäude „Tischbau" erweitert.

In dieses Gebäude soll die Produktion von Tischen im Rahmen des Möbelprogramms ausgelagert werden.

Der Tischbau ist vollständig unterkellert. Da hier die Betriebs-PKW untergestellt werden sollen, wird der Keller verkürzt als „Tiefgarage" bezeichnet.

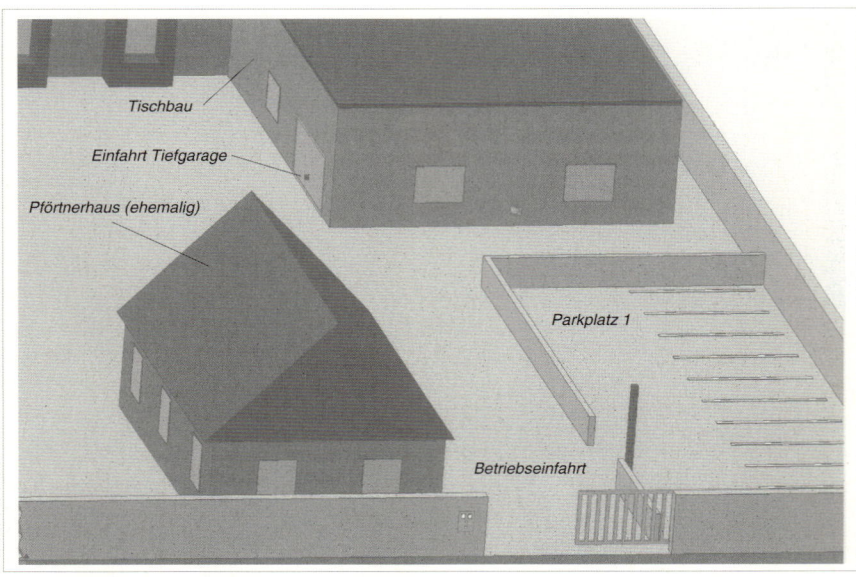

1 Schematische Darstellung der Betriebseinfahrt

In diesem Keller ist neben den PKW-Abstellplätzen auch ein *Kompressorraum* für die *Druckluftversorgung* des Tischbaus, ein *Waschraum* und eine *PKW-Waschanlage* vorgesehen.

Von einer Fremdfirma wurde bereits eine *Unterverteilung* im Keller installiert. Hier ist bereits ein *Steckdosenstromkreis* für den Betrieb des Schwingtores (Einfahrt Tiefgarage) angeschlossen.

Über die Handsender ist das Schwingtor bereits voll funktionstüchtig.

Folgende Arbeiten sind von der *Elektroabteilung* zu erledigen:
- Das Schwingtor soll mit Hilfe von zwei Verriegelungsmagneten zusätzlich gegen gewaltsames Öffnen gesichert werden.
- Für den Antrieb des Schwingtores soll eine Notstromversorgung vorgesehen werden, die eine Torbetätigung auch ermöglicht, wenn die Netzspannung ausgefallen ist.
Der Betrieb verfügt nämlich über eine Eigenstromversorgung, in die auch die „Tiefgarage" und Teile des Tischbaus einbezogen sind.

Bei Spannungsausfall soll automatisch auf die Notstromversorgung mit einem 24-V-Akkumulator umgeschaltet werden. Dabei wirkt sich unterstützend aus, dass der Torantriebsmotor ein 24-V-Gleichstrommotor ist.

- Für den kontinuierlichen Betrieb des Akkumulators ist ein Ladegerät vorzusehen.
- Die „Tiefgarage" ist zu installieren. Hierzu sind Leuchten und Steckdosen in den einzelnen Bereichen den Vorschriften entsprechend anzubringen.
- Um eine gefährliche Schadstoffkonzentration zu vermeiden, ist in der „Tiefgarage" ein Ventilator angebracht. Dieser Ventilator ist elektrisch anzuschließen. Für ihn ist eine funktionstüchtige Steuerung zu entwickeln.
- Für das Tor der Betriebseinfahrt ist eine Steuerung zu entwickeln. Das Tor ist vom ehemaligen Pförtnerhaus, in dem heute Teile der Verwaltung untergebracht sind, zu bedienen.
- Zwischen Betriebseinfahrt und ehemaligem Pförtnerhaus soll eine Ruf- und Gegensprechanlage installiert werden. Bei geschlossenem Tor ist dann eine Kommunikation zwischen Besucher und Verwaltung möglich.

1 Elektrische Systeme analysieren und Funktionen prüfen

1.1 Torverriegelung aufbauen und testen

Auftrag

Das Schwingtor der Tiefgarage (vgl. Bild 1, Seite 18) mit elektrischem Antrieb soll zusätzlich gegen gewaltsames Öffnen gesichert werden.
Ihr Ausbilder schlägt Ihnen vor, dies mit Hilfe von Verriegelungsmagneten zu verwirklichen.
Die mechanischen Montagearbeiten übernimmt die Metallwerkstatt.

Da der Betrieb über eine Eigenstrom-Versorgung verfügt, die einen Teil des elektrischen Energiebedarfs abdeckt (die Tiefgarage ist in diesen Teil einbezogen), kam es in der Vergangenheit mehrfach vor, dass bei Ausfall der Eigenstrom-Versorgung das Tor elektrisch nicht mehr zu betätigen war.

Hier soll ebenfalls Abhilfe geschaffen werden, indem im Falle des vorübergehenden Spannungsausfalls ein Akkumulator den kontinuierlichen Betrieb des Torantriebes ermöglicht.

Die elektrische Spannung des Torantriebsmotors beträgt 24 V DC. Für diese Spannung sollten auch die Verriegelungsmagneten geeignet sein.

Technische Unterlagen im Betrieb werden daraufhin durchgesehen; evtl. können nähere Informationen über das Internet beschafft werden. Einem möglichen Anbieter dieses Produktes kann eine Kataloganforderung per E-Mail übersandt werden.

Verriegelungsmagnet

Verriegelungsbolzen

Vorgehensweise
- Konkrete Problemlösung erarbeiten
- Betriebsmittel installieren
- Torverriegelung in die Torsteuerung einbeziehen

Information

Elektrischer Stromkreis

Der **elektrische Stromkreis** besteht aus
- **Spannungsquelle** (hier Akkumulator)
- **Leitungsverbindung**
- **Schalter**
- **Verbraucher** (hier Verriegelungsmagnet)

Wenn der *Stromkreis geschlossen* ist (Schalter betätigt), fließt ein *elektrischer Strom* durch den *Widerstand* (Verbraucher).

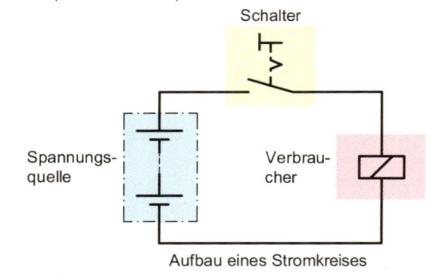

Aufbau eines Stromkreises

Englisch

Deutsch	Englisch
Tor	gate
Antrieb	drive
Antrieb, mit elektrischem	electrically driven
Akkumulator	accumulator, secondary cell
Betriebsmittel, elektrische	electrical equipment
Verriegelung	locking mechanism
Spannung, elektrische	voltage, potential difference
Gleichspannung	direct voltage, d.c. voltage, DC
Federkraft	spring force
Elektromagnet	electromagnet
Schalter	switch, circuit breaker
Schalter, handbetätigt	manually operated switch
Diagramm	diagram, graph, plot, chart
Lebensdauer	lifetime, life-cycle, duration of lifetime
Schaltelement	switching element
Betriebsspannung	working voltage, running voltage, operating voltage

Internet → 341, E-Mail → 347

Information

Verriegelungsmagnete

- Anwendung zur Sicherung von Gebäuden und Räumen.
- Elektromagnetisch betätigte Türriegel, die neben den bereits bestehenden mechanischen Schlössern verwendet werden.

Erhältlich sind zwei Arten:

Spannungslos entriegelte Geräte
Rückstellung des Riegels durch Federkraft.

Spannungslos verriegelte Geräte
Rückstellung des Riegels durch elektromagnetische Kraft.

Technische Daten

Anschlussspannung	24 V DC/AC
Leistung	10,5 W
Einschaltdauer	100 %
Stifthub	15 mm
Stiftdurchmesser	15 mm

Elektromagnet

beweglicher Anker

Rückstellfeder

Akkumulator

Für die netzunabhängige Spannungsversorgung wird ein **Akkumulator** verwendet.

Dies ist eine wiederaufladbare elektrochemische *Spannungsquelle*, wie sie z.B. auch zum Starten von Kraftfahrzeugen verwendet wird.

Im Lager des Betriebes finden sich *wartungsfreie verschlossene Bleiakkumulatoren*, die zunächst auf ihre Einsatzmöglichkeit für den geplanten Verwendungszweck *Torantrieb* geprüft werden sollen.

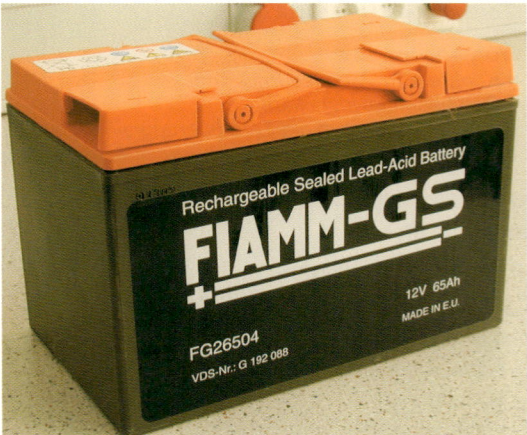

Technische Daten des Akkumulators

Nennspannung	12 V
Nennkapazität bei 20 °C [1]	65 Ah
Nenn-Entladestrom bei 20 °C [1]	3,25 A
Abmessungen L × B × H	272 × 166 × 190 (mm)
Gewicht	22,9 kg
Anschlüsse	gebohrter Flachkontakt aus Blei

[1] Wert nimmt mit steigender Temperatur zu.

Spannungsquellen → 60, 94, Elektromagnetismus → 63

Torverriegelung aufbauen und testen, Ladung, Spannung, Stromstärke

Elektrische Spannung

Zwischen den Anschlüssen des Akkus wird eine **Spannung** von 13,8 V gemessen (Bild 1).

> Spannungsmesser werden *parallel* zum Messobjekt (hier Anschlussklemmen des Akkumulators) geschaltet.

Beim Laden des Akkumulators wurden **elektrische Ladungen** voneinander getrennt.

Dadurch bilden sich zwei **Pole** aus:

- **Minuspol**: Überschuss an *negativen* Ladungen (Elektronenüberschuss)
- **Pluspol**: Überschuss an *positiven* Ladungen (Elektronenmangel)

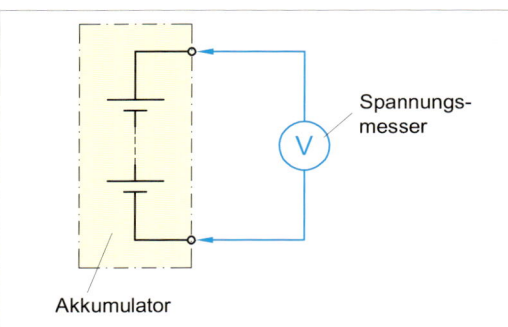

1 Spannungsmessung

Englisch	*Spannung, elektrische* voltage, potential difference	*Ladung* charge
	Spannungsquelle voltage source, voltage supply	*Minuspol* negative pole
		Pluspol positive pole
	Spannungsmesser voltmeter	*Strom* current

Information

AC
engl. alternating current (Wechselstrom, Wechselspannung)

DC
engl. direct current; (Gleichstrom, Gleichspannung)

Elektromagnetische Kraft
Wird eine Spule von Strom durchflossen, ruft sie eine Kraftwirkung auf Eisenteile hervor.

Elektrische Spannung
Formelzeichen: U
Einheit: V (Volt); benannt nach Alessandro Volta, italienischer Physiker (1745 – 1827)

Spannungsquelle, Symbol

Dezimale Teile und Vielfache der Einheit Volt (V)
Millivolt (mV):
1 mV = 10^{-3} V
Mikrovolt (mV):
1 µV = 10^{-6} V
Kilovolt (kV):
1 kV = 10^{3} V
Megavolt (MV):
1 MV = 10^{6} V

Spannungsmesser, Symbol

Elektrische Stromstärke
Formelzeichen: I
Einheit: A (Ampere); benannt nach André-Marie Ampére, französischer Physiker (1775 – 1836)

Strommesser, Symbol

Elektromagnet, Symbol

Der Elektromagnet des Verriegelungsmagneten wird hier als *Verbraucher* (als Widerstand) angesehen.
Er entnimmt der Spannungsquelle einen elektrischen Strom.

Elektrischer Widerstand
Formelzeichen: R
Einheit: Ω (Ohm); benannt nach Georg Simon Ohm, deutscher Physiker (1787 – 1854)

Widerstand, Symbol

Mit dem Wort „Widerstand" wird nicht nur der *Widerstandswert* (in Ohm) beschrieben, auch das Bauelement selbst wird *Widerstand* genannt.

Elektrische Leitfähigkeit
Formelzeichen: G
Einheit: S (Siemens)

Die elektrische Leitfähigkeit ist der Kehrwert des elektrischen Widerstandes.

Ein geringer Widerstand bedeutet eine hohe Leitfähigkeit.
Ein hoher Widerstand bedeutet eine geringe Leitfähigkeit.

Spannungsmessung → 146, Laden eines Akkumulators → 94, Leitfähigkeit → 26

Zwischen Ladungen *unterschiedlichen Vorzeichens* bestehen **Kraftwirkungen**.

Ladungen haben das Bestreben, sich *auszugleichen*.

> Die *elektrische Spannung* ist ein Maß für den Ladungsunterschied. Sie nimmt mit größer werdendem Ladungsunterschied zu.

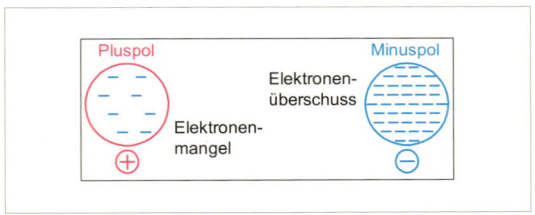

2 Positive und negative elektrische Ladung

Vorsicht!
Die Anschlussklemmen des Akkumulators niemals kurzschließen! Extreme Unfallgefahr!

Vorsicht auch beim Hantieren mit Werkzeugen in der Nähe des Akkumulators.

Elektrischer Strom (→ 26) ist die *Bewegung von Ladungsträgern*.

Gemessen wird ein Strom von 0,22 A.

Der Strom bewirkt einen *Ladungsausgleich* zwischen den Polen des Akkus.

Elektrische Ladung

Der Akkumulator hat bei 25 °C die **Nennkapazität** 65 Ah (Amperestunden); siehe *technische Daten* Seite 20.

Ihm können also z.B. 1 Stunde lang der Strom 65 A oder 65 Stunden lang der Strom 1 A entnommen werden.

Wenn der Akku ununterbrochen mit einem Strom von 0,22 A belastet wird, ist er nach ca. 295 Stunden vollständig entladen.

Es gilt nämlich:

Elektrische Ladung
 = Stromstärke · Zeitdauer des Stromflusses

Für den *Akkumulator* gilt:

$$Q = I \cdot t \rightarrow t = \frac{Q}{I} = \frac{65 \text{ Ah}}{0{,}22 \text{ A}} = 295{,}5 \text{ h}$$

Elektrischer Strom

Werden die Pole des Akkumulators über die Spule des Verriegelungsmagneten miteinander verbunden, findet ein **Ladungsausgleich** statt.

Es fließt ein **elektrischer Strom**, der mit einem **Strommesser** nachgewiesen wird (Bild 1).

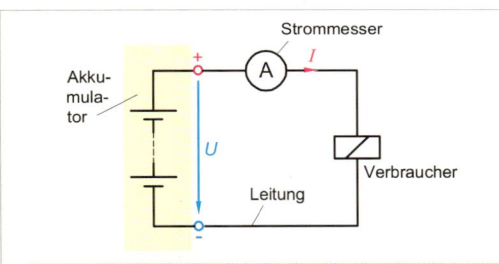

1 Strommessung

> Strommesser werden *in Reihe* mit dem Messobjekt (hier Verriegelungsmagnet) geschaltet.

Englisch

Strommesser
current measuring instrument, amperemeter, ammeter

Stromstärke
current intensity, amperage

Verbraucher
consumer

Leitung, elektrische
line, wire, cable, lead, cord, conduit

Verbraucherleitung
consumer's main, service cable

Klemmen
clamp

Bleiakkumulator
lead accumulator, lead cell

Nennspannung
rated voltage, nominal voltage

Kapazität
capacity

Kapazität eines Akkumulators
ampere-hour capacity

Gewicht
weight

Strommessung → 146, *Elektrische Ladung* → 24, 128

Information

Atom
griechisch „atomos" = unteilbar

Bohrsches Atommodell

Das **Atom** besteht aus *Atomkern* und *Atomhülle*. Nahezu seine gesamte Masse ist im Atomkern konzentriert, der aus **Protonen** (positive elektrische Ladung) und **Neutronen** (elektrisch neutral) besteht.

Jedes Proton trägt eine bestimmte Elektrizitätsmenge, die elektrische Elementarladung.

$e = +1{,}6 \cdot 10^{-19}$ As

Der **Atomkern** befindet sich im Mittelpunkt des Atoms. Die Elektronen umkreisen den Kern auf mehreren Bahnen.

Jedes Elektron trägt die Elementarladung.

$e = -1{,}6 \cdot 10^{-19}$ As

Ionisierung

Die Elektronenbahnen werden als **Elektronenschalen** (kurz Schalen) bezeichnet.

Möglich sind bis zu sieben Schalen, die als K-, L-, M-, N-, O-, P- und Q-Schale bezeichnet werden.

Die Elektronen der kernnahen Schalen sind i. Allg. fest an den Atomkern gebunden, die Elektronen der äußeren Schale wegen des größeren Kernabstandes hingegen weniger fest.

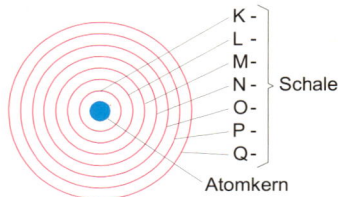

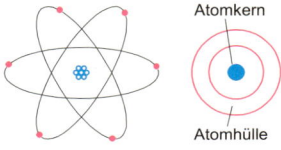

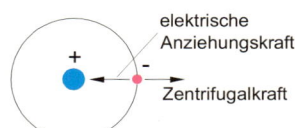

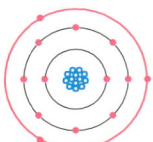

3 Valenzelektronen auf der äußeren Elektronenschale
Aluminium
Kern: 13 Protonen und 14 Neutronen
Hülle: 13 Elektronen

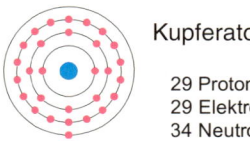

Kupferatom
29 Protonen
29 Elektronen
34 Neutronen

Die Elektronen der äußeren Schale nennt man **Valenzelektronen**.

Durch sie wird das elektrische Verhalten ganz wesentlich bestimmt.

Wenn sich aus der Elektronenhülle eines neutralen Atoms ein Elektron löst, wird dem Atom die negative Ladung $e = -1{,}6 \cdot 10^{-19}$ As entzogen.

Das Atom erhält dadurch eine *positive Ladung*. Ein Mangel an Elektronen ist gleichbedeutend mit einer positiven Ladung.

Man spricht dann von einem **positiven Ion**.

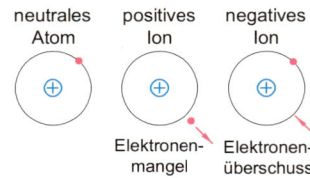

Ionen → 128

Ladungsmenge

Die **elektrische Ladung** ist ein Vielfaches der *Elementarladung*, der *kleinstmöglichen* elektrischen Ladung (→ 23).

Wenn in einem Stromkreis $6{,}25 \cdot 10^{18}$ Elektronen pro Sekunde den Leiter durchströmen, beträgt die *elektrische Stromstärke* 1 A (Bild 1). Jedes Elektron trägt dabei die **elektrische Elementarladung** $e = -1{,}6 \cdot 10^{-19}$ As.

Die pro Sekunde transportierte **elektrische Ladung** hat somit den Wert:

$$Q = n \cdot e$$

- Q Ladungsmenge in As
- n Anzahl der bewegten Ladungsträger
- e elektrische Elementarladung in As

$Q = 6{,}25 \cdot 10^{18} \cdot (-1{,}6 \cdot 10^{-19}$ As$) = 1$ As

Für die *Ladungsmenge* (Bild 2) wird auch die Einheit *Coulomb* (C) verwendet (1 As = 1 C).

Anwendung

Der Verriegelungsmagnet bleibt irrtümlich 1,5 Stunden eingeschaltet. Welche Ladungsmenge wird dabei transportiert?
Der Magnet entnimmt dem Akku den Strom 0,22 A. Dieser Strom fließt während des Zeitraums von 1,5 Stunden.

$Q = I \cdot t = 0{,}22$ A $\cdot 1{,}5$ h $= 0{,}33$ Ah $= 1188$ As

Englisch

Kurzschluss — short circuit, short
Kurzschlussschutz — short-circuit protection
Minuspol — negative pole
Pluspol — positive pole
Atomkern — (atomic) nucleus
Atomhülle — atomic shell
Atomladung — atomic charge
bohrsches Atommodell — Bohr atom (modell)
ionisieren — ionize
Elektron — electron
Elektronenhülle — electron shell, electronic envelope
Elektronenschale — electron shell
Valenzelektron — valence electron, bonding electron
Elementarladung — elementary charge
Leerlaufspannung — no-load voltage, open-circuit voltage
unbelastet — unloaded, non-loaded, off-load, unstressed
belastet — loaded, load, stressed
Innenwiderstand — internal resistance, source resistance (Spannungserzeuger)
Widerstand — resistance (Größe), resistor (Bauteil)
Widerstandsmesser — ohmmeter
Strombegrenzung — current limitation, current limiting
Ohmsches Gesetz — ohm's law
Kennlinie — characteristic, curve, line
Spannungsfall — voltage drop, voltage less
Potenzial — potential
Potenzialdifferenz — potential difference
Erde — earth, ground
Erdpotenzial — ground level
Nullpotenzial — neutral earth
Masse — earth, ground, mass, compound
Leitfähigkeit — conductivity, conductance
Schalter — switch, circuit breaker, contactor
Schaltgerät — switchgear, switching device, control gear
Kontakt — contact
Öffnerkontakt — normally closed contact, NC
Schließerkontakt — normally open contact, NO
Betätigung — actuation, operation, manipulation

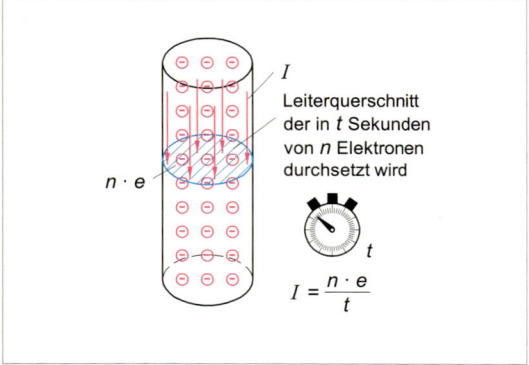

1 Symbolische Darstellung der Stromstärke

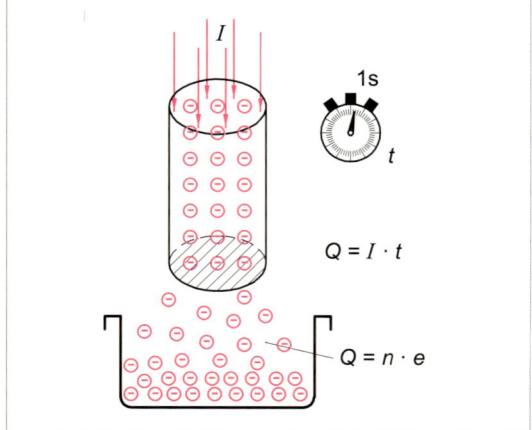

2 Verdeutlichung der Ladungsmenge

Strommessung → 146, Elektrische Ladung → 24, 128

Elektrischer Widerstand

Der **elektrische Widerstand** (→ 26) *begrenzt* den Strom im Kreis.

Je größer der Widerstand, umso geringer ist der Strom.

Der Widerstand des *Verriegelungsmagneten* kann mit einem *Widerstandsmesser* ermittelt werden. Gemessen wird ein Widerstand von 55 Ω.

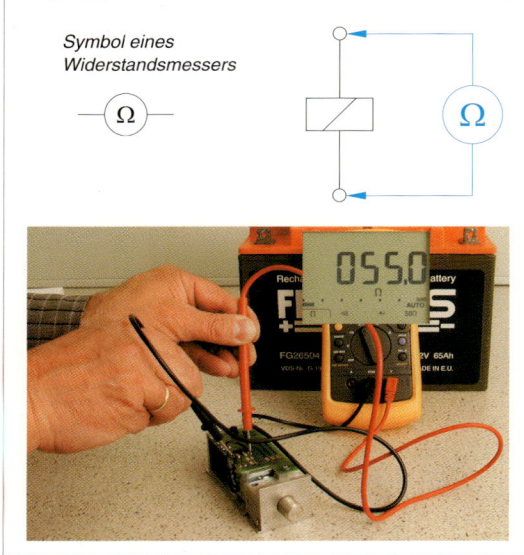

1 Widerstandsmessung

Zusammenhang zwischen Strom, Spannung und Widerstand, ohmsches Gesetz

Bei konstantem Widerstand R nimmt die Stromstärke I mit steigender Spannung *linear* zu.

Die Stromstärke ist der Spannung proportional.

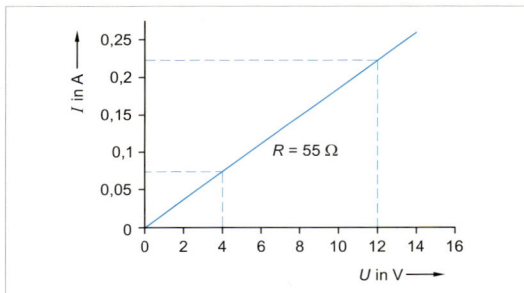

2 Strom-Spannungs-Kennlinie

Bei 12 V beträgt die Stromstärke 0,22 A. Würde die Akkuspannung auf 4 V absinken, verringert sich die Stromstärke auf 0,075 A (Bild 2).

Bei konstanter Spannung U nimmt die Stromstärke I mit zunehmendem Widerstand R ab.

Die Stromstärke ist dem Widerstand umgekehrt proportional.

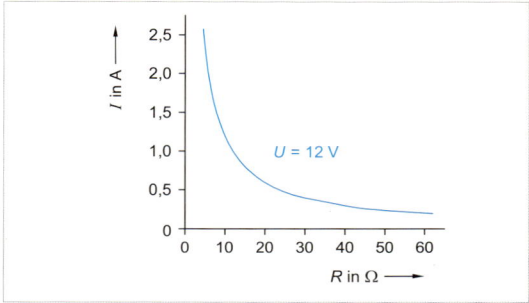

3 Strom-Widerstands-Kennlinie

Bei 10 Ω beträgt die Stromstärke 1,2 A, bei 55 Ω beträgt sie 0,22 A (Bild 3).

Bei konstanter Stromstärke I nimmt die Spannung U mit steigendem Widerstand R zu.

Die Spannung ist dem Widerstand proportional.

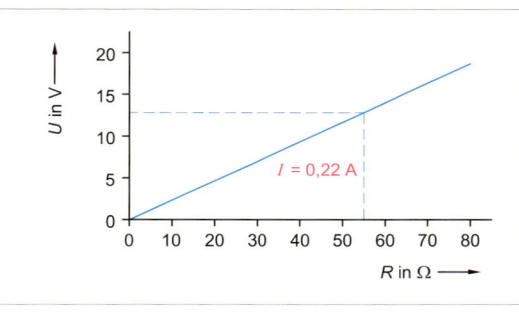

4 Spannungs-Widerstands-Kennlinie

Bei einem Widerstand von 55 Ω beträgt die Spannung 12 V, bei 80 Ω 17,6 V (Bild 4).

Allgemein können diese Zusammenhänge durch das **ohmsche Gesetz** beschrieben werden.

$$I = \frac{U}{R}$$

I elektrische Stromstärke in A
U elektrische Spannung in V
R elektrischer Widerstand in Ω

Information

Wenn die Pole einer Spannungsquelle (über einen Widerstand) miteinander verbunden werden, fließt ein elektrischer Strom (= *Ladungsausgleich* zwischen den Polen).

Zur Verbindung dienen **Leitungen** (Leiterwerkstoffe Kupfer und Aluminium).

Leiterwerkstoffe haben eine hohe Anzahl freier Elektronen, die im Kristallgitter frei beweglich sind.

Unter dem Einfluss einer elektrischen Spannung bewegen sich die freien Elektronen in einer bestimmten Richtung durch das Kristallgitter.

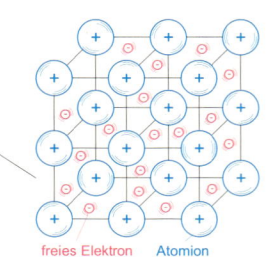

freies Elektron   Atomion

Die **Elektronengeschwindigkeit** ist abhängig
- vom Leiterwerkstoff
- vom Leiterquerschnitt
- von der Leitertemperatur
- von der Stromstärke

Sie beträgt etwa 0,001 bis 10 mm/s.

Bei Metallen ordnen sich die Atome in **Kristallstrukturen** an.
Metalle haben fast ausnahmslos zwei oder drei Valenzelektronen auf der äußeren Elektronenschale.

Die **Valenzelektronen** sind im Kristallgitter frei beweglich und umschwirren die positiven Atomionen.

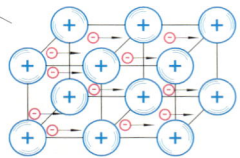

Stromrichtung

In einem geschlossenen Stromkreis bewegen sich die *Elektronen* vom Ort des Überschusses zum Ort des Mangels.

Der Elektronenstrom fließt vom Minuspol zum Pluspol der Spannungsquelle.

Elektronenflussrichtung

Außerhalb der Spannungsquelle vom Minuspol zum Pluspol; innerhalb der Spannungsquelle vom Pluspol zum Minuspol.

Technische Stromrichtung

Außerhalb der Spannungsquelle vom Pluspol zum Minuspol; innerhalb der Spannungsquelle vom Minuspol zum Pluspol.

Die Definition der *technischen Stromrichtung* ist in der Elektrotechnik üblich.

Elektrischer Widerstand

Ein Verbraucher hat den Widerstand $R = 1\,\Omega$, wenn er an der Spannung $U = 1\,V$ vom Strom $I = 1\,A$ durchflossen wird.

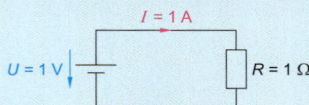

Der elektrische Widerstand behindert den Stromfluss im Kreis.

Ursache des Widerstandes (Stromflussbehinderung) ist die „Reibung" zwischen den beweglichen Elektronen und den Atomrümpfen des Kristallgitters.

Elektrische Leitfähigkeit

Je geringer der Widerstand, umso größer ist die elektrische Leitfähigkeit; umso ungehinderter können sich die Elektronen bewegen.

Formelzeichen: G
Einheit: S (Siemens); benannt nach Werner von Siemens, deutscher Ingenieur (1816 – 1892)

$$G = \frac{1}{R} \qquad [G] = \frac{1}{\Omega} = S$$

Die Elemente Spannungsquelle, Leitung und Verbraucher bilden einen **elektrischen Stromkreis**.

Zum Schließen und Öffnen des Stromkreises kann in den Leitungsweg ein **Schalter** eingebaut werden (→ 27).

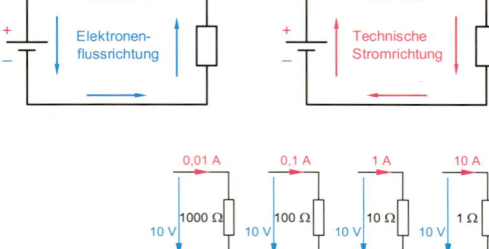

Torverriegelung aufbauen und testen, Stromrichtung, Widerstand, Schalter

Information

Schaltglieder

Schließer
Im Ruhezustand geöffnet und im Betätigungszustand geschlossen.

Öffner
Im Ruhezustand geschlossen und im Betätigungszustand geöffnet.

Wechsler
Öffner und Schließer mit einem gemeinsamen Schaltstück.

Schaltglieder müssen den *betriebsmäßig auftretenden Strömen* und den *mechanischen Beanspruchungen* gewachsen sein.

Bemessungsdaten

Bemessungsstrom
Der Bemessungsstrom darf unter Betriebsbedingungen ständig fließen.

Bemessungsspannung
Das Schaltgerät darf an der Nennspannung betrieben werden; hierfür ist die Isolation bemessen.

Schaltvermögen
Nenn-Einschaltvermögen und Nenn-Ausschaltvermögen geben an, welchen maximalen Strom das Schaltgerät bei einer bestimmten Spannung beherrscht, ohne dadurch beschädigt zu werden.

Lebensdauer
Die Lebensdauer wird in *Schaltspielen* angegeben. Ein Schaltspiel ist ein einmaliger Ein- und Ausschaltvorgang.

	Schließer		Öffner		Wechsler	
	unbetätigt	betätigt	unbetätigt	betätigt	unbetätigt	betätigt

⇑ Zeichen für Betätigung; Schaltglied ist im betätigten Zustand dargestellt. Im Allgemeinen werden Schaltglieder in Ruhestellung, im unbetätigten Zustand, dargestellt.

Taster	Schalter
Betätigung durch Drehen	

⊢ – –	Betätigung, allgemein
E – –	Betätigung durch Drücken
⊥ – –	Betätigung durch Drehen
⊐ – –	Betätigung durch Ziehen
⊤ – –	Betätigung durch Kippen

Englisch

Taster
feeler, tracer, sampling element, push-button switch

Nenndaten
nominal value

Bemessungsspannung
rated voltage

Schaltvermögen
switching capability, breaking capacity

Lebensdauer
lifetime, life-cycle, working life

Schalthäufigkeit
switching frequency, frequency of operating cycles

Leitfähigkeit
conductivity, conductance

Anwendung

1. Welchen Strom nimmt der Verriegelungsmagnet mit dem Widerstand $R = 55\ \Omega$ an der Spannung $U = 13{,}8\ V$ auf?

2. Bei einem anderen Verriegelungsmagneten wird die Stromaufnahme an 13,4 V zu 214 mA bestimmt.
Wie groß ist der Widerstand des Magneten?

3. Spannung und Stromaufnahme des Verriegelungsmagneten sollen gemessen werden.
Skizzieren Sie die Messschaltung.
Beschreiben Sie den Messvorgang bei Verwendung *eines* Multimeters.
Worauf ist bei der Messung besonders zu achten?

Potenzial

Potenzial ist der *Ladungsunterschied* zwischen einem elektrisch geladenen Körper und Erde (bzw. Masse) oder einem anderen fest definierten Bezugspunkt.

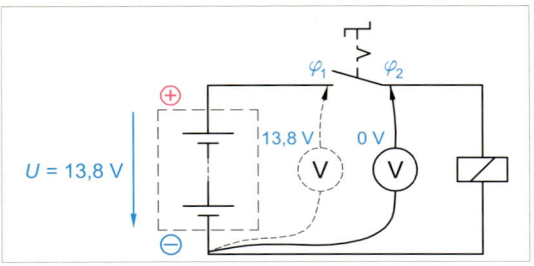

1 Potenziale bei geöffnetem Schalter

$U = \varphi_1 - \varphi_2$
$U = 13{,}8\,V - 0\,V = 13{,}8\,V$

Potenziale φ_1 und φ_2 auf den Minuspol des Akkumulators bezogen (Bild 1).

Die Spannung am geöffneten Schalter ist die *Potenzialdifferenz*:

$U = \varphi_1 - \varphi_2 = 13{,}8\,V - 0\,V = 13{,}8\,V$

Der Spannungspfeil zeigt vom höheren Potenzial zum niedrigeren Potenzial.

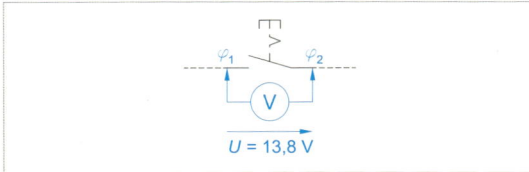

2 Potenzialdifferenz und Spannungsfall am Schalter

Potenziale bei geschlossenem Schalter (Bild 3):
$\varphi_1 = 13{,}6\,V$, $\varphi_2 = 13{,}6\,V$
Potenzialdifferenz:
$U = \varphi_1 - \varphi_2 = 0\,V$

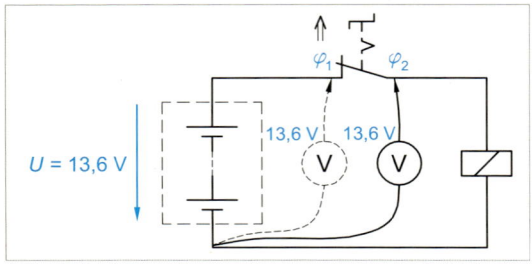

3 Potenziale bei geschlossenem Schalter

Potenzialausgleich → 226, Innenwiderstand von Spannungsquellen → 56

Information

Potenzial
Formelzeichen: φ
Einheit: V

$U = \varphi_1 - \varphi_2 = 6\,V - (-4\,V) = 10\,V$
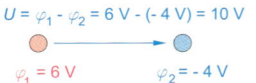
$\varphi_1 = 6\,V \qquad \varphi_2 = -4\,V$

Das *Potenzial* ist stets mit einem *Vorzeichen* behaftet. Die elektrische Spannung zwischen zwei Punkten ist die *Potenzialdifferenz*. Erde (bzw. Masse) hat das Potenzial 0 V.

Symbole
Erde
Masse
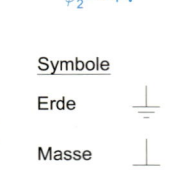

Spannungsfall
Wird ein elektrischer Widerstand von Strom durchflossen, so tritt an ihm eine elektrische Spannung auf:
$U = I \cdot R$

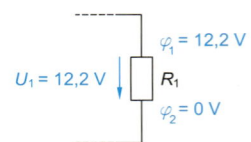
$\varphi_1 = 12{,}2\,V$
$U_1 = 12{,}2\,V \quad R_1$
$\varphi_2 = 0\,V$

Am Widerstand R_1 tritt ein *Potenzialgefälle* (Potenzialfall) von 12,2 V auf.
Man sagt, der *Spannungsfall* am Widerstand R_1 beträgt 12,2 V.

Spannungsfall

Der *unbelastete* Akkumulator liefert die Spannung 13,8 V (*Leerlaufspannung* U_0).

Bei Betätigung des Schalters wird der *Stromkreis* geschlossen, der Akku wird dann durch den Verriegelungsmagneten belastet. Die Spannung am Akku sinkt dann auf 13,6 V ab. Die **Klemmenspannung** U_K des Akkumulators beträgt 13,6 V.

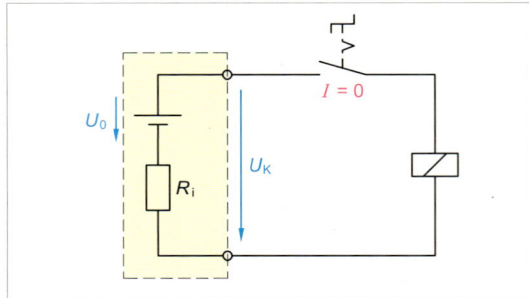

4 Spannungen bei unbetätigtem Schalter

Schalter unbetätigt: $I = 0$
$U_K = U_0 = 13{,}8\,V$
Der Akku ist unbelastet (Leerlauf).

Torverriegelung aufbauen und testen, Potenzial, Spannungsfall, Leitungen

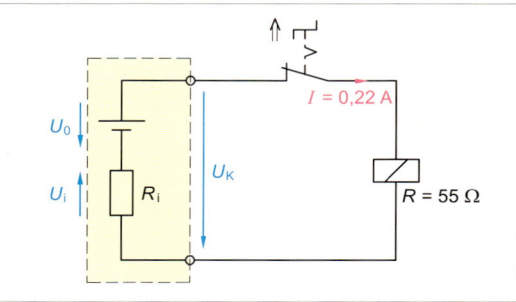

1 Spannungen bei betätigtem Schalter

Schalter betätigt: $I = 0{,}22\,\text{A}$
$U_0 = 13{,}8\,\text{V}$
$U_K = 13{,}6\,\text{V}$
$U_i = 0{,}2\,\text{V}$

Der Grund für den *Spannungsfall* bei Belastung ist der **Innenwiderstand** R_i des Akkumulators. An diesem Innenwiderstand tritt der Spannungsfall
$$U_i = I \cdot R_i$$
auf. Er beträgt $U_i = 0{,}2\,\text{V}$. Um diese Spannung ist die Klemmenspannung U_K geringer als die Leerlaufspannung U_0.
$$U_K = U_0 - I \cdot R_i$$
Der *Innenwiderstand* hat den Wert:
$$R_i = \frac{U_i}{I} = \frac{0{,}2\,\text{V}}{0{,}22\,\text{A}} = 0{,}91\,\Omega = 910\,\text{m}\Omega$$

Anwendung

1. Technische Daten des Akkumulators auf Seite 20. Der Akku wird mit einem Strom von 4,5 A belastet.
   a) Wie beurteilen Sie dies?
   b) Nach welcher Zeit ist der Akku entladen?

2. Die Widerstandsmessung ist prinzipiell eine Strommessung.
   Begründen Sie das.

3. Irrtümlich wird der Akku kurzgeschlossen. Direkte elektrische Verbindung zwischen Pluspol und Minuspol (ohne Verbraucher). Der im Stromkreis verbleibende Widerstand beträgt 120 mΩ. Die Leerlaufspannung des Akkus 13,2 V.
   a) Ermitteln Sie die Stromstärke.
   b) Welche Folgen hat der Kurzschluss?

4. Bei geöffnetem Schalter werden an seinen Anschlussklemmen 13,2 V gemessen. Wenn der Schalter betätigt und damit der Stromkreis geschlossen wird, sinkt die Spannung auf praktisch 0 V ab.
   Erläutern Sie dies.

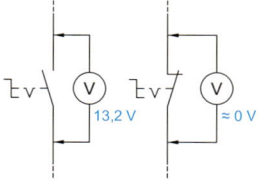

Elektrische Leitungen

Auftrag

Der Verriegelungsmagnet soll über Leitungen an den Akkumulator angeschlossen werden.

Sie werden beauftragt, eine technisch einwandfreie Lösung zu erarbeiten.

Der *Verriegelungsmagnet* hat die technischen Daten (vgl. Seite 20): 24 V; 0,45 A.

Sein *Widerstand* beträgt dann nach dem *ohmschen Gesetz*:
$$R = \frac{U}{I} = \frac{24\,\text{V}}{0{,}45\,\text{A}} = 53{,}3\,\Omega \quad \text{(gemessen: 55 }\Omega\text{)}$$

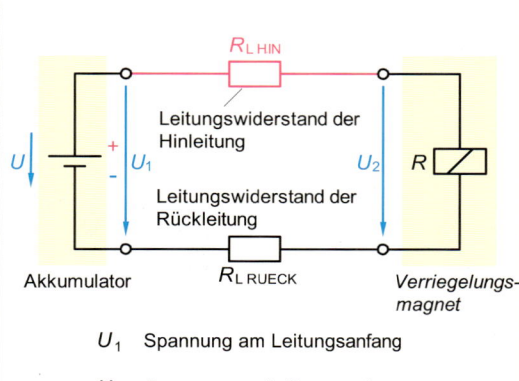

2 Anschluss des Verriegelungsmagneten an den Akku

U_1 Spannung am Leitungsanfang
U_2 Spannung am Leitungsende

Schaltung von Spannungsquellen → 60, Spannungsfall → 28, 31

Spannung am Leitungsanfang: $U_1 = 13{,}14$ V
Spannung am Leitungsende: $U_2 = 11{,}74$ V

Die Spannungsdifferenz

$\Delta U = U_1 - U_2 = 13{,}14$ V $- 11{,}74$ V $= 1{,}4$ V

ist der *Spannungsfall* ΔU an den Leitungswiderständen $R_{L_{Hin}}$ und $R_{L_{Rück}}$.

Die Widerstände von *Hin-* und *Rückleitung* werden i. Allg. zusammengefasst.

$R_L = R_{L_{Hin}} + R_{L_{Rück}}$

An R_L tritt dann der *Spannungsfall* ΔU auf.

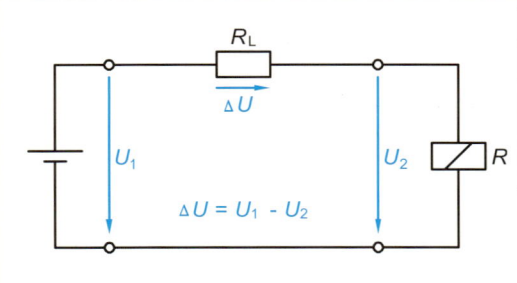

1 Spannungsfall auf Leitungen

Nun wird die Leitungsverbindung zwischen Akkumulator und Verriegelungsmagnet über eine Rolle 3-adriger Kunststoff-Mantelleitung (Länge 50 m, Querschnitt 1,5 mm²) hergestellt.

2 Messschaltung (200 m; 0,5 mm²)

Spannung am Leitungsanfang: $U_1 = 13{,}14$ V
Spannung am Leitungsende: $U_2 = 12{,}88$ V

3 Messschaltung (100 m; 1,5 mm²)

Spannungsfall auf der Leitung:

$\Delta U = U_1 - U_2 = 13{,}14$ V $- 12{,}88$ V $= 0{,}26$ V

Der Spannungsfall ΔU hat sich gegenüber dem ersten Fall deutlich verringert.

Leitung 1:
Länge: 200 m
Querschnitt: 0,5 mm²
Spannungsfall:
$\Delta U = 1{,}4$ V

Leitung 2:
Länge: 100 m
Querschnitt: 1,5 mm²
Spannungsfall:
$\Delta U = 0{,}26$ V

Der **Spannungsfall** ΔU auf Leitungen ist also abhängig von der verwendeten Leitung. Konkreter: vom *Leitungswiderstand* R_L.

Der **Leitungswiderstand** R_L ist abhängig
• von der Leitungslänge l
• vom Leitungsquerschnitt q
• vom Leitungsmaterial ρ bzw. γ

$$R_L = \frac{\rho \cdot l}{q} = \frac{l}{\gamma \cdot q}$$

R_L Leitungswiderstand in Ω

l Leitungslänge (Hin- und Rückleitung) in m

q Leitungsquerschnitt in mm²

ρ spezifischer Widerstand in $\frac{\Omega \cdot mm^2}{m}$

γ spezifische Leitfähigkeit in $\frac{m}{\Omega \cdot mm^2}$

Spannungsfall auf der Leitung

$$\Delta U = I \cdot R_L$$

ΔU Spannungsfall in V
I Belastungsstrom in A
R_L Leitungswiderstand in Ω

Anwendung

a) Leitung: Länge 200 m, Querschnitt 0,5 mm², Leitungsmaterial Kupfer

Leitungswiderstand:

$$R_L = \frac{l}{\gamma \cdot q} = \frac{200\,m}{56\,\frac{m}{\Omega \cdot mm^2} \cdot 0,5\,mm^2} = 7,14\,\Omega$$

Belastungsstrom der Leitung:

$$I = \frac{U_1}{R_L + R} = \frac{12\,V}{7,14\,\Omega + 53,3\,\Omega} = 0,22\,A$$

Spannungsfall auf der Leitung:

$$\Delta U = I \cdot R_L = 0,22\,A \cdot 7,14\,\Omega = 1,6\,V$$

b) Leitung: Länge 100 m, Querschnitt 1,5 mm², Leitungsmaterial Kupfer

Leitungswiderstand:

$$R_L = \frac{l}{\gamma \cdot q} = \frac{100\,m}{56\,\frac{m}{\Omega \cdot mm^2} \cdot 1,5\,mm^2} = 1,2\,\Omega$$

Belastungsstrom der Leitung:

$$I = \frac{U_1}{R_L + R} = \frac{12\,V}{1,2\,\Omega + 53,3\,\Omega} = 0,24\,A$$

Spannungsfall auf der Leitung:

$$\Delta U = I \cdot R_L = 0,24\,A \cdot 1,2\,\Omega = 0,29\,V$$

Stromdichte und Strombelastbarkeit

Wenn die Leitung mit dem Querschnitt 0,5 mm² vom Strom 0,196 A durchflossen wird, beträgt die *Stromdichte*

$$S = \frac{I}{q} = \frac{0,196\,A}{0,5\,mm^2} = 0,392\,\frac{A}{mm^2}.$$

Beträgt der Belastungsstrom 0,21 A bei einem Leitungsquerschnitt von 1,5 mm², verringert sich die Stromdichte auf

$$S = \frac{I}{q} = \frac{0,21\,A}{1,5\,mm^2} = 0,14\,\frac{A}{mm^2}.$$

Allgemein gilt:

$$\text{Stromdichte} = \frac{\text{Belastungsstrom}}{\text{Leitungsquerschnitt}}$$

$$S = \frac{I}{q}$$

S Stromdichte in A/mm²
I Belastungsstrom in A
q Leiterquerschnitt in mm²

Mit zunehmender Stromdichte steigt die *Bewegungsgeschwindigkeit* der Elektronen im Leiter an. Dadurch *erwärmt* sich der Leiter stärker.

Information

Spannungsfall auf Leitungen

In jedem stromdurchflossenen Leiter tritt ein *Spannungsfall* ΔU auf. Dies ist die Spannung am *Leiterwiderstand* R_L.

ΔU nimmt zu mit
- steigender Stromstärke I im Leiter
- zunehmendem Leiterwiderstand R_L

$$\Delta U = I \cdot R_L$$

Prozentuale Angabe des Spannungsfalls:

$$\Delta u = \frac{\Delta U}{U} \cdot 100\,\%$$

Beispiel: $U = 12\,V$; $\Delta U = 1,4\,V$

$$\Delta u = \frac{1,6\,V}{12\,V} \cdot 100\,\% = 13,3\,\%$$

$U = 12\,V$; $\Delta U = 0,26\,V$

$$\Delta u = \frac{0,29\,V}{12\,V} \cdot 100\,\% = 2,4\,\%$$

Der *zulässige Spannungsfall* ist vorgeschrieben. So darf er z.B. von der Messeinrichtung (Zähler) bis zum Verbraucher höchstens 3 % betragen.

Die Gleichungen $\Delta U = I \cdot R_L$ und $R_L = \frac{\rho \cdot l}{q} = \frac{l}{\gamma \cdot q}$ können zusammengefasst werden.

$$\Delta U = \frac{I \cdot \rho \cdot l}{q} = \frac{I \cdot l}{\gamma \cdot q}$$

Beachten Sie, dass die Länge von Hin- und Rückleitung zu berücksichtigen ist.
Leitungslänge 50 m → Leiterlänge 2 · 50 m = 100 m

Englisch

Spannungsfall
voltage drop

Leitung
line, wire, cable

Leitungsverlegung
(line) installation, wiring

Länge
length

Querschnitt
cross section

Leitungswiderstand
line resistance

Leitfähigkeit
conductivity, conductance

Stromdichte
current density

Strombelastbarkeit
current-carrying capacity, ampacity

Geschwindigkeit
speed, rate

Erwärmung
heating, warming, warm-up

Brandgefahr
fire danger

Verlegungsart
installation methods

Leitungsbündel
bundle of trunks, circuit group, group of lines

Mantelleitung
light plastic-sheathed cable

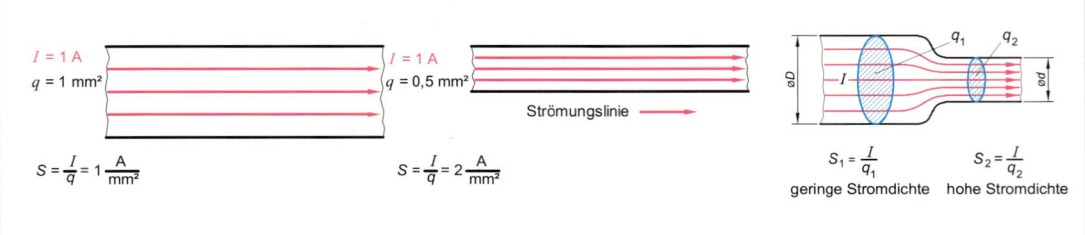

1 Stromdichte

Vorsicht! Eine unzulässig hohe Stromdichte bedeutet eine unzulässig hohe Erwärmung und damit Brandgefahr.

Annahme: 1 m Leitungslänge

$d = 1\,\text{mm} \quad A = \dfrac{d^2 \cdot \pi}{4} = 0{,}785\,\text{mm}^2$

$V = A \cdot l = 785\,\text{mm}^3$

$d = 2\,\text{mm} \quad A = \dfrac{d^2 \cdot \pi}{4} = 3{,}14\,\text{mm}^2$

$V = A \cdot l = 3140\,\text{mm}^3$

Für die Leitungsquerschnitte sind *höchstzulässige Stromstärken* und damit *höchstzulässige Stromdichten* festgelegt.

Werden diese Grenzwerte nicht überschritten, besteht *keine* Überhitzungsgefahr für die Leitung und somit *keine* Brandgefahr für die Umgebung.

Die **Strombelastbarkeit** von Leitungen ist abhängig vom *Querschnitt*, vom *Werkstoff* und von der Möglichkeit, *Wärme an die Umgebung abführen* zu können.

Eine frei verlegte Einzelleitung ist hier gegenüber einer Leitung im Leitungsbündel im Vorteil.

Die *Strombelastbarkeit* von Leitungen ist auch abhängig von der *Verlegeart* (z.B. in Rohr) und der *Umgebungstemperatur*.

Sie ist in DIN VDE 0298 Teil 4 festgelegt.

Beachten Sie:

Querschnitt in mm²	Strombelastbarkeit in A	Stromdichte in A/mm²
1,5	17,5	11,7
2,5	24	9,6
4	32	8

Bei geringeren Leiterquerschnitten ist die *zulässige Stromdichte* höher als bei höheren Querschnitten.

Dünne Leiter können besser abkühlen als dicke. Bei *Verdoppelung des Durchmessers* verdoppelt sich zwar die *Leiteroberfläche*, das *Volumen* des Leiters *vervierfacht* sich allerdings.

Leitungsschutz

Leitungen dürfen sich nicht übermäßig erwärmen. So darf die *zulässige Betriebstemperatur* von Leitungen mit dem Isolierwerkstoff PVC 70 °C nicht überschreiten. Maßgebend für die *Leitungstemperatur* sind:

- Stromstärke, die in der Leitung fließt
- Anzahl der belasteten Adern (die in der Leitung von Strom durchflossen werden)
- die Fähigkeit der Leitung, Wärme an die Umgebung abzugeben
  - Verlegung (Verlegeart)
  - Anzahl der Leitungen (Häufung)
  - Umgebungstemperatur

Englisch

Nennspannung — rated voltage, nominal voltage

Rohr — tube

Umgebungstemperatur — ambient temperature

Prüfzeichen — test mark

harmonisierte Norm (Standard) — harmonized standard

Elektrogeräte — electrical equipment (appliances)

Volumen — volume

Leitungsschutz — line protection

Leitungsschutzsicherungen — fuses

CEE — Commission on rules for the approval of electrical equipment

approval — Abnahme (von Geräten)

Überstrom-Schutzorgane → 36

Information

Leitungsarten (Auszug)

Kurzzeichen	Bezeichnung	Nennspannung	Aderzahl	Anwendung
NYM	Mantelleitung	300/500 V	1 – 7	Haus- und Industrieinstallationen im Innen- und Außenbereich; nicht im Erdreich Schutz vor direkter Sonneneinstrahlung
H07V-U H07V-R H07V-K	PVC-Aderleitung	450/750 V	1	Verlegung in Schaltanlagen, Rohren; Innenverdrahtung von Geräten; in Starkstromanlagen zum Messen, Steuern und Regeln

NYM
N genormte Leitung
Y Kunststoffisolierung
M Mantelleitung

Elektroinstallation: Mindestquerschnitt 1,5 mm².
DIN
Deutsches Institut für Normung
VDE
Verband der Elektrotechnik, Elektronik, Informationstechnik e.V.

Typenbezeichnung für international harmonisierte Leitungen

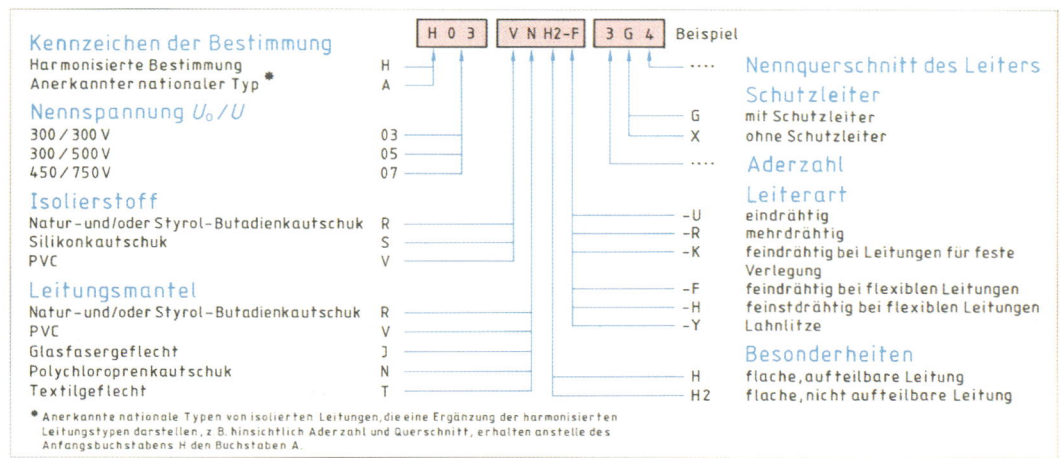

1 Typenkurzzeichen für harmonisierte Leitungen

Beispiel
H07V-F
– Harmonisierte Leitung
– Nennspannung 450/750 V
– PVC
– feindrähtig (flexibel)

Harmonisierungsaufdruck

◁ HAR ▷

CEE
Internationale Kommission für Regeln zur Begutachtung technischer Erzeugnisse
CE
Europäisches Verwaltungszeichen am Produkt

Schmelzsicherung (Kennzeichen F)

Mit Kennzeichnung des Fußkontaktanschlusses

Information

VDE-Prüfzeichen (DIN VDE 0024)

Bildzeichen	Bedeutung
⟨D̂VE⟩	VDE-Zeichen für elektrotechnische Produkte
△VDE	VDE-Elektronik-Prüfzeichen
◁VDE▷	VDE-Zeichen für Aderleitungen, isolierte Leitungen, Kabel und Installationsrohre
▬	VDE-Kennfaden für isolierte Leitungen und Kabel nach nationaler Norm
⟨D̂VE⟩ GS	VDE-GS-Kennzeichen nach dem Gerätesicherungsgesetz für geprüfte Elektrogeräte

CEE-Prüfzeichen (DIN VDE 0024)

Bildzeichen	Bedeutung
◁VDE▷ ◁HAR▷	VDE-Harmonisierungskennzeichen für isolierte Leitungen und Kabel
▬	VDE-Harmonisierungskennfaden für isolierte Leitungen und Kabel
⌂	CEE-Prüfzeichen für Geräte und Installationsmaterial nach CEE-Bestimmungen
CE	CE-Kennzeichen für Industrieerzeugnisse, die Gemeinschaftsvorschriften in Europa entsprechen

Tabelle 1:
Zuordnung von Überstrom-Schutzorganen für Dauerbetrieb bei einer Umgebungstemperatur von 25 °C

Querschnitt in mm²	Verlegeart (2 belastete Adern)					
	B1		B2		C	
	I_Z A	I_n A	I_Z A	I_n A	I_Z A	I_n A
1,5	18,5	16	17,5	16	21	20
2,5	25	25	24	20	29	25
4	34	32	32	32	38	32
6	43	40	40	40	49	40
10	60	50	55	50	67	63

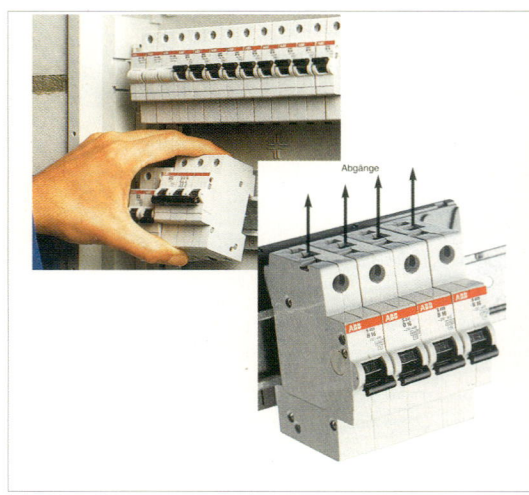

1 Leitungsschutz-Schalter (→ 182)

I_Z Strombelastbarkeit der Leitung
I_n Bemessungsstrom des Überstrom-Schutzorgans

Hinweis

Stehen Überstrom-Schutzorgane mit den *Bemessungsströmen* 13 A, 32 A, 35 A und 40 A nicht zur Verfügung, müssen solche mit *nächstniedrigen* Bemessungsströmen eingesetzt werden.

Zum Beispiel 10 A statt 13 A.

Verlegearten (Auswahl)
B1 Aderleitungen im Elektro-Installationsrohr auf Wand
B2 Mehradrige Mantelleitung im Elektro-Installationsrohr auf Wand
C Verlegung von Mantelleitungen auf und in Wand; Abstand zur Wand $\leq 0,3 \cdot d$ (*d*: Leitungsdurchmesser)

Tabelle 1:
Umrechnungsfaktoren für Umgebungstemperatur

Temperatur in °C	10	15	20	25	30	35	40	45	50	55	60
Faktor	1,15	1,1	1,06	1,0	0,94	0,89	0,82	0,75	0,67	0,58	0,47

Tabelle 2:
Umrechnungsfaktoren für Häufung (z.B. gebündelt, direkt auf Wand und im Elektro-Installationsrohr)

Anzahl	1	2	3	4	5	6	7	8	9	10
Faktor	1,0	0,8	0,7	0,65	0,6	0,57	0,54	0,52	0,5	0,48

Anwendung

In einem Elektro-Installationsrohr sind drei Leitungen mit jeweils zwei belasteten Adern NYM 3 · 2,5 mm² eingezogen.
Die Umgebungstemperatur beträgt 40 °C.

Wie sind diese Leitungen abzusichern?

Leitung im Installationsrohr: Verlegeart B2
Querschnitt 2,5 mm²; 1 Leitung; 25 °C:
Strombelastbarkeit I_Z = 24 A

Umrechnungsfaktor Temperatur:
40 °C → 0,82
Strombelastbarkeit sinkt dann auf
$I_Z' = 0,82 \cdot I_Z = 19,7$ A.

Umrechnungsfaktor Häufung:
3 Leitungen → 0,7
Strombelastung sinkt dadurch auf
$I_Z'' = 0,7 \cdot I_Z' = 13,8$ A.

Der Rechenweg kann durch Multiplikation der Faktoren für Umgebungstemperatur und Häufung vereinfacht werden:

Tabellenwert bei 25 °C:
I_Z = 24 A

Tatsächliche Strombelastbarkeit bei 3 Leitungen und 40 °C:
$I_Z' = 0,82 \cdot 0,7 \cdot I_Z$
$I_Z' = 0,82 \cdot 0,7 \cdot 24$ A = 13,8 A

Jede der drei Leitungen darf also mit maximal 13,8 A belastet werden, damit die höchstzulässige Leitungstemperatur nicht überschritten wird.

Der Bemessungsstrom des vorgeschalteten Überstrom-Schutzorgans darf maximal 13 A (selten) bzw. 10 A (Regelfall) betragen.

I_n = 10 A (bzw. 13 A)

Vorsicht! Der Bemessungsstrom des Überstrom-Schutzorgans muss immer kleiner sein als die tatsächliche Strombelastbarkeit der Leitung.

Information

Absicherung von Gleichstromkreisen

Unter Umständen sind Gleichstromkreise *zweipolig* abzusichern.

Darauf soll an dieser Stelle noch verzichtet werden, zumal noch keine befriedigende Begründung hierfür abgegeben werden kann. Dies wird an späterer Stelle nachgeholt.

Kurzschluss
Eine durch einen *Fehler* hervorgerufene *leitende Verbindung* zwischen betriebsmäßig unter Spannung stehenden Teilen (Leitern). Dabei liegt dann im Fehlerstromkreis *kein Nutzwiderstand*.

Windungsschluss
Leitende Verbindung zwischen *einzelnen Windungen*. Ein *Nutzwiderstand* bleibt im Fehlerstrom erhalten.

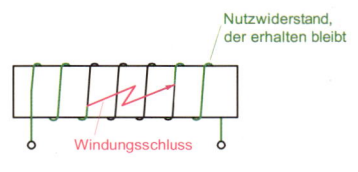

Überstrom-Schutzorgane schützen vor *Überlastung* und *Kurzschluss*, indem sie den Stromkreis selbsttätig unterbrechen.

Überlastschutz
Schutz vor *Überlastung* (zu hohe Stromstärke) in *fehlerfreien* Stromkreisen.

Kurzschlussschutz
Schutz vor den Auswirkungen von *Kurzschlussströmen*, die durch eine (nahezu) *widerstandslose* Verbindung zwischen zwei Punkten, die gegeneinander Spannung führen, hervorgerufen werden.

Wegen der nahezu widerstandslosen Verbindung können im Kurzschlussfall *sehr hohe Ströme* fließen. Eine starke Erwärmung der Leitung ist die Folge.

Schraubsicherungssysteme
Die Bestandteile des **Schraubsicherungssystems** sind:
- Sicherungssockel
- Passschraube
- Schmelzeinsatz
- Berührungsschutz
- Schraubkappe

Die **Passschraube** wird in den **Sicherungssockel** eingeschraubt.
Sie verhindert, dass ein *Schmelzeinsatz* mit *höherem Bemessungsstrom* (als durch die Passschraube vorgesehen) eingesetzt werden kann. Bitte die Farbkennzeichnung beachten.

Vorsicht! Die von der Spannungsquelle (Akku, Netz) kommende Leitung muss an den Fußkontakt des Sicherungssockels angeschlossen werden.
Dadurch wird ein Berühren von unter Spannung stehenden Teilen beim Auswechseln des Schmelzeinsatzes verhindert. Schmelzeinsätze mit Nennspannungen bis 400 V dürfen nämlich von elektrotechnischen Laien ausgewechselt werden.

Der **Schmelzeinsatz** besteht aus einem mit Quarzsand gefüllten hohlen Zylinderkörper.

Der **Schmelzleiter** verbindet den Fußkontakt mit dem Kopfkontakt. Der **Haltedraht** (Kennmelderdraht) wird neben dem Schmelzleiter bei Erreichen des Abschaltstromes schmelzen.

Der Schmelzleiter unterbricht dann den Stromkreis, eine *Druckfeder* wirft den am Haltedraht befestigten *Kennmelder* ab. Durch die *Farbe des Kennmelders* ist der **Bemessungsstrom** des Schmelzeinsatzes erkennbar.

Die **Auslösezeit** der Sicherung ist abhängig von der *Höhe der Stromstärke*, die den Schmelzleiter durchfließt.

Ein höherer Strom führt zu einer schnelleren Auslösung. Ein *Kurzschlussstrom* soll natürlich schneller abgeschaltet werden als ein vergleichsweise geringer *Überlastungsstrom*.

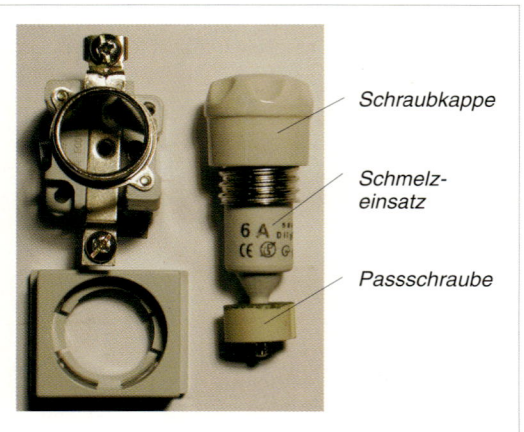

1 Schraubsicherungssystem

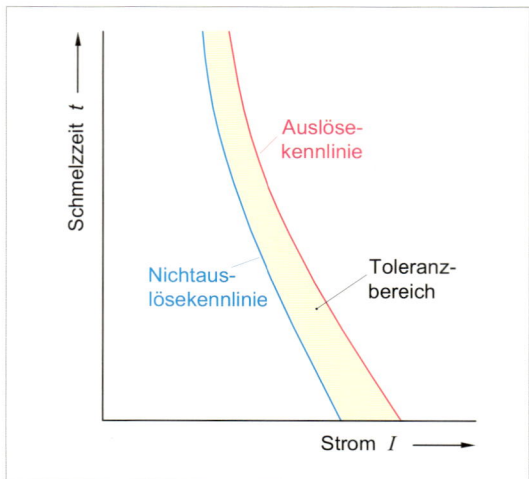

2 Strom-Zeit-Kennlinie einer Schmelzsicherung

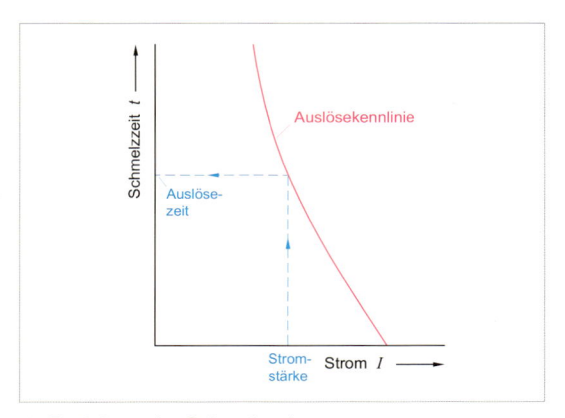

Torverriegelung aufbauen und testen, Leitungsschutz

1 Ermittlung der Schmelzzeit

Die Hersteller der Schmelzeinsätze berücksichtigen hierbei die **Zeit-Strom-Kennlinien** nach DIN VDE 0636 Teil 301.

Betrachtet wird die *Auslösekennlinie* (ungünstigster Fall; Auslösung dauert am längsten).

Bei bekannter Stromstärke (Kurzschlussstrom, Überlaststrom) kann die zugehörige **Auslösezeit** aus der Kennlinie entnommen werden.

Anwendung

Stromkreis des Verriegelungsmagneten (vgl. Seite 29)

Sicherung 6 A (Kennfarbe Grün)
Strom bei Überlastung durch
Windungsschluss: 8 A

Die Auslösezeit beträgt bei dieser relativ geringfügigen Überlastung der Leitung etwa $2 \cdot 10^3$ Sekunden $= 2000$ s ≈ 33 min.
($\rightarrow$ Tabellenbuch)

Erst nach 33 min schaltet die Schmelzsicherung den überlasteten Stromkreis ab.

Würde ein Kurzschlussstrom 200 A betragen, spricht die 6-A-Schmelzsicherung bereits nach $4 \cdot 10^{-3} = 4$ ms an.

Je größer die Stromstärke, umso geringer die Auslösezeit.

Entscheidung

- Leitung NYM 3 × 1,5 mm^2
- Verlegung in Elektro-Installationsrohr
- Leitungsschutz durch Schmelzsicherung 6 A (grün)

Temperaturabhängigkeit des elektrischen Widerstandes

Leitungsrolle NYM 3 × 1,5 mm^2; Länge 50 m

Leitungswiderstand:	1,19 Ω bei 20 °C
Leitungswiderstand:	1,42 Ω bei 70 °C
Widerstandszunahme:	ca. 20 %

Eine Zunahme des Leitungswiderstandes bedeutet eine Zunahme des Spannungsfalls ΔU auf der Leitung.

2 Messungen an der Leitungsrolle

Der Widerstand von Leiterwerkstoffen (Metallen) nimmt bei steigender Temperatur zu. Solche Werkstoffe nennt man Kaltleiter (PTC-Widerstände).

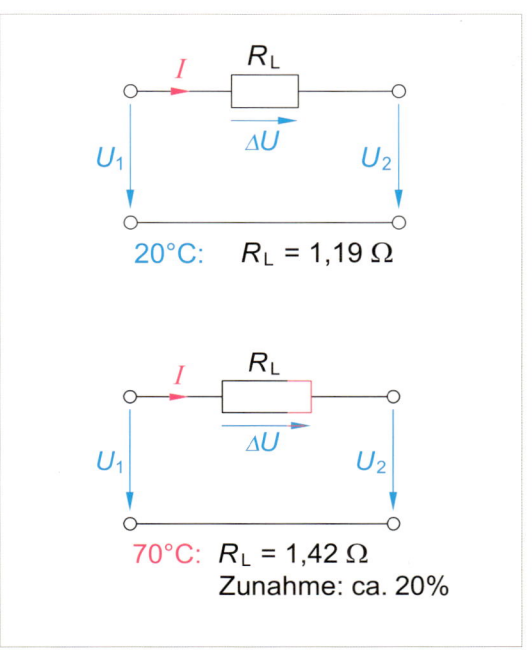

20°C: $R_L = 1{,}19$ Ω

70°C: $R_L = 1{,}42$ Ω
Zunahme: ca. 20%

3 Zunahme des Leitungswiderstandes bei Erwärmung

Begründung

Bei Erwärmung schwingen die Atome stärker um ihre Ruhelage im Kristallgitter (→ 26).

Dadurch wird die gerichtete Elektronenbewegung (Strom) stärker behindert. Der elektrische Widerstand nimmt zu.

Bei verschiedenen Werkstoffen ist die **Widerstandsänderung** *je Kelvin Temperaturerhöhung* unterschiedlich.

Je dichter die Atomionen im Kristallgitter des jeweiligen Werkstoffes „zusammenliegen", um so stärker ist die Behinderung der Elektronenbewegung durch *Temperaturschwingungen*.

Die materialabhängige Widerstandsänderung wird durch den **Temperaturbeiwert** α berücksichtigt.

Widerstandsänderung

$\Delta R = R_{20} \cdot \alpha \cdot \Delta \vartheta$

Widerstand bei der Temperatur ϑ

$R_\vartheta = R_{20} + \Delta R$

$R_\vartheta = R_{20} \cdot (1 + \alpha \cdot \Delta \vartheta)$

Temperaturdifferenz

$\Delta \vartheta = \vartheta_2 - \vartheta_1$

ΔR Widerstandsänderung in Ω
R_{20} Widerstand bei 20 °C in Ω
R_ϑ Widerstand bei der Temperatur ϑ in Ω
α Temperaturbeiwert in 1/K
$\Delta \vartheta$ Temperaturdifferenz in K
ϑ_1 Anfangstemperatur in °C
ϑ_2 Endtemperatur in °C

Temperaturdifferenzen werden in **Kelvin** (und nicht in °C) angegeben: $\Delta \vartheta$ = 70 °C – 20 °C = 50 K.

Temperaturbeiwert von Werkstoffen bei 20 °C Anfangstemperatur

Werkstoff	α in 1/K
Gold	0,00398
Silber	0,0041
Kupfer	0,0039
Aluminium	0,004
Messing	0,0015

Information

α
Alpha, griechischer Kleinbuchstabe

ϑ
Theta, griechischer Kleinbuchstabe

PTC
engl.: **p**ositive **t**emperature **c**oefficient; positiver Temperaturkoeffizient

PTC, Symbol

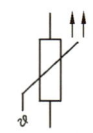

Temperaturkoeffizient (Temperaturbeiwert)
Der Temperaturkoeffizient gibt die Änderung eines Widerstandes mit dem Wert 1 Ω bei einer Temperaturänderung von 1 K an.

Kupfer hat beispielsweise den Temperaturbeiwert

$\alpha = 0{,}0039 \, \dfrac{1}{K}$.

Diese Angabe bedeutet, dass ein Widerstand dieses Werkstoffes von 1 Ω bei 1 K Temperaturerhöhung seinen Wert um 0,0039 Ω erhöht.

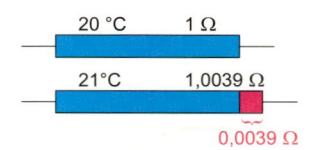

	20 °C	1 Ω
	21 °C	1,0039 Ω
		0,0039 Ω

Temperaturkoeffizienten weiterer Werkstoffe
→ Tabellenbuch

Englisch

Kurzschluss — short circuit, short
Windung (einer Spule) — turn
Schmelzeinsatz — fuse link, fusible element
Haltedraht — suspended wire
Auslösezeit — tripping time
Kurzschlussstrom — short-circuit current
Kaltleiter — positive temperature coefficient resistor, PTC resistor
Temperatur — temperature
Temperaturabhängigkeit — temperature dependence
Temperaturänderung — temperature variation
Temperaturkoeffizient — temperature coefficient
Werkstoff — material
Endtemperatur — final temperature
Anfangstemperatur — initial temperature
Zunahme — increase, rise, growth

Torverriegelung aufbauen und testen, Widerstand und Temperatur

Anwendung

Die Kupferspule des Verriegelungsmagneten hat bei 20 °C einen Widerstand von 53,3 Ω. Im Betriebsverlauf erhöht sich die Temperatur auf 50 °C.

a) Wie groß ist die Widerstandszunahme?
b) Welchen Wert hat der Widerstand bei Endtemperatur?

zu a) $\Delta\vartheta = \vartheta_2 - \vartheta_1 = 50\ °C - 20\ °C = 30\ K$

$\Delta R = R_{20} \cdot \alpha \cdot \Delta\vartheta$

$\Delta R = 53{,}3\ \Omega \cdot 0{,}0039\ \frac{1}{K} \cdot 30\ K = 6{,}24\ \Omega$

zu b) $R_\vartheta = R_{20} + \Delta R = 53{,}3\ \Omega + 6{,}24\ \Omega = 59{,}54\ \Omega$

Zum Anziehen des Stiftes muss der Verriegelungsmagnet eine bestimmte *Leistung* aufbringen. Sie beträgt laut Herstellerangabe $P = 10{,}5$ W.

Diese Leistung wird aufgebracht, indem die Spannung $U = 24$ V den Strom (die Stromstärke) $I = 0{,}45$ A durch den Stromkreis treibt.

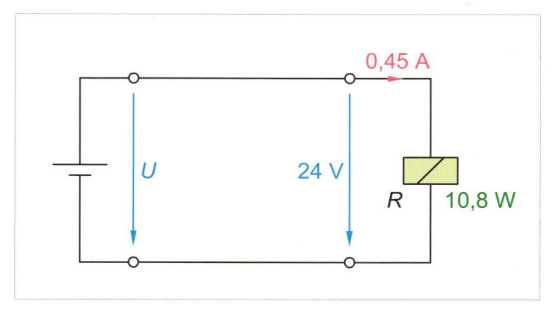

1 Anschluss des Verriegelungsmagneten

Die elektrische Leistung ist das Produkt von Stromstärke und Spannung.

$P = U \cdot I$

$[P] = V \cdot A = W$ (Watt)

Für den *Verriegelungsmagneten* gilt:
$P = U \cdot I$
$P = 24\ V \cdot 0{,}45\ A = 10{,}8\ W$

Der Hersteller hat also offensichtlich *gerundete Werte* für seine technischen Daten verwendet.

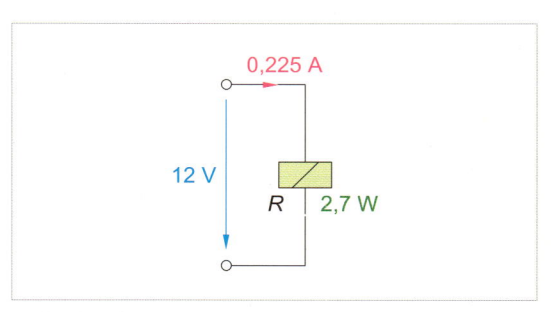

2 Verriegelungsmagnet an 12 V

Spannung am Verriegelungsmagneten: 12 V
Der *Widerstand R* des Magneten bleibt unverändert (konstant).

Eine Halbierung der Spannung (24 V → 12 V) bedeutet nach dem *ohmschen Gesetz* (→ 25) eine Halbierung des Stromes.

Energieumwandlung im Stromkreis

Auftrag

Nachdem Sie den kompletten Stromkreis des Verriegelungsmagneten einschließlich Schmelzsicherung aufgebaut haben, bittet Sie Ihr Ausbilder um folgende Überprüfung:

Da das Garagentor vermutlich längere Zeit im geöffneten Zustand verbleibt, ist der Stift des Verriegelungsmagneten mithin dauerhaft angezogen.

Er wird folglich im Dauerbetrieb arbeiten. Interessant ist dabei die Frage, welche Temperatur der Verriegelungsmagnet nach längerer Betriebszeit annimmt.

Dazu wird der Magnet längere Zeit an Spannung gelegt. Die Oberflächentemperatur wird dabei gemessen.

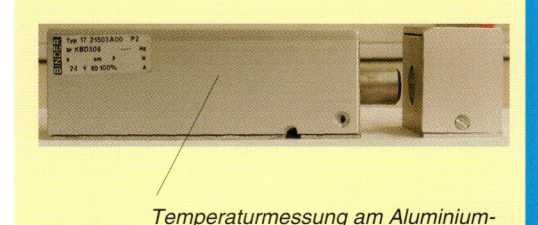

Temperaturmessung am Aluminiumgehäuse nach längerer Betriebszeit

Technische Daten des Verriegelungsmagneten (Herstellerangaben)

Spannung   24 V
Stromaufnahme   0,45 A
Leistung   10,5 W

Spannung 24 V: $I = 0{,}45$ A
Spannung 12 V: $I = 0{,}225$ A

Die Leistung verringert sich bei 12 V auf ein Viertel.
$P = 12\text{ V} \cdot 0{,}225\text{ A} = 2{,}7\text{ W}$

Beachten Sie:
Annahme: Widerstand R ist konstant
- Spannung halbiert sich → Stromstärke halbiert sich.
  Somit sinkt die Leistung auf *ein Viertel*:
  $(P' = \frac{1}{2} \cdot U \cdot \frac{1}{2} \cdot I = \frac{1}{4} \cdot P)$
- Spannung verdoppelt sich → Stromstärke verdoppelt sich.
  Somit nimmt die Leistung den *vierfachen Wert* an:
  $P' = 2 \cdot U \cdot 2 \cdot I = 4 \cdot P$

Anwendung des ohmschen Gesetzes

$P = U \cdot I$

Mit $U = I \cdot R$
$$P = I \cdot R \cdot I$$
$$P = I^2 \cdot R$$

Mit $I = \frac{U}{R}$
$$P = U \cdot \frac{U}{R}$$
$$P = \frac{U^2}{R}$$

Anwendung

Wenn Leistung und Spannung bekannt sind, kann der ohmsche Widerstand R errechnet werden.
Verriegelungsmagnet: $P = 10{,}5$ W; $U = 24$ V

$P = \frac{U^2}{R} \rightarrow R = \frac{U^2}{P} = \frac{(24\text{ V})^2}{10{,}5\text{ W}} = 55\,\Omega$

Leistungsmessung
- *Indirekte Leistungsmessung*
  Spannung messen
  Stromstärke messen
  Produkt bilden: $P = U \cdot I$

- *Direkte Leistungsmessung*
  Die Messung erfolgt mit Hilfe eines *Leistungsmessers*.
  Dieser ermöglicht die Produktbildung von Spannungsmessung (Spannungspfad) und Strommessung (Strompfad).
  Die Anzeige entspricht dem Produkt $P = U \cdot I$.

Information

Leistung
Formelzeichen P; Einheit W (Watt)

Dezimale Teile und Vielfache der Einheit W
$1\,\mu\text{W} = 10^{-6}$ W
$1\,\text{mW} = 10^{-3}$ W
$1\,\text{kW} = 10^{3}$ W

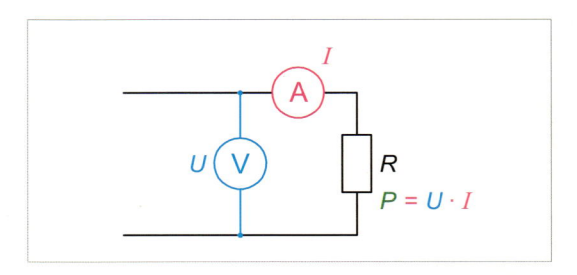

1 Indirekte Leistungsmessung

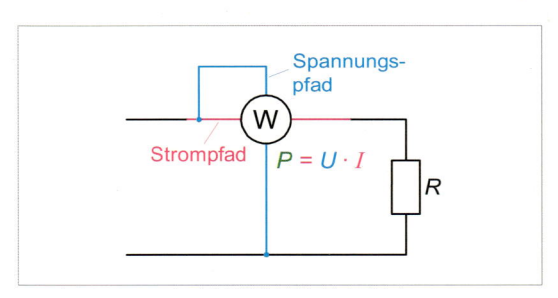

2 Direkte Leistungsmessung

Vorsicht! Weder Spannungs- noch Strompfad dürfen bei der Messung überlastet werden.

Vorsicht bei der Einstellung!

Elektrische Energie

Elektrische Energie kann **Arbeit** verrichten:
Bewegung des Stiftes des Verriegelungsmagneten, Drehbewegung des Motors zum Öffnen des Tores, Beleuchtung usw.

Elektrische Arbeit entsteht durch *Ladungstrennung* (→ 21) unter Energieaufwand. So kann der Akkumulator nur dann elektrische Arbeit „abgeben", wenn er zuvor geladen wurde. Ein geladener Akkumulator ist ein *Energiespeicher*.

Torverriegelung aufbauen und testen, elektrische Leistung, elektrische Arbeit

In einem *geschlossenen Stromkreis* bewirkt die elektrische Spannung U einen Stromfluss. Also einen Transport von elektrischen Ladungen Q. Dabei wird *elektrische Arbeit* verrichtet.

$$W = U \cdot Q$$

$[W] = V \cdot As = Ws$ (Wattsekunden)

- W elektrische Arbeit in Ws
- U elektrische Spannung in V
- Q elektrische Ladung in As

Für die *transportierte Ladung* im Stromkreis gilt:

$Q = I \cdot t$ ($\rightarrow 22$)

Damit gilt für die *elektrische Arbeit* die Gleichung:

$$W = U \cdot I \cdot t$$

$[W] = V \cdot A \cdot s = Ws$

- W elektrische Arbeit in Ws
- U elektrische Spannung in V
- I elektrische Stromstärke in A
- t Zeitdauer des Stromflusses in s

Anwendung

Der Verriegelungsmagnet entnimmt dem Akkumulator bei einer Spannung von 12 V die Stromstärke $I = 230$ mA.
Zu Testzwecken bleibt er 4 Stunden eingeschaltet.
Wie groß ist die dem Akku entnommene elektrische Arbeit?

$W = U \cdot I \cdot t$

Das Ergebnis kann in Ws angegeben werden:

$W = 11{,}04 \text{ Wh} \cdot 3600 \dfrac{s}{h} = 39744 \text{ Ws}$

Oder in der technisch gebräuchlichsten Einheit kWh (Kilowattstunden).

1 kWh = 1000 Wh

$W = 0{,}01104 \text{ kWh} \approx 0{,}011 \text{ kWh}$

Kosten der elektrischen Arbeit

Die Ermittlung der elektrischen Arbeit ist vor allem interessant, um die *Kosten* (die **Energiekosten**) beurteilen zu können.

Diese Energiekosten ergeben sich aus der vom Zähler erfassten *bereitgestellten Energie* und dem **Arbeitspreis** für eine Kilowattstunde (kWh).

Information

Energie
ist das Vermögen, Arbeit zu verrichten.

Arbeit
Formelzeichen: W
Einheit: Ws, Nm, J

Beachten Sie:
1 Ws = 1 Nm = 1 J (J = Joule)

Eine Masse mit der Gewichtskraft $F_G = 1$ N wird um 1 m angehoben. Dabei wird die *mechanische Arbeit*
$W = F \cdot s = 1 \text{ N} \cdot 1 \text{ m} = 1 \text{ Nm}$
verrichtet.

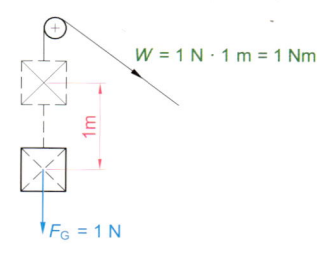

$W = 1 \text{ N} \cdot 1 \text{ m} = 1 \text{ Nm}$

Diese Arbeit ist in der angehobenen Masse gespeichert. Gespeicherte Arbeit wird *Energie* genannt (*Energie der Lage* oder *potenzielle Energie*).
Bei der Abwärtsbewegung der Masse wird die potenzielle Energie in Bewegungsenergie (kinetische Energie) umgewandelt.

Mechanische Arbeit

$W = F \cdot s$ $[W] = \text{Nm}$

- W mechanische Arbeit in Nm
- F Kraft in N
- s Weg in m

Elektrische Arbeit
Bei der *Spannungserzeugung* werden negative Ladungen gegen die Anziehungskraft der positiven Ladungen bewegt (*Ladungstrennung*).
Dabei legt die Ladung Q einen bestimmten Weg s zurück, wobei Arbeit verrichtet wird.

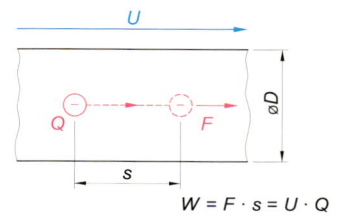

$W = F \cdot s = U \cdot Q$

Ladungstrennung = gespeicherte Arbeit = Energie
Spannungsquellen sind elektrische Energiespeicher.

Der **Arbeitspreis** kann dabei sehr unterschiedlich sein, je nachdem, ob es sich um Haushalte, Industriebetriebe oder landwirtschaftliche Betriebsstätten handelt.

Außerdem hängt der Preis vom **Verteilungsnetzbetreiber** (VNB) ab.

Hinzu kommt noch der **Leistungspreis** (Bereitstellungspreis) und der **Verrechnungspreis** (Zählermiete).

Kosten

$VE = VP \cdot W$

VE Verbrauchsentgelt in EUR
VP Arbeitspreis in EUR/kWh
W elektrische Arbeit in kWh

Wenn ein Arbeitspreis von 0,14 EUR/kWh gilt, dann kostet der vierstündige Betrieb des Verriegelungsmagneten:

$VE = 0{,}14$ EUR/kWh $\cdot\, 0{,}011$ kWh $= 0{,}154$ Cent

Messung der elektrischen Arbeit
- *Indirekte Messung*
  Spannung messen
  Stromstärke messen
  Zeitdauer des Stromflusses messen

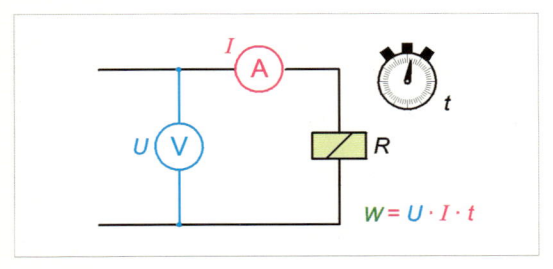

1 *Indirekte Messung der elektrischen Arbeit*

- *Direkte Messung*
  Die direkte Messung erfolgt mit dem **Elektrizitätszähler** (kurz Zähler).

  Der Zähler verfügt über eine Spannungsspule und zwei Stromspulen.
  – *Spannungsspule*: Spannungspfad (Spannungsmessung)
  – *Stromspulen:* Strompfad (Strommessung)

Durch die magnetischen Wirkungen der Spulen wird die *Zählerscheibe* in eine Drehbewegung versetzt. Je größer die elektrische Arbeit, umso schneller rotiert die Zählerscheibe.
Ein *Zählwerk* registriert die Umdrehungen und zeigt die *elektrische Arbeit* in kWh an.

Information

Arbeit – Leistung

Leistung ist die Fähigkeit, Arbeit in einer bestimmten Zeit zu verrichten.

$P = \dfrac{W}{t}$ Leistung $= \dfrac{\text{Arbeit}}{\text{benötigte Zeit}}$

$W = F \cdot s$

$P = \dfrac{F \cdot s}{t}$ $[P] = \dfrac{\text{Nm}}{\text{s}}$

$1\,\text{W} = 1\,\dfrac{\text{Nm}}{\text{s}}$

$W = U \cdot I \cdot t$

$P = \dfrac{W}{t} = \dfrac{U \cdot I \cdot t}{t}$

$P = U \cdot I$

Die Leistung ist eine wichtige Kenngröße elektrischer Betriebsmittel und wird daher auch stets angegeben.
Auf den *Leistungsschildern* ist i. Allg. die **Bemessungsleistung** aufgedruckt. Hierunter versteht man die Leistung bei angegebenen Betriebsbedingungen (Bemessungsspannung, Bemessungsstrom).

Auf den *Leistungsschildern* wird angegeben:
Elektrische Maschinen
Die abgegebene Leistung (z.B. an der Motorwelle)
Haushaltsgeräte
Die aufgenommene (elektrische) Leistung
Elektrowerkzeuge
Die abgegebene und aufgenommene Leistung

Ohmsches Gesetz
$W = U \cdot I \cdot t$
Mit $U = I \cdot R$
$W = I \cdot R \cdot I \cdot t$
$W = I^2 \cdot R \cdot t$

Mit $I = \dfrac{U}{R}$

$W = U \cdot \dfrac{U}{R} \cdot t$

$W = \dfrac{U^2}{R} \cdot t$

Zählerkonstante
Auf dem *Leistungsschild eines Zählers* steht u.a. die Angabe 150 U/kWh.

Bedeutung:
Wenn die Zählerscheibe 150 Umdrehungen gemacht hat, wurde die elektrische Energie 1 kWh gemessen.

Torverriegelung aufbauen und testen, Arbeit, Leistung, Wirkungsgrad

Information

Leistungsbestimmung mit dem Zähler

$$P = \frac{n}{C_Z}$$

- P elektrische Leistung in kW
- n Anzahl der Zählerscheibenumdrehungen in $\frac{1}{h}$
- C_Z Zählerkonstante in $\frac{1}{kWh}$

Beispiel
In 15 min macht die Zählerscheibe 36 Umdrehungen. Die Zählerkonstante beträgt 150 1/kWh.
Wie groß ist die Leistung des angeschlossenen Verbrauchers?

$$P = \frac{n}{C_Z} = \frac{144\,\frac{1}{h}}{150\,\frac{1}{kWh}} = 0{,}96\ kW = 960\ W$$

15 min: 36 Umdr. → 1 h = 4 · 36 Umdr. = 144 Umdr.

Englisch

Energie — energy, power
Energieumwandlung — energy conversion (transformation)
Leistung — power, wattage
Leistungsmessung — power measurement
Arbeit — work
Energiespeicher — energy store
Energieerhaltungssatz — energy conservation law, energy principle
Leistungsmesser — power meter, wattmeter, dynamometer
Zähler — meter
Elektromotor — electricmotor, electromotor
Elektrowerkzeug — electric tool
Nennleistung — rated power, nominal power, wattage rating
Energieverteilung — energy distribution
Zählerkonstante — meter constant
Gleichstrommotor — d.c. motor
Antriebsmotor — drive motor

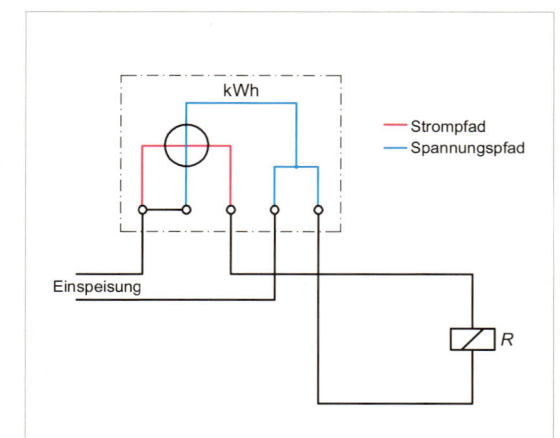

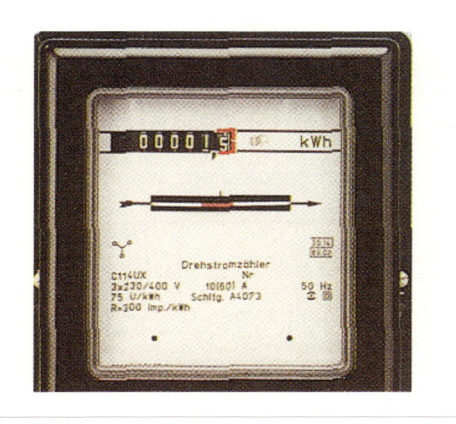

Wirkungsgrad

Auftrag

Sie werden beauftragt, die Stromaufnahme des Garagentor-Antriebsmotors vor Ort zu bestimmen.

Nach Demontage der Abdeckung ist der Antriebsmotor zugänglich. Auf seinem *Leistungsschild* stehen u.a. folgende Angaben:

24 V DC   180 W   450 Nm

Gleichstrommotor (DC)
- 24-V-Gleichspannung
- Leistung 180 W
- Drehmoment 450 Nm

Durchführung der Strommessung (→ 148)
- Eine Anschlussleitung des Motors abklemmen
- Vielfachmessgerät auf höchsten Strommessbereich einstellen
- Messgerät in den Stromkreis schalten (z.B. mit Hilfe von Krokodilklemmen)

1 Elektrizitätszähler

- Garagentorantrieb einschalten (höchste Vorsicht!)
- Stromstärke ablesen (evtl. Messbereich verringern)

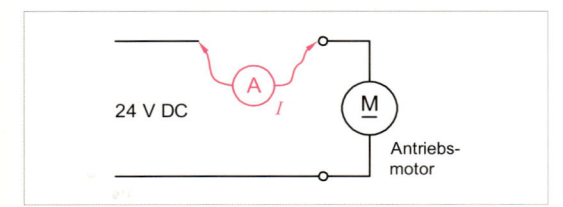

1 Strommessung am Garagentor-Antriebsmotor

Es wird gemessen: $I = 9{,}8$ A.

Elektrische Leistungsaufnahme des Antriebsmotors:

$P_{el} = U \cdot I = 24$ V $\cdot 9{,}8$ A $= $ **235,2 W**

Leistungsschildangabe:

$P = $ **180 W**

Auf dem **Leistungsschild** des Motors steht die *abgegebene mechanische Leistung*. Sie ist für die Antriebsaufgabe interessant.

Wegen der zwangsläufig auftretenden *Verluste* im Motor (z.B. erwärmt sich der Motor beim Betrieb) ist die *abgegebene mechanische Leistung* P_{ab} stets geringer als die zugeführte elektrische Leistung $P_{el} = P_{zu}$.

$P_{zu} = 235{,}2$ W

$P_{ab} = 180$ W

Verlustleistung:

$P_V = P_{zu} - P_{ab} = 235{,}2$ W $- 180$ W $= 55{,}2$ W

> Das Verhältnis der abgegebenen Leistung zur zugeführten Leistung eines technischen Systems (hier Elektromotor) wird *Wirkungsgrad* genannt.

$\eta = \dfrac{P_{ab}}{P_{zu}}$

η Wirkungsgrad
P_{ab} abgegebene Leistung in W
P_{zu} zugeführte Leistung in W

Der **Wirkungsgrad** des Motors beträgt:

$\eta = \dfrac{P_{ab}}{P_{zu}} = \dfrac{180 \text{ W}}{235{,}2 \text{ W}} = 0{,}765 = 76{,}5\ \%$

Der Wirkungsgrad kann auch in *Prozent* angegeben werden. Er ist stets kleiner als 1 bzw. 100 %.

Elektrowärme

Verriegelungsmagnet und Elektromotor *erwärmen* sich beim Betrieb.

Die Wärmeerzeugung ist in beiden Fällen *nicht der erwünschte technische Zweck*. Daher wird die Wärmeerzeugung als **Verlust** angesehen.

Technisch bedeutsam ist, dass die *Wärmeverluste* nicht zu einer *unzulässig hohen Temperatur* des technischen Systems (z.B. Motor) führen.

Der *Verriegelungsmagnet* hat eine verhältnismäßig große metallische Oberfläche, die eine gute *Wärmeableitung* an die Umgebungsluft ermöglicht.

Elektromotoren verfügen über eingebaute *Lüfter*, die eine starke *Wärmeabfuhr* unterstützen.

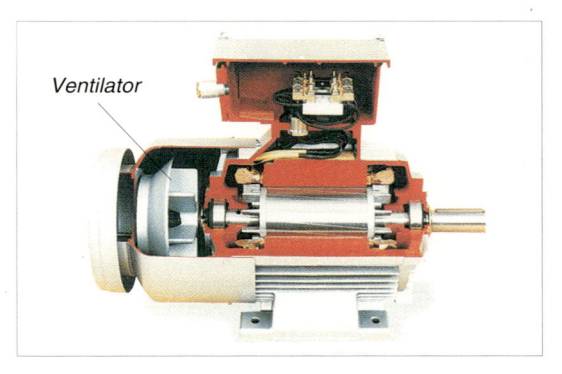

2 Motorlüfter

Hätte der Verriegelungsmagnet ein *Kunststoffgehäuse*, wäre die Wärmeabfuhr aus dem Inneren des Systems nicht so gut möglich.

Unterschiedliche Stoffe lassen sich unterschiedlich gut erwärmen, da sie einen unterschiedlichen atomaren Aufbau haben.

> Die *spezifische Wärmekapazität* c gibt an, welche Wärmeenergie aufzuwenden ist, um eine Masse von 1 kg um 1 Kelvin zu erwärmen.

In einem Körper gespeicherte Wärmeenergie (*Wärmemenge*)

$Q = m \cdot c \cdot \Delta\vartheta$

Q Wärmemenge in J, Ws
m Masse in kg
$\Delta\vartheta$ Temperaturänderung in K
c spezifische Wärmekapazität in $\dfrac{\text{J}}{\text{kg} \cdot \text{K}}$

Torverriegelung aufbauen und testen, Wirkungsgrad, Elektrowärme

Information

Energieerhaltungssatz

Energie kann weder erzeugt werden noch verloren gehen. Sie lässt sich immer nur von einer Energieform in eine andere umwandeln.

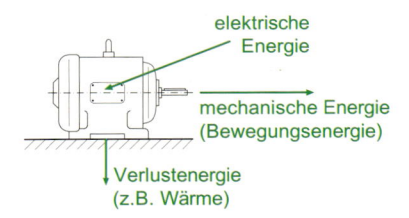

Nach dem *Energieerhaltungssatz* ist die Bezeichnung „Verlustenergie" natürlich nicht korrekt. Auch Wärme ist eine Energieform, die durch Umwandlung aus elektrischer Energie „gewonnen" werden kann.
Im Sinne der *Nutzanwendung* (beim Elektromotor Bewegungsenergie) ist die Wärmeenergie als Verlustenergie (kurz Verlust) aufzufassen.

Wirkungsgrad

Formelzeichen: η
Eta, griechischer Kleinbuchstabe
Der Wirkungsgrad ist ein Maß für die Wirtschaftlichkeit der Energieumwandlung.

$$\text{Wirkungsgrad} = \frac{\text{abgegebene Energie (Nutzenergie)}}{\text{zugeführte Energie}}$$

$$\eta = \frac{W_{ab}}{W_{zu}}$$

Mit den Leistungen:

$$\eta = \frac{W_{ab}}{W_{zu}} = \frac{P_{ab} \cdot t}{P_{zu} \cdot t} = \frac{P_{ab}}{P_{zu}}$$

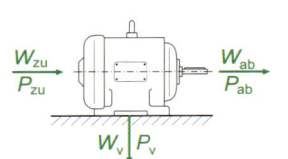

Prozentuale Angabe des Wirkungsgrades

$$\eta_\% = \frac{P_{ab}}{P_{zu}} \cdot 100\,\% = \frac{W_{ab}}{W_{zu}} \cdot 100\,\%$$

Zum Beispiel 40-W-Glühlampe

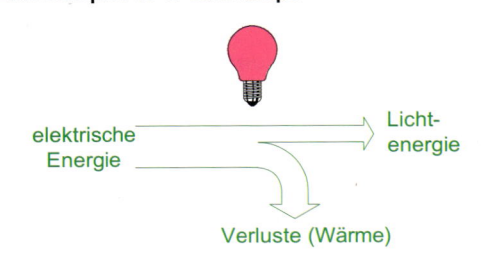

Lichtenergie: ca. 0,6 W
Wärmeenergie: ca. 39,4 W

Wirkungsgrad:

$$\eta = \frac{P_{ab}}{P_{zu}} = \frac{0,6\,W}{40\,W} = 0,015 = 1,5\,\%$$

Sicherlich keine wirtschaftliche Art, elektrische Energie in Licht umzuwandeln.

Wärmeenergie, Wärmemenge
Formelzeichen: Q
Einheit: Ws oder J
Beachten Sie: 1 Ws = 1 J (Joule)

Spezifische Wärmekapazität
Formelzeichen: c
Einheit: $\frac{J}{kg \cdot K}$

Wärme ist eine Energieform, die durch Umwandlung aus anderen Energieformen (z.B. elektrischer Energie) „gewonnen" werden kann.
Wird zum Beispiel ein elektrischer Widerstand R von Strom durchflossen, so wird *ein Teil* der elektrischen Energie $W = I^2 \cdot R \cdot t$ in Wärmeenergie umgewandelt.
Die den Widerstand durchfließenden Ladungsträger bewegen sich zwischen den Atomen des Werkstoffs wie in einem „reibenden Stoff".
Durch Zusammenstöße mit den beweglichen Ladungsträgern wird den Atomen Energie zugeführt, die diese zu stärkeren Wärmeschwingungen veranlasst.
Je stärker die *Wärmeschwingungen*, umso höher ist die Temperatur.

Wärmeübertragung
Wärme wird stets von *Stellen höherer Temperatur* zu *Stellen niedriger Temperatur* übertragen.

Es wird dabei unterschieden zwischen:

Wärmeleitung (z.B. bei Metallen)

Wärmeströmung, Konvektion
(z.B. bei Gasen und Flüssigkeiten)

Wärmestrahlung

Gute *elektrische Leiter* sind auch gute *Wärmeleiter*. Schlechte elektrische Leiter sind auch schlechte Wärmeleiter.

Der *Wärmeübertragung* wird ein Widerstand entgegengesetzt, den man **thermischen Widerstand** R_{th} nennt.

Joule
Nach James Prescott Joule, engl. Physiker (1818 – 1889)

Kelvin
Nach William Lord Kelvin, engl. Physiker (1824 – 1907)

0 K = – 273 °C

Einheit der spezifischen Wärmekapazität:

$$Q = m \cdot c \cdot \Delta\vartheta \rightarrow c = \frac{Q}{m \cdot \Delta\vartheta} \qquad [c] = \frac{J}{kg \cdot K}$$

Spezifische Wärmekapazität (Beispiele)

Werkstoff	c in $\frac{J}{kg \cdot K}$
Aluminium	920
Eisen	460
Kupfer	390
Luft	1000
Wasser	4190

Um einem Körper die **Wärmemenge**

$$Q = m \cdot c \cdot \Delta\vartheta$$

zuzuführen, muss die **elektrische Energie**

$$W = P \cdot t \cdot \eta$$

umgewandelt werden.

$$W = Q$$
$$P \cdot t \cdot \eta = m \cdot c \cdot \Delta\vartheta$$

$$P = \frac{m \cdot c \cdot \Delta\vartheta}{\eta \cdot t}$$

- P elektrische Leistung in W
- m Masse, die erwärmt wird in kg
- c spezifische Wärmekapazität in $\frac{J}{kg \cdot K}$
- $\Delta\vartheta$ Temperaturunterschied in K
- η Wirkungsgrad
- t Zeitdauer der Erwärmung in s

Anwendung

Der Verriegelungsmagnet hat ein Aluminiumgehäuse mit der Masse 160 Gramm ($m = 160$ g). Nach vierstündiger Betriebszeit hat sich die Gehäusetemperatur von 20 °C auf 45 °C erhöht ($\Delta\vartheta = 25$ K). Welche Verlustleistung tritt dabei bei Vernachlässigung des Wirkungsgrades auf?

$$P = \frac{m \cdot c \cdot \Delta\vartheta}{t}$$

$$P = \frac{0{,}16 \, kg \cdot 920 \, \frac{J}{kg \cdot K} \cdot 25 \, K}{4 \, h \cdot 3600 \, \frac{s}{h}} = 0{,}26 \, W$$

Die Verlustleistung 0,26 W wird nicht zum Anziehen des Stiftes (technischer Zweck), sondern zur Erwärmung des Gehäuses (Verlust) aufgewendet.

Englisch

Anschlussleitung
connecting attachment, flying lead, service line, access line

Leistungsaufnahme
load capacity

Verlustleistung
dissipation, power loss

Wirkungsgrad
efficiency (factor)

Wärme
heat

Wärmekapazität, spezifische
heat capacity, specific

Wärmemenge
quantity of heat

Wärmeleitung
thermal conduction

Wärmeübertragung
heat transfer

Wärmewiderstand
thermal resistance

Wärmewirkungsgrad
thermal efficiency

Wärmestrahlung
heat radiation

Wärmeströmung
heat flow

Konvektion
heat convection

Gehäuse
case, casing, housing, box, cubicle, cabinet

Aluminiumgehäuse
aluminium case (housing)

Grundschaltungen der Elektrotechnik

Auftrag

Für die Verriegelung des Garagentors sind zwei Verriegelungsmagneten vorgesehen, die gleichzeitig öffnen bzw. schließen sollen.

Sie werden beauftragt, eine technische Lösung für den Betrieb der zwei Verriegelungsmagneten zu erarbeiten.

Der Stromkreis mit *einem* Verriegelungsmagneten arbeitet ordnungsgemäß.
Die notwendigen Leitungen und deren Absicherung sind ausgewählt.
Auch im Dauerbetrieb erwärmt sich der Verriegelungsmagnet nicht unzulässig.

Torverriegelung aufbauen und testen, Reihenschaltung

Nun sind aber *zwei* Verriegelungsmagneten in den Stromkreis zu schalten.

1. Versuch

Die Magneten werden *hintereinander* (in Reihe) geschaltet und an 24 V DC angeschlossen.

1 Verriegelungsmagneten in Reihe geschaltet

An dieser Spannung sollen die Magneten später betrieben werden (→ Technische Daten, Seite 20).
Die Stifte der Magneten werden *nicht bewegt*. Die Verriegelungsmagneten arbeiten nicht einwandfrei.
Die *Spannungen* an den beiden Magneten werden gemessen.

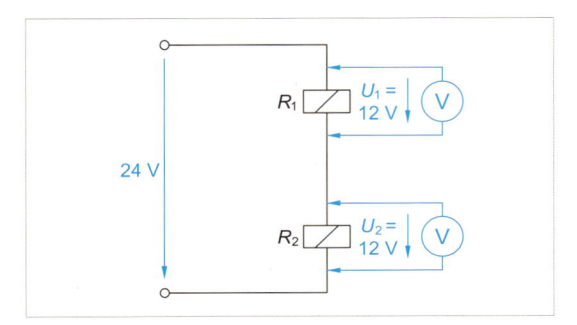

2 Spannungsmessung an der Reihenschaltung

An jedem Magneten liegt nur noch die Spannung 12 V an.

$U_1 = U_2 = 12$ V.

Die Spannung hat sich also halbiert. Beide Spannungen zusammen (die Summe der Spannungen) ergibt die anliegende Spannung 24 V.

24 V = $U_1 + U_2$
24 V = 12 V + 12 V

Die Verriegelungsmagneten sind *in Reihe* geschaltet. Bei der **Reihenschaltung** gilt:

> Die Gesamtspannung ist gleich der Summe der Teilspannungen.
>
> $U = U_1 + U_2 + \cdots + U_n$

Die Spannung an den Magneten hat sich also halbiert (nicht mehr 24 V, nur noch 12 V). Dies ist vermutlich der Grund, warum die Magneten nicht einwandfrei arbeiten.

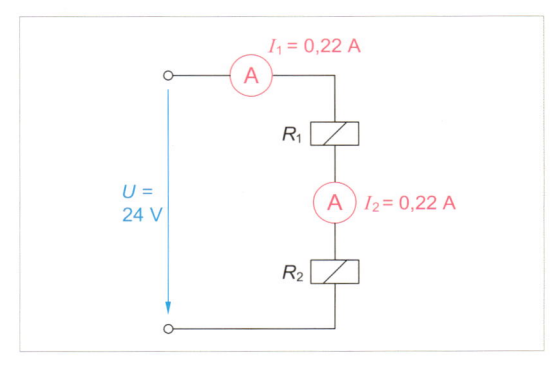

3 Strommessung in der Reihenschaltung

Gemessen wird in beiden Fällen ein Strom von 0,22 A.

$I_1 = I_2 = 0{,}22$ A

> Bei der Reihenschaltung ist die Stromstärke an allen Stellen der Schaltung gleich groß.
>
> $I_1 = I_2 = \cdots = I_n = I$

Bei Anschluss des Verriegelungsmagneten an 12 V wird in ihm die Leistung 2,64 W umgesetzt. Die Nennleistung eines Magneten beträgt aber 10,5 W laut Herstellerangabe (→ 20).

Es ist also nicht verwunderlich, dass die *in Reihe* geschalteten Verriegelungsmagneten nicht einwandfrei arbeiten.

Bei *Reihenschaltung* liegt an jedem Magneten noch 12 V an. Die *Stromstärke* im Kreis hat sich *halbiert*.

Die anliegende Spannung von 24 V treibt durch die *Reihenschaltung* der Verriegelungsmagneten den Strom 0,22 A.

Eine einzelne Spule wird an 12 V von 0,22 A durchflossen.

Schaltung von Widerständen → 51, Strom- und Spannungsmessung → 145

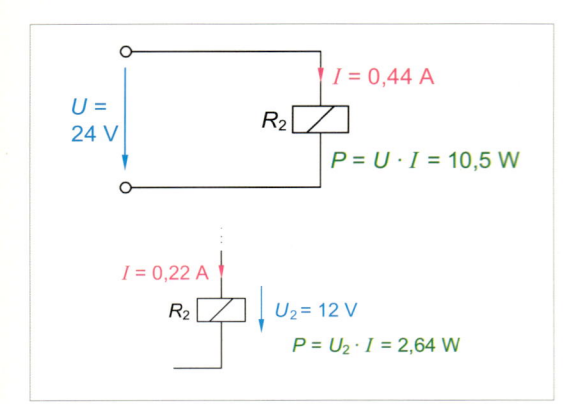

Elektrische Systeme analysieren und Funktionen prüfen

$U = 24\,V$
$I = 0{,}44\,A$
R_2
$P = U \cdot I = 10{,}5\,W$

$I = 0{,}22\,A$
R_2
$U_2 = 12\,V$
$P = U_2 \cdot I = 2{,}64\,W$

1 Leistung des Verriegelungsmagneten (→ 20)

Durch die *Reihenschaltung* beider Magneten hat sich der *Widerstand* offensichtlich erhöht (→ 51). Eine *Widerstandsmessung* ergibt $R = 110\,\Omega$.

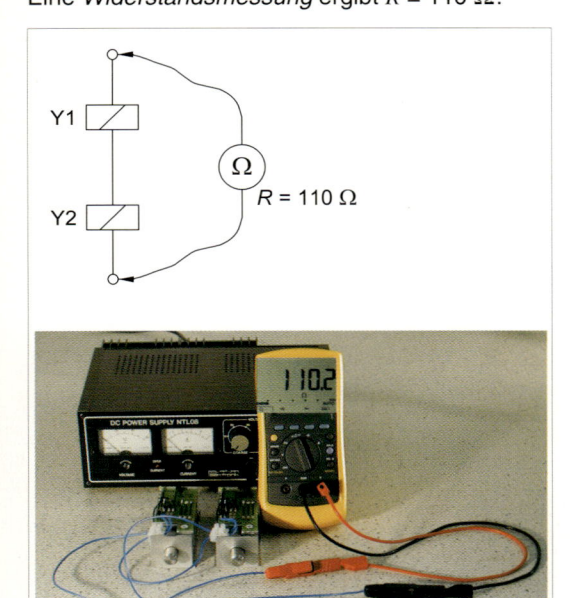

Y1
Y2
Ω
$R = 110\,\Omega$

2 Widerstandsmessung der Reihenschaltung

Stromstärke im Kreis:
$$I = \frac{U}{R} = \frac{24\,V}{110\,\Omega} = 0{,}22\,A$$

Ein *einzelner* Verriegelungsmagnet hat einen Widerstand von $55\,\Omega$.

Werden *zwei* Magneten *in Reihe* geschaltet, erhöht sich der Widerstand auf $110\,\Omega$.

Der *Gesamtwiderstand* der Reihenschaltung ist gleich der Summe der in Reihe geschalteten Widerstandswerte.

$R_g = R_1 + R_2$
$R_g = 55\,\Omega + 55\,\Omega = 110\,\Omega$

Allgemein gilt:

$R_g = R_1 + R_2 + \cdots + R_n$

R_g Gesamtwiderstand in Ω
R_1, R_2, R_n Teilwiderstände in Ω

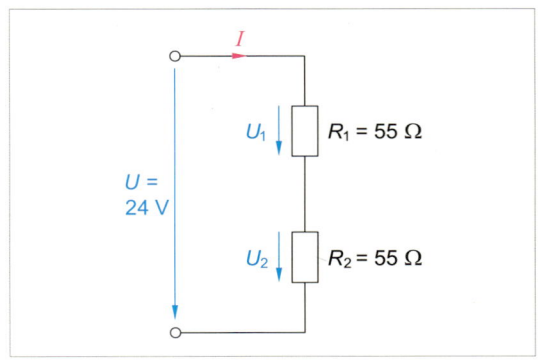

I
U_1 $R_1 = 55\,\Omega$
$U = 24\,V$
U_2 $R_2 = 55\,\Omega$

3 Reihenschaltung der Verriegelungsmagneten

- *Die Widerstände der Magneten sind gleich groß*
$R_1 = R_2 = 55\,\Omega$
Gesamtwiderstand: $R_g = R_1 + R_2 = 110\,\Omega$
Stromstärke im Kreis:
$$I = \frac{U}{R_g} = \frac{U}{R_1 + R_2} = \frac{24\,V}{55\,\Omega + 55\,\Omega} = 0{,}22\,A$$

Diese Stromstärke ist in beiden Widerständen gleich groß.
In Reihe geschaltete Widerstände werden alle vom gleichen Strom durchflossen.

Spannungsfälle an den Widerständen (→ 50):
$U_1 = I \cdot R_1 = 0{,}22\,A \cdot 55\,\Omega = 12\,V$
$U_2 = I \cdot R_2 = 0{,}22\,A \cdot 55\,\Omega = 12\,V$

Da die beiden Widerstände den gleichen Wert haben ($R_1 = R_2$), sind die Spannungsfälle an den Widerständen gleich groß ($U_1 = U_2$).

Für jeden Fall gilt:
$U_1 + U_2 = U$

Die Summe der Spannungsfälle ist so groß wie die anliegende Gesamtspannung.

Torverriegelung aufbauen und testen, Reihenschaltung

• *Die Widerstände der Magneten sind ungleich*

Durch einen *Windungsschluss* hat sich der Widerstand eines Magneten auf $R_2 = 25\,\Omega$ verringert.

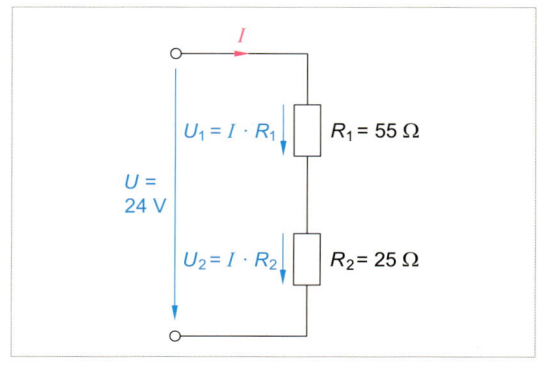

1 Die Widerstände sind ungleich groß

Stromstärke im Kreis:

$$I = \frac{U}{R_1 + R_2} = \frac{24\,\text{V}}{55\,\Omega + 25\,\Omega} = 0{,}3\,\text{A}$$

Teilspannungen:

$U_1 = I \cdot R_1 = 0{,}3\,\text{A} \cdot 55\,\Omega = 16{,}5\,\text{V}$
$U_2 = I \cdot R_2 = 0{,}3\,\text{A} \cdot 25\,\Omega = 7{,}5\,\text{V}$

Die *Summe der Teilspannungen* ist auch hier gleich der *Gesamtspannung*.

$U_1 + U_2 = U$
$16{,}5\,\text{V} + 7{,}5\,\text{V} = 24\,\text{V}$

Am *größeren Widerstand* fällt die *höhere Spannung* ab:

$R_1 = 55\,\Omega \rightarrow U_1 = 16{,}5\,\text{V}$
$R_2 = 25\,\Omega \rightarrow U_2 = 7{,}5\,\text{V}$

Allgemein gilt:

> Die Spannungen an den Widerständen verhalten sich bei der Reihenschaltung wie die Widerstandswerte.
>
> $$\frac{U_1}{U_2} = \frac{R_1}{R_2}$$

Beispiel

$$\frac{16{,}5\,\text{V}}{7{,}5\,\text{V}} = \frac{55\,\Omega}{25\,\Omega}$$

> Bei der Bemessung von Widerständen ist nicht nur der Widerstandswert, sondern auch die Leistung des Widerstandes zu bestimmen.

Anwendung

Die Glühlampe eines Leuchttasters hat an 130 V die Leistung 2,2 W. Sie wird durch Vorschalten eines Widerstandes an 230 V betrieben.
Wie groß muss dieser Widerstand sein?

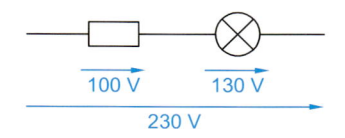

Am Widerstand muss ein Spannungsfall von

$U_R = 230\,\text{V} - 130\,\text{V} = 100\,\text{V}$

auftreten.

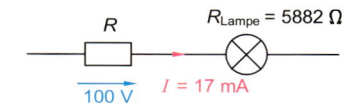

Der Widerstand der Glühlampe hat den Wert:

$$R_{\text{Lampe}} = \frac{(U_{\text{Lampe}})^2}{P_{\text{Lampe}}} \qquad \left(P = \frac{U^2}{R} \rightarrow R = \frac{U^2}{P}\right)$$

$$R_{\text{Lampe}} = \frac{(130\,\text{V})^2}{2{,}2\,\text{W}} = 7682\,\Omega$$

Stromstärke in der Lampe:

$$I = \frac{U_{\text{Lampe}}}{R_{\text{Lampe}}} = \frac{130\,\text{V}}{7682\,\Omega} = 17\,\text{mA}$$

Da bei Reihenschaltung die Stromstärke im gesamten Kreis gleich ist, durchfließt dieser Strom auch den vorgeschalteten Widerstand R.

Der Widerstand R liegt an 100 V und wird vom Strom 17 mA durchflossen. Damit kann der Widerstandswert errechnet werden.

$$R = \frac{U_R}{I} = \frac{100\,\text{V}}{0{,}017\,\text{A}} = 5882\,\Omega$$

Andere Möglichkeit zur Strombestimmung:

$P_{\text{Lampe}} = U_{\text{Lampe}} \cdot I$

$$I = \frac{P_{\text{Lampe}}}{U_{\text{Lampe}}} = \frac{2{,}2\,\text{W}}{130\,\text{V}} = 17\,\text{mA}$$

In diesem Fall kann auf die Berechnung des Lampenwiderstandes verzichtet werden.

Im vorgeschalteten Widerstand R wird die Leistung

$P_R = I^2 \cdot R = (0{,}017\,\text{A})^2 \cdot 5882\,\Omega = 1{,}7\,\text{W}$

Information

Verbraucherzählpfeilsystem

- **Bei Spannungsquellen**
  Der Spannungspfeil zeigt vom Plus- zum Minuspol
- **Bei Verbrauchern**
  Der Spannungspfeil zeigt vom höheren zum niedrigeren Potenzial. Also in Richtung des Stromflusses für die technische Stromrichtung.

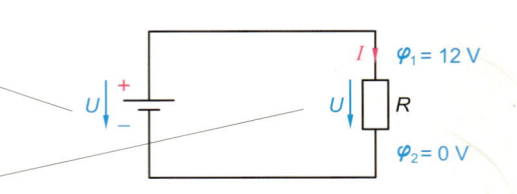

$\varphi_1 = 12\text{ V}$
$\varphi_2 = 0\text{ V}$

Maschenumlauf

Die *Summe der Spannungen* in einem geschlossenen Stromkreis (einer *Netzmasche* oder kurz *Masche*) ist Null.
Dies ist Aussage des *2. kirchhoffschen Satzes*.

- Willkürlichen Ausgangspunkt wählen
- Willkürliche Umlaufrichtung wählen

Spannungspfeilrichtung und Umlaufrichtung sind gleich: Die Spannung wird *positiv* gezählt.

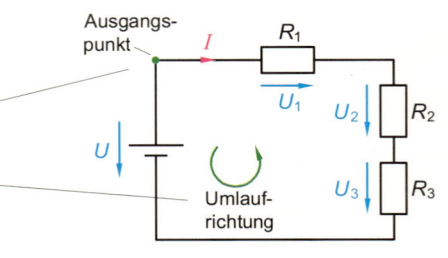

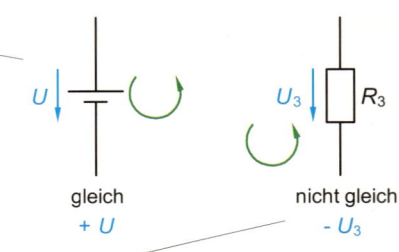

gleich
+ U

nicht gleich
− U_3

Spannungspfeilrichtung und Umlaufrichtung sind nicht gleich: Die Spannung wird *negativ* gezählt.

Maschenumlauf:
↻ $U - U_3 - U_2 - U_1 = 0$
(2. kirchhoffscher Satz)
Die Gleichung kann nun nach der gesuchten Spannung umgestellt werden (z.B. nach U_2):
$U_2 = U - (U_1 + U_3)$

Gustav Robert Kirchhoff,
deutscher Physiker (1824 – 1887)

Englisch

Deutsch	Englisch
Reihenschaltung	series connection, connection in series
Parallelschaltung	parallel connection, shunt connection, connection in parallel
in Parallelschaltung	in parallel, in bridge
Spannungsquelle	voltage source, voltage supply
Verbraucher	consumer
Glühlampe	incandescent lamp, filament lamp
Leuchttaster	illuminated control push button, indicator push-button
Unterspannung	under voltage
Lebensdauer	lifetime, life-cycle, operating life, burning life (bei Glühlampen)

Torverriegelung aufbauen und testen, Schaltung von Widerständen

Information

Schaltung von Widerständen

Reihenschaltung

Der Strom ruft an den Teilwiderständen der Reihenschaltung Spannungsfälle hervor:

$U_1 = I \cdot R_1$
$U_2 = I \cdot R_2$
$U_n = I \cdot R_n$

Die Summe der Teilspannungen ist gleich der anliegenden Gesamtspannung:

$U = U_1 + U_2 + \cdots + U_n$

Am größten Widerstand liegt die höchste Teilspannung an.

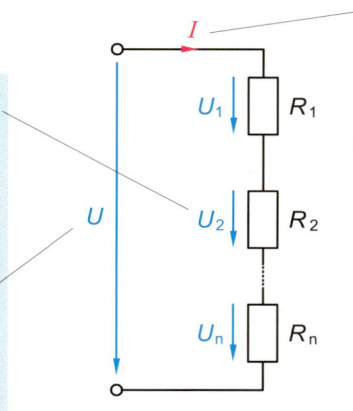

Der Strom ist in allen Widerständen gleich groß.
Die Stromstärke hängt ab von der Spannung U sowie dem Gesamtwiderstand der Reihenschaltung.

$R_g = R_1 + R_2 + \cdots + R_n$

$I = \dfrac{U}{R_g}$

Vorsicht!
Im größeren Widerstand wird die höhere Leistung umgesetzt. Er könnte eventuell zerstört werden.
Schaltung nach Bild 1, Seite 49:

$P_1 = \dfrac{U_1^2}{R_1} = \dfrac{(16{,}5\,\text{V})^2}{55\,\Omega} = 4{,}95\,\text{W}$

$P_2 = \dfrac{U_2^2}{R_2} = \dfrac{(7{,}5\,\text{V})^2}{25\,\Omega} = 2{,}25\,\text{W}$

Parallelschaltung

Die Spannung ist an allen Widerständen gleich groß.
Die Stromstärke in den einzelnen Widerständen ist abhängig von der anliegenden Spannung und dem jeweiligen Widerstandswert.

$I_1 = \dfrac{U}{R_1}$

$I_2 = \dfrac{U}{R_2}$

$I_n = \dfrac{U}{R_n}$

Der in die Parallelschaltung hineinfließende Gesamtstrom ist gleich der Summe der einzelnen Teilströme:

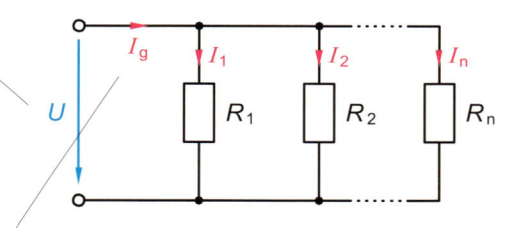

$I_g = I_1 + I_2 + \cdots + I_n$

Die Spannungsquelle wird mit dem Gesamtwiderstand der Parallelschaltung belastet.

$\dfrac{1}{R_g} = \dfrac{1}{R_1} + \dfrac{1}{R_2} + \dfrac{1}{R_n}$

Zwei Widerstände:

$R_g = \dfrac{R_1 \cdot R_2}{R_1 + R_2}$

n-gleiche Widerstände R:

$R_g = \dfrac{R}{n}$

Der Gesamtwiderstand ist kleiner als der kleinste Teilwiderstand.

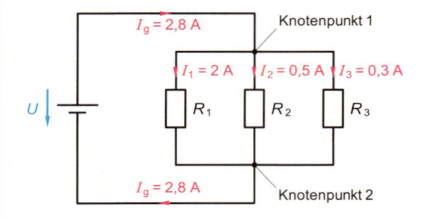

Knotenpunktregel
Die Summe der auf einen Knotenpunkt zufließenden Ströme ist gleich der Summe der von einem Knotenpunkt abfließenden Ströme (1. kirchhoffscher Satz)

Knotenpunkt 1
Zufließende Ströme: $I_g = 2{,}8\,\text{A}$
Abfließende Ströme: $I_1 = 2\,\text{A}$; $I_2 = 0{,}5\,\text{A}$; $I_3 = 0{,}3\,\text{A}$

Knotenpunkt 2
Zufließende Ströme: I_1, I_2, I_3
Abfließende Ströme: I_g

Information

Gruppenschaltung

Kombination von Reihen- und Parallelschaltung (auch „gemischte Schaltung", „zusammengesetzte Schaltung" oder „Widerstandsnetzwerk" genannt)

Sämtliche Widerstände der Gruppenschaltung sind zu einem Gesamtwiderstand zusammenzufassen.

Regeln:

- Ist die *Parallelschaltung* ein Bestandteil der *Reihenschaltung*, so wird zunächst der *Ersatzwiderstand* der Parallelschaltung errechnet; anschließend der *Gesamtwiderstand der Reihenschaltung*.

- Ist die *Reihenschaltung* ein Bestandteil der *Parallelschaltung*, wird zunächst der Gesamtwiderstand der Reihenschaltung, anschließend der *Ersatzwiderstand der Parallelschaltung* berechnet.

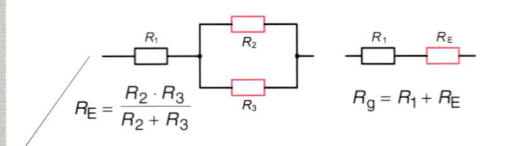

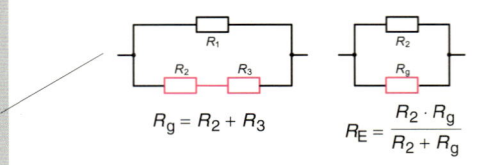

$$R_E = \frac{R_2 \cdot R_3}{R_2 + R_3} \qquad R_g = R_1 + R_E$$

$$R_g = R_2 + R_3 \qquad R_E = \frac{R_2 \cdot R_g}{R_2 + R_g}$$

Unbelasteter Spannungsteiler

Der *Spannungsteiler* besteht aus der Reihenschaltung *von mindestens zwei Widerständen*, an denen die *Gesamtspannung U* anliegt.

Wenn an die Ausgangsklemmen (1) und (2) kein Verbraucher angeschlossen ist, ist der *Spannungsteiler unbelastet*.

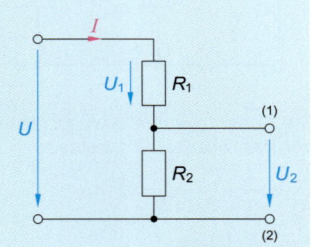

Die Bezeichnung *Spannungsteiler* kommt daher, dass die Gesamtspannung U in die beiden Teilspannung U_1 und U_2 *aufgeteilt* wird.

Stromstärke im Kreis:

$$I = \frac{U}{R_1 + R_2}$$

Teilspannungen an den Widerständen (Spannungsfälle):

$$U_1 = I \cdot R_1$$
$$U_2 = I \cdot R_2$$

Bei unbelastetem Spannungsteiler durchfließt der Strom in gleicher Stärke sowohl R_1 als auch R_2.

Ausgangsspannung:

$$U_2 = I \cdot R_2 = \frac{U}{R_1 + R_2} \cdot R_2 = U \cdot \frac{R_2}{R_1 + R_2}$$

Beispiel

Unbelasteter Spannungsteiler: $U = 24\,\text{V}$; $R_1 = 4{,}7\,\text{k}\Omega$; $R_2 = 6{,}8\,\text{k}\Omega$.

Wie groß ist die Ausgangsspannung U_2?

$$U_2 = U \cdot \frac{R_2}{R_1 + R_2} = 24\,\text{V} \cdot \frac{6{,}8\,\text{k}\Omega}{4{,}7\,\text{k}\Omega + 6{,}8\,\text{k}\Omega} = 14{,}2\,\text{V}$$

Diese Spannung liegt am Widerstand R_2. Der Spannungsfall an R_1 beträgt dann:

$$U_1 = U - U_2 = 24\,\text{V} - 14{,}2\,\text{V} = 9{,}8\,\text{V}$$

Folgerungen:

Die Gesamtspannung ist die Summe der Teilspannungen.

$$U = U_1 + U_2$$
$$(24\,\text{V} = 9{,}8\,\text{V} + 1{,}42\,\text{V})$$

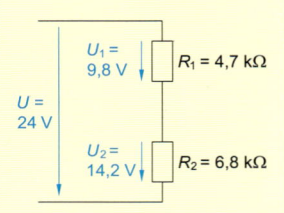

Am größeren Widerstand tritt der höhere Spannungsfall auf.

$R_1 = 4{,}7\,\text{k}\Omega \rightarrow U_1 = 9{,}8\,\text{V}$
$R_2 = 6{,}8\,\text{k}\Omega \rightarrow U_2 = 14{,}2\,\text{V}$

Allgemein formuliert:

Die Spannungen verhalten sich wie die Widerstände.

$$\frac{U_1}{U_2} = \frac{R_1}{R_2}$$

$0{,}69 = 0{,}69$

Information

Verstellbarer Spannungsteiler (Potentiometer)

Beim *verstellbaren Spannungsteiler* ist das Verhältnis der beiden Spannungsteilerwiderstände veränderlich.

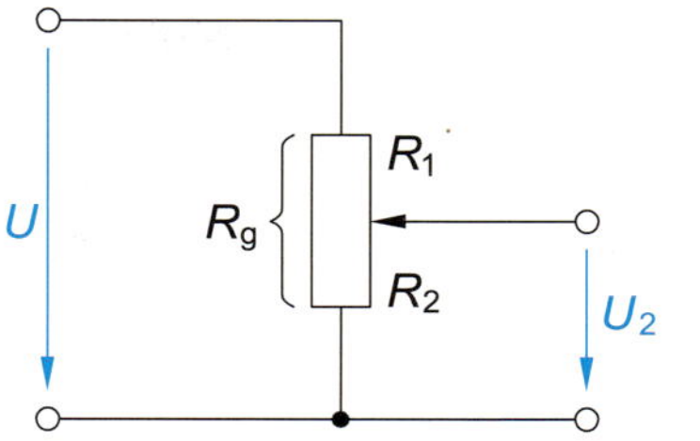

Durch den *verstellbaren Abgriff* wird der Gesamtwiderstand in R_1 und R_2 aufgeteilt. Für das *Verhältnis* gilt:

$$\frac{U_2}{U} = \frac{R_2}{R_g} \rightarrow U_2 = U \cdot \frac{R_2}{R_g}$$

Die Ausgangsspannung U_2 des Teilers ist dem Verhältnis R_2/R_g verhältnisgleich (proportional). Je größer R_2, umso größer wird U_2.

Beispiel
Potentiometer: $R_g = 3{,}3\ k\Omega$; $U = 12\ V$
Verlauf der Ausgangsspannung U_2 wenn R_2 zwischen 0 und 3 kΩ

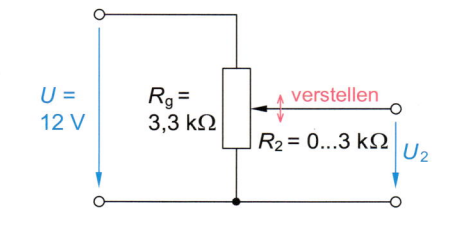

$$U_2 = U \cdot \frac{R_2}{R_g}$$

$$U_2 = 12\ V \cdot \frac{R_2}{3{,}3\ k\Omega}$$

R_2 in kΩ	0	0,5	1,0	1,5	2,0	2,5	3,0
U_2 in V	0	1,82	3,64	5,45	7,27	9,1	10,9

(Werte gerundet)

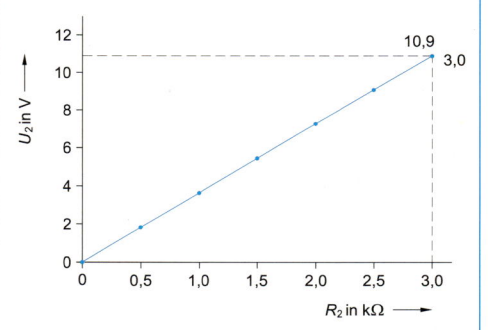

Kennlinie
Linearer Zusammenhang zwischen U_2 und R_2; die Kennlinie ist eine *Gerade*.

Belasteter Spannungsteiler

Wird ein Verbrauchsmittel (Widerstand R_B) an den unbelasteten Spannungsteiler angeschlossen, so spricht man von einem *belasteten Spannungsteiler*.

R_2 und R_b bilden eine Parallelschaltung

$$R_{2b} = \frac{R_2 \cdot R_b}{R_2 + R_b}$$

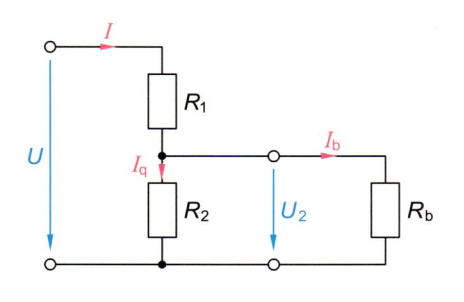

Gesamtwiderstand

$$R_g = R_1 + R_{2b} = R_1 + \frac{R_2 \cdot R_b}{R_2 + R_b}$$

Gesamtstrom

$$I = \frac{U}{R_g} = \frac{U}{R_1 + \frac{R_2 \cdot R_b}{R_2 + R_b}} \quad (\rightarrow 54)$$

Information

Belasteter Spannungsteiler

Der Spannungsfall an der Parallelschaltung ist die *Ausgangsspannung* des belasteten Spannungsteilers.

$$U_2 = I \cdot R_{2b} = I \cdot \frac{R_2 \cdot R_b}{R_2 + R_b}$$

Belastungsstrom

$$I_b = \frac{U_2}{R_b}$$

Querstrom

$$I_q = \frac{U_2}{R_2}$$

Bei *Belastung des Teilers* nimmt die Spannung U_2 ab.

Gesamtwiderstand der Schaltung wird durch R_b verringert → Stromaufnahme I der Schaltung steigt → Spannungsfall an R_1 wird größer → Spannung U_2 nimmt ab.
Der zugeschaltete Belastungswiderstand R_b sollte *deutlich größer* sein als der Gesamtwiderstand des Spannungsteilers.
Außerdem darf der Widerstand des Spannungsteilers nicht zu gering sein, weil sonst I_q (Querstrom) groß wird, was erhebliche *Verluste* bedeuten würde.

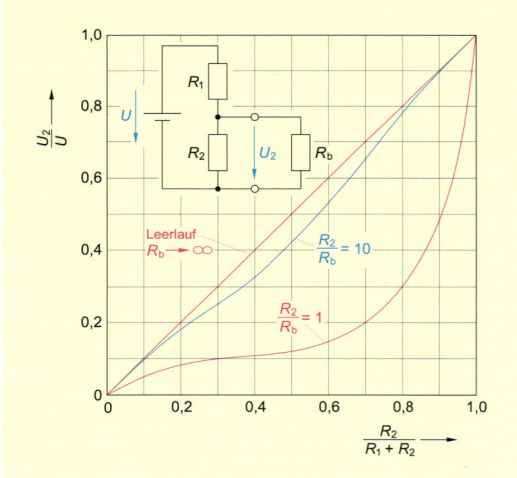

Je kleiner der Belastungswiderstand R_b ist, umso gekrümmter verläuft die Kennlinie. Bei kleinen Werten von R_b sind genaue Spannungswerte U_2 nur schwierig einstellbar. Belastungsschwankungen wirken sich dann relativ stark auf die Ausgangsspannung aus.
Wenn I_q ein Mehrfaches des Laststromes I_b beträgt, ist die Ausgangsspannung relativ lastunabhängig.
Der Spannungsteiler ist nur bei *geringen Lastströmen* sinnvoll einsetzbar (z.B. in der Elektronik).

Beispiel
Die Ausgangsspannung U_2 eines Spannungsteilers soll 0,7 V betragen. Die Eingangsspannung beträgt 9 V.
Der Laststrom beträgt 5 mA. Der Querstrom I_q soll 5-mal so groß sein wie der Laststrom.

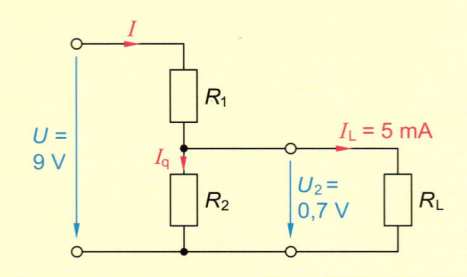

Querstromfaktor
Das Verhältnis I_q/I_L nennt man Querstromfaktor q_i.

$$q_i = \frac{I_q}{I_L} \rightarrow I_q = q_i \cdot I_L = 5 \cdot 5\,\text{mA} = 25\,\text{mA}$$

Gesamtstrom
$$I = I_q + I_L = 25\,\text{mA} + 5\,\text{mA} = 30\,\text{mA}$$

Spannungsteilerwiderstände R_1 und R_2

$$R_1 = \frac{U_1}{I} = \frac{U - U_2}{I} = \frac{9\,\text{V} - 0,7\,\text{V}}{0,03\,\text{A}} = 276,7\,\Omega$$

$$R_2 = \frac{U_2}{I_q} = \frac{0,7\,\text{V}}{25\,\text{mA}} = \frac{0,7\,\text{V}}{0,025\,\text{A}} = 28\,\Omega$$

Gewählt werden die Widerstände 270 Ω und 27 Ω aus der E24-Reihe.

Brückenschaltung

Die *Brückenschaltung* besteht aus der *Parallelschaltung von zwei Spannungsteilern*, die an eine gemeinsame Spannungsquelle angeschlossen sind.

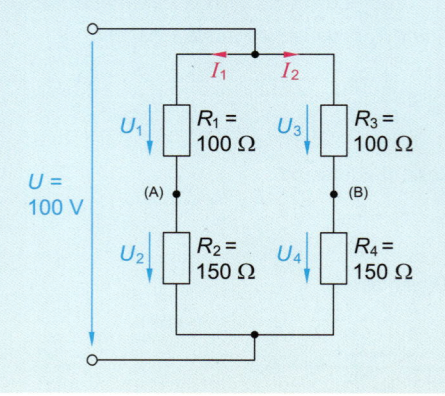

Torverriegelung aufbauen und testen, Spannungsteiler, Brückenschaltung

Information

Brückenschaltung

Ströme in den beiden Spannungsteilerzweigen:

$$I_1 = \frac{U}{R_1 + R_2} = \frac{100\,\text{V}}{100\,\Omega - 150\,\Omega} = 0{,}4\,\text{A}$$

$$I_2 = \frac{U}{R_3 + R_4} = \frac{100\,\text{V}}{100\,\Omega - 150\,\Omega} = 0{,}4\,\text{A}$$

Spannungsfälle an den Widerständen:
$U_1 = I_1 \cdot R_1 = 0{,}4\,\text{A} \cdot 100\,\Omega = 40\,\text{V}$
$U_2 = I_1 \cdot R_2 = 0{,}4\,\text{A} \cdot 150\,\Omega = 60\,\text{V}$
$U_3 = I_2 \cdot R_3 = 0{,}4\,\text{A} \cdot 100\,\Omega = 40\,\text{V}$
$U_4 = I_2 \cdot R_4 = 0{,}4\,\text{A} \cdot 150\,\Omega = 60\,\text{V}$

Die Spannungen U_1 und U_3 sowie U_2 und U_4 sind gleich groß. Bezogen auf den Minuspol der Spannungsquelle hat der Punkt A in der Schaltung das Potenzial $\varphi_A = +60\,\text{V}$. Ebenso hat der Punkt B das Potenzial $\varphi_B = +60\,\text{V}$.

Die Punkte A und B haben also *gleiches Potenzial*. Zwischen den Punkten A und B besteht also *kein Potenzialunterschied*. Also tritt zwischen diesen Punkten *keine elektrische Spannung* auf.

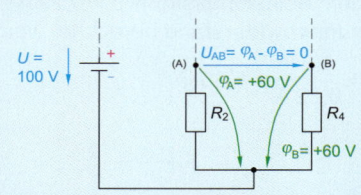

Wenn zwischen den Punkten A und B ein Strommesser geschaltet wird, erfolgt keine Anzeige. Da $U_{AB} = 0$, ist auch $I_{AB} = 0$.

Eine Brückenschaltung ist *abgeglichen*, wenn zwischen den Punkten A und B kein Potenzialunterschied besteht.

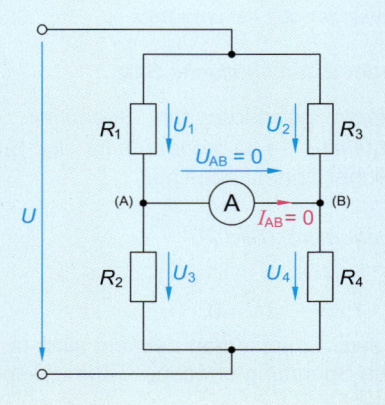

Abgleichbedingung

Voraussetzung für den *Abgleich* einer Brückenschaltung ist:
$U_1 = U_3$
$U_2 = U_4$

Beide Spannungsteiler teilen die Spannung U im gleichen Verhältnis auf.

$$\frac{U_1}{U_2} = \frac{U_3}{U_4}$$

$U_1 = I_1 \cdot R_1 \quad U_2 = I_1 \cdot R_2$
$U_3 = I_2 \cdot R_3 \quad U_4 = I_2 \cdot R_4$

Die Spannungen verhalten sich wie die zugehörigen Widerstände.

$$\frac{I_1 \cdot R_1}{I_1 \cdot R_2} = \frac{I_2 \cdot R_3}{I_2 \cdot R_4}$$

$$\frac{R_1}{R_2} = \frac{R_3}{R_4}$$

Die *Abgleichbedingung* ermöglicht die Bestimmung *eines* Widerstandes der *abgeglichenen* Brückenschaltung, wenn die übrigen Widerstände bekannt sind.

Beispiel
$R_1 = 10\,\Omega$, $R_2 = 10\,\Omega$, $R_3 = 47\,\Omega$
Wie groß ist R_4 bei $I_{AB} = 0$?

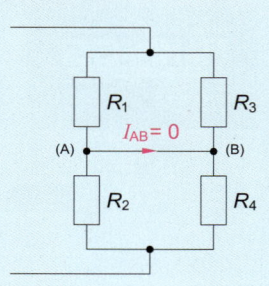

I_{AB} ist nur bei *abgeglichener* Brückenschaltung null.

$$\frac{R_1}{R_2} = \frac{R_3}{R_4} \rightarrow R_4 = R_3 \cdot \frac{R_2}{R_1}$$

$$R_4 = 47\,\Omega \cdot \frac{10\,\Omega}{10\,\Omega} = 47\,\Omega$$

Technische Anwendung finden Brückenschaltungen in der Messtechnik, Steuerungstechnik, Regelungstechnik und Elektronik.

Reihenschaltung von Spannungsquellen

Auftrag

Zwei Verriegelungsmagneten in Reihe arbeiten an der Spannung von 24 V nicht ordnungsgemäß.

Die Betriebsspannung des Garagentorantriebs beträgt jedoch 24 V.
Ein einzelner Akkumulator liefert eine Nennspannung von 12 V.

Ihr Ausbilder schlägt vor, zwei Akkumulatoren in Reihe zu schalten, um dadurch die Akkumulatorspannung zu erhöhen.

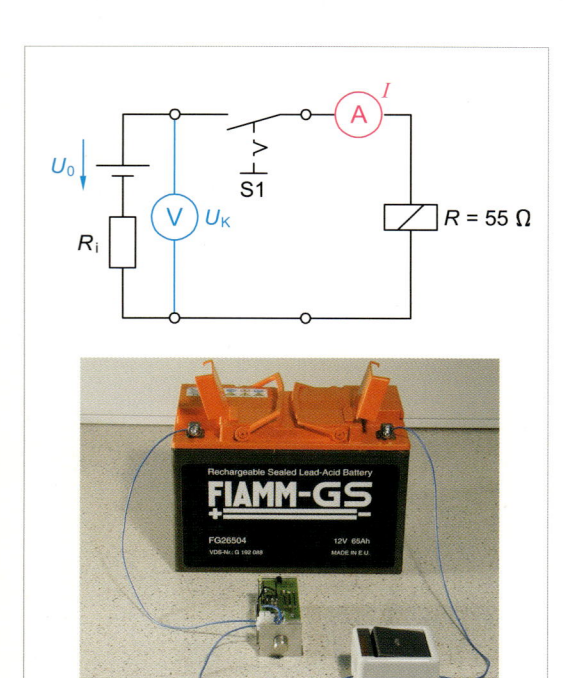

Grund: Bei Belastung des Akkumulators fließt ein Strom im Kreis. Dieser Strom durchfließt auch den Innenwiderstand R_i des Akkumulators.

Bei *Stromfluss* tritt am *Innenwiderstand* ein *Spannungsfall* auf.

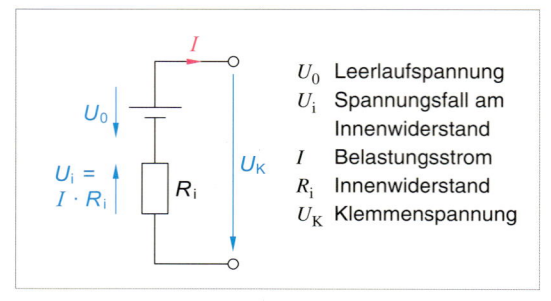

U_0 Leerlaufspannung
U_i Spannungsfall am Innenwiderstand
I Belastungsstrom
R_i Innenwiderstand
U_K Klemmenspannung

2 Spannungen des Akkumulators

Bei *Belastung* durch den Verriegelungsmagneten tritt am *Innenwiderstand* R_i der Spannungsfall

$$U_i = U_0 - U_K = 13{,}2\,V - 12\,V = 1{,}2\,V$$

auf.

Wenn der Belastungsstrom $I = 0{,}22\,A$ beträgt, kann der **Innenwiderstand** berechnet werden.

$$R_i = \frac{U_i}{I} = \frac{1{,}2\,V}{0{,}22\,A} = 5{,}45\,\Omega$$

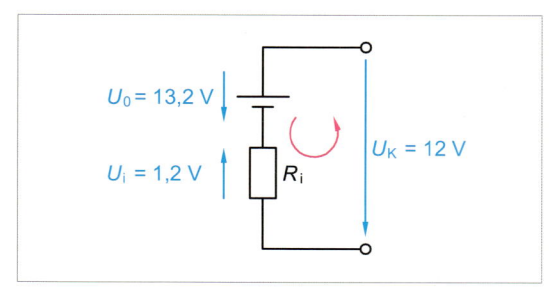

$U_0 = 13{,}2\,V$
$U_i = 1{,}2\,V$
$U_K = 12\,V$

3 Spannungen des Akkumulators

1 Belastung eines Akkus mit Verriegelungsmagnet

Es gilt der *2. kirchhoffsche Satz*:

In einem geschlossenen Stromkreis (auch *Netzmasche* → 50 genannt) ist die Summe sämtlicher Spannungen null.

Ein Akkumulator wird mit *einem* Verriegelungsmagneten belastet.

Schalter S1 offen:
Klemmenspannung am Akkumulator: $U_K = 13{,}2\,V$
Stromstärke im Kreis: $I = 0$

Schalter S2 geschlossen:
Klemmenspannung: $U_K = 12\,V$
Stromstärke: $I = 0{,}22\,A$

Bei *Belastung* sinkt die *Klemmenspannung* U_K ab.

Maschenumlauf (Bild 2):

↻ $U_0 - U_i - U_K = 0$
$13{,}2\,V - 1{,}2\,V - 12\,V = 0$

Wenn zwei Spannungen bekannt sind, lässt sich die dritte Spannung errechnen. Zum Beispiel:

↻ $U_0 - U_i - U_K = 0 \rightarrow U_i = U_0 - U_K$

Schaltung von Spannungsquellen → 60

Zwei Akkumulatoren (in Reihe geschaltet) werden mit *einem* Verriegelungsmagneten belastet.

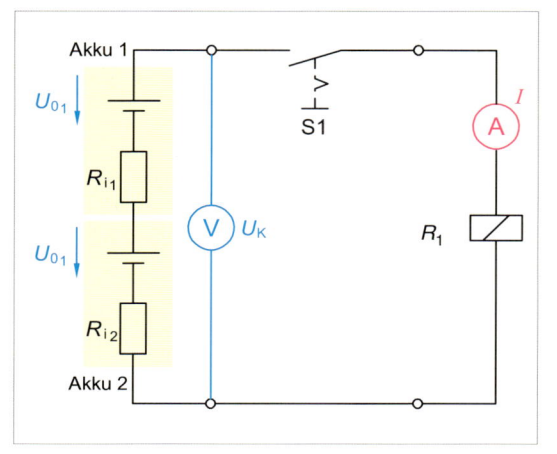

1 Zwei Akkumulatoren in Reihe geschaltet

Schalter S1 offen: $U_K = 26{,}4\text{ V}; I = 0$
Schalter S1 geschlossen: $U_K = 24\text{ V}; I = 0{,}44\text{ A}$

> Bei in Reihe geschalteten Akkumulatoren addieren sich die Leerlaufspannungen.
>
> $U_{0_g} = U_{0_1} + U_{0_2}$

$26{,}4\text{ V} = 13{,}2\text{ V} + 13{,}2\text{ V}$

Die **Reihenschaltung** der zwei Akkumulatoren ist notwendig, da die *Nennspannung* der Verriegelungsmagneten 24 V beträgt.
Außerdem arbeitet der *Antriebsmotor des Garagentores* mit 24 V DC.

Information

Leerlaufspannung U_0
Spannung an den Klemmen ohne Belastung (kein Belastungswiderstand angeschlossen).

Klemmenspannung U_K
Spannung zwischen den (zugänglichen) Anschlussklemmen einer Spannungsquelle.

Ohne Belastung entspricht die Klemmenspannung der Leerlaufspannung.

Bei Belastung ist die Klemmenspannung um den *Spannungsfall am Innenwiderstand* kleiner als die Leerlaufspannung.

Je kleiner der *Innenwiderstand*, umso geringer ist der Spannungseinbruch bei Belastung.

Parallelschaltung

Da eine Reihenschaltung nicht in Frage kommt, werden die beiden Verriegelungsmagneten nun *parallel* (nebeneinander) *geschaltet*.
Die Parallelschaltung wird von den beiden in Reihe geschalteten Akkumulatoren (Klemmenspannung 24 V) betrieben.

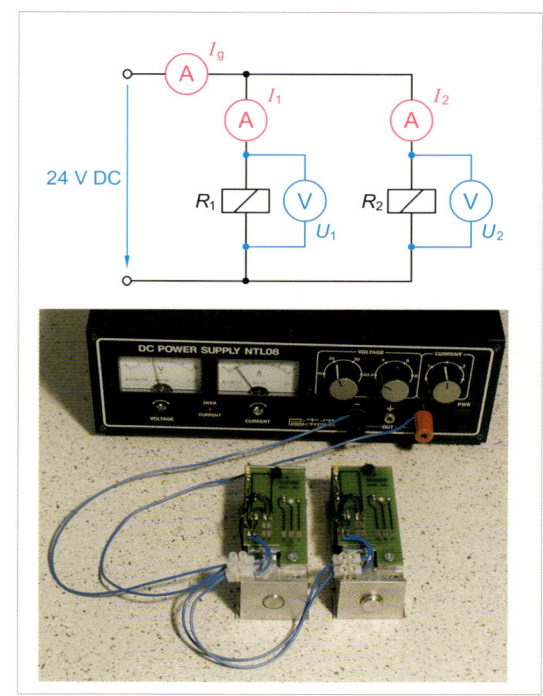

2 Parallelschaltung der Verriegelungsmagneten

Messergebnisse:
$U_1 = 24\text{ V}$ $\quad U_2 = 24\text{ V}$
$I_1 = 0{,}436\text{ A}$ $\quad I_2 = 0{,}436\text{ A}$ $\quad I_g = 0{,}872\text{ A}$

Schlussfolgerung:

Bei der **Parallelschaltung**
- liegt an jedem Verbraucher die gleiche Spannung (hier 24 V);
- ist der Gesamtstrom gleich der Summe der Teilströme durch die einzelnen Verbraucher
  $I_g = I_1 + I_2$
  $0{,}872\text{ A} = 0{,}436\text{ A} + 0{,}436\text{ A}$

Die *Parallelschaltung* ist in der elektrischen Energietechnik die meist angewendete Schaltung, da die einzelnen Betriebsmittel mit der Bemessungsspannung betrieben werden müssen.

Auch die beiden *parallel geschalteten* Verriegelungsmagneten arbeiten an 24 V mit den **Bemessungsbedingungen**.
Die Verriegelungsmagneten sind also *parallel zu schalten*.
Dem *Akkumulator* wird bei einer Klemmenspannung von $U_K = 24$ V der Strom $I_g = 0{,}872$ A entnommen.

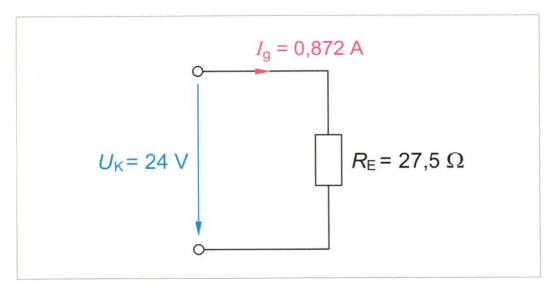

$$R_g = \frac{R_1}{n} = \frac{R_2}{n} = \frac{55\,\Omega}{2} = 27{,}5\,\Omega$$

> Allgemein gilt bei der *Parallelschaltung beliebiger Widerstandswerte*:
>
> $$\frac{1}{R_g} = \frac{1}{R_1} + \frac{1}{R_2} + \cdots + \frac{1}{R_n}$$
>
> Der Kehrwert des Ersatzwiderstandes ist gleich der Summe der Kehrwerte der parallel geschalteten Teilwiderstände.

$$\frac{1}{R_E} = \frac{1}{55\,\Omega} + \frac{1}{55\,\Omega}$$

$$\frac{1}{R_E} = \frac{2}{55\,\Omega} \rightarrow R_E = \frac{55\,\Omega}{2} = 27{,}5\,\Omega$$

1 Belastung des Akkus durch die Parallelschaltung

> Sind nur *zwei Widerstände* mit beliebigem Widerstandswert parallel geschaltet, kann auch die *Produktsummenformel* angewendet werden.
>
> $$R_g = \frac{R_1 \cdot R_2}{R_1 + R_2}$$

Die Akkumulatoren werden also mit einem *Ersatzwiderstand* (der Parallelschaltung) von

$$R_E = \frac{U_K}{I_g} = \frac{24\,\text{V}}{0{,}872\,\text{A}} = 27{,}5\,\Omega$$

belastet.
Durch den Ersatzwiderstand $R_E = 27{,}5\,\Omega$ wird der Gesamtstrom $I_g = 0{,}872$ A getrieben.

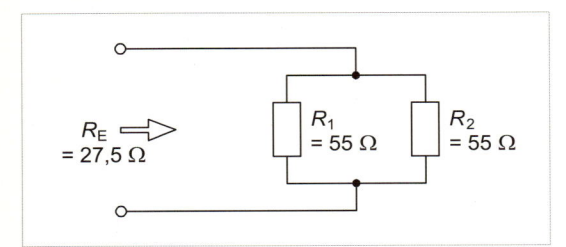

$$R_g = \frac{55\,\Omega \cdot 55\,\Omega}{55\,\Omega + 55\,\Omega} = 27{,}5\,\Omega$$

Information

Der Gesamtwiderstand der Parallelschaltung wird auch als *Ersatzwiderstand* R_E bezeichnet.
Er hat die gleiche Wirkung wie die Teilwiderstände der Parallelschaltung. Der Spannungsquelle wird der gleiche Strom entnommen.

Bemessungsbedingungen
An der Bemessungsspannung wird der Bemessungsstrom aufgenommen.

Dabei wird im System die Bemessungsleistung umgesetzt.

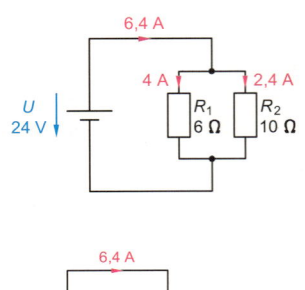

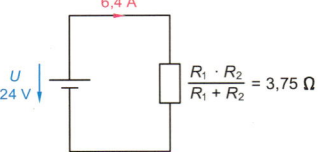

2 Ersatzwiderstand von zwei parallelen Widerständen

Die zwei *parallel geschalteten* Widerstände der Verriegelungsmagneten ($R_1 = R_2 = 55\,\Omega$) ergeben den *Ersatzwiderstand* $R_E = 27{,}5\,\Omega$ (Bild 2).

> Wenn die parallel geschalteten Widerstände *den gleichen Wert* haben, ist der *Ersatzwiderstand* gleich *deren Widerstandswert*, geteilt durch die *Anzahl* der parallel geschalteten Widerstände.
>
> $$R_g = \frac{R}{n}$$

Anwendung

Wenn die beiden Verriegelungsmagneten mit den Widerständen $R_1 = 55\,\Omega$ und $R_2 = 55\,\Omega$ an Spannung ($U = 24\,V$) liegen, soll die Meldelampe P1 dies signalisieren.

a) Wie groß ist der Gesamtwiderstand der Schaltung?
b) Mit welchem Strom wird der Akkumulator belastet?
c) Wie groß ist die Stromstärke der Meldelampe?

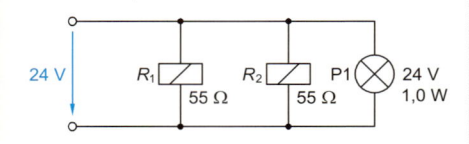

zu a) $R_1 = 55\,\Omega$; $R_2 = 55\,\Omega$

Widerstand der Meldelampe:

$$P = \frac{U^2}{R_3} \rightarrow R_3 = \frac{U^2}{P} = \frac{(24\,V)^2}{1\,W} = 576\,\Omega$$

$$\frac{1}{R_E} = \frac{1}{R_1} + \frac{1}{R_2} + \frac{1}{R_3}$$

$$\frac{1}{R_E} = \frac{1}{55\,\Omega} + \frac{1}{55\,\Omega} + \frac{1}{576\,\Omega} = 0{,}0381\,\frac{1}{\Omega}$$

$$R_E = \frac{1}{0{,}0381\,\frac{1}{\Omega}} = 26{,}25\,\Omega$$

zu b) $I_g = \dfrac{U}{R_E} = \dfrac{24\,V}{26{,}25\,\Omega} = 0{,}914\,A$

zu c) $I_3 = \dfrac{U}{R_3} = \dfrac{24\,V}{576\,\Omega} = 0{,}0417\,A = 41{,}7\,mA$

Zum *Belastungsstrom* I_B lieferte jede parallel geschaltete Spannungsquelle ihren Beitrag.

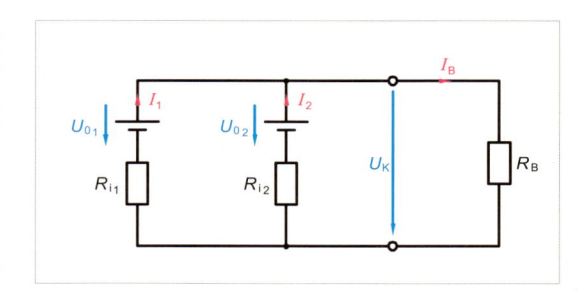

$$I_B = I_1 + I_2$$

2 Belastungsstrom bei der Parallelschaltung

Wenn ein Akkumulator die Kapazität 65 Ah hat ($\rightarrow$ 22), kann ihm z.B. 1 Stunde lang der Strom 65 A entnommen werden.

Werden zwei dieser Akkumulatoren parallel geschaltet, so gilt:

- 2 Stunden der Strom 65 A oder
- 1 Stunde der Strom 130 A

Bei Parallelschaltung von zwei gleichen Akkumulatoren *verdoppelt* sich die Belastungsfähigkeit.

In unserem Fall ist die *Parallelschaltung nicht sinnvoll*. Die Belastungsfähigkeit eines Akkus reicht aus.
Benötigt wird eine Spannungserhöhung auf 24 V, was durch *Reihenschaltung* von zwei Akkumulatoren erreicht wird.

Parallelschaltungen von Spannungsquellen

Die *Parallelschaltung von Spannungsquellen* führt *nicht* zu einer Spannungserhöhung. Allerdings kann den parallel geschalteten Spannungsquellen ein *höherer Strom* entnommen werden.

$$U_{0_1} = U_{0_2} = U_0$$

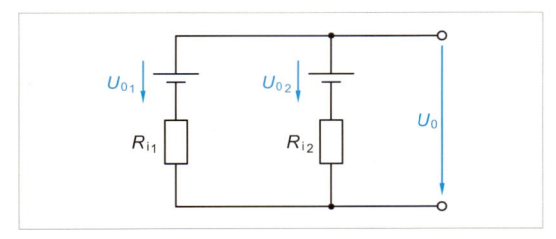

1 Parallelschaltung von Spannungsquellen

Schaltung von Spannungsquellen $\rightarrow$ 60

Arbeitsergebnisse

Nachdem die notwendigen Auftragsarbeiten (noch in der Werkstatt) erledigt sind, tragen Sie dem Meister die Ergebnisse vor.

Die zwei Verriegelungsmagneten sind parallel an 24 V DC zu betreiben.

Die Spannung 24 V DC wird von zwei in Reihe geschalteten 12-V-Akkumulatoren zur Verfügung gestellt.

Als Leitung wird NYM 3 × 1,5 mm^2 verwendet, die in Elektro-Installationsrohr verlegt und mit einer 6-A-Schmelzsicherung geschützt wird.

Der im Werkstattversuch eingebaute Schalter wird vor Ort nicht benötigt, da die Verriegelungsmagneten vor dem Öffnen des Tores automatisch an Spannung gelegt werden sollen.

Information

Schaltung von Spannungsquellen

• Reihenschaltung
Die *Teilspannungen* addieren sich zur Gesamtspannung.
$$U_0 = U_{0_1} + U_{0_2} + \cdots + U_{0_n}$$

Die *Innenwiderstände* addieren sich.
$$R_i = R_{i_1} + R_{i_2} + \cdots + R_{i_n}$$

Die Reihenschaltung dient zur Erhöhung der Gesamtspannung. Nachteilig ist dabei die Erhöhung des Innenwiderstandes R_i. Spannungsfall an R_i und Verluste werden größer.

• Parallelschaltung
Die Spannung ändert sich nicht.
$$U_0 = U_{0_1} + U_{0_2} + \cdots + U_{0_n}$$

Die Strombelastbarkeit nimmt zu.
$$I_B = I_1 + I_2 + \cdots + I_n$$

Die Innenwiderstände sind parallel geschaltet
$$\frac{1}{R_i} = \frac{1}{R_1} + \frac{1}{R_2} + \cdots + \frac{1}{R_n}$$

Anwendung findet die Parallelschaltung, wenn die Spannung einer Spannungsquelle ausreicht, ihre Strombelastbarkeit aber ungenügend ist.

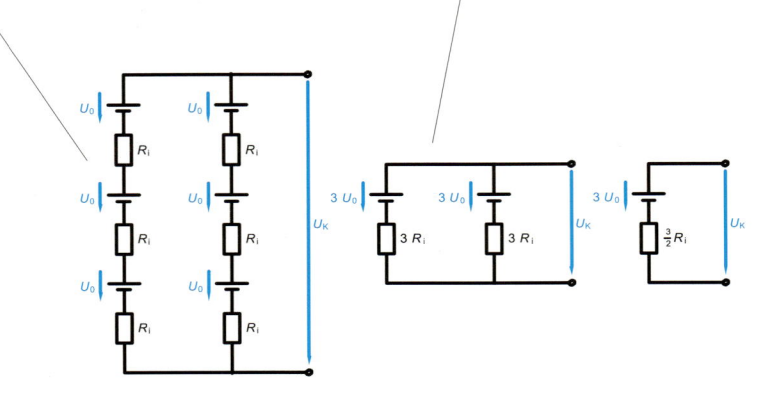

• Gruppenschaltung
Erfüllt zwei Forderungen:
– Spannungserhöhung (Reihenschaltung)
– Erhöhung der Strombelastbarkeit (Parallelschaltung)
Es gelten die Gesetzmäßigkeiten der Reihen- und Parallelschaltung.

Englisch

Deutsch	English
Knotenpunkt	branch point, nodal point
Gruppenschaltung	series parallel (Batterie), series multiple connection
Leerlaufspannung	no-load voltage, open circuit voltage
Klemmenspannung	terminal voltage
Innenwiderstand	internal resistance, source resistance
Belastung	load, loading, demand
Ersatzwiderstand	substitutional resistance, equivalent resistance, on-state slope resistance
Nennbedingungen	ratings
Nennleistung	rated power, nominal power, rated output, wattage rating
Meldelampe	signal lamp, indicating lamp
Strombelastbarkeit	ampacity
Federkraft	spring force
Magnet	magnet
Magnetfeld	magnetic field
Kraftfeld	force field, field of force
Feldlinie	flux line, field line, gradient line
Spule	coil, inductance coil
Windung	turn
Wicklung	winding
Magnetnadel	magnetic needle
Feldlinienbild	field pattern

Torverriegelung aufbauen und testen, Magnetfeld

Magnetisches Feld

Auftrag

Wenn der Verriegelungsmagnet an Spannung gelegt wird, zieht der Stift an. Der Zugang wird dadurch entriegelt.

Bei Abschalten der Spannung wird der Stift durch Federkraft wieder in die Verriegelungsposition geschoben.

Ihr Ausbilder bittet Sie, die Wirkungsweise des Verriegelungsmagneten zu erarbeiten.

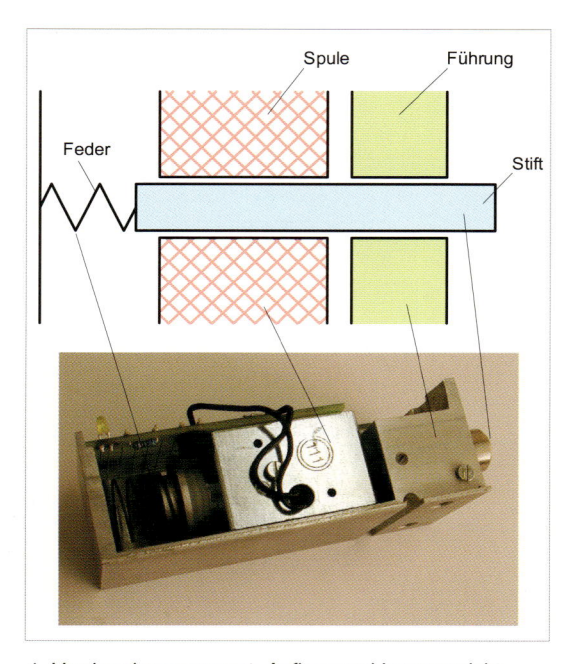

1 Verriegelungsmagnet, Aufbau und Innenansicht

2 Spulen

Das wesentliche elektrotechnische Element des Verriegelungsmagneten ist die **Spule**.

Eine *Spule* ist ein isolierter elektrischer Leiter, der auf einen *Spulenkörper* aufgewickelt (aufgespult) ist (Bild 2).

Der Leiter wird dabei N-fach um den Spulenkörper herumgeführt. Dadurch entsteht eine **Wicklung** mit der **Windungszahl** N.

Wicklungsanfang und *Wicklungsende* werden zum *elektrischen Anschluss* herausgeführt.

Anschluss einer Spule an 24-V-Gleichspannung:

Die Spule wird vom *Strom I* durchflossen. Eine unmittelbare Wirkung ist nicht erkennbar.

Wenn eine *Magnetnadel* (Kompass) in Spulennähe gebracht wird, wird sie aus der normalen Nord-Süd-Richtung abgelenkt.

Nach Unterbrechung des Stromes kehrt die Kompassnadel in ihre Ruhelage zurück.

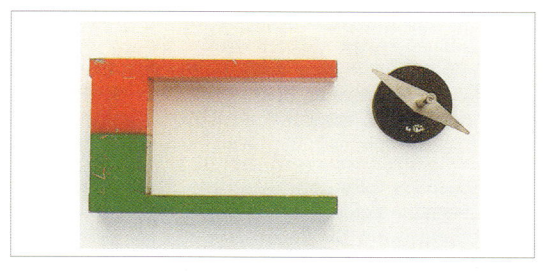

3 Ablenkung einer Kompassnadel (Dauermagnet)

Folgerung:

Eine stromdurchflossene Spule umgibt sich mit einem *Magnetfeld*.

Das Magnetfeld wird anschaulich durch *magnetische Feldlinien* beschrieben.

Magnetische Feldlinien (Bild 1, Seite 62)
- sind in sich geschlossen. Sie treten am *Nordpol* des Magneten aus und in den *Südpol* des Magneten ein.
  Innerhalb des Magneten verlaufen sie vom Süd- zum Nordpol.
- lassen sich außerhalb des Magneten durch *Eisenfeilspäne* „sichtbar" machen.
  (Eisenfeilspäne sind *Prüfkörper* für das Magnetfeld.)

1 Magnetfeld einer Spule und Feldlinienbild eines Dauermagneten (mit Magnetnadeln sichtbar gemacht)

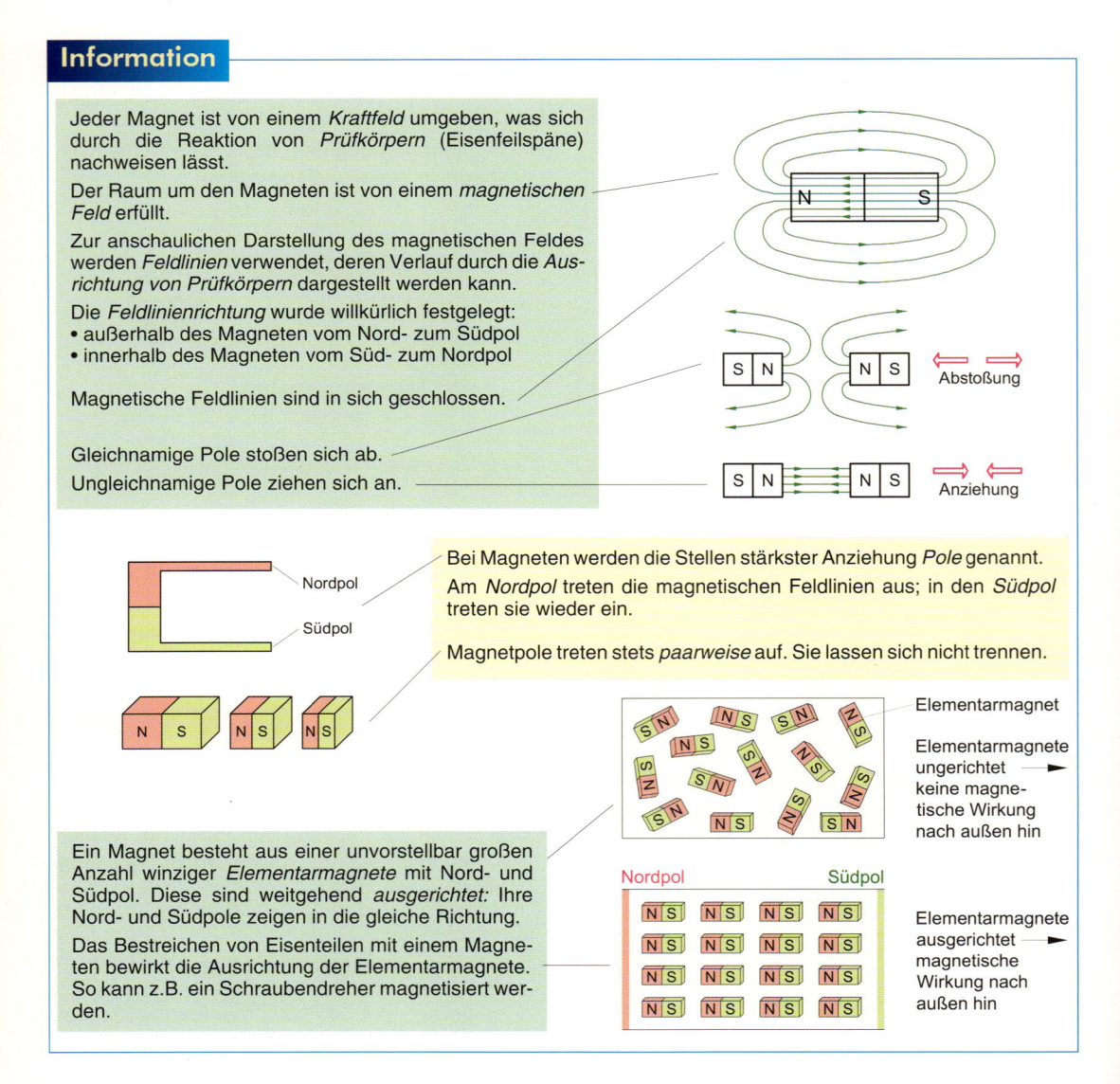

N Nordpol
S Südpol

Information

Jeder Magnet ist von einem *Kraftfeld* umgeben, was sich durch die Reaktion von *Prüfkörpern* (Eisenfeilspäne) nachweisen lässt.

Der Raum um den Magneten ist von einem *magnetischen Feld* erfüllt.

Zur anschaulichen Darstellung des magnetischen Feldes werden *Feldlinien* verwendet, deren Verlauf durch die *Ausrichtung von Prüfkörpern* dargestellt werden kann.

Die *Feldlinienrichtung* wurde willkürlich festgelegt:
• außerhalb des Magneten vom Nord- zum Südpol
• innerhalb des Magneten vom Süd- zum Nordpol

Magnetische Feldlinien sind in sich geschlossen.

Gleichnamige Pole stoßen sich ab.
Ungleichnamige Pole ziehen sich an.

Bei Magneten werden die Stellen stärkster Anziehung *Pole* genannt.
Am *Nordpol* treten die magnetischen Feldlinien aus; in den *Südpol* treten sie wieder ein.

Magnetpole treten stets *paarweise* auf. Sie lassen sich nicht trennen.

Ein Magnet besteht aus einer unvorstellbar großen Anzahl winziger *Elementarmagnete* mit Nord- und Südpol. Diese sind weitgehend *ausgerichtet:* Ihre Nord- und Südpole zeigen in die gleiche Richtung.

Das Bestreichen von Eisenteilen mit einem Magneten bewirkt die Ausrichtung der Elementarmagnete. So kann z.B. ein Schraubendreher magnetisiert werden.

Elementarmagnet

Elementarmagnete ungerichtet
keine magnetische Wirkung nach außen hin

Elementarmagnete ausgerichtet
magnetische Wirkung nach außen hin

Information

Elektromagnetismus

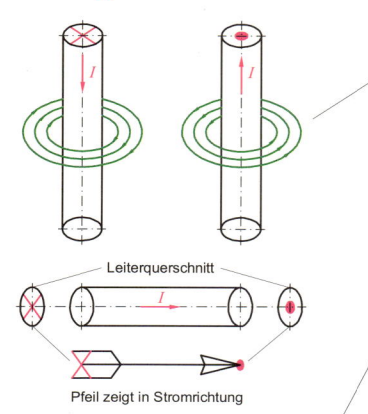

Ein *stromdurchflossener Leiter* umgibt sich mit einem *Magnetfeld*. Die *Richtung* des Magnetfeldes hängt von der *Stromrichtung* ab. Sie kann mit der *Rechtsschraubenregel* bestimmt werden.

Magnetismus ist die Wirkung bewegter elektrischer Ladungsträger.

Jeder magnetisierbare Stoff ist ein *Metall*.

Metalle haben eine *Kristallstruktur*. Bestandteile des *Kristallgitters* sind die positiven Atomionen und die beweglichen Elektronen (→ 26).

Die *Atomionen* bestehen außer aus positiven und neutralen Kernbausteinen aus *gebundenen Elektronen*, die den Kern umkreisen. Die den Kern umkreisenden Elektronen sind *bewegte Ladungsträger*.

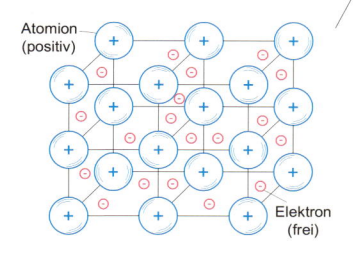

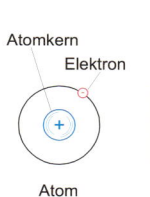

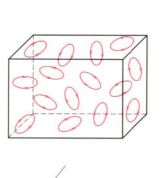

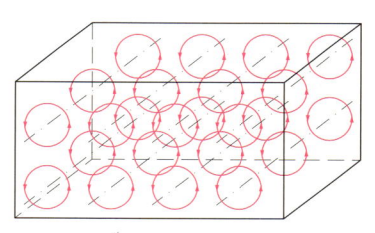

Leiterquerschnitt

Pfeil zeigt in Stromrichtung

Atomion (positiv)

Elektron (frei)

Atomkern
Elektron

Atom

Im *Kristallgitter* fließt somit eine unvorstellbar große Anzahl geringster *Kreisströme*, auch *Elementarströme* genannt.

In der Regel sind die Elementarströme völlig ungeordnet. Ihre magnetischen Wirkungen heben sich auf.

Metalle sind dann *magnetisierbar*, wenn sich ihre *Elementarströme ausrichten* lassen.

Elektronen kreisen nicht nur um den Atomkern, sie drehen sich auch um sich selbst. Diese Eigendrehung der Elektronen wird *Spin* genannt.

Beim *Dauermagneten* wird der Spin vieler Elektronen ausgerichtet. Die *gemeinsame Wirkung* der *ausgerichteten* Elementarströme ist ein starkes Magnetfeld.

Die **Polarität** des Magnetfeldes (Nordpol, Südpol) ist abhängig von der *Stromrichtung* in der Spule.

Bei *Stromrichtungsänderung* vertauschen sich die Magnetpole (Bild 1, Seite 64). Auch dies ist mit einer Kompassnadel nachweisbar.

Folgerung:
Die Stromrichtung bestimmt die Richtung (die Polarität) des Magnetfeldes. Den Zusammenhang zeigt Bild 2, Seite 64 für eine Windung.

Eine *stromdurchflossene* Windung (ein *stromdurchflossener* Leiter) umgibt sich mit einem *Magnetfeld* in Form von *konzentrischen Kreisen*.

Der *gemeinsame Mittelpunkt* dieser konzentrischen Kreise ist die *Windung* (der Leiter).

Die *Richtung* des Magnetfeldes kann durch die **Rechtsschraubenregel** bestimmt werden.

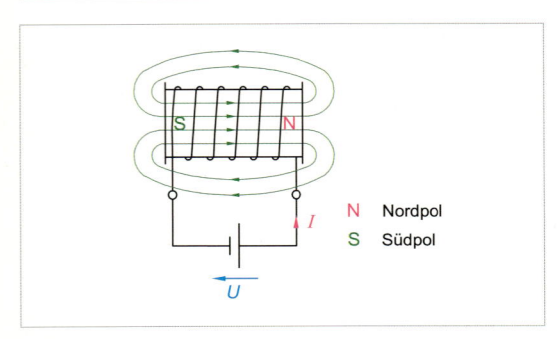

1 Stromrichtung und Magnetfeldrichtung

N Nordpol
S Südpol

2 Strom und Magnetfeld einer Windung

Wird eine Rechtsschraube so gedreht, dass ihr Vorschub in Richtung des Stromes zeigt, dann gibt die Drehrichtung der Schraube die Magnetfeldrichtung an.

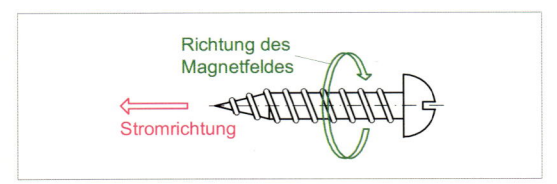

3 Rechtsschraubenregel

Magnetischer Fluss

Die *Anzahl* der Feldlinien (*Summe* der Feldlinien) wird **magnetischer Fluss** Φ genannt.

Einheit des magnetischen Flusses:
Vs (Voltsekunde)   1 Vs = 1 Wb (Weber)

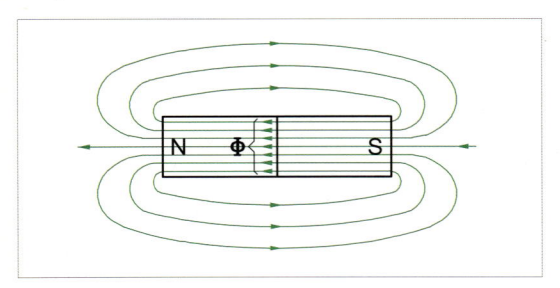

4 Magnetischer Fluss

Anzahl der Feldlinien gering:
deringer magnetischer Fluss.

Anzahl der Feldlinien hoch:
großer magnetischer Fluss.

Magnetische Flussdichte

Sie ist ein Maß für die *Dichte* der magnetischen Feldlinien. Das heißt für die Anzahl der Feldlinien (Φ) pro Flächenelement (A).

$$B = \frac{\Phi}{A} \qquad [B] = \frac{Vs}{m^2} = T \quad \text{(Tesla)}$$

B magnetische Flussdichte in Vs/m², T
Φ magnetischer Fluss in Vs
A Fläche, von Feldlinien senkrecht durchsetzt in m²

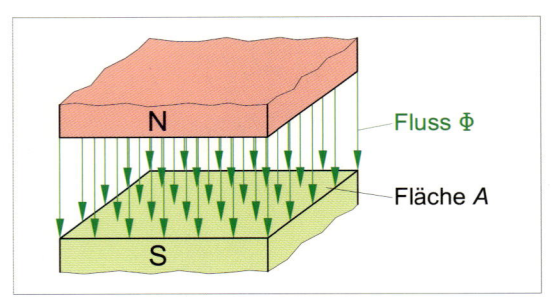

5 Magnetische Flussdichte

Die *Flussdichte B* ist ein Maß für die *Stärke* des Magnetfeldes. Je stärker das Magnetfeld, umso höher ist die Anzahl der Feldlinien pro Flächenelement.

Information

Φ
Phi, griechischer Großbuchstabe
Weber
Wilhelm, Physiker (1804 – 1891)
Tesla
Nicola, Physiker (1856 – 1943)

Magnetische Durchflutung

Die *magnetische Wirkung* ist abhängig von der *elektrischen Stromstärke*.

Gleiche magnetische Wirkung bei:

1 Leiter und 90 A
2 Leiter und 45 A
3 Leiter und 30 A
4 Leiter und 22,5 A
5 Leiter und 18 A

usw.

Ursache der *magnetischen Wirkung* ist die *Stromstärke* in den Leitern bzw. Windungen einer Spule.

Man spricht von der elektrischen **Durchflutung** Θ.

- *Magnetfeld wird von mehreren stromdurchflossenen Leitern erzeugt*

Die *Durchflutung* ist die *Summe* der Einzelstromstärken.

$$\Theta = I_1 + I_2 + \cdots + I_n$$

Θ Durchflutung in A
I Einzelstromstärke in A

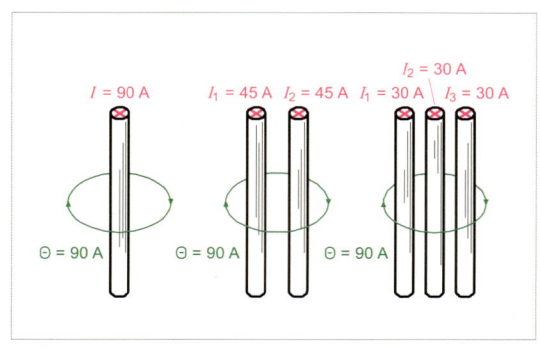

1 Durchflutung

- *Magnetfeld wird von einer Spule erzeugt*

Bei einer *Spule* mit *N-Windungen* wird das Magnetfeld vom Spulenstrom *N-mal* durchflutet.

$$\Theta = I \cdot N$$

Θ Durchflutung in A
I Spulenstrom in A
N Windungszahl

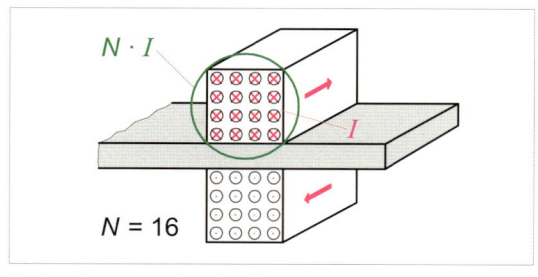

2 Durchflutung einer Spule

Magnetische Feldstärke

Die *Durchflutung* einer Spule hängt von der *Stromstärke* und der *Windungszahl* ab. Dabei spielt es keine Rolle, ob die Spule kurz oder lang ist.

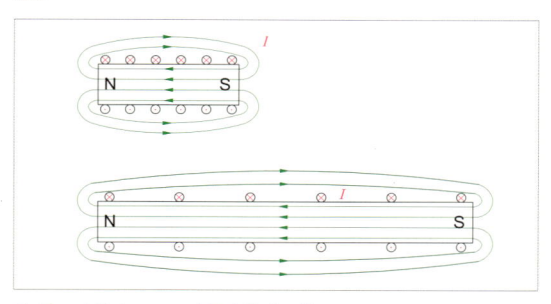

3 Durchflutung und Feldlinienlänge

Die *Feldlinienlänge* ist bei einer kurzen Spule kleiner als bei einer langen Spule.

Die Durchflutung pro Meter oder Zentimeter Feldlinienlänge wird magnetische Feldstärke H genannt.

$$H = \frac{\Theta}{l_m} = \frac{I \cdot N}{l_m}$$

$$[H] = \frac{A}{m}$$

H magnetische Feldstärke in A/m
Θ Durchflutung in A
l_m mittlere Feldlinienlänge in m
I Spulenstromstärke in A
N Windungszahl der Spule

Feldstärke und Flussdichte

Die *magnetische Flussdichte* gibt Auskunft über die *Stärke* des magnetischen Feldes.

Das Magnetfeld ist umso stärker, je *größer* die *Durchflutung* und je *kleiner* die *mittlere Feldlinienlänge* ist.

$B \sim \dfrac{\Theta}{l_\mathrm{m}}$

$B \sim H$

Die magnetische Flussdichte ist der magnetischen Feldstärke proportional.

Außerdem hängt die magnetische Wirkung von dem Stoff ab, den die magnetischen Feldlinien durchsetzen.

Eisen verstärkt die magnetische Wirkung gegenüber einer Luftspule ganz erheblich.

Der *Materialeinfluss* wird durch die **Permeabilität** μ berücksichtigt.

$B = \mu \cdot H$

$B = \mu \cdot H \rightarrow \mu = \dfrac{B}{H}$

$[\mu] = \dfrac{\frac{Vs}{m^2}}{\frac{A}{m}} = \dfrac{Vsm}{Am^2} = \dfrac{Vs}{Am}$

B magnetische Flussdichte in Vs/m²
μ Permeabilität in $\dfrac{Vs}{Am}$
H magnetische Feldstärke in A/m

Die *Permeabilität* (magnetische Durchlässigkeit) ist ein Maß für die *Fähigkeit* eines Stoffes, *magnetische Feldlinien zu leiten*.

Die *Permeabilität* μ wird häufig als Produkt der **magnetischen Feldkonstanten** μ_0 (Permeabilität des Vakuums und angenähert auch von Luft) und der **relativen Permeabilität** μ_r geschrieben.

$\mu = \mu_0 \cdot \mu_r$

$\mu_0 = 1{,}256 \cdot 10^{-6} \; \dfrac{Vs}{Am}$

Die *relative Permeabilität* μ_r gibt an, wie viel mal besser ein Werkstoff die magnetischen Feldlinien leitet als Luft oder das Vakuum.

Relative Permeabilität einiger Stoffe

Stoff	μ_r
Luft	1,0000004
Kupfer	0,99999
Transformatorenblech	8000

Eisen im Magnetfeld $\rightarrow$ 68

Transformatorenblech leitet die magnetischen Feldlinien 8000-mal besser als Luft.

Anwendung

Die technischen Daten des Verriegelungsmagneten lauten u.a.:

$U = 24\,V$
$I = 0{,}45\,A$
$P = 10{,}5\,W$

Laut Herstellerangaben ist die Spule mit Kupferlackdraht des Durchmessers 0,35 mm gewickelt.

a) Wie viel Meter Kupferlackdraht werden benötigt?

An 24 V DC wird der Strom 0,45 A fließen. Der ohmsche Spulenwiderstand (also der Leiterwiderstand des Spulendrahtes) muss den Wert

$R = \dfrac{U}{I} = \dfrac{24\,V}{0{,}45\,A} = 53\,\Omega$

haben. Hierzu ist folgende Länge des Spulendrahtes notwendig:

$d = 0{,}35\,mm$

$q = d^2 \cdot \dfrac{\pi}{4} = (35\,mm)^2 \cdot \dfrac{\pi}{4} = 0{,}0962\,mm^2$

$\rightarrow 67$

Englisch

Elektromagnetismus
electromagnetism

Fluss
flux, flow

Flussdichte
flux density

Voltsekunde
volt-second

Durchflutung
magnetomotive force, mmf

Feldstärke
field strength, field intensity

Permeabilität
permeability

Luftspule
air coil, air-cored coil

Eisenkern
iron core

Magnetisierungskurve
magnetization curve, B-H-curve, saturation curve

Sättigung
saturation

Sättigungszustand
saturation state

Remanenz
remanence, remanent magnetization, residual magnetization

Information

μ
My, griechischer Kleinbuchstabe
Permeabilität
Durchlässigkeit, Durchdringbarkeit

Anwendung

$$R_L = \frac{l}{\gamma \cdot q} \rightarrow l = R \cdot \gamma \cdot q$$

$$l = 53\,\Omega \cdot 56\,\frac{m}{\Omega \cdot mm^2} \cdot 0{,}0962\,mm^2 = 285{,}4\,m$$

b) Stellt die Stromdichte im Spulendraht ein Problem dar?

$$S = \frac{I_n}{q} = \frac{0{,}45\,A}{0{,}0962\,mm^2} = 4{,}7\,\frac{A}{mm^2}$$

Stromdichten bis 8 A/mm² stellen kein Problem dar.

c) Abmessungen des Spulenkörpers

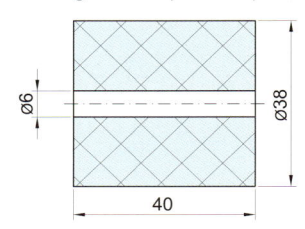

Kann die Länge von ca. 285 m des Drahtes (Ø 0,35 mm) auf diesen Spulenkörper aufgewickelt werden?

$$\frac{40\,mm}{0{,}35\,mm} = 114\,Windungen$$

Länge einer Windung:

$$l_w = d_m \cdot \pi$$

Bestimmung des mittleren Durchmesser d_m der Wicklung:

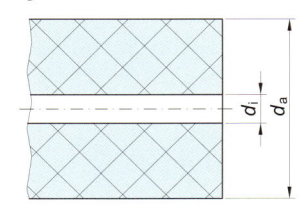

$$d_m = \frac{d_i + d_a}{2}$$

$$d_m = \frac{6\,mm + 38\,mm}{2} = 22\,mm$$

Mittlerer Windungsumfang:

$$U_m = d_m \cdot \pi = 22\,mm \cdot \pi = 69\,mm$$

Bei 114 Windungen pro Lage ergibt sich eine mittlere Lagenlänge von

$$l_{Lage} = 114 \cdot U_m = 114 \cdot 69\,mm$$
$$= 7866\,mm = 7{,}867\,m$$

Anwendung

Wie viele Lagen können übereinander gewickelt werden?

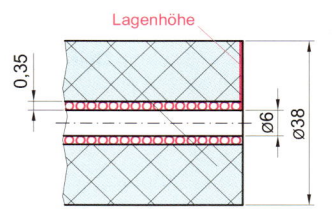

Lagenhöhe: $\dfrac{38\,mm - 6\,mm}{2} = 16\,mm$

Anzahl der Lagen: $\dfrac{16\,mm}{0{,}35\,mm} = 45$

Gesamtlänge der Wicklung:

$l_g = 45\,Lagen \cdot l_{Lage}$

$l_g = 45 \cdot 7{,}867\,m = 354\,m$

Benötigt werden nur ca. 285 m. Die Spulenabmessungen sind zur Aufnahme der Wicklung geeignet.

Zu beachten ist auch, dass die Kupferlackisolation den Kupferdurchmesser ein wenig erhöht, was hier vernachlässigt wurde.

d) Wenn nun eine Spule mit der Drahtlänge 354 m, Drahtdurchmesser 0,35 mm aufgewickelt wird, hat dies Einfluss auf den ohmschen Spulenwiderstand und den Spulenstrom bei 24 V Nennspannung DC.
Berechnen Sie diesen Einfluss.

Ohmscher Spulenwiderstand bei 354 m:

$$R_L = \frac{l}{\gamma \cdot q}$$

$d = 0{,}35\,mm \rightarrow q = 0{,}0962\,mm^2$

$$R_L = \frac{354\,m}{56\,\frac{m}{\Omega \cdot mm^2} \cdot 0{,}0962\,mm^2} = 65{,}7\,\Omega$$

Zunahme von 24 %.

Stromaufnahme der Spule an 24 V:

$$I = \frac{U}{R_L} = \frac{24\,V}{65{,}7\,\Omega} = 365\,mA$$

Stromdichte:

$$S = \frac{I}{q} = \frac{0{,}365\,A}{0{,}0962\,mm^2} = 3{,}8\,\frac{A}{mm^2}$$

Anwendung

Leistungsaufnahme der Spule:

$P = U \cdot I = 24\,V \cdot 0{,}365\,A = 8{,}8\,W$

e) Ohmscher Spulenwiderstand 67,5 Ω. Bestimmen Sie die Windungszahl.

114 Windungen pro Lage
45 Lagen

$N = 114 \cdot 45 = 5130$

f) Welche Durchflutung, magnetische Feldstärke und magnetische Flussdichte werden von dieser Spule erzeugt?

Magnetische Durchflutung:

$\Theta = I \cdot N = 0{,}365\,A \cdot 5130 = 1872{,}5\,A$

Magnetische Feldstärke

$H = \dfrac{\Theta}{l} = \dfrac{1872{,}5\,A}{0{,}04\,m} = 46811\,\dfrac{A}{m}$

Magnetische Flussdichte:

$B = \mu_0 \cdot H = 1{,}256 \cdot 10^{-6}\,\dfrac{Vs}{Am} \cdot 46811\,\dfrac{A}{m}$

$= 5{,}88 \cdot 10 \cdot 10^{-2}\,\dfrac{Vs}{m^2}$

Information

Umfang eines Kreises

$U = d \cdot \pi = 2\pi \cdot r$

Beachten Sie:

$d = 2 \cdot r$

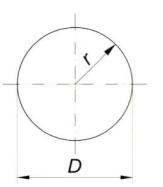

Information

Eisen verstärkt die magnetische Wirkung ganz erheblich. Der „Verstärkungsfaktor" ist die *relative Permeabilität* μ_r.

Bewirkt wird diese *Verstärkung* durch die *Ausrichtung der Elementarmagnete* im Eisen, wodurch die Anzahl der magnetischen Feldlinien (also der magnetische Fluss Φ) zunimmt.

Magnetische Feldlinien haben das Bestreben, durch Eisen zu verlaufen.

Bei einer *Luftspule* (kein Eisen) gilt:

$B = \mu_0 \cdot H = \mu_0 \cdot \dfrac{I \cdot N}{l_m}$

Die Flussdichte B hängt vom elektrischen Strom I ab. Bei einer konkreten Spule sind Windungszahl N und mittlere Feldlinienlänge l_m konstant.

Bei *Luftspulen* ist die magnetische Flussdichte der Feldstärke proportional ($B \sim H$).

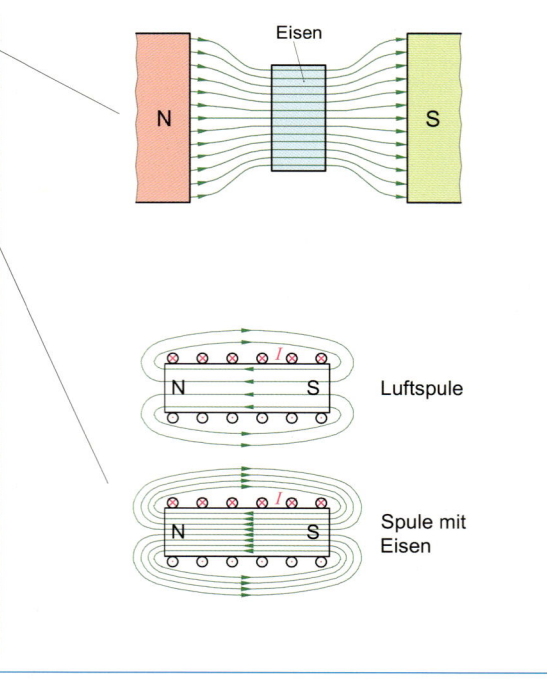

Information

Proportionale Zunahme
Verdoppelt sich H, verdoppelt sich auch B.
Verdreifacht sich H, verdreifacht sich auch B.

Ist Eisen im Magnetfeld, ändern sich die Verhältnisse:
Das Eisen wird magnetisiert.
Das Magnetfeld wird verstärkt.
Die Verstärkung erfolgt duch die Ausrichtung von Elementarmagneten im Eisen (→ 63).

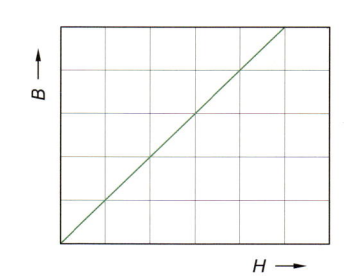

Linearer Bereich
Nahezu *linearer Anstieg* im Bereich kleiner Feldstärken. Eine Zunahme von H bewirkt eine nahezu proportionale Zunahme der ausgerichteten Elementarmagnete.

Sättigung
Im Bereich höherer Feldstärken. Hier sind schon viele Elementarmagnete ausgerichtet. Die Ausrichtung der restlichen Elementarmagnete wird immer „schwieriger" (hierzu sind immer höhere Feldstärken erforderlich).

Der gleiche Zuwachs der magnetischen Feldstärke ΔH bringt im Bereich der Sättigung einen geringeren Zuwachs der magnetischen Flussdichte ΔB auf.

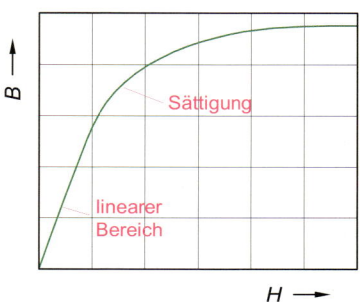

Einfluss des Eisenmaterials
Der Zusammenhang zwischen Flussdichte B und Feldstärke H ist abhängig vom verwendeten Eisenmaterial.
Unterschiedliche Materialien haben eine unterschiedliche Anzahl von Elementarmagneten, die unterschiedlich leicht ausrichtbar sind.

Magnetisierungskurve
Von den Herstellern der Magnetwerkstoffe wird der Zusammenhang zwischen H und B ermittelt. Die Ergebnisse werden den Anwendern in Form von *Magnetisierungskurven* zur Verfügung gestellt.

Magnetisierungskurven

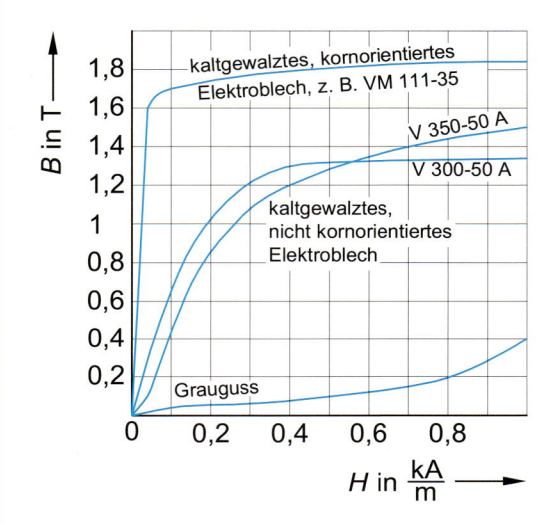

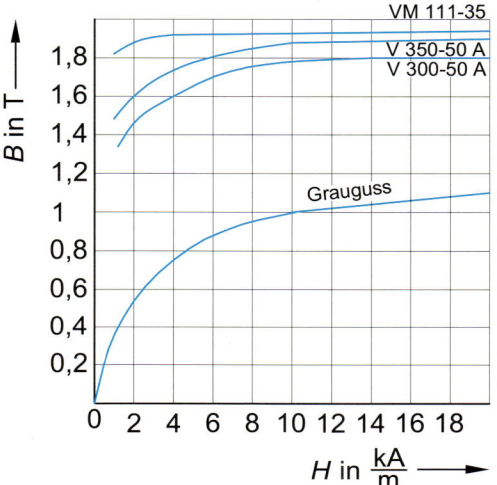

Information

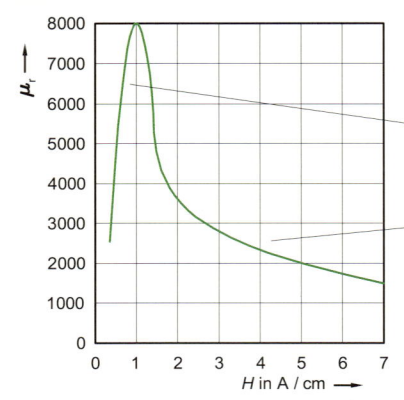

$B = \mu_0 \cdot \mu_r \cdot H \longrightarrow \mu_r = \dfrac{B}{\mu_0 \cdot H}$

Relative Permeabilität
Die *relative Permeabilität* μ_r ist keine Konstante. Sie ist abhängig von der *magnetischen Feldstärke H*, also dem *Grad der Magnetisierung*.

Geringe Magnetisierung, geringe Feldstärke
→ noch viele Elementarmagnete im Eisen ausrichtbar.
Der „Verstärkungsfaktor" μ_r ist dann relativ groß.

Mittlere Magnetisierung, mittlere Feldstärke
→ schon viele Elementarmagnete ausgerichtet; zusätzliche Ausrichtung wird schwieriger.
Der „Verstärkungsfaktor" μ_r ist dann deutlich geringer.

Starke Magnetisierung, hohe Feldstärke
→ praktisch keine weiteren Elementarmagnete mehr ausrichtbar.
Keine Verstärkung des Magnetfeldes mehr möglich.
Der „Verstärkungsfaktor" ist dann 1 ($\mu_r = 1$; wie bei Luft).

Restmagnetismus (Remanenz)
Wird der *Spulenstrom* des *Verriegelungsmagneten* ausgeschaltet, muss die magnetische Wirkung sofort verschwinden. Die *Feder* soll den Stift unverzüglich wieder in Ruhelage bringen.
Es ist also notwendig, dass die Elementarmagnete im Eisenwerkstoff nur so lange ausgerichtet bleiben, wie das erzeugende (ausrichtende) Magnetfeld besteht.
Magnetwerkstoffe, bei denen dies der Fall ist, werden *weichmagnetische Werkstoffe* genannt.

Weichmagnetische Werkstoffe werden eingesetzt, wenn das Magnetfeld nur bei eingeschaltetem Spulenstrom wirksam sein soll. Weichmagnetische Werkstoffe haben einen *sehr geringen Restmagnetismus* (eine sehr geringe *Remanenz*).

Hartmagnetische Werkstoffe (Dauermagnete, Permanentmagnete) haben eine *hohe Remanenz*.
Sie sind *dauerhaft* magnetisierbar. Bei ihnen bleibt die *Mehrzahl der Elementarmagnete ausgerichtet*, wenn das erzeugende Magnetfeld abgeschaltet wird.

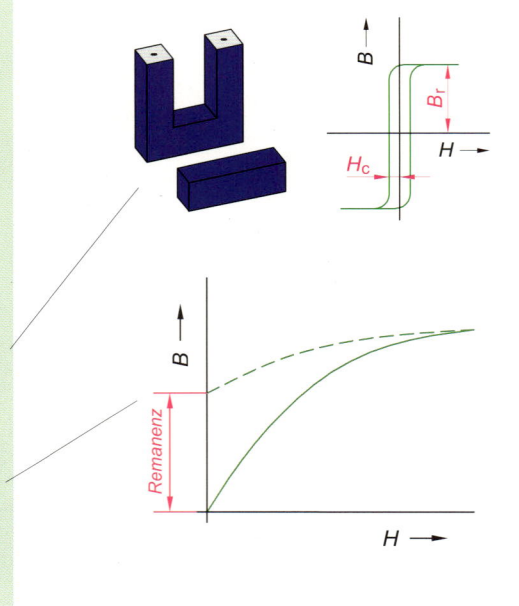

Englisch

Kraft – force, power
Anziehungskraft – attractive force (power)
Luftspalt – air gap, magnet gap
Wechselstrom – alternating current, a.c., A.C.

Stecker – connector, plug, male connector
Steckdose – socket, coupler socket, plug connector
Scheitelwert – peak (value), crest value magnitude

Wechselspannung – alternating voltage
Mittelwert – mean value, average (value)
periodisch – periodic, cyclic

Periode – period, cycle (of oscillation)
Wechselgröße – alternating quantity
Periodendauer – cycle duration, period interval

Kraftwirkung zwischen Magnetpolen

Gleichnamige Magnetpole *stoßen sich ab*, *ungleichnamige* Magnetpole *ziehen sich an*. Im Magnetfeld sind **Kräfte** wirksam.

Magnetwerkstoffe lassen sich durch das Magnetfeld des Elektromagneten *magnetisieren* (Ausrichtung der Elementarmagnete).

Dabei stehen sich *ungleichnamige Magnetpole* gegenüber, die eine *Anziehungskraft* aufeinander ausüben.

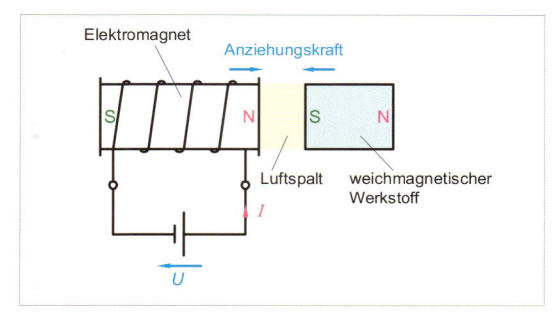

1 Kraftwirkung im Magnetfeld

Kraftwirkung

$$F = \frac{B_L^2}{2 \cdot \mu_0} \cdot A_L$$

- F Kraft zwischen den Magnetpolen in N
- B_L Flussdichte im Luftspalt in Vs/m²
- A_L Luftspaltquerschnitt in m²
- μ_0 magnetische Feldkonstante in $1{,}256 \cdot 10^{-6} \frac{Vs}{Am}$

Anwendung

Für den Verriegelungsmagneten gelten folgende technische Daten:
Luftspaltquerschnitt 3,5 cm²;
Flussdichte im Luftspalt $B_L = 0{,}6\,T$.

a) Mit welcher Kraft ziehen sich die Magnetpole an?

$$F = \frac{B_L^2}{2 \cdot \mu_0} \cdot A_L$$

$$F = \frac{(0{,}6\,T)^2}{2 \cdot 1{,}256 \cdot 10^{-6}\,\frac{Vs}{m^2}} \cdot 3{,}5 \cdot 10^{-4}\,m^2 = 50\,N$$

b) Wie groß ist die magnetische Feldstärke im Luftspalt?

$$B_L = \mu_0 \cdot H_L \rightarrow H_L = \frac{B_L}{\mu_0}$$

$$H_L = \frac{0{,}6\,T}{1{,}256 \cdot 10^{-6}\,\frac{Vs}{Am}} = 4{,}8 \cdot 10^5\,\frac{A}{m}$$

c) Bestimmen Sie die magnetische Feldstärke im Eisen (V300 – 50 A).

Magnetisierungskurve ($\rightarrow$ 69):

$$B = 0{,}6\,T \rightarrow H \approx 0{,}1\,\frac{kA}{m} = 100\,\frac{A}{m}$$

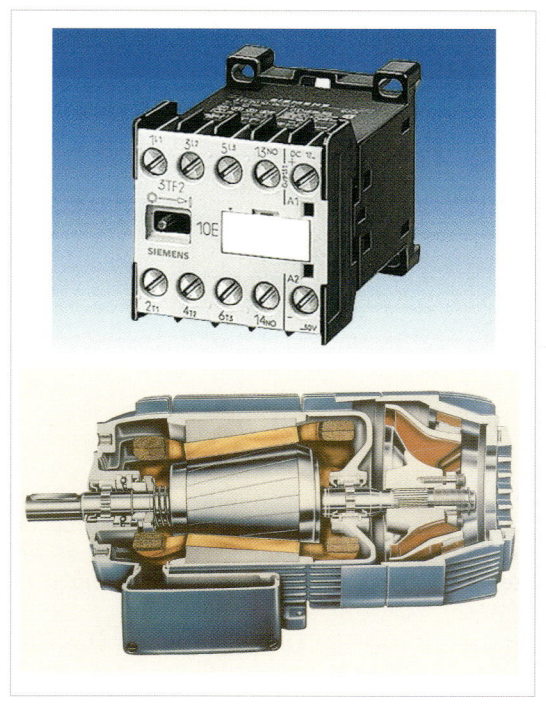

2 Technische Anwendung der Kraftwirkung, Beispiele

1.2 Verriegelungen installieren und Torantrieb anpassen

Auftrag

Ihr Meister besichtigt mit Ihnen die Tiefgarage, die sich praktisch noch im Rohbau befindet.

Das Schwingtor nebst Antrieb wurde von einer Fremdfirma eingebaut.

Von der Unterverteilung „Garage" wurde von dieser Fremdfirma eine 3-adrige Leitung im Elektro-Installationsrohr zum Garagentorantrieb verlegt.
In Nähe des Garagentorantriebs hat diese Firma eine Steckdose installiert, in der der Anschlussstecker des Torantriebes eingesteckt ist.

Die Torsteuerung erfolgt bislang ausschließlich über einen mitgelieferten Handsender.

Ihr Meister nennt Ihnen folgende Aufgaben:
Rücksprache mit der Metallwerkstatt zwecks mechanischer Installation der beiden Verriegelungsmagneten.

Rücksprache mit der Metallwerkstatt zwecks Bau einer Tragevorrichtung für die beiden Akkumulatoren und das zugehörige Ladegerät.

Der ausschließliche Torbetrieb über den Handsender ist für die Betriebsleitung nicht akzeptabel. Gewünscht wird auch ein Schlüsseltaster außerhalb und ein Drucktaster innerhalb der Garage.

Die installierten Verriegelungsmagneten müssen in die Torsteuerung einbezogen werden. Das Tor darf sich nur bewegen, wenn die Stifte der Verriegelungsmagneten angezogen sind.

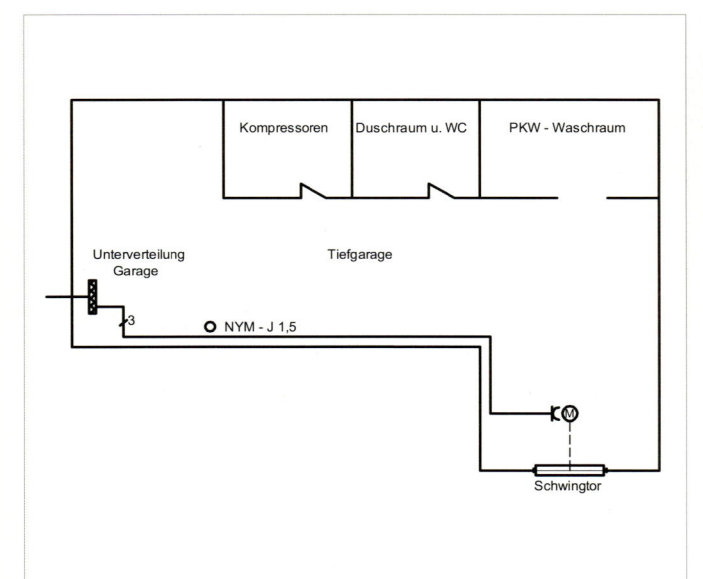

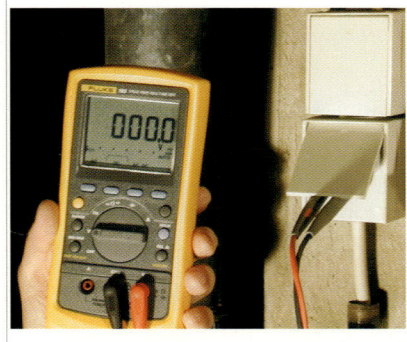

1 Grundriss der Tiefgarage

2 Spannungsmessung Torantrieb (DC)

Wechselstrom

Nach der Beschreibung der notwendigen Arbeiten zieht Ihr Meister den Stecker des Torantriebes aus der Steckdose und bittet Sie, die *Spannung* zu messen.

Sie wissen, dass das Messgerät vor der Messung auf den *größten Messbereich* einzustellen ist.

Sie nehmen folgende Einstellung vor (Bild 2):

Das Messgerät zeigt keine Spannung an.

Bei erneut eingestecktem Stecker lässt sich das Tor elektrisch verfahren, obgleich die Steckdose „keine Spannung führt".

Ihr Meister bittet Sie, den Messbereich wie folgt zu ändern und die Spannungsmessung zu wiederholen (Bild 1, Seite 73).

Nun wird eine Spannung von 236,7 V angezeigt.

Installation der Verriegelungen und Anpassung des Torantriebes → Lernfeld 3, Seite 245

Verriegelungen installieren und Torantrieb anpassen, Wechselstrom

1 Spannungsmessung Torantrieb (im AC-Bereich)

In der Elektrowerkstatt *zeigt Ihnen der Meister* die Spannungsmessung an einer Steckdose mit einem *Oszilloskop* (Bild 2).

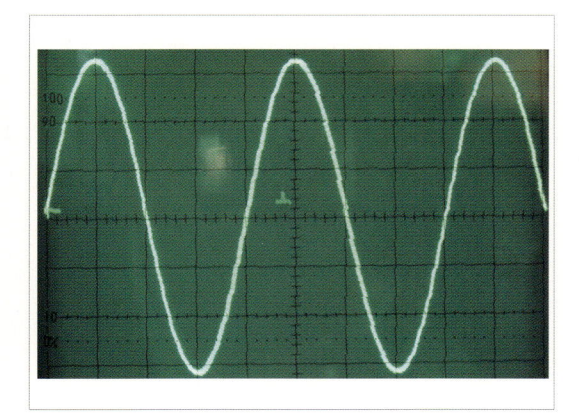

2 Schirmbild Oszilloskop, AC

Zum Vergleich oszilloskopiert er die Spannung an den Klemmen des Akkumulators (Bild 3).

Die beiden oszilloskopierten Spannungen sind sehr unterschiedlich. Dies gilt nicht nur für die *Höhe* der Spannung, sondern auch für den *zeitlichen Verlauf*.

Während die *Gleichspannung* ihren Wert über die gesamte Zeit unverändert beibehält, ändert sich der *Spannungswert* der *Wechselspannung* ständig.

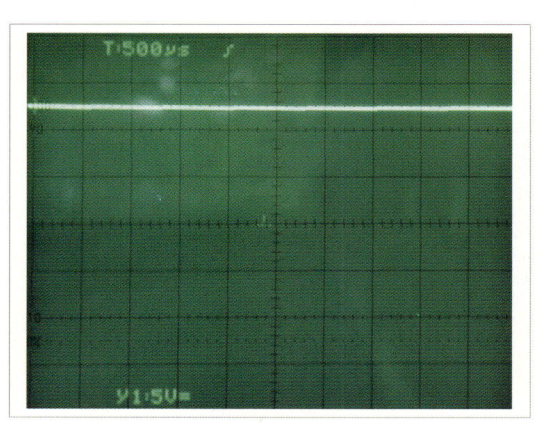

3 Schirmbild Oszilloskop, DC

Folgerungen:
- Die Spannung wird abwechselnd *positiv* und *negativ*. Der positive bzw. negative Höchstwert (*Scheitelwert*) + 325 V bzw. − 325 V wird immer nur *kurzzeitig* erreicht (Bild 4).

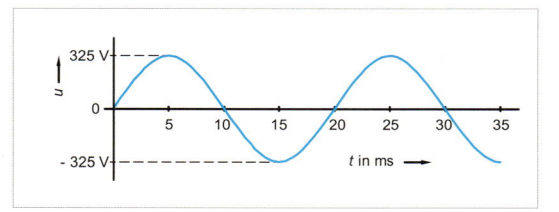

4 Wechselspannung, Scheitelwerte

- Die Flächen zwischen Spannungsverlauf und *t*-Achse sind im positiven und negativen Bereich gleich groß.
Gelbe Fläche = grüne Fläche (Bild 5).

Der **Mittelwert** ist null.

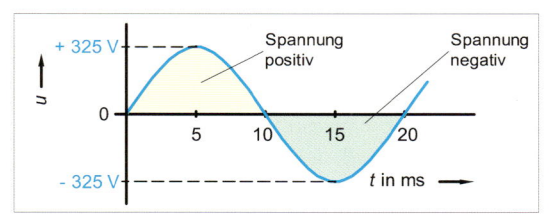

5 Mittelwert einer Wechselspannung

- In folgenden *Zeitaugenblicken* stimmen die Spannungswerte überein:
    0 ms und 20 ms: 0 V
    5 ms und 25 ms: 325 V
    15 ms und 35 ms: − 325 V

Die Aufstellung könnte beliebig erweitert werden. Erkennbar ist jedoch deutlich, dass nach 20 ms stets wieder die gleichen Spannungswerte auftreten.

Der Spannungsverlauf ist *periodisch*.

Da der Spannungswert sich ständig verändert, also die Spannung ständig ihren Wert „wechselt", nennt man sie **Wechselspannung**.

> Allgemein werden Größen, die fortlaufend ihren Wert „wechseln", **Wechselgrößen** genannt, wenn sie folgende Bedingungen erfüllen:
> Wechselgrößen sind periodisch.
> Wechselgrößen haben den Mittelwert null.

Kenngrößen

Periodendauer
Die *Periode* ist eine vollständige Schwingung einer Wechselgröße. Sie besteht aus einer *positiven* und *negativen* Halbwelle.

> Die **Periodendauer** T ist die Zeit, die für eine Periode benötigt wird.

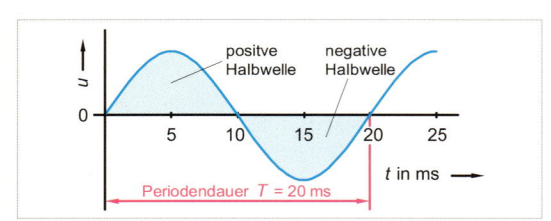

1 Periodendauer

Bei Netzwechselspannung beträgt die Periodendauer $T = 20$ ms.

Frequenz
Die **Frequenz** f ist die Anzahl der Perioden pro Sekunde.

$$f = \frac{1}{T}$$

$[f] = \frac{1}{s} = $ Hz (Hertz)

f Frequenz in Hz
T Periodendauer in s

Bei *Netzwechselspannung* beträgt die *Frequenz* $f = 1/20$ ms $= 50$ Hz.

Information

Zeitlich veränderliche Größen werden durch *Kleinbuchstaben* gekennzeichnet, z.B. u, i.

Scheitelwert
Maximaler Wert, der in einer Periode zweimal auftritt. Positiver Scheitelwert $+325$ V und negativer Scheitelwert -325 V.

Periode
Regelmäßig wiederkehrender Zeitabschnitt; Zeitraum. In Bild 1 ist nach 20 ms eine Periode beendet.

Hz
Nach Heinrich Rudolf Hertz, deutscher Physiker (1857 – 1894)

Winkelgeschwindigkeit
Winkeländerung dividiert durch die benötigte Zeit.
Zur Unterscheidung von der Frequenz wird die Kreisfrequenz ω in der Einheit 1/s angegeben.

Kilohertz
1 kHz $= 10^3$ Hz

Megahertz
1 MHz $= 10^6$ Hz

Gigahertz
1 GHz $= 10^9$ Hz

Λ
Lambda, griechischer Kleinbuchstabe

$c_0 = 300\,000\ \dfrac{\text{km}}{\text{s}}$

Lichtgeschwindigkeit; da sie eine Konstante ist, muss sie bei Aufgabenstellungen nicht angegeben werden.

ω
Omega, griechischer Kleinbuchstabe

α
Alpha, griechischer Kleinbuchstabe

Englisch

Halbwelle
half-wave

Frequenz
frequency, oscillation frequency

Kreisfrequenz
angular frequency, pulsatance

Winkelgeschwindigkeit
angular velocity (speed, rate)

Zeiger
phasor (Zeigerdiagramm)

Wellenlänge
wave length

Sinusform
sinusodial wave shape

Sinusfunktion
sine function

Zeigerdiagramm
vector diagram, phasor diagram

Liniendiagramm
line diagram

Wechselstromkreis
a.c. circuit

Augenblickswert
instantaneous value, momentary value

Kreisdiagramm
circle diagram

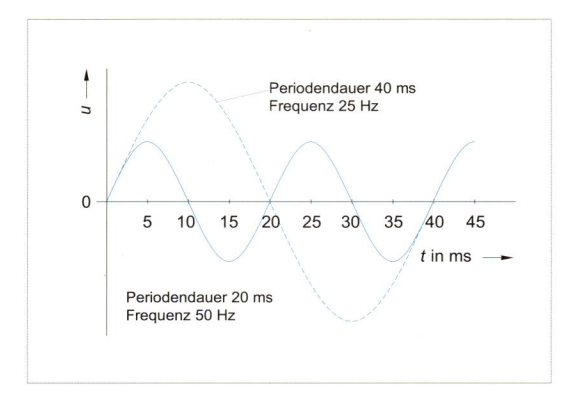

1 Wechselspannungen unterschiedlicher Frequenz

Kreisfrequenz

Winkel können im **Gradmaß** angegeben werden. Eine volle Umdrehung entspricht dann einem Winkel von 360°. Eingetragen ist ein Winkel α von 45°.

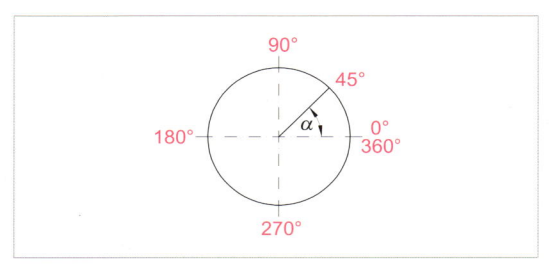

2 Gradmaß

Winkel können auch im **Bogenmaß** angegeben werden. Dann wird der Winkel durch die zugehörige Bogenlänge eines Kreises mit dem Radius $r = 1$ bestimmt. Einen solchen Kreis nennt man *Einheitskreis*.

Umfang eines *Kreises*:

$U = 2\pi \cdot r$

Umfang des *Einheitskreises* ($r = 1$)

$U = 2\pi$

Ein Winkel von 360° entspricht einer vollen Umdrehung und somit der Kreisbogenlänge von 2π.

Es gilt folgende Zuordnung:

Gradmaß	0	90°	180°	270°	360°
Bogenmaß	0	$\pi/2$	π	$3/2\,\pi$	2π

Zwischenwerte sind möglich; zum Beispiel für $\alpha° = 135°$.

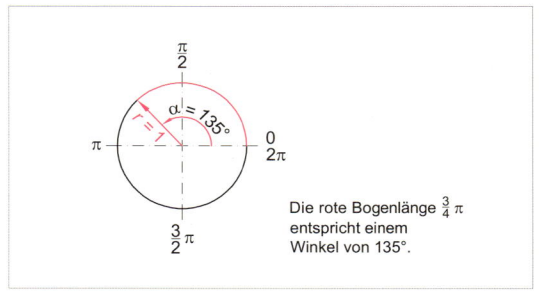

3 Bogenmaß

Die rote Bogenlänge $\frac{3}{4}\pi$ entspricht einem Winkel von 135°.

$$\frac{\alpha°}{\alpha_{\text{Bogen}}} = \frac{360°}{2\pi}$$

$$\alpha_{\text{Bogen}} = \alpha° \cdot \frac{2\pi}{360°} = 135° \cdot \frac{2\pi}{360°} = 0{,}75 \cdot \pi = \frac{3}{4}\pi$$

Der Winkel zwischen zwei Radien im **Einheitskreis** kann im *Gradmaß* oder im *Bogenmaß* angegeben werden.
Das Bogenmaß entspricht dem Kreisbogen des Einheitskreises, den beide Radien aufspannen.

Ein Zeiger mit der Länge $r = 1$ rotiert im *Einheitskreis* mit der *Winkelgeschwindigkeit* ω.
Bei einer vollen Umdrehung hat die Zeigerspitze den Weg 2π zurückgelegt. Da eine volle Umdrehung einer Periode entspricht, wird für die Wegstrecke 2π die Zeit T (Periodendauer) benötigt.

$$\omega = \frac{2\pi}{T}$$

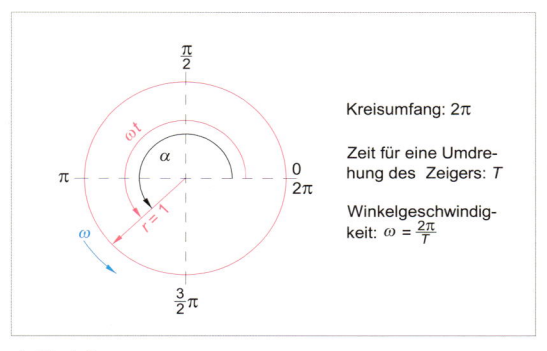

Kreisumfang: 2π

Zeit für eine Umdrehung des Zeigers: T

Winkelgeschwindigkeit: $\omega = \frac{2\pi}{T}$

4 Kreisfrequenz

Zusammenhang zwischen Periodendauer und Frequenz:

$$T = \frac{1}{f}$$

$$\omega = \frac{2\pi}{T} = \frac{2\pi}{\frac{1}{f}} = 2\pi \cdot f$$

$$[\omega] = \frac{1}{s}$$

Die Winkelgeschwindigkeit ω ist das Produkt der von der Zeigerspitze überstrichenen Kreisbogenlänge 2π und der Anzahl der Umdrehungen je Sekunde (Frequenz).

In der Elektrotechnik wird die Winkelgeschwindigkeit als **Kreisfrequenz** ω bezeichnet.

Bei der Rotation des Zeigers ist der Winkel α *zeitabhängig*. Er hängt von zwei Größen ab:
- der Winkelgeschwindigkeit ω
- der Zeitdauer t der Bewegung

$$\alpha = \omega \cdot t$$

α zeitabhängiger Winkel im Bogenmaß
ω Kreisfrequenz (Winkelgeschwindigkeit) in 1/s
t Zeitdauer der Bewegung in s

Beispiel
Ein Zeiger rotiert mit der Winkelgeschwindigkeit $\omega = 314 \frac{1}{s}$.

Wie groß ist der Winkel α nach einer Zeit von 175 ms?

$$\alpha = \omega \cdot t = 314 \frac{1}{s} \cdot 0{,}175\,s = 54{,}95 \quad \text{(Bogenmaß)}$$

Anzahl der Umdrehungen:

$$\frac{54{,}95}{2\pi} = 8{,}75$$

Der Zeiger hat also 8 ¾ Umdrehungen gemacht. ¾-Umdrehungen entsprechen im Bogenmaß dem Winkel $\frac{3}{2}\pi$ und im Gradmaß dem Winkel 270°.

Die *Projektion des rotierenden Zeigers* ergibt eine **Sinuskurve**. Die oszilloskopierte Wechselspannung ist *sinusförmig* ($\rightarrow$ 73).

Technisch erzeugte Wechselspannungen sind stets sinusförmig.

Darstellung sinusförmiger Wechselgrößen

An der Steckdose des Torantriebes wurde eine *Wechselspannung* von 235 V gemessen. Der *Scheitelwert* dieser Spannung beträgt 325 V ($\rightarrow$ 73).

Das Messgerät hat also *nicht den Scheitelwert* angezeigt, da dieser Scheitelwert *in einer Periode* nur zweimal *kurzzeitig* erreicht wird.

Im *Wechselstromkreis* können im Unterschied zum *Gleichstromkreis* die Werte von Stromstärke und Spannung nicht *unmittelbar angegeben* werden.

Die *positiven* und *negativen* Scheitelwerte von Wechselspannung und Wechselstrom werden in einer Periode nur *jeweils einmal* erreicht (Bild 1, Seite 77).

$u_s = 34$ V
$i_s = 0{,}622$ A

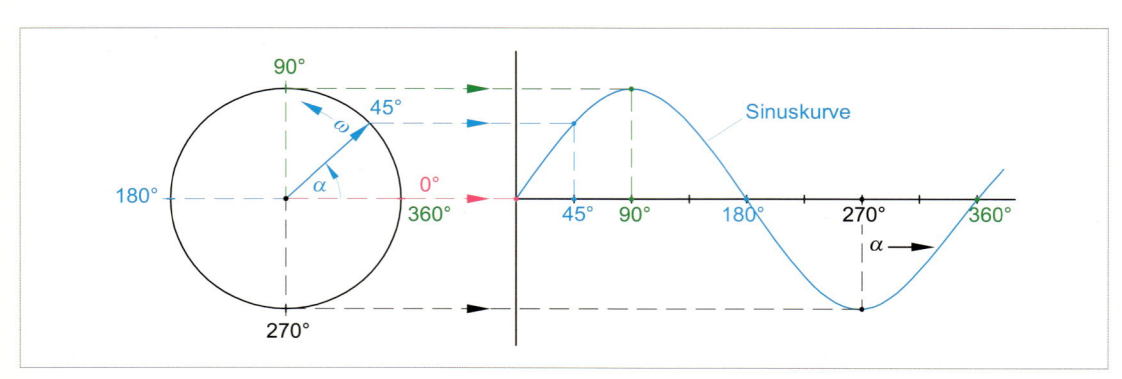

1 Sinuskurve

Für die *Beschreibung einer Wechselgröße* sind die *Scheitelwerte* nicht direkt brauchbar.

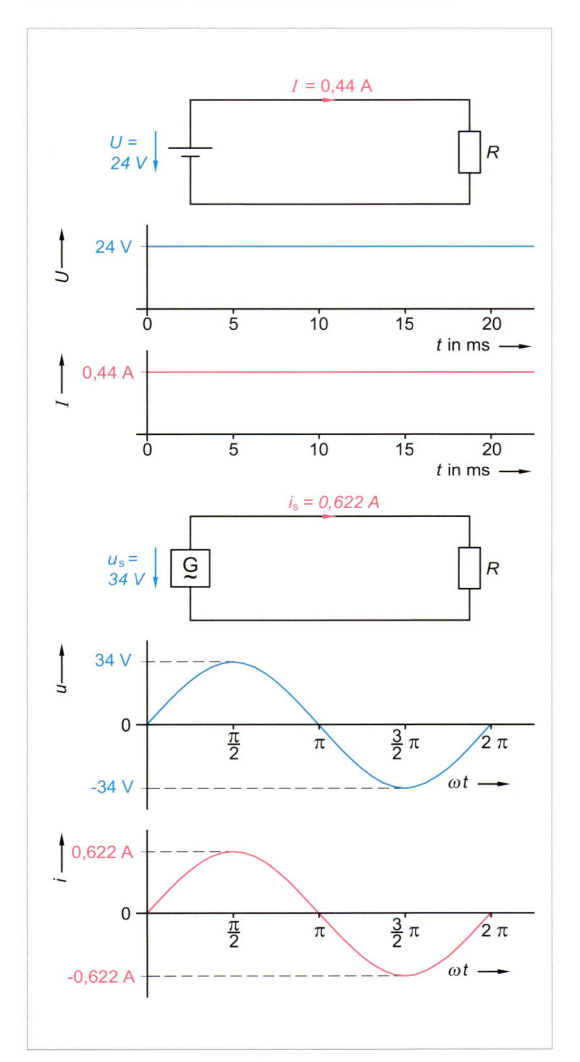

1 Gleich- und Wechselstromkreis

Bei *Wechselgrößen* können nur die *Augenblickswerte* angegeben werden.
Die höchstmöglichen Augenblickswerte sind die *Scheitelwerte*.

Information

Wellenlänge
Zur weiträumigen Energieübertragung werden Freileitungen verwendet.

Sind Periodendauer T bzw. Frequenz f bekannt, lässt sich die Strecke bestimmen, die der Strom während der Periodendauer T zurücklegt. Diese Strecke wird *Wellenlänge* Λ genannt.

$$\Lambda = c_0 \cdot T = \frac{c_0}{f}$$

Einheit:

$$[\Lambda] = \frac{m}{s} \cdot s = m$$

$c_0 \approx 300\,000 \; \frac{km}{s}$ (Lichtgeschwindigkeit)

Beispiel
Frequenz des technischen Wechselstroms $f = 50\,Hz$.
Wie groß ist die Wellenlänge?

$$\Lambda = \frac{c_0}{f} = \frac{300\,000 \; \frac{km}{s}}{50\,Hz} = 6000\,km$$

Während einer Periode ($T = 20\,ms$) legt der Strom den Weg 6000 km zurück.

Achsenbezeichnung bei Wechselgrößen

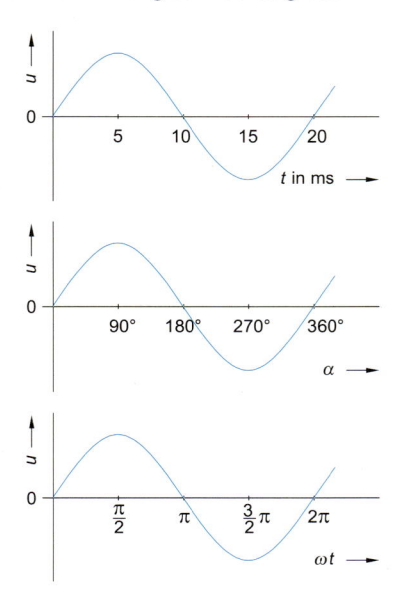

- Angabe des Zeitwertes
- Angabe des Winkels im Gradmaß
- Angabe des Winkels im Bogenmaß

ωt	0	π/4	π/2	3/4 π	π	5/4 π	3/2 π	7/4 π	2π
u in V	0	24	34	24	0	−24	−34	−24	0
i in A	0	0,44	0,622	0,44	0	−0,44	−0,622	−0,44	0

Der *sinusförmige* Verlauf der Wechselgröße kann durch einen *rotierenden Zeiger* beschrieben werden.

Die *Länge* des im Gegenuhrzeigersinn rotierenden Zeigers entspricht dem *Scheitelwert* der Wechselgröße.

Die *Winkelgeschwindigkeit* des Zeigers entspricht der *Kreisfrequenz* $\omega t = 2\pi \cdot f$.

Die Kreisdarstellung einer Wechselgröße wird Zeigerdiagramm, die sich hieraus ergebende Sinuskurve Liniendiagramm genannt.
Zeigerlänge: Scheitelwert
Zeigergeschwindigkeit: Kreisfrequenz

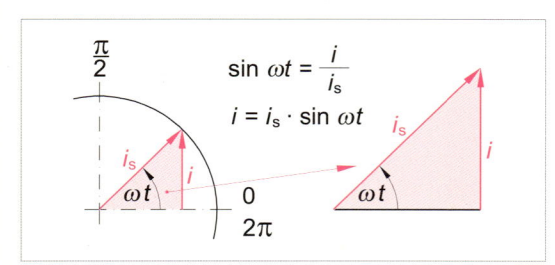

$$\sin \omega t = \frac{i}{i_s} \rightarrow i = i_s \cdot \sin \omega t$$

beziehungsweise

$$\sin \omega t = \frac{u}{u_s} \rightarrow u = u_s \cdot \sin \omega t$$

u, i Augenblickswert
u_s, i_s Scheitelwert
ωt Winkel im Bogenmaß

Beispiel
Der Scheitelwert einer Wechselspannung beträgt 12,7 V, die Frequenz 50 Hz.

Wie groß ist der Augenblickswert der Wechselspannung, wenn seit Beginn der Sinusschwingung 17 ms verstrichen sind (Bild 1, Seite 79)?

Winkel im Bogenmaß:
$\omega t = 2\pi \cdot f \cdot t = 2\pi \cdot 50\,\text{Hz} \cdot 17 \cdot 10^{-3}\,\text{s} = 5{,}338$

Winkel im Gradmaß:
$\alpha_0 = \dfrac{360°}{2\pi} \cdot \alpha_{\text{Bogen}} = \dfrac{360°}{2\pi} \cdot 5{,}338 = 306°$

Augenblickswert der Spannung:
$u = u_s \cdot \sin \omega t$ bzw. $u = u_s \cdot \sin \alpha$
$u = u_s \cdot \sin 306° = 12{,}7\,\text{V} \cdot (-0{,}809) = -10{,}3\,\text{V}$

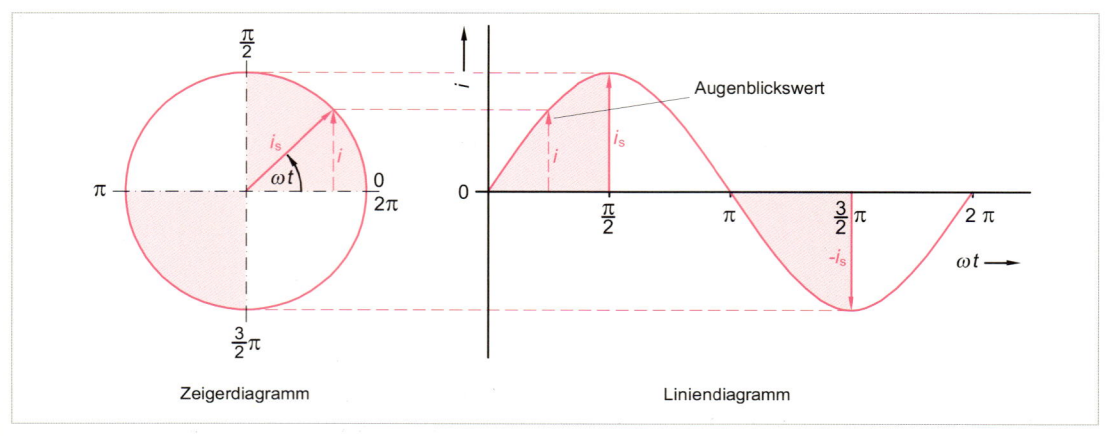

1 Gleichung für die Augenblickswerte

2 Zeigerdiagramm und Liniendiagramm einer Wechselgröße

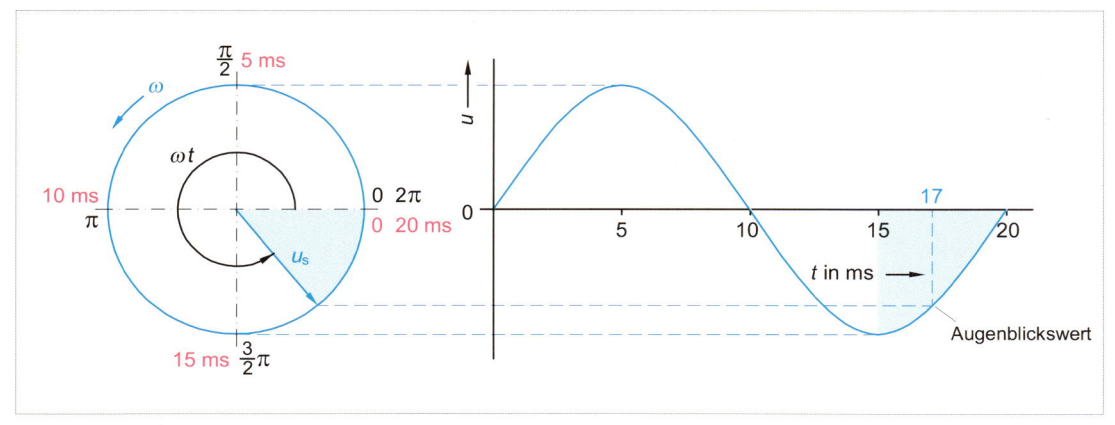

1 Zeiger- und Liniendiagramm zum Beispiel Seite 78

Leistung im Wechselstromkreis

Grundsätzlich ist die *elektrische Leistung* das Produkt von Spannung und Stromstärke.

$P = U \cdot I$

Zum Beispiel im *Gleichstromkreis*:

$P = U \cdot I = 24\,V \cdot 0{,}44\,A = 10{,}6\,W$

Da *Gleichspannung und Gleichstrom zeitlich konstant* sind, muss auch die *Gleichstromleistung zeitlich konstant* sein.

Die Fläche zwischen Leistungskurve und t-Achse entspricht der umgesetzten elektrischen Energie $W = P \cdot t$.

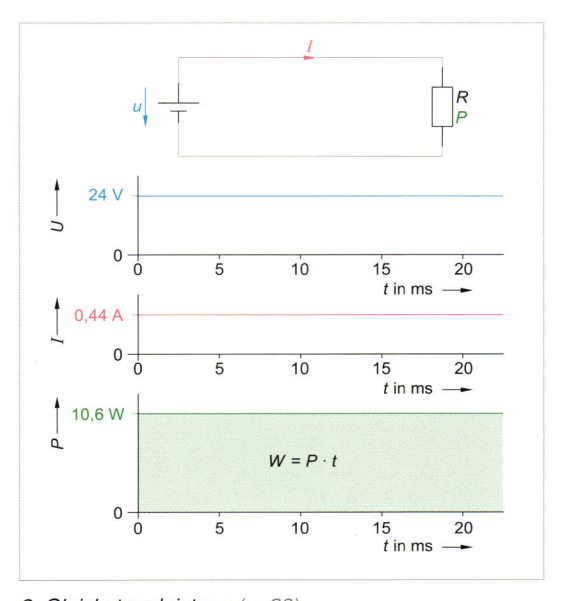

Im *Wechselstromkreis* sind Spannung und Stromstärke nicht konstant. Sie verlaufen *sinusförmig*.

$p = u \cdot i$

Die *Wechselstromleistung* ist das Produkt der Augenblickswerte von Spannung und Stromstärke.

Englisch

Deutsch	Englisch
Halbwelle	half-wave
Frequenz	frequency, oscillation frequency
Kreisfrequenz	angular frequency, pulsatance
Winkelgeschwindigkeit	angular velocity (speed, rate)
Zeiger	phasor (Zeigerdiagramm)
Wellenlänge	Wave length
Sinusform	sinusodial wave shape
Sinusfunktion	sine function
Zeigerdiagramm	vector diagram, phasor diagram
Liniendiagramm	line diagram
Wechselstromkreis	a.c. circuit
Augenblickswert	instantaneous value, momentary value
Kreisdiagramm	circle diagram
Leistung	power, wattage
Wechselstromleistung	a.c. power
Wirkleistung	active power, effective power, true power, wattage
Effektivwert	effective value, root-mean-square value, r.m.s value
Spitze-Spitze-Wert	peak-to-peak value
Scheitelfaktor	crest factor, peak factor, amplitude factor

2 Gleichstromleistung (→ 39)

$u = u_s \cdot \sin \omega t$
$i = i_s \cdot \sin \omega t$
$p = u \cdot i$
$p = u_s \cdot \sin \omega t \cdot i_s \cdot \sin \omega t$
$p = u_s \cdot i_s \cdot \sin^2 \omega t$

> Das Produkt der Scheitelwerte von Spannung und Stromstärke ist der Scheitelwert der Wechselstromleistung.
>
> $p_s = u_s \cdot i_s$

$p = p_s \cdot \sin^2 \omega t$

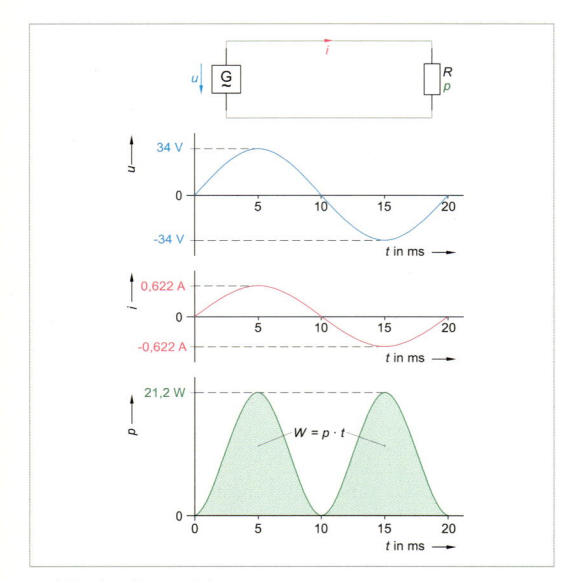

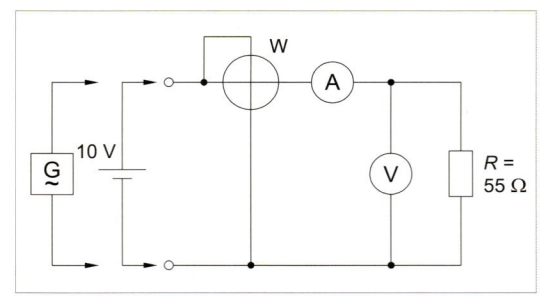

2 Messschaltung

Die Messwerte im Wechselstromkreis sind *nicht die Scheitelwerte*. Die *Scheitelwerte* können mit einem *Oszilloskop* ermittelt werden.

$u_s = 34$ V
$i_s = 0{,}622$ A
$p_s = u_s \cdot i_s = 34$ V $\cdot 0{,}622$ A $= 21{,}2$ W

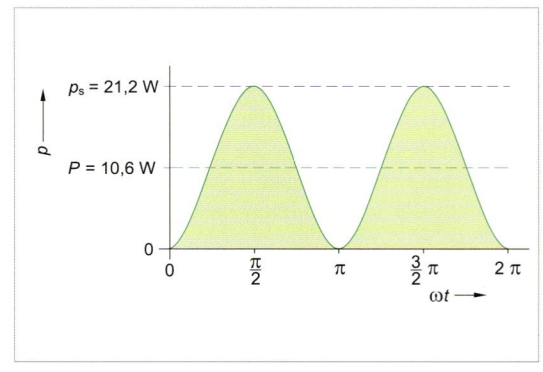

1 Wechselstromleistung

3 Wechselstromleistung

Die *Leistungskurve* (Bild 1) verläuft ausschließlich im *positiven Bereich*, da Spannung und Stromstärke entweder *beide positiv* oder *beide negativ* sind.

$-u \cdot (-i) = +p$

Der *Scheitelwert der Wechselstromleistung* beträgt 21,2 W. Er ist doppelt so groß wie der angezeigte Messwert P.

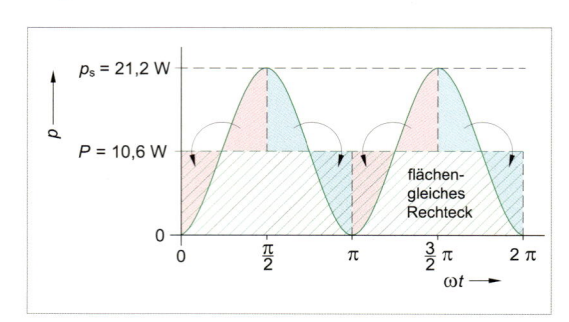

Effektivwert von Wechselgrößen

Messwerte im *Gleichstromkreis*
$U = 24$ V, $I = 0{,}44$ A, $P = 10{,}6$ W

Messwerte im *Wechselstromkreis*
$U = 24$ V, $I = 0{,}44$ A, $P = 10{,}6$ W

4 Flächengleiches Rechteck

Für den *Energieumsatz* im Stromkreis ist die Fläche zwischen Leistungskurve und t-Achse maßgebend. Diese Fläche wird durch ein *flächengleiches Rechteck* ersetzt (Bild 4, Seite 80).

Dadurch ergibt sich eine Gerade, die bei $P = 10{,}6$ W parallel zur ωt-Achse verläuft.

Die **wirksame Leistung** (Wirkleistung genannt) beträgt also $P = 10{,}6$ W.

Allgemein gilt:

$$P = \frac{p_s}{2}$$

Die **Wirkleistung** ist halb so groß wie der Scheitelwert der Leistungskurve.

Welche *Spannungs-* und *Stromwerte* sind für die *wirksame Leistung* maßgebend?

Die wirksamen Spannungs- und Stromwerte werden **Effektivwerte** genannt. Die *Effektivwerte von Wechselgrößen* werden durch *Großbuchstaben* gekennzeichnet (wie Gleichstromwerte).

$$P = U \cdot I$$

P Wirkleistung in W
U Effektivwert der Spannung in V
I Effektivwert des Stromes in A

P ist kleiner als p_s. Somit müssen auch die *Effektivwerte* von Spannung und Strom *kleiner* als deren *Scheitelwerte* sein.

Annahme: Widerstand R ist konstant (Bild 1):
Wenn sich die Spannung U verdoppelt, dann verdoppelt sich auch die Stromstärke I.

$$I = \frac{U}{R} \qquad 2 \cdot I = \frac{2 \cdot U}{R}$$

Allgemein:
Wenn die Spannung um den Faktor k erhöht wird, nimmt die Stromstärke ebenfalls um den Faktor k zu.

Da Zunahme von Spannung und Strom eine *Verdopplung der Leistung* bedeuten, gilt:

$$P = U \cdot I$$
$$2P = k \cdot U \cdot k \cdot I$$
$$2P = k^2 \cdot U \cdot I$$

Hieraus ergibt sich für den Faktor k:

$$k^2 = 2 \rightarrow k = \sqrt{2}$$

Wenn sich die Leistung verdoppeln soll, müssen Stromstärke und Spannung um den Faktor $\sqrt{2}$ erhöht werden.

Nun soll sich die Leistung aber nicht verdoppeln, sondern halbieren.

Die *Scheitelwerte*

$u_s = 34$ V
$i_s = 0{,}622$ A

ergeben den Scheitelwert der Leistung:

$$p_s = u_s \cdot i_s = 34\text{ V} \cdot 0{,}622\text{ A} = 21{,}2\text{ W}$$

Die *wirksame Leistung* ist aber um die Hälfte geringer.

$$P = \frac{p_s}{2} = \frac{21{,}2\text{ W}}{2} = 10{,}6\text{ W}$$

Somit sind die wirksamen Werte von Spannung und Stromstärke ebenfalls geringer als die Scheitelwerte.

Wenn sich das Produkt von Stromstärke und Spannung um die Hälfte verringern soll, müssen Spannung und Stromstärke um den Faktor $\sqrt{2}$ verringert werden.

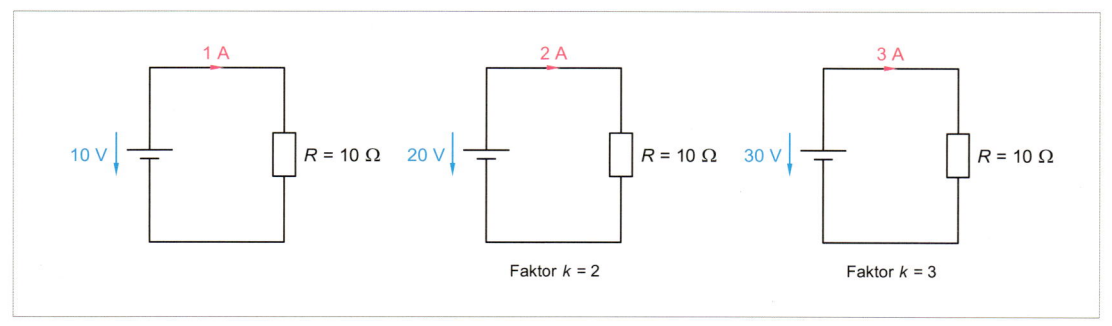

1 Stromkreis mit konstantem Widerstand

$$U = \frac{u_s}{\sqrt{2}} = 0{,}707 \cdot u_s$$

$$I = \frac{i_s}{\sqrt{2}} = 0{,}707 \cdot i_s$$

U und I sind die Effektivwerte der Wechselgröße mit den Scheitelwerten u_s bzw. i_s (Bild 2).

Da **Effektivwerte** in einem Widerstand R die *gleiche Leistung* umsetzen *wie gleich große Gleichstromwerte*, werden sie durch Großbuchstaben gekennzeichnet.

In der elektrischen Energietechnik werden Wechselgrößen i. Allg. als *Effektivwerte* angegeben.

Beispiel
Wirkleistung sowie Effektivwerte von Spannung und Stromstärke sind zu bestimmen.

$u_s = 325$ V; $i_s = 14{,}1$ A

$$U = \frac{u_s}{\sqrt{2}} = \frac{325\,\text{V}}{\sqrt{2}} = 230\,\text{V}$$

$$I = \frac{i_s}{\sqrt{2}} = \frac{14{,}1\,\text{A}}{\sqrt{2}} = 10\,\text{A}$$

$P = U \cdot I = 230\,\text{V} \cdot 10\,\text{A} = 2300\,\text{W}$

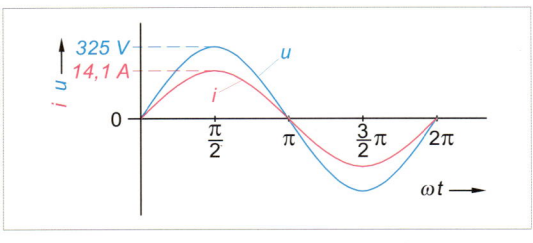

1 Zeitlicher Verlauf von Stromstärke und Spannung

An der Steckdose des *Torantriebes* wurde eine Spannung von 236,7 V gemessen ($\rightarrow$ 73).

Dies ist der *Effektivwert* der Wechselspannung, der vom Messgerät zur Anzeige gebracht wird.

Die Spannung ist etwas höher als der Bemessungswert 230 V, er liegt aber noch innerhalb der zulässigen Toleranz.

Information

Spitze-Spitze-Wert
Abstand zwischen positivem und negativem Scheitelwert; doppelter Scheitelwert.

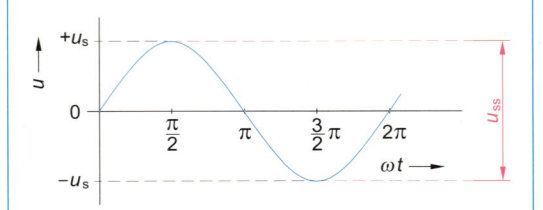

$u_{ss} = 2 \cdot u_s$
$i_{ss} = 2 \cdot i_s$

Scheitelfaktor
Der *Scheitelfaktor* ist das Verhältnis von Scheitelwert und Effektivwert:

$$\frac{u_s}{U} = \sqrt{2} = 1{,}414 \qquad \frac{i_s}{I} = \sqrt{2} = 1{,}414$$

Bei *sinusförmigen* Wechselgrößen ist der *Scheitelfaktor* $\sqrt{2} = 1{,}414$.

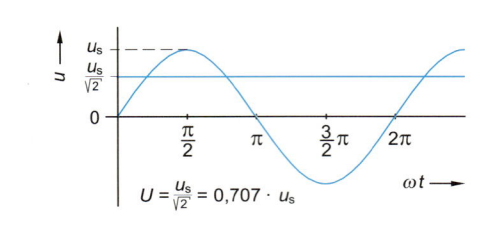

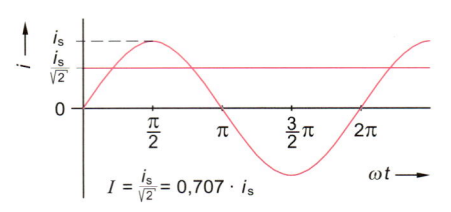

2 Effektivwert von Spannung und Stromstärke

Gefahren des elektrischen Stromes

Die Verriegelungsmagneten werden mit *24-V-Gleichspannung* betrieben.

Die Schaltung konnte von Ihnen unbedenklich aufgebaut werden, da diese Spannung keinerlei Gefahr darstellt. Sie können die Anschlusspole der Akkumulatoren anfassen, ohne eine Reaktion zu spüren.

Bevor Sie jedoch Installationsarbeiten in der Tiefgarage am 230-V-Wechselstromnetz vornehmen, werden Sie von Ihrem Ausbilder ausdrücklich auf die **Gefahren des elektrischen Stromes** hingewiesen.

Der *menschliche Körper* leitet den elektrischen Strom. Liegt der menschliche Körper an Spannung, fließt ein *Strom* durch den Körper.

Die Stromstärke hängt von der am Körper anliegenden Spannung *(Berührungsspannung)* und dem Widerstand (der *Impedanz*) des menschlichen Körpers ab.

Information

Impedanz
Scheinwiderstand Z ; Wechselstromwiderstand, der sich aus ohmschem, induktivem und kapazitivem Anteil zusammensetzen kann. ($\rightarrow$ 207)

Aktives Teil
Jedes leitfähige Teil der elektrischen Ausrüstung, das im ungestörten Betrieb Strom führt.

Erde
Bezeichnung für leitfähiges Erdreich mit dem Potenzial 0 V.

Erder
In gutem Kontakt mit der Erde stehendes leitfähiges Teil oder leitfähiger Teile.

Körperimpedanz =
    Hautimpedanz an der Stromeintrittsstelle
    +Körperinnenimpedanz
    +Hautimpedanz an der Stromaustrittsstelle

Die *Körperimpedanz* ändert sich mit der elektrischen Spannung.

Information

Wärmewirkung
Wärmewirkung verursacht Brandgefahr.
Überhitzte Betriebsmittel, überlastete Leitungen, Kurzschlüsse, schlechte Leitungsverbindungen können Brandursachen sein.

Verletzungen durch Wärmewirkung des Stromes treten besonders an den Ein- und Austrittsstellen des Stromes am menschlichen Körper (hoher Übergangswiderstand) auf.

Lichtwirkung
Verletzungen der Augen oder anderer Körperteile durch einen Lichtbogen.

Gefahren des elektrischen Stromes
Die Gefahren des elektrischen Stromes liegen in seinen Wirkungen begründet.

Chemische Wirkung
Zersetzung von Flüssigkeiten.
Der menschliche Körper besteht zu etwa 2/3 aus Wasser. Unter Stromeinfluss wird die Zellflüssigkeit des Körpers zersetzt. Die Zellen sterben ab.

Physiologische Wirkungen
Wirkung des elektrischen Stromes auf Lebewesen.
Beispiele hierfür sind:
• *Muskelverkrampfungen*
• *Atemlähmung*
• *Blutdrucksteigerung*
• *Herzkammerflimmern*

Schutzmaßnahmen → 235

Die *Körperimpedanz* ist abhängig
- vom Stromweg
- von der Berührungsspannung
- von der Stromflussdauer
- von der Frequenz
- von der Berührungsfläche
- von der Hautfeuchte
- vom Druck auf die Kontaktfläche

Bei **Berührungsspannungen** über 50 V (AC) nimmt die Hautimpedanz erheblich ab.
Der **Körperstrom** wird dann größer.

Die *Körperimpedanz* kann als überwiegend *ohmsch* angenommen werden. Sie ist im Wesentlichen vom Stromweg abhängig (kaum vom Rumpf, mehr von Armen und Beinen).

Beim Menschen beträgt die **höchstzulässige Berührungsspannung** 50 V (AC), bei Nutztieren 25 V.
Für den Menschen gelten Spannungen, die größer als 50 V (AC) bzw. 120 V (DC) sind, als gefährlich.

Die höheren Gleichspannungswerte liegen im Wesentlichen darin begründet, dass die Sperrwirkung der *Kapazitäten* der menschlichen Haut *strombegrenzend* wirken.

Außerdem ist Wechselstrom mit der Frequenz 50 Hz gefährlicher als Gleichstrom, weil es bereits bei dieser Frequenz zum Herzkammerflimmern kommen kann.

Das Verhältnis des Gleichstroms zum Effektivwert des Wechselstroms, der mit gleicher Wahrscheinlichkeit Herzkammerflimmern auslöst, wird **Gleichwertigkeitsfaktor** k genannt.

$$k = \frac{I_{DC_{Flimmern}}}{I_{AC_{Flimmern}}}$$

Der Hauptgrund für den **Tod durch elektrischen Schlag** ist das **Herzkammerflimmern**.

Wenn Körperströme von mehreren Ampere über einige Sekunden fließen, können tödliche tiefliegende Verbrennungen und innere Schädigungen auftreten.

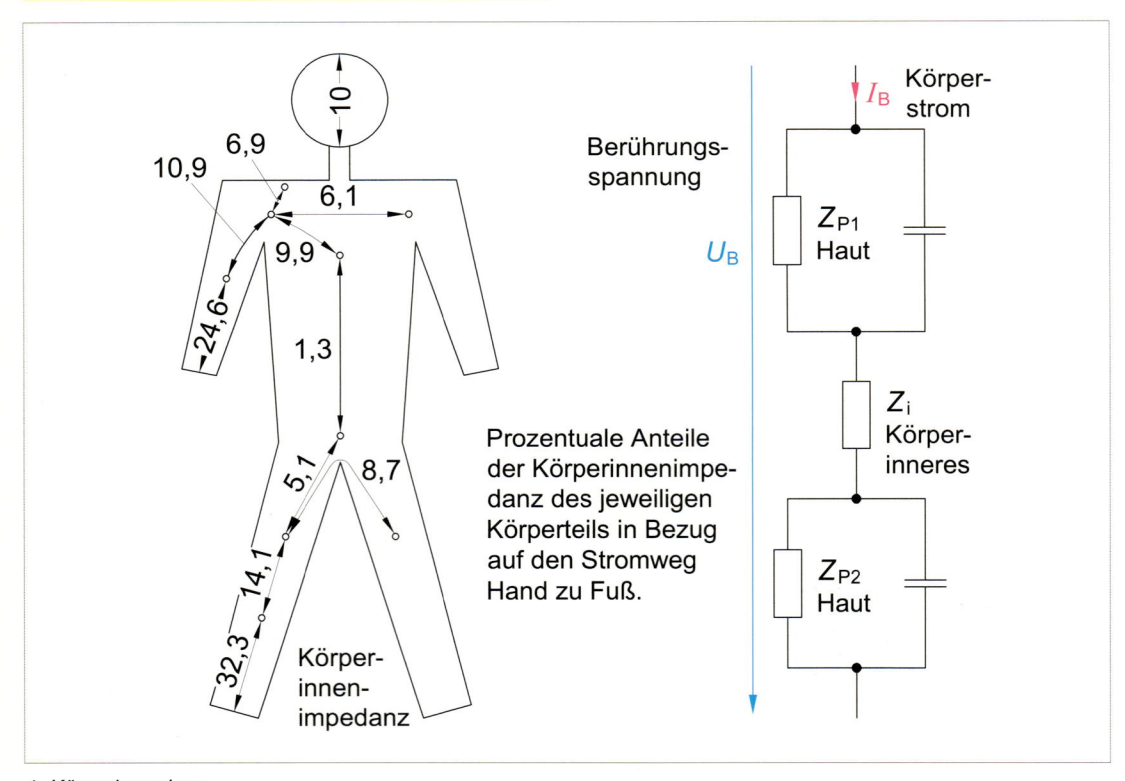

1 Körperimpedanz

Verriegelungen installieren und Torantrieb anpassen, Gefahren des Stromes

Information

Die Folgen eines elektrischen Unfalls hängen in erster Linie von der *Höhe des Stromes* ab, der durch den menschlichen Körper fließt. Schon eine Stromstärke von **50 mA** kann zum Tod führen, wenn der Strom über das Herz fließt.

Die Gefährdung wächst mit höherer Stromstärke und längerer Einwirkungszeit.

Körperwiderstand

Der *Körperwiderstand* R_K des Menschen setzt sich zusammen aus dem
- Übergangswiderstand zwischen Leiter und Körper $R_{ü1}$
- Körperinnenwiderstand R_{K_i}
- Übergangswiderstand zwischen Körper und Leiter $R_{ü2}$

$R_K = R_{ü1} + R_{K_i} + R_{ü2}$

Der *Körperwiderstand* wird mit $R_K = 1000\ \Omega$ angenommen.

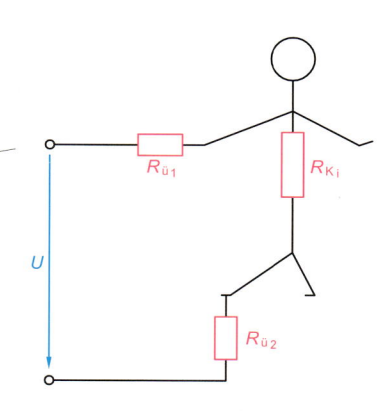

Wirkungen des Stromschlags

Verbrennungen an den Ein- und Austrittsstellen (Wärmewirkung) des Stromes. Hier entstehen die *Strommarken*.
Lichtbögen können zum Verkohlen von Körperteilen führen. Starke Verbrennungen sind tödlich.
Zersetzung des Blutes (vor allem bei längerer Einwirkungsdauer). Die Folge sind schwere Vergiftungen, die auch noch nach Tagen auftreten können. Es ist daher ratsam, den Arzt aufzusuchen, selbst wenn keine Anzeichen einer Schädigung erkennbar sind.

Wegen der hohen Gefährdung ist die Arbeit an *unter Spannung stehenden Teilen* verboten.

Ausnahme:

Bei Spannungen über 50 V AC bzw. 120 V DC sind Arbeiten an unter Spannungen stehenden Teilen nur dann *erlaubt*, wenn diese Teile aus wichtigen Gründen nicht freigeschaltet werden können.

Allerdings dürfen diese Arbeiten nur von *Elektrofachkräften mit Zusatzausbildung* durchgeführt werden. Dies ist in DIN VDE 0105 geregelt.

AC-1	Normalerweise keine Reaktion
AC-2	Normalerweise keine schädlichen physiologischen Effekte
AC-3	Normalerweise kein organischer Schaden, Atemschwierigkeiten (> 2 s), Muskelkrämpfe
AC-4.1	5-prozentige Wahrscheinlichkeit von Herzkammerflimmern
AC-4.2	Bis 50-prozentige Wahrscheinlichkeit von Herzkammerflimmern
AC-4.3	Über 50-prozentige Wahrscheinlichkeit von Herzkammerflimmern

Wirkung von Wechselstrom (Stromstärkebereiche)

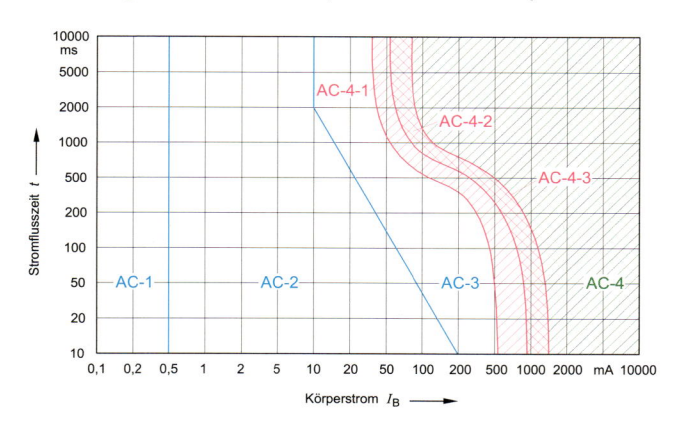

Information

Berührungsspannung
Berührungsspannung ist die Spannung, die *zwischen gleichzeitig berührbaren* Teilen während eines Isolationsfehlers auftreten kann.

Zu erwartende Berührungsspannung
ist die *maximale* Berührungsspannung, die im Fall eines Fehlers mit vernachlässigbarer Impedanz je auftreten kann.

Vereinbarte Grenze der Berührungsspannung (U_L)
ist der Maximalwert der Berührungsspannung, der zeitlich unbegrenzt bestehen bleiben darf.

Annahme: Körperwiderstand 1000 Ω

Körperstrom: $\dfrac{50\,\text{V}}{1000\,\Omega} = 50\,\text{mA}$

Keinesfalls können niedrigere Spannungen als 50 V als absolut ungefährlich angesehen werden.

Es handelt sich bei Bestimmung der *vereinbarten Grenze der Berührungsspannung U_L* nur um Mittelwerte.

Ein Körperstrom von 50 mA führt bei einer Einwirkungszeit von 1 s zum Tod durch Herzstillstand.

Bei Berührungsspannungen bis ca. 50 V ändert sich die Hautimpedanz erheblich mit Kontaktfläche, Temperatur, Schweiß und Atmung.

Bei mit Wasser befeuchteten Berührungsflächen nimmt die Hautimpedanz um 10 bis 25 % gegenüber trockener Haut ab.

Physiologie
Lehre von den Lebensvorgängen im Organismus. Besonders von den Funktionen der einzelnen Organe, der Gewebe und Zellen.

Fehler in elektrischen Anlagen

Trotz sorgfältiger Installation und zuverlässiger Betriebsmittel sind Fehler in elektrischen Anlagen nicht grundsätzlich zu vermeiden.

Es kommt daher darauf an, die *Folgen* solcher Fehler so zu begrenzen, dass weder Mensch noch Tier noch Sachwerte zu Schaden kommen.

- **Kurzschluss**
  Leitende Verbindung (ohne Nutzwiderstand) zwischen betriebsmäßig unter Spannung stehenden Leitern infolge eines Isolationsfehlers.

- **Erdschluss**
  Leitende Verbindung eines Außenleiters oder eines betriebsmäßig isolierten Neutralleiters mit Erde oder geerdeten Teilen. Der Erdschluss kann auch über einen Lichtbogen erfolgen.

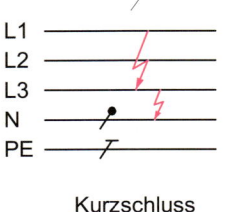

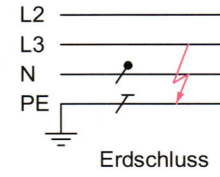

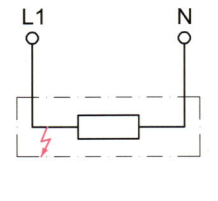

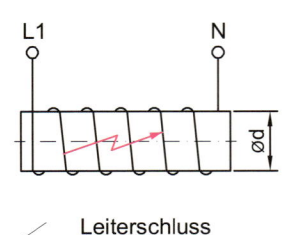

Kurzschluss — Erdschluss — Körperschluss — Leiterschluss

- **Körperschluss**
  Durch einen Isolationsfehler entstandene, leitende Verbindung zwischen nicht zum Betriebsstromkreis gehörenden leitfähigen Teilen und betriebsmäßig unter Spannung stehenden Teilen elektrischer Betriebsmittel.

- **Leiterschluss**
  Fehlerhafte Verbindung zwischen Leitern, wobei im Fehlerstromkreis noch ein Nutzwiderstand liegt.

Drehstromnetz → 194

Information

Körper
Berührbares, leitfähiges Teil eines elektrischen Betriebsmittels, das normalerweise nicht unter Spannung steht, im Fehlerfall aber unter Spannung stehen kann (z.B. metallisches Gehäuse).

Beachten Sie, dass das Wort „Körper" auch für den menschlichen oder tierischen Körper verwendet wird.

Auch in zusammengesetzten Wörtern wie „Körperstrom".

Schaltzeichen

— Neutralleiter (N)

— Schutzleiter (PE)

L1, L2, L3
sind die drei Außenleiter des Drehstromnetzes

Englisch

Berührungsspannung
touch voltage, contact voltage

zu erwartende Berührungsspannung
prospective touch voltage

Impedanz
impedance, apparent resistance (Größe)

Wärme
heat

Brand
fire

Überlastung
overload

Wirkung
action, effect

Licht
light

Lichtbogen
(electric) arc

Kapazität
capacity, capacitance

strombegrenzend
current-limiting

Schlag, elektrischer
shock

Körperwiderstand
body resistance

Kurzschluss
short circuit, short

Körperschluss
body contact, fault to frame

Erdschluss
earth fault, line-to-earth fault, earth-leakage fault, short circuit to earth

Schaltzeichen
circuit symbol, graphic symbol

Neutralleiter
neutral

Schutzleiter
protective conductor, protective earthing conductor

Außenleiter
phase

Drehstromnetz
three-phase network, three-phase system

Fehlerstromkreis

In einem elektrischen Betriebsmittel tritt ein **Körperschluss** auf (Bild 1).

Das *leitfähige Gehäuse* des Betriebsmittels nimmt nur **Spannung gegen Erde** an.

Diese Spannung wird **Fehlerspannung** U_F genannt.

Berührt nun ein Mensch dieses Gehäuse, wird er Teil eines **Fehlerstromkreises**.

Der **Fehlerstrom** I_F durchfließt den menschlichen Körper.

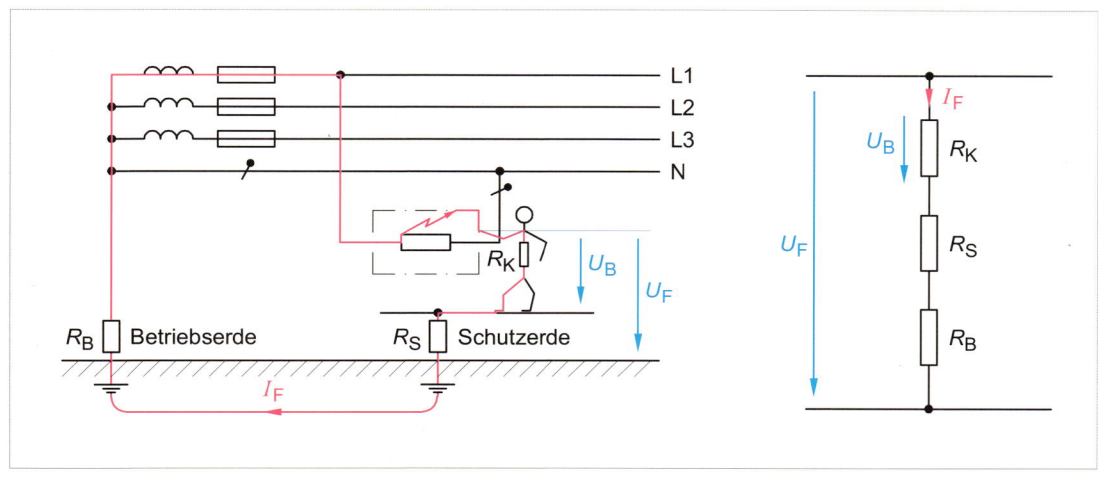

1 Fehlerstromkreis

Die dabei am menschlichen Körper anliegende Spannung heißt **Berührungsspannung** U_B.

> Die Berührungsspannung U_B ist der Teil der Fehlerspannung U_F, die am menschlichen (oder auch tierischen) Körper anliegt.

Bild 1, Seite 87 zeigt den **Fehlerstromkreis** bei einem *Körperschluss* (vereinfacht).

Der eingezeichnete *Fehlerstrom* fließt über den menschlichen Körper, die Schutzerde und über das Erdreich zur Betriebserde zurück.

Der *Körperwiderstand* des Menschen wird hier mit R_K bezeichnet.

Die realen Verhältnisse sind noch etwas komplexer, da im Fehlerstromkreis mehr als die drei in Bild 1, Seite 87 angegebenen Widerstände wirksam sind.

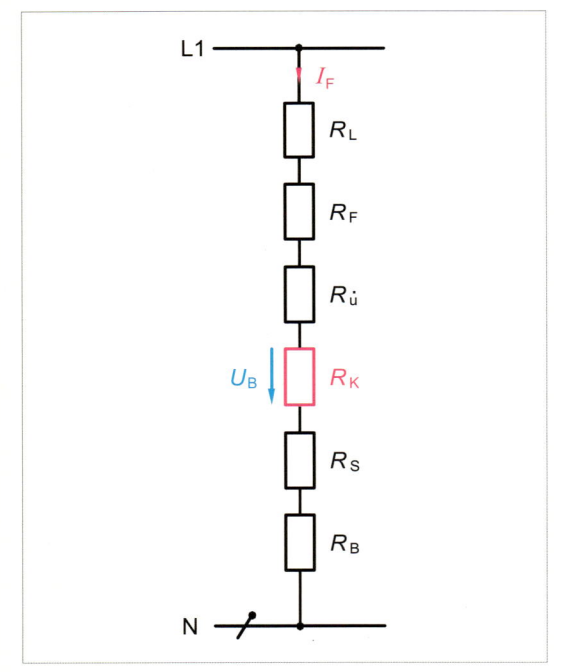

Allerdings geht man in der Praxis immer von einem **vollkommenen Körperschluss** aus, d.h., der Fehlerwiderstand der Isolation wird mit 0 Ω angenommen.

Beachten Sie bei Bild 1, Seite 87 dass der *Fehlerstromkreis* erst dann *geschlossen* wird, wenn ein Mensch das Gehäuse des defekten Betriebsmittels berührt.
Erst dann fließt der *Fehlerstrom* I_F.

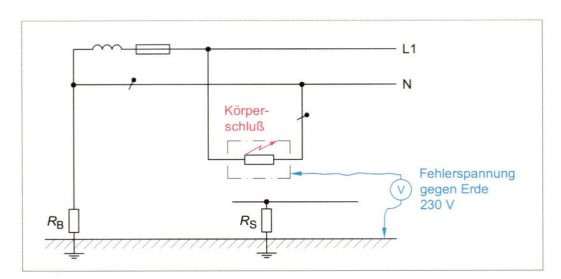

2 Fehlerspannung bei Körperschluss

Das *leitfähige Gehäuse* des Betriebsmittels nimmt eine *Fehlerspannung gegen Erde* von 230 V an (Bild 2).

Ein *Fehlerstrom* fließt nicht, da der Fehlerstromkreis *nicht geschlossen* ist. Das defekte Betriebsmittel stellt aber eine *erhebliche Gefahr* dar.

Wenn nun ein Mensch das unter *Spannung gegen Erde* stehende Gehäuse berührt, wird der *Fehlerstromkreis über den menschlichen Körper* geschlossen (Bild 1, Seite 89).

1 Fehlerstromkreis

R_L Widerstand der Leitungen
R_F Fehlerwiderstand der Isolation
$R_ü$ Übergangswiderstand Gehäuse – Hand
R_K Körperwiderstand des Menschen
R_S Widerstand der Schutzerde
R_B Widerstand der Betriebserde

> **Information**
>
> **Direktes und indirektes Berühren (DIN VDE 0100 Teil 200)**
>
> **Direktes Berühren (Basisschutz)**
> Berühren unter Spannung stehender Teile durch Menschen oder Nutztiere.
> Zur Verhinderung von direktem Berühren sind betriebsmäßig spannungsführende Teile mit Isolierungen oder Abdeckungen zu versehen.
>
> **Indirektes Berühren (Fehlerschutz)**
> Berühren von Körpern elektrischer Betriebsmittel, die betriebsmäßig keine Spannung führen, jedoch durch einen Isolationsfehler an Spannung liegen (Körperschluss).

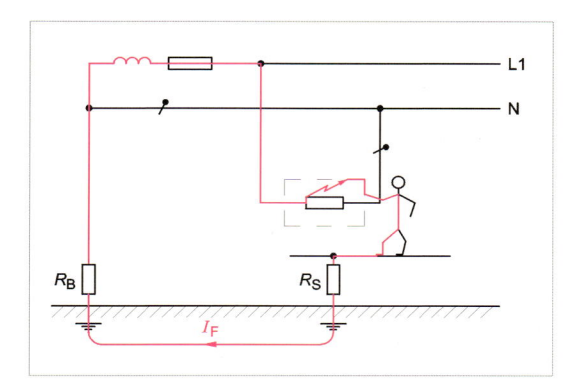

Verriegelungen installieren und Torantrieb anpassen, Gefahren des Stromes

1 Fehlerstromkreis bei Körperschluss

Unter der Annahme, dass der *Widerstand des gesamten Fehlerstromkreises* (einschließlich des Menschen) etwa 1000 Ω beträgt, fließt ein Fehlerstrom von

$$I_F = \frac{U_0}{R_{Fg}} = \frac{230\,V}{1000\,\Omega} = 0{,}23\,A = 230\,mA.$$

Dies ist ein außerordentlich gefährlicher Körperstrom (vgl. Seite 85, 86).

Es besteht Lebensgefahr!
Da angenommen werden kann, dass der menschliche Körper den weitaus größten Widerstand im Fehlerstromkreis darstellt, fällt an ihm auch der Großteil der Spannung gegen Erde ab (230 V!).

Die *zulässige Berührungsspannung* von U_L = 50 V wird deutlich überschritten.

Die vorgeschaltete *Schmelzsicherung* wird jedoch bei einem Strom von ca. 230 mA sicherlich *nicht* auslösen.

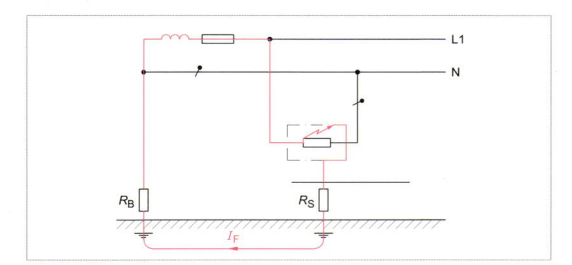

2 Geerdeter Körper des Betriebsmittels

Wenn nun das Gehäuse des Betriebsmittels mit *Erde verbunden* (geerdet) wird, fließt im Falle eines Körperschlusses unmittelbar ein Fehlerstrom. Ein Mensch muss hierzu das Gehäuse nicht berühren (Bild 2).

Der menschliche Körper ist nun nicht Bestandteil der *Fehlerstromschleife*. Da der *Widerstand der Fehlerstromschleife* gering ist (z.B. 2 Ω), fließt ein hoher Fehlerstrom.

$$I_F = \frac{230\,V}{2\,\Omega} = 110\,A$$

Dies ist vorteilhaft, weil dieser hohe Fehlerstrom die *vorgeschaltete Schmelzsicherung* in kurzer Zeit zum Ansprechen bringt.

Beispiel
Im Fehlerstromkreis ist eine Schmelzsicherung mit dem Nennstrom 10 A eingebaut. Der Fehlerstrom beträgt I_F = 110 A.
In welcher Zeit spricht die Schmelzsicherung an?

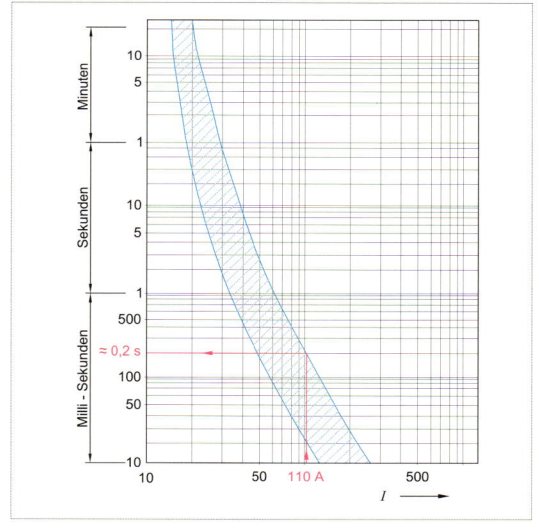

3 Strom-Zeit-Kennlinie einer 10-A-Schmelzsicherung

Bei einem Fehlerstrom von 110 A spricht die Schmelzsicherung nach einer Zeit von ca. 200 ms an.
Eine gefährlich hohe Berührungsspannung wird also nach 200 ms durch die vorgeschaltete Schmelzsicherung „abgeschaltet".

Vorsicht!

Der dauerhaften und sicheren Verbindung des leitfähigen Körpers mit Erde (über den grün-gelben Schutzleiter) kommt große Bedeutung zu.

Arbeiten Sie hier mit höchster Umsicht!

Sicherheit beim Arbeiten in elektrischen Anlagen

Die **elektrische Energie** ist *nicht ungefährlich*. Dies gilt weniger für den Anwender, da hier durch die *Bestimmungen* und *Vorschriften* (UVV, VDE) sowie der Normen (DIN) ein *sehr hoher Sicherheitsstandard* erreicht wurde.

Der **Errichter** der elektrischen Anlagen, der bei *Installation* und *Instandsetzung* mit der „unfertigen" und oftmals „ungeprüften" Anlage in Berührung kommt, ist einem wesentlich höheren Sicherheitsrisiko ausgesetzt.

Daher wird für diese Arbeiten eine besondere Qualifikation vorausgesetzt. Man unterscheidet:

Elektrofachkräfte
Sie verfügen über fachliche Ausbildung, Kenntnisse und Erfahrungen.
Die Beherrschung der Normen befähigt sie, ausgeführte Arbeiten zu beurteilen und Gefahren zu erkennen.

Elektrotechnisch unterwiesene Personen
Sie wurden von einer Elektrofachkraft über fachliche Aufgaben, Gefahren und erforderliche Schutzmaßnahmen für ihren konkreten Arbeitsbereich unterrichtet.

Unfallverhütungsvorschrift (UVV)

Die *Berufsgenossenschaft für Feinmechanik und Elektrotechnik* gibt u.a. die **Unfallverhütungsvorschrift** *„Elektrische Anlagen und Betriebsmittel (BGV A2)"* heraus.

Sie ist für sämtliche Personen, die im Betrieb arbeiten, *absolut verbindlich*.

Die fünf Sicherheitsregeln

Die Kenntnis und Beachtung dieser **Sicherheitsregeln** muss für jede **Elektrofachkraft** selbstverständlich sein.

Wenn **Unfälle** passieren, dann sind sie nach Angaben der **Berufsgenossenschaft** etwa zur Hälfte auf die **Nichtbeachtung dieser Sicherheitsregeln** zurückzuführen.

Folgende Regeln sind in der *vorgegebenen Reihenfolge* zu beachten:

1. Freischalten

Anlagenteile und Betriebsmittel, an denen gearbeitet werden soll, sind **allpolig vom Netz zu trennen**. Sämtliche *nicht geerdeten* Leitungen werden unterbrochen:
- Betätigung von Schaltern
- Herausnehmen von Sicherungen
- Ziehen von Steckvorrichtungen

Zweckmäßig ist die Anbringung eines **Hinweisschildes** mit Angaben über *Dauer* und *Zuständigkeit* der Freischaltung.

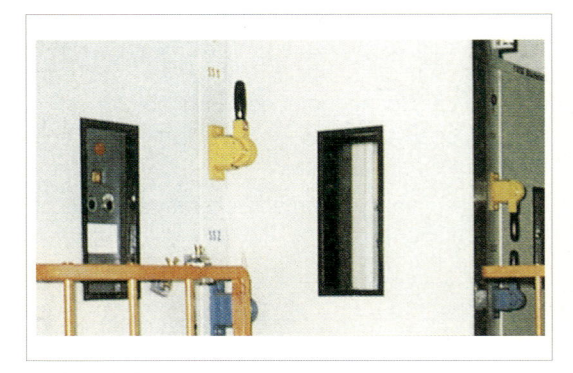

1 Freischalten

Englisch

Deutsch	Englisch
Fehlerstrom	fault current, leakage current
Fehlerspannung	fault voltage
Schutzerdung	protection earthing, protective earthing
Übergangswiderstand	transition resistance, contact resistance
Bestimmung	determination
Vorschrift	specification, instruction, regulation(s)
Instandsetzung	repair, reconditioning, corrective maintenance
Unfallverhütung	accident prevention
Sicherheitsvorschriften	safety regulations
Freischalten	disconnection, release, clearing, clear-down
Wiedereinschalten	reclosing
Nennspannung	rated voltage, nominal voltage
abdecken	cover, shield, mask
isolieren	isolate, insulate
erste Hilfe	first-aid
Erste-Hilfe-Anleitung	first-aid suggestions
Hochspannung	high voltage, h.v., H.V.
Bereich	range
Schutzklasse	class of protection
Kleinspannung	low voltage

2. Gegen Wiedereinschalten sichern

Solange die Arbeiten andauern, muss ein **Wiedereinschalten** verhindert werden:
- sichere Aufbewahrung der herausgenommenen Sicherungen.
- Schalter mit Vorhängeschloss sichern.
- zuverlässige unterwiesene Person am Freischaltort belassen.

Unbedingt ist ein **Verbotsschild gegen Wiedereinschalten** anzubringen.

1 Gegen Wiedereinschalten sichern

3. Spannungsfreiheit feststellen

Die **Spannungsfreiheit** muss am Arbeitsort durch eine *Fachkraft* oder *unterwiesene Person* durch geeignete Maßnahmen *allpolig* festgestellt werden.

Vorsicht! Selbst bei sorgfältiger Beachtung der Regeln 1 und 2 ist die Feststellung der Spannungsfreiheit in jedem Fall unverzichtbar.

2 Feststellen der Spannungsfreiheit

4. Erden und Kurzschließen

Zuerst erden, danach kurzschließen.

Das **Erden und Kurzschließen** der Anlagenteile, an denen gearbeitet werden soll, muss in *Sichtweite* der Arbeitsstelle erfolgen.

Die Einrichtungen zum Erden und Kurzschließen müssen zunächst mit der Erdungsanlage oder einem Erder und anschließend mit den Anlagenteilen verbunden werden.

Bei Anlagen mit Nennspannungen bis 1000 V darf auf das Erden und Kurzschließen verzichtet werden.

3 Erden und kurzschließen

5. Benachbarte, unter Spannung stehende Teile abdecken/abschranken

Durch **Abdecken, Abschranken** oder **Isolieren** soll verhindert werden, dass unter Spannung stehende Teile berührt werden können.

Hierzu können beispielsweise Gummi- oder Kunststoffmatten, Gummitücher, geschlitzte Gummischläuche und andere Formstücke verwendet werden.

Die Abdeckungen sind sorgfältig zu befestigen.

4 Abdecken und abschranken

Erste Hilfe bei elektrischen Unfällen

Trotz aller Vorsichtsmaßnahmen lassen sich **elektrische Unfälle** nicht völlig ausschließen.

Das Unfallopfer ist dann zunächst einmal auf die **erste Hilfe** der Arbeitskollegen angewiesen.

Daher sollte jede Elektrofachkraft mit den **Erste-Hilfe-Maßnahmen** bei elektrischen Unfällen vertraut sein.

Das Unfallopfer muss so schnell wie möglich *aus dem Gefahrenbereich* gebracht werden.

Liegt der Verunglückte noch an *Spannung*, ist diese unverzüglich abzuschalten.

Ist dies nicht möglich (Schalter, Sicherungen, Steckverbindungen nicht schnell zugänglich), muss das Unfallopfer *bei Nennspannungen bis 1000 V* von den spannungsführenden Anlageteilen getrennt werden.

> **Vorsicht!**
> **Das an Spannung liegende Unfallopfer nicht direkt berühren. Auch für den Hilfeleistenden besteht dann Lebensgefahr!**

Um nicht selbst gefährdet zu werden, sollte versucht werden, den Verunglückten mit Hilfe *isolierender Gegenstände* von der Spannung zu entfernen.

Eine andere Möglichkeit besteht darin, sich selbst auf eine *gut isolierende Unterlage* zu stellen und die Hände mit trockenen Tüchern oder Kleidungsstücken zu umwickeln, *bevor* das Unfallopfer *angefasst* wird.

Wenn auch dies in *kürzester Zeit* nicht machbar ist, kann ein **beabsichtigter Kurzschluss** herbeigeführt werden. Dadurch wird die Anlage spannungslos gemacht.

Hierbei müssen die Folgen eines möglicherweise entstehenden *Lichtbogens* berücksichtigt werden.

In **Hochspannungsanlagen** darf ein unter Spannung stehendes Unfallopfer *keinesfalls angefasst* werden.

Auch die Auslösung eines **beabsichtigten Kurzschlusses** ist nicht möglich, da die Gefahren für den Hilfeleistenden zu groß wären.

Eventuell besteht die Möglichkeit, das Unfallopfer mit langen Isolierstangen oder Sicherungsstangen aus dem Gefahrenbereich herauszuziehen.

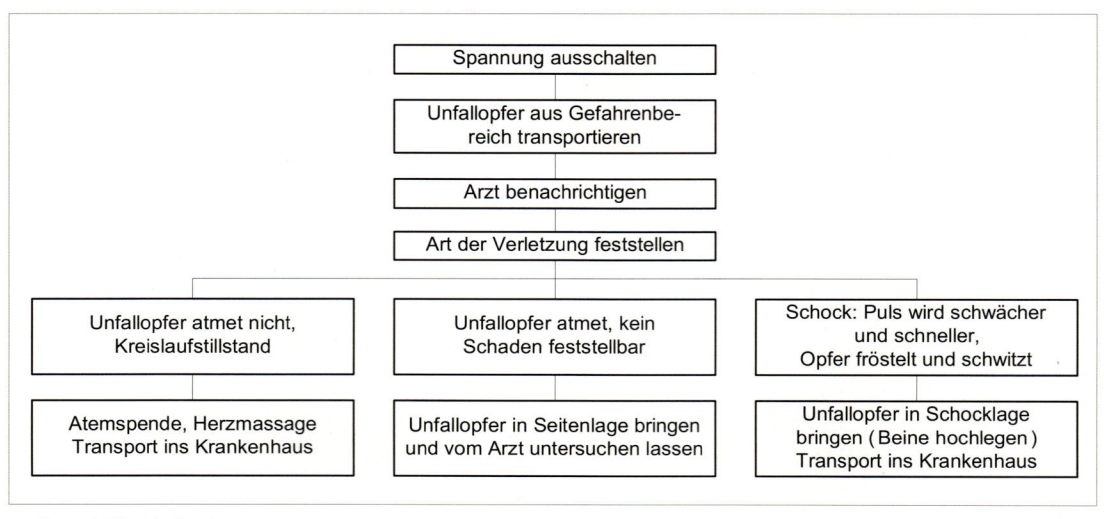

```
            Spannung ausschalten
                     │
     Unfallopfer aus Gefahrenbereich transportieren
                     │
            Arzt benachrichtigen
                     │
         Art der Verletzung feststellen
          ┌──────────┼──────────┐
Unfallopfer atmet    Unfallopfer atmet,    Schock: Puls wird schwächer
nicht, Kreislauf-    kein Schaden          und schneller,
stillstand           feststellbar          Opfer fröstelt und schwitzt
          │                │                         │
Atemspende,         Unfallopfer in          Unfallopfer in Schocklage
Herzmassage         Seitenlage bringen      bringen (Beine hochlegen)
Transport ins       und vom Arzt            Transport ins Krankenhaus
Krankenhaus         untersuchen lassen
```

1 Erste-Hilfe-Maßnahmen

Spannungsbereiche und Schutzklassen

Eine wesentliche Größe, die eine *Gefährdung* von Mensch und Tier bedeutet, ist die *Spannungshöhe*.

Spannungsbereiche

Wechselspannung AC	Gleichspannung DC
Spannungsbereich I Signalanlagen, Fernmeldeanlagen, Meldestromkreise	
$U \leq 50\,V$ Zwischen zwei Leitern, Leiter gegen Erde	$U \leq 120\,V$ Zwischen zwei Leitern, Leiter gegen Erde
Spannungsbereich II Hausinstallation, Gewerbe, Industrie	
$50\,V < U \leq 600\,V$ Außenleiter gegen Erde $50\,V < U \leq 1000\,V$ Zwischen zwei Außenleitern	$120\,V < U \leq 900\,V$ Leiter gegen Erde $120\,V < U \leq 1500\,V$ Zwischen zwei Leitern

Beachten Sie:
Auch der *Spannungsbereich I* ist *nicht ungefährlich*. Wenn der Stromfluss durch den Körper die Wahrnehmbarkeitsschwelle überschreitet, sind **Schreckunfälle** möglich.
Zum Beispiel durch Herabstürzen von einer Leiter.

Schutzklassen

DIN VDE 0106-1 schreibt vor, dass elektrische Betriebsmittel eine *Schutzklasse* aufweisen müssen, die durch ein *genormtes Symbol* gekennzeichnet wird.

Schutzklasse I Schutzmaßnahme mit Schutzleiter	Bei Betriebsmitteln mit elektrisch leitfähigen Gehäusen (z.B. Elektromotoren)
Schutzklasse II Schutzisolierung	Bei Betriebsmitteln mit Kunststoffgehäuse (z.B. elektrisches Handwerkzeug)
Schutzklasse III Schutzkleinspannung	Betriebsmittel mit Bemessungsspannungen bis 50 V AC bzw. 120 V DC für Menschen und 25 V AC bzw. 60 V DC für Tiere (z.B. elektrische Handleuchten)

Vorsicht! Höchstzulässige Berührungsspannungen:
Mensch: 50 V AC, 120 V DC
Tier: 25 V AC, 60 V DC

Unfallverhütung

Besonders beim Berufsanfänger ist die *Unfallgefahr* wegen der noch geringen Erfahrungen besonders groß.

Der Anfänger muss daher mit besonderer *Vorsicht* und *Umsicht* die ihm übertragenen Aufgaben ausführen.

Vor allem sind die *Unfallverhütungsvorschriften* zu beachten, die in jeder Werkstatt eingesehen werden können.

Diese Vorschriften wurden von den Berufsgenossenschaften unter Berücksichtigung ihrer großen Erfahrungen mit Unfällen und Unfallursachen erarbeitet und dienen dem Schutz Ihrer Gesundheit und Ihres Lebens.

1.3 Energieversorgung mit Akkumulatoren planen

Auftrag

Bei Netzausfall soll der Betrieb des Garagentores durch eine Notstromversorgung aufrecht erhalten werden.

Zur Notstromversorgung dienen zwei Bleiakkumulatoren je 12 V/65 Ah.

Damit die Akkumulatoren jederzeit einsatzbereit sind, müssen sie überwacht und gewartet werden.

Sie erhalten den Auftrag, sich grundlegende Kenntnisse über elektrochemische Spannungsquellen zu verschaffen, um diese Aufgabe übernehmen zu können.

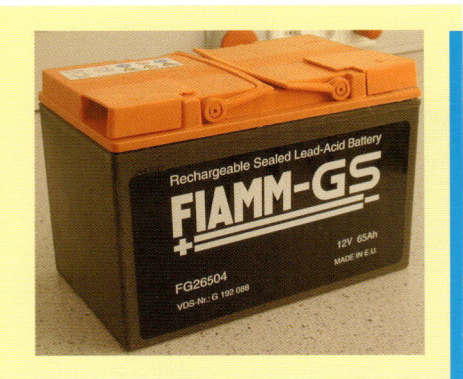

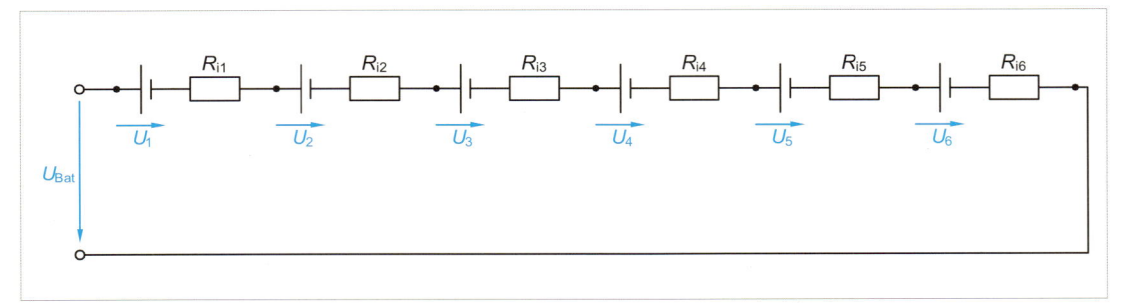

1 Schaltung des Bleiakkumulators 12 V

Der abgebildete 12-V-Akkumulator besteht aus *sechs in Reihe geschalteten* Zellen. Jede Zelle hat eine *Nennspannung* von 2 V, so dass der **Bleiakkumulator** (Pb-Akkumulator) an den äußeren Klemmen eine **Nennspannung** von 12 V liefert.
Diese „Zellen-Batterie" ist wiederaufladbar, man nennt sie daher **Sekundärelement**, da sie in zwei Zuständen betrieben werden kann: Laden – Entladen.
Dem Akkumulator wird beim **Laden** elektrische Energie zugeführt. Diese wird in den Zellen in chemische Energie umgewandelt und gespeichert.

Bei Bedarf kann diese potenzielle Energie wieder in *elektrische Arbeit*

$W = U \cdot Q = U \cdot I \cdot t$ in Wh

umgewandelt werden.

Information

Bleiakkumulator

Wiederaufladbare Zellen bestehen aus zwei **Elektroden**, zwischen denen sich eine leitfähige Flüssigkeit (**Elektrolyt** genannt) befindet.

In *Bleiakkumulatoren* wird als Elektrolyt *schweflige Säure* verwendet. Die Flüssigkeit ist in modernen Akkumulatoren zu einem Gel eingedickt, damit sie auslaufsicher ist und die Akkus in beliebiger Lage eingebaut werden können.

Damit an den Elektroden eine elektrische Spannung entsteht, müssen diese aus *unterschiedlichen* Materialien bestehen.

Die *entladene Zelle* eines Bleiakkus hat eine Spannung von ca. 1,8 V. Beide Platten (Elektroden) bestehen dann aus Bleisulfat ($PbSO_4$).

Die **Säuredichte** des Elektrolyten beträgt 1,14 kg/dm^3. Beim Laden wird Säure gebildet, die Säuredichte steigt.

Vorsicht!

Der Elektrolyt besteht aus verdünnter Schwefelsäure: Verätzungsgefahr.

In Batterieräumen ist Feuer und offenes Licht verboten: Explosionsgefahr.

Schaltung von Spannungsquellen → 56, Ladung → 24

Energieversorgung mit Akkumulatoren planen, Akkumulatoren

Information

Ladevorgang eines Bleiakkumulators

Ladegerät — Verbraucher

technische Stromrichtung

Kathode — U — Anode

Ladegerät liefert Elektronen

positive H-Ionen wandern zur Kathode

Durch chemische Reaktion entsteht reines Blei Pb

$H_2O + H_2SO_4$

Ladegerät zieht Elektronen ab

negative SO_4-Ionen wandern zur Anode

Durch chemische Reaktion entsteht Bleioxid PbO_2

Elektrolyt: Werden Salze, Säuren oder Basen in Wasser gelöst, so zerfallen sie in positive und negative Ionen.
$$H_2SO_4 \longrightarrow H_2^{++} + SO_4^{--}$$
Schwefelsäure $\longrightarrow$ pos. H_2-Ion + neg. SO_4-Ion
Die Ionen können den elektrischen Strom leiten.

Ladekurven

Dichte in $\frac{kg}{l}$ / U in V

Säuredichte — 1,28

2,7

"Gasen" bei 2,4 V

2,0
1,8

1,18

0 — 100
Kapazität %

Information

Entladevorgang eines Bleiakkumulators
Die *geladene* Bleizelle hat eine *Spannung* von ca. 2,4 V, die *Säuredichte* beträgt dann 1,28 kg/dm^3.
Beim *Entladen* kehrt sich die chemische Reaktion um, es wird Säure verbraucht, die *Säuredichte* nimmt ab.

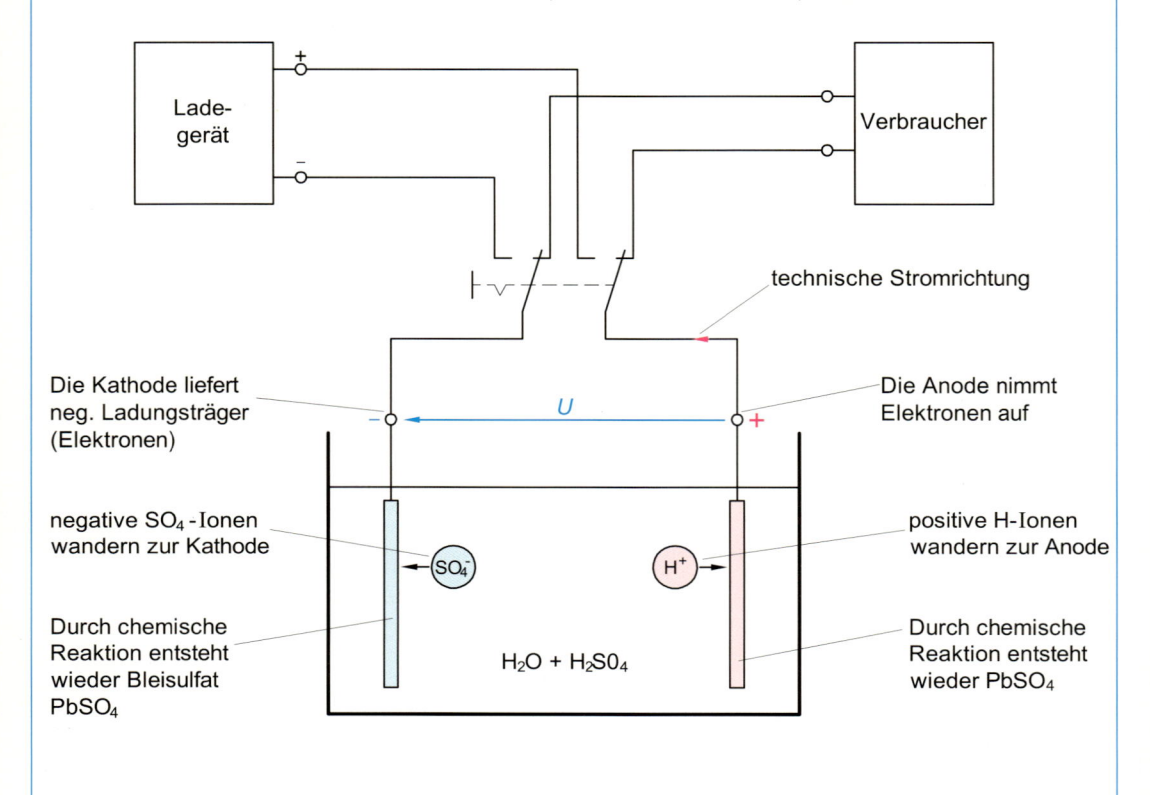

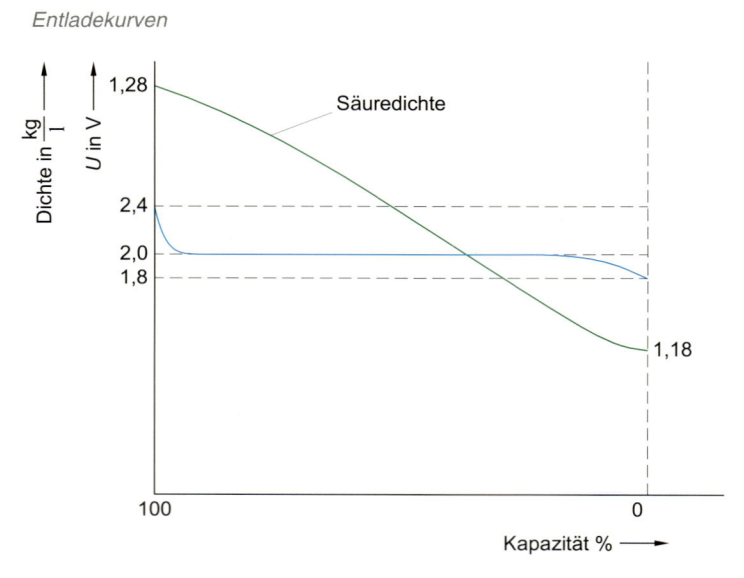

- Ladegerät
- Verbraucher
- technische Stromrichtung
- Die Kathode liefert neg. Ladungsträger (Elektronen)
- Die Anode nimmt Elektronen auf
- negative SO$_4$-Ionen wandern zur Kathode
- positive H-Ionen wandern zur Anode
- Durch chemische Reaktion entsteht wieder Bleisulfat PbSO$_4$
- Durch chemische Reaktion entsteht wieder PbSO$_4$
- H$_2$O + H$_2$SO$_4$

Entladekurven

Dichte in kg/l, U in V — Säuredichte — Kapazität %: 1,28 → 1,18; U: 2,4 → 2,0 → 1,8

Energieversorgung mit Akkumulatoren planen, Akkumulatoren

Die relativ teuren *Bleiakkumulatoren* müssen eine möglichst lange *Lebensdauer* erreichen.
Dazu sind folgende *Pflegemaßnahmen* erforderlich:

- Tiefentladung des Akkus muss unbedingt vermieden werden. Sie führt zur Zersetzung der Platten und zur Verschlammung der Zellen.

- Der Ladezustand muss überwacht werden: durch Spannungsmessung unter Belastung oder durch Messung der Säuredichte (Herstellerangaben beachten).

- Bleiakkumulatoren dürfen nicht längere Zeit ungeladen bleiben, da das Bleisulfat dann kristallisiert und chemisch nicht mehr reaktionsfähig ist.

- Die Ladung erfolgt mit der Ladespannung:
  $U_L = n \cdot 2{,}75$ V (n = Anzahl der Zellen).

- Für die Normalladung ergibt sich der Ladestrom aus $0{,}1 \cdot Q$ (Q = Kapazität des Akkus). Beispiel: Kapazität = 65 Ah, Ladestrom = 6,5 A. Der Akku ist dann in ca. 10 Stunden geladen.

- Bei Notstrom-Akkumulatoren muss eine Erhaltungsladung mit 2,23 V pro Zelle durchgeführt werden.

- Sind längere Nutzungspausen (Notstromakkus, saisonale Akkunutzung) zu erwarten, müssen in regelmäßigen Abständen definierte Ladungsmengen entnommen und wieder geladen werden, um eine Verhärtung der Platten zu verhindern.

- Beim Ladevorgang entweichen ab 2,4-V-Zellenspannung Wasserstoff und Sauerstoff.
  Es entsteht hochexplosives Knallgas.

- Überladung muss vermieden werden, damit die Zellen nicht durch Zersetzung und starke Erwärmung zerstört werden.

- Sind die Platten durch die Gasung nicht mehr völlig von Flüssigkeit bedeckt, muss *destilliertes Wasser* nachgefüllt werden.

- Die Akkus sind absolut sauber zu halten, um Kriechströme zu vermeiden.

- Die Polklemmen müssen mit Säurefett versehen werden.

> **Wartungsfreie Akkumulatoren** enthalten ein Gel als Elektrolyten.
> Sie können nicht geöffnet werden. Der Zustand des Elektrolyten kann nicht überprüft werden.

Kapazität eines Akkumulators → 20, 22

Information

Das Energiespeichervermögen von elektrochemischen Spannungsquellen nennt man **Kapazität**.

$Q = I \cdot t$,

die in Ah (Amperestunden) angegeben wird.
Die Kapazität eines Akkumulators ist stark vom *Entladestrom* abhängig. Bei hohen Entladeströmen erfolgt die chemische Reaktion nur an der *Oberfläche* der Bleiplatten.

Entladung bei unterschiedlichen Stömen

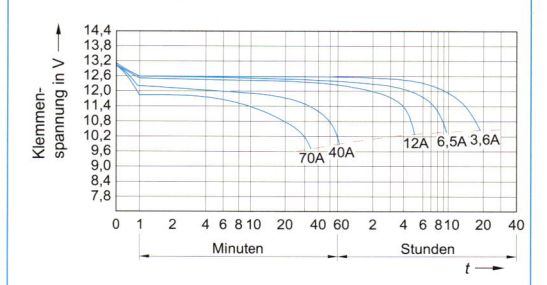

Bleiakkumulatoren sind besonders empfindlich gegen tiefe Temperaturen:

- Der Innenwiderstand nimmt bei abnehmenden Temperaturen erheblich zu. Bei hoher Stromentnahme nimmt die Klemmenspannung stark ab.

- Die chemischen Reaktionen im Elektrolyten nehmen stark ab. Dadurch wird die Kapazität bei niedrigen Temperaturen erheblich verringert.

Entladezeit in Abhängigkeit vom Entladestrom

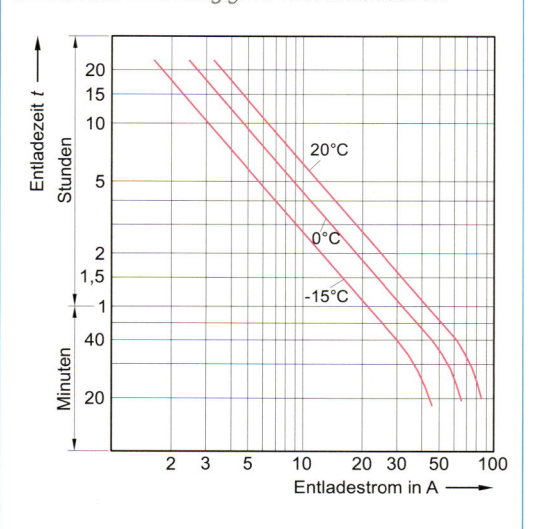

Anwendung

1. Die beim Garagentorantrieb verwendeten Bleiakkumulatoren sind in Reihe geschaltet. Beide haben die Nennwerte 12 V, 65 Ah.
Die Akkumulatoren werden mit 6,5 A belastet.

Ermitteln Sie mit Hilfe der Kennline (Seite 97), nach welcher Zeit die Nennspannung 12 V unterschritten wird.

2. Die Akkumulatoren wurden 3 Monate nicht in Anspruch genommen. Während dieser Zeit wurden sie ständig mit einer Erhaltungsladung beaufschlagt.
Zur Pflege sollen Sie die Akkus zu 40 % entladen und wieder laden. Das verwendete Ladegerät ermöglicht diese Vorgänge mit jeweis 3,5 A.

Berechnen Sie, wie lange die beiden Vorgänge dauern.

3. Die Kapazität der eingesetzten Bleiakkumulatoren ist stark abhängig von der Höhe der Stromentnahme und der Elektrolyttemperatur.

Entnehmen Sie der Kennlinie (Seite 97) die Kapazität des Akkus bei einem Laststrom von 6,5 A und den Temperaturen 20 $^{\circ}$C, 0 $^{\circ}$C und −15 $^{\circ}$C.

4. Bei 20 $^{\circ}$C können fast 100% der Nennkapazität entnommen werden.

Errechnen Sie die prozentuale Verfügbarkeit bei 0 $^{\circ}$C und −15 $^{\circ}$C.

Information

Weitere Sekundärbatterie-Systeme

Nickel-Cadmium-Akkumulatoren (NiCd-Akkus)

Die aktiven Komponenten von *NiCd-Akkus* sind im geladenen Zustand Nickelhydrid in der positiven Elektrode und Cadmium in der negativen Elektrode. Der Elektrolyt besteht aus Kaliumhydroxid.

Funktionsprinzip: Zwei unterschiedliche Materialien befinden sich in einem Elektrolyten. Die chemische Reaktion der beiden Stoffe setzt elektrische Energie frei, die nutzbar ist.
Bei Akkus ist der chemische Prozess, der Strom abgibt, umkehrbar, d.h., indem elektrischer Strom zugeführt wird, verläuft die chemische Reaktion rückwärts, der Akku wird wieder geladen.

Die *Vorteile* der NiCd-Akkus:
- Besonders geeignet für Anwendungen, die hohe Ströme benötigen (z.B. Akku-Werkzeug).
- Schnellladefähigkeit mit hohen Strömen.
- Einsetzbar auch bei niedrigen Temperaturen, die Kapazität bleibt bis −15 $^{\circ}$C fast unverändert.

Die *Nachteile* der NiCd-Akkus:
- Relativ geringe Energiedichte gegenüber anderen Systemen (NiMH, Li-Ion).
- Ausgeprägter Memory-Effekt.
- Umweltbelastung durch das Schwermetall Cadmium.

Pflege der NiCd-Akkus

Die dauerhafte Leistungsfähigkeit dieses Akku-Typs hängt entscheidend von de*r Ladetechnik* ab.
Normalladung erfolgt mit 0,1 C.

Das heißt, der *Ladestrom* ist so groß, dass der Akku frühestens nach 10 Stunden voll geladen ist.
Da nicht die gesamte zugeführte Energie gespeichert werden kann, ist eine etwas längere Ladezeit empfehlenswert.

$$\text{Ladezeit (h)} = \frac{\text{Kapazität des Akkus (mAh)} \cdot 1{,}4}{\text{Ladestrom (mA)}}$$

Nach dieser Zeit sollte das Ladegerät abschalten oder in den Modus „Erhaltungsladung" umschalten.

Schnellladung erfolgt mit 0,5 bis 2 C.
Der Ladevorgang ist also bereits nach ca. 2,5 bis hinunter zu 1 Stunde beendet.
Schnellladung ist für den Akku nicht schädlich, allerdings muss die Abschaltung nach der Ladezeit präzise und zuverlässig funktionieren.
Überladen mit hohen Stromstärken würde zur Erhitzung des Akkus und schnell zur Zerstörung führen.

Der **Memory-Effekt** beschreibt die Tatsache, dass ein NiCd-Akku bei falscher Handhabung schnell seine Kapazität verliert. Dieser Effekt stellt sich ein, wenn dieser Akku-Typ mit niedrigem Strom dauergeladen wird oder wenn er vor der vollständigen Entladung wieder geladen wird.
Ursache: An der negativen (Cadmium-)Elektrode bilden sich Kristalle, die dann für die chemische Umsetzung und Speicherung der elektrischen Energie nicht mehr zur Verfügung stehen.

Batterien enthalten Stoffe, die schädlich für die Umwelt sind. Sie dürfen keinesfalls in den Hausmüll gelangen, sondern müssen zu Schadstoff-Sammelstellen gebracht werden.
Batterieverordnung vom 1. 10. 1998.

Information

Kapazitätsverlust durch Memory-Effekt

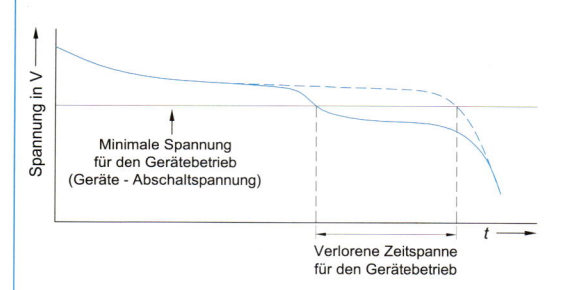

- Durch ein **„Refreshing"** kann der Memory-Effekt rückgängig gemacht werden. Dieses Verfahren besteht darin, den unbrauchbar gewordenen Akku zunächst einer Tiefentladung zu unterziehen und dann in mehreren (2–3) Zyklen zu laden und zu entladen.
- **Selbstentladung** des Akkus führt dazu, dass bei Nichtbenutzung bzw. Lagerung nach drei Monaten durchschnittlich 80 % der Energie verloren ist.
- **Tiefentladung** der Akkus muss vermieden werden. Akkus sollen daher bei längerer Nichtbenutzung der Elektrogeräte entnommen werden. Auch geringe Ströme können nach entsprechend langer Zeit zu einer Tiefentladung führen, die dem Akku schadet.

Folgerung: Um NiCd-Akkus effektiv nutzen zu können und um eine lange Nutzungsdauer der Akkus zu erreichen, ist ein *Ladegerät* mit verschiedenen Funktionen erforderlich:

- Entladefunktion, d.h., teilentladene Akkus müssen kontrolliert entladen werden können.
- Das Ladegerät sollte eine Schnell- und Normalladestufe besitzen.
- Nach der Volladung sollte automatisch umgeschaltet werden können auf Erhaltungsladung. Mit einer Stromstärke von ca. 0,03 bis 0,05 *C* wird dadurch die Selbstentladung ausgeglichen.
- Das Ladegerät sollte über ein sicheres Abschaltverfahren verfügen.
  Häufig angewandt wird das $(-\Delta U)$-Verfahren. Bei diesem Verfahren wird die Spannung des Akkus gemessen. Gegen Ende des Ladevorgangs steigt die Spannung der Zellen an. Sobald der Akku voll ist, fällt die Spannung wieder ab.
  Dieser Spannungsabfall $(-\Delta U)$ wird erfasst und bricht den Ladevorgang ab. Ein Ladetimer oder eine Temperaturüberwachung der Akkus kann die Abschaltsicherheit erhöhen.

NiCd-Akkus enthalten umweltschädliche Stoffe, insbesondere das Schwermetall Cadmium. Händler, Städte und Gemeinden sind verpflichtet, verbrauchte Akkus zwecks Entsorgung anzunehmen.

Nickel-Metallhydrid-Akkumulatoren (NiMH-Akkus)

Der prinzipielle Aufbau dieser Akkus ist identisch mit dem der NiCd-Akkus.

Im geladenen Zustand besteht die positive Elektrode aus Nickelhydroxid, die negative Elektrode aus einer Wasserstoff speichernden Metalllegierung, dazwischen befindet sich ein alkalischer Elektrolyt.

Vorteile der NiMH-Akkus:
- Hohe Energiedichte, bis zu 100 % höher als bei NiCd.
- Kein Memory-Effekt.
- Vor dem Laden ist kein Entladen erforderlich.
- Geringe Umweltbelastung.
- NiMH sind zwar teurer, aber das Preis-Leistungs-Verhältnis ist günstiger.

Nachteile der NiMH-Akkus:
- Diese Akkus sind hitzempfindlich beim Laden. Beim Schnellladen muss folglich auf korrekte Abschaltung geachtet werden, damit der Akku keinen Schaden nimmt.
- Bei der NiMH-Technologie kann ein abgeschwächter Memory-Effekt auftreten.
  Dadurch sinkt die Entladespannung geringfügig ab, die Nutzungsdauer verkürzt sich aber nur wenig. Diese Nutzungseinschränkung kann beseitigt werden durch ein mehrfaches „Zyklen", dies bedeutet, den Akku mehrfach komplett entladen und dann wieder aufladen.

Vorübergehende Kapazitätsminderung bei NiMH-Akkumulatoren

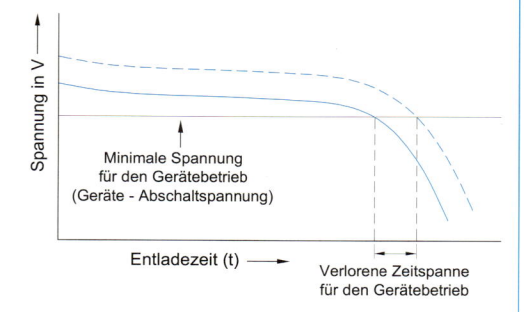

NiMH-Akkumulatoren können in allen Anwendungen NiCd-Akkumulatoren ersetzen.

Für Pflege und Entsorgung gelten die gleichen Forderungen wie bei den NiCd-Akkumulatoren.

Information

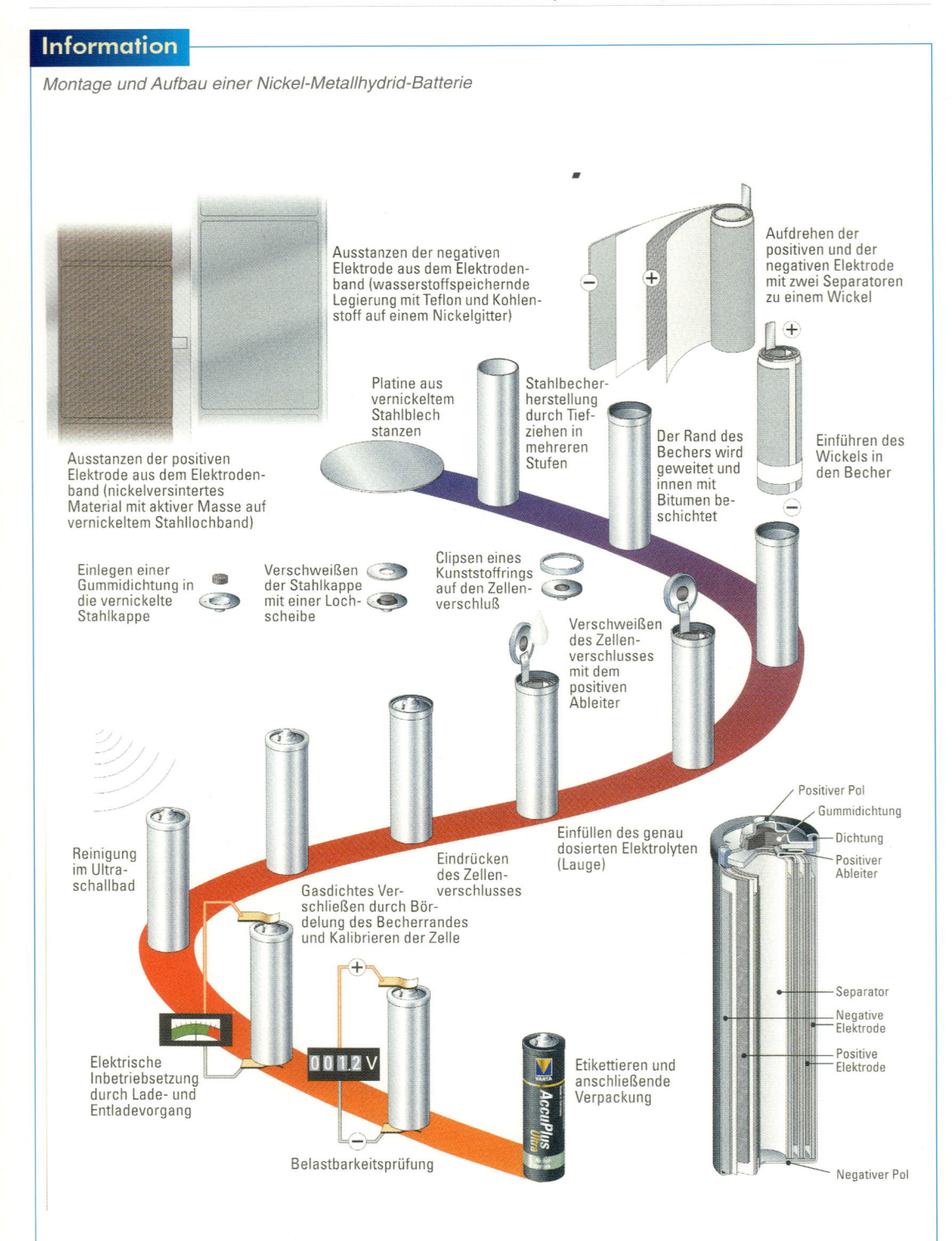

Montage und Aufbau einer Nickel-Metallhydrid-Batterie

Ausstanzen der negativen Elektrode aus dem Elektrodenband (wasserstoffspeichernde Legierung mit Teflon und Kohlenstoff auf einem Nickelgitter)

Aufdrehen der positiven und der negativen Elektrode mit zwei Separatoren zu einem Wickel

Ausstanzen der positiven Elektrode aus dem Elektrodenband (nickelversintertes Material mit aktiver Masse auf vernickeltem Stahllochband)

Platine aus vernickeltem Stahlblech stanzen

Stahlbecherherstellung durch Tiefziehen in mehreren Stufen

Der Rand des Bechers wird geweitet und innen mit Bitumen beschichtet

Einführen des Wickels in den Becher

Einlegen einer Gummidichtung in die vernickelte Stahlkappe

Verschweißen der Stahlkappe mit einer Lochscheibe

Clipsen eines Kunststoffrings auf den Zellenverschluß

Verschweißen des Zellenverschlusses mit dem positiven Ableiter

Reinigung im Ultraschallbad

Eindrücken des Zellenverschlusses

Einfüllen des genau dosierten Elektrolyten (Lauge)

Gasdichtes Verschließen durch Bördelung des Becherrandes und Kalibrieren der Zelle

Elektrische Inbetriebsetzung durch Lade- und Entladevorgang

Belastbarkeitsprüfung

Etikettieren und anschließende Verpackung

Positiver Pol
Gummidichtung
Dichtung
Positiver Ableiter
Separator
Negative Elektrode
Positive Elektrode
Negativer Pol

Energieversorgung mit Akkumulatoren planen, Akkumulatoren

Information

Lithium-Ionen-Akkumulatoren (Li-Ion-Akkus)

Lithium ist das leichteste aller Metalle und es hat das höchste elektrochemische Potenzial.

Akkus, die Lithium als negative Elektrode nutzen, können eine hohe Zellenspannung und eine große Kapazität liefern.

Vorteile des Li-Ion-Akkus:
- Wesentlich höhere Energiedichte als NiCd- und NiMH-Akkus, Einsatz daher vorzugsweise in tragbaren Computern und Kameras.
- Ein Memory-Effekt tritt nicht auf. Li-Ion-Akkus können daher bei jeder sich bietenden Gelegenheit nachgeladen werden.
- Die Selbstentladung ist gering im Vergleich zu NiCd- und NiMH-Systemen.

Nachteile des Li-Ion-Akkus:
- Li-Ion-Akkus sind nicht kompatibel mit anderen Akkus, sie haben etwa die dreifache Zellenspannung, außerdem sind sie bisher nur in herstellerspezifischen Bauformen erhältlich.
- Da Lithium chemisch sehr reaktionsfähig ist und daher besonders bei Erwärmung instabil wird, sind diese Akkus mit einer Schutzbeschaltung gegen Kurzschluss und Tiefentladung versehen.
Li-Ion-Akkus können nur mit einer speziellen Ladeelektronik geladen werden. Bei der Ladung müssen genaue Spannungswerte eingehalten werden.
- Dieser Akku-Typ unterliegt einer Alterung, die unabhängig ist von der Nutzung. Nach ca. drei Jahren sind Li-Ion-Akkus unbrauchbar.

Entsorgung
Li-Ion-Akkus dürfen nicht in den Hausmüll entsorgt werden, sie müssen entladen bei einer Sammelstelle abgegeben werden. Dabei müssen die Pole vor Kurzschluss gesichert werden → Explosionsgefahr!

Akkumulatoren: Merkmale und Anwendungen, Kennwerte und Bezeichnungen

Bezeichnung	Spannung	Besondere Merkmale	Anwendungen
Nickel-Cadmium (NiCd)	1,2 Volt	Sehr hohe Belastbarkeit, wieder aufladbar	Schnurlose Telefone, elektrische Zahnbürsten, Akkuwerkzeuge, Notbeleuchtungen
Nickel-Metallhydrid (NiMH)	1,2 Volt	Hohe Belastbarkeit, wieder aufladbar	Handys, schnurlose Telefone, Camcorder, Rasierer
Lithium-Ionen (Li-Ion), Lithium-Polymer (Lithium-Polymer)	3,7 Volt	Hohe Belastbarkeit, hohe Energiedichte, wieder aufladbar	Handys, Camcorder, Notebooks, Organizer

Typ	Micro		Mignon		Baby		Mono		E-Block
System	NiCd	NiMH	NiCd	NiMH	NiCd	NiMH	NiCd	NiMH	NiMH
Spannung (V)	1,2	1,2	1,2	1,2	1,2	1,2	1,2	1,2	8,4
Kapazität (mAh)	300	700	750	1400	1500	2600	1500	2600	150
IEC ANSI	KR03 AAA	HR03 AAA	KR6 AA	HR6 AA	KR14 C	HR14 C	KR20 D	HR20 D	6F22 1604D

IEC: International Electrotechnical Commission
ANSI: American National Standards Institute

Information

Primärelemente

1789 entdeckte Luigi Galvani, dass zwei unterschiedliche Metalle in einer salz-, säure- oder laugenhaltigen Flüssigkeit Elektrizität abgeben können.

1799 baute Allessandro Volta die erste Batterie: Er schichtete Kupfer- und Zinkscheiben abwechselnd übereinander und legte zwischen die Scheiben jeweils ein in Salzlösung getränktes Stück Pappe. Die „voltasche Säule" lieferte Energie, wenn die Kupferscheiben miteinander und die Zinkscheiben miteinander verbunden wurden.

Eine **chemische Spannungsquelle** entsteht also, wenn zwei *unterschiedliche* Materialien (meistens Metalle) von einem **Elektrolyten** umgeben sind. Diese Anordnung nennt man ein **galvanisches Element** bzw. ein **Primärelement**.

> Primärelemente können chemische Energie direkt in elektrische Energie umwandeln, dabei wird die negative Elektrode verbraucht. Das Element kann nicht wieder aufgeladen werden.

Sobald die Elektroden in den Elektrolyten gebracht werden, gibt das unedlere Metall positive Metallionen in die Lösung, zurück bleibt ein Elektronenüberschuss.
Durch diese Reaktion wird diese Elektrode zum **Minuspol**.

Der Elektrolyt enthält durch Zersetzung positive H-Ionen. Diese H-Ionen entziehen dem edleren Metall Elektronen, in dieser Elektrode entsteht dadurch Elektronenmangel, sie wird zum **Pluspol**.
Zwischen den beiden Elektroden ist eine *Spannung* messbar. Sobald das Element belastet wird, fließt ein *Elektronenstrom* vom *Minuspol zum Pluspol*.
Wie *hoch* die *elektrische Spannung* zwischen den Polen ist, hängt allein vom verwendeten *Elektrodenmaterial* ab.
Die zu erwartende Spannung kann der **elektrochemischen Spannungsreihe** entnommen werden.

Arbeitsweise eines Primärelementes

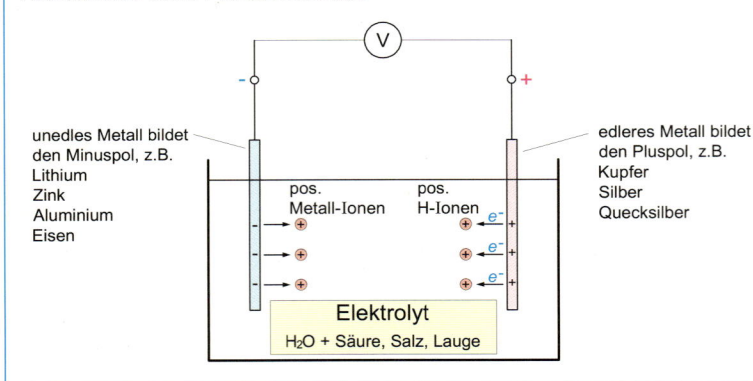

Die experimentell (messtechnisch) erstellte elektrochemische Spannungsreihe zeigt die Spannungen, die sich zwischen zwei Elektroden einstellen, wenn eine Elektrode aus *Wasserstoff* besteht (Wasserstoff ist der Bezugspunkt ±0 V).

Elektrochemische Spannungsreihe
Beispiele
In einem Elektrolyten befinden sich:

	Lithium	–3,045 V
	Kalium	–2,92 V
	Calcium	–2,76 V
	Natrium	–2,71 V
	Magnesium	–2,34 V
	Aluminium	–1,67 V
	Mangan	–1,07 V
	Zink	–0,76 V
	Chrom	–0,56 V
	Eisen	–0,44 V
	Cadmium	–0,40 V
unedle	Nickel	–0,23 V
Metalle	Zinn	–0,14 V
↑	Blei	–0,12 V
	Wasserstoff	±0,00 V
↓	Kupfer	+0,35 V
	Kohle	+0,74 V
edle Metalle	Silber	+0,80 V
	Quecksilber	+0,80 V
	Platin	+1,20 V
	Gold	+1,40 V

Aluminium — Wasserstoff
–1,67 V — +/–0 V

Zwischen den Elektroden kann die Differenz 1,67 V gemessen werden. Die Aluminiumelektrode bildet den Minuspol, die Wasserstoffelektrode den Pluspol.

Zink — Kupfer
–0,76 V — +0,35 V

Die Differenz beträgt 1,1 V. Die Zinkelektrode bildet den Minuspol und wird zersetzt.

unedles Metall bildet den Minuspol, z.B.
Lithium
Zink
Aluminium
Eisen

edleres Metall bildet den Pluspol, z.B.
Kupfer
Silber
Quecksilber

pos. Metall-Ionen
pos. H-Ionen

Elektrolyt
H_2O + Säure, Salz, Lauge

Energieversorgung mit Akkumulatoren planen, Primärelemente

Information

Depolarisation

Wie schon beschrieben, werden der positiven Elektrode von den H^+-Ionen Elektronen entzogen.

Dadurch entstehen Wasserstoffmoleküle, die sich um die Metallelektroden anlagern.

Die Metallelektrode wird ummantelt von Wasserstoff und wird dadurch zur Wasserstoffelektrode, die Spannung zwischen den Polen sinkt ab.

Beispiel

Zink – Kupfer: –0,76 V – + 35 V
→ Die Spannung beträgt 1,1 V

Wird der Zelle Strom entnommen, ist die Kupferelektrode nach kurzer Zeit mit Wasserstoff umgeben.

Zink – Wasserstoff;   –0,76 V – +/–0 V
→ Die Spannung beträgt 0,76 V
Die Spannung sinkt von 1,1 V auf 0,76 V ab.

Um die Bildung des *Wasserstoffmantels* zu verhindern, wird die positive Elektrode mit sauerstoffhaltigem Material (MnO_2, **Braunstein**) ummantelt.

Der Wasserstoff reagiert mit dem Sauerstoff des Mangandioxids zu Wasser. Die Verkapselung der positiven Elektrode wird durch diese Reaktion verhindert.

Diesen Vorgang nennt man **Depolarisation**.

Das Zink-Kohle-System

Im Jahre 1860 entwickelte der französische Ingenieur Leclanche das **Zink-Kohle-Element** mit Salmiakelektrolyten.

Diese klassische Zink-Kohle-Batterie ist immer noch eine wirtschaftlich günstige Alternative zu den wieder aufladbaren Batteriesystemen.

Die Ansprüche in Bezug auf Kapazität und Stromentnahme dürfen in der Anwendung allerdings nicht zu hoch sein.

Kennzeichen:

- Die Elektroden bestehen aus Zink (Minuspol bzw. Anode) und Braunstein/Kohle (Pluspol bzw. Kathode).
- Das Separatorpapier ist mit dem eingedickten Elektrolyten Salmiaksalz oder Zinkchlorid beschichtet.
- Das Zink-Kohle-Element liefert eine Nennspannung von 1,5 V.
- Die entnehmbare Kapazität ist stark abhängig vom Entladestrom.
- Unterbrechungen während der Entladung („Erholungspausen") ermöglichen eine größere Energieausbeute.
- Als entladen gilt ein Zink-Kohle-Element bei halber Zellenspannung $U_{K1} = 0{,}75$ V.

Achtung: Entladene Batterien sofort aus dem Gerät entfernen und fachgerecht entsorgen!

Primärelemete, Kennwerte und Bezeichnungen

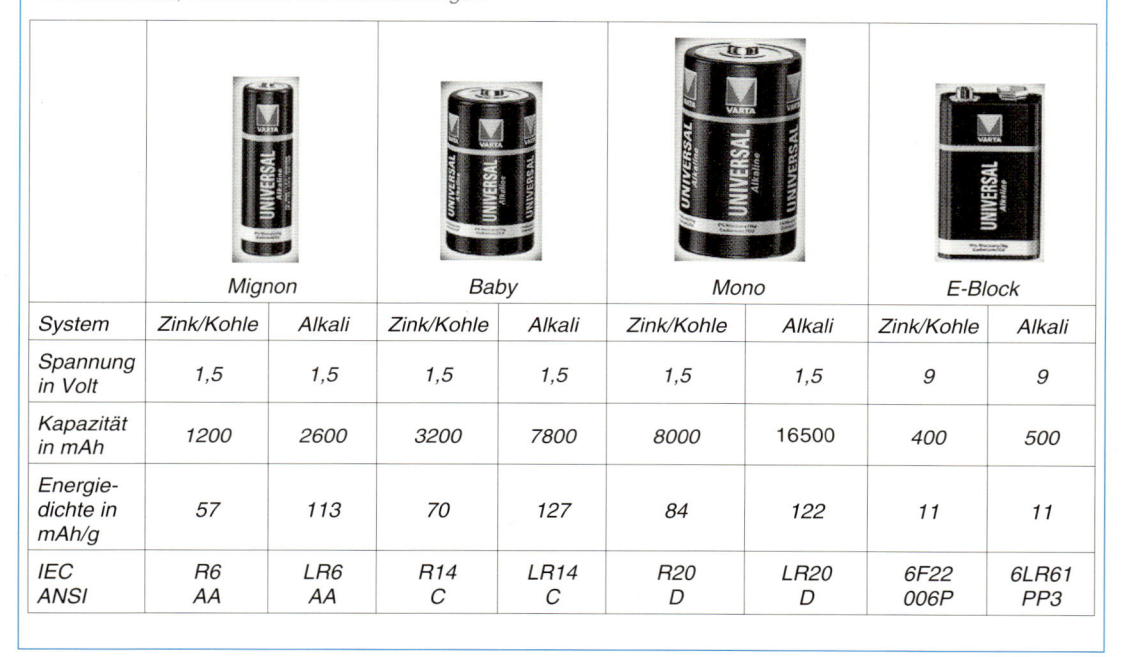

	Mignon		Baby		Mono		E-Block	
System	Zink/Kohle	Alkali	Zink/Kohle	Alkali	Zink/Kohle	Alkali	Zink/Kohle	Alkali
Spannung in Volt	1,5	1,5	1,5	1,5	1,5	1,5	9	9
Kapazität in mAh	1200	2600	3200	7800	8000	16500	400	500
Energiedichte in mAh/g	57	113	70	127	84	122	11	11
IEC ANSI	R6 AA	LR6 AA	R14 C	LR14 C	R20 D	LR20 D	6F22 006P	6LR61 PP3

Information

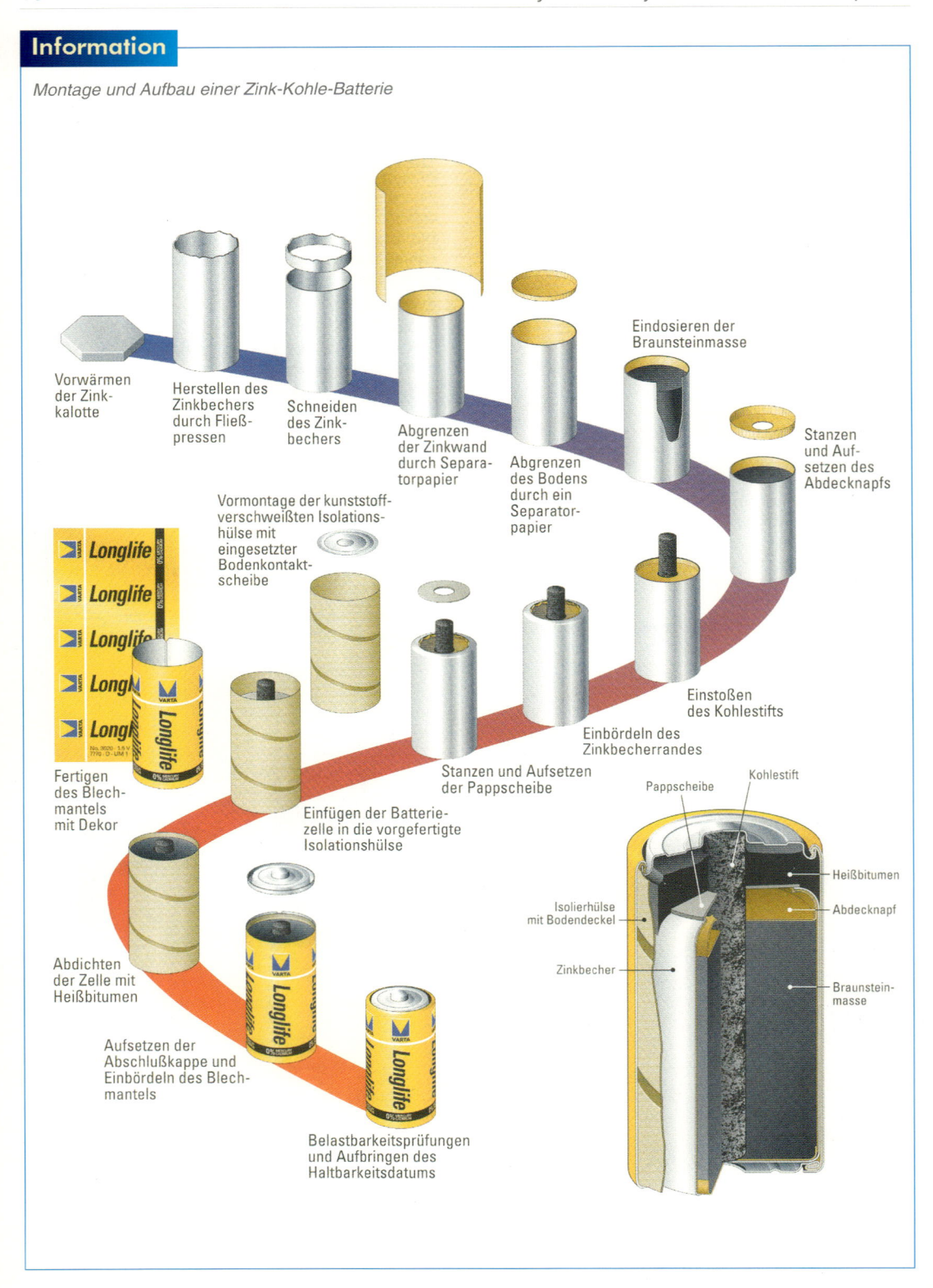

Montage und Aufbau einer Zink-Kohle-Batterie

Vorwärmen der Zinkkalotte

Herstellen des Zinkbechers durch Fließpressen

Schneiden des Zinkbechers

Abgrenzen der Zinkwand durch Separatorpapier

Abgrenzen des Bodens durch ein Separatorpapier

Eindosieren der Braunsteinmasse

Stanzen und Aufsetzen des Abdecknapfs

Vormontage der kunststoffverschweißten Isolationshülse mit eingesetzter Bodenkontaktscheibe

Einstoßen des Kohlestifts

Einbördeln des Zinkbecherrandes

Fertigen des Blechmantels mit Dekor

Stanzen und Aufsetzen der Pappscheibe

Einfügen der Batteriezelle in die vorgefertigte Isolationshülse

Abdichten der Zelle mit Heißbitumen

Aufsetzen der Abschlußkappe und Einbördeln des Blechmantels

Belastbarkeitsprüfungen und Aufbringen des Haltbarkeitsdatums

Pappscheibe — Kohlestift — Heißbitumen — Abdecknapf — Isolierhülse mit Bodendeckel — Zinkbecher — Braunsteinmasse

Energieversorgung mit Akkumulatoren planen, Primärelemente **105**

Information

Alkali-Mangan-Element

Die Kapazität eines Primärelementes ist von der Entladestromstärke abhängig

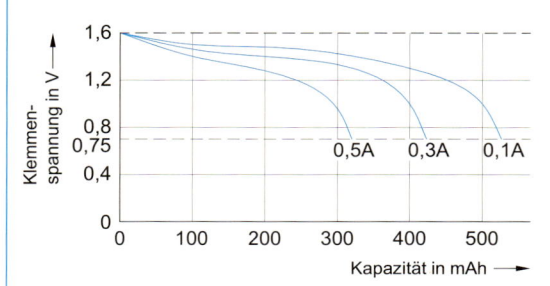

[Diagramm: Klemmenspannung in V über Kapazität in mAh; Kurven für 0,5 A, 0,3 A, 0,1 A]

[Schnittbild Alkali-Mangan-Element mit Beschriftungen: Positiver Pol, Stahlbecher, Braunstein (Kathode), Separator, Zink-Gel (Anode), Ableiternagel, Kunststoffdichtung, Berstmembran, Negativer Pol]

Alkali-Mangan-Element

Die *Alkali-Mangan-Zelle* (Alkaline) ist eine Fortentwicklung der Zink-Kohle-Zelle.

Sie hat eine erheblich *höhere Energiedichte* (Ladungsmenge pro Volumen). Alkaline-Elemente haben bei gleicher Baugröße und gleichem Typ eine mehr als doppelt so hohe *Kapazität* und sind für hohen Strombedarf geeignet.

Die Anode besteht aus einem Gel mit gelöstem Zinkpulver, die Kathode aus einer Schicht Manganoxid (Braunstein als Depolarisator) und Grafit.

Als *Elektrolyt* wird Kaliumhydroxid verwendet.

Silberoxid-Zelle

Silberoxid-Zelle

Das *AgO-System* wird überwiegend als **Knopfzelle** mit kleinsten Abmessungen hergestellt.

Silberoxid dient als Kathodenmaterial (Pluspol), die Anode besteht aus Zinkpulver. Die Zelle liefert eine Spannung von 1,55 V.

Diese Zellen benötigen sehr teure Rohstoffe, der Einsatz ist daher für Anwendungen gedacht, die auf kleinstem Raum einen hohen Energiebedarf und hohe Belastbarkeit benötigen: Zum Beispiel Uhren, Taschenrechner, Fotoapparate.

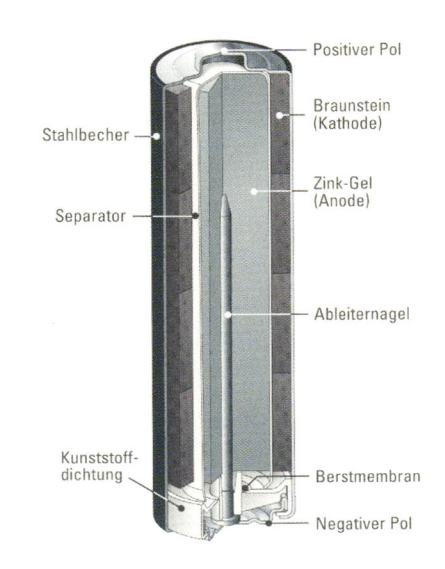

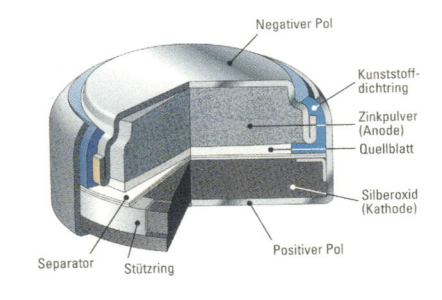

[Schnittbild Silberoxid-Zelle (Knopfzelle) mit Beschriftungen: Negativer Pol, Kunststoffdichtring, Zinkpulver (Anode), Quellblatt, Silberoxid (Kathode), Positiver Pol, Separator, Stützring]

Anwendung

1. Ermitteln Sie überschlägig den Energieinhalt eines Primärelementes bei den Stromstärken 0,5 A; 0,3 A und 0,1 A anhand der Entladekurven (siehe oben).

2. Ermitteln Sie überschlägig für die verschiedenen Entladearten den Energieinhalt der Primärzelle.

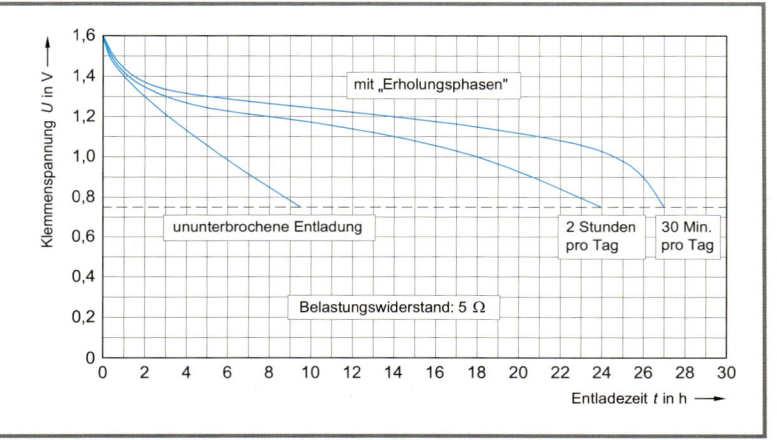

[Diagramm: Klemmenspannung U in V über Entladezeit t in h; Kurven für ununterbrochene Entladung, 2 Stunden pro Tag, 30 Min. pro Tag, mit „Erholungsphasen"; Belastungswiderstand: 5 Ω]

Information

Lithium-Mangandioxid-Element

Lithium liefert als Minuspol eingesetzt die *höchste Spannungsdifferenz* zu den edlen Metallen.

Für die Forschung auf dem Gebiet der elektrochemischen Spannungsquellen galt es, eine geeignete positive Elektrode zu finden. Lithium reagiert mit feuchter Luft und besonders intensiv mit Wasser. Schon bei 180 °C schmilzt es.

Aufgrund der heftigen Reaktionsfähigkeit des Lithiums mit Wasser werden in den Zellen keine wasserhaltigen Elektrolyte verwendet.

Mehrere Lithium-Systeme sind heute verfügbar. Am häufigsten ist das $LiMnO_2$-System.

Die negative Elektrode besteht aus Lithium und die positive Elektrode aus Mangandioxid.

Die *Vorteile* der Lithium-Zellen sind:
- hohe Zellenspannung (3 V)
- flache Entladekurve
- sehr geringe Selbstentladung
- großer nutzbarer Temperaturbereich

Lithium-Zellen sind in allen Bauformen erhältlich, sie eignen sich wegen der *geringen Selbstentladung* besonders für Langzeitanwendung in der Elektronik, Telekommunikation und im Messwesen.

Vorsicht!
**Lithium ist hochreaktiv und daher feuergefährlich.
Lithium-Batterien vor Feuchtigkeit schützen, nicht öffnen, vor hohen Temperaturen schützen!**

Lithium-Mangandioxid-Element

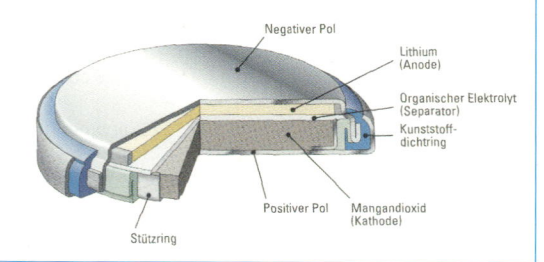

Störung beim Akku-Ladegerät beheben

Auftrag

Das Akku-Ladegerät wird in Betrieb genommen. In der Probephase tritt folgende Störung auf:

Während der Ladezeit wird der Ladevorgang mehrfach unterbrochen.

Sie erhalten den Auftrag, den Grund für diese Störung zu finden.

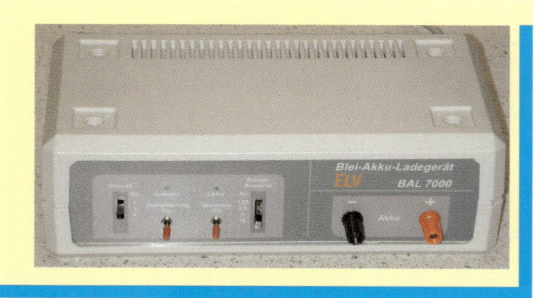

Bei der Überprüfung des *Ladegerätes* stellen Sie eine *starke Erwärmung des Gehäuses* fest, die möglicherweise durch unzulässige *Abdeckung der Lüftungsschlitze* verursacht wird.

Zur Störungssuche stehen Ihnen die folgende *Schaltplanunterlagen* (Seite 107) zur Verfügung.

Im Inneren des Gehäuses befindet sich ein **Kühlkörper**, an dem der **Transistor** Q1 und der **Temperatursensor** B1 angeschraubt sind.

Kühlkörper dienen dazu, die in elektronischen Bauelementen (hier Transistor Q1) erzeugte Wärmeleistung ($P = U \cdot I$) ständig an die *Umgebungsluft* abzugeben.

Ist diese Wärmeabfuhr nicht gewährleistet, kommt es zur *Überhitzung* und zur *Zerstörung* der Bauteile.

Eine *Überwachung der Kühlkörpertemperatur* und eine eventuelle *Abschaltung* der betroffenen Stromkreise ist daher unbedingt erforderlich.

Als Sensoren zur Temperaturüberwachung eignen sich **temperaturabhängige Widerstände**.

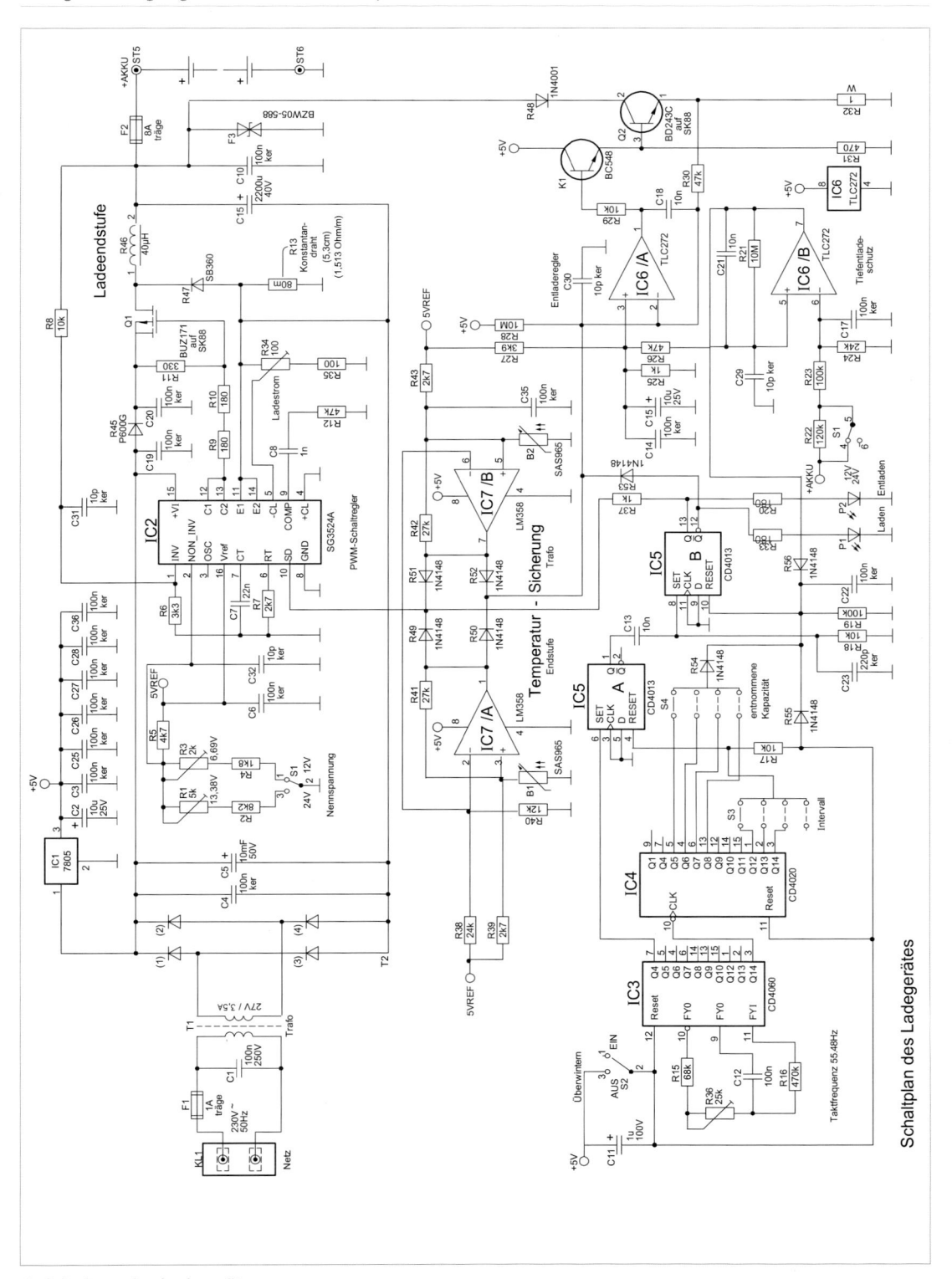

Energieversorgung mit Akkumulatoren planen, nichtlineare Widerstände

1 Schaltung des Ladegerätes

Nichtlineare Widerstände

Kaltleiter (PTC-Widerstand)

Fast alle Metalle haben die Eigenschaft, dass sie in kaltem Zustand besser leiten als bei höheren Temperaturen, sie sind also **Kaltleiter**.

Die Widerstandszunahme bei Temperaturerhöhung ist allerdings sehr gering, Kupfer hat z.B. einen *positiven Temperaturbeiwert* $\alpha_{Cu} = 0{,}004 \, \frac{1}{K}$.

Aus speziellen Keramiken hergestellte Widerstände verändern ihren Widerstand unter Temperatureinfluss erheblich stärker.

Im Temperaturbereich von $-50\,°C$ bis $+200\,°C$ werden Temperaturbeiwerte von $\alpha = 0{,}07\ 1/K$ bis $\alpha = 0{,}7\ 1/K$ erreicht.

Bei der *Anwendung von Kaltleitern* sind zwei Fälle zu unterscheiden:

1. **Fremderwärmung**, d.h., die Temperatur des PTC-Widerstandes wird durch die Umgebungstemperatur bestimmt und nicht durch den Stromfluss durch das Bauteil beeinflusst.

Diese Anwendungsart eignet sich zur **Temperaturmessung** und **Temperaturüberwachung**.

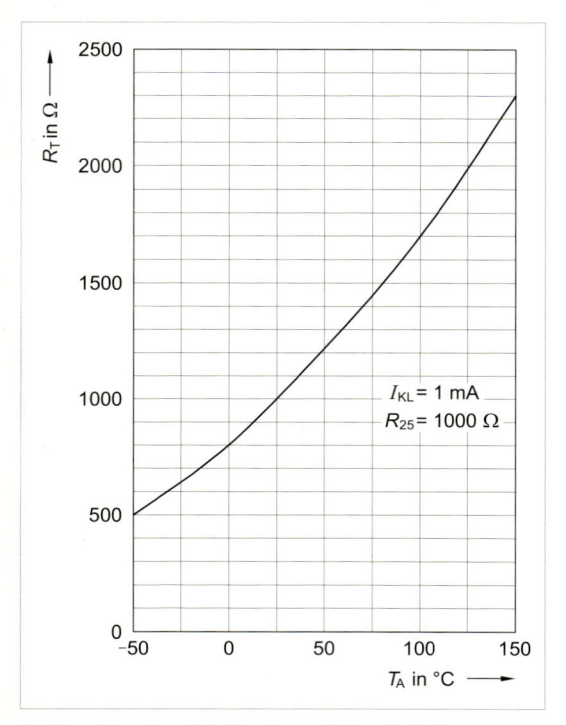

1 Kennlinie eines häufig eingesetzten Kaltleiters
Temperaturabhängigkeit des elektrischen Widerstandes → 37

Information

0,07 1/K bedeutet 7 % pro K
0,7 1/K bedeutet 70 % pro Kelvin

PTC-Widerstand
(positive temperature coefficient)
Der Widerstand nimmt mit steigender Temperatur zu.

Symbol

Anwendung

Am Kühlkörper ist der Kaltleiter B1 mit der Typbezeichnung SAS965 montiert (Ausschnitt Bestückungsplan).

Dieser PTC-Widerstand verändert seinen Wert in Abhängigkeit von der Temperatur wie in Bild 1 dargestellt.

Schaltplanausschnitt

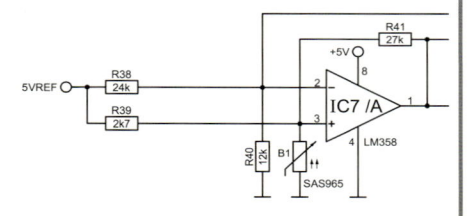

Die Schaltung hat folgende Funktion:
IC7/A arbeitet als Vergleicher, d.h., diese Schaltung vergleicht die Potenziale an Pin 2 und 3.

Solange das Potenzial an Pin 2 höher ist als an Pin 3, hat der Ausgang (Pin 1) des Vergleichers das Potenzial 0 V (Low-Signal).

Wird das Potenzial an Pin 3 höher als an Pin 2, springt der Ausgang auf 5 V (High-Signal).

Dieses Signal sperrt über das IC2 den Ladevorgang.

Nach Berechnungen an den Reihenschaltungen aus R38 und R40 sowie R39 und B1 lässt sich dann aus der Kennlinie ablesen, dass der Ladevorgang abgeschaltet wird, sobald der Kühlkörper eine Temperatur von ca. $80\,°C$ erreicht.

2. **Eigenerwärmung**, d.h., die Kaltleitertemperatur wird hauptsächlich durch die eigene Stromwärme bestimmt.

Das Verhalten eines PTC-Widerstandes bei Eigenerwärmung lässt sich anhand der *U/I-Kennlinie* (Bild 1) erklären:

Im Bereich 0–10 V verhält sich der PTC-Widerstand wie ein Festwiderstand.
Der Widerstandswert kann nur durch *Fremderwärmung* verändert werden.

Ab 10 V und 100 mA steigt der Widerstand, verursacht durch die *Stromwärme*, stark an und der Strom nimmt rasch ab. Der Kaltleiter hat folglich eine *strombegrenzende Wirkung*.

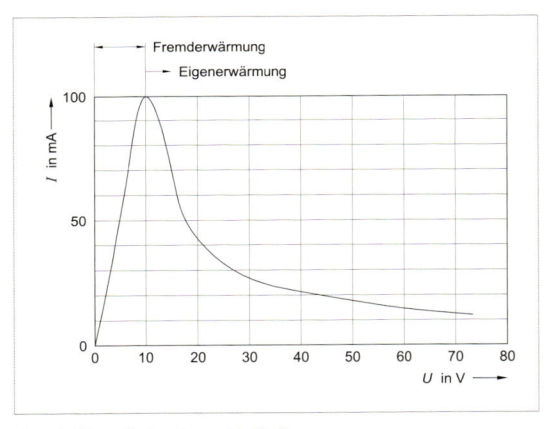

Mit einem **Kaltleiter** lässt sich ein *Überlastungs- und Kurzschlussschutz* realisieren.

Schaltet man zu einem Verbraucher einen Kaltleiter in Reihe, so wird dieser auch vom Arbeitsstrom durchflossen.

Überschreitet dieser Strom einen kritischen Wert, weil der Verbraucher seinen Widerstand verändert hat (z.B. Überlastung einer Bohrmaschine), dann wird der PTC-Widerstand durch den erhöhten Strom erwärmt, er wird hochohmig und begrenzt den Strom auf einen ungefährlichen Wert.

1 U/I-Kennlinie eines Kaltleiters

2 Kaltleiter im Ladegerät

Anwendung

1. Ermitteln Sie die Wärmeleistung im PTC-Widerstand bei verschiedenen Spannungen.
   a) $U = 5$ V   b) $U = 10$ V   c) $U = 30$ V

2. Ein elektrischer Widerstand ist in Reihe mit einem PTC-Widerstand geschaltet. Im Normalbetrieb hat der Verbraucher einen Widerstand von 667 Ω, der Arbeitspunkt A1 stellt sich ein.

Verringert sich der Widerstand des Verbrauchers durch Überlastung auf 400 Ω, stellt sich der Arbeitspunkt A2 ein.

Die Strom- und Spannungsverteilung in der Schaltung kann der nebenstehenden Abbildung entnommen werden.

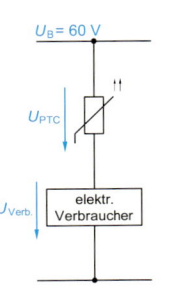

Im Normalbetrieb fließt ein Strom von 72 mA.
Im Störungsfall fließt ein Strom von 17 mA.

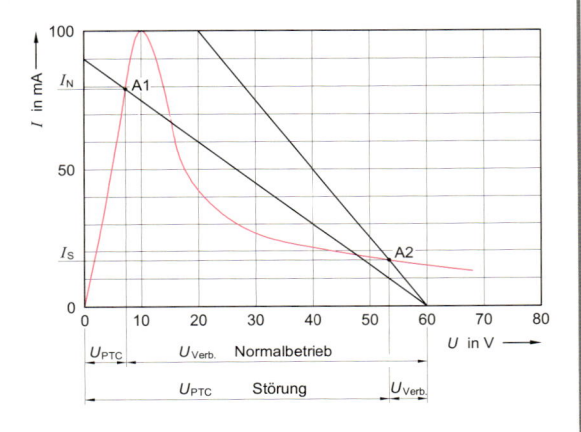

Heißleiter (NTC-Widerstand)

Heißleiter sind Bauelemente, deren elektrischer Widerstand bei steigender Temperatur abnimmt.

Heißleiter haben also einen *negativen Temperaturkoeffizienten*.

Die elektrischen Eigenschaften dieser Bauteile entnimmt man den zugehörigen Kennlinien und Datenblättern.

Nachfolgend sind die Kennwerte des Heißleitertyps *K164/1K* aufgeführt (Bild 1).

Anwendung:
Mess- und Regelungstechnik,
Temperaturkompensation

Ausführung:
Heißleiterscheibe, lackiert

Anschlüsse:
Anschlussdrähte, verzinnt

Kennzeichnung:
Widerstandswert ist aufgestempelt

Anwendungsklasse:
FKF nach DIN 40040

$R_{25} = 1\,k\Omega$
Widerstand bei 25 °C

$P_{25} = 750\,mW$
Belastbarkeit bei 25 °C

$P_{60} = 500\,mW$
Belastbarkeit bei 60 °C

$\vartheta_N = 25\,°C$
Nenntemperatur

$\vartheta_{min} = -50\,°C$
Untere Grenztemperatur

$\vartheta_{max} = +125\,°C$
Obere Grenztemperatur

$\tau_{th} = (20 +/-)\,s$
Abkühlzeitkonstante

Toleranz ± 10 %

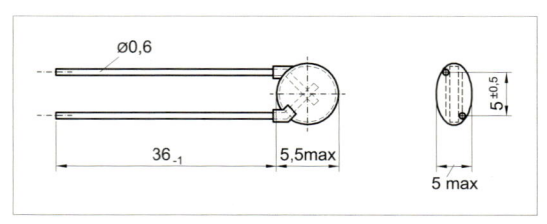

1 Heißleiter K164/1k

Information

NTC-Widerstand
(negative temperature coefficient)
Der Widerstand nimmt mit steigender Temperatur ab.

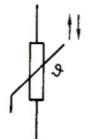

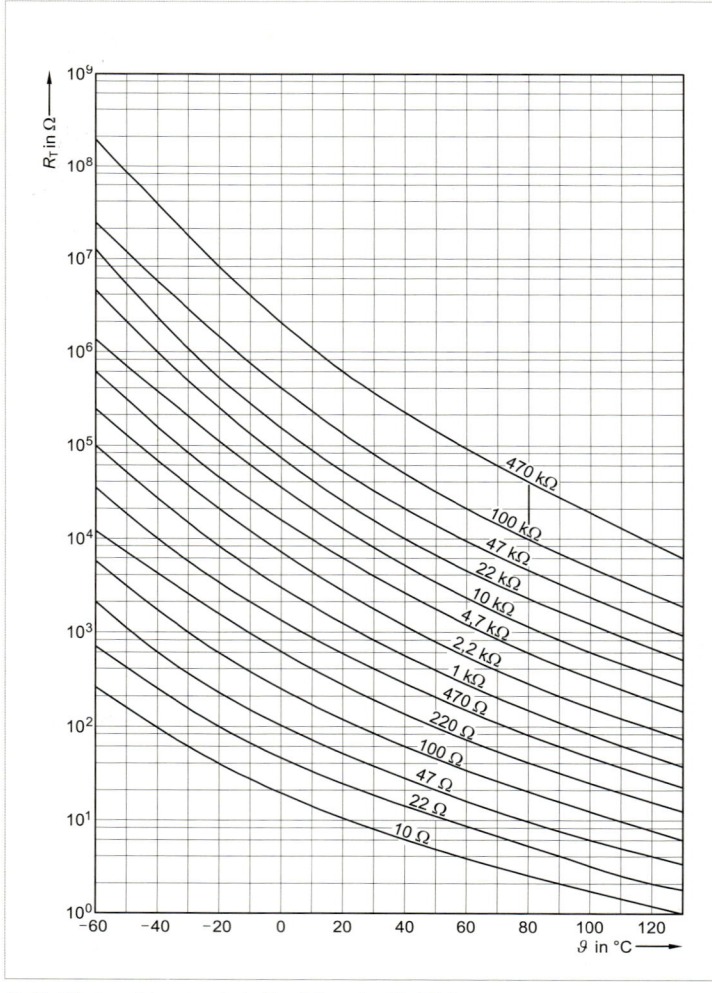

Symbol

2 Heißleiterwiderstand als Funktion der Heißleitertemperatur

Anwendung

Der durch die Datenangaben beschriebene NTC-Widerstand (Seite 110) wird zur Temperaturüberwachung eingesetzt.
Wenn das Potenzial an Punkt a den Wert 5 V erreicht, soll ein Schaltvorgang ausgelöst werden.
Ermitteln Sie die Schalttemperatur.

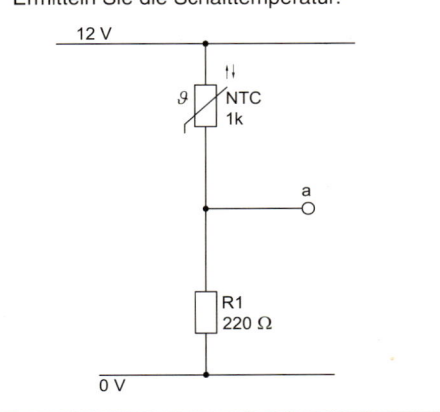

Englisch

Ladung
charge

Entladung
discharge

Kapazität
ampere-hour capacity

Element
cell, battery

depolarisieren
depolarize

Energiedichte
energy density

Knopfzelle
button cell

Kühlkörper
cooling attachment, heat sink

Kaltleiter
positive temperature coefficient resistor, PTC resistor

Heißleiter
negative temperature coefficient resistor, thermistor, NTC resistor

Eigenerwärmung
self-heating, natural heating

Nennwert
rated value, rating

Grenztemperatur
limiting temperature

Kompensation
compensation, balancing

Belastbarkeit
capacity, load-carrying ability, load capability, power-handling capacity

Zeitkonstante
time constant

Information

Halbleiterwerkstoffe

In der Elektrotechnik werden drei **Werkstoffgruppen** unterschieden:

- Leiterwerkstoffe (z.B. Kupfer, Silber, Aluminium)
- Isolierstoffe (z.B. PVC, Glas, Porzellan)
- Halbleiterwerkstoffe (z.B. Silizium, Germanium, Selen)

Der *Aufbau* und das *Verhalten* von Halbleiterwerkstoffen soll am Beispiel des Halbleitermaterials **Silizium** dargestellt werden.

Silizium hat auf der äußeren Elektronenschale eines jeden Atoms vier Elektronen.

Die Elektronen der äußeren Schale bestimmen die Art der Bindung der Atome untereinander. Diese Elektronen sind also von besonderer Bedeutung, man nennt sie auch *Valenzelektronen* (→ 23).

Jedes der vier Valenzelektronen des Siliziumatoms geht mit einem Nachbaratom eine **Elektronenpaarbindung** ein.

Die Paarbildung bewirkt, dass jedes Atom auf der äußeren Schale acht Elektronen zur Verfügung hat und damit den so genannten **Edelgaszustand** erreicht.

Diese **Bindungsart** hat außerdem zwei Effekte:

- Alle Atome halten gleichen Abstand zueinander, es entstehen regelmäßige Gitterstrukturen oder auch Kristallstrukturen.
- Alle Elektronen sind gebunden, es sind keine Ladungsträger für einen elektrischen Strom vorhanden.

Siliziumatom

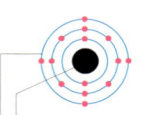

Kern mit 14 Protonen und Neutronen
Elektronenbahnen mit 14 Elektronen

Das Siliziumatom hat vier Bindungselektronen (Valenzelektronen) auf der äußeren Bahn

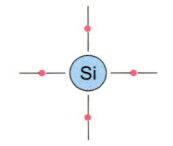

Siliziumkristall (Flächendarstellung)

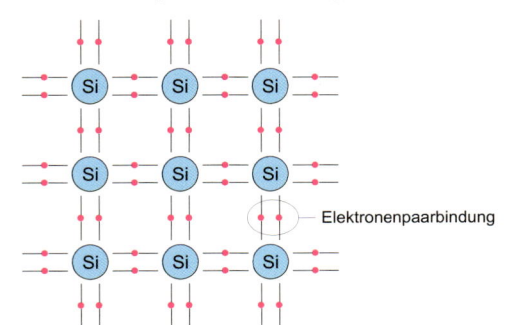

Elektronenpaarbindung

Information

Bei sehr *niedrigen Temperaturen* (nahe dem absoluten Nullpunkt) ist Silizium also ein Nichtleiter.

Wird dem Halbleitermaterial Energie zugeführt, z.B. Wärme oder Licht, kommt es zu Schwingungen des Atomgitters und einzelne Valenzelektronen werden aus ihrer Paarbindung gelöst.

Mit jeder gelösten Bindung entsteht im Siliziumkristall ein **Ladungsträgerpaar**: ein frei bewegliches Elektron und ein „Leerplatz" oder **Defektelektron** (Loch).

Das *Elektron* besitzt eine negative elektrische Ladung, das *Defektelektron* stellt eine positive Ladung dar.

Die *Zahl der gelösten Bindungen* nimmt mit *zunehmender Temperatur* stark zu, so dass immer mehr negative Ladungsträger (Elektronen) und positive Ladungsträger (Löcher) für den Ladungstransport (Strom) zur Verfügung stehen.

Silizium zeigt also *Heißleiter-Verhalten*. Diese temperaturabhängige Leitfähigkeit der Halbleiter nennt man **Eigenleitung**, sie wird in der Technik zur *Temperaturerfassung* eingesetzt.

Durch Wärme oder Lichtstrahlung werden Elektronen für den Ladungstransport freigesetzt

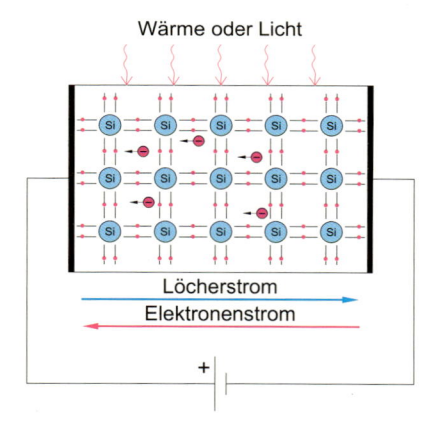

Halbleiter sind bei *tiefen Temperaturen* Nichtleiter. Durch Energieeinwirkung auf Halbleiter entsteht *Eigenleitung*.

Valenz
Chemische Wertigkeit der Elemente

Wertigkeit
Zahl der Elektronen auf der äußeren Schale

Edelgaszustand
Atome mit 8 Elektronen auf der äußeren Schale

absoluter Nullpunkt
0 K oder –273 °C

dotieren
hineingeben, hier: gezieltes Verunreinigen des Siliziums mit drei- oder fünfwertigen Stoffen

Dotierung

Die *Leitfähigkeit* der Halbleiter kann gezielt beeinflusst werden.

Wenn Silizium mit einem Stoff gemischt wird, der f*ünf Elektronen* auf der äußeren Schale hat (z.B. Antimon, Sb), dann nehmen diese Fremdatome im Kristallgitter den Platz eines Siliziumatoms ein.

Vier Elektronen eines Antimon-Atoms sind mit Nachbaratomen des Siliziums fest gebunden, das fünfte Elektron ist relativ frei beweglich, es kann als freies Elektron durch den Kristall wandern.

Mit zunehmender Zahl frei beweglicher Elektronen nimmt die Leitfähigkeit des Halbleiters zu (der Widerstand nimmt ab).

Da diese Leitfähigkeit durch negative Ladungsträger (Elektronen) erzeugt wird, nennt man dieses Material **N-dotiertes Halbleitermaterial** oder **N-Halbleiter**.

N-Halbleiter

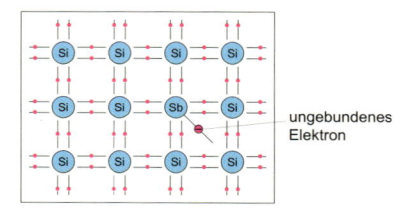

Um **P-Halbleiter** zu erhalten, werden *dreiwertige Fremdatome* (z.B. Indium, In) in das reine Silizium einlegiert.

Im Halbleiterkristall entstehen dann „Leerstellen", die als **Defektelektronen** oder **Löcher** bezeichnet werden.

In diese Löcher können benachbarte Elektronen springen, die dann wiederum Defektelektronen hinterlassen.

Die Löcher wandern folglich in *Gegenrichtung* zu den Elektronen durch den Kristall.

Wird eine Gleichspannung an ein *P-dotiertes Kristall* gelegt, so wandern die *„Löcher"* als positive Ladungsträger zum Minuspol der Spannungsquelle und die *Elektronen* in Gegenrichtung zum Pluspol.

P-Halbleiter

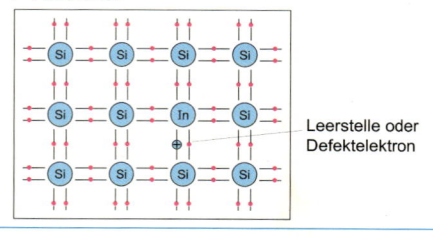

Energieversorgung mit Akkumulatoren planen, Halbleiterwerkstoffe **113**

Information

PN-Übergang

Bringt man einen *N-Halbleiter* und einen *P-Halbleiter* miteinander in Kontakt, so findet in der Berührungsschicht ein Ladungsträgeraustausch statt.

Von dem *N-dotierten Kristall* wandern (diffundieren) die frei beweglichen Elektronen in die Leerstellen des *P-dotierten Kristalls*.

Umgekehrt wandern Löcher von der P-Schicht zur N-Schicht.

Im Übergangsbereich zwischen den beiden Schichten entsteht eine *ladungsträgerfreie Zone*. Diese Zone ist eine hochohmige **Sperrschicht**.

Vor diesem Austausch der Ladungsträger waren beide Halbleiterschichten elektrisch neutral, da sie gleich viele negative Elektronen und positive Kernladungen hatten.

Nachdem nun die Elektronen aus der N-Schicht in die P-Schicht diffundiert sind, überwiegen in der N-Schicht die positiven Kernladungen.

Die N-Schicht ist positiv elektrisch geladen.

Zwischen den Halbleiterschichten hat sich also durch den Ladungsträger-Austausch eine elektrische Spannung aufgebaut, sie wird **Diffusionsspannung** U_D genannt.

Die Diffusionsspannung ist die Ursache dafür, dass der Ladungsträgeraustausch bei einer bestimmten Spannung aufhört.

Die Diffusionsspannung U_D beträgt bei Silizium 0,5 – 0,8 V.

> Die *Sperrschicht* ist eine ladungsträgerfreie Zone.

Die beschriebene Kombination eines P-Halbleiters mit einem N-Halbleiter ergibt eine **Diode**.

diffundieren
verbreiten

Diffusion
die Verbreitung

Diffusionsspannung U_D
Spannung an der Sperrschicht, die durch Ladungsträgeraustausch entstanden ist

Elektrode
metallischer Übergangskontakt

Anode
positive Elektrode, zieht negative Ladungsträger (Elektronen) an

Kathode
negative Elektrode, zieht positive Ladungsträger (Löcher) an

U_{RM}
Spannung, die in Rückwärtsrichtung an der Diode liegt

An der Kontaktfläche diffundieren Ladungsträger

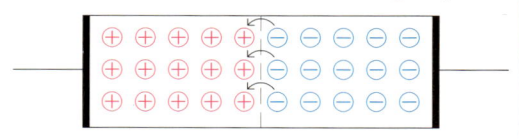

Durch die Diffusion entstehen eine ladungsträgerfreie Zone und eine Diffusionsspannung

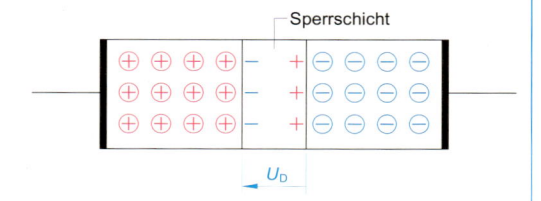

Symbol einer Diode

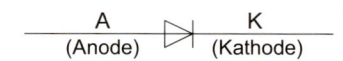

A ▷| K
(Anode) (Kathode)

Diode an Gleichspannung

Pluspol der Spannungsquelle an die Kathode – Minuspol an die Anode

Wenn die Spannung von 0 V beginnend erhöht wird, entzieht der Pluspol der N-Zone immer mehr Elektronen. Der Minuspol (Elektronenüberschuss) füllt zum Teil die Löcher in der P-Zone.

Die ladungsträgerfreie Zone verbreitert sich und die innere Spannung zwischen den beiden Zonen steigt an. Bedingt durch die *Eigenleitung* fließt ein sehr geringer Strom (Sperrstrom) I_R. Die Diode ist in **Sperrrichtung** geschaltet.

Übersteigt die Spannung in Sperrrichtung einen bestimmten Wert U_{RM}, so erfolgt ein **Durchschlag**, der Strom steigt lawinenartig an und die Diode wird zerstört.

> Wird an den PN-Übergang eine *Spannung in Sperrrichtung* gelegt, *erhöht* sich der Widerstand.

Die Sperrschicht wird breiter, die Diode sperrt; sie ist in Rückwärtsrichtung geschaltet

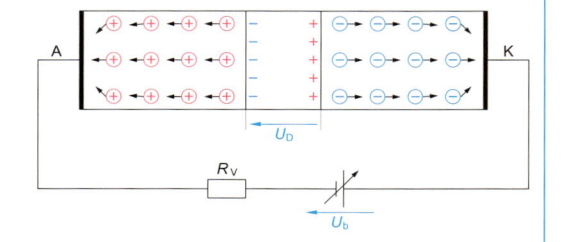

Information

Pluspol der Spannungsquelle an die Anode – Minuspol an die Kathode

Die angelegte Spannung wirkt jetzt der Diffusionsspannung entgegen.

Im N-Halbleiter werden negative Elektronen in Richtung der Sperrschicht gedrückt, im P-Halbleiter treiben Defektelektronen (Löcher) ebenfalls in die Sperrschicht.

Erreicht die äußere Spannung die Höhe der Diffusionsspannung, ist die Sperrschicht völlig abgebaut.

Die Diode ist in **Durchlassrichtung** geschaltet, es kann ein hoher **Durchlassstrom** fließen.

Der Strom muss unbedingt durch einen **Vorwiderstand** begrenzt werden.

Unterschreitet die äußere Spannung U_F (**Schwellspannung**) die *Diffusionsspannung* U_D, wird die Sperrschicht wieder aufgebaut.

> Für *Siliziumdioden* gilt:
> Ist die Anode ca. 0,7 V positiver als die Kathode, dann ist die Diode leitend.

Die Sperrschicht wird abgebaut, die Diode ist leitend (sie ist in Vorwärtsrichtung geschaltet)

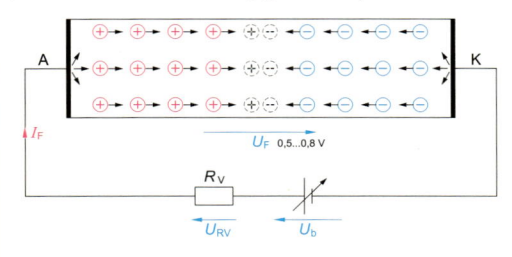

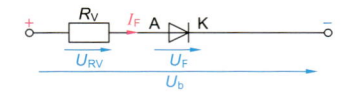

> Dioden dürfen nicht ohne Vorwiderstand betrieben werden.

Durchlasskennlinie in logarithmischer Darstellung

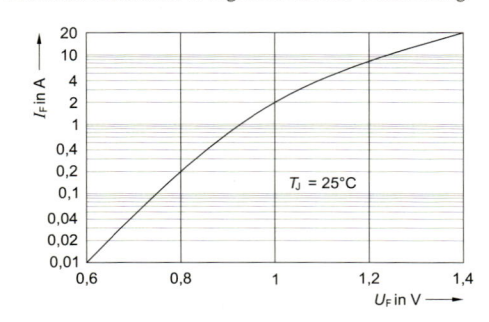

Durchlasskennlinie bei unterschiedlichen Sperrschichttemperaturen

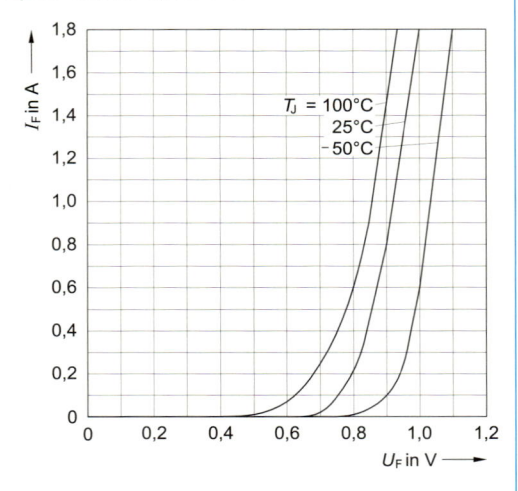

$T_J = 100°C$
$25°C$
$-50°C$

Datenblatt einer Diode → 115

Reihenschaltung von Diode und Widerstand an Gleichspannung

Diode im Gleichstromkreis

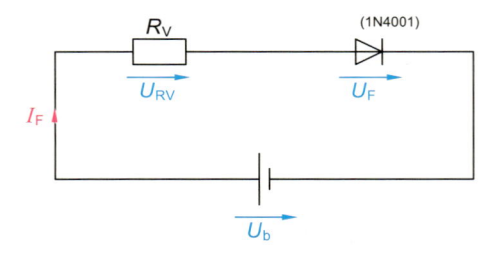

Wegen des *steilen Stromanstiegs* durch die Diode in *Vorwärtsrichtung*, muss ein *Vorwiderstand* den Stromanstieg begrenzen.

Ist die Betriebsspannung U_b größer als die Diffusionsspannung U_D, so betragen die Teilspannungen:

$U_{Rv} = I_F \cdot R_v$ und U_F

Es gilt dann:

$U_b = U_{Rv} + U_F$.

Beispiel

Der Vorwiderstand R_v und die Wärme-Verlustleistung in den Bauteilen sollen berechnet werden.

Bekannt sind: $U_b = 2,4$ V; $I_F = 500$ mA.

Zur Lösung der Aufgabe wird eine Kennlinie benötigt, damit der **Arbeitspunkt** der Schaltung bestimmt werden kann (→ 116).

FAIRCHILD

SEMICONDUCTOR ™

1N4001 - 1N4007

1.0 min (25.4)

0.205 (5.21)
0.160 (4.06)

0.107 (2.72)
0.080 (2.03)

0.034 (0.86)
0.028 (0.71)

DO/41
COLOR BAND DEMOTES CATHODE

Features
- Low forward voltage drop.
- High surge current capability.

1.0 Ampere General Purpose Rectifiers

Absolute Maximum Ratings* $T_A = 25\,°C$ unless otherwise notes

Symbol	Parameter	Value	Units
I_O	Average Rectified Current .375″ lead length @ $T_A = 75\,°C$	1.0	A
$i_{f(surge)}$	Peak Forward Surge Current 8.3 ms single half-sine-wave Superimposed on raded load (JEDEC method)	30	A
P_{tot}	Total Device Dissipation Derate above 25°C	750 20	mW mW/°C
R_{JA}	Thermal Resistance, Junction to Ambient	50	°C/W
T_{stg}	Storage Temperature Range	−55 to +175	°C
T_J	Operating Junction Temperature	−55 to +150	°C

*These ratings are limiting values above which the serviceability of any semiconductor device may be impaired.

Electrical Characteristics $T_A = 25\,°C$ unless otherwise notes

Parameter	Device							Units
	4001	4002	4003	4004	4005	4006	4007	
Peak Repetitive Reverse Voltage	50	100	200	400	600	800	1000	V
Maximum RMS Voltage	35	70	140	280	420	560	700	V
DC Reverse Voltage (Rated V_R)	50	100	200	400	600	800	1000	V
Maximum Reverse Current @ rated V_R $T_A = 25\,°C$ $T_A = 100\,°C$	5.0 500							μA μA
Maximum Forward Voltage @ 1.0 A	1.1							V
Maximum Full Load Reverse Current, Full Cycle $T_A = 75\,°C$	30							μA
Typical Junction Capacitance $V_R = 4.0\,V$ $f = 1.0\,MHz$	15							pF

Fairchild Semiconductor Cooperation

Information

Zeichnerische Ermittlung des Arbeitspunktes

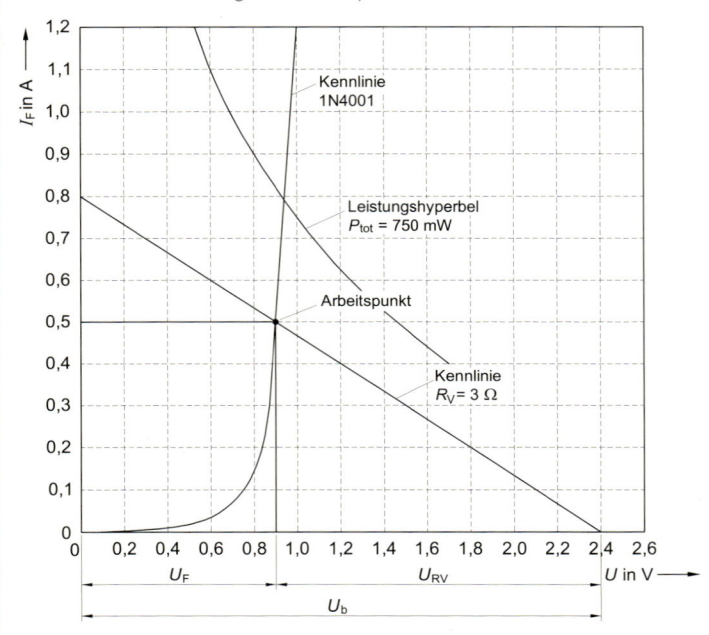

Diagramm: I_F in A (0 bis 1,2) über U in V (0 bis 2,6) mit Kennlinie 1N4001, Leistungshyperbel $P_{tot} = 750\,mW$, Kennlinie $R_V = 3\,\Omega$, Arbeitspunkt bei ca. (0,9 V; 0,5 A). U_F, U_{RV}, U_b markiert.

$P_{tot} = P_{total}$
Gesamte Verlustleistung eines Bauteils

Bei der Diode addieren sich die Verluste in Vorwärts- und Rückwärtsrichtung.
Angenähert gilt für die Diode:
$P_{tot} = U_F \cdot I_{FAV}$

I_{FAV}
Mittelwert des Gleichstroms in Vorwärtsrichtung

U_{dAV}
Arithmetischer Mittelwert der Gleichspannung
d: directed, engl. gerichtet
A: Average, engl. Durchschnitt
V: Value, engl. Wert

U_d
Gleichspannung

Berechnung des Vorwiderstandes R_v mit den Werten aus obiger Kennlinie:

$R_v = \dfrac{U_{Rv}}{I_F} = \dfrac{1,5\,V}{0,5\,A} = 3\,\Omega$

Berechnung der Verlustleistung der Diode:
$P_{tot} = U_F \cdot I_F = 0,9\,V \cdot 0,5\,A = 450\,mW$
Die Diode hat laut Datenblatt (→ 115) eine zulässige Wärme-Verlustleistung $P_{tot} = 750\,mW$. Sie kann in diesem *Arbeitspunkt* betrieben werden.
Berechnung der *Verlustleistung des Widerstandes*:
$P_{tot} = U_{Rv} \cdot I_F = 1,5\,V \cdot 0,5\,A = 750\,mW$
Bei der Auswahl des Widerstandes muss auf die zulässige Verlustleistung geachtet werden.

> **Bei der Auswahl von elektronischen Bauteilen muss besonders auf die entstehende Wärmeleistung geachtet werden.**

Die Diode R48 im Schaltplan des Ladegerätes muss einen maximalen Strom $I_{FAV} = 3,5\,A$ führen können.
U_F beträgt in diesem Arbeitspunkt 0,85 V.
Berechnen Sie P_{tot} mit 20 % Leistungsreserve.

Anwendung von Dioden

Ein wichtiges Anwendungsgebiet für Dioden sind die **Gleichrichterschaltungen**.

Einpuls-Mittelpunktschaltung M1

Die **M1-Schaltung** ist die einfachste Schaltung zur Erzeugung einer Gleichspannung aus einer Wechselspannung (→ 72).
Während der *positiven Halbwelle* ist die *Anode positiver als die Kathode*.
Bei Überschreiten der *Schwellspannung* (0,5–1 V) wird die Diode leitend, es kann ein Strom durch den Lastwiderstand fließen.
Während der *negativen Halbwelle* ist die *Kathode positiver als die Anode*.
Die Diode ist in *Sperrrichtung* geschaltet.
Am Lastwiderstand liegt eine *pulsierende Gleichspannung* mit einem Puls pro Periode der Wechselspannung.

Kennwerte der M1-Schaltung (→ Tabellenbuch).

Die **pulsierende Gleichspannung** U_d liefert eine **mittlere Gleichspannung**:
$U_{dAV} = 0,45 \cdot U_1$

Diese Spannung kann mit einem **Multimeter** (→ 145) gemessen werden: Einstellung. V, DC.

Energieversorgung mit Akkumulatoren planen, Gleichrichterschaltung

Information

Spannungen an der Gleichrichterschaltung M1

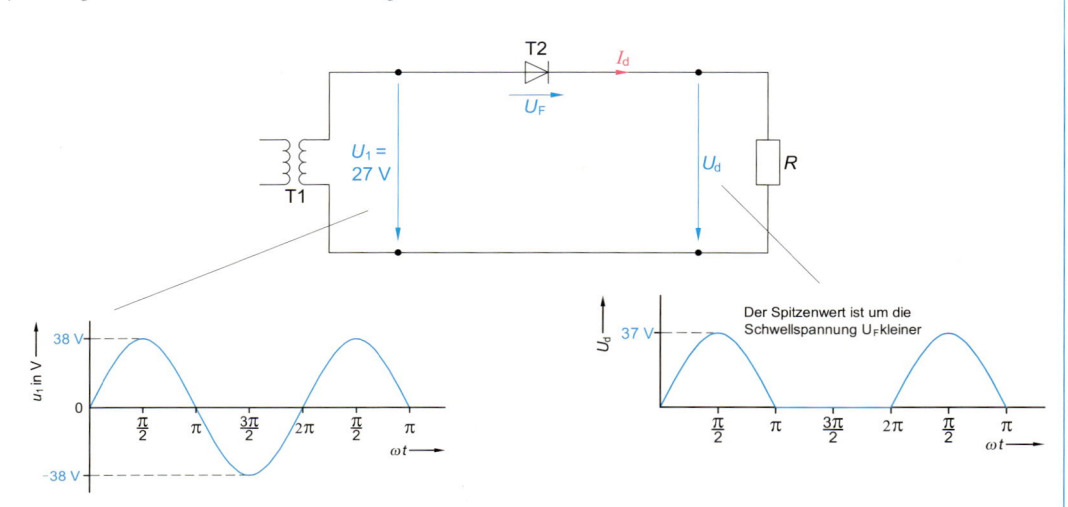

Beispiel
Bei $U_1 = 27$ V beträgt $U_{dAV} = 0{,}45 \cdot 27$ V $= 12{,}12$ V.

Mittelwert der Gleichspannung U_{dAV}

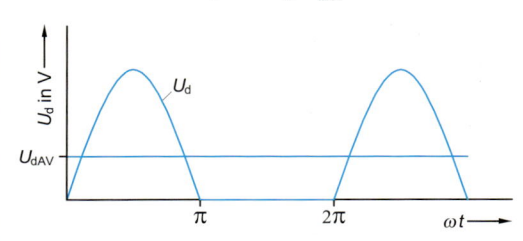

Zur **Glättung** der Spannung U_d wird üblicherweise ein **Elektrolytkondensator** (Ladekondensator) eingesetzt.

Glättung der Ausgangsspannung

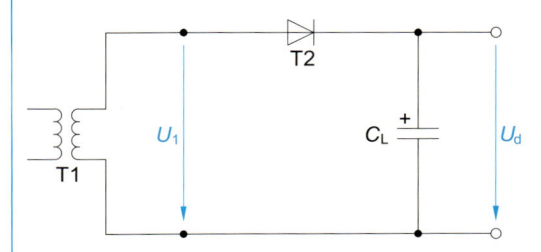

Ist der Ausgang nicht belastet, so lädt sich der Kondensator (→ 129) auf den *Spitzenwert der positiven Halbwelle* auf: $U_d = U_{dAV} = u_{1s}$.

Der Spitzenwert ist um die Schwellspannung U_F kleiner

Die größte Spannung an der Diode in Rückwärtsrichtung tritt auf, wenn die Eingangs-Wechselspannung den negativen Spitzenwert erreicht: $U_{RM} = 2 \cdot u_s$.

Ausgangsspannung der unbelasteten Gleichrichterschaltung M1 mit Ladekondensator

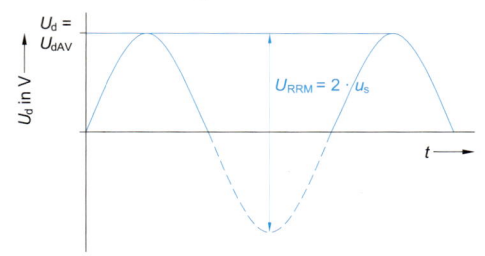

Bei der Auswahl der Diode muss auf die **Wärmeverlustleistung** P_{tot} geachtet werden, die die Diode in der Sperrschicht umsetzen darf: $P_{tot} = U_F \cdot I_F$.

Eine weitere wichtige Kenngröße ist die Spannung U_{RRM}, die in *Rückwärtsrichtung* an der Diode anliegt.

> Kondensatoren müssen für die Spitzenwerte der gleichgerichteten Wechselspannung bemesssen sein.

Zweipuls-Brückenschaltung

Das Akku-Ladegerät benötigt am Ausgang eine Gleichspannung.

Die vom Transformator sekundärseitig zur Verfügung gestellte Wechselspannung $U = 27\,\text{V}$ wird mit einer **Zweipuls-Brückenschaltung** B2 gleichgerichtet (Bild 1).

Diese Schaltung ist die am häufigsten verwendete Gleichrichterschaltung.

Der *Vorteil* der Schaltung ist, dass *beide Halbwellen* der Wechselspannung genutzt werden.

Während der *positiven* Halbwellen sind die Dioden (1) und (4) leitend und können den Kondensator C2 aufladen. Die Dioden (2) und (3) sind in Sperrrichtung geschaltet.

Während der *negativen* Halbwelle sind die Dioden (2) und (3) leitend und (1) und (4) sind gesperrt.

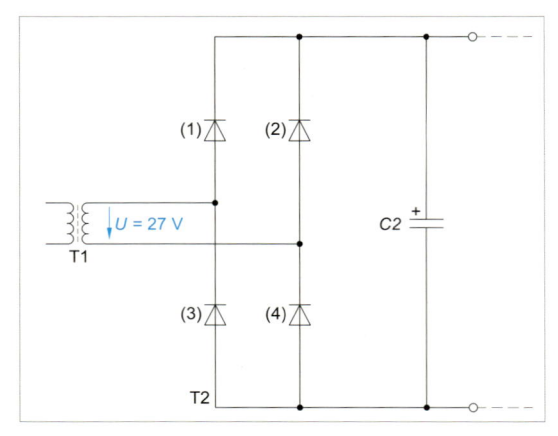

1 Zweipuls-Brückenschaltung

> Der Ausgang des Gleichrichters liefert eine *pulsierende Gleichspannung* mit *zwei Pulsen* pro Periode der Wechselspannung.

Kennwerte der B2-Schaltung → Tabellenbuch.

Der *Mittelwert der Gleichspannung* beträgt ohne Berücksichtigung der *Dioden-Schwellspannung* und ohne Ladekondensator:

$U_{dAV} = 0{,}9 \cdot U\sim$

Für den Gleichrichter im Ladegerät (Bild 1):

$U_{dAV} = 0{,}9 \cdot 27\,\text{V} = 24{,}3\,\text{V}$

- Wird ein *Ladekondensator* zur Glättung nachgeschaltet, dann stellt sich im *Leerlauf* die Spannung $U_{dAV} = \sqrt{2} \cdot U\sim = u_s$ ein.

Die *Spannung am Kondensator* im Ladegerät beträgt dann im Leerlauf:

$U_{dAV} = \sqrt{2} \cdot 27\,\text{V} = 38{,}3\,\text{V}$

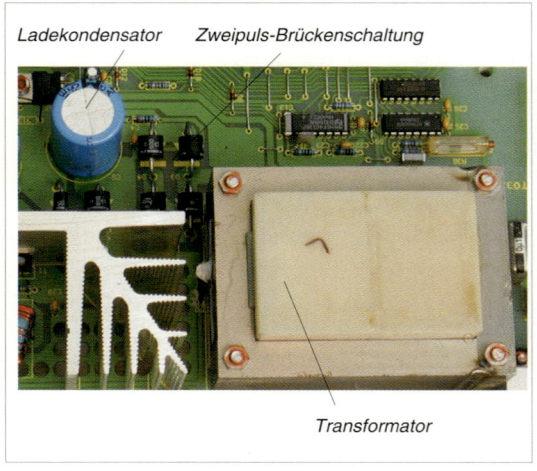

2 Zweipuls-Brückenschaltung im Ladegerät

- In jedem Zweig sind zwei Dioden in Reihe geschaltet: (1) und (4), (2) und (3). Die Spannung in *Rückwärtsrichtung* verteilt sich auf die beiden Dioden und beträgt dann:

$U_{RM} = u_s$

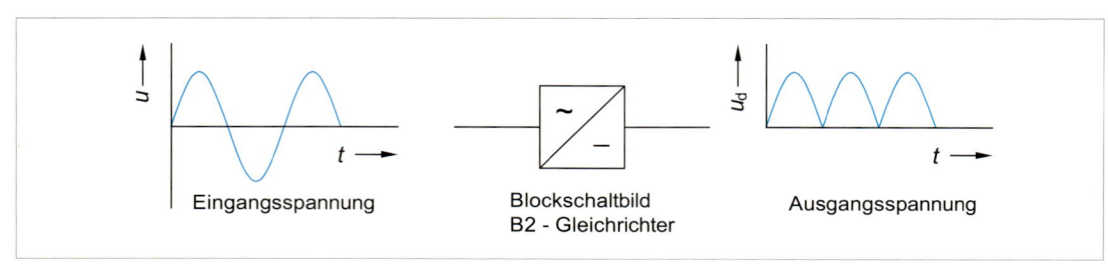

3 Eingangs- und Ausgangsspannung bei der B2-Schaltung

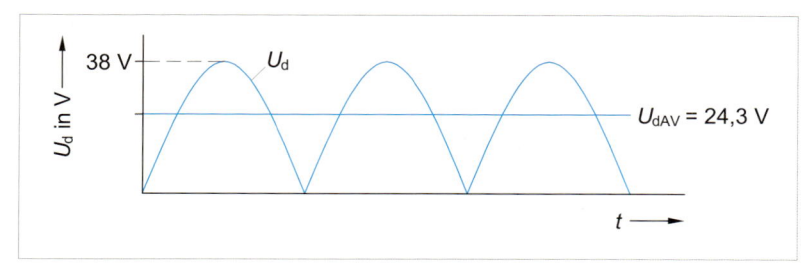

Energieversorgung mit Akkumulatoren planen, Gleichrichterschaltung

1 Ausgangsspannung und mittlere Gleichspannung (B2-Schaltung)

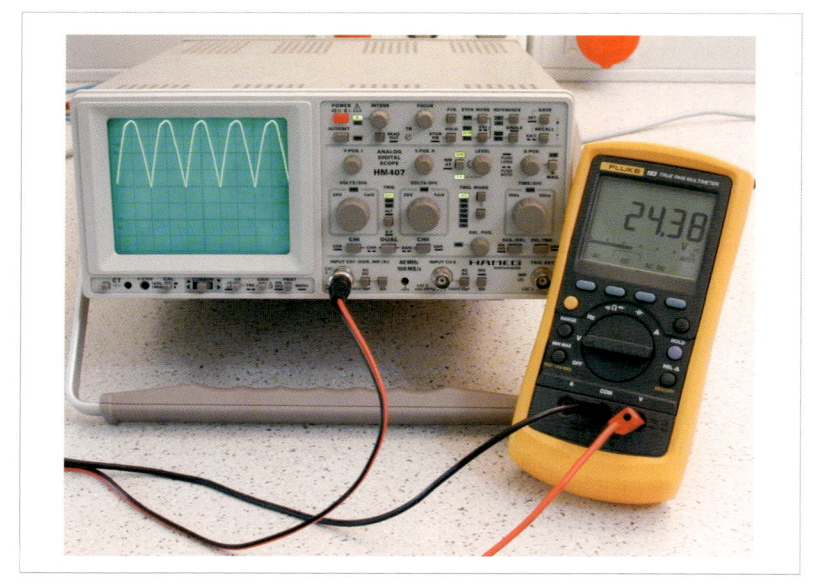

Die Dioden im vorgegebenen Gleichrichter müssen $u_s = 38$ V *in Rückwärtsrichtung sperren* können.

- Die Reihenschaltung von jeweils zwei Dioden verursacht auch, dass die Ausgangsspannung des Gleichrichters um $2 \cdot U_F$ verringert wird.

- Da der Brückengleichrichter zwei Stromzweige hat, braucht jede Diode nur den Strom $I_F = I_d / 2$ zu führen.

- Der Gleichspannung U_{dAV} ist bei Belastung eine nicht sinusförmige *Wechselspannung* (**Brummspannung**) überlagert.
Die Spannung hat eine Frequenz $f = 100$ Hz.

2 Messung der mittleren Gleichspannung und der Ausgangsspannung

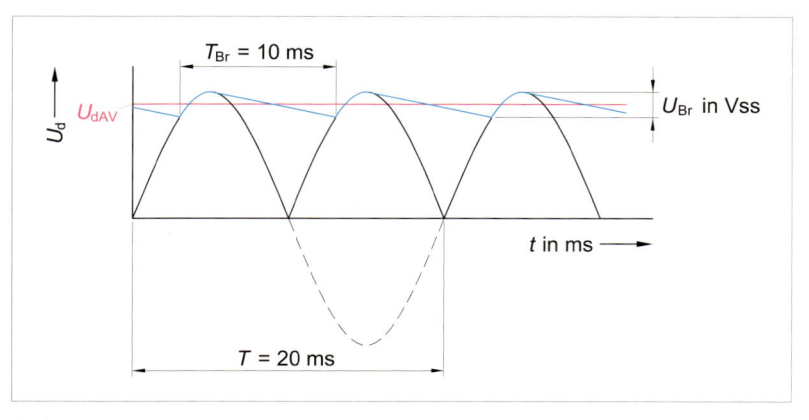

3 Brummspannung

Anwendung

Nebenstehendes Oszillogramm ist an der Ladegerätschaltung aufgenommen worden. Es zeigt die der GLeichspannung überlagerte Wechselspannung (Brummspannung).

a) An welchen Punkten in der Schaltung wurde diese Spannung aufgenommen?

b) Welche Einstellungen müssen für diese Darstellung vorgenommen werden?
$U_{Br} = 2\,V_{ss}$

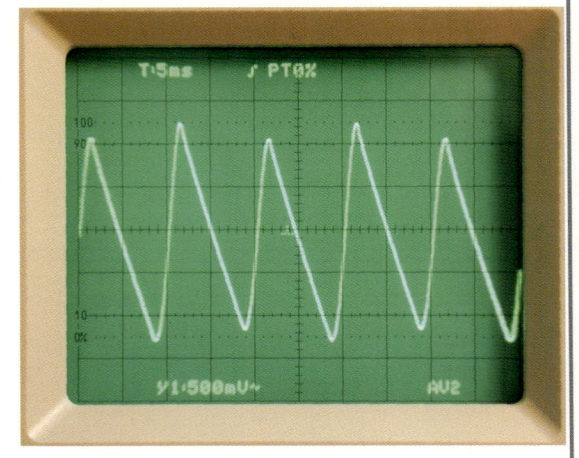

Information

Zweipuls-Brückenschaltung

B 80 C 1500 / 1000

- Strombelastung in mA, ohne Kühlung
- Strombelastung in mA bei Montage auf einem Kühlblech
- Betrieb mit Kondensatorlast möglich
- Effektivwert der Eingangs - Wechselspannung
- Brückengleichrichter

Die Zweipuls-Brückenschaltung kann mit *Einzeldioden* aufgebaut werden (wie im Ladegerät).

Sehr häufig werden allerdings fertig geschaltete **Brückengleichrichter** verwendet.

Datenblattauszug für den Brückengleichrichter B80 C1500/1000 (SEMIKRON)

Symbol	Wert	Parameter/Bedingungen	
I_d	1 A	$T_U = 45\,°C$	freistehende Montage
I_d	1,5 A	$T_U = 45\,°C$	Montage auf Kühlblech
U_{RRM}	120 V	$T_U = 45\,°C$	—
U_{VRMS}	40 V	$T_U = 45\,°C$	—
U_F	0,85 V	$T_J = 150\,°C$	—
I_R	20 µA	$T_J = 25\,°C$	—
I_R	1 mA	$T_J = 150\,°C$	—
R_{thJU}	42 °C/W	—	freistehende Montage
R_{thJU}	27 °C/W	—	Montage auf Kühlblech
T_J	–40 ... +150 °C	—	—

Semikron
B 80 C1500/1000

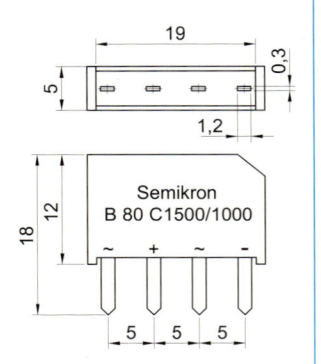

I_d
Gleichstrom

U_{RRM}
Maximale periodische Spitzensperrspannung

U_{VRMS}
Effektivwert der Sperrspannung

U_F
Durchlassspannung in Vorwärtsrichtung

I_R
Rückwärtsstrom

R_{th}
Thermischer Übergangswiderstand

J
Junktion = Sperrschicht

U
Umgebung

T_J
Temperatur in der Sperrschicht

Energieversorgung mit Akkumulatoren planen, Gleichrichterschaltung

Information

Weitere Diodenanwendungen

Sperrdioden

Dioden können zum **Verpolungsschutz** als Sperrdioden eingesetzt werden.

Bei Umkehr der Spannung ist kein Stromfluss möglich, die elektronische Schaltung kann durch eine Verpolung nicht zerstört werden.

In der Schaltung des Ladegerätes dienen die Dioden R45 und R47 als Sperrdioden. So verhindert R47 z.B. bei Netzausfall die Entladung des angeschlossenen Akkus.

Diode als Verpolungsschutz

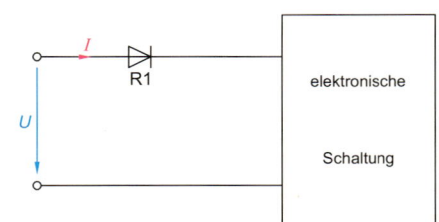

Auszug Ladegerät: Ladeendstufe mit Sperrdiode

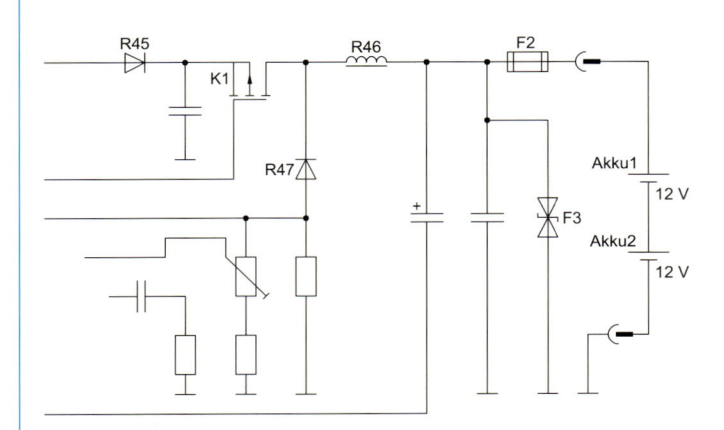

Aus Versehen werden die Akkumulatoren falsch an das Ladegerät angeschlossen.

Beschreiben Sie die Auswirkungen.

Dioden zur Entkopplung von Signalen

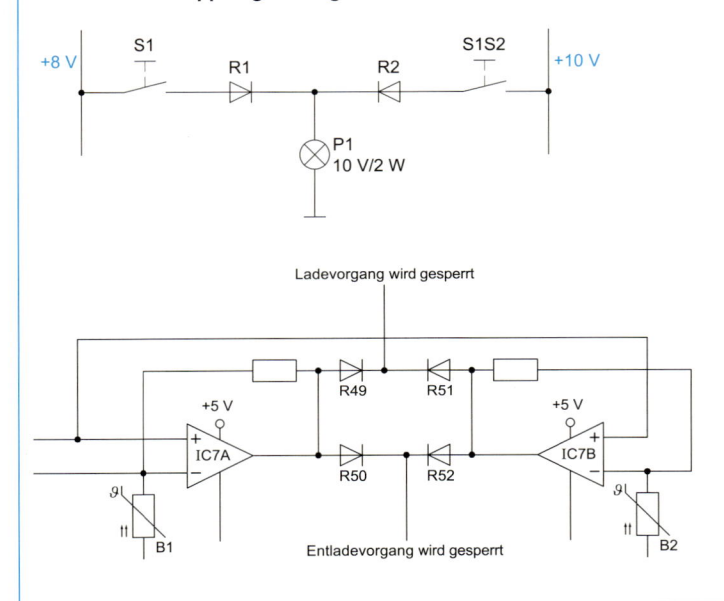

Die Lampe P1 leuchtet, wenn S1 oder S2 betätigt wird.

Unterschiedliche Potenziale werden durch die Dioden *getrennt*.

Eine gleichzeitige Betätigung der beiden Taster führt nicht zum Kurzschluss.

In der *Ladeschaltung* findet sich diese Signalentkopplung im nebenstehenden Schaltungsausschnitt wieder.

Die Dioden R49–R52 entkoppeln die Ausgangssignale der Verstärker IC/7A und IC/7B.

Die Akku-Ladung bzw. -Entladung wird abgeschaltet, wenn einer der beiden Verstärker (oder beide) ein Ausgangssignal von 5 V liefern.

Information

Leuchtdioden

Im Ladegerät werden **Leuchtdioden** (LED) verwendet, die dem Nutzer den aktuellen Betriebszustand anzeigen.

Schaltungsauszug: LED-Anzeige im Ladegerät

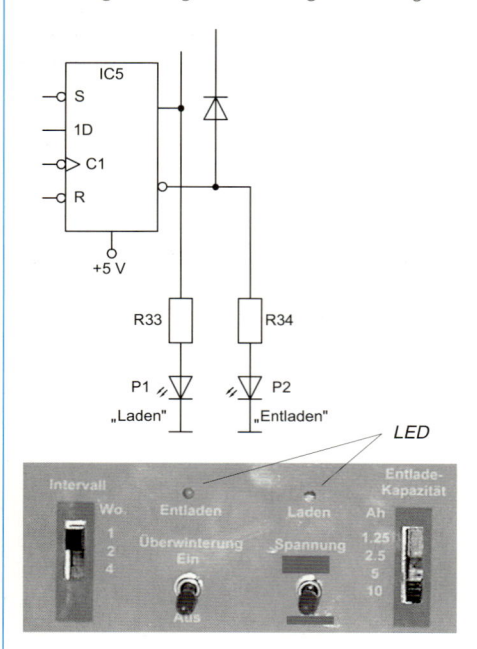

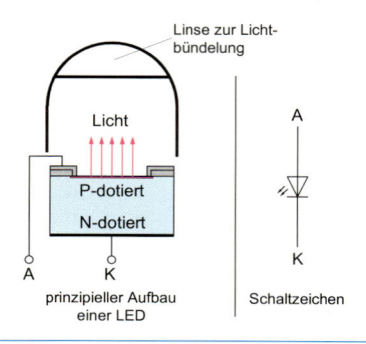

> Leuchtdioden werden mit *Vorwiderständen* beschaltet, damit sie im *Nennbetrieb* arbeiten.

Die Vorwiderstände der LED-Anzeigen des Ladegerätes werden berechnet

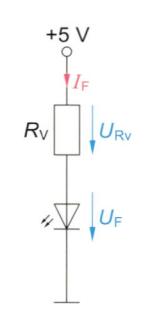

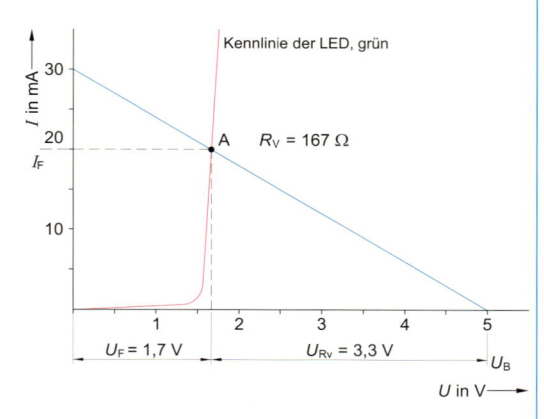

Wenn eine *Gleichrichterdiode in Durchlassrichtung* betrieben wird, wird durch den Strom in der Sperrschicht elektrische Energie in Wärme umgesetzt.

Zur Herstellung von Leuchtdioden werden statt des Halbleitermaterials Silizium Halbleiter-Mischkristalle (z.B. Gallium-Arsenid-Phosphit, GaAsP) verwendet.

Fließt durch diese Dioden ein Strom, wird neben Wärmeenergie auch *Licht* abgestrahlt.

Welche *Lichtfarbe* abgestrahlt wird, hängt vom verwendeten Werkstoff ab.

Aufbau und Schaltzeichen einer LED

$$R_v = \frac{U_b - U_F}{J_F} = \frac{5\text{ V} - 1{,}7\text{ V}}{20\text{ mA}} = 167\ \Omega$$

Schaltung zur Pulsweitenmodulation, Seite 123

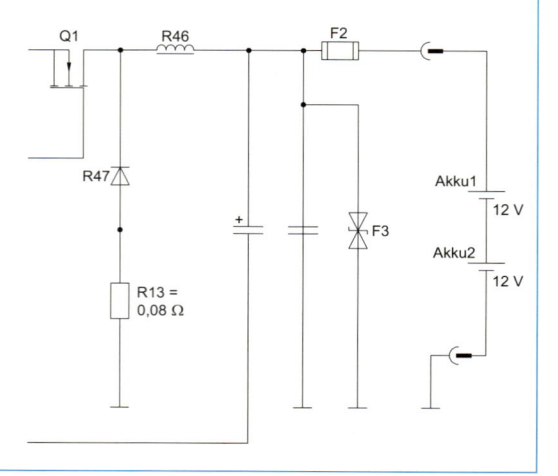

Information

Der Transistor Q1 arbeitet als Schalter. Er dosiert den *Ladestrom*, indem er *Stromimpulse* durchschaltet. Man spricht hier von einer **Pulsweitenmodulation** (PWM).

Pulsweitenmodulation

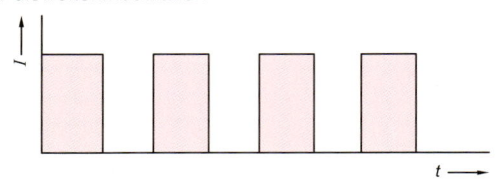

Beim *Stromanstieg* wird in der Spule R46 eine *Selbstinduktionsspannung* ($\rightarrow$ 188) induziert, die den Stromanstieg unterdrückt.

Beim *Stromabfall* nach jedem Puls wird ebenfalls eine *Induktionsspannung* erzeugt. Diese treibt den Strom nach jedem Puls weiter durch den Akkumulator, R13 und die Diode R47.

Stromglättung durch R46 und R47

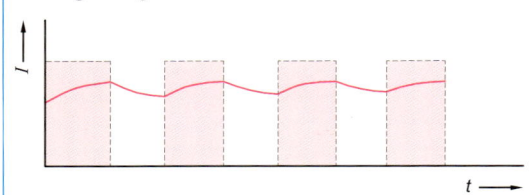

Durch das Zusammenwirken der Induktivität R45 und der Freilaufdiode R47 wird eine **Stromglättung** erreicht. Die magnetische Energie der Spule wird nutzbar gemacht, zugleich wird die zerstörerische Wirkung der Selbstinduktionsspannung aufgehoben.

Dioden als Freilaufzweig für Selbstinduktionsspannungen

Wird eine Spule (Induktivität) von Gleichstrom durchflossen, *speichert* sie *magnetische Energie*.

Wird die Induktivität abgeschaltet, so kommt es zu einem schnellen Zusammenbruch des Magnetfeldes, die gespeicherte Energie wird schlagartig frei.

Es entsteht eine hohe *Selbstinduktionsspannung*, die so gepolt ist, dass sie den Strom in gleicher Richtung weiter durch den Stromkreis treibt.

Die Höhe dieser Selbstinduktionsspannung ist u.a. davon abhängig, wie schnell der Abschaltvorgang verläuft.

Werden *mechanische Schalter* geöffnet, so wird der Strom sehr schnell abgeschaltet. Die in der Spule induzierte Spannung

$$u_i = -L \cdot \Delta i / \Delta t$$

ist sehr hoch und bewirkt an den Schaltkontakten **Abreißfunken** und **Kontaktabbrand**.

Transistoren als elektronische Schalter können Gleichströme noch schneller abschalten als mechanische Kontakte.

Entsprechend hoch sind die in der geschalteten Induktivität erzeugten Selbstinduktionsspannungen.

Damit Kontakte und elektronische Bauteile nicht zerstört werden, schaltet man *parallel zur Spule eine Diode*. Diese wird so gepolt, dass sie für die Betriebsspannung in Sperrrichtung geschaltet ist, für die entgegengesetzte Selbstinduktionsspannung dagegen leitend.

Der Induktionsstrom fließt jetzt beim Abschalten der Spule über die Diode und die Spulenwicklung. Die magnetische Energie der Spule wird dabei am ohmschen Widerstand der Spule in *Wärmeenergie* umgesetzt.

Die *Überspannung* wird durch diese Beschaltung wirkungsvoll *gelöscht*. Für diesen Einsatzfall nennt man die Diode **Freilaufdiode**.

Die Diode parallel zur Relaisspule verhindert Kontaktabbrand

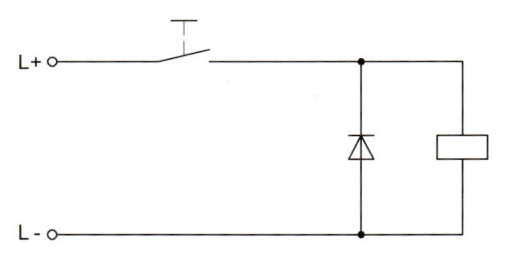

Die Diode parallel zur Induktivität löscht Spannungsspitzen und schützt den Transistor

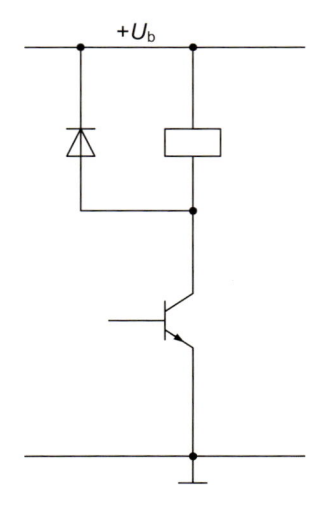

Information

Z-Dioden

Die bisher vorgestellten Dioden wurden zweckentsprechend in *Vorwärtsrichtung* betrieben:
in *Vorwärtsrichtung leitend*, in *Rückwärtsrichtung sperrend*.

Werden „normale" Dioden in Rückwärtsrichtung an eine zu große Spannung ($U > U_{RM}$) gelegt, erfolgt ein **Durchschlag** der Sperrschicht und die Diode ist zerstört.

Z-Dioden sind *stark dotierte* Siliziumdioden, die grundsätzlich in *Rückwärtsrichtung* (Sperrrichtung) betrieben werden.

Der **Durchbruch** (Diode wird schlagartig niederohmig) erfolgt bei einer bestimmten Spannung U_Z.

Wird diese **Z-Spannung** überschritten, erfolgt ein sehr steiler Stromanstieg (siehe Kennlinie).

> Z-Dioden müssen immer mit einem Vorwiderstand beschaltet sein.

Wird die Z-Spannung unterschritten, baut sich die Sperrschicht wieder auf, die Diode ist wieder hochohmig.

Diese **Durchbruchspannung** U_Z kann durch entsprechende Dotierung bei der Herstellung eingestellt werden.

Z-Dioden sind erhältlich zwischen $U_Z = 3\,\text{V}$ bis $U_Z = 200\,\text{V}$.

Bei der Auswahl muss auch auf die **Verlustleistung** P_{tot} geachtet werden.

Der Arbeitsbereich der Z-Diode beginnt bei U_Z und $I_{Z\,min}$. Hier geht die Kennlinie in einen fast *linearen Verlauf* über.

Begrenzt wird der Arbeitsbereich durch die maximale Verlustleistung P_{tot} der Diode: $U_{Z\,max}$ und $I_{Z\,max}$.

Begrenzerschaltungen

Z-Dioden werden häufig zur Spannungsbegrenzung eingesetzt.

Kennlinie der Z-Diode BZX 14,2

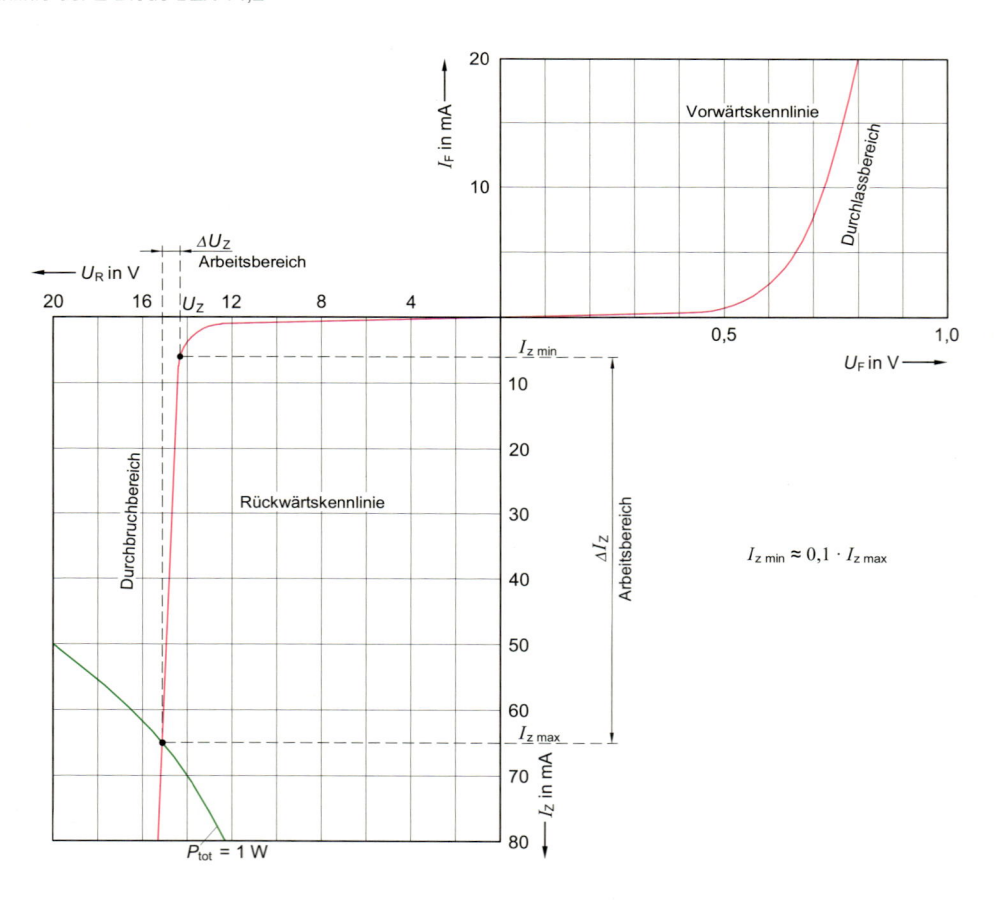

Energieversorgung mit Akkumulatoren planen, Z-Diode

Information

Spannungsbegrenzung mit Z-Dioden

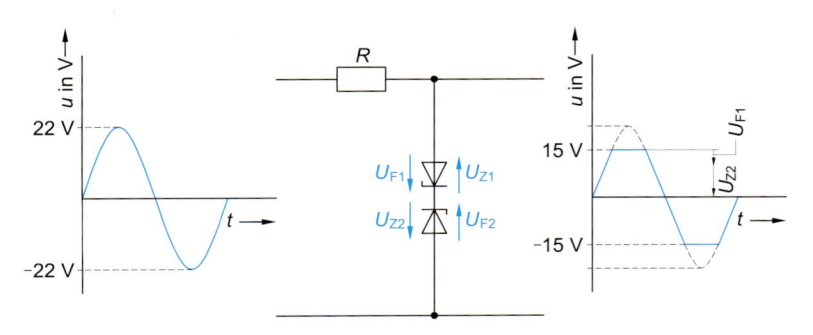

Spannungsbegrenzung mit Z-Dioden

Beispiel

Zwei Z-Dioden mit gleicher Z-Spannung werden gegensinnig in Reihe geschaltet. Vorgeschaltet ist ein Widerstand R.

Liegt am Eingang der Schaltung eine Wechselspannung, deren Scheitelwert größer ist als $U_F + U_Z$, so wird die Ausgangsspannung in beiden Richtungen auf diesen Wert begrenzt. Die darüber liegende Spannung fällt am Widerstand R ab.

Spannungsstabilisierung mit Z-Diode

Die Kennline (Seite 124) zeigt: Die Spannung an einer Z-Diode kann nach *Erreichen der Durchbruchspannung U_z* nicht mehr wesentlich ansteigen.

Der Spannungsanstieg an der Diode ist umso geringer, je steiler die Kennlinie verläuft.

Spannungsstabilisierung mit Z-Diode

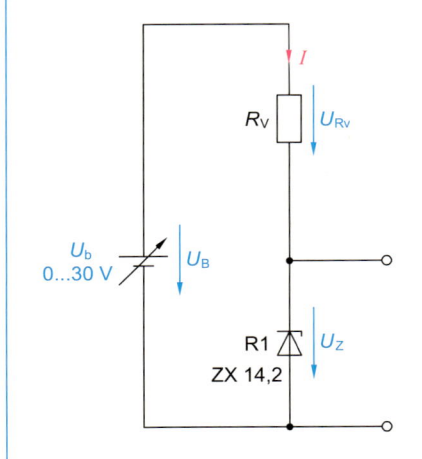

Legt man eine Reihenschaltung von R_v und R1 an eine bei 0 V beginnende, verstellbare Gleichspannung, so ergibt sich:

Wird die Spannung U_b zwischen 0–14,2 V eingestellt und ist somit kleiner als U_Z, so fließt kein Strom durch die Schaltung, da R1 gesperrt ist.

In diesem Bereich gilt:

$U_Z = U_b$ und $U_{RV} = 0$, da $I = 0$

Liegt die Spannung U_b zwischen 14,2–30 V und ist somit U_b größer als U_Z, so fließt ein Strom, da R1 leitend ist.

Es gilt dann:

$U_{RV} = I \cdot R_V$ und $U_Z = U_b - U_{RV}$

Parallel zur Z-Diode kann jetzt eine *stabilisierte Spannung* abgenommen werden, da die über U_Z liegende Spannung an R_V abfällt.

Beispiel

Spannungsstabilisierung mit Z-Diode, zeichnerische Darstellung.

Daten der Z-Diode:

$U_Z = 14{,}2$ V, $P_{tot} = 1$ W, $I_{Z\,min} = 7$ mA, $I_{Z\,max} = 68$ mA, $U_E = 24 - 30$ V

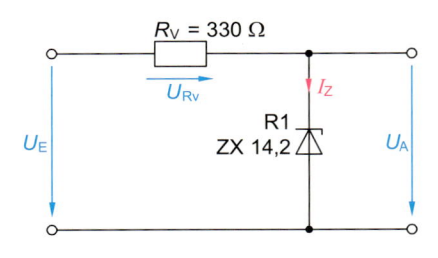

$R_V = 330\ \Omega$

Information

Ist die Schaltung unbelastet, leigt eine Reihenschaltung von R_V und R1 vor.

Da an der Z-Diode nur die Z-Spannung abfallen kann, liegt der Rest der Eingangsspannung am Vorwiderstand R_V.

Ein- und Ausgangsspannung der Stabilisierungsschaltung

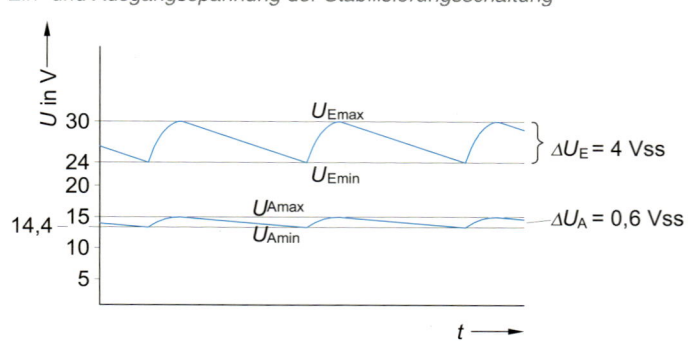

ΔU_E = 4 Vss
ΔU_A = 0,6 Vss

Zeichnerische Darstellung der Stabilisierung

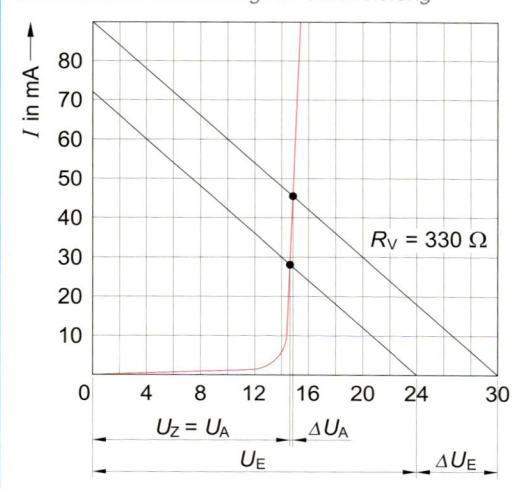

R_V = 330 Ω

Berechnung an der Schaltung *ohne Belastung*:

$U_{Rv} = U_E - U_Z$

$U_Z = U_A$

$R_V = \dfrac{U_{Rv}}{I_Z}$

Dabei ist zu beachten, dass U_E maximale und minimale Werte annimmt und somit auch U_{Rv}.

Bei der Wahl des Stromes I_Z muss für die Berechnung auf den Arbeitsbereich zwischen $I_{Z\,min}$ und $I_{Z\,max}$ geachtet werden.

Stabilisierungsschaltung mit Z-Diode

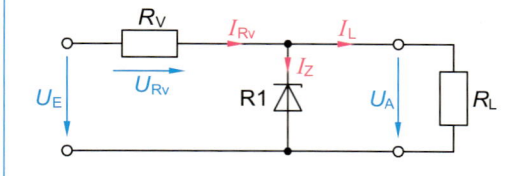

Wird die Schaltung *belastet*, ergeben sich nachstehende Berechnungsmöglichkeiten:

$U_{Rv} = U_E - U_A$

$I_{Rv} = I_Z + I_L$

$R_V = \dfrac{U_{Rv}}{I_{Rv}}$

Liegt eine veränderliche Last vor, d.h. der Laststrom schwankt, muss wiederum auf die minimalen und maximalen Stromwerte geachtet werden.

In der *Ladegeräteschaltung* sind am Ausgang zwei **Z-Dioden** gegensinnig in Reihe geschaltet.

Gelangen an die Ausgangsklemmen zu hohe Spannungen oder Spannungsimpulse, so werden diese von den Spannungsschutzdioden „gekappt".

Die Akkus sind in Reihe geschaltet, jeder von beiden hat im vollgeladenen Zustand eine Spannung von ca. 14 V.

Es wurden Z-Dioden mit U_Z = 29 V eingebaut.

Damit ergibt sich eine **Spannungsbegrenzung** auf:

$U_Z + U_F$ = 29 V + 1 V = 30 V.

Überspannungsschutz im Ladegerät

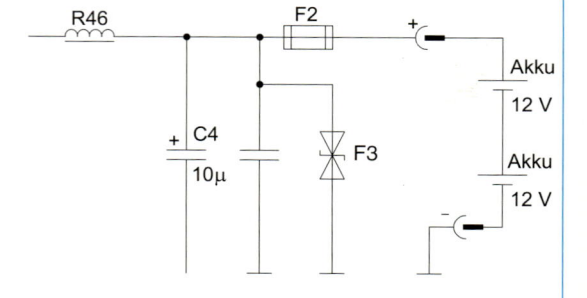

Kondensator

Auftrag

Im Schaltplan des Ladegerätes (→ 107) erkennt man 30 Kondensatoren unterschiedlicher Bauart und Baugröße.
Die Kondensatoren haben in dieser Schaltung unterschiedliche Funktionen. Entsprechend unterscheiden sie sich in ihren Daten bezüglich Spannung und Kapazität.

Sie erhalten den Auftrag, messtechnisch die Funktion einiger ausgewählter Kondensatoren zu überprüfen und ihre Wirkung in der Schaltung zu beschreiben.

Kondensator C5 im Ladegerät

Bild 1 zeigt den **Gleichrichter** des Akku-Ladegerätes. Nachgeschaltet ist ein **gepolter Kondensator** mit den *Nennwerten* 10 mF/63 V.

Der Kondensator C5 hat die Aufgabe, die vom Gleichrichter gelieferte **pulsierende Gleichspannung** zu *glätten*.

Diese **Glättungskondensatoren** werden in der Praxis häufig **Ladekondensatoren** genannt.

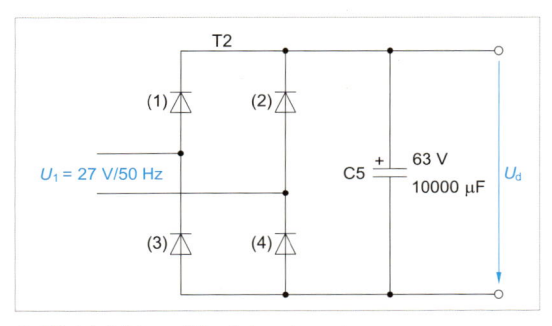

1 Gleichrichter mit Ladekondensator

Wird dem Ladegerät *kein Strom* entnommen (Leerlauf), lädt sich der Kondensator auf den Scheitelwert u_s der pulsierenden Gleichspannung auf.

Berücksichtigt man die *Schwellspannung* der Dioden, so stellt sich am *Ladekondensator* die Spannung ein:

$$U_{dAV} = U_1 \cdot \sqrt{2} - 2 \cdot U_F$$
$$= 27\,V \cdot \sqrt{2} - 2 \cdot 0{,}8\,V = 36{,}6\,V$$

Das Ladegerät liefert einen Strom von 3,5 A.

Der *Laststrom* entlädt den Kondensator während der Pulspausen.

Die Spannung am Kondensator sinkt durch die Entladung ab. Die Spannungsabsenkung ist abhängig von der Ladungsmenge $Q = I \cdot t$, die dem Kondensator während der Pulspausen entnommen wird.

Während der Pulse kann der *Ladekondensator* nur dann nachgeladen werden, wenn die Netzspannung um die *Schwellspannung* (U_F) der Dioden größer ist als die Kondensatorspannung.

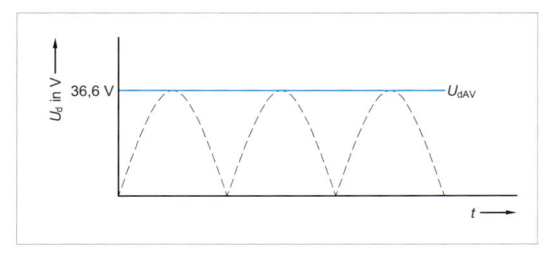

2 Spannung am Kondensator im Leerlauf

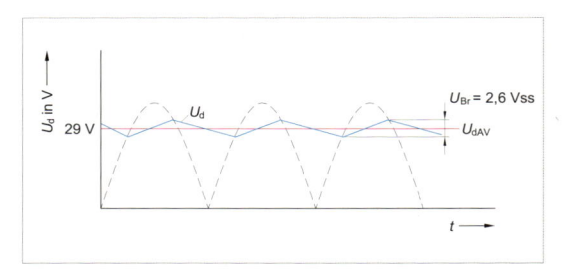

3 Spannung U_d am Kondensator bei 3,5 A Last

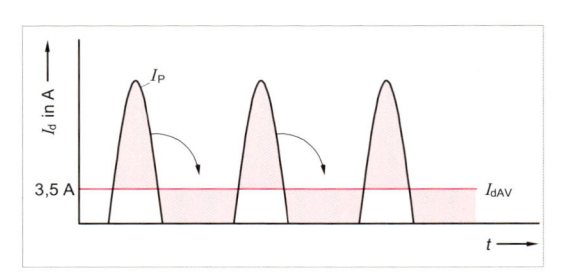

4 Nachladestrom und mittlerer Gleichstrom

Der **Nachladestrom** ist ein **Pulsstrom**, der hohe Spitzenwerte erreichen kann $(3-5) \cdot I_d$.

Dieser Strom muss vom vorgeschalteten Transformator geliefert werden, er verursacht in der Sekundärwicklung einen *Spannungsfall* und eine *Verzerrung* der sinusförmigen Spannung.

Der Kondensator kann während der *Nachladezeit* nicht auf den Scheitelwert der Spannung aufgeladen werden, da während der Ladezeit gleichzeitig ein Laststrom abfließt.

Der **mittleren Gleichspannung** U_{dAV} ist also eine *nichtsinusförmige Wechselspannung* (**Brummspannung**) überlagert.

Gemessen und angegeben wird die *Brummspannung* häufig in Vss, sie kann angenähert berechnet werden mit der Gleichung:

$$U_{Br} = \frac{0{,}75 \cdot I_d}{f_{Br} \cdot C_L} \text{ in Vss}$$

Wird das Ladegerät mit $I = 3{,}5$ A belastet, ergibt sich am Kondensator eine *überlagerte Brummspannung* von:

$$U_{Br} = \frac{0{,}75 \cdot 3{,}5 \text{ A}}{100 \text{ Hz} \cdot 10 \text{ mF}} = 2{,}6 \text{ Vss}$$

Anwendung

Fehlersuche: Ein entladener Akkumulator soll geladen werden. Durch eine Messung der Ladestromstärke stellt sich heraus: Das Ladegerät liefert nur einen geringen Strom ($\rightarrow$ 107).

1. Durch Sichtprüfung und Messung an der Gleichrichterbrücke (Seite 118) ermitteln Sie einen Fehler: Die Diode (3) ist defekt (Unterbrechung).

Erläutern Sie:
a) Wie hoch ist die Spannung am Kondensator C5 im Leerlauf?
b) Welche Spannungsverhältnisse stellen sich bei Belastung ein?
c) Warum ist der Ladestrom so gering?

2. Bei der Fehlersuche stellen Sie einen Kontaktfehler am Kondensator fest (z.B. Leiterbahnbruch oder „kalte Lötstelle").

a) Welcher Spannungsverlauf ergibt sich am Gleichrichter?
b) Kann das Ladegerät einen Ladestrom liefern?
c) Kann man den Kondensator mit einer Kapazität von 10 000 µF gegen einen Kondensator mit 6800 µF tauschen?
d) Welche Funktion hat genau der Kondensator?

Information

Elektrische Ladungen und elektrisches Feld

Protonen und **Elektronen** sind die Träger der **Elementarladungen** e^+ und e^- ($\rightarrow$ 23).

Ohne die Wirkung dieser Ladungsträger ist keine elektrische Spannung und kein elektrischer Strom denkbar.

Folgende vier **Ladungsträgerarten** lassen sich unterscheiden:

- **Protonen** sind positiv geladen und als Bestandteil des Atomkerns fest an diesen gebunden.
- **Elektronen** sind negativ geladen und umkreisen auf Schalen den Atomkern. Die Elektronen auf der äußeren Schale sind bei vielen Metallen frei beweglich.
- **Positive Ionen** entstehen in Flüssigkeiten und Gasen. Gibt ein Atom oder Molekül ein Elektron ab, so überwiegt die Kernladung, das Atom (Molekül) wirkt nach außen als positive elektrische Ladung. Diese Ionen sind frei beweglich.
- **Negative Ionen** entstehen in Flüssigkeiten oder Gasen, indem Atome oder Moleküle ein Elektron aufnehmen, sie sind ebenfalls frei beweglich.

Alle elektrischen Ladungen sind von einem strahlenförmigen **Kraftfeld** umgeben. Folgende Modellvorstellungen erklären die bekannten elektrischen Erscheinungen:

- Negative elektrische Ladungen (Elektronen, negative Ionen) sind von einem elektrischen Feld umgeben, dessen (gedachte) Feldlinien auf die Ladung zeigen.

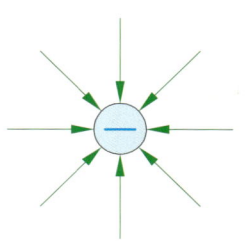

- Positive Ladungen sind auch von einem elektrischen Feld umgeben, die Kraftlinien zeigen von der Ladung weg.

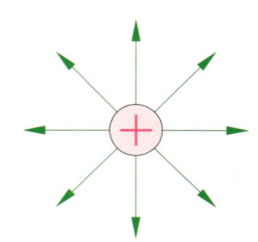

Energieversorgung mit Akkumulatoren planen, Kondensator

Information

Bringt man eine *positive* und eine *negative Ladung* zueinander, so dass sie sich gegenseitig beeinflussen, dann *überlagern* sich die beiden Felder und bilden ein *Gesamtfeld*.

Die Feldlinien haben ihren Ursprung in der negativen Ladung und enden in der positiven Ladung.

Da jedes physikalische System den Zustand des geringsten Energieinhalts anstrebt, haben die Feldlinien das Bestreben, sich zu verkürzen. Daraus folgt:

Ungleiche elektrische Ladungen *ziehen sich an.*

Elektrisches Feld zwischen ungleichen Ladungen

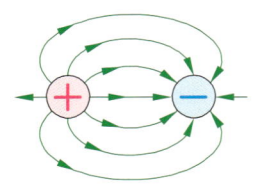

Bringt man zwei *gleiche* Ladungen zusammen, so dass sich ihr Einflussbereich überschneidet, so werden die Feldlinien zwischen den Ladungen nach außen abgelenkt.

Elektrisches Feld zwischen gleichen Ladungen

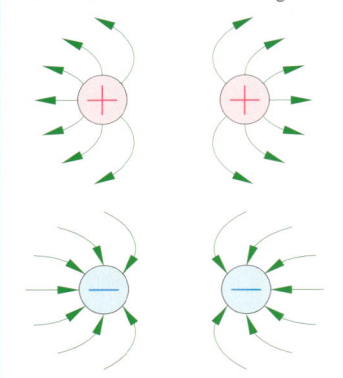

Daraus folgt:

Gleiche elektrische Ladungen stoßen sich ab.

Das **coulombsche Gesetz** beschreibt die Kraft F, die zwischen elektrischen Ladungen wirkt.

Kraftwirkung zwischen elektrischen Ladungen

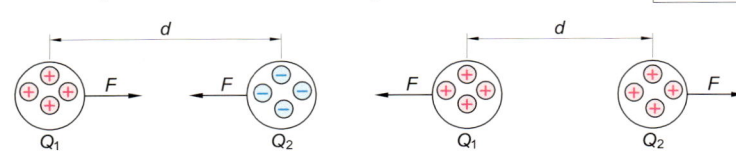

Die Kraft, die zwei elektrische Ladungen aufeinander ausüben, ist abhängig von der Größe der beiden Ladungen (Anzahl der Ladungsträger $Q = I \cdot t = n \cdot e$ in As) und von ihrem Abstand d zueinander:

$$F = K \cdot \frac{Q_1 \cdot Q_2}{d^2} \quad \text{in N} \quad \text{(Gesetz von Coulomb)}$$

Q_1, Q_2 Elektrische Ladungen in As oder C
d Abstand der Ladungen in m
K Proportionalitätsfaktor in Vm/As

Dieser Faktor K berücksichtigt die äußere Form des Körpers, der die Ladungen beinhaltet (z.B. Kugel) und die Leitfähigkeit des Stoffes für elektrische Feldlinien zwischen den Ladungen (z.B. Luft).

Kondensator und elektrisches Feld

Zwei Metallplatten stehen sich im Abstand d gegenüber. Sie sind durch Luft oder einen anderen nichtleitenden Stoff voneinander isoliert.

Versieht man beide Platten mit einem elektrischen Anschluss (Elektroden), nennt man diese Anordnung **Kondensator**.

Die metallischen Platten sind zunächst nach außen elektrisch neutral, da das Material gleich viele positive Protonen und negative Elektronen enthält. Die Ladungen gleichen sich in ihrer Wirkung aus.

Wird an die Platten eine *Gleichspannung* gelegt, so entzieht der Pluspol der Spannungsquelle der linken Platte Elektronen.

Diese Platte ist jetzt *positiv* geladen, da die positiven Kernladungen (Protonen) überwiegen. An der Plattenoberfläche befinden sich jetzt positive Metallionen.

Der Minuspol der Spannungsquelle drückt eine genau gleiche Anzahl Elektronen auf die rechte Platte, diese ist jetzt *negativ* geladen (Elektronenüberschuss).

Kondensator und elektrisches Feld

Information

Kondensatordarstellung

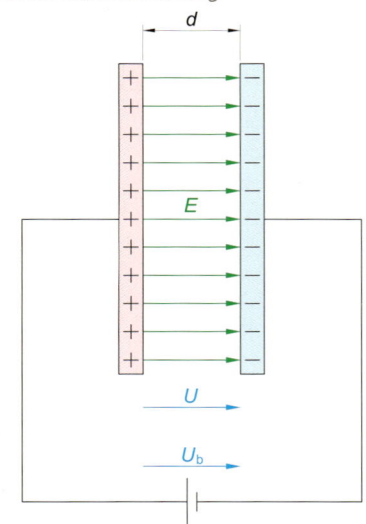

Im Raum zwischen den Platten bildet sich ein **elektrisches Feld** E.

Die *Richtung der Feldlinien* verläuft nach der Modellvorstellung von der positiven Platte zur negativen Platte.

Zwischen den beiden Platten besteht außerdem durch die Ladungstrennung eine elektrische Spannung U.

Die Stärke des **homogenen elektrischen Feldes** zwischen den Platten kann durch die Beziehung

$$E = \frac{U}{d} \quad \text{in} \; \frac{V}{m}$$

angegeben werden.
Diese Beziehung ist in der Elektrotechnik von großer Bedeutung.

Wird eine *negative* elektrische Ladung *zwischen zwei geladene Kondensatorplatten* gebracht, dann wird die negative Ladung mit einer *Kraft F* zur positiven Platte *abgelenkt*.

Ablenkung einer negativen Ladung

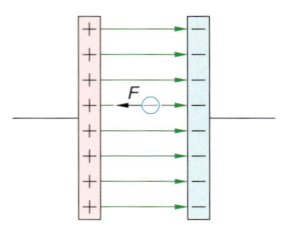

Anwendung findet diese Gesetzmäßigkeit u.a. im *Elektronenstrahl-Oszilloskop* ($\to$ 150).

In einer Vakuum-Röhre werden *Elektronen* mit hoher Geschwindigkeit v durch ein *elektrisches Feld* bewegt.

Der *Elektronenstrahl* wird im elektrischen Feld *abgelenkt*. Durch die unterschiedliche Polarität und Stärke des Feldes kann der Elektronenstrahl über den Leuchtschirm bewegt werden.

Werden *metallische Schaltkontakte in einem Stromkreis* geöffnet, so stehen sich zwei Kontakt-„Platten" gegenüber.

Schaltkontakt (schematische Darstellung)

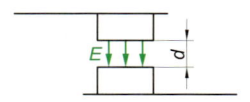

Der Abstand d der beiden Kontaktflächen ist beim Öffnen zunächst sehr gering. Das elektrische Feld $E = U/d$ ist in diesem Moment sehr stark.

Ablenkung eines Elektronenstrahls im elektrischen Feld (Elektronenstrahl-Oszilloskop)

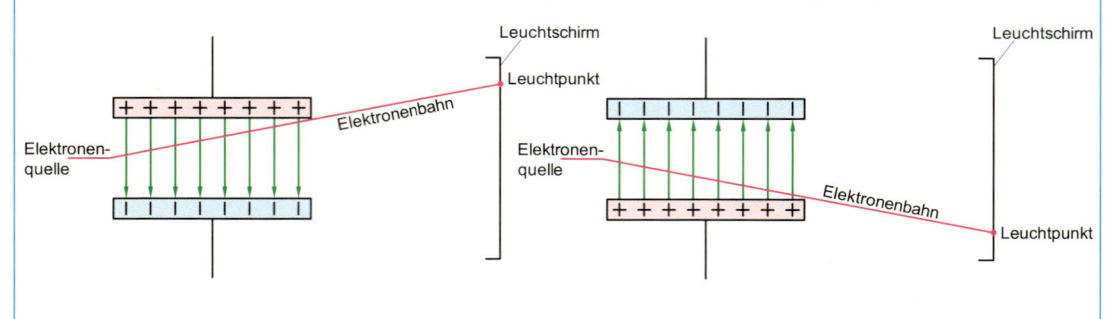

Energieversorgung mit Akkumulatoren planen, Kondensator 131

Information

Bei einer *Feldstärke* von $E > 10$ kV/cm werden die Luftmoleküle zwischen den Kontaktflächen *ionisiert* und es entsteht eine **Funkenstrecke** (Abrissfunke).

Die Funkenstrecke erhitzt die Kontakte, dies führt zu *Verschmelzungen* und zur *Zerstörung* der Kontakte.

Beispiel
Ein Schaltkontakt befindet sich in einem 230-V-Stromkreis.
Bei welchem Abstand der Kontaktflächen beträgt die Feldstärke 10 kV/cm?

$$E = \frac{U}{d} \rightarrow d = \frac{U}{E} = \frac{230 \text{ V}}{10\,000\,\frac{\text{V}}{\text{cm}}} = 0{,}23 \text{ mm}$$

Überlegen Sie:
Warum tritt bei Wechselspannung die Gefahr des Kontaktabbrandes nur in geringerem Maße auf als bei Gleichspannung?

In der Praxis bestehen **Kondensatoren** aus *aufgewickelten Metallfolien*.

Wickelkondensator

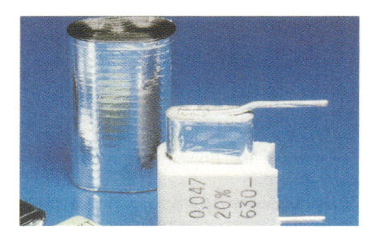

Zwischen den Metallbelägen befindet sich eine spezielle Isolierschicht. Die Isolierschicht hat nur sehr wenige freie Ladungsträger.
Ab einer bestimmten Feldstärke zwischen den **Belägen** (diese ist spezifisch für die verschiedenen Isolierstoffe) werden die wenigen beweglichen Ladungsträger beschleunigt.
Diese Ladungsträger stoßen auf ihrem Beschleunigungsweg auf andere Moleküle des Isolierstoffes und setzen dabei durch Stoßenergie weitere Ladungsträger frei.
Die **Stoßionisation** verstärkt sich dabei lawinenartig, es kommt zum **Durchschlag** der Isolation und zur schlagartigen Entladung des Kondensators.

Beispiel
Der Kondensator C5 in der Ladegerätschaltung ist laut Aufdruck für 63 V_ geeignet. Die Isolierschicht ist 0,1 mm dick.
Welche Feldstärke darf maximal auftreten, ohne dass der Kondensator zerstört wird?

$$E = \frac{U}{d} = \frac{63 \text{ V}}{0{,}1 \text{ mm}} = 6300 \, \frac{\text{V}}{\text{cm}}$$

Influenz im elektrischen Feld

Zwei Metallplatten werden in ein elektrisches Feld E_1 eingebracht. Die beiden Platten werden über einen Schaltkontakt leitend miteinander verbunden.

Die frei beweglichen Elektronen e⁻ in den Metallplatten werden unter dem Einfluss des elektrischen Feldes E_1 zur positiven Elektrode des Kondensators gezogen.

Die *linke Platte* ist *negativ* geladen. Die positiven Ladungen in den Platten werden von der negativen Elektrode angezogen.

Diese *Ladungstrennung* im elektrischen Feld nennt man **Influenz**.

Influenz im elektrischen Feld

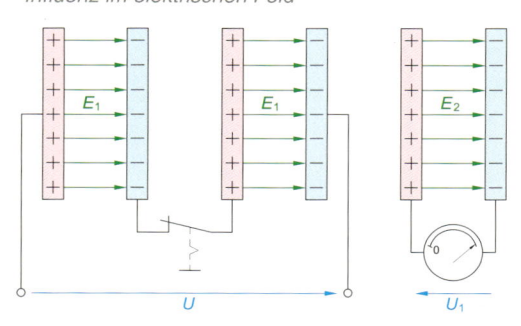

Zwischen den eingebrachten Metallplatten entsteht durch die **Ladungstrennung** ebenfalls ein elektrisches Feld E_2.
Dieses Feld ist dem elektrischen Feld E_1 entgegengerichtet. Durch Überlagerung der beiden Felder entsteht zwischen den Platten ein *feldfreier Raum*.
Öffnet man jetzt den Schalter und bringt die Metallplatten aus dem Feld E_1, ist zwischen den Platten eine Spannung und das elektrische Feld E_2 nachweisbar.
Technische Anwendung findet die **Influenz** bei der **Abschirmung** empfindlicher Datenleitungen, Störquellen und Messeinrichtungen.
Die abzuschirmenden Betriebsmittel werden mit *leitfähigem* Material umhüllt. Durch die Influenz enden die elektrischen Feldlinien in den Ladungsträgern der metallischen Ummantelung.
Der Raum im Inneren dieser Umhüllung ist feldfrei.

> Eine metallische Umhüllung zur Abschirmung elektrischer Felder wird **faradayscher Käfig** genannt.

Influenz
Ladungstrennung an der Oberfläche eines ursprünglich neutralen elektrischen Körpers durch den Einfluss eines elektrischen Feldes

dielektrisch
Vorsilbe „di"
zweifach, doppelt

Information

Feldfreier Raum durch Influenz

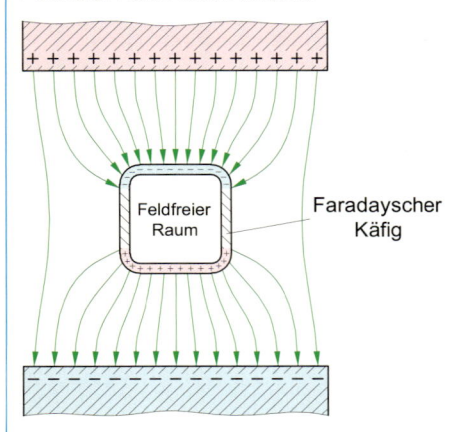

Technische Anwendung: abgeschirmte Leitung

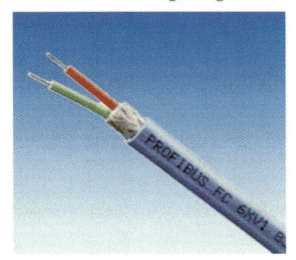

Die Ladungsmenge Q auf den Kondensatorplatten

Die Spannungsquelle (Seite 131) hat eine bestimmte Ladungsmenge zwischen den Platten verschoben.

Von der jetzt positiven Platte wurden Elektronen abgezogen und auf die nun negative Platte transportiert.

Wovon ist diese transportierte Ladungsmenge

$$Q = n \cdot e$$

abhängig?

- Je größer die Plattenfläche, umso mehr Ladungsträger können die Platten aufnehmen:
  $Q \sim A$ $\quad A$ Plattenfläche in m^2

- Das elektrische Feld zwischen den Platten hat Anziehungskräfte auf die Ladungsträger an der Oberfläche der Platten.
  Je stärker das elektrische Feld E, umso stärker die Verdichtung der Ladungsträger an der Oberfläche. Durch diesen Effekt können mehr Ladungsträger auffließen.

$$Q \sim E \quad \text{bzw.} \quad Q \sim \frac{U}{d}$$

U Spannung in V
d Plattenabstand in mm

- Die Stärke des elektrischen Feldes zwischen den Metallplatten ist abhängig von dem Isolierstoff zwischen den Platten (Dielektrikum).
Kann der verwendete Stoff das elektrische Feld verstärken, nimmt auch die Ladungsmenge zu.
Für den *luftleeren Raum* (Vakuum) bzw. für *Luft* gilt eine experimentell ermittelte **Feldkonstante** ε_0.

$$\varepsilon_0 = 8{,}85 \cdot 10^{-12} \frac{\text{As}}{\text{Vm}}$$

(dielektrische Feldkonstante)

Die *Ladungsmenge Q*, die ein Plattenkondensator mit Luft als Dielektrikum speichern kann, ergibt sich somit zu:

$$Q = \varepsilon_0 \cdot E \cdot A \quad \text{in As oder C (Coulomb)}.$$

Dielektrikum und Polarisation

Der Isolierstoff, der die Platten eines Kondensators voneinander trennt, wird **Dielektrikum** genannt.

Das Dielektrikum beeinflusst sehr stark die Aufnahmefähigkeit der Platten für Ladungsträger.

Die Ursache hierfür ist:
Dielektrika haben keine (sehr wenige) freie Elektronen, es können also keine Ladungsträger transportiert werden.

Unter dem Einfluss des elektrischen Feldes zwischen den Platten verformen sich jedoch die Elektronenbahnen um die Atome bzw. Moleküle im Isolierstoff.

Die Elektronen werden zur positiven Platte gezogen, bleiben aber auf einer elliptischen Bahn im Molekülverband.

Die positiven Atomkerne werden zur negativen Platte abgelenkt. Die Moleküle bilden jetzt elektrische **Dipole**, die sich entlang der Feldlinien des elektrischen Feldes ausrichten. Diesen Vorgang nennt man **dielektrische Polarisation**.
Die „in Reihe" geschalteten Dipole *verstärken* das von den Platten ausgehende elektrische Feld.

Dielektrische Polarisation

Die Anziehungskräfte auf die Ladungsträger in den Metallplatten nimmt zu.

Diese weitere Verdichtung der Ladungsträger an der Oberfläche der Platten ermöglicht es, dass die Spannungsquelle mehr Ladungsträger auf die Platten „drücken" kann.

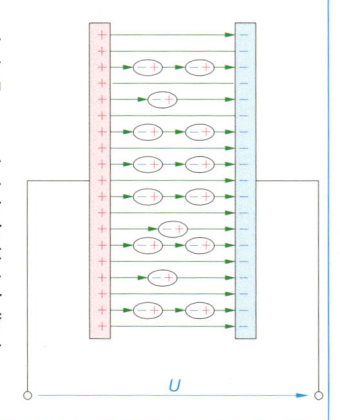

Information

Je mehr Dipole ein Isolierstoff (Dielektrikum) bilden kann, umso mehr Ladungsträger können auf den Platten gebunden werden. Diese Fähigkeit wird durch eine Stoffkonstante, hier **Dielektrizitätszahl** ε_r ausgedrückt.

Die Dielektrizitätszahl ε_r für das Vakuum ist 1 (dies gilt angenähert auch für Luft). ε_r wird auch **relative Permittivität** genannt.

> Die relative Permittivität ε_r gibt an, wie viel mal mehr Ladungsträger auf die Platten fließen können bei Verwendung eines anderen Dielektrikums als Luft.

Die Formel zur Berechnung der Ladungsmenge, die von den Kondensatorplatten aufgenommen werden kann, muss also um den Faktor ε_r erweitert werden:

$$Q = \varepsilon_0 \cdot \varepsilon_r \cdot E \cdot A$$

Q	Ladungsmenge in As
ε_0	elektrische Feldkonstante: $8{,}85 \cdot 10^{-12} \, \frac{As}{Vm}$
ε_r	relative Permittivität; Faktor ohne Einheit
E	elektrische Feldstärke in $\frac{V}{m}$
A	Plattenfläche in m^2

Kapazität des Kondensators

Öffnet man den Schalter im Stromkreis, nachdem der Plattenkondensator geladen ist, bleibt die Spannung zwischen den Platten bestehen.

Die Energie, die zum Aufladen des Kondensators der Spannungsquelle entnommen wurde, ist im elektrischen Feld des Kondensators gespeichert.

Ursache für die Aufladung ist also die von außen angelegte Spannung.

Um die **Speicherfähigkeit** eines Kondensators für eine bestimmte Spannung zu ermitteln, muss die *speicherbare Ladung* Q in As pro Volt berechnet werden.

Diese *Speicherfähigkeit* eines Kondensators nennt man **Kapazität** C.

$$C = \frac{Q}{U} \quad \text{in As/V oder F (Farad)}$$

Die Einheit F (Farad) gibt an, wie viele Ladungen ($Q = n \cdot e = I \cdot t$) ein Kondensator pro Volt angelegter Spannung aufnimmt.

Stellt man die obige Formel nach Q um, ergibt sich:
$Q = C \cdot U$

Diese Beziehung sagt aus:
Die Ladungsmenge in einem Kondensator ist proportional abhängig von seiner Kapazität C und der angelegten Spannung U.

Die **Kapazität des Kondensators** ist durch seine Bauart und das verwendete Dielektrikum festgelegt.

Aus der Bestimmungsgleichung für die Ladung lässt sich die Kapazität ableiten:

$$Q = \varepsilon_0 \cdot \varepsilon_r \cdot E \cdot A = \varepsilon_0 \cdot \varepsilon_r \cdot \frac{U}{d} \cdot A$$

Da $C = \frac{Q}{U}$ ergibt sich:

$$C = \frac{Q}{U} = \frac{\varepsilon_0 \cdot \varepsilon_r \cdot U \cdot A}{d \cdot U} = \frac{\varepsilon_0 \cdot \varepsilon_r \cdot A}{d}$$

> $$C = \frac{\varepsilon_0 \cdot \varepsilon_r \cdot A}{d}$$
>
> Die Kapazität in Farad (F) eines Kondensators ist also abhängig von der Plattenfläche, vom Abstand der Platten und vom verwendeten Dielektrikum.

Kondensator an Gleichspannung

Wenn ein Kondensator *ungeladen* ist, sind auf beiden Platten gleich viele positive und negative Ladungsträger vorhanden.

Die *Spannung zwischen den Platten* ist Null, es ist kein elektrisches Feld vorhanden.

Die Kondensatorplatten haben aber eine bestimmte Kapazität, um eine Ladungsmenge $Q = I \cdot t$ aufzunehmen.

Schließt man den Schalter, so fließt im *Einschaltmoment* ein sehr hoher *Ladestrom*, der **Einschaltvorgang** bedeutet für die Spannungsquelle einen *Kurzschluss*.

Laden eines Kondensators an Gleichspannung

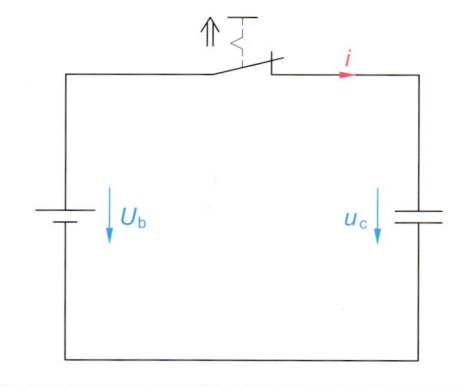

Information

Sobald jedoch Ladungsträger auf die Platten geflossen sind, baut sich zwischen den Platten eine Spannung auf.

Diese entstehende *Kondensatorspannung* u_c ist der angelegten Spannung U_b entgegengerichtet.

Mit zunehmender Spannung u_c wird der *Ladestrom* geringer. Der Ladestrom wird Null, wenn $u_c = U_b$ ist.

Der *geladene Kondensator* hat für die angelegte Spannung folglich einen *unendlich hohen Widerstand*.

> Ein geladener Kondensator sperrt Gleichstrom.

Schaltet man einen Kondensator direkt an eine Spannungsquelle, dann wird der *Einschaltstrom* nur vom *Innenwiderstand der Spannungsquelle* begrenzt.

Da dieser Innenwiderstand in der Regel sehr klein ist, kann der Ladestrom im Einschaltmoment sehr hohe Werte annehmen.

Bei Kondensatoren mit größerer Kapazität sollte man solche Schaltvorgänge vermeiden, sie führen zur Zerstörung der Bauteile.

> Größere Kondensatoren müssen über Vorwiderstände geladen werden.

Kondensatorladung über Vorwiderstand

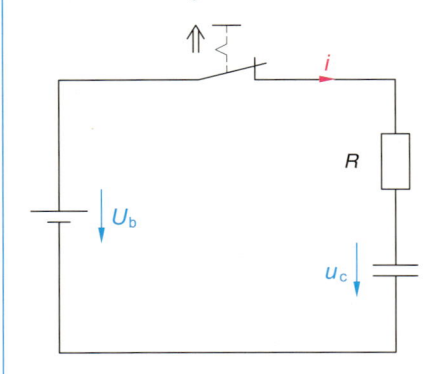

Die Reihenschaltung eines Widerstandes mit einem Kondensator nennt man **RC-Glied**.

Schaltet man ein RC-Glied an Gleichspannung, so fließt im Einschaltaugenblick der Strom

$$i_{max} = \frac{U_b}{R}$$

(der Kondensator hat noch keine *Gegenspannung* aufgebaut!).

Nach dem Einschalten fließen Ladungsträger auf die Platten, der Kondensator wird über den Widerstand geladen. Die Spannung u_c steigt an bis auf U_b, der Strom fällt von i_{max} auf Null.

Zeitlicher Verlauf der Kondensatorspannung und des Ladestromes

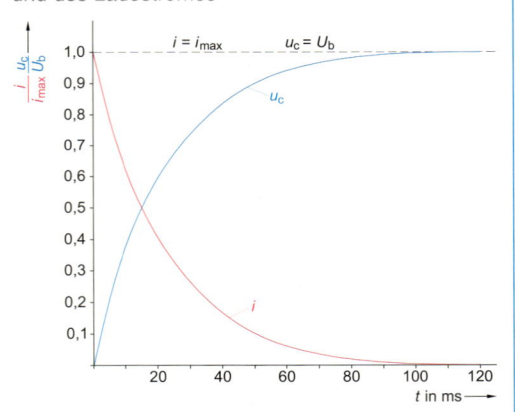

Zeitkonstante

Die *Ladezeit* t_L eines Kondensators, d.h., die Zeit, die vergeht, bis ein Kondensator von 0 V auf U_b aufgeladen ist, wird bestimmt von der Kapazität C des Kondensators und vom vorgeschalteten Widerstand R.

Dies ist einsichtig, da bei einer großen Kapazität mehr Ladungsträger auffließen müssen, um die Endspannung zu erreichen.

Ein vorgeschalteter Widerstand unterdrückt das Fließen der Ladungsträger und verlangsamt die Aufladung.

Das Produkt $R \cdot C$ ist ein Maß für die Aufladezeit und wird **Zeitkonstante** τ (Tau) genannt.

$$\tau = R \cdot C$$

τ Zeitkonstante in s
R Widerstand in Ω
C Kapazität in As/V oder s/Ω

> Die Zeitkonstante τ gibt an, nach welcher Zeit ein Kondensator von 0 V beginnend auf 63 % der Endspannung U_b aufgeladen ist.

Für den weiteren Verlauf der Aufladung gilt:

Nach der Zeitspanne $t_L = 2 \cdot \tau$ ist der Kondensator auf 63 % + 63 % vom Restwert zur Endspannung aufgeladen:

$$u_c = 0{,}63 \cdot U_b + 0{,}63 \cdot 0{,}37 \cdot U_b = 0{,}864 \cdot U_b$$

Der Kondensator hat nach der Zeit $t_L = 2 \cdot \tau$ 86,4 % seiner Endspannung erreicht.

Nach der Zeitspanne $t_L = 3 \cdot \tau$ ist der Kondensator auf 86,4 % + 63 % vom Restwert bis zur Endspannung aufgeladen:

$$u_c = 0{,}864 \cdot U_b + 0{,}63 \cdot 0{,}136 \cdot U_b = 0{,}95 \cdot U_b$$

Energieversorgung mit Akkumulatoren planen, Kondensator

Information

Nach Ablauf von $t_L = 5 \cdot \tau$ hat der Kondensator 99,3 % der *Endspannung* erreicht.

> In der Praxis gilt: Ein Kondensator ist nach 5 Zeitkonstanten auf die angelegte Gleichspannung aufgeladen.

Vorsicht!

Geladene Kondensatoren sind gefährlich!

Vor Beginn der Arbeiten müssen sie entladen werden.

Kondensator als Energiespeicher

Beim *Laden eines Kondensators* wird der Spannungsquelle *elektrische Energie* (Arbeit) entnommen:

$W = U \cdot Q = U \cdot I \cdot t$ in VAs oder Ws.

Diese Energie wird im elektrischen Feld des Kondensators gespeichert.

> Kondensatoren können elektrische Energie speichern.

Zur Aufladung eines Kondensators wird Zeit benötigt ($Q = i \cdot t$). In dieser Zeit wächst die Spannung u_c proportional mit der aufgenommenen Ladungsmenge Q an.

Ist der Kondensator aufgeladen, dann ist $u_c = U_b$.

Der *Energieinhalt* des Kondensators kann als Fläche dargestellt werden: Das Dreieck unterhalb der Ladekurve entspricht der gespeicherten Energie.

Die Berechnung dieses Dreiecks ergibt:

$$W = \frac{1}{2} \cdot Q \cdot U$$
$$= \frac{1}{2} \cdot C \cdot U \cdot U$$
$$= \frac{1}{2} \cdot C \cdot U^2 \quad \text{in Ws}$$

Diese Energie kann beim Entladen wieder abgegeben werden.

Energieinhalt eines Kondensators

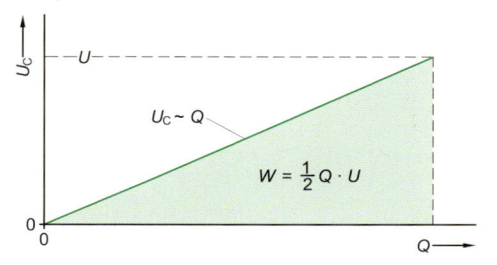

Kondensatorentladung

Der geladene Kondensator hat die Eigenschaft einer Spannungsquelle mit sehr geringem Innenwiderstand.

Wird ein Kondensator ohne Widerstand entladen (Kurzschluss der beiden Elektroden), fließt kurzzeitig ein äußerst hoher Entladestrom.

Die gespeicherte Energie wird schlagartig entladen und im Kondensator in Wärmeenergie umgesetzt. Solche Kurzschlussentladungen können Kondensatoren zerstören.

> Größere Kondensatoren dürfen nur über Widerstände entladen werden.

Englisch

Kondensator	capacitor, condenser
Gleichrichter	rectifier
Glättungskondensator	smoothing capacitor
Ladekondensator	charging capacitor
Impuls	impulse, pulse
Kraftfeld	force field, field of force
Ionisation	ionization
Stoßionisation	collision (impact) ionization
Durchschlag	breakdown, disruptive discharge
Influenz	breakdown, disruptive discharge
Ladungsträger	charge carrier, carrier
Abschirmung	screening, shielding
Dielektrikum	dielectric (material), non-conductor
Polarisation	polarization
Dipol	dipole, (electric) doublet
Kapazität	capacity, capacitance
Zeitkonstante	time constant
Energiespeicher	energy store
Ladung	charge
Entladung	discharge
Ersatzkapazität	spare capacity
Tiefpass	low pass (filter), LP, LPF
Brummspannung	hum voltage, ripple (voltage)
Transistor	transistor
Schalttransistor	switching transistor, transistor switch
Mischstrom	pulsating d.c. current, undulatory current

Information

Ein Kondensator mit der Kapazität $C = 10$ mF ist auf 25 V aufgeladen.
Berechnen Sie die Ladungsmenge Q, die der Kondensator gespeichert hat.

Der Kondensator wird fälschlicherweise durch Zusammenbringen der Anschlusselektroden entladen. Der Innenwiderstand des Kondensators beträgt 10 mΩ.
Berechnen Sie den Strom i_{max}.

Kondensatorentladung über einen Widerstand

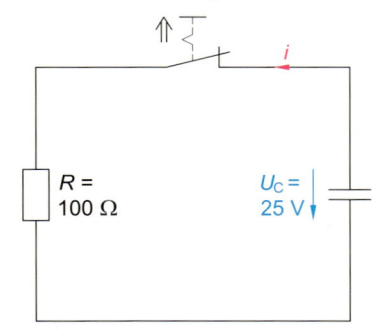

$R = 100\ \Omega$
$U_C = 25$ V

Der Kondensator ist auf 25 V aufgeladen. Wird der Schalter geschlossen, kommt es zu einem kontrollierten Ladungsausgleich zwischen den Platten.

Im *Einschaltmoment* ergibt sich die Stromstärke

$$i_{max} = \frac{U_C}{R} = \frac{25\ \text{V}}{100\ \Omega} = 250\ \text{mA}.$$

Entladekurven eines Kondensators

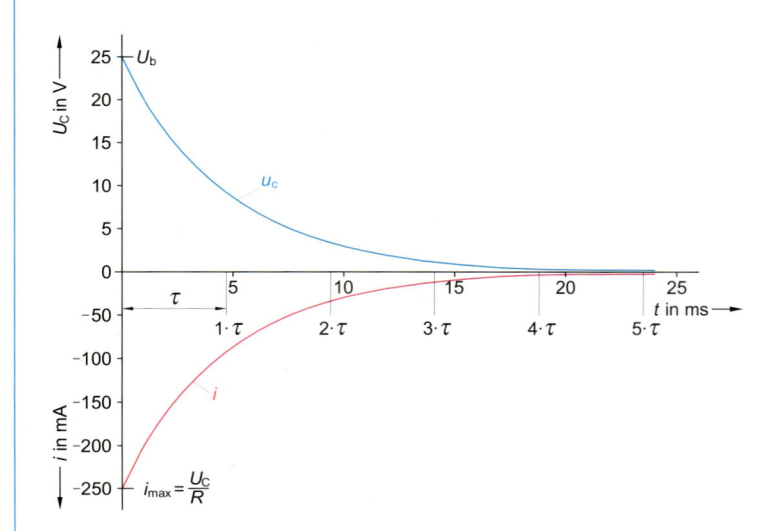

Wenn sich die Ladungen ausgleichen, baut sich das elektrische Feld ab, die Spannung u_c geht zurück.
Die *Entladezeit* eines Kondensators ist wiederum abhängig von der Kapazität des Kondensators und von der Größe des Widerstandes, der den Entladestrom begrenzt.
Die Zeitkonstante $\tau = R \cdot C$ gibt die Zeit an, in der die Kondensatorspannung u_c um 63 % vom Anfangswert absinkt.
Der Entladestrom fließt in umgekehrter Richtung zum Ladestrom, er ist daher negativ und klingt nach $t_E = 5 \cdot \tau$ auf annähernd Null ab (Entladekurven).

Schaltung von Kondensatoren

Werden in einer Schaltung *Kapazitäten* benötigt, die *nicht handelsüblich* sind, so lassen sich durch *Zusammenschalten von Kondensatoren* auch *Zwischenwerte* erreichen.

Parallelschaltung

Bei der *Parallelschaltung* liegen alle Kondensatoren an der *gleichen Spannung*.
Beispiel: 3 Kondensatoren

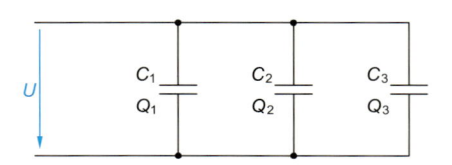

Für die *Ladungen* auf den einzelnen Kondensatoren kann geschrieben werden:

$Q_1 = C_1 \cdot U$
$Q_2 = C_2 \cdot U$
$Q_3 = C_3 \cdot U$

Die drei Kondensatoren haben zusammen eine Ladung von:

$Q_{ges} = Q_1 + Q_2 + Q_3$

Benötigt man *einen* Kondensator, der die *Gesamtladung* Q_{ges} aufnehmen soll, so muss man rechnen:

$Q_{ges} = C_{ges} \cdot U$

Energieversorgung mit Akkumulatoren planen, Kondensator

Information

Setzt man die oben stehenden Beziehungen in diese Gleichung ein, ergibt sich:

$C_{ges} \cdot U = C_1 \cdot U + C_2 \cdot U + C_3 \cdot U$

Teilt man alle Glieder dieser Gleichung durch U, verbleibt:

$C_{ges} = C_1 + C_2 + C_3$

Die Gesamtkapazität ist gleich der Summe der Einzelkapazitäten.

Sieben Kondensatoren werden parallel geschaltet (siehe Schaltplan Ladegerät → 107):

Ein Kondensator hat 10 µF, sechs weitere haben je 100 nF.
Bestimmen Sie die Gesamtkapazität.

Reihenschaltung

Werden Kondensatoren in Reihe geschaltet, so teilt sich die Gesamtspannung in Teilspannungen auf.

Beispiel: Drei Kondensatoren

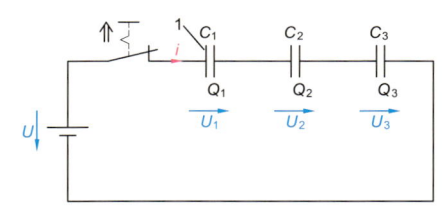

Auf die Platte 1 von C_1 fließt die Ladungsmenge $Q_1 = I \cdot t$.

Das elektrische Feld in Kondensator C_1 schiebt eine gleich große Ladungsmenge Q_2 auf die Platten von C_2. Das gleiche gilt für C_3. Von C_3 fließt die Ladungsmenge zurück zur Spannungsquelle.

Der Verschiebe- oder Ladestrom im Stromkreis ist überall gleich.

Für die *Ladungsmengen* in den Kondensatoren kann also geschrieben werden:

$i \cdot t = Q_1 = Q_2 = Q_3 = Q$

Für die Spannungen an den Kondensatoren gilt:

$U_1 = \dfrac{Q}{C_1} \qquad U_2 = \dfrac{Q}{C_2} \qquad U_3 = \dfrac{Q}{C_3}$

In der *Reihenschaltung* addieren sich die Teilspannungen zur Gesamtspannung:

$U = U_1 + U_2 + U_3$

Eine *Ersatzschaltung* für die gegebene Reihenschaltung hätte eine Ersatzkapazität C_E, die an der Spannung U liegt und die Ladung Q aufnimmt.

Für diese Schaltung gilt:

$U = \dfrac{Q}{C_E}$

Ersatzschaltung für die Reihenschaltung

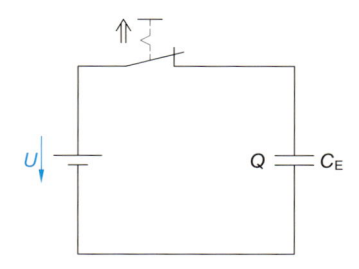

Fügt man die Formeln zusammen, ergibt sich:

$\dfrac{Q}{C_E} = \dfrac{Q}{C_1} + \dfrac{Q}{C_2} + \dfrac{Q}{C_3}$

Teilt man alle Glieder dieser Formel durch die Ladungsmenge Q, erhält man die Berechnungsformel für die **Ersatzkapazität** einer *Reihenschaltung* von Kondensatoren:

$\dfrac{1}{C_E} = \dfrac{1}{C_1} + \dfrac{1}{C_2} + \dfrac{1}{C_3}$

Diese Berechnungsformel kann für Reihenschaltungen mit beliebig vielen Kondensatoren angewendet werden.

Die Spannungen an den Kondensatoren verhalten sich umgekehrt proportional zu den Kapazitäten:

Bei gleichen Ladungsmengen hat der Kondensator mit der kleinsten Kapazität die größte Spannung.

In der Reihenschaltung liegt die kleinste Kapazität aber auch nur an einer Teilspannung und kann sich somit auch nicht voll aufladen.

Da nun die *kleinste Kapazität die Ladungsmenge bestimmt*, die von der Gesamtschaltung aufgenommen wird, folgt daraus:

Die Ersatzkapazität einer Reihenschaltung von Kondensatoren ist kleiner als die kleinste Einzelkapazität.

Sonderfälle:
Werden Kondensatoren mit *gleicher Kapazität in Reihe* geschaltet, vereinfacht sich die Berechnung.

Information

Beispiel: Drei Kondensatoren mit gleicher Kapazität

An jedem Kondensator liegt $\frac{1}{3}$ der Gesamtspannung, folglich hat jeder Kondensator nur $\frac{1}{3}$ der Ladung gespeichert, die er an der Gesamtspannung aufnehmen würde.

Diese Schaltung hat also auch nur $\frac{1}{3}$ der Kapazität, als wenn ein einzelner Kondensator an der Gesamtspannung läge. Es gilt:

$$C_E = \frac{C_T}{3}$$

C_T Teilkapazität

Allgemein gilt für Kondensatoren:

$$C_E = \frac{C_T}{n}$$

n beliebige Zahl

Werden *zwei Kondensatoren in Reihe* geschaltet, vereinfacht sich die Berechnung der Ersatzkapazität zu:

$$C_E = \frac{C_1 \cdot C_2}{(C_1 + C_2)}$$

Zwei Kondensatoren sind in Reihe geschaltet: $C_1 = 4{,}7\,\mu F$, $C_2 = 10\,\mu F$.
Die Schaltung liegt an 24 V.

Stellen Sie ein Verhältnis auf zwischen den Spannungen und Kapazitäten dieser Schaltung und berechnen Sie die Teilspannungen.

Kondensator als Tiefpass in der Endstufe des Ladegerätes

Damit das Ladegerät den Akkumulator laden kann, muss die Gleichspannung am Ausgang des Ladegerätes höher sein als die Akku-Spannung.

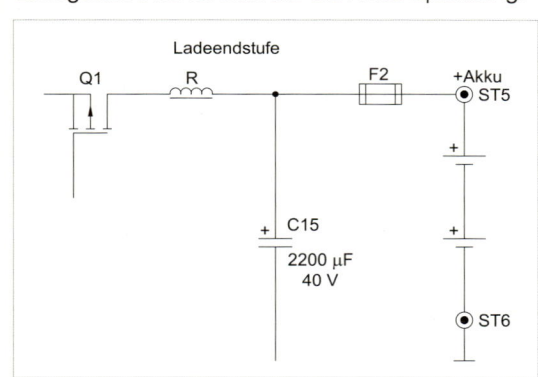

1 Kondensator in der Endstufe des Ladegerätes

Je größer die *Spannungsdifferenz* ist, umso höher ist der Ladestrom.

Will man mit unterschiedlichen Strömen laden (Schnellladung, Normalladung), muss die *Ausgangsspannung einstellbar* sein.

Die *Ladespannung* soll zudem eine geringe **Welligkeit** haben, denn eine überlagerte Wechselspannung (**Brummspannung**) trägt nicht zur Ladung bei, sondern erwärmt den Akku unnötig.

Diese beiden Forderungen (einstellbare Ausgangsspannung, geringe Welligkeit) können mit dem **Schalttransistor** Q1 und der nachgeschalteten **LC-Schaltung** erfüllt werden.

Der selbstsperrende P-Kanal-Transistor Q1 wird vom PWM-Schaltregler angesteuert.

Die vom Gleichrichter und Ladekondensator gelieferte Gleichspannung $U_d = 29\,V$ wird von Q1 mit einer Frequenz $f = 100\,kHz$ getaktet.

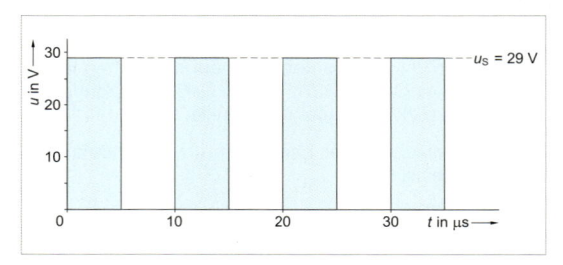

2 Taktung der Gleichspannung

Wird das Ladegerät *belastet*, fließt ein hochfrequenter **Mischstrom** (Gleichstrom mit überlagertem Wechselstrom) durch die Drosselspule mit der Induktivität $L = 40\,\mu H$ und einem ohmschen Widerstand $R = 10\,m\Omega$.

Der **Gleichstromanteil** des Ladestromes verursacht einen unbedeutenden Spannungsfall am ohmschen Widerstand der Spule.

Für den überlagerten, hochfrequenten Wechselstrom hat die Drosselspule den **induktiven Widerstand** (→ 206):

$$X_L = 2 \cdot \pi \cdot f \cdot L$$

X_L induktiver Widerstand in Ω
L Induktivität in Ω · s oder H (Henry)
f Frequenz in 1/s oder Hz (Hertz)

$$X_L = 2 \cdot \pi \cdot 100\,\text{kHz} \cdot 40\,\mu\text{F} = 25\,\Omega$$

Die *Induktivität* ist also für den Wechselstromanteil ein relativ *hoher Widerstand*.
Ein Großteil der überlagerten Wechselspannung (Brummspannung) fällt somit am induktiven Widerstand ab:

$$u_{Br} = X_L \cdot i_{Br} \text{ in V}$$

u_{Br} überlagerte Wechselspannung
X_L induktiver Widerstand
i_{Br} überlagerter Wechselstrom

Die **Glättungswirkung** der Drossel nimmt mit zunehmendem Strom zu.

Eine Drosselspule (Induktivität) kann pulsierende Gleichströme glätten (Tiefpasswirkung).

Hinter der Drosselspule (parallel zum Ausgang) ist der Kondensator C15 geschaltet.
An diesem Kondensator liegt die von der Induktivität vorgeglättete *Mischspannung u*.

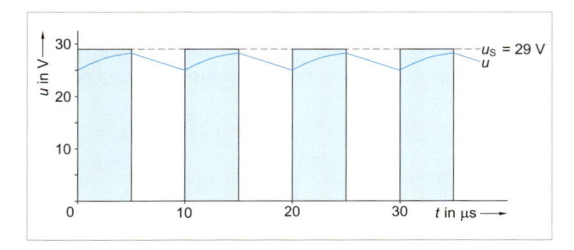

1 Mischspannung am Kondensator

Der Kondensator hat für den *Gleichstrom* einen *unendlich hohen Widerstand* (Kondensator sperrt Gleichstrom).

Für den *hochfrequenten Wechselspannungsanteil* hat der Kondensator den *kapazitiven Widerstand* (→ 207):

$$X_C = \frac{1}{2\pi \cdot f \cdot C}$$

X_C kapazitiver Widerstand in Ω
f Frequenz in Hz
C Kapazität in F

$$X_C = \frac{1}{2\pi \cdot 100\,\text{kHz} \cdot 2200\,\mu\text{F}} = 0,7\,\text{m}\Omega$$

Für den *Wechselstromanteil* hat der Kondensator einen *sehr geringen Widerstand*.

Die hochfrequenten Wechselspannungsanteile werden über den Kondensator kurzgeschlossen.

Die *Glättungswirkung* des Kondensators nimmt mit zunehmendem Laststrom ab.

Ein parallel geschalteter Kondensator wirkt als Tiefpass:
Tiefe Frequenzen können den Kondensator passieren (gelangen an den Ausgang), hohe Frequenzen werden kurzgeschlossen (ausgesiebt).

Die LC-Schaltung in der Ladeendstufe bildet eine *Siebschaltung mit Tiefpasswirkung*.

Kondensator zur Entkopplung von Gleich- und Wechselspannungen

Das IC 5B in der Steuerschaltung des Ladegerätes (→ 107) liefert am Ausgang 12 das Signal „Laden", am Ausgang 13 das Signal „Entladen".

Das Speicher-IC wird durch einen positiven Impuls an Eingang 8 (SET) geschaltet (Bild 2).

IC 5A liefert am Ausgang 1 ein H-Signal (5 V) oder ein L-Signal (0 V). Damit der Eingang 8 (SET) des IC 5B nicht dieses Dauersignal (5 V oder 0 V) bekommt, wird eine CR-Schaltung eingesetzt.

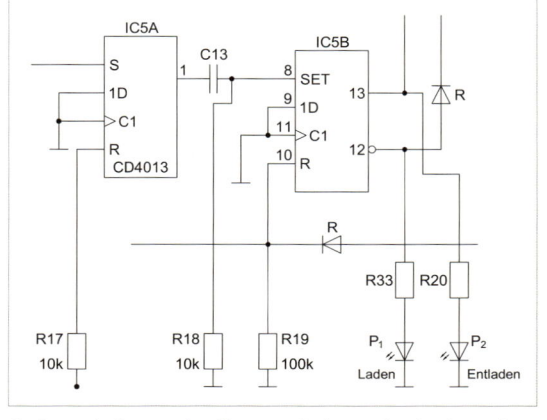

2 Ausschnitt aus der Steuerschaltung des Ladegerätes

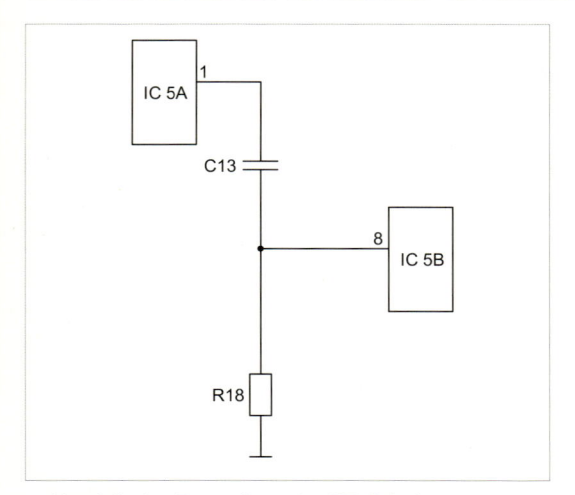

Zum Zeitpunkt t_1 wechselt IC 5A von 0 V auf 5 V.

Im Einschaltaugenblick wirkt der Kondensator in der Reihenschaltung wie ein Kurzschluss, am Widerstand R18 und somit am Eingang 8 des IC 5B liegen 5 V an, das IC ist gesetzt, der Impuls wird gespeichert.

Der Kondensator lädt sich auf, die Spannung am Widerstand und damit am Eingang des IC 5B wird zu Null.

Zum Zeitpunkt t_2 wechselt IC 5A von 5 V nach 0 V, der Kondensator C13 entlädt sich.

Am Pin 8 des IC 5B verursacht dieser Schaltvorgang einen negativen Nadelimpuls, der wieder auf 0 V abklingt.

Dieser negative Impuls hat keine Wirkung auf das IC 5B, es kann nur zurückgesetzt werden über den Eingang „RESET".

An diesem Beispiel erkennt man:
Schnelle Strom*änderungen* werden von Kondensatoren übertragen (durchgelassen), Gleichströme werden gesperrt.

Beachtet werden muss hierbei, dass die Zeitkonstante τ der CR-Schaltung klein sein muss gegenüber der Pausenzeit des Eingangssignals.

Alle Wechselspannungen haben schnelle Stromänderungen zur Folge.

CR-Schaltungen können daher als **Siebschaltung** (Hochpass) eingesetzt werden, wenn Gleichspannungen von Wechselspannungen *entkoppelt* werden sollen.

1 Vereinfachte Darstellung der CR-Schaltung

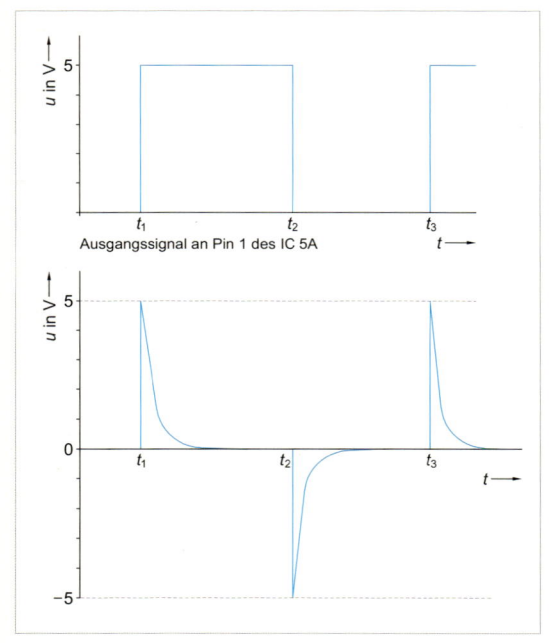

2 Eingangssignal an Pin 8 des IC 5B

> **Anwendung**
>
> Eine rechteckförmige Wechselspannung soll nur wenig verfälscht durch eine CR-Schaltung übertragen werden.
>
> Machen Sie eine Aussage über das Verhältnis der Periodendauer T der Wechselspannung zur Zeitkonstanten τ des Hochpasses.

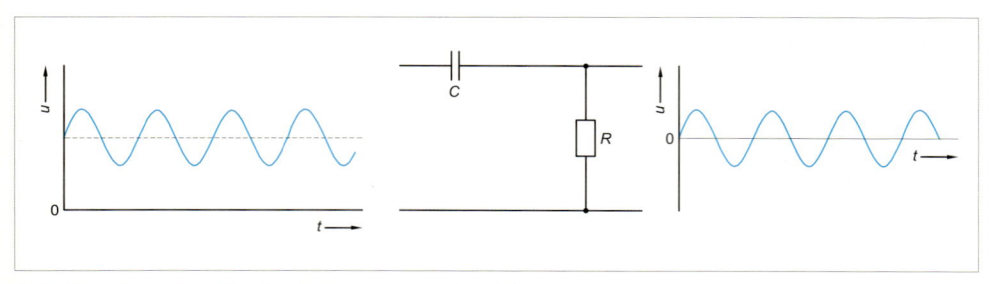

3 Entkopplung einer Wechselspannung aus einer Mischspannung

Energieversorgung mit Akkumulatoren planen, Kondensator

Kondensatoren zur Unterdrückung von Störimpulsen

In der Ladegerätschaltung laufen viele *impulsförmige* Schaltvorgänge ab.

Diese impulsartigen Ströme werden auf der Platine durch nah nebeneinander verlaufende Kupferbahnen übertragen.

Dabei besteht die Gefahr, dass durch *elektromagnetische Induktion* (→ 185) **Störimpulse** an die Eingänge von ICs gelangen und unkontrollierte Schaltvorgänge auslösen.

Diese Störimpulse werden durch **keramische Kleinkondensatoren** direkt an den Eingängen der ICs gelöscht.

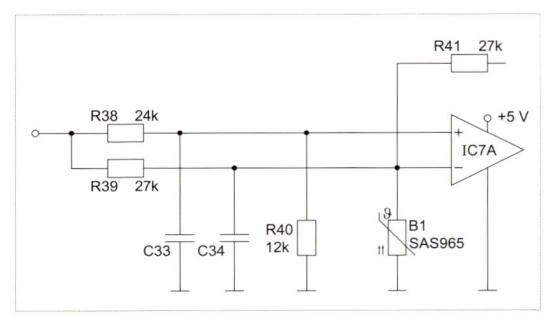

1 C33 und C34 schützen das IC 7 vor Störimpulsen

Englisch

Deutsch	Englisch
Tiefpass	*low pass, LP, LPF*
Kopplung	*coupling interconnection, switching, linkage*
Kopplungskondensator	*coupling capacitor*
Störung	*failure, fault, trouble, malfunction, line fault, interruption, breakdown*
Elektrolyt	*electrolytic*
Oxid	*oxide*
Anode	*anode, plate (Elektronenröhre)*
Kathode	*cathode*
Transistor	*transistor*
Basis	*base, basis*
Emitter	*emitter*
Kollektor	*collector*
bipolar	*bipolar*
Sperrschicht	*junction*
NPN-Transistor	*n-p-n transistor*
Schicht	*layer, film*
Polarität	*polarity*
emittieren	*emit, eject*
Transistor-Dioden-Logik	*transistor diode logic, TDL*

Auftrag

Elektrolytkondensatoren haben eine eingeschränkte Lebensdauer. Nach einer definierten Betriebszeit müssen sie überprüft und eventuell ausgetauscht werden.

Sie haben den Auftrag, die Daten häufig verwendeter Kondensatoren zu beschaffen, um eine Ersatzbeschaffung beschleunigt durchführen zu können.

Nachfolgend ist auszugsweise das Hersteller-Datenblatt des Ladekondensators C5 auf dem Akku-Ladegerät wiedergegeben (Seite 142).

Information

Aufbau und Kenndaten von Elektrolyt-Kondensatoren

Kondensatoren, die als **Glättungs-** oder **Siebkondensatoren** eingesetzt werden, benötigen *hohe Kapazitätswerte* (häufig zwischen 1000 –10 000 µF).

Um die *Abmessungen* dieser Kondensatoren gering zu halten, werden sie als Wickelkondensatoren mit sehr dünnen Folien hergestellt.

Die am häufigsten verwendeten **Aluminium-Elektrolyt-Kondensatoren** (Elkos) bestehen aus einer aufgerauten (zur Vergrößerung der Oberfläche) Aluminiumfolie als Anode.

Die aufgeraute Seite ist mit einer nur wenige µm dicken isolierenden **Oxidschicht** bedampft, diese Schicht wirkt als Dielektrikum.

Ein flüssiger (eingedickter) **Elektrolyt** bildet die Kathode.

Die Schichten werden durch eine **Papierlage** voneinander getrennt.

Elektrolytkondensatoren müssen richtig angeschlossen sein: **Anode an Pluspol, Kathode an Minuspol**. Bei falscher Polung wird ab einer Spannung von 2 V die extrem dünne Oxidschicht abgebaut, die isolierende Wirkung aufgehoben und der Kondensator unbrauchbar.

Anwendung

1. Entnehmen Sie dem Datenblatt, welche Spannung der Kondensator C5 kurzzeitig verträgt, wenn er richtig gepolt ist.

2. Ermitteln Sie, welche Spannung der Kondensator bei falscher Polung verträgt.

3. Der Kondensator C5 erwärmt sich im Betrieb auf 65 °C.
Schätzen Sie die Nutzungsdauer des Kondensators mit Hilfe der Datenblattangaben.

Auszüge aus dem Hersteller-Datenblatt

Philips Components   **Product specification**

Aluminium electrolytic capacitors

FEATURES

- Polarized aluminium electrolytic capacitors, non solid
- Large types, minimized dimensions, cylindrical aluminium case, insulated with a blue sleeve
- Pressure relief on the top of the aluminium case
- Charge and discharge proof
- Long useful life: 12 000 hours at 85 °C
- High ripple current capability; see Table 3 for ripple current optimized types, 385 V and 400 V

APPLICATIONS

- General purpose, industrial and audio/video systems
- Smoothing and filtering
- Standard and switched mode power supplies
- Energy storage in pulse systems

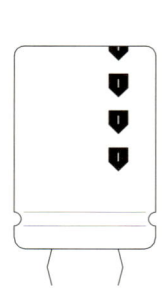

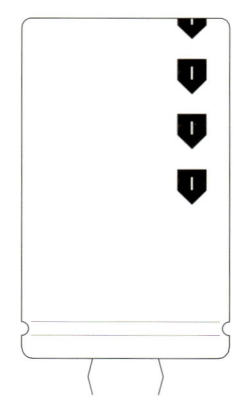

Fig. 1 Component outlines

QUICK REFERENCE DATA

DESCRIPTION	VALUE	
	056	057
Case size ($\varnothing D_{nom} \cdot L_{nom}$ in mm)	22 × 25 to 35 × 50	
Rated capacitance range (E6 series); C_R	70 to 68000 µF	47 to 1500 µF
Tolerance on C_R	±20 %	
Rated voltage range U_R	10 to 100 V	200 to 450 V
Category temperature range	−40 to +85 °C	
Endurance test at 85 °C	5000 hours (450 V: 2000 hours)	
Useful life at 85 °C	12 000 hours (450 V: 5000 hours)	
Useful life at 40 °C and $1{,}4 \cdot I_R$ applied	210 000 hours (450 V: 90 000 hours)	
Shelf life at 0 V, 85 °C	500 hours	
Based on sectional specification	IEC 384-4/CECC 30 300	
Detail specification	CECC 30 301-806	
Climatic category IEC 68	40/085/56	

ELECTRICAL DATA

Unless otherwise specified, all electrical values in Tables, 2, 3 und 4 apply at
$T_{amb} = 20\,°C$, $P = 86$ to $106\,kPa$, $RH = 45$ to $75\,\%$.

SYMBOL	DESCRIPTION
C_R	rated capacitance at 100 Hz
I_R	rated RMS ripple current at 100 Hz or $\geq 10\,kHz$ and $85\,°C$
I_{L1}	max. leakage current after 1 minute at U_R
I_{L5}	max. leakage current after 5 minutes at U_R
ESR	max. equivalent series resistance at 100 Hz
Z	max. impedance at 10 kHz

MARKING

The capacitors are marked (where possible) with the following information:

- Rated capacitance (in μF)
- Tolerance code on rated capacitance (M for ± 20 %)
- Rated voltage (in V)
- Climatic category in accordance with "IEC 68"
- Date code (year and week) in accoradance with "IEC 62"
- Code for factory of origin
- Name for manufacturer
- –sign to indicate the negative terminal, visible from the top and side of the capacitor
- Code number (last 8 digits)
- Code for basic specification in accordance with "IEC 384-4-1" and "CECC 30 301"

U_R (V)	C_R 100 Hz (μF)	NOMINAL CASE SIZE ØD x L (mm)	CASE CODE	I_R 100 Hz 85 °C (A)	I_R ≥ 10 kHz 85 °C (A)	I_{L1} 1 min (μA)	I_{L5} 5 min (μA)	ESR 100 Hz (mΩ)	Z 10 kHz (mΩ)
63	1000	22 x 25	2225	1.46	1.78	382	130	148	104
	1500	22 x 30	2230	1.87	2.28	571	193	105	72
	2200	25 x 30	2530	2.32	2.83	836	281	79	59
	2200	22 x 40	2240	2.54	3.10	836	281	73	53
	3300	30 x 30	3030	2.87	3.50	1251	420	64	50
	3300	25 x 40	2540	3.14	3.83	1251	420	55	44
	4700	30 x 40	3040	3.67	4.48	1780	596	50	38
	4700	25 x 50	2550	3.71	4.53	1780	596	48	38
	6800	35 x 40	3540	4.33	5.28	2574	861	43	38
	6800	30 x 50	3050	4.75	5.80	2574	861	42	37
	10000	35 x 50	3550	5.26	6.42	3784	1264	35	30

Additional electrical data

PARAMETER	CONDITIONS	VALUE
Voltage		
Surge voltage for short periods	≤ 250 V versions	$U_S = 1.15 \cdot U_R$
	≤ 385 V versions	$U_S = 1.1 \cdot U_R$
Reverse voltage		$U_{rev} \leq 1\,V$
Current		
Leakage current	after 1 minute at U_R	$I_{L1} \leq 0.006\,C_R \cdot U_R + 4\,μA$
	after 5 minutes at U_R	$I_{L5} \leq 0.002\,C_R \cdot U_R + 4\,μA$
Inductance		
Equivalent series inductance (ESL)	all case sizes	typ. 19 nH max. 25 nH

RIPPLE CURRENT AND USEFUL LIFE

Table 5: Multiplier of ripple current (I_R) as a function of frequency

FREQUENCY (Hz)	I_R MULTIPLIER		
	U_R = 10 to 25 V	U_R = 40 to 100 V	U_R > 100 V
50	0.93	0.91	0.86
100	1.00	1.00	1.00
200	1.04	1.05	1.13
400	1.07	1.09	1.21
1000	1.11	1.13	1.29
2000	1.13	1.15	1.32

Fig.16 Multiplier of useful life as a function of ambient temperature and ripple current load

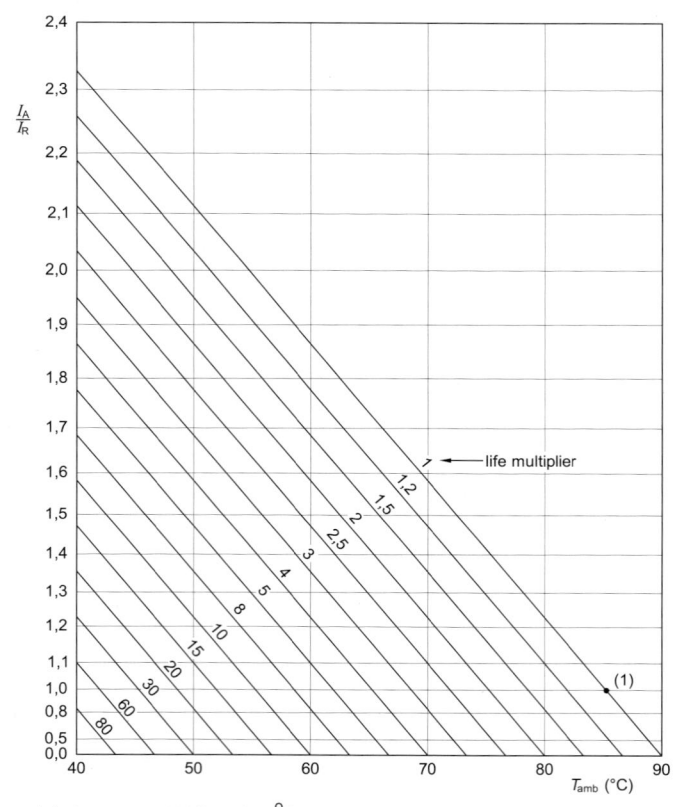

I_A = actual ripple current at 100 Hz and 85 °C
I_R = rated ripple current at 100 Hz and 85 °C
(1) Useful life at 85 °C and I_R applied: 12000 hours (450 V types; 5000 hours)

Energieversorgung mit Akkumulatoren planen, Messung 145

Messungen an der Ladegerätschaltung

Auftrag

Im Rahmen Ihrer Ausbildung müssen Sie sich mit verschiedensten Messgeräten und Messverfahren vertraut machen.

An der Ladegerätschaltung lassen sich einige zweckmäßige Messungen durchführen, um Messverfahren kennen zu lernen und die Funktion der Schaltung zu überprüfen.

Folgende Messungen sollen durchgeführt werden:

- Wechselspannung vor dem Gleichrichter
- Gleichspannung hinter dem Gleichrichter
- Nicht sinusförmige Wechselspannung am Ladekondensator
- Gleichstrom am Ausgang des Ladegerätes
- Nicht sinusförmiger Pulsstrom vor dem Gleichrichter
- Frequenz der überlagerten Wechselspannung

Für diese Messungen stehen ein TRMS-Multimeter und ein Zweikanaloszilloskop zur Verfügung.

Alle Spannungen im Leistungsteil des Ladegerätes werden gemessen

Hinweise für Spannungsmessungen mit dem Digital-Multimeter siehe Tabelle unten.

1. Die *Spannung vor dem Gleichrichter* (siehe Schaltplan Ladegerät → 107) wird gemessen.

Folgende Schritte sind durchzuführen:
- Den Drehknopf auf V einstellen
  →Spannungsmessung (AC Wechselspannung)
- Den Softkey F1 betätigen
- Die Messleitungen mit den Messpunkten verbinden

Die *Hauptanzeige* im LCD zeigt 27 V Wechselspannung, die obere Anzeige zeigt die Frequenz der Wechselspannung $f = 50\,\text{Hz}$ an.

Die *Balkenanzeige* hat einen Messbereich von 50 V zugeordnet und zeigt überschlägig ebenfalls 27 V an.

Wird der Softkey F2 (DC) betätigt, zeigt die Hauptanzeige 0 V. Die Spannung hat folglich keinen *Gleichspannungsanteil*.

Fotos des Messung → 148.

Hinweise für die Spannungsmessung mit dem Digitalmultimeter

Messung	Softkey	Leiteranschluss	Haupt-anzeige	Obere Anzeige
Echt-Effektivwert-Wechselspannung	**F1** AC		AC	Hz
Gleichspannung	**F2** DC		DC	—
Wechsel-/Gleichspannungs-Doppelanzeige	**F3** AC/DC oder AC + DC (zum Umschalten drücken)		DC	AC
Wechselspannung + Gleichspannung Gesamteffektivwert [1)]			AC + DC	Hz

[1)] $U_{RMS} = \sqrt{U_{dAV}^2 + U_{Br}^2}$

Information

Digitale Multimeter

Moderne **Digitalmultimeter** können Spannungen, Ströme, Widerstände, Frequenzen und Kapazitäten messen.

Diese Geräte zeigen die Messwerte auf einem *LCD-Display* in Ziffern an. Ein **Ablesefehler** kann also nicht auftreten.

Bei vielen Digitalmultimetern wird der Nachteil, dass schwankende Messwerte mit der Ziffernanzeige nicht gut zu verfolgen sind, durch eine zusätzliche **Balkenanzeige im Display** ausgeglichen.

Digitale Geräte wandeln die zumeist analog vorliegenden Messgrößen in digitale Werte um und führen sie dann einer Ziffernanzeige oder/und einer Schnittstelle zu.

Messungen mit dem Digitalmultimeter (außer Frequenzmessung) werden (wie bei analogen Messgeräten) auf eine *Spannungsmessung* zurückgeführt.

Nachdem hinter den Messeingängen die Messgrößen in eine entsprechende Gleichspannung umgewandelt sind, folgt als Eingangsstufe für das Messsystem ein *Verstärker*, der die Eingangsspannung an den Pegel der nachfolgenden Messelektronik anpasst.

Diese Anpassung erfolgt automatisch (**Auto-Range**), so dass es nicht mehr erforderlich ist, Messbereiche für Spannungs- oder Strommessungen vorzuwählen.

Die manuelle Einstellung ist aber häufig noch möglich über die Einstellung **RANGE**.

Im nachfolgenden *Analog-Digital-Wandler* wird die analoge Eingangsspannung in ein entsprechendes *Bit-Muster* umgesetzt. Dieses Bit-Muster (eine Folge von digitalen Signalen) wird einem *Zähler* zugeführt.

Das Ergebnis des Zählers entspricht der gemessenen Spannung und wird auf dem *LCD-Display* zur Anzeige gebracht.

Mit der Speicherfunktion **HOLD** kann des Messergebnis in einem RAM-Speicher abgelegt werden.

Digital-Multimeter (Ausführungsbeispiel)

Digitale Spannungsmesser haben einen sehr hohen Eingangswiderstand. Eine Zerstörung des Gerätes durch Anlegen einer hohen Spannung ist daher nicht möglich.

Blockschaltbild eines Digitalmultimeters

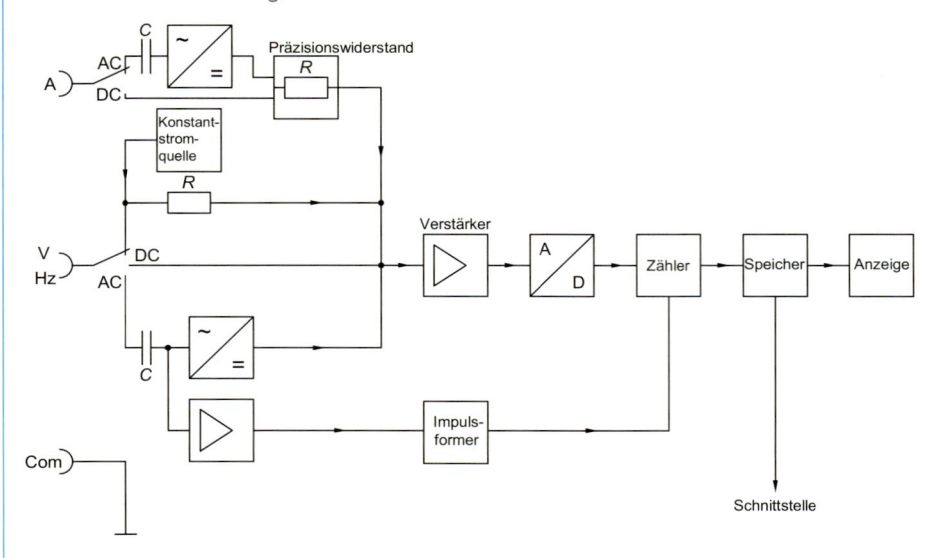

Energieversorgung mit Akkumulatoren planen, Messung

Information

Strommessung

Zur *Strommessung* wird der zu messende Strom über einen *niederohmigen Präzisionswiderstand* geführt.

Der *Spannungsfall* an diesem Widerstand ist der Stromstärke proportional. Diese Spannung wird dem Messverstärker zugeführt und entsprechend der Spannungsmessung weiterverarbeitet.

Widerstandsmessung

Eine *Widerstandsmessung* wird dadurch möglich, dass ein *genau definierter Konstantstrom* über den zu messenden Widerstand geführt wird. Die am Widerstand liegende Spannung ist dann dem Widerstandswert proportional.

Achtung: Bei Widerstandsmessungen dürfen die zu prüfenden Bauteile auf keinen Fall unter Spannung stehen!

Kapazitätsmessung

Bei der *Kapazitätsmessung* wird dem Kondensator ebenfalls ein *Konstantstrom* zugeführt.

Die *Zeitdauer der Ladung* ist ein Maß für die Kapazität. Messungen von Kondensatoren mit hohen Werten können daher durchaus mehrere Sekunden dauern.

Achtung: Bei Kapazitätsmessungen dürfen die Kondensatoren keinesfalls unter Spannung stehen, geladene Kondensatoren müssen vor der Messung entladen werden!

Frequenzmessung

Bei der *Frequenzmessung* werden die Schwingungen der gemessenen Wechselspannung in *Impulse* umgeformt.

Die Wechselspannung kann jede beliebige Kurvenform haben (z.B. Sinus, Rechteck). Die Impulse werden dem Zähler zugeführt und zur Anzeige gebracht.

- LCD-Anzeige
- F1, F2, F3, F4 Softkeys zur Auswahl einer Messung im Bereich der eingestellten Messfunktion
- Taste zum Einschalten der LCD-Hintergrundbeleuchtung
- Taste zum Einfrieren der Anzeige
- REL Δ-Taste für relative Messungen und Zugriff auf Speicher
- Eingangsanschlüsse
- Umschalt-Taste zum Zugriff auf die Funktionen MIN-MAX, FAST, MEM und Set-up
- RANGE-Taste zur manuellen Einstellung des Messbereichs
- Drehknopf zur Einstellung der Messfunktion
- MIN-MAX-Taste zur Einstellung der Betriebsart MIN-MAX oder FAST

1 Messung der Spannung vor dem Gleichrichter

2. Die *Spannung hinter dem Gleichrichter* wird gemessen.

Folgende Schritte sind durchzuführen:

- Den Drehknopf auf V stellen
  →Spannungsmessung
- Den Softkey F3 drücken für AC/DC-Messung
- Die Messschnüre mit den Messpunkten verbinden

Die *Hauptanzeige* im LCD zeigt $U_{dAV} = 28{,}91\,\text{V}$ Gleichspannung, die obere Anzeige $U_{Br} = 2{,}5\,\text{V}$ Wechselspannung an.

Die Balkenanzeige zeigt den entsprechenden *Gleichspannungswert* an.

2 Messung der Spannung hinter dem Gleichrichter

Strommessung in der Ladegerätschaltung

Messung	Softkey	Leiteranschluss	Haupt-anzeige	Obere Anzeige
Echt-Effektivwert-Wechselstrom A	**F1** AC		AC	Hz
Gleichstrom A	**F2** DC		DC	—
A Wechselstrom/ Gleichstrom-Doppelanzeige	**F3** AC DC oder AC + DC (zum Umschalten drücken)		DC	AC
A Wechselstrom + Gleichstrom Gesamteffektivwert			AC + DC	Hz

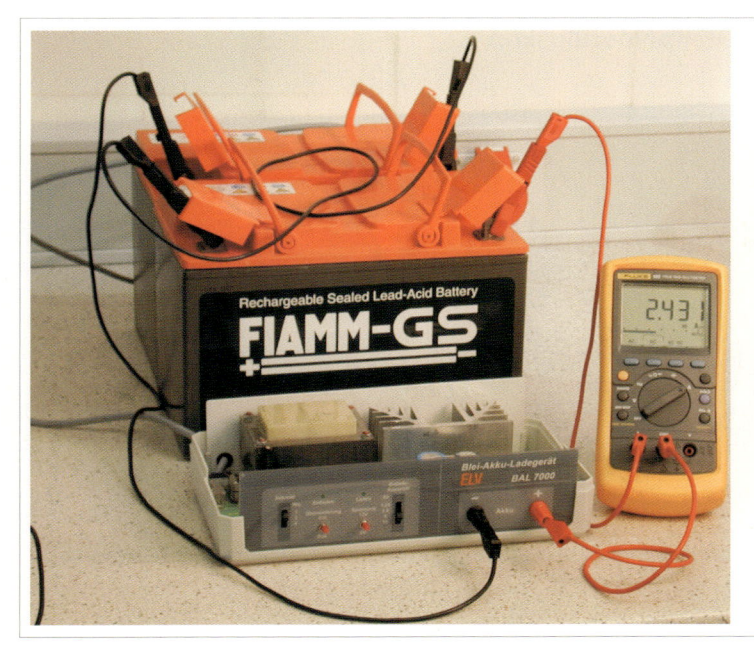

Energieversorgung mit Akkumulatoren planen, Messung **149**

1 Messung des Ladestromes

Wird der Softkey F3 ein weiteres Mal betätigt, wird die Messart AC + DC eingeschaltet, d.h., der *Effektivwert* der Gesamtspannung wird gemessen.

Die Hauptanzeige im LCD zeigt $U_{TRMS} = 29{,}34$ V, die obere Anzeige zeigt die Frequenz der überlagerten Wechselspannung $f = 100$ Hz an.

Überprüfen Sie durch Rechnung:
Der Echteffektivwert entspricht der geometrischen Summe aus Gleichspannung und überlagerter Wechselspannung.

Die Balkenanzeige zeigt den *Echteffektivwert* an.

Ladestrom am Ausgang des Ladegerätes messen

Folgende Schritte sind durchzuführen:
- Drehknopf auf A stellen → Strommessung
- Den Softkey F2 drücken für DC-Messung
- Messschaltung wie im Bild spannungsfrei aufbauen (geeignete Messschnüre und Zubehör verwenden)
- Ladegerät einschalten

Die Hauptanzeige im LCD zeigt $I_d = 2{,}4$ A, die Balkenanzeige den entsprechenden Wert.

Durch Betätigen des Softkeys F1 (AC) kann kontrolliert werden, ob der Strom einen überlagerten Wechselstrom enthält. Anzeige: $I_{Br} = 0$ A.

Englisch

Leistungstransistor *power transistor*	**Analoganzeige** *analogue output*
Kühlung *cooling*	**Analog-Digital-Wandlung** *A-D conversion, analogue-digital conversion*
Kühlkörper *cooling attachment, heat sink*	
Kennzeichnung *marking, identification, labelling*	**Oszilloskop** *oscilloscope, cathode-ray oscilloscope*
Messung *measurement, metering*	**Bildröhre** *picture tube*
Anzeige *indication, meter indication, response*	**Oszilloskopröhre** *cathode-ray tube, oscillograph tube*
Messgerät *measuring device*	**Oszilloskopschirm** *oscillograph screen*
Digitalanzeige *digital read-out*	**Strahlbündelung** *beam focusing, concentration of the beam*

Messungen mit dem Elektronenstrahloszilloskop

Auftrag

Sie sollen überprüfen, ob der Ausgangsstrom des Ladegerätes eine Restwelligkeit hat und wie groß die Brummspannung des Ladekondensators C1 ist.

Diese Aufgaben erledigen Sie am besten durch eine Oszilloskopmessung.
Sie müssen sich zuvor mit der Funktion und der Bedienung des Oszilloskops vertraut machen.

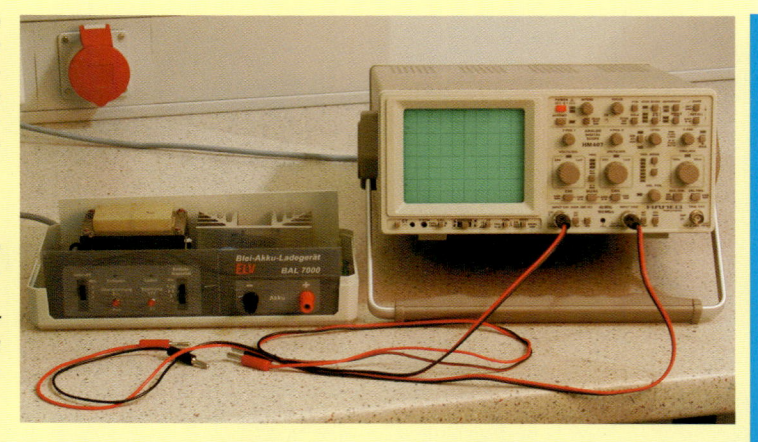

Information

Oszilloskop

Mit einem *Oszilloskop* können *periodisch sich wiederholende Signale* (Wechselspannungen) und Gleichspannungen auf dem Leuchtschirm einer **braunschen Röhre** dargestellt werden.

Oszilloskope sind also *Spannungsmessgeräte*, sie haben einen *sehr hochohmigen Messeingang* (mindestens 1 MΩ).

Die Kurvenzüge (Spannungsverläufe) auf dem Leuchtschirm werden von einem **Elektronenstrahl** geschrieben.

Negative Ladungsträger (Elektronen) treffen mit hoher Geschwindigkeit auf eine fluoreszierende Schicht im Innern der Strahlröhre.

Die fluoreszierende Schicht wird durch das Aufprallen der Elektronen zum Leuchten angeregt. Durch das kurze Nachleuchten der angeregten Fluoreszens-Schicht kann eine zusammenhängende Leuchtspur erzeugt werden.

Durch das Zusammenwirken mehrerer unterschiedlich angeordneter *elektrischer Felder ist es möglich, dass der gebündelte Elektronenstrahl jeden Punkt des Bildschirms erreichen kann.*

Die *wichtigsten Funktionen* sollen nachstehend benannt und kurz erklärt werden.

Für weiter gehende Spezialfunktionen muss man die *Betriebsanleitung* zur Hand nehmen.

Ansicht eines Oszilloskop-Schirmbildes

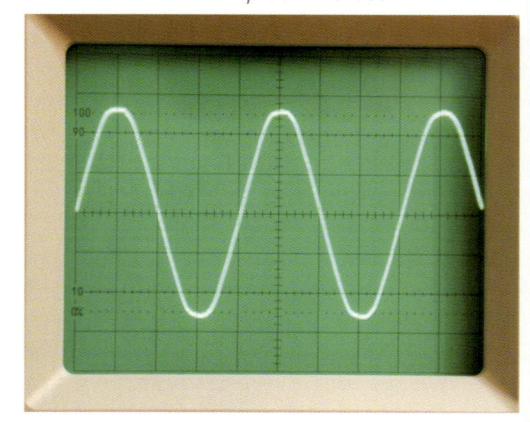

Die Oszilloskop-Röhre (braunsche Röhre)

Zentraler Bestandteil des Elektronenstrahl-Oszilloskops ist eine *Vakuum-Elektronenstrahl-Röhre* oder auch *braunsche Röhre*.

Das Bild auf Seite 151 zeigt in vereinfachter Darstellung die *wichtigsten Funktionselemente*.

Auf Seite 152 ist die *Frontansicht* eines neueren **Zweikanaloszilloskops** zu sehen.

oscillare
lateinisch: schwingen

skopeln
griechisch: sehen

Wehnelt
Artur Rudolph Berthold,
deutscher Physiker (1871–1944)

Fokussierung
Bündelung

Energieversorgung über Akkumulatoren planen, Oszilloskop 151

Information

Braunsche Röhre eines Oszilloskops

Kathode, emittiert durch Erhitzung Elektronen (Elektronenwolke).

Negativ geladener Zylinder (Wehnelt-Zylinder), bündelt die Elektronen.

Y-Ablenkplatten für die vertikale Richtung. An diese Platten wird die verstärkte Messspannung gelegt. Zwischen den Platten entsteht dann ein elektrisches Feld, das die Elektronenbahn beeinflusst.

Leuchtschirm mit Fluoreszenzschicht und Rastereinteilung.

INTENS
FOCUS

Elektronenstrahl

Heizwendel zur Kathodenheizung.

„Elektronenoptik" und „Elektronenkanone", dienen zur Fokussierung und Beschleunigung der Elektronen.

X-Ablenkplatten für die horizontale Richtung. An diese Platten wird eine interne Sägezahnspannung gelegt, sie führt den Elektronenstrahl von links nach rechts über den Leuchtschirm.

Anodenanschluss. Hinter dem Leuchtschirm befindet sich eine leitfähige Grafitschicht, diese bildet die Anode zur Nachbeschleunigung der Elektronen.

Erzeugung und Ablenkung eines Elektronenstrahls

Kathode — Beschleunigung — Y-Platten — Anode
Wehneltzylinder — Fokussierung — X-Platten — Leuchtspur
Heizung

I

$U = 15\ kV$

$-$ $+$

Information

Bedienfeld eines Zweikanaloszilloskops

Zweikanaloszilloskop, Übersichtsplan

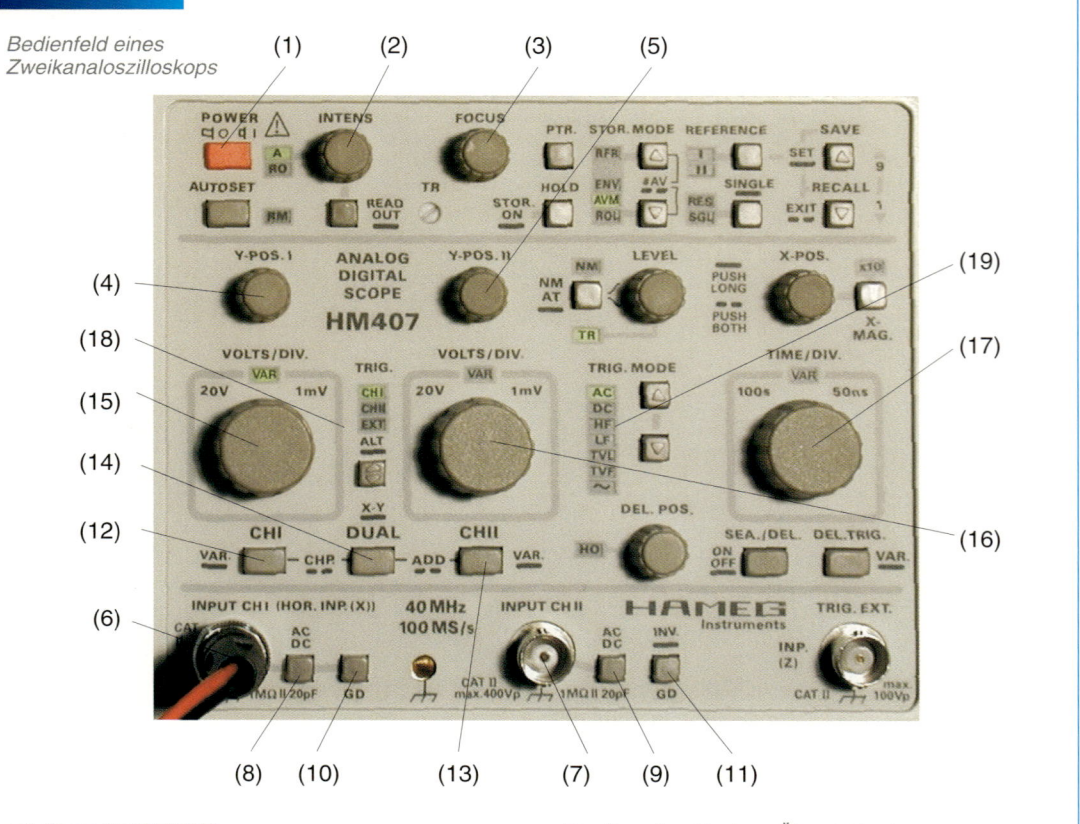

(1) Taste für EIN/AUS
(2) Mit dem Drehknopf INTENS kann die Helligkeit der Leuchtspur eingestellt werden.
Mehr oder weniger Elektronen werden durch die Öffnung des Wehnelt-Zylinders (→ 151) transportiert.
(3) Mit dem Potentiometer FOCUS wird der Elektronenstrahl in der „Elektronenoptik" gebündelt.

Ein **Zweikanaloszilloskop** erzeugt nur *einen* Elektronenstrahl.

Trotzdem können *zwei* Vorgänge (Leuchtspuren) auf dem Leuchtschirm sichtbar gemacht werden.

Dies wird dadurch erreicht, dass ein *elektronischer Schalter* zwischen den beiden Eingangssignalen hin- und herschaltet.

Die Y-Ablenkplatten bekommen in kurzen Zeitabständen abwechselnd das Signal aus dem Verstärker 1 und dem Verstärker 2.

(4) Mit dem Drehknopf Y-POS.I kann die senkrechte Strahlposition für Kanal 1 (CH I) auf dem Bildschirm eingestellt werden.

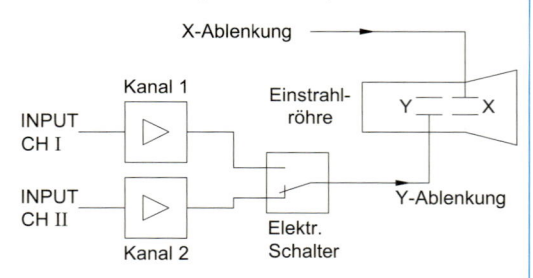

(5) Mit Y-POS.II kann die senkrechte Strahlposition für Kanal 2 (CH II) eingestellt werden.
(6) INPUT CH I: Diese BNC-Buchse ist der Messeingang für Kanal 1. Der Außenring der Buchse ist mit dem Gehäuse des Oszilloskops und damit auch mit dem Schutzleiter PE verbunden.
(7) INPUT CH II: Signaleingang für Kanal 2.

Energieversorgung mit Akkumulatoren planen, Oszilloskop

Information

(8) Die Drucktaste AC-DC schaltet von Wechselspannungs- auf Gleichspannungs-Signalkopplung um.
Wird auf dem Leuchtschirm AC-Kopplung (~) angezeigt, ist dem

(9) Y-Verstärker ein Kondensator vorgeschaltet. Der Kondensator sperrt einen möglichen Gleichstromanteil der Signalspannung. Auf dem Schirm erscheint eine reine Wechselspannung.
Wird auf DC-Kopplung (=) umgeschaltet, wird auch der Gleichspannungsanteil des Signals angezeigt.

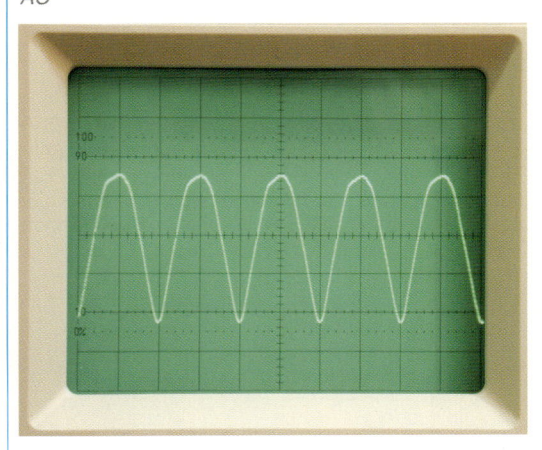

(10) Die Drucktaste GND (GROUND) schaltet den Eingang ab. An den Y-Platten liegt kein von außen kommendes Signal mehr.
Mit dem Drehknopf Y-POS kann jetzt eine

(11) Bezugslinie für 0 V eingestellt werden.

(12) Durch *kurzen* Druck auf die Taste CH I wird Kanal 1 an die Y-Platten gelegt.
Auf dem Leuchtschirm erscheint das Signal, das der Buchse INPUT CH I zugeführt wird.

(13) Durch *kurzen* Druck auf CH II wird das Signal dargestellt, das dem Input CH II zugeführt wird.

(14) Wenn die DUAL-Taste kurz betätigt wurde, werden *beide* Eingangssignale dargestellt.

DC- und AC-Ankopplung des Eingangssignals

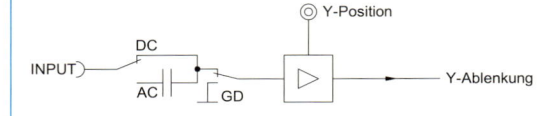

DC

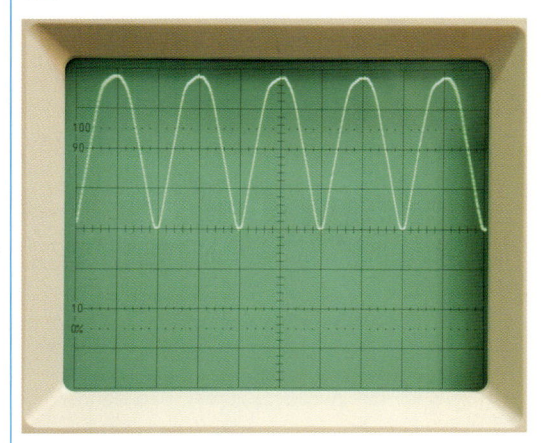

AC

Werden die Tasten DUAL und CH I gleichzeitig gedrückt, wird zwischen alternierender (ALT) Darstellung und Chopper (CHP) Darstellung umgeschaltet.
ALT-Betrieb bedeutet:
Zunächst wird das Signal von Kanal 1 auf den Leuchtschirm geschrieben, danach das Signal von Kanal 2.
CHP-Betrieb bedeutet:
Während des Signalverlaufs auf dem Leuchtschirm wird zwischen den beiden Kanälen umgeschaltet. Beide Signale werden „zerhackt" und abschnittsweise geschrieben.
Bei hohen Frequenzen wählt man ALT-Betrieb, bei niedrigen Frequenzen CHP-Betrieb.

ALT-Betrieb: Zuerst wird die Linie (1) komplett geschrieben, danach die Linie (2)

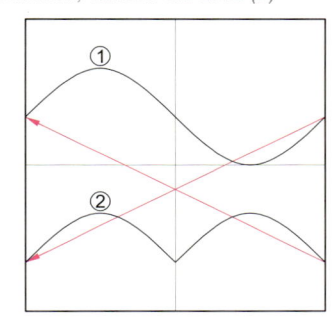

CHP-Betrieb: Die Kurvenzüge werden abschnittsweise abwechselnd geschrieben

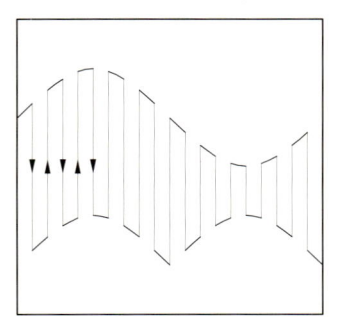

Information

(15) Mit dem Drehknopf VOLTS/DIV kann die Ablenkung des Elektronenstrahls in senkrechter (Y)-Richtung eingestellt und der Signalspannung angepasst werden.

(16) Kleine Signalspannungen im Millivoltbereich können dadurch auch bildfüllend dargestellt werden.
Die Einstellung erfolgt in Teilerschritten 1 – 2 – 5.
Beispiel: 100 mV – 200 mV – 500 mV.

Aus dem *Schirmbild* kann man mit folgender Beziehung die *Größe einer gemessenen Spannung* bestimmen.

$U = A \cdot H$ in V

- U Spannung des Eingangssignals in Vss
- A Eingestellter Ablenkkoeffizient; abzulesen am Drehknopf (bei älteren Geräten) oder im Readout des Bildschirms in V/cm (1 DIV = 1 cm)
- H Höhe des Kurvenzugs vom Minimum (unterer Spitzenwert) bis zum Maximum (oberer Spitzenwert) in cm

Schirmbild mit sinusförmiger Wechselspannung

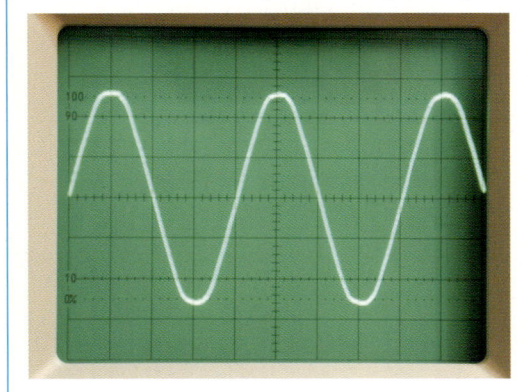

Beispiel
Eingestellter Ablenkkoeffizient $A = \dfrac{5\,\text{V}}{\text{cm}}$
Bildhöhe $H = 5{,}2$ cm
$U = \dfrac{5\,\text{V}}{\text{cm}} \cdot 5{,}2\,\text{cm} = 26\,\text{Vss}$

(17) Mit dem Drehknopf TIME/DIV kann eingestellt werden, wie schnell der Elektronenstrahl in waagerechter Richtung von links nach rechts über den Bildschirm geführt wird.

Beispiel
Soll eine Wechselspannung mit einer Periodendauer $T = 20\,\text{ms}$ so dargestellt werden, dass gerade eine Schwingung zu sehen ist, so muss der Elektronenstrahl innerhalb von 20 ms über den Leuchtschirm geführt werden.

Liegt am Eingang eine sinusförmige Spannung mit $f = 50\,\text{Hz}$ ($T = 20\,\text{ms}$), wird die Y-Ablenkung durch das Eingangssignal erfolgen, die X-Ablenkung durch eine interne Spannungsquelle.

Diese interne Spannungsquelle legt an die X-Platten eine Sägezahnspannung, deren Anstiegszeit eingestellt werden kann (TIME/DIV).

Die Messspannung lenkt den Elektronenstrahl in senkrechter Richtung ab.
Die Sägezahnspannung u_x führt den Strahl von links nach rechts über den Leuchtschirm.

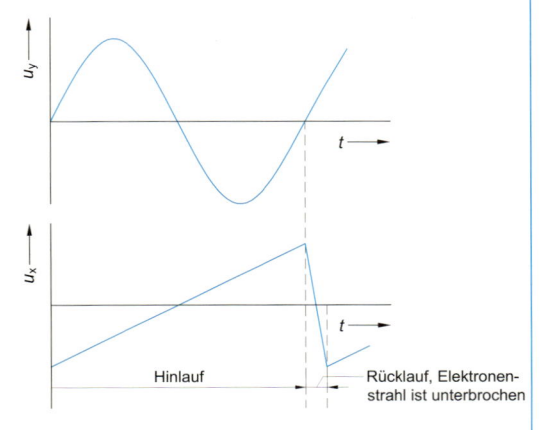

Eine sinusförmige Wechselspannung mit $f = 50\,\text{Hz}$ soll oszilloskopiert werden. Es sollen 5 Perioden dargestellt werden.
Wie groß ist die Anstiegszeit der Sägezahnspannung?
Auf welchen Wert muss der Drehknopf TIME/DIV (Time Base) gestellt werden?

Abhängig von der *Zeitbasis-Einstellung* (TIME/DIV) können *eine oder mehrere Perioden* der Signalspannung oder auch Teile davon dargestellt werden.

Mit nachfolgender Beziehung können *Periodendauer* oder *Frequenz* der dargestellten Spannung bestimmt werden:

$T = L \cdot Z$ in s

- L Länge einer Schwingung (Periode) in cm (1 DIV = 1 cm)
- Z Zeitkoeffizient in s/cm (TIME/DIV)
- T Periodendauer in s

$f = \dfrac{1}{T}$ in $\dfrac{1}{\text{s}}$ oder Hz (Hertz)

Energieversorgung mit Akkumulatoren planen, Oszilloskop

Information

Beispiel
Länge einer Periode $L = 10$ cm,
eingestellter Zeitkoeffizient $Z = \dfrac{2 \text{ ms}}{\text{cm}}$

$T = 10 \text{ cm} \cdot \dfrac{2 \text{ ms}}{\text{cm}} = 20 \text{ ms}$

$f = \dfrac{1}{20} \text{ ms} = 50 \text{ Hz}$

Triggerung

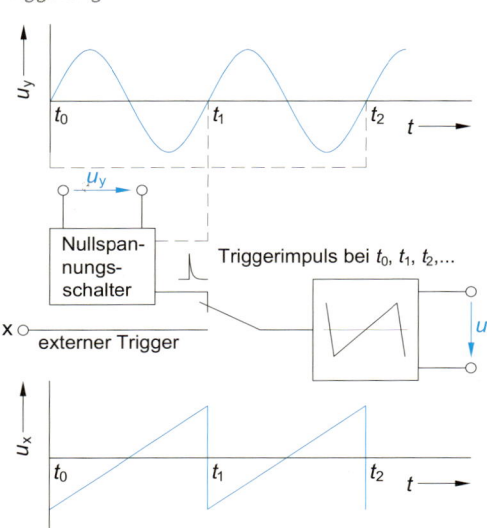

(18) Soll eine *periodische Spannung* dargestellt werden, dann möchte man ein stehendes Bild einer oder mehrerer Perioden auf dem Bildschirm sehen.
Dazu ist es erforderlich, dass bei jedem Strahldurchlauf über den Bildschirm ein identischer Kurvenverlauf gezeichnet wird.
Dies setzt wiederum voraus, dass der Schreibvorgang immer beim selben Augenblickswert der Signalspannung beginnt, z.B. beim Nulldurchgang einer Wechselspannung.
In diesem Beispiel müsste beim Nulldurchgang der Signalspannung von Minus nach Plus die Sägezahnspannung gestartet werden, die den Strahl über den Leuchtschirm führt.
Diesen Start- oder Auslösevorgang nennt man *triggern*.
Mit der Taste TRIG kann eingestellt werden, von welchem Eingangssignal (CH I oder CH II) der Triggervorgang ausgelöst werden soll.
Ein langer Tastendruck bewirkt, dass die beiden Kanäle alternierend (abwechselnd) das Triggersignal liefern.

(19) Welche Triggerart (TRIG.MODE) verwendet wird, hängt von der Signalart ab.
In der Energieelektronik wird man in den meisten Fällen Spannungen darstellen wollen, die netzsynchron sind oder daraus abgeleitet sind (Brummspannungen, Netzeinstreuungen). Für diese Messungen wendet man die *Netztriggerung* an (~ oder LINE).

Schirmbild eines modernen Oszilloskops

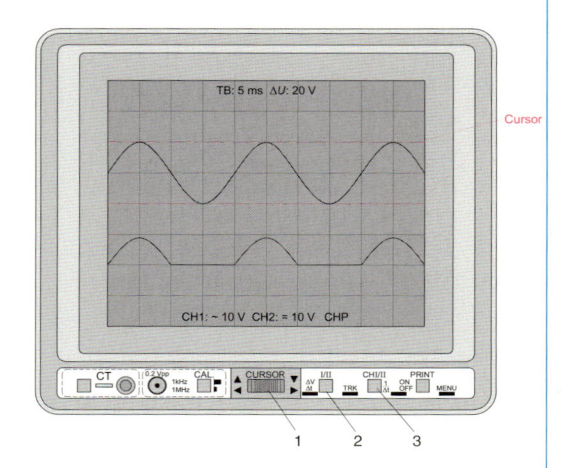

Das **Schirmbild** hat ein cm-Raster (DIV) zur Ablesung der Messwerte.

Die Ablesegenauigkeit kann erhöht werden, wenn mit den **Cursorn** gearbeitet wird.

Dazu muss man mit dem Schiebetaster 1 die beiden Cursor-Linien an die Messpunkte fahren. Der Wert zwischen den beiden Linien wird in der oberen Bildschirm-Zeile angegeben. Hier: $\Delta U = 20$ V.

Durch Drücken der Taste 2 kann auch eine **Zeitmessung** durchgeführt werden, dazu springen die Cursor-Linien in eine senkrechte Lage.

Mit Taste 3 können alternativ Messungen für Kanal 1 oder Kanal 2 durchgeführt werden.

Das Schirmbild zeigt in der oberen Zeile:

- die Zeitablenkung TB (TIME-BASE), hier 5 ms/cm (TIME/DIV),
- ΔU, die Spannungsdifferenz zwischen den waagerechten Cursorn, oder wahlweise
- Δt, die Zeitdifferenz zwischen senkrechten Cursorn.

In der unteren Zeile wird angezeigt:

- Kanal 1 (CH I) ist eingeschaltet, ist AC-gekoppelt und hat einen Ablenkkoeffizienten (VOLTS/DIV) von 10 V/cm.
- Kanal 2 (CH II) ist eingeschaltet, ist DC-gekoppelt und hat einen Ablenkkoeffizienten von 10 V/cm.
- CHP: Das Oszilloskop arbeitet im Chopper-Betrieb.

Überlagerte Wechselspannung am Ladekondensator C1 des Ladegerätes oszilloskopieren

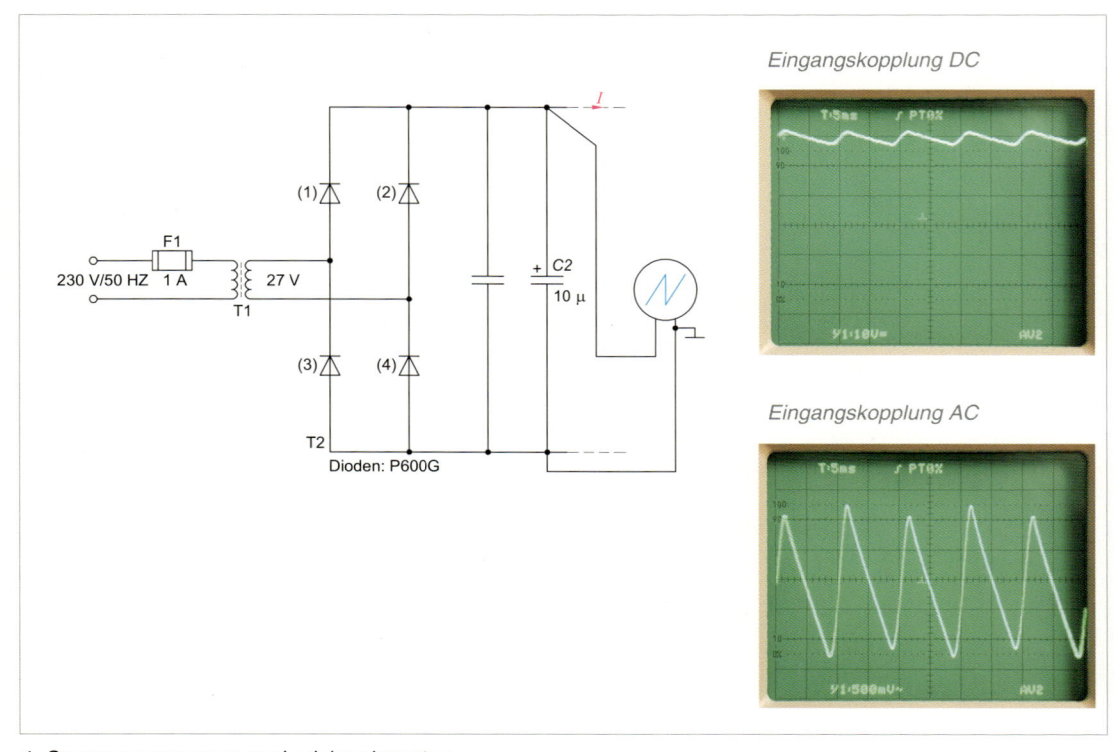

1 Spannungsmessung am Ladekondensator

- Die Masse des Oszilloskops wird an den Minuspol des Gleichrichters (Kondensator) gelegt, der Signaleingang des Oszilloskops an den Pluspol. Durch diesen Anschluss erreicht man eine lagerichtige Darstellung der Spannung.
- Zunächst soll eine DC-Messung durchgeführt werden. Dazu muss der Eingang (Kanal 1) auf DC-Kopplung eingestellt werden.
- Zur Aufzeichnung einer Wechselspannung sollten immer mehrere Perioden dargestellt werden. Die Zeitbasis wird deshalb auf 5 ms/cm (TIME/DIV) eingestellt.
- Um ein 0-V-Linie einzustellen, wird der benutzte Kanal durch Betätigen der Taste GD abgeschaltet. Durch Drehen des Knopfes Y-POS.I wird der waagerechte Strahl auf die Mittellinie des Leuchtschirmes gestellt. Danach wird wieder DC-Kopplung eingeschaltet.
- Der Y-Teiler (VOLTS/DIV) wird auf 10 V/cm gestellt. Eine möglichst große Darstellung erhöht die Ablesegenauigkeit.
- Kanal 1 muss das Triggersignal liefern, TRIG auf CH I einstellen.
- Als Triggerart (TR.MODE) wird Netztriggerung gewählt (~ oder LINE).
- Jetzt wird das Ladegerät eingeschaltet und mit einer Stromstärke von ca. 2,5 A belastet. Es ergibt sich das in Bild 1 dargestellte Schirmbild.

Es ist erkennbar, dass es sich bei der dargestellten Spannung um eine *Gleichspannung mit überlagerter Wechselspannung* (**Brummspannung**) handelt.

Die *Brummspannung* soll bestimmt werden:
- Die Kanalankopplung wird von DC nach AC umgeschaltet.
  Dadurch wird der Gleichspannungsanteil ausgeblendet. Die verbleibende Wechselspannung schwingt um die eingestellte Nulllinie.

Energieversorgung mit Akkumulatoren planen, Oszilloskop

- Die Verstärkung der Y-Ablenkung wird erhöht, der Teiler auf 0,5 V/cm eingestellt. Es ergibt sich das Schirmbild Bild 1, Seite 156.

Vom Bildschirm lässt sich die *Spannung* ablesen (eventuell Cursor einsetzen):

$U = A \cdot H$ in V

A Ablenkkoeffizient $= \dfrac{0{,}5\ \text{V}}{\text{cm}}$

H Höhe des Kurvenzuges Spitze−Spitze = 5 cm

$U = \dfrac{0{,}5\ \text{V}}{\text{cm}} \cdot 5\ \text{cm} = 2{,}5\ \text{Vss}$

Die *Frequenz der Brummspannung* f_{Br} lässt sich ebenfalls aus dem Schirmbild bestimmen:

$T = L \cdot Z$ in s

L Länge einer Periode = 2 cm
Z Zeitbasis (TIME/DIV) $= \dfrac{5\ \text{ms}}{\text{cm}}$

$T = 2\ \text{cm} \cdot \dfrac{5\ \text{ms}}{\text{cm}} = 10\ \text{ms}$

$f_{Br} = \dfrac{1}{T} = \dfrac{1}{10\ \text{ms}} = 100\ \text{Hz}$

Ladestrom der Akku-Station auf Restwelligkeit überprüfen

Mit dem Oszilloskop können *nur Spannungen* gemessen werden.

Der *Strom* durch eine Schaltung kann also nur *indirekt* bestimmt werden.

Dazu schaltet man in den Stromkreis einen niederohmigen Widerstand R_M.

Der Spannungsfall ($U = I \cdot R_M$) an diesem Messwiderstand ist dem Strom proportional.

- Messspitzen vor und hinter dem Messwiderstand anbringen
- DC-Eingangskopplung wählen
- Zeitbasis auf 10 µs/cm, da der Transistor mit ca. 100 kHz taktet
- GD-Taste betätigen und 0-V-Linie einstellen
- Triggerung einstellen
- Ladegerät einschalten

Die *Auswertung des Schirmbildes* ergibt:

Die Spannung U_{RM} am Messwiderstand lässt sich aus den abgelesenen Werten errechnen.

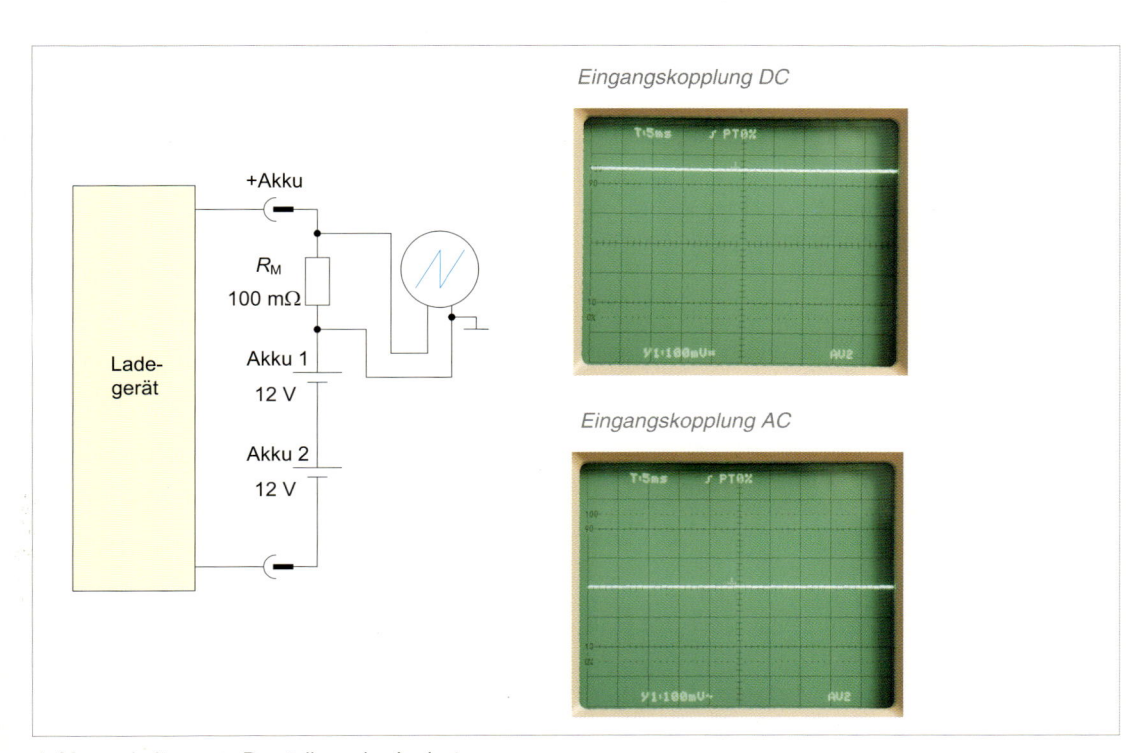

1 Messschaltung zur Darstellung des Ladestromes

A Ablenkkoeffizient $= \dfrac{0{,}1\ \text{V}}{\text{cm}}$

H Höhe der Ablenkung von der 0-V-Linie $= 2{,}5$ cm

$U_{RM} = A \cdot H$ in V

$U_{RM} = \dfrac{0{,}1\ \text{V}}{\text{cm}} \cdot 2{,}5\ \text{cm} = 0{,}25\ \text{V}$

Mit dem ohmschen Gesetz kann der Ladestrom I_L berechnet werden:

$I_L = \dfrac{U_{RM}}{R_M}$ in A

U_{RM} Spannung am Messwiderstand $= 0{,}25$ V
R_M Messwiderstand in $\Omega = 100\ \text{m}\Omega$

$I_L = \dfrac{0{,}25\ \text{V}}{0{,}1\ \Omega} = 2{,}5\ \text{A}$

Jetzt soll überprüft werden, ob der Strom eine überlagerte Restwelligkeit hat

- Eingangskopplung auf AC stellen
- Y-Teiler auf kleinen Ablenkkoeffizienten stellen (Verstärkung erhöhen)

Der Gleichstrom hat *keine bedeutsame Restwelligkeit*, der Strom wird durch die LC-Siebschaltung geglättet.

Spannung und Strom vor dem Gleichrichter

Die *Wechselspannung* und der *Wechselstrom* vor dem Gleichrichter sollen *gleichzeitig* dargestellt werden. Für die *Strommessung* ist es wiederum erforderlich, einen niederohmigen Widerstand in den Stromkreis einzubauen (Bild 1).

Beide Kanäle müssen gleiches Bezugspotenzial haben!

- Die Ausgangsspannung des Transformators wird an Kanal 1 (INPUT CH I) gelegt.
- Die Spannung am Widerstand R_M (Strommessung) wird Kanal 2 zugeführt (siehe Schaltbild).
- Die DUAL-Taste wird betätigt. Nach dem Einschalten des Ladegerätes erscheinen Spannungs- und Stromverlauf auf dem Schirmbild.
- Mit den Potis Y-POS.I und Y-POS.II lassen sich die beiden Kurvenverläufe auf dem Schirmbild übersichtlich verteilen.
- Nach der Einstellung geeigneter Y- und X-Ablenkkoeffizienten kann man dem Schirmbild die Werte Spannung und Strom entnehmen.

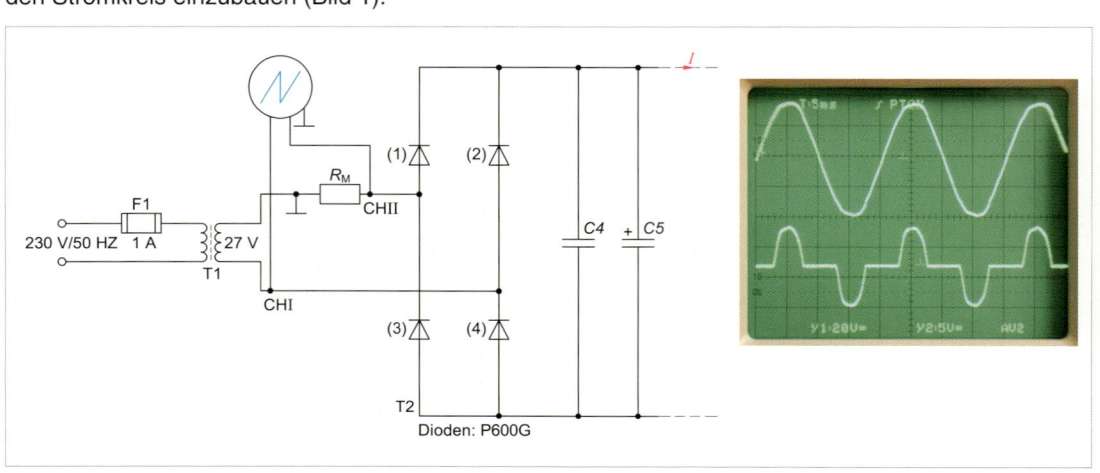

1 Spannung und Strom vor dem Gleichrichter werden oszilloskopiert

Steckdose Ladegerät und Zuleitung Schützschaltung installieren, *Leitungsverlegung*

2 Elektrische Installationen planen und ausführen

2.1 Steckdose für Ladegerät und Zuleitung zur Schützschaltung Torantrieb installieren

Auftrag

Sie werden beauftragt, in der Tiefgarage eine Doppelsteckdose für das Ladegerät der Akkumulatoren zu installieren.
Außerdem soll eine Zuleitung zur Schützsteuerung der Verriegelungsmagneten und der Notstromversorgung für die Torsteuerung verlegt werden.

Diese Schützsteuerung wird in einem Isolierstoffgehäuse untergebracht, das in der Nähe des Ladegerätes an der Wand zu befestigen ist.

Die Unterverteilung der Tiefgarage ist bereits installiert.

An ihr ist die Steckdose für die Torsteuerung im Originalzustand angeschlossen ($\rightarrow$ 72).

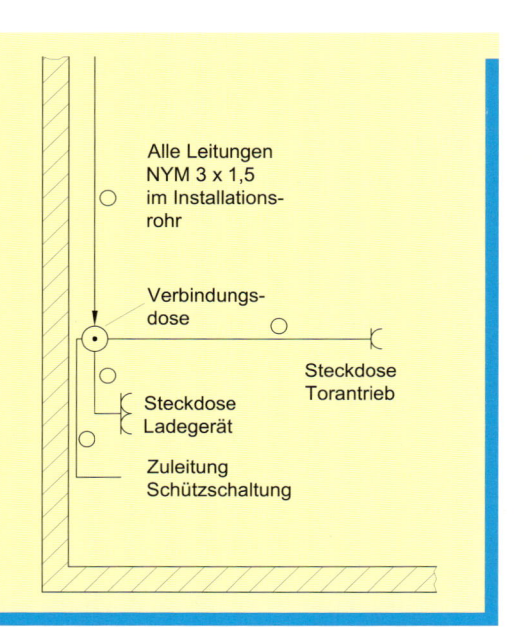

Alle Leitungen NYM 3 x 1,5 im Installationsrohr

Verbindungsdose

Steckdose Torantrieb

Steckdose Ladegerät

Zuleitung Schützschaltung

Arbeitsdurchführung

- Der Schmelzeinsatz der Sicherungen für den Stromkreis „Torantrieb" wird herausgeschraubt und sicher verwahrt. **Spannungsfreischalten und gegen Wiedereinschalten sichern.**

- Das Isolierstoffgehäuse wird an der vorgesehenen Stelle an der Wand befestigt (Dübel, Befestigungsschrauben). *Der abgenommene Deckel wird sorgfältig verwahrt.*

- Zur Steckdose des Torantriebs wurde bereits eine Leitung NYM 3 ×1,5^2 verlegt.
  Diese Leitung wird in der Steckdose abgeklemmt, aus dem Installationsrohr gezogen und in eine an der Wand befestigte Verbindungsdose eingeführt.

  Von der Verbindungsdose ausgehend, werden folgende Leitungen installiert:
  – Die *Steckdose des Torantriebs* wird wieder angeschlossen.
  – Die *Doppelsteckdose* in Nähe des Ladegerätes wird angeschlossen.
  – Die *Zuleitung zum Isolierstoffgehäuse* wird installiert.

Leitungsverlegung

- Leitungen immer *senkrecht* bzw. *waagerecht* verlegen (niemals schräg).
- Auf Putz verlegte Leitungen möglichst *unauffällig* verlegen.
- Bei der Leitungsverlegung darauf achten, dass die Leitungen nicht bei anderweitigen Montagen *im Weg* sind. Also nicht horizontal in der Mitte der Wand.
- Elektrische Leitungen müssen im gesamten Verlauf gegen *mechanische Beschädigung*en geschützt werden. Dies kann z.B. geschehen durch
  – Verlegung in *Rohren*
  – Verlegung in *Installationskanälen*
  – Verlegung *im* und *unter Putz*
  Mantelleitung und *Kabel* gelten *ohne weitere Maßnahmen* als geschützt.
- Der Mindestquerschnitt von Leitungen beträgt bei der Elektroinstallation 1,5 mm^2.

Sicherheit beim Arbeiten in elektrischen Anlagen $\rightarrow$ 90

Verlegearten

Verlegung
- auf Putz
- im Putz (Stegleitung)
- unter Putz
- im Beton
- in Hohlwänden
- in Installationskanälen und Installationsrohren
- Unterflurinstallationen
- auf Tragegestellen
- im Erdreich
- als Freileitung

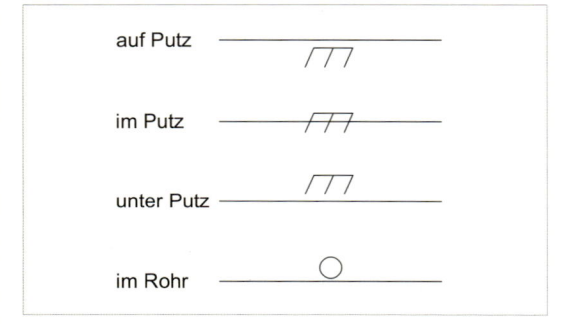

1 Leitungsverlegung

Leitungsverlegung auf Putz

Befestigung durch
- Schraubschelle
- Nagelschelle (trockene Räume)
- Abstandsschelle (feuchte und nasse Räume)

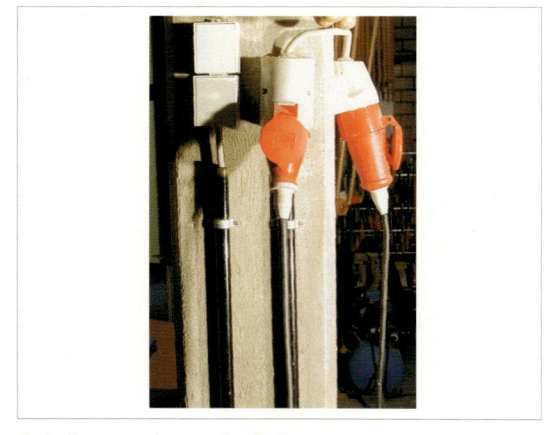

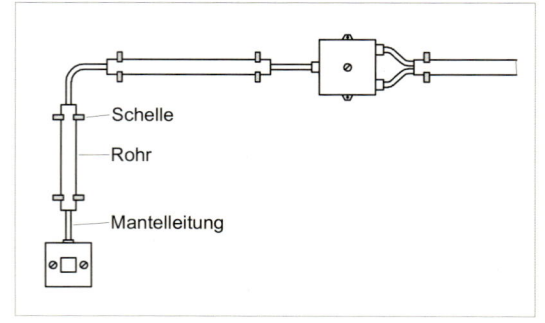

2 Leitungsverlegung im Rohr

Elektro-Installationsrohre → 164

- Betriebsmittel anschrauben (bohren, dübeln)
- Leitungswege festlegen und mit Wasserwaage und Bleistift anzeichnen.
- Schellenabstand einteilen;
  Schellenabstand nicht größer als 25 cm. Erste Schelle in einem Abstand von 5 ... 10 cm vom Betriebsmittel anordnen.
- Bei *Bögen* sollte die erste Schelle ca. 5 cm neben dem Bogen auf den geraden Leitungsstücken angebracht sein.
- Bei *Nagelschellen* liegen die Befestigungspunkte stets unterhalb der Leitung.
- Leitung nur mit der Hand biegen.
  Der *Biegeradius* sollte etwa gleich dem sechsfachen Leitungsdurchmesser sein.

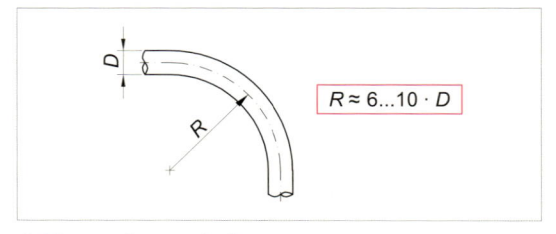

$R \approx 6...10 \cdot D$

3 Biegeradius von Leitungen

Leitungsverlegung in Rohren

In *zweckbetont ausgerüsteten Räumen* muss die Elektroinstallation nicht unbedingt unauffällig sein.

Hier wird häufig die *Leitungsverlegung* in **Installationsrohren** *aus Kunststoff oder Stahl* angewandt.

Diese Installationsart ist häufig kostengünstiger, da *weniger Befestigungspunkte* benötigt werden.

Verlegung von *Mantelleitung ohne Rohr:*
10 Befestigungspunkte auf drei Meter Länge.
Verlegung von *Mantelleitung mit Rohr:*
ca. 3 Befestigungspunkte auf drei Meter Länge.

4 Leitungsverlegung im Rohr auf Putz

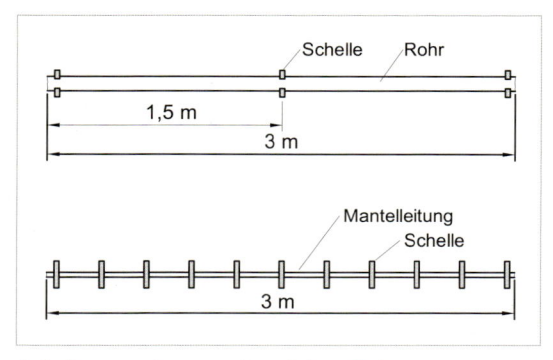

Steckdose Ladegerät und Zuleitung Schützschaltung installieren, Leitungsverlegung

1 Leitungsverlegung mit und ohne Rohr

Verwendung finden i. Allg. Stangenrohre aus Kunststoff oder Stahl.

Kunststoffrohre bei *geringer* mechanischer Beanspruchung, **Stahlpanzerrohre** bei *erhöhter mechanischer Beanspruchung* (z.B. bei Verlegung auf dem Fußboden). Die Rohre werden mit **Klemmschellen** unterschiedlicher Ausführung befestigt.

Abstände
Der Abstand C richtet sich im Wesentlichen nach dem Rohrdurchmesser und der Leitungsart.

Bögen ausrichten
Die Installationsrohre sind hier *offen*, d.h. ohne Rohrbögen verlegt.

Selbstverständlich werden auch *steckbare oder schraubbare Rohrbögen* angeboten, die eine geschlossene Rohrinstallation ermöglichen. Das Ausrichten von Leitungsbögen ist dann nicht mehr erforderlich. Das Einziehen der Leitungen kann dadurch aber u.U. erschwert werden.

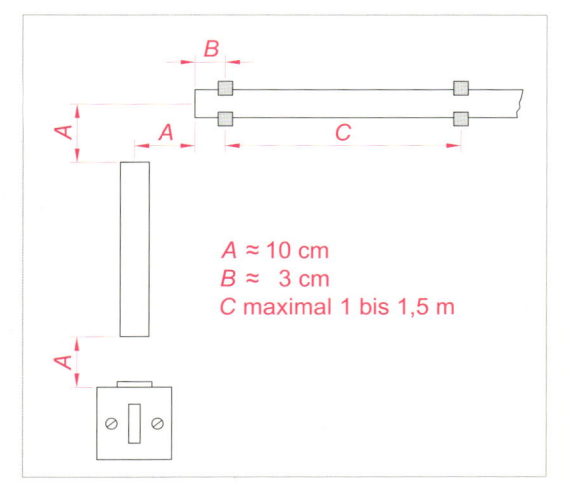

$A \approx 10$ cm
$B \approx 3$ cm
C maximal 1 bis 1,5 m

2 Abstände zwischen den Schellen

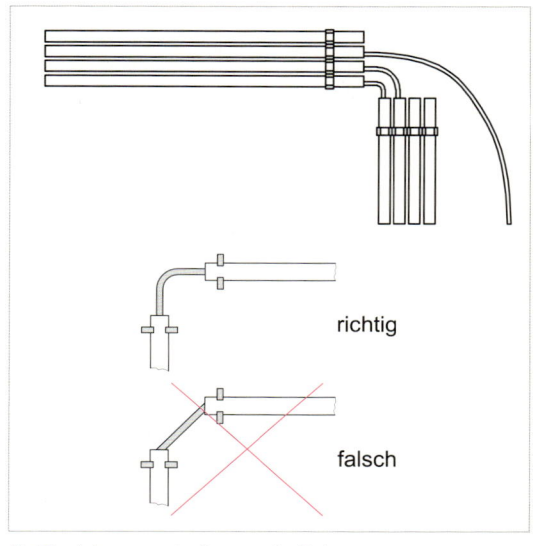

3 Einziehen von Leitungen in Rohren

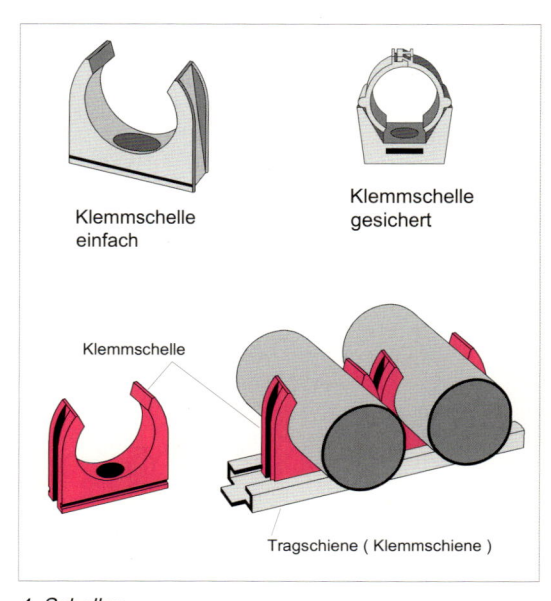

4 Schellen

Vorsicht!
Rohre zum Absägen in den Schraubstock einspannen.

Bei nicht entgrateten Rohren besteht erhöhte Unfallgefahr.

Die Leitung beim Einziehen in die Rohre nicht beschädigen.

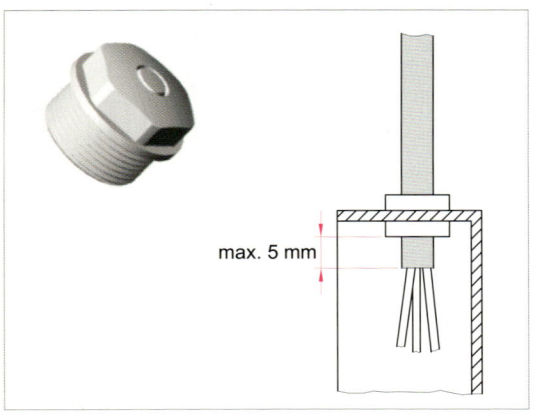

Elektrische Installationen planen und ausführen

Englisch

Deutsch	English
Montage mounting, installation	**Schutzkontakt** earthing contact, grounding contact
Protokoll protocol, log, listing, record	**verlegen** lay, wire, install
Fernbedienung remote operation, remote control	**Verlegung** laying, wiring, installation
Schlüsseltaster key-operated push button	**Verlegung auf Putz** surface mounting (wiring)
Steckdose socket, coupler socket, plug connector	**Verlegung unter Putz** concealed installation wiring
Verbindungsdose joint box, access fitting	**Rohr** tube, pipe, conduit
Abzweigdose junction box	

1 Leitungseinführung in die Betriebsmittel (max. 5 mm)

Information

Steckdosenstromkreise

Symbole

Betriebsmittel	einpolige Darstellung	mehrpolige Darstellung
Abzweigdose Zuleitung von oben	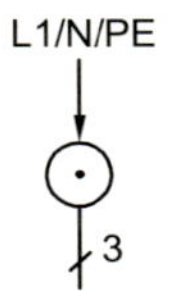 L1/N/PE ⊙ ↓3	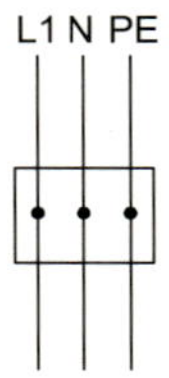 L1 N PE
Schutzkontakt-steckdose, einfach	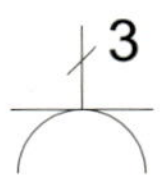 3	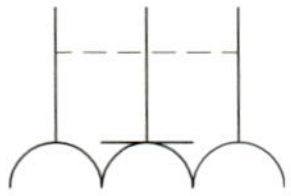
Schutzkontakt-steckdose, zweifach	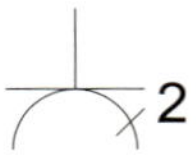 2	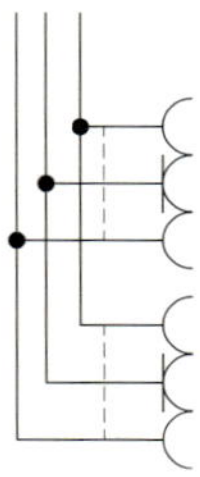

Übersichtsschaltplan (→ 261)

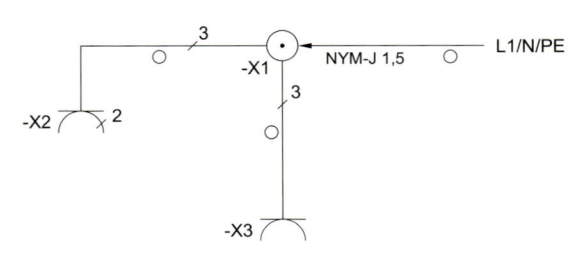

Leitungen im Elektroinstallationsrohr
X1: Abzweigdose
X2: Doppelsteckdose (Ladegerät)
X3: Steckdose (Torantrieb)

Stromlaufplan in zusammenhängender Darstellung (→ 261)

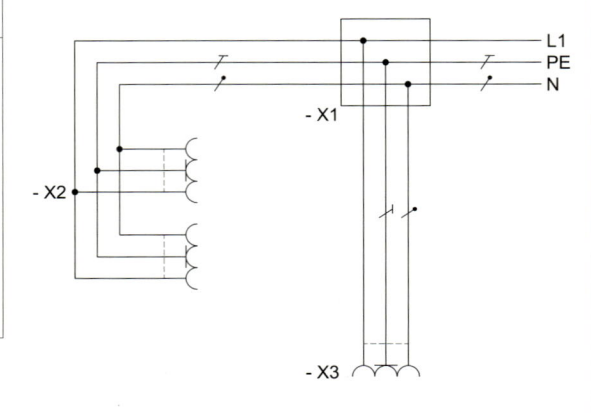

Steckdose Ladegerät und Zuleitung Schützschaltung installieren, Leitungsverlegung

Information

Isolierte Leitungen

Farbkennzeichnung der Adern

Anzahl der Adern	Leitungen mit Schutzleiter	Leitungen ohne Schutzleiter

- **Für feste Verlegung**

Adern	mit Schutzleiter	ohne Schutzleiter
2	—	● ●
3	⬤(g-g) ● ●	● ● ●
4	⬤(g-g) ● ● ●	● ● ● ●
5	⬤(g-g) ● ● ● ●	● ● ● ● ●

Kabel und Leitungen mit grün-gelber Ader

Anzahl der Adern	Adernfarbe				
3	Grün-Gelb	Blau	Braun		
4	Grün-Gelb		Braun	Schwarz	Grau
5	Grün-Gelb	Blau	Braun	Schwarz	Grau

Kabel und Leitungen ohne grün-gelbe Ader

Anzahl der Adern	Adernfarbe				
3		Braun	Schwarz	Grau	
4	Blau	Braun	Schwarz	Grau	
5	Blau	Braun	Schwarz	Grau	Schwarz

Es wird unterschieden zwischen
- Leitungen *mit* Schutzleiterader (Kurzzeichen **J** bzw. **G**)
- Leitungen *ohne* Schutzleiterader (Kurzzeichen **O** bzw. **X**)

Die Zeichen **J** und **O** gelten für Leitungen, die noch nicht den *Harmonisierungsbestimmungen* (→ 33) entsprechen, sowie für *zugelassene nationale Typen*.

Im Januar 2003 ist die **DIN VDE 0293-308** erschienen. Wesentliche Neuerung ist die Einführung der **Adernfarbe grau** für Außenleiter zwecks besserer Unterscheidbarkeit der Adern.

Für die Übergangsphase gelten jedoch längere Fristen.

Beachten Sie, dass die **Farbreihenfolge** *nicht genormt* ist. In der Norm ist weder eine Festlegung noch eine Empfehlung zu finden.

Anbieten würde sich die Zuordnung:
L1 Schwarz
L2 Braun
L3 Grau

Wenn kein Neutralleiter erforderlich ist, darf die blaue Ader als Außenleiter verwendet werden (DIN VDE 0198). Dies gilt allerdings nicht für Östereich.

PVC-Aderleitung H07 V-U	
Stegleitung NYIF (mit Gummihülle) NYIFY (mit Kunststoffhülle)	
Mantelleitung NYM	
Kunststoffkabel NYY	

Information

Kurzzeichen für nicht harmonisierte Starkstromleitungen (DIN VDE 0250)

Kurzzeichen	Bedeutung
A	Ader
B	Bleimantel
F	feindrähtig
FF	feinstdrähtig
G	Gummiisolation
I	Stegleitung
J	mit grün-gelbem Schutzleiter
M	Mantelleitung
N	genormte Leitung
O	ohne Schutzleiter
R	Rohrdraht
Y	Kunststoffisolierung
ÖU	ölbeständig und flammwidrig
W	erhöhte Wärmebeständigkeit

Anforderungen an Elektroinstallationsrohre (DIN EN 50086 Teil 1)

Unterscheidungsmerkmale
- *Mechanische Eigenschaften*
  - Widerstand gegen Druck- und Schlagbelastung
  - Biegung
  - Zugfestigkeit
- *Zulässige Temperatur*
- *Elektrische Eigenschaften* (leitend, isolierend)
- *Widerstand gegen äußere Einflüsse* (Festkörper, Wasser, Korrosion)
- *Widerstand gegen Flammenausbreitung*

Ausgewählt werden Rohre mit dem *CODE 3322*:
- mittlere Druckfestigkeit
- mittlere Schlagfestigkeit
- min. Temperatur −5 °C
- max. Temperatur + 90 °C

Code für die Auswahl von Installationsrohren

	Ziffer 1 Druckfestigkeit		Ziffer 2 Schlagfestigkeit		Ziffer 3 min. Gebrauchstemperatur		Ziffer 4 max. Gebrauchstemperatur
1	sehr leicht (125 N)	1	sehr leicht (0,5 kg/100 mm)	1	+ 5 °C	1	+ 60 °C
2	leicht (320 N)	2	leicht (1 kg/100 mm)	2	− 5 °C	2	+ 90 °C
3	mittel (750 N)	3	mittel (2 kg/100 mm)	3	− 15 °C	3	+ 105 °C
4	schwer (1250 N)	4	schwer (2 kg/300 mm)	4	− 25 °C	4	+ 120 °C
5	sehr schwer (4000 N)	5	sehr schwer (6,8 kg/300 mm)	5	− 45 °C	5	+ 150 °C
						6	+ 250 °C
						7	+ 400 °C

Flammwidrigkeit

Bei *Kunststoffrohren* werden flammenausbreitende und nicht flammenausbreitende (flammwidrige) Rohre angeboten.

Farben der Rohre
- flammenausbreitend: Orange
- flammwidrig: beliebige Farbe; mit Ausnahme von Gelb, Orange und Rot

Gewählt werden flammwidrige Rohre (stets vorzugsweiser Einsatz).

Nicht *flammwidrige Rohre* müssen auf der gesamten Länge mit nichtbrennbaren Baustoffen abgedeckt sein. Dies ist in der Tiefgarage nicht der Fall.

In bestimmten Anwendungsfällen (z.B. Orte mit Menschenansammlungen) können *halogenfreie Rohre* zum Einsatz kommen.
Im Brandfall setzen diese erheblich weniger aggressive Gase frei.
Halogenfreiheit wird durch den Klassifizierungscode nicht ausgewiesen. Diese Eigenschaft wird i. Allg. separat angegeben.

Nennweiten

Nach Umstellung von PG auf *metrisch* ist die *Nennweitenreihe* einheitlich.
Die *Typenangaben* 16, 20, 25, 32, 40, 63 bezeichnen die Installationsrohre nach ihren *Außendurchmessern* in mm.

Harmonisierte Leitungen → 33

Steckdose Ladegerät und Zuleitung Schützschaltung installieren, *Leitungsverlegung*

Isolierte Leitungen zurichten

Abmanteln

Zum Abmanteln von Leitungen mit *Kunststoff-* und *Gummimänteln* wird ein **Mantelschneider** oder eine **Mantelschneidzange** verwendet.

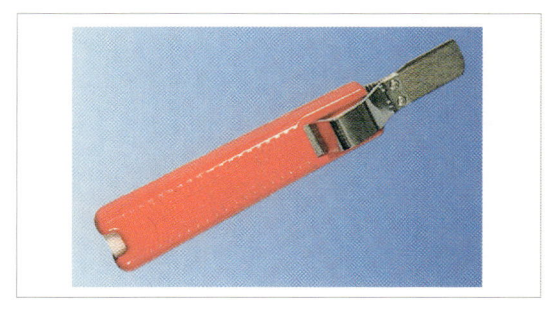

1 Mantelschneider

Bei diesen Werkzeugen ist die *Schnitttiefe einstellbar*, so dass bei sorgfältiger Arbeit die Aderisolation unbeschädigt bleibt.

Auch mit einem einfachen **Montagemesser** kann fachgerecht abgemantelt werden:
- Abmantellänge festlegen und einen *Rundschnitt* ausführen. Keine Spirale schneiden.
- Leitung etwas biegen, damit der Mantel an der Schnittstelle ganz durchgetrennt wird.
- Mantel von der Füllmasse abziehen.

Abisolieren

Das Entfernen der *Leiterisolation* nennt man *Abisolieren*.

Kabelmesser

Die Isolation wird *abgeschält*. Dazu wird das Messer *parallel* zum Leiter angesetzt.

Der Leiter darf dabei nicht *eingekerbt* werden. Massive Leiter können dann brechen.
Bei feindrähtigen Leitern kann es dadurch zu einer Querschnittsverringerung kommen.

Abisolierzangen

Bei Leiterquerschnitten bis 6 mm^2 werden vorteilhaft automatische **Abisolierzangen** eingesetzt.

Eine Einstellung der Abisoliermesser ist dann nicht erforderlich. Die Abisolierlänge kann an einem verstellbaren Anschlag eingestellt werden.

Vorsicht!

Beim Abmanteln nicht zu tief schneiden.
Die Isolation der Adern darf dabei nicht beschädigt werden.

Bei falscher Handhabung des Messers besteht große Unfallgefahr.

Die Messerschneide zeigt stets vom Körper weg oder seitlich an ihm vorbei.

Bei Klappmessern ist die Klinge nach Benutzung sofort einzuklappen.

Niemals ein aufgeklapptes Messer in die Taschen der Arbeitskleidung stecken.

Messer nicht auf Gerüsten, Leitern usw. ablegen.

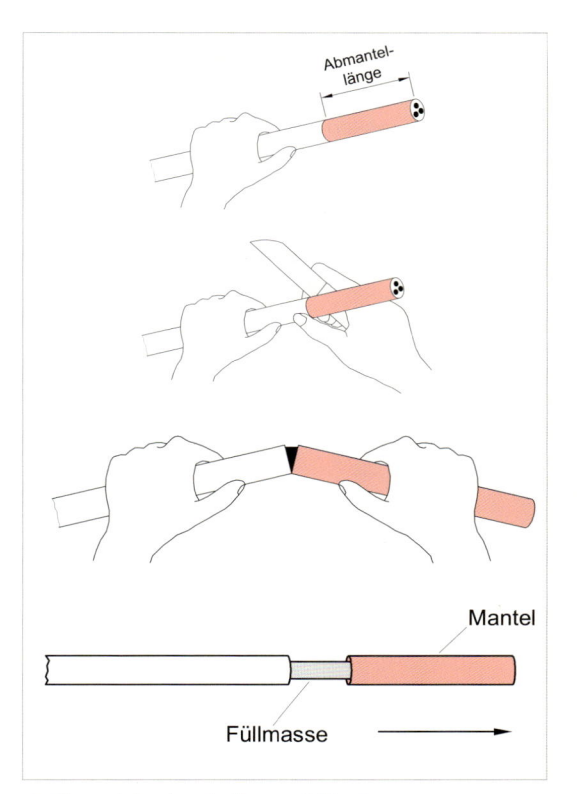

2 Abmanteln einer Leitung mit Montagemesser

1 Automatische Abisolierzange

Aderendhülsen

Bei Anschluss *fein- und feinstdrähtiger* Leiter müssen die Anschlussstellen gegen Abspleißen einzelner Leiter gesichert werden. Dies erfolgt i. Allg. mit Hilfe von **Aderendhülsen**.

Aderendhülsen bestehen aus verzinntem oder versilbertem Kupfer. Sie sind in unterschiedlichen Ausführungen lieferbar: mit und ohne Kunststoffkragen.

Der abisolierte Leiter wird in die Hülse gesteckt und durch Druck verformt.

Hierfür eignen sich spezielle **Aderendhülsenzangen**, die in unterschiedlich komfortablen Ausführungen angeboten werden.

Für das *Vorpressen von Aderendhülsen* dürfen nur die dafür geeigneten **Presszangen** verwendet werden.

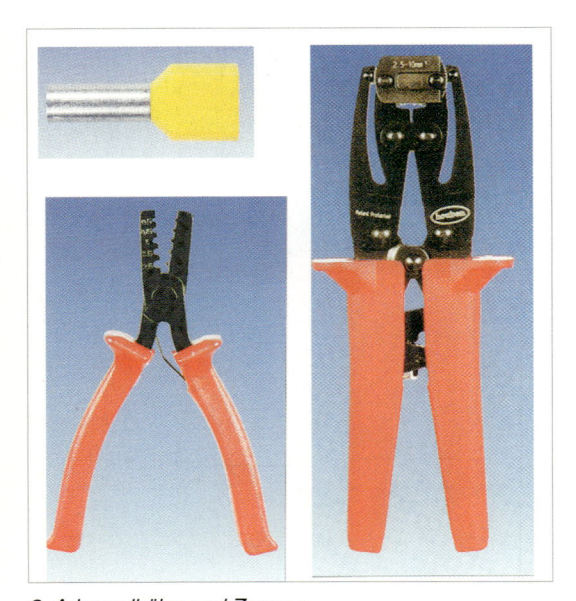

Farbkennzeichnung von Aderendhülsen

Querschnitt	Farbe
0,5 mm^2	weiß
0,75 mm^2	grau
1 mm^2	rot
1,5 mm^2	schwarz
2,5 mm^2	blau
4 mm^2	grau
6 mm^2	gelb
10 mm^2	rot

Sichtkontrolle der Aderendhülse auf folgende Merkmale:
- Sitzt die Aderendhülse bis zur Isolation auf den Leitern?
- Sind alle Leiterdrähte von der Aderendhülse umschlossen?
- Ist die Quetschstelle auf der Mitte der Aderendhülse?

Kabelschuhe und Flachstecker

Der Anschlussstelle entsprechend muss ausgewählt werden zwischen:
- Kabelschuh (Gabelform)
- Kabelschuh (Ringform)
- Steckverbinder (Flachstecker)

Vorteile:
- leichte Handhabung
- hohe mechanische Festigkeit
- keine Bruchgefahr
- beständig gegen Erschütterungen

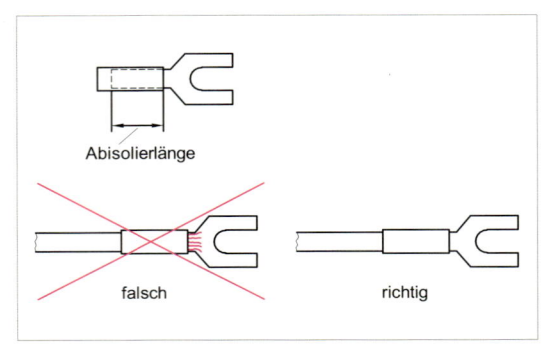

2 Aderendhülse und Zangen

3 Handhabung von Kabelschuhen und Flachsteckern

Farbige PVC-Isolation

Rot	0,5 ... 1,0 mm²
Blau	1,5 ... 2,5 mm²
Gelb	4,0 ... 6,0 mm²

Presszange

- Einfache Presszange ohne Arretierung
- Presszange mit Arretierung
  Nur nach vollständigem Zusammendrücken kann die Zange wieder geöffnet werden. Dadurch wird stets mit dem notwendigen Druck gequetscht.

Die Presszange wird *auf die Mitte* des Metallteils des Kabelschuhes angesetzt. Dabei ist der *Leiterquerschnitt* zu beachten.

Die *farbige Kennzeichnung* der *Werkzeuggröße* muss mit der Farbe der *Isolation* des Kabelschuhes übereinstimmen.

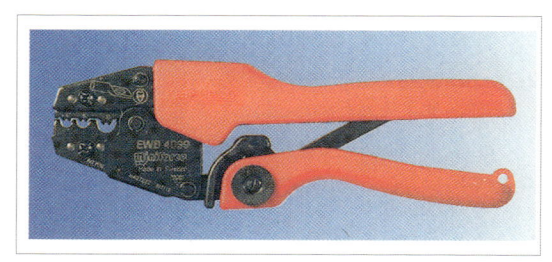

1 Presszange

Einführen von Leitungen in Betriebsmittel mit Hilfe von Würgenippeln und Verschraubungen

Die elektrischen Betriebsmittel sind unterschiedlichen *äußeren Einflüssen* ausgesetzt (Feuchtigkeit, Wasser, Staub).

Der Schutz gegen diese äußeren Einflüsse wird durch **Schutzarten** gekennzeichnet.

Die Kennzeichnung der Schutzarten erfolgt durch die *Buchstaben* **IP** (**I**nternational **P**rotection, engl.: Internationaler Schutz) und *zwei* nachfolgenden Ziffern.

1. Ziffer:
Schutz gegen das Eindringen von Fremdkörpern und gegen Berührung

2. Ziffer:
Schutz gegen das Eindringen von Wasser

Nachgestellte Zusatzbuchstaben (IP-Kennzeichnung)

1. Buchstabe
A   Schutz gegen Berühren mit dem Handrücken
B   Schutz gegen Zugang mit dem Finger
C   Schutz gegen Zugang mit Werkzeugen
D   Schutz gegen Zugang mit Draht

2. Buchstabe
H   Betriebsmittel für Hochspannung
M   Geprüft auf Wassereintritt bei laufender Maschine
S   Geprüft auf Wassereintritt bei stehender Maschine
W   Geeignet bei festgelegten Witterungsbedingungen

Beispiel
IP44CM

- Schutz gegen Eindringen kornförmiger Fremdkörper (∅ ≥ 1 mm)
- Schutz gegen Spritzwasser
- Schutz gegen Zugang mit Werkzeugen
- Geprüft auf Wassereintritt bei laufender Maschine

Eine *einwandfreie Installation* darf die *Schutzart der Betriebsmittel nicht beeinträchtigen*. Dies gilt besonders für die **Leitungseinführungen**, die in diesem Zusammenhang als Schwachstelle anzusehen sind.

Leitungseinführungen erfolgen häufig mit Hilfe von
- Würgenippeln
- Verschraubungen

Würgenippel bestehen aus elastischem alterungsbeständigem Kunststoff.
Verschraubungen sind in Metall- und Kunststoffausführung lieferbar.

2 Verschraubung

Berührungs- und Fremdkörperschutz (1. Ziffer)			
Schutz-grad	Bildzeichen	Beschreibung	Beispiel
IP0X	ohne	kein Schutz	Geschlossene staubfreie Räume ohne Personenverkehr; Trafostationen
IP1X	ohne	Schutz gegen große Fremdkörper $\varnothing \geq 50\,mm$	Schaltanlagen
IP2X	ohne	Schutz gegen mittelgroße Fremdkörper $\varnothing \geq 12,5\,mm$	Staubfreie Räume mit nur groben Fremdkörpern
IP3X	ohne	Schutz gegen kleine Fremdkörper $\varnothing \geq 2,5\,mm$	Staubfreie Räume mit nur kleinen Fremdkörpern
IP4X	ohne	Schutz gegen kornförmige Fremdkörper $\varnothing \geq 1\,mm$	Räume ohne Feinstaub; Schlosserei
IP5X		Schutz gegen Staubablagerung	Klemmkästen bei Staubanfall
IP6X		Schutz gegen Staubeintritt	Absolut staubdichte Betriebsmittel; Räume mit brennbarem Staub

Würgenippel und *Verschraubungen* müssen dem *Außendurchmesser* der einzuführenden Leitung angepasst sein.

Sie sind mit **PG-Gewinde** (Panzerrohr-Gewinde) und **metrischem Gewinde** erhältlich.

Würgenippel

Bezeichnung	Gewinde-Außendurchmesser in mm
PG 9	15,2
PG 11	18,6
PG 13,5	20,4
PG 16	22,5
PG 21	28,3
PG 29	37,0
PG 36	47,0

Verschraubungen

Bezeichnung	Gewinde-Außendurchmesser in mm
PG 7	12,5
PG 9	15,2
PG 11	18,6
PG 13,5	20,4
PG 16	22,5
PG 21	28,3
PG 29	37,0
PG 36	47,0
PG 42	54,0

Hinweise zur Verwendung von Würgenippeln

- Hat die Einführungsöffnung am Betriebsmittel kein Gewinde, muss der Würgenippel mit Hilfe einer *Gegenmutter* eingeschraubt werden. Zum Festschrauben stets *Spezialwerkzeug* benutzen, damit eine einwandfreie Abdichtung erreicht wird.

Steckdose Ladegerät und Zuleitung Schützschaltung installieren, Leitungsverlegung

Wasserschutz (2. Ziffer)			
Schutzgrad	Bildzeichen	Beschreibung	Beispiel
IPX0	ohne	Kein Schutz	Trockene Räume ohne Kondenswasserbildung
IPX1	💧	Schutz gegen senkrecht fallendes Tropfwasser	Ausschließlich senkrecht auftreffendes Tropfwasser
IPX2	💧	Schutz gegen Tropfwasser mit Neigung bis 15° auf Betriebsmittel	Kein vom Boden aufspritzendes Wasser gelangt an die Betriebsmittel
IPX3	💧	Schutz gegen Sprühwasser	Aufstellung im Freien, geschützt gegen Witterungseinflüsse
IPX4	💧	Schutz gegen Spritzwasser	Aufstellung im Freien, geringe Witterungseinflüsse bzw. dauernd feuchte Umgebung
IPX5	💧💧	Schutz gegen Strahlwasser	Aufstellung im Freien, ungeschützt oder ständig 80 % relative Luftfeuchtigkeit
IPX6	💧💧	Schutz gegen starkes Strahlwasser	Kurzzeitiges starkes Strahlwasser aus allen Richtungen
IPX7	💧💧	Schutz gegen zeitweiliges Untertauchen	Pumpen für kurzzeitigen Tauchbetrieb
IPX8	💧💧 ...bar	Schutz gegen dauerndes Untertauchen	Dauernder Tauchbetrieb; auch unter Druck

- Die abisolierte Leitung durch die Membranbohrung des Würgenippels drücken. Der elastische Membranwerkstoff muss sich fest an den Leitungsmantel anlegen.
- Die eingeführte Leitung etwas zurückziehen, die Membran umschließt dann die Leitung fest.
- Niemals die Membranbohrung aufschneiden!

Hinweise zur Verwendung von Verschraubungen

- Hat die Einführungsöffnung am Betriebsmittel kein Gewinde, muss die Verschraubung mit Hilfe einer Gegenmutter eingeschraubt werden. Fest einschrauben, damit eine einwandfreie Abdichtung gewährleistet ist.
- Das Oberteil der Verschraubung herausschrauben. Dem Unterteil Scheibe und Gummidichtung entnehmen.
- Verschraubungsoberteil, Scheibe und Gummidichtung über die abgemantelte Leitung schieben. Hierbei unbedingt die Reihenfolge beachten: *Oberteil–Scheibe–Dichtung*.
- Leitung einführen und Oberteil festschrauben. Dabei auf einwandfreie Abdichtung achten.

Anschlusstechnik

• Schraubklemme
Sehr weit verbreitete Kontaktart in sehr unterschiedlichen Varianten.

Einzige Möglichkeit zur Verbindung von *Leitern mit hohen Stromstärken*.

Hohe *Kontaktkräfte* auf kleinstem Raum garantieren niedrige *Übergangswiderstände*.

> **Vorsicht!**
> **Schraubklemme fest anziehen!**
>
> **Ein hoher Übergangswiderstand kann zu sehr starker Wärmeentwicklung führen (erhebliche Brandgefahr).**

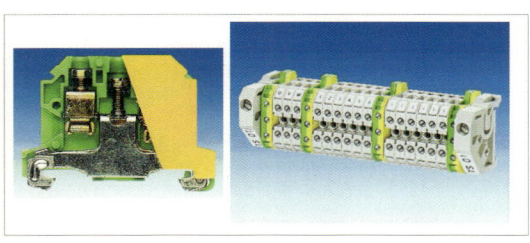

1 Schraubklemmen

• Zugklemme
Die Leiter müssen *nur noch eingesteckt* werden, nicht festgeschraubt.

Auch flexible Leiter mit Aderendhülse und Isolierkragen sind einfach anschließbar.

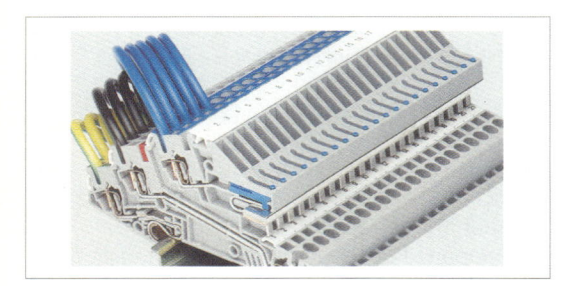

2 Zugklemmen

• Schneidklemme
Die Leiter müssen *nicht mehr abisoliert* werden, Aderendhülsen werden nicht benötigt.

Dies bedeutet eine erhebliche Zeitersparnis bei der Verdrahtung.

Ein Schneidkontakt durchtrennt und verdrängt die Isolierung beim Einschwenken des Leiters und stellt einen federnden Kontakt her.

• Brückensystem
Der Markt stellt *flexible Brückensysteme* zur Verfügung. Sie ermöglichen eine schnelle und flexible Potenzialverteilung.

Steckbrücken bestehen aus zwei bis zwanzig Steckkontakten, womit sämtliche gewünschten Brücken hergestellt werden können.

Damit mit einer Brücke über einzelne Klemmen hinweg gesprungen werden kann, werden die entsprechenden Kontakte aus den Brücken entfernt.

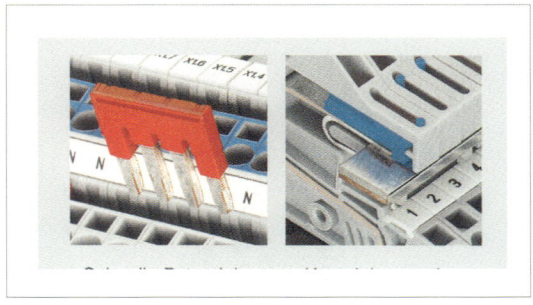

3 Brückensystem

Englisch

abmanteln
dismantle, bar strip

abisolieren
strip, skin, bare, denude

Abisolierzange
stripping tongs

Aderumhüllung
covering

Kabelschuh
(cable) lug, cable socket

Flachstecker
plain connector, flat-cable plug

Steckverbinder
connector, plug-and-socket connector

Schutzart
international protection, IP

Berührungsschutz
protection against contact

Schraubklemme
screw terminal

Starkstromnetz
heavy-current system, power mains

ausschalten
cut-off, cut-out, switching off, opening operation

Elektroinstallation in der Tiefgarage durchführen, Anschlusstechnik 171

2.2 Elektroinstallation in der Tiefgarage durchführen

Auftrag

Sie werden beauftragt, die Elektroinstallation in der Tiefgarage durchzuführen.
Der Elektromeister übergibt Ihnen hierzu folgenden Plan, der die Grundlage für die auszuführenden Arbeiten darstellt.
Eventuelle Abweichungen von der Planvorlage sind unbedingt mit dem Elektromeister abzusprechen.

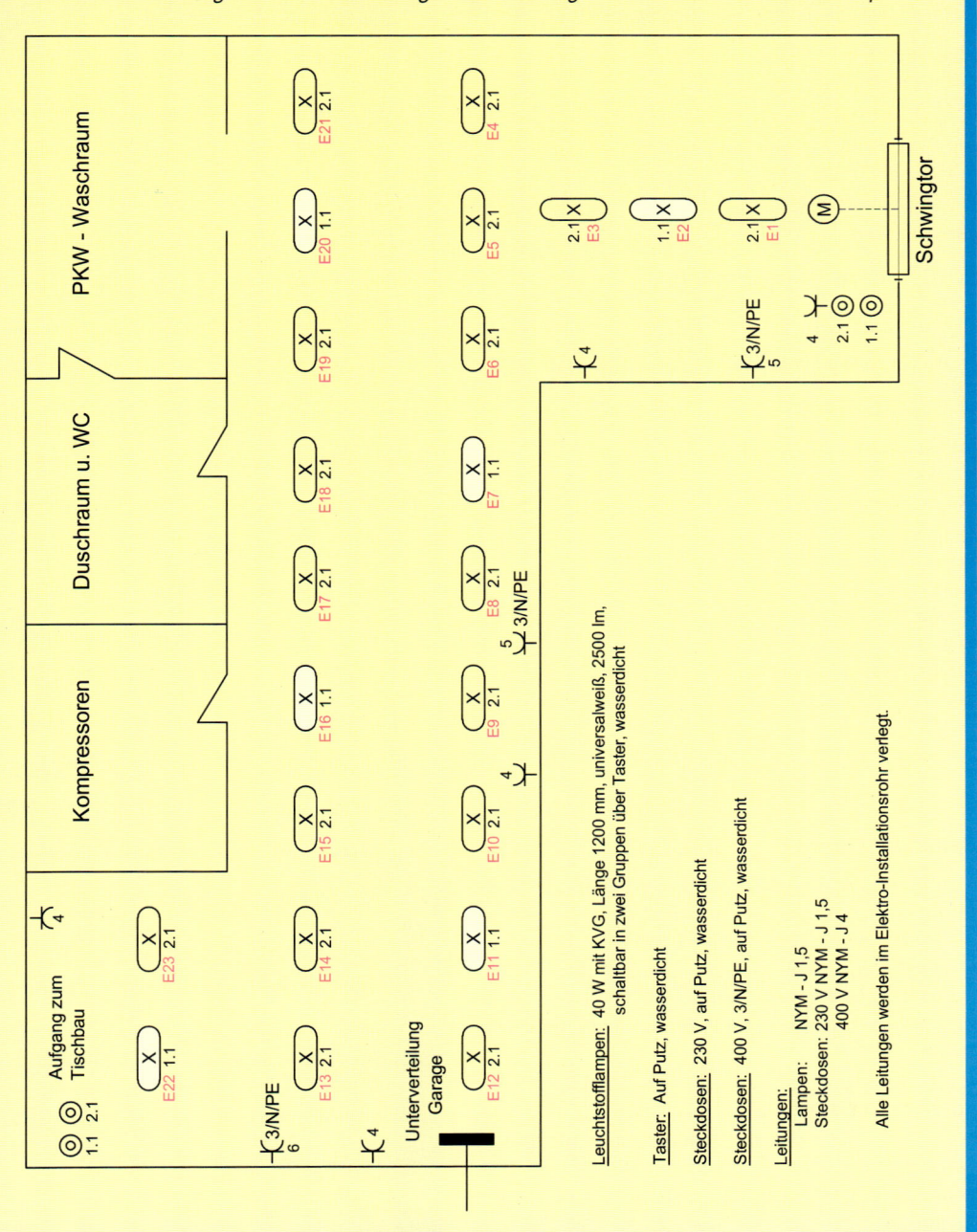

Leuchtstofflampen: 40 W mit KVG, Länge 1200 mm, universalweiß, 2500 lm, schaltbar in zwei Gruppen über Taster, wasserdicht

Taster: Auf Putz, wasserdicht

Steckdosen: 230 V, auf Putz, wasserdicht

Steckdosen: 400 V, 3/N/PE, auf Putz, wasserdicht

Leitungen:
  Lampen: NYM - J 1,5
  Steckdosen: 230 V NYM - J 1,5
  400 V NYM - J 4

Alle Leitungen werden im Elektro-Installationsrohr verlegt.

Materialliste *(ohne Hersteller/Bestellnummer)*

Betriebsmittel	Anzahl	Hersteller	Bestellnummer
Wipptaster mit roter Linse 10 A 250 V~ • beleuchtbar mit Glimm- und Glüh-aggregat • für Beleuchtung und Kontrollschaltung • mit Steckklemmen lichtgrau/grau Schließer	4		
Schukosteckdose mit Klappdeckel 10 A 250 V~ • mit Steckklemmen lichtgrau/grau	5		
CEE-Steckdose mit Klappdeckel 400 V~32 A 5-polig 3P+N+PE • mit Schraubklemmen grau/rot	3		
Abzweigkästen 100 x 100 • mit Schraubklemmen	4		
Leuchte mit Leuchtstofflampe 40 W • spritzwassergeschützt • konventionelles Vorschaltgerät • mit Kondensator	23		

Beachten Sie:

- Spannungsversorgung: Unterverteilung Garage
- Lampen in zwei Gruppen schaltbar (Stromkreis 1, Stromkreis 2)
- Lampen von zwei Stellen aus schaltbar (Eingang Garage, Aufgang Tischbau)
- Lampen möglichst gleichmäßig auf die Außenleiter verteilen
- Schaltung der Lampen über Stromstoßschalter und Hauptschütz
- Stromstoßschalter und Hauptschütz werden in die Unterverteilung der Garage eingebaut
- Überstrom-Schutzorgane sind Leitungsschutzschalter

Englisch

Steckdose
socket, plug connector

Abzweigdose
junction box, access fitting

Taster
feeler, tracer push-button switch

Stromkreis
circuit

Stromstoßschaltung
remote control circuit

Serienschaltung
series connection

Wechselschaltung
two-way wiring two-way circuit

Wechselschalter
change-over switch, two-way switch

Leuchtstofflampe
fluorescent lamp

Vorschaltgerät
series reactor

Leuchte
lighting fitting, luminaire

Verteilung
distribution, dispersion

Kreuzschaltung
cross connection, back-to-back connection

Erstellung einer Vorlage für die Materialliste → 340, Informationsbeschaffung per Internet → 341

Elektroinstallation in der Tiefgarage durchführen, Installationsschaltungen **173**

Arbeitsplan (Auszug)

1. Leuchtstofflampen befestigen	Bohrmaschine, Bohrer 6 mm, Dübel, Schrauben
2. Taster, Steckdosen und Abzweigkästen befestigen	siehe 1
3. Schellen für Elektro-Installationsrohr befestigen	siehe 1
4. Elektro-Installationsrohr verlegen	Stangenrohr PVC; 13,5 mm
5. Leitungen in Rohr einziehen, Leitungen abmanteln, abisolieren und anklemmen	Kabelmesser, Abisolierwerkzeug, Schraubendreher
6. Abdeckungen der Betriebsmittel montieren, Leuchten komplett montieren	Schraubendreher
7. Leuchtstofflampen einsetzen	40 W, universalweiß
8. Unterverteilung Garage spannungsfrei schalten, Spannungsfreiheit prüfen und sicherstellen	Spannungsmesser, **Sicherungen in Hauptverteilung herausnehmen und sicher verwahren**
9. Leitungsschutzschalter, Stromstoßschalter und Lastschütze in Unterverteilung montieren	
10. Leitungseinführungen: Unterverteilung vorsichtig ausbrechen, Verschraubungen montieren, Leitungen abmanteln und einführen	Kabelmesser, Schraubendreher, Werkzeug für Verschraubungsmontage
11. Betriebsmittel in der Unterverteilung verdrahten	Abisolierwerkzeug, Seitenschneider, Schraubendreher

Es muss stets der *Außenleiter geschaltet* werden, damit im ausgeschalteten Zustand keine Spannung an den Klemmen des zu schaltenden Betriebsmittels anliegt.

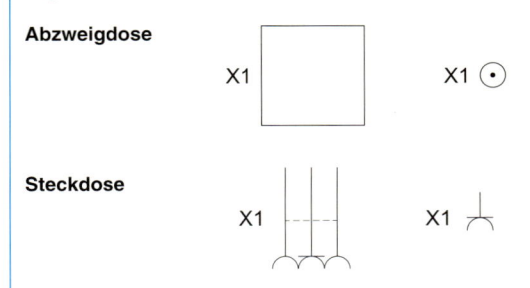

Abzweigdose

Steckdose

Installationsplan

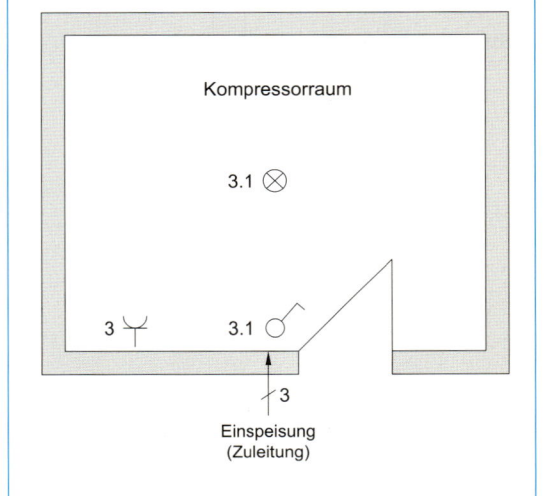

Beachten Sie:

Die *Einspeisung* von der Verteilung erfolgt über eine dreiadrige Leitung (Außenleiter, Neutralleiter und Schutzleiter).

Es handelt sich beim Kompressorraum um den *Stromkreis 3.*

Die **Stromkreisnummer** ist **3**.

Außerdem erkennt man, dass der Ausschalter (3.**1**) der Leuchte (3.**1**) zugeordnet ist.

Mit dem Ausschalter 3.**1** wird die Leuchte 3.**1** geschaltet.

Information

Ausschaltung

Die *Ausschaltung* wird eingesetzt, wenn Betriebsmittel von *einer* Betätigungsstelle ein- oder ausgeschaltet werden sollen.

Erstellung einer Vorlage für den Arbeitsplan → 340

Information

Übersichtsschaltplan (Ausschaltung)

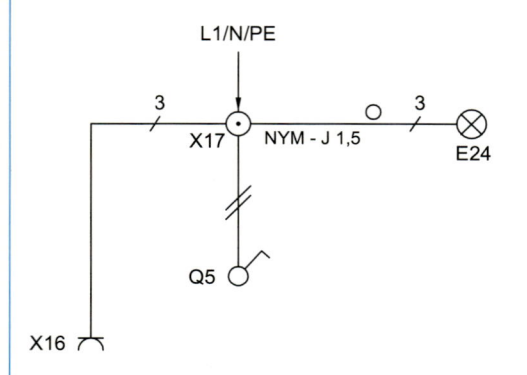

Stromlaufplan in aufgelöster Darstellung (Ausschaltung)

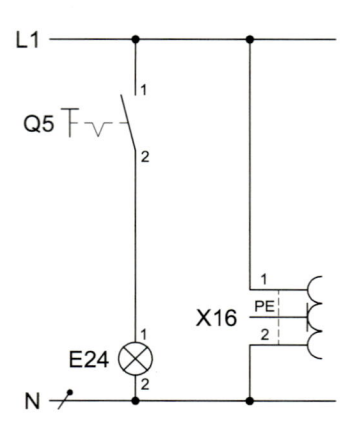

Stromlaufplan in zusammenhängender Darstellung (Ausschaltung)

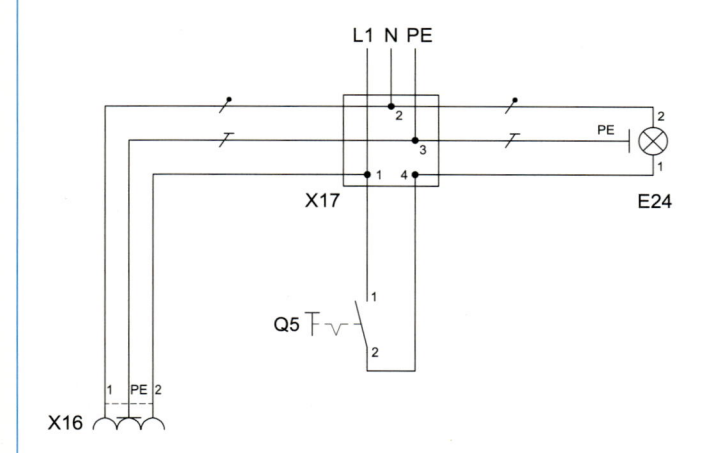

Serienschaltung

Der **Serienschalter** besteht aus *zwei Ausschaltern* in einem gemeinsamen Gehäuse.

Der gemeinsame Außenleiter muss an Klemme 1 des Serienschalters angeschlossen werden.

Serienschalter und Serienschaltung

Wechselschaltung

Wechselschalter können zum Schalten von Lampen von zwei Stellen aus eingesetzt werden.

Elektroinstallation in der Tiefgarage durchführen, Installationsschaltungen **175**

Information

Übersichtsschaltplan (Wechselschaltung)

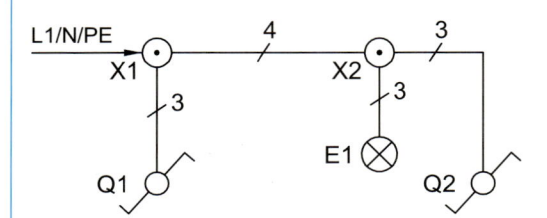

Stromlaufplan in aufgelöster Darstellung (Wechselschaltung)

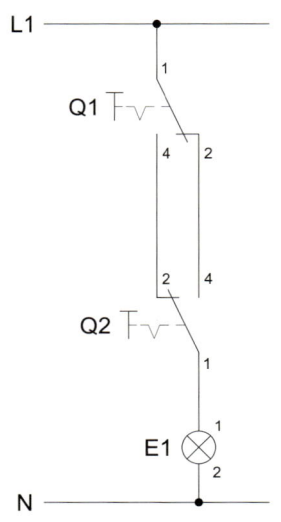

Stromlaufplan in zusammenhängender Darstellung (Wechselschaltung)

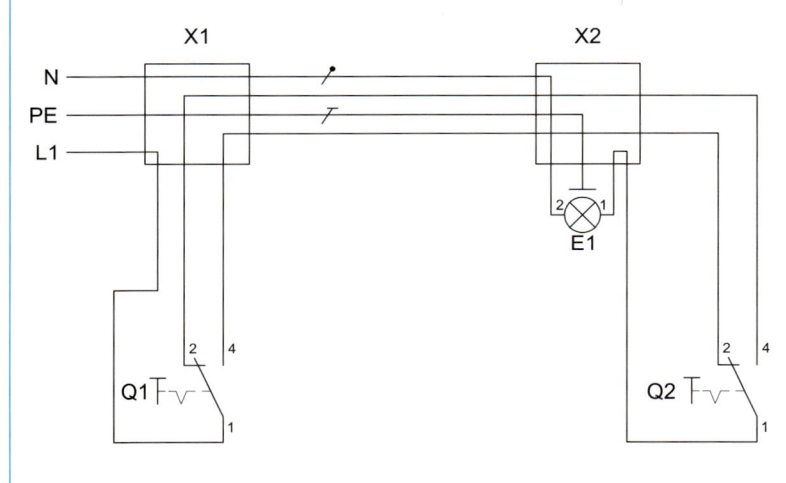

Schaltungsprinzip (Wechselschaltung)

Die Klemme 1 eines Wechselschalters mit dem Außenleiter verbinden.

Die Klemme 1 des anderen Wechselschalters mit der Lampe verbinden (Schaltdraht, Lampendraht).

Die Klemmen 2 und 4 der beiden Wechsler miteinander verbinden (Korrespondierende).

Kreuzschaltung

Wenn ein Betriebsmittel von mehr als zwei Stellen aus geschaltet werden soll, kann die **Kreuzschaltung** Anwendung finden.

Kreuzschalter

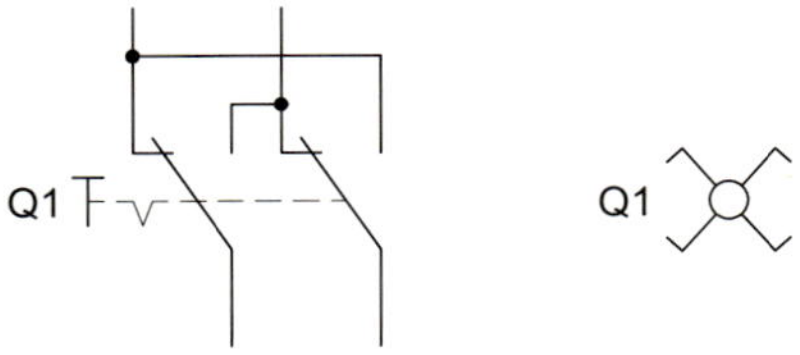

Übersichtsschaltplan (Kreuzschaltung)

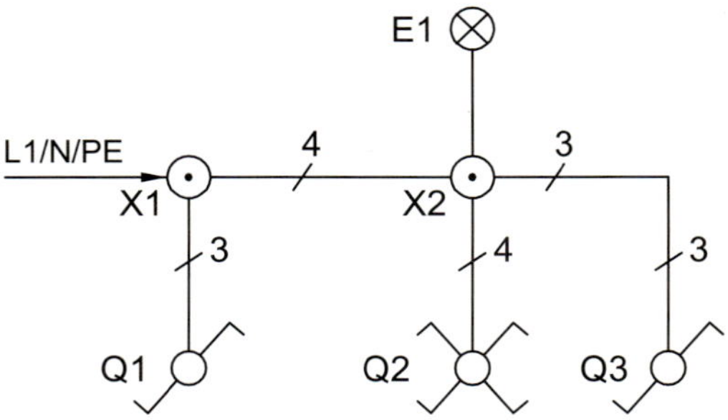

Die *Kreuzzschaltung* wird heute nur noch selten installiert, da sie aufwendig und teuer ist.

Die *Stromstoßschaltung* (→ 179) ist hier eine meist wirtschaftlichere Alternative.

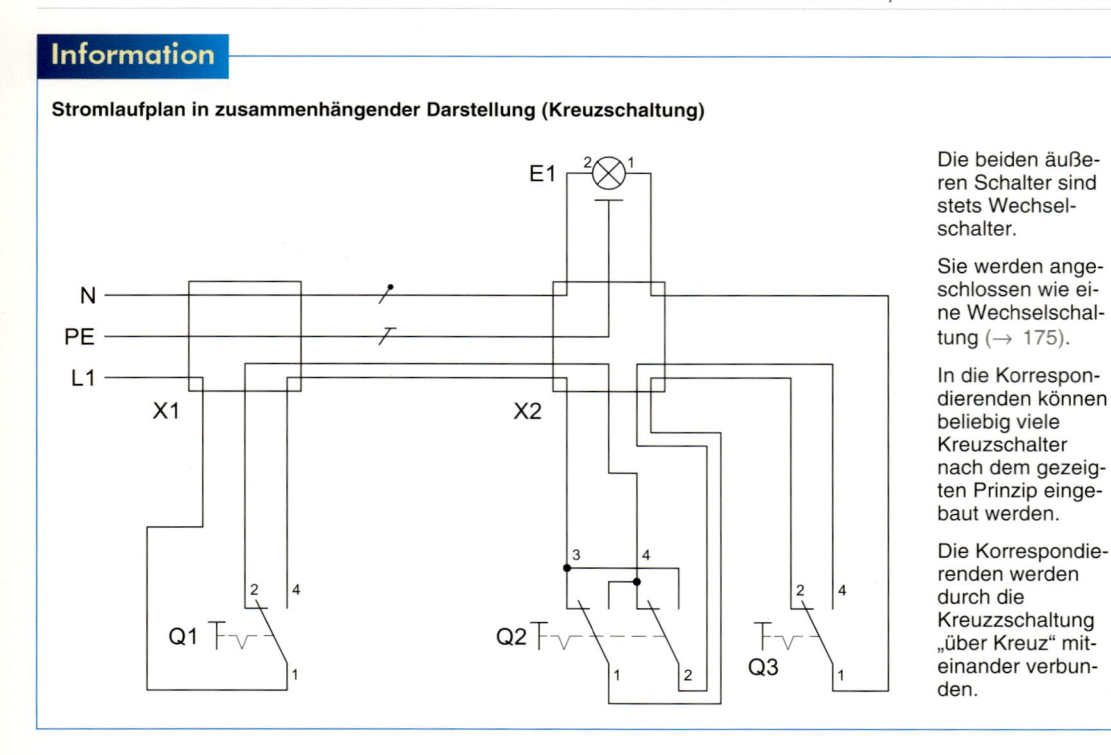

Information

Stromlaufplan in zusammenhängender Darstellung (Kreuzschaltung)

Die beiden äußeren Schalter sind stets Wechselschalter.

Sie werden angeschlossen wie eine Wechselschaltung (→ 175).

In die Korrespondierenden können beliebig viele Kreuzschalter nach dem gezeigten Prinzip eingebaut werden.

Die Korrespondierenden werden durch die Kreuzschaltung „über Kreuz" miteinander verbunden.

Entwicklung der Wechselschaltung

Aufgabenstellung
Die Lampe am Ausgang A1 soll von zwei Stellen geschaltet werden können.

Wahrheitstabelle (→ 285)

E1	E2	A1
0	0	0
0	1	1
1	0	1
1	1	0

Zeile 1
Wenn beide Eingänge den Signalzustand „0" führen, dann hat der Ausgang ebenfalls den Signalzustand „0".

Zeilen 2, 3
Wenn einer der beiden Eingänge den Signalzustand „1" führt, nimmt der Ausgang den Signalzustand „1" an.

Zeile 4
Wenn beide Eingänge den Signalzustand „1" führen, hat der Ausgang den Signalzustand „0" (EIN → AUS).

Schaltfunktion
$A1 = \overline{E1} \wedge E2 \vee E1 \wedge \overline{E2}$

Funktionsplan
Der Ausgang A1 nimmt den Signalzustand „1" an, wenn die Signalzustände an den Eingängen *ungleich* sind („1" und „0").

Man spricht dann von **Antivalenz** (entgegengesetzte Wertigkeit; „0" und „1").

Das entsprechend logische Verknüpfungsglied heißt **Exklusiv-ODER** bzw. **XOR**.

Kleinsteuergeräte (→ 292) bieten die **XOR-Verknüpfung** an.

Der *Funktionsplan der Wechselschaltung* (Exklusiv-ODER, XOR, Antivalenz) ist in Bild 1, Seite 177 dargestellt.

Logische Verknüpfungen → 284, Steuerungsentwicklung → 294

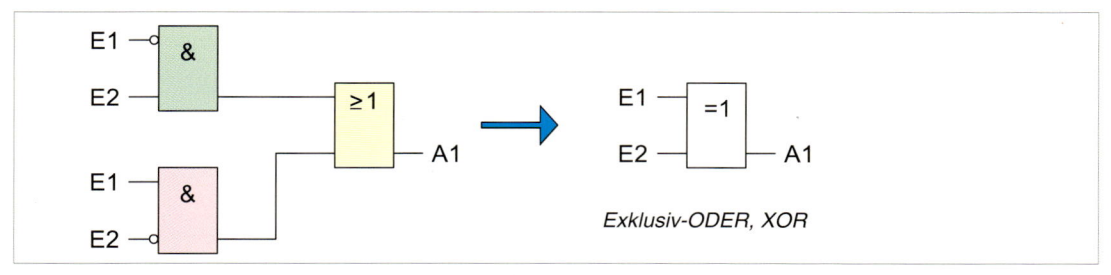

Elektroinstallation in der Tiefgarage durchführen, Installationsschaltungen

1 Funktionsplan einer Wechselschaltung

Funktionsplan → Stromlaufplan

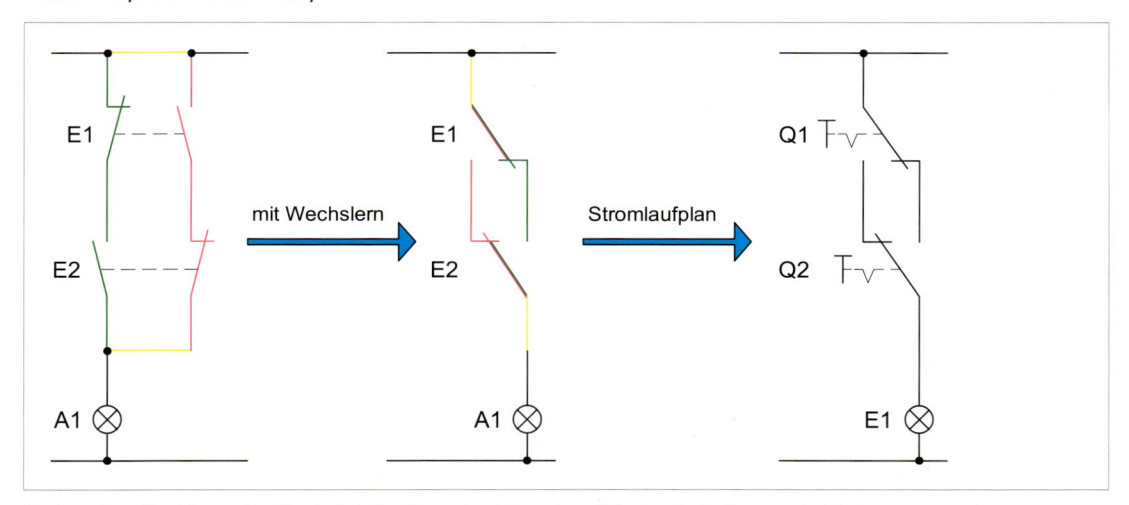

2 Aus dem Funktionsplan lässt sich der Stromlaufplan einer Wechselschaltung entwickeln

Entwicklung der Kreuzschaltung

Wahrheitstabelle

E1	E2	E3	A1
0	0	0	0
0	0	1	1
0	1	0	1
0	1	1	0
1	0	0	1
1	0	1	0
1	1	0	0
1	1	1	1

Beachten Sie:
Ein Schalter betätigt:
EIN → A1 = 1

Zwei Schalter betätigt:
EIN → AUS → A1 = 0

Drei Schalter betätigt:
EIN → AUS → EIN → A1 = 1

Funktionsplan: Bild 1, Seite 178
Stromlaufplan: Bild 2, Seite 178

Die einzelnen *Stromwege* sind im *Stromlaufplan der Kreuzschaltung* eingetragen.

Der *grüne Stromweg* ist beispielhaft eingetragen.

Dieser Stromweg umfasst:

Öffner (E1), Öffner (E2), Schließer (E3)

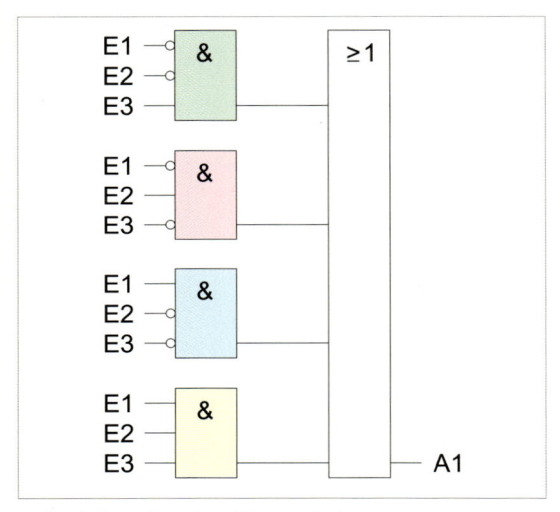

1 Funktionsplan einer Kreuzschaltung

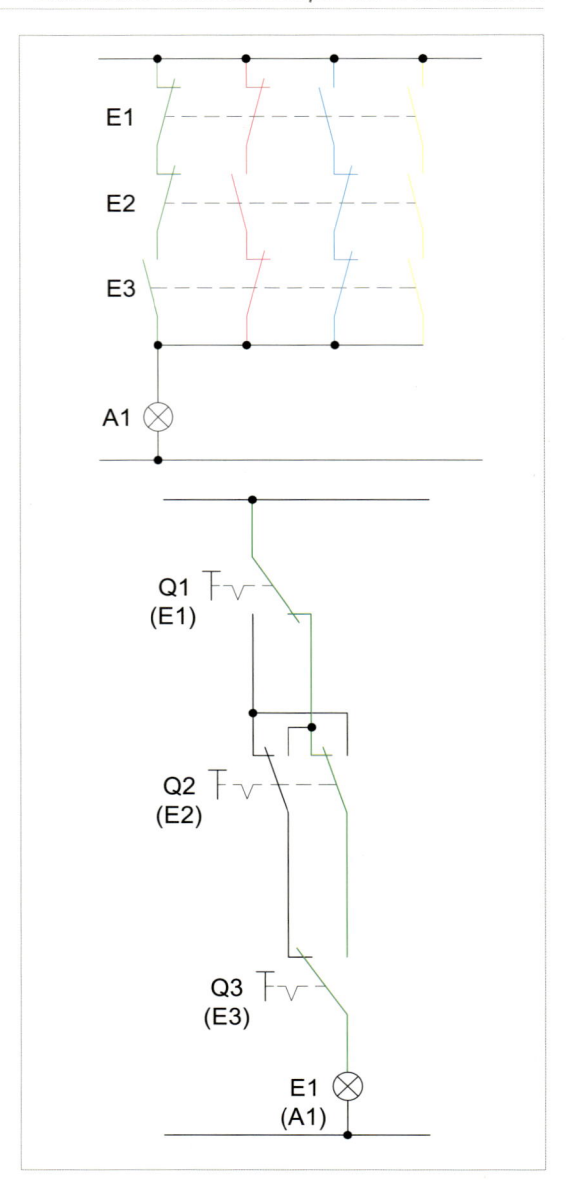

2 Stromlaufplan einer Kreuzschaltung

Information

Schalterbeleuchtung

Oftmals ist es sinnvoll oder vorgeschrieben (z.B. in Bereitschafts- oder Pausenräumen), *selbstleuchtende Schalter* einzusetzen.

Dabei wird der *unbetätigte Schalter* durch eine *parallel zum Schaltkontakt* angeordnete *Glimmlampe* beleuchtet.

Die Stromaufnahme der Glimmlampe beträgt etwa 0,5 bis 1 mA.

Im ausgeschalteten Zustand des Schalters liegt praktisch die gesamte Netzspannung an der Glimmlampe.

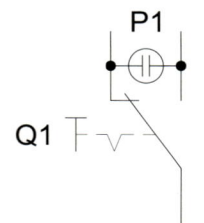

Betriebszustandsanzeige

Angezeigt wird der *eingeschaltete Zustand* des Verbrauchers. Zur *Betriebszustandsanzeige* muss der *Neutralleiter* zum Schalter geführt werden.

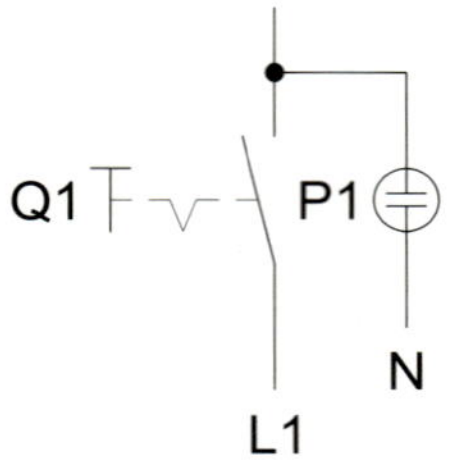

Information

Stromstoßschaltung

Stromstoßschalter sind *elektromagnetisch betätigte Schalter*. Bei jeder Tasterbetätigung ändert der Stromstoßschalter seinen *Schaltzustand*.

Die *Stromstoßschaltung* besteht aus einem *Steuerstromkreis* und einem *Hauptstromkreis* (auch Arbeitsstromkreis genannt).

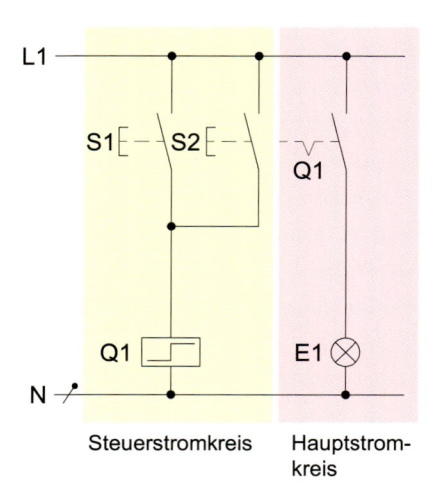

Die Stromstoßschaltung eignet sich besonders gut, wenn viele „Schaltstellen" gefordert sind.
Sie ist dann wesentlich einfacher und wirtschaftlicher als die Kreuzschaltung (→ 175).

Stromstoßschalter (Symbol und Übersichtsplan)

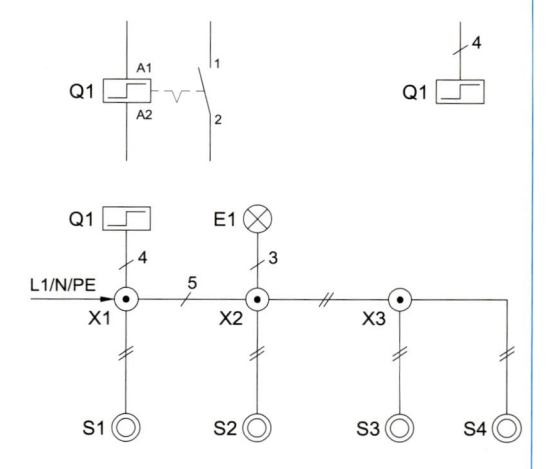

Wenn der Stromstoßschalter für eine *Spulenspannung* von 230 V AC gebaut ist, werden Steuer- und Hauptstromkreis mit *Netzspannung* betrieben.

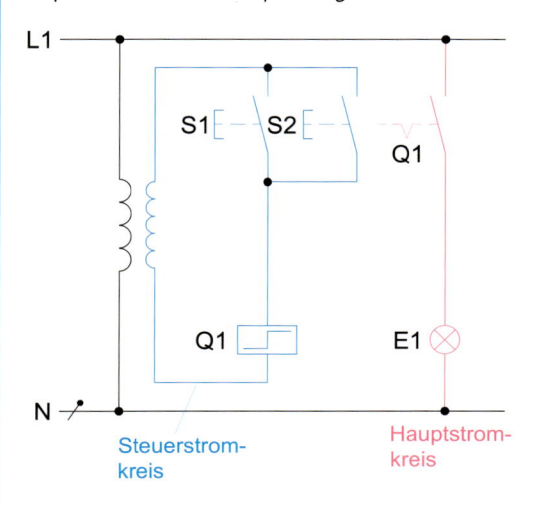

Stromlaufplan in aufgelöster Darstellung

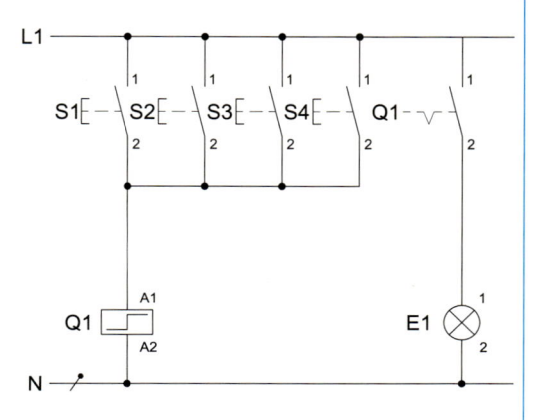

Spulenspannung des Stromstoßschalters 8 V AC:
- Spannung kann z.B. einem handelsüblichen Klingeltransformator entnommen werden
- Hauptstromkreis 230 V AC

Weitere Taster können *parallel geschaltet* werden.

Information

Stromlaufplan in zusammenhängender Darstellung (Stromstoßschaltung)

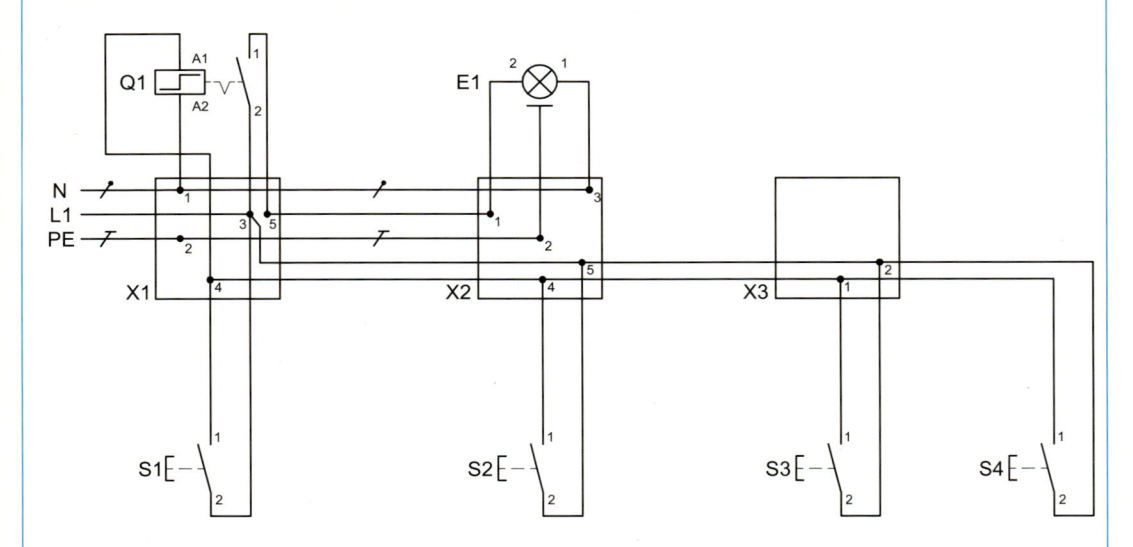

Stromstoßschaltung mit Kleinsteuerung

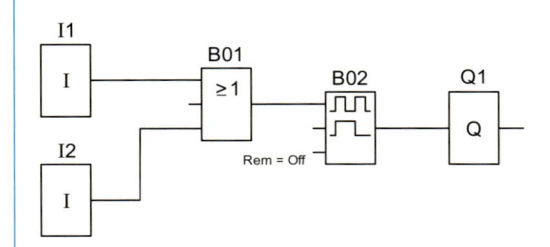

Treppenhausautomat (Vierleiterschaltung)

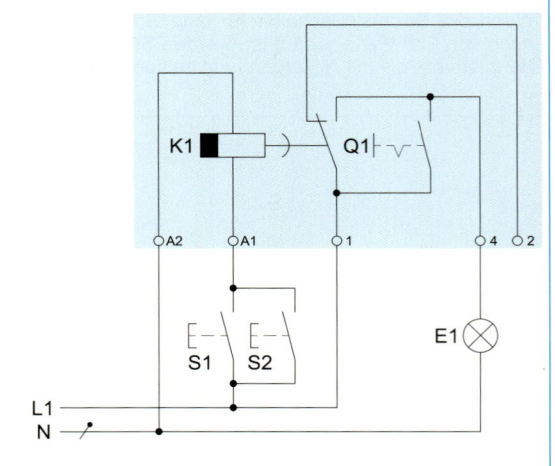

Treppenhausautomat

Der *Treppenhausautomat* ist ein elektromagnetischer Schalter.

Nach Betätigung eines *Steuertasters* schließt ein Schaltkontakt den Lampenstromkreis.

Nach Ablauf einer einstellbaren Zeit wird der Schaltkontakt selbsttätig wieder geöffnet.

Einsatz findet der Treppenhausautomat z.B. bei der Treppenhausbeleuchtung in Mehrfamilienhäusern, wenn das Licht nach einer wählbaren Zeit automatisch wieder ausgeschaltet werden soll.

Der Treppenhausautomat ist ein *Zeitglied mit Abfallverzögerung* (Ausschaltverzögerung).

Abfallverzögerung:
Zeitglied wird erregt (Spule liegt an Spannung). Es wird sofort geschaltet und die eingestellte Zeit läuft ab. Nach Ablauf der Zeit wird selbsttätig ausgeschaltet.

Der Schalter Q1 (im Gerät) ermöglicht es, die Beleuchtung *dauerhaft* einzuschalten (Dauerlicht).

Beachten Sie:

- Nur in *Steuerstromkreisen* darf der *Neutralleiter* geschaltet werden.
- Nach DIN 18015 sind in Mehrfamilienhäusern für die vorschriftsmäßig installierte Treppenhausbeleuchtung *Zeitschalter mit Warnfunktion* vorgeschrieben. Vor dem Abschalten wird die Beleuchtung auf die halbe Helligkeit geschaltet, damit eine plötzliche Dunkelheit vermieden werden kann.

Elektroinstallation in der Tiefgarage durchführen, Installationsschaltungen

Information

Treppenhausautomat (Dreileiterschaltung)

Die *Dreileiterschaltung* hat den Vorteil, dass der Treppenhausschalter erst *nach Ablauf* der eingestellten Verzögerungszeit erneut eingeschaltet werden kann.

Ein *Nachschalten* während des Betriebes wird hier verhindert.

Treppenhausautomat mit Kleinsteuerung

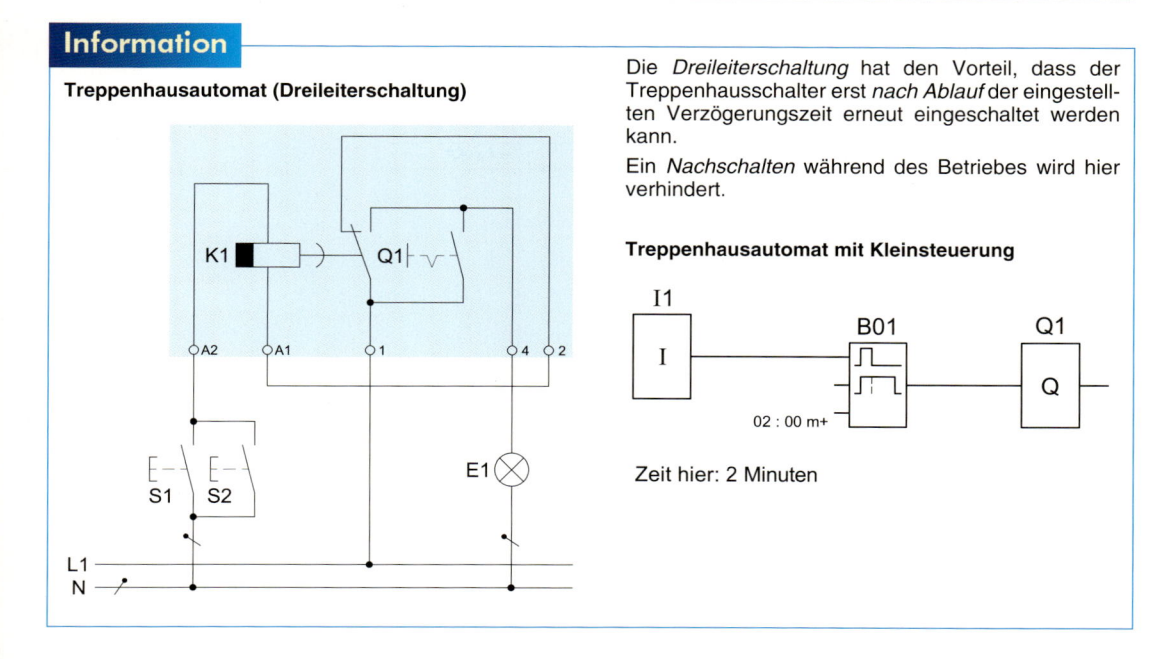

Zeit hier: 2 Minuten

Anschluss der Lampen von Stromkreis 1

Die 6 Lampen werden auf die drei Außenleiter verteilt (Bild 1, Seite 182).

- *Außenleiter L1:* Lampen E2 und E7
- *Außenleiter L2:* Lampen E17 und E20
- *Außenleiter L3:* Lampen E11 und E22

Die beiden Taster in Stromkreis 1 (S1, S3) betätigen einen **Stromstoßschalter** (→ 179).

Der Stromstoßschalter betätigt ein **Hauptschütz** (→ 251), mit dem die Lampen geschaltet werden (Bild 1).

Eine solche Schaltung ist sinnvoll, wenn die Belastung der Lichtanlage für den Schaltkontakt des Stromstoßschalters zu groß ist. Auch können die Lampen dann leicht auf die drei Außenleiter des Drehstromsystems aufgeteilt werden.

Der Anschluss der übrigen Leuchtstofflampen erfolgt entsprechend:

2 Taster, Stromstoßschalter und Hauptschütz

Die verbleibenden 17 Leuchten können nicht exakt auf die Außenleiter aufgeteilt werden.

- *Außenleiter L1:* 5 Leuchten
- *Außenleiter L2:* 5 Leuchten
- *Außenleiter L3:* 7 Leuchten

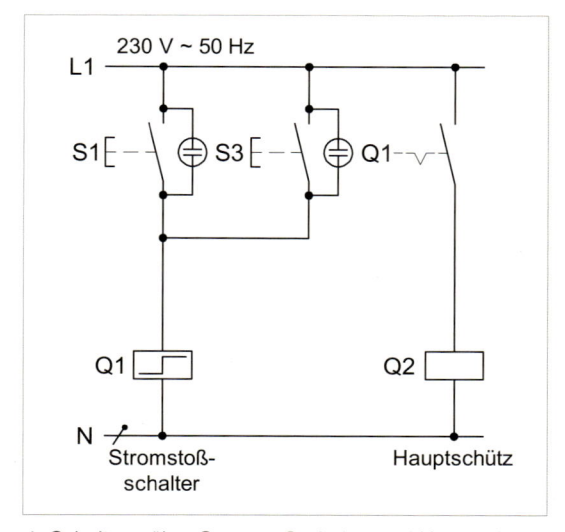

1 Schaltung über Stromstoßschalter und Hauptschütz

Der **Verteilungsplan der Tiefgarage** ist auf Seite 183 dargestellt.

Aus Gründen der Übersichtlichkeit ist er an dieser Stelle noch ein wenig vereinfacht aufgebaut.

Die Aufteilung der Verbrauchsmittel auf mehrere Stromkreise mit eigenen Überstrom-Schutzorganen wäre sicherlich sinnvoll.

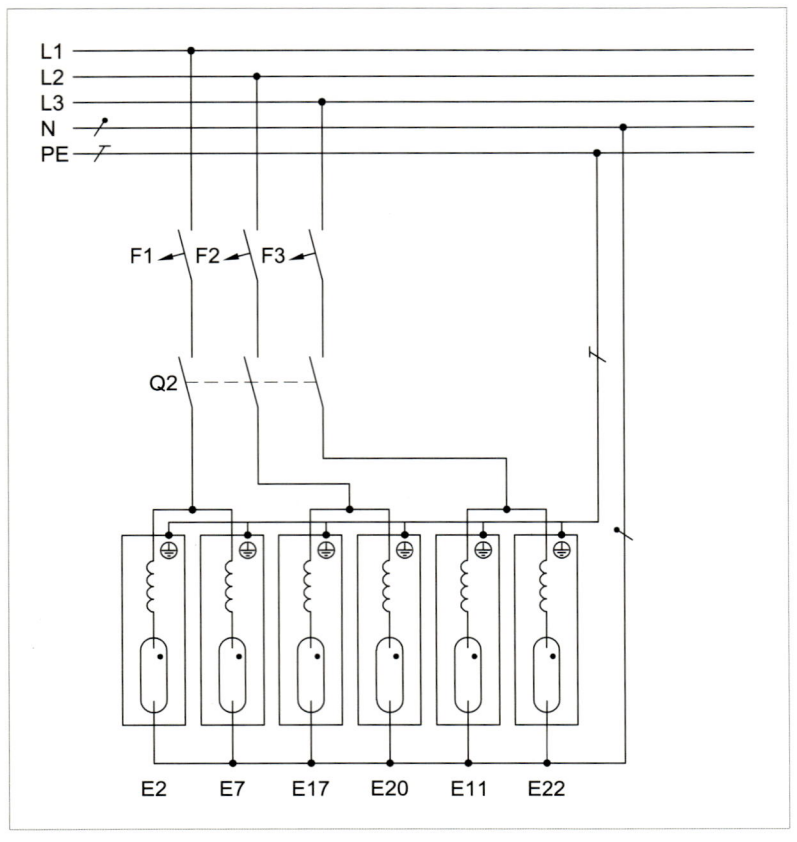

1 Anschluss der Leuchtstofflampen an das Drehstromnetz

Information

Leitungsschutzschalter (LS-Schalter)

Leitungsschutzschalter sind *Überstrom-Schutzeinrichtungen* mit folgenden Vorteilen:
- schnelles Ansprechen im Kurzschlussfall
- erneute Verwendbarkeit nach dem Ansprechen
- auch als Schalter einsetzbar
- unzulässiges „Flicken" nicht möglich

LS-Schalter lösen bei **Überlastung** durch einen Schlossschalter mit *thermischem Bimetallauslöser* **verzögert** aus.

Bei **Kurzschluss** schaltet ein *elektromagnetischer Schnellauslöser* **unverzüglich** ab.

Beide *Auslöseeinrichtungen* (thermisch und elektromagnetisch) liegen in Reihe. Somit reicht eine *Überlastung oder* ein *Kurzschluss* zur Auslösung aus.

Eine **Freiauslösung** verhindert das Wiedereinschalten, solange die Ursache für das selbsttätige Abschalten nicht beseitigt ist. → 184

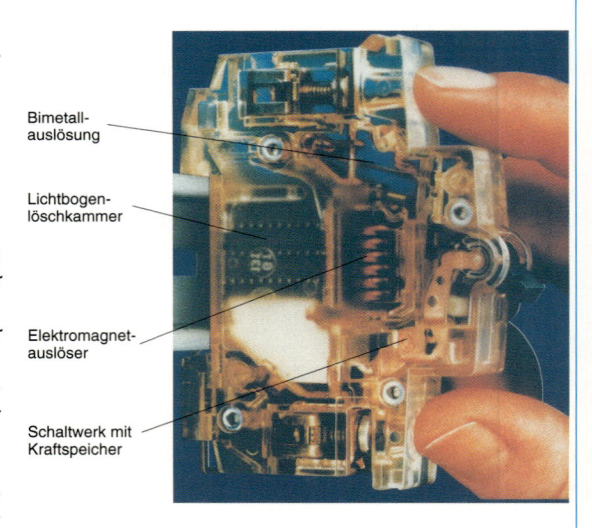

Bildbeschriftung:
- Bimetallauslösung
- Lichtbogenlöschkammer
- Elektromagnetauslöser
- Schaltwerk mit Kraftspeicher

Elektromagnetische Induktion → 185

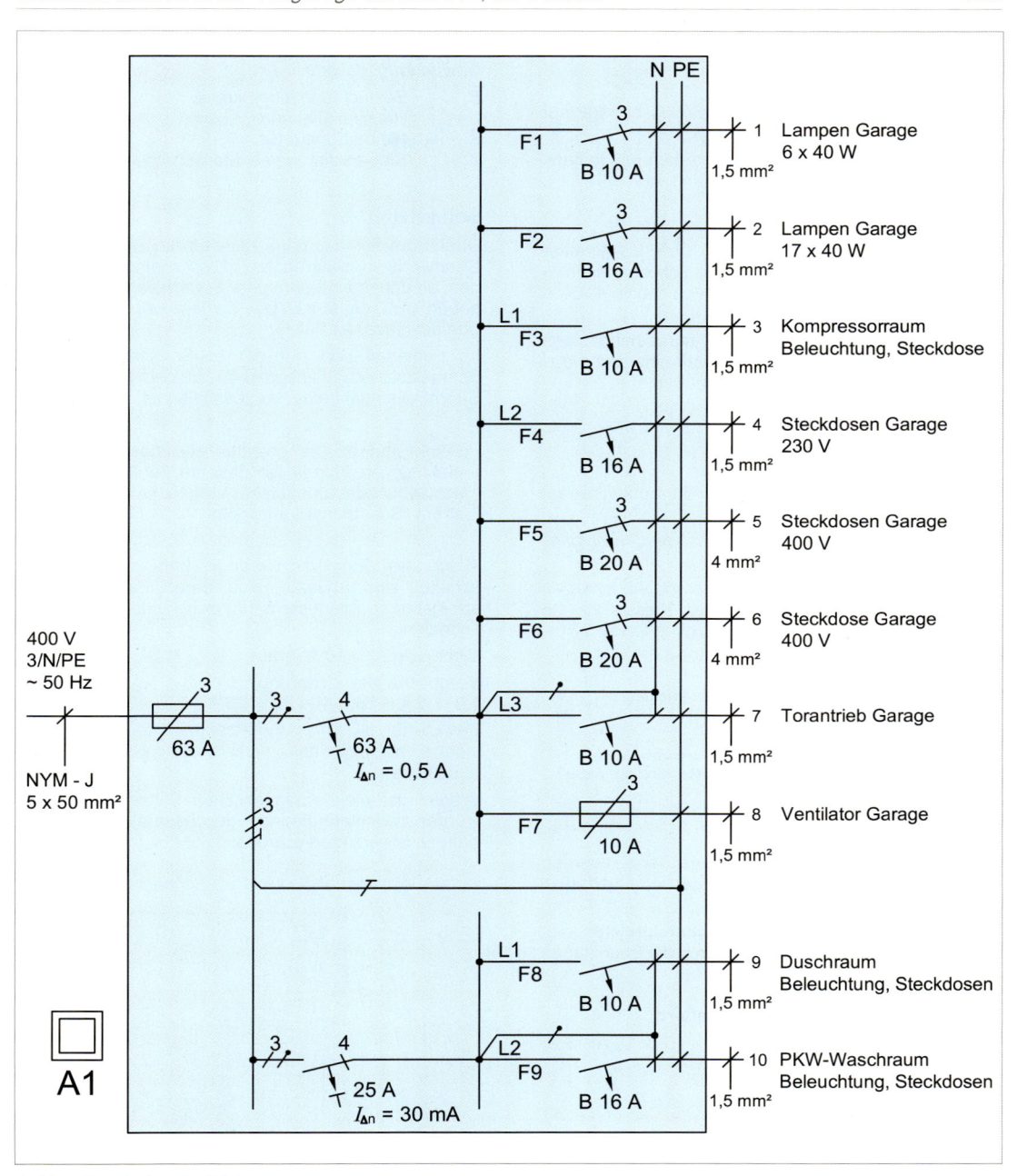

Elektroinstallation in der Tiefgarage durchführen, LS-Schalter

	1 Lampen Garage 6 x 40 W
F1 B 10 A, 1,5 mm²	
F2 B 16 A, 1,5 mm²	2 Lampen Garage 17 x 40 W
F3 B 10 A, 1,5 mm² (L1)	3 Kompressorraum Beleuchtung, Steckdose
F4 B 16 A, 1,5 mm² (L2)	4 Steckdosen Garage 230 V
F5 B 20 A, 4 mm²	5 Steckdosen Garage 400 V
F6 B 20 A, 4 mm²	6 Steckdose Garage 400 V
F7 10 A, 1,5 mm² (L3)	7 Torantrieb Garage
	8 Ventilator Garage
F8 B 10 A, 1,5 mm² (L1)	9 Duschraum Beleuchtung, Steckdosen
F9 B 16 A, 1,5 mm² (L2)	10 PKW-Waschraum Beleuchtung, Steckdosen

Hauptzuleitung: 400 V, 3/N/PE, ~ 50 Hz, NYM-J 5 x 50 mm²; 63 A; 63 A, $I_{\Delta n}$ = 0,5 A; 25 A, $I_{\Delta n}$ = 30 mA; A1

1 Verteilungsplan der Tiefgarage

Drehstromnetz → 194

Leitungsschutz → 32, 184

RCD → 231

Leuchtstofflampen → 202

Information

Schaltvermögen
Das *Schaltvermögen* des LS-Schalters beträgt laut DIN VDE 0641 3000 A bis 15 000 A.

Die deutschen Energieversorger fordern mindestens 6000 A.

Back-up-Schutz
Damit hohe Kurzschlussströme den LS-Schalter nicht beschädigen, sind Überstrom-Schutzeinrichtungen mit einem Bemessungsstrom von maximal 100 A vorzuschalten (DIN VDE 0100).

Die Überstrom-Schutzeinrichtung muss mindestens die energiebegrenzende Eigenschaft einer Schmelzsicherung der Betriebsklasse gG haben.

Strombegrenzungsklasse
LS-Schalter werden in die *Strombegrenzungsklassen* 1, 2 und 3 eingeteilt.

Die Unterschiede betreffen *Abschaltgeschwindigkeit* und *Strombegrenzung*.

Beim LS-Schalter der Klasse 3 ist die Abschaltzeit kürzer als beim LS-Schalter der Klasse 2. In Deutschland ist die Strombegrenzungsklasse 3 vorgeschrieben.

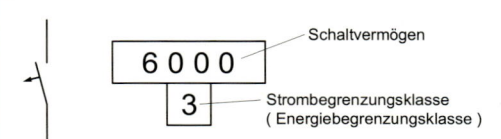

```
   6000  ─── Schaltvermögen
    3    ─── Strombegrenzungsklasse
           ( Energiebegrenzungsklasse )
```

Strom-Zeit-Verhalten
Dem *Verwendungszweck* entsprechend, werden LS-Schalter mit unterschiedlichem *Abschaltverhalten* benötigt.

Dies wird durch die **Auslösecharakteristik** des LS-Schalters beschrieben und durch die Buchstaben B, C, K und Z ausgedrückt.

Nennstromstärken von LS-Schaltern
0,5 A; 1 A; 1,6 A; 3 A; 4 A; 6 A; 8 A; 10 A; 13 A; 16 A; 20 A; 25 A; 32 A; 40 A; 50 A; 63 A

Auslösecharakteristik von LS-Schaltern

Charak-teristik	Auslösung		I_N
	unverzögert	verzögert	
B	3 bis 5 · I_N	1,13 bis 1,45 · I_N	6 bis 63 A
C	5 bis 10 · I_N	1,13 bis 1,45 · I_N	0,5 bis 63 A
K	8 bis 14 · I_N	1,05 bis 1,2 · I_N	0,5 bis 63 A
Z	2 bis 3 · I_N	1,05 bis 1,2 · I_N	0,5 bis 63 A

Anwendungsgebiete:

B	Beleuchtungsstromkreise
C	Hausinstallationen
K	Motorstromkreise
Z	Steuerstromkreise, Messstromkreise

Selektivität
Überstrom-Schutzorgane müssen am *Anfang* jedes Stromkreises sowie an allen Stellen eingebaut werden, an denen eine *geringere Strombelastbarkeit* gegeben ist. Dies ist z.B. bei *Verringerung des Leiterquerschnittes* der Fall.

Im Fehlerfall darf nur der LS-Schalter oder die Schmelzsicherung ansprechen, die dem fehlerhaften Stromkreis *unmittelbar* vorgeschaltet ist.

> Selektivität ist die gestufte Absicherung einer elektrischen Anlage, so dass im Fehlerfall ausschließlich das unmittelbar vorgeschaltete Überstrom- Schutzorgan anspricht.

Wenn zwei Schmelzsicherungen hintereinander geschaltet sind, müssen sich deren Bemessungsstromstärken mindestens um den Faktor 1,6 unterscheiden.

Sicherung I_N = 16 A (grau)

Vorgeschaltete Sicherung
1,6 · 1,6 A = 25,6 A → I_N = 25 A

Selektivität ist bei *Schmelzsicherungen* gegeben, wenn sich ihre Nennstromstärken um *zwei Stufen* unterscheiden.

Wegen der elektromagnetischen Schnellauslösung würden zwei hintereinander geschaltete *LS-Schalter* nahezu unverzögert auslösen.

Auslösekennlinien von LS-Schaltern

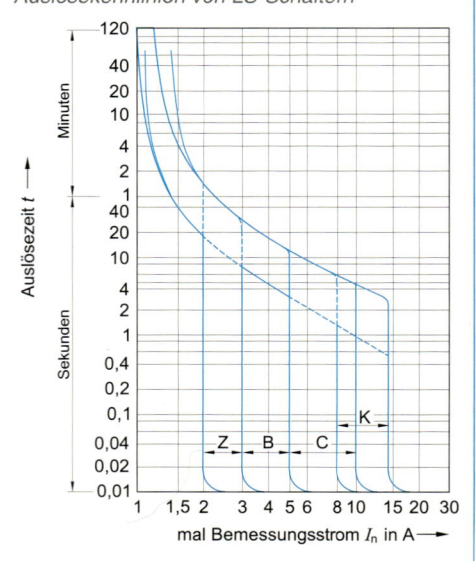

Elektroinstallation in der Tiefgarage durchführen, Induktion

Information

Elektromagnetische Induktion
Bewegte Elektronen werden im Magnetfeld abgelenkt; auf sie wird eine *Kraft* ausgeübt.

$$F = B \cdot Q \cdot v$$

- F Kraftwirkung in N
- B magnetische Flussdichte in Vs/m^2
- Q elektrische Ladung in As
- v Geschwindigkeit der Ladung m/s

Wird ein *Leiter* im Magnetfeld *bewegt*, werden die in ihm enthaltenen freien Elektronen bewegt.

Auf diese freien Elektronen wirkt eine *Kraft*.

Durch diese Kraft werden die Elektronen zu *einem Leiterende* transportiert.

Ergebnis:
An einem Leiterende herrscht *Elektronenmangel*, am anderen Leiterende somit *Elektronenüberschuss*.

Folgerung:
Wird ein Leiter in einem Magnetfeld bewegt, wird im Leiter eine *elektrische Spannung* induziert.

Richtung der induzierten Spannung
Die *Spannungsrichtung* ist abhängig von
- der Bewegungsrichtung des Leiters
- der Richtung des Magnetfeldes

Regel

Treffen die Feldlinien auf die Innenfläche der rechten Hand und zeigt der Daumen in Bewegungsrichtung des Leiters, so zeigen die Finger in Richtung des Stromflusses.

Da hier die *technische Stromrichtung* (von Plus nach Minus) genannt ist, zeigen die Finger auf den *Pluspol*.

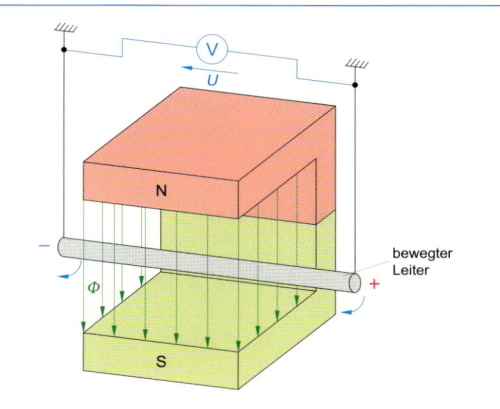

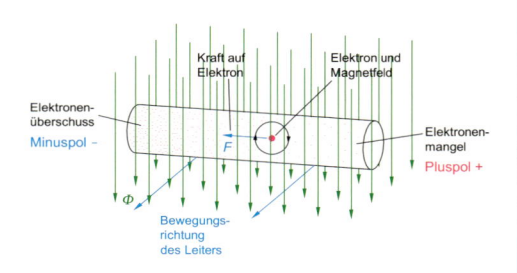

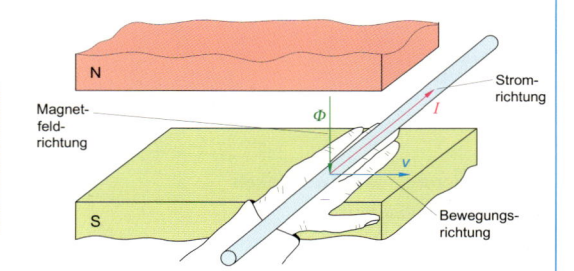

Induktionsgesetz
Wovon hängt die induzierte Spannung ab?
- Wirksame Länge des Leiters im Magnetfeld l_w
- Flussdichte des Magnetfeldes B
- Geschwindigkeit v, mit der der Leiter durch das Magnetfeld bewegt wird

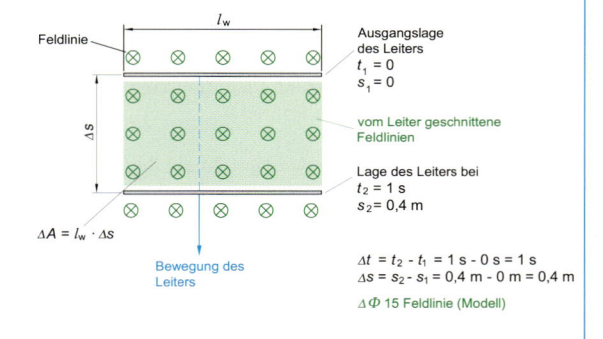

Ausgangslage des Leiters
$t_1 = 0$
$s_1 = 0$

vom Leiter geschnittene Feldlinien

Lage des Leiters bei
$t_2 = 1$ s
$s_2 = 0{,}4$ m

$\Delta A = l_w \cdot \Delta s$

$\Delta t = t_2 - t_1 = 1\text{ s} - 0\text{ s} = 1\text{ s}$
$\Delta s = s_2 - s_1 = 0{,}4\text{ m} - 0\text{ m} = 0{,}4\text{ m}$

$\Delta \Phi$ 15 Feldlinie (Modell)

Information

Im Zeitabschnitt Δt bewegt sich der Leiter um die Wegstrecke Δs durch das Magnetfeld.
Dabei wird eine Anzahl *Feldlinien geschnitten*.
Der dabei *vom Leiter überstrichene Magnetfluss* wird $\Delta \Phi$ genannt ($\rightarrow$ 185).

Magnetischer Fluss allgemein:
$\Phi = B \cdot A$
Flussänderung (geschnittene Feldlinien) bei ΔA:
$\Delta \Phi = B \cdot \Delta A$
$\Delta \Phi = B \cdot l_W \cdot \Delta s$

Die *Flussänderung* erfolgt im Zeitabschnitt Δt:
$$\frac{\Delta \Phi}{\Delta t} = B \cdot l_W \cdot \frac{\Delta s}{\Delta t}$$

Der Ausdruck $\Delta s/\Delta t$ ist die *Geschwindigkeit v*.

$$\boxed{\frac{\Delta \Phi}{\Delta t} = B \cdot l_W \cdot v}$$

$\frac{\Delta \Phi}{\Delta t}$ Flussänderungsgeschwindigkeit in V
B magnetische Flussdichte in Vs/m²
l_W wirksame Leiterlänge (im Feld) in m
v Geschwindigkeit des Leiters in m/s

Einheit
$$\frac{Vs}{s} = \frac{Vs}{m^2} \cdot m \cdot \frac{m}{s}$$
$V = V$

Flussänderungsgeschwindigkeit
Bildliche Vorstellung:
Wie viele Feldlinien ($\Delta \Phi$) werden in einem Zeitabschnitt (Δt) vom Leiter geschnitten?

Zum Beispiel:
In 6 s werden 1800 Feldlinien geschnitten.
$$\frac{\Delta \Phi}{\Delta t} = \frac{1800 \text{ Feldlinien}}{6 \text{ s}} = 300 \frac{\text{Feldlinien}}{\text{s}}$$

Die *Anzahl der Feldlinien* wird als *magnetischer Fluss* Φ bezeichnet und in der Einheit Vs angegeben ($\rightarrow$ 64). $\Delta \Phi/\Delta t$ hat somit die Einheit V.

Die im *Leiter induzierte Spannung* u_i ist abhängig
- von der Flussänderungsgeschwindigkeit $\Delta \Phi/\Delta t$
- von der Leiterlänge im Magnetfeld l_W
- von der Geschwindigkeit des Leiters

$$u_i = \frac{\Delta \Phi}{\Delta t} = B \cdot l_W \cdot v$$

Zeitliche Flussänderung

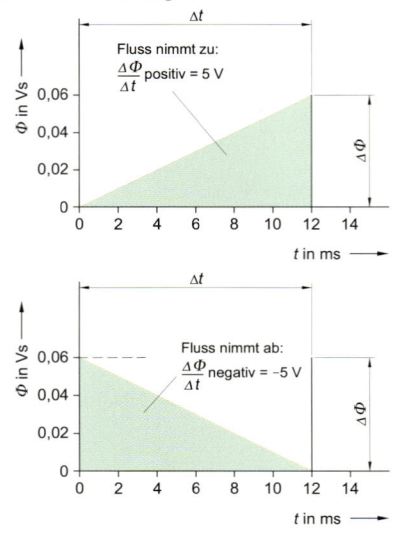

Die *Flussänderungsgeschwindigkeit* hat die *gleiche Einheit* Volt (V) wie die elektrische Spannung: Vs/s = V.

Richtung der induzierten Spannung
In einem geschlossenen Stromkreis ruft die *induzierte Spannung* einen *Induktionsstrom* hervor.

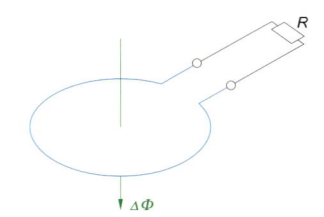

1. Magnetfluss nimmt zu ($\Delta \Phi/\Delta t$ positiv)
Nach der *Rechtsschraubenregel* ($\rightarrow$ 64) müsste der Strom im *Uhrzeigersinn* durch die Leiterschleife fließen.
Tatsächlich hat er aber die *entgegengesetzte Richtung*.
Der Strom ist nämlich so gerichtet, dass er die *Ursache seiner Entstehung* hemmt. Die Ursache seiner Entstehung ist die *Flussänderung*.
Also muss der Strom der Flussänderung (hier konkret der Flusszunahme) entgegenwirken.
Das vom *Stromfluss i hervorgerufene Magnetfeld* ist so gerichtet, dass es der *Flusszunahme innerhalb der Leiterschleife* entgegengerichtet ist.
Die Flusszunahme $\Delta \Phi$ wird durch den *induzierten Fluss* Φ_{ind} gehemmt ($\Delta \Phi$ und Φ_{ind} haben *innerhalb* der Schleife die *entgegengesetzte* Richtung).

Information

Zunahme des magnetischen Flusses

Abnahme des magnetischen Flusses

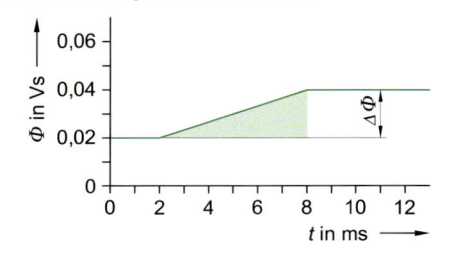

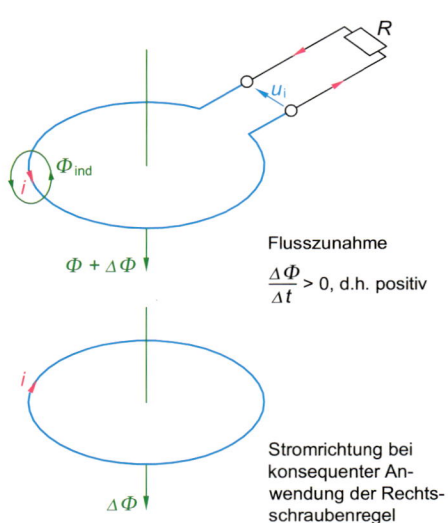

Flusszunahme

$\frac{\Delta \Phi}{\Delta t} > 0$, d.h. positiv

Stromrichtung bei konsequenter Anwendung der Rechtsschraubenregel

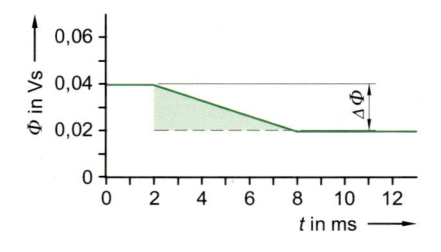

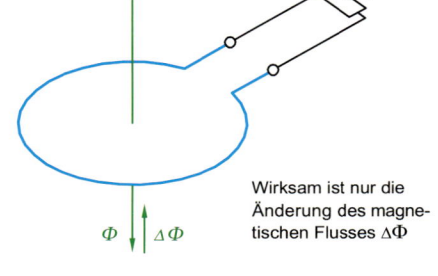

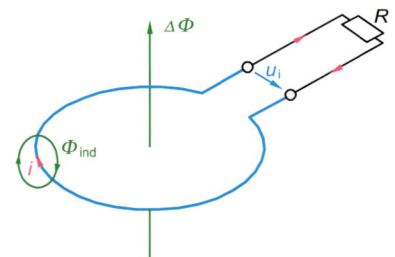

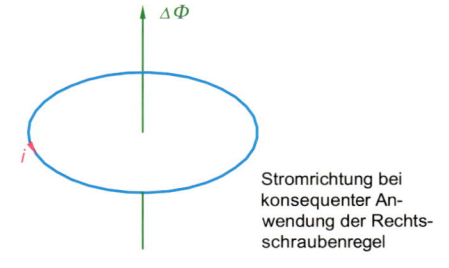

Wirksam ist nur die Änderung des magnetischen Flusses $\Delta \Phi$

Stromrichtung bei konsequenter Anwendung der Rechtsschraubenregel

2. Magnetfluss nimmt ab ($\Delta\Phi/\Delta t$) negativ)

Flussabnahme bedeutet eine *negative* Flussänderung.

Innerhalb des Zeitabschnittes Δt nimmt der Fluss in der Schleife um $\Delta \Phi$ ab. $\Delta \Phi$ ist entscheidend für die Induktionsspannung u_i.

Der Induktionsstrom i ist so gerichtet, dass er der *Flussabnahme* entgegenwirkt.

Hierzu muss er einen Fluss Φ_{ind} hervorrufen, der innerhalb der Leiterschleife den magnetischen Fluss Φ verstärkt.

Der Strom i durchfließt die Leiterschleife im Uhrzeigersinn.

Bei konsequenter Anwendung der Rechtsschraubenregel müsste auch hier der Strom in entgegengesetzter Richtung fließen. Dies wird durch ein negatives Vorzeichen berücksichtigt.

$$u_i = -\frac{\Delta \Phi}{\Delta t}$$

Für *Spulen* mit N-Windungen gilt:

$$u_i = -N \cdot \frac{\Delta \Phi}{\Delta t}$$

Bei Abnahme des magnetischen Flusses ist die Induktionsspannung positiv.

Bei Zunahme des magnetischen Flusses ist die Induktionsspannung negativ.

Induktion der Bewegung
Ruhendes Magnetfeld, bewegter Leiter

Induktion der Ruhe
Magnetfeld ändert sich, der Leiter ruht

Für die Spannungsinduktion ist in beiden Fällen nur entscheidend, dass Feldlinien geschnitten werden.

Information

Beispiel

Eine Spule mit $N = 100$ Windungen wird von einem magnetischen Fluss durchsetzt, der nachstehenden zeitlichen Verlauf hat.

Ermitteln Sie den zeitlichen Verlauf der Induktionsspannung.

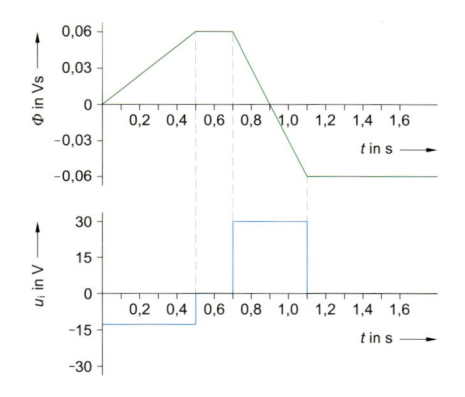

Bereich: $t = 0$ bis $t = 0{,}5\,\text{s}$
$\Delta t = 0{,}5\,\text{s}$
$\Delta \Phi = 0{,}06\,\text{Vs}$
$u_i = -100 \cdot \dfrac{0{,}06\,\text{Vs}}{0{,}5\,\text{s}} = -12\,\text{V}$

Bereich: $t = 0{,}5\,\text{s}$ bis $t = 0{,}7\,\text{s}$
$\Delta t = 0{,}7\,\text{s} - 0{,}5\,\text{s} = 0{,}2\,\text{s}$
$\Delta \Phi = 0$
$u_i = 0$

Bereich: $t = 0{,}7\,\text{s}$ bis $t = 1{,}1\,\text{s}$
$\Delta t = 1{,}1\,\text{s} - 0{,}7\,\text{s} = 0{,}4\,\text{s}$
$\Delta \Phi = 0{,}12\,\text{Vs}$
$u_i = -100 \cdot \dfrac{(-0{,}12\,\text{Vs})}{0{,}4\,\text{s}} = +30\,\text{V}$

Bereich: $t = 1{,}1\,\text{s}$ bis $t = 1{,}5\,\text{s}$
$\Delta t = 1{,}5\,\text{s} - 1{,}1\,\text{s} = 0{,}4\,\text{s}$
$\Delta \Phi = 0$
$u_i = 0$

Selbstinduktion

Eine magnetische Flussänderung $\Delta\Phi/\Delta t$, hervorgerufen durch eine *Änderung des Spulenstromes* $\Delta i/\Delta t$, induziert auch in der *gleichen Spule* eine Spannung.

Die Spulenwindungen sind selbst der *magnetischen Flussänderung* ausgesetzt.

Somit wird in den Windungen eine Spannung induziert, die *Selbstinduktionsspannung* genannt wird.

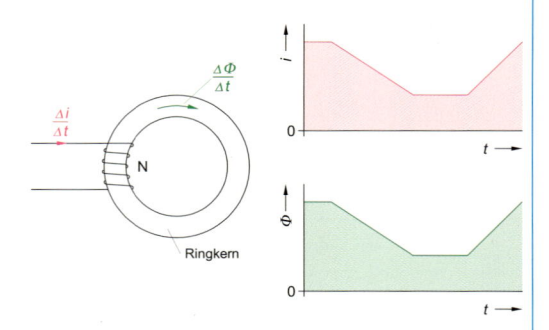

Flussänderung durch Stromänderung

Induktivität

Auf einen *Ringkern* ist eine Spule mit N Windungen aufgebracht, die vom Strom I durchflossen wird.

$\Phi = B \cdot A = \mu_0 \cdot \mu_r \cdot H \cdot A$

$\Phi = \mu_0 \cdot \mu_r \cdot \dfrac{I \cdot N}{l_m} \cdot A$

$\Phi = \dfrac{\mu_0 \cdot \mu_r \cdot A}{l_m} \cdot I \cdot N$

Bei Betrachtung der Gleichung fällt auf, dass eine *Flussänderung* nur durch eine *Spulenstromänderung* bewirkt werden kann.

Bei einer vorgegebenen Spule kann man μ_0, μ_r, A, l_m und N als unveränderlich ansehen.

$\dfrac{\Delta \Phi}{\Delta t} = N \cdot \dfrac{\mu_0 \cdot \mu_r \cdot A}{l_m} \cdot \dfrac{\Delta i}{\Delta t}$

$\Delta i/\Delta t$ ist die *Stromänderungsgeschwindigkeit*.

Der Strom bestimmt den magnetischen Fluss. Die Stromänderungsgeschwindigkeit bestimmt die Flussänderungsgeschwindigkeit.

Ringkern mit Spule

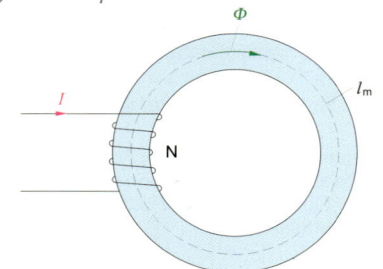

Information

Nach dem *Induktionsgesetz* wird in der Spule folgende Spannung induziert:

$$u_i = -N \cdot \frac{\Delta \Phi}{\Delta t}$$

$$u_i = -N^2 \cdot \frac{\mu_0 \cdot \mu_r \cdot A}{l_m} \cdot \frac{\Delta i}{\Delta t}$$

Der Ausdruck

$$N^2 \cdot \frac{\mu_0 \cdot \mu_r \cdot A}{l_m}$$

hängt ausschließlich von den konstruktiven Spulen ab. Er wird als **Induktivität** L bezeichnet.

$$L = N^2 \cdot \frac{\mu_0 \cdot \mu_r \cdot A}{l_m}$$

L Induktivität in H (Henry)
N Windungszahl
μ_0 magnetische Feldkonstante in Vs/Am
μ_r relative Permeabilität
A Wicklungsquerschnitt in m²
l_m mittlere Feldlinienlänge in m

Einheit

$$[L] = \frac{\frac{Vs}{Am} \cdot m^2}{m} = \frac{Vs}{A} = H \text{ (Henry)}$$

Eine Spule hat die Induktivität 1 H, wenn bei einer gleichmäßigen Stromänderung von 1 A je Sekunde die Selbstinduktionsspannung 1 V erzeugt wird.

Selbstinduktionsspannung

$$u_i = -L \cdot \frac{\Delta i}{\Delta t}$$

Einheit

$$[u_i] = \frac{Vs}{A} \cdot \frac{A}{s} = V$$

Zu beachten ist auch hier das *negative Vorzeichen*.
Eine *positive* Stromänderung induziert eine *negative* Selbstinduktionsspannung.
Eine *negative* Stromänderung induziert eine *positive* Selbstinduktionsspannung.

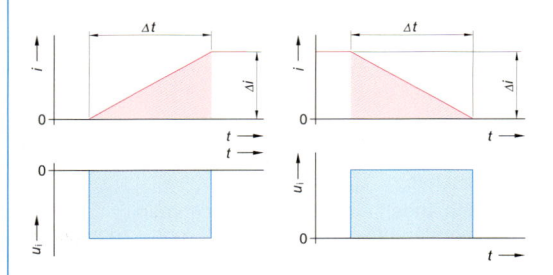

Der *Stromanstieg* wird durch die *Selbstinduktionsspannung* gebremst.
Dies geschieht dadurch, dass U und u_i entgegengesetzte Richtung haben.
Dadurch wird die *wirksame* (stromtreibende) Spannung U_W verändert. Der magnetische *Feldaufbau* wird gehemmt.

Die *Stromabnahme* wird durch die Selbstinduktionsspannung gebremst (verlangsamt). Dies geschieht dadurch, dass U und u_i in gleicher Richtung wirken. Der *Feldabbau* wird gehemmt.

Die Selbstinduktionsspannung ist bestrebt, den augenblicklichen Zustand des Magnetfeldes beizubehalten.

Magnetfelder sind Energiespeicher, die nur verzögert aufgebaut oder abgebaut werden können.

Wirksame Spannung

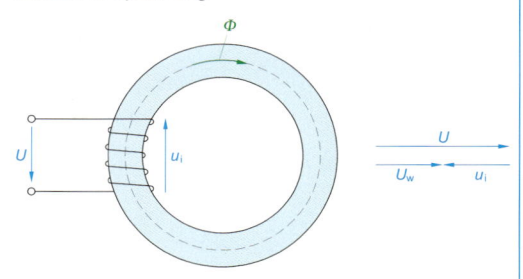

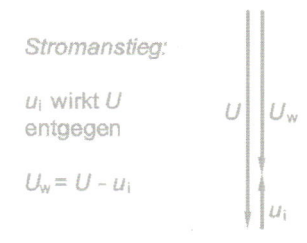

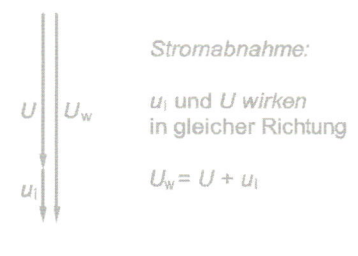

Stromanstieg:
u_i wirkt U entgegen

$U_W = U - u_i$

Stromabnahme:
u_i und U wirken in gleicher Richtung

$U_W = U + u_i$

Information

Beispiel
Eine Spule der Induktivität 100 mH wird von einem Strom durchflossen, der den gezeigten zeitlichen Verlauf hat.
Zu ermitteln ist der zeitliche Verlauf der Selbstinduktionsspannung.

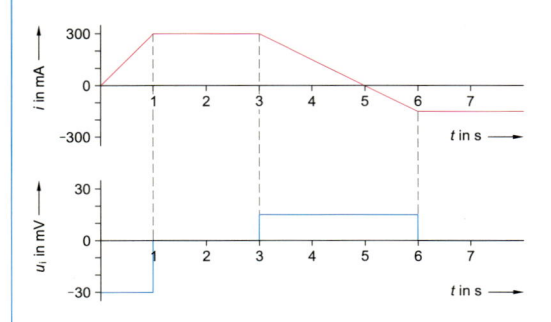

Bereich: $t = 0$ bis $t = 1$ s
$$u_i = -L \cdot \frac{\Delta i}{\Delta t} = -0{,}1\,\text{H} \cdot \frac{0{,}3\,\text{A}}{1\,\text{s}} = -30\,\text{mV}$$

Bereich: $t = 1$ s bis $t = 3$ s
$u_i = 0$

Bereich: $t = 6$ s bis $t = 7$ s
$u_i = 0$

Spule an Gleichspannung
Eine Spule hat neben der *Induktivität* L auch einen *ohmschen Widerstand* R.
$$R = \frac{l}{\gamma \cdot q}$$

Das *Ersatzschaltbild* einer Spule besteht aus der Reihenschaltung eines ohmschen Widerstandes (Spulenverluste) und einer Induktivität.

Einschaltvorgang

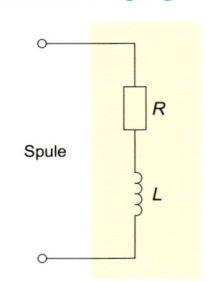

Der Strom im Spulenstromkreis steigt *verzögert* an.
Begründung:
Im Einschaltaugenblick ist $\Delta i/\Delta t$ am größten. Die *Stromzunahme* bedeutet ein *positives* $\Delta i/\Delta t$.
Die *Induktionsspannung* in der Spule ist *negativ* und wirkt der anliegenden Spannung U entgegen.
$$u_i = -N \cdot \frac{\Delta i}{\Delta t}$$

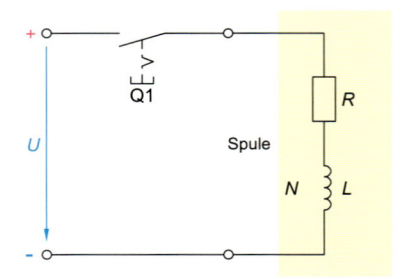

Stromtreibend ist die *wirksame Spannung* U_W, die unmittelbar nach dem Einschalten am geringsten ist.

Stromverlauf in der Spule

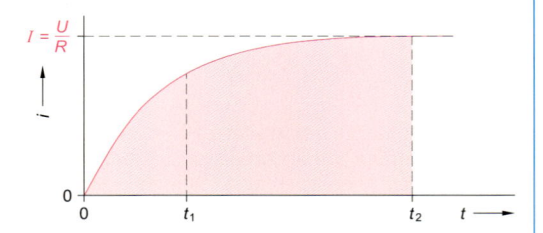

Einfluss der wirksamen Spannung

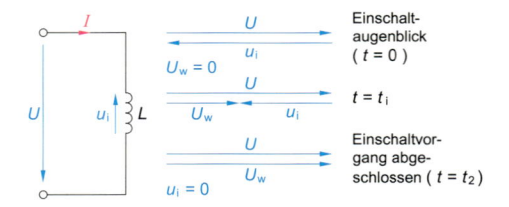

Mit zunehmender Zeit wird die *Stromänderungsgeschwindigkeit* $\Delta i/\Delta t$ kleiner. Damit wird auch u_i geringer und U_W nimmt zu. Der *Strom* im *Kreis nimmt zu*, bis er seinen *Höchstwert*
$$I_{max} = \frac{U}{R}$$
erreicht hat.
Danach ändert sich der Strom nicht mehr. Stromänderungsgeschwindigkeit und Induktionsspannung sind Null ($U_W = U$).

Elektroinstallation in der Tiefgarage durchführen, Spule an Gleichspannung

Information

Zeitkonstante

Die *Zeitdauer des Einschaltvorganges* ist abhängig von den Daten R und L der Spule.

Der Strom steigt umso langsamer an, je
- geringer der ohmsche Spulenwiderstand R
- je größer die Spuleninduktivität L

Der Stromanstieg wird durch die *Zeitkonstante* τ beschrieben.

$$\tau = \frac{L}{R}$$

$$[\tau] = \frac{\frac{Vs}{A}}{\frac{V}{A}} = \frac{VsA}{VA} = s$$

Die *Zeitdauer* gibt an, nach welcher Zeit der Strom auf 63 % seines Höchstwertes angestiegen ist.

Nach der *Einschaltzeit*
$$t_{ein} = 5 \cdot \tau$$
ist der *Einschaltvorgang* praktisch abgeschlossen.

Spannungen im Spulenstromkreis

Spannungen der Reihenschaltung in jedem Zeitaugenblick:

$U = u_R + u_L$

Die *Spannung am ohmschen Widerstand* (u_R)

$u_R = i \cdot R$

hat den gleichen zeitlichen Verlauf wie der Strom i.
Die Spulenspannung u_L ist in jedem Zeitaugenblick die Differenz:

$u_L = U - u_R$

Spannungen im Spulenstromkreis

Zeitkonstante

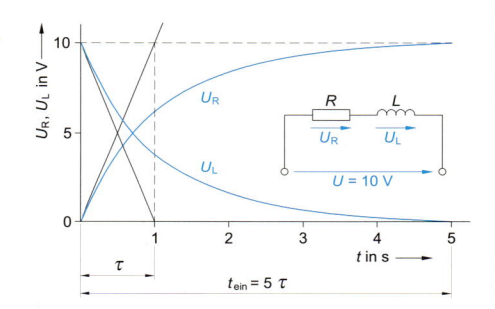

Ausschaltvorgang

Bei *Unterbrechung* des Spulenstroms wird die *induzierte Spannung* kurzzeitig erheblich höher als die anliegende Spannung U.

Begründung
Ausschaltmoment:
Stromfluss wird unterbrochen $\to \Delta i / \Delta t$ nimmt einen sehr hohen Wert an.
Da der Strom *abnimmt*, ist $\Delta i / \Delta t$ negativ.
Die *induzierte Spannung*

$$u_i = -L \cdot \left(-\frac{\Delta i}{\Delta t}\right) = L \cdot \frac{\Delta i}{\Delta t}$$

ist dann positiv und wirkt in gleicher Richtung wie die anliegende Spannung U.

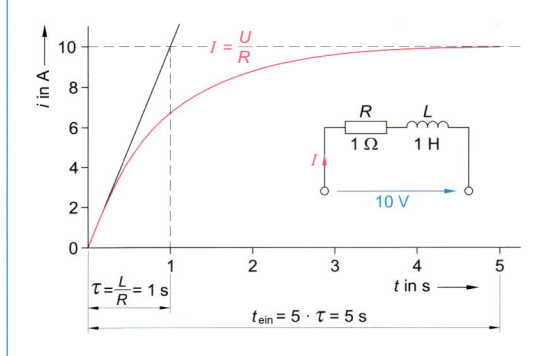

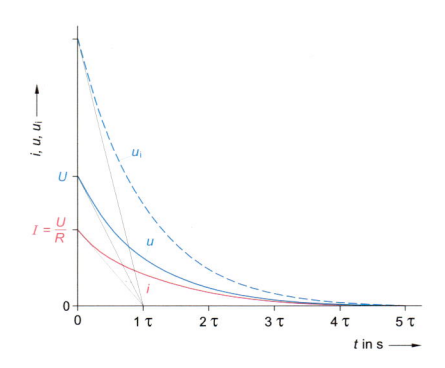

Beispiel

Eine Spule mit $R = 2{,}5\ \Omega$, $L = 0{,}5$ H wird an 9 V angeschlossen.
a) Bestimmen Sie die Zeitkonstante.
b) Wie groß ist die Spulenstromstärke nach 5 τ?

a) $\tau = \dfrac{L}{R} = \dfrac{0{,}5\,\text{H}}{2{,}5\,\Omega} = 0{,}2\,\text{s} = 200\,\text{ms}$

b) $I_{max} = \dfrac{U}{R} = \dfrac{9\,\text{V}}{2{,}5\,\Omega} = 3{,}6\,\text{A}$

I_{max} erreicht nach $t_{ein} = 5 \cdot \tau = 1\,\text{s}$.

Information

Wegen der hohen Stromänderung beim Ausschalten nimmt u_i sehr hohe Werte an.

Es treten im Stromkreis sehr hohe Spannungen auf (einige Kilovolt sind möglich).

Beschädigungen von Betriebsmitteln des Stromkreises sind möglich.

Um die Beschädigung der Bauteile zu vermeiden, sind geeignete Maßnahmen beim *Abschalten von Induktivitäten* zu treffen:

- Vor dem Abschalten wird die Stromstärke durch veränderliche Widerstände verringert.
- Die Spulenwicklung wird beim Ausschalten kurzgeschlossen.
- Parallel zur Spule wird ein *RC-Glied* oder eine Diode geschaltet.

In allen Fällen geht es darum, die im Magnetfeld der Spule gespeicherte *Energie* abzubauen, ohne Betriebsmittel des Spulenstromkreises zu beschädigen.

Technische Anwendung findet die hohe Selbstinduktionsspannung beim Abschalten, z.B. bei der Zündung von Leuchtstofflampen (→ 203).

Erzeugung von sinusförmigen Wechselspannungen

Technische Wechselspannungen haben einen *sinusförmigen* Verlauf. Dies hängt mit ihrer großtechnischen Erzeugung in *umlaufenden Generatoren* zusammen.

Modell: Zwischen den Polen eines Dauermagneten rotiert eine Leiterschleife.

Zur Messung der *induzierten Spannung* wird ein Oszilloskop über Schleifringe und Schleifkontakte mit der Leiterschleife verbunden.

Wenn die Leiterschleife mit *gleichförmiger Geschwindigkeit* rotiert, kann beobachtet werden, dass die *induzierte Spannung* ständig *Betrag* und *Richtung* ändert.

Erzeugung einer Wechselspannung (Modell)

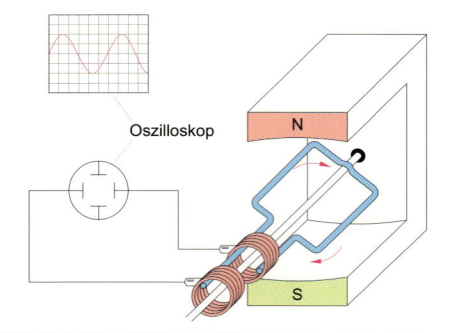

Betrag und Richtung der Wechselspannung

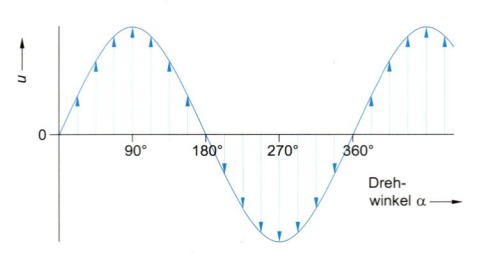

Leiterschleife liegt waagerecht im Feld des Dauermagneten

Die Leiterschleife wird von der *höchstmöglichen Anzahl* magnetischer Feldlinien durchsetzt.

Der dann *maximale magnetische Fluss*, der von der Leiterschleife umfasst wird, beträgt:

$$\Phi = B \cdot A = B \cdot l \cdot b$$

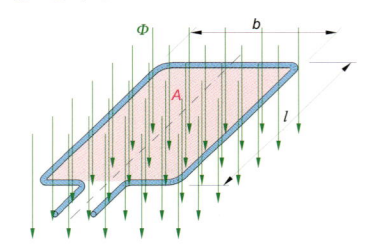

Leiterschleife wird um den Winkel 30° im Gegenuhrzeigersinn bewegt

Der umfasste Fluss wird geringer, da die von Feldlinien durchsetzte Leiterschleifenfläche um ΔA abgenommen hat.

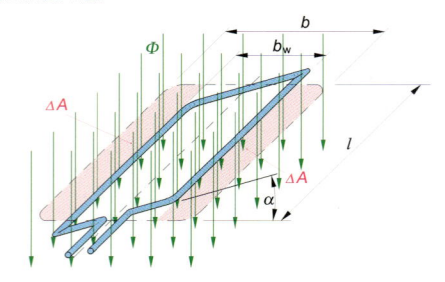

Leiterschleife liegt senkrecht im Feld

In dieser Position durchsetzt keine Feldlinie die Leiterschleife. Der umfasste magnetische Fluss ist somit Null.

Da nach dem *Induktionsgesetz*

$$u_i = -N \cdot \frac{\Delta \Phi}{\Delta t}$$

der von der Leiterschleife umfasste magnetische Fluss (besser: dessen Änderung) die Induktionsspannung wesentlich mitbestimmt, muss der *umfasste Magnetfluss* in Abhängigkeit von der Position der Leiterschleife im Magnetfeld bestimmt werden.

Wechselstrom → 72

Information

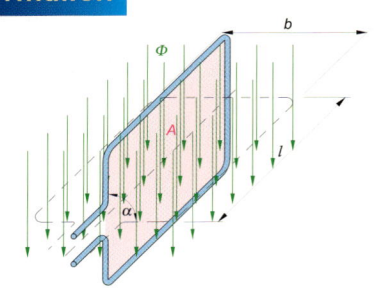

Verlauf des magnetischen Flusses

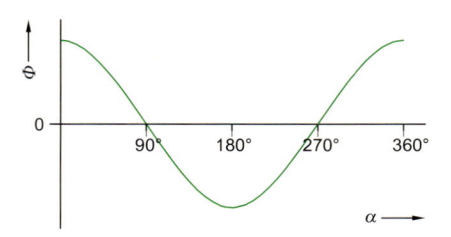

$$\cos\alpha = \frac{\text{Ankathete}}{\text{Hypotenuse}}$$

$$\cos\alpha = \frac{b_w/2}{b/2} = \frac{b_w}{b}$$

Umfasster Magnetfluss

$$\cos\alpha = \frac{b_w/2}{b/2} = \frac{b_w}{b}$$

$$b_w = b \cdot \cos\alpha$$

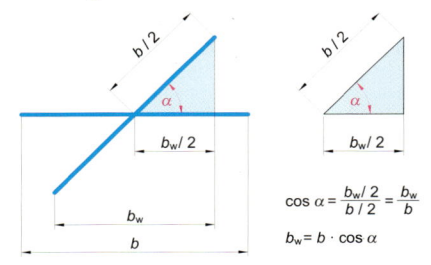

Wirksame Breite b_w der Leiterschleife:

$$b_w = b \cdot \cos\alpha$$

Bei jeder Schleifenstellung umfasster Magnetfluss:

$$\Phi = B \cdot l \cdot b_w$$

$$\Phi = B \cdot l \cdot b \cdot \cos\alpha$$

> Der von der Leiterschleife umfasste Fluss ändert sich bei gleichförmiger Rotation nach einer Kosinusfunktion.

Sinusförmige Wechselspannung (Erzeugung)

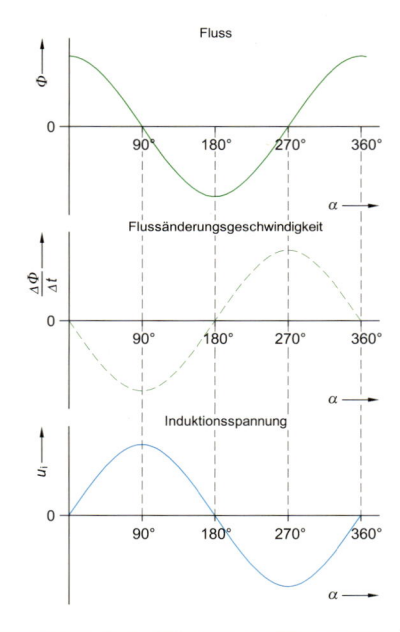

Fluss

Flussänderungsgeschwindigkeit

Induktionsspannung

> Rotiert eine Leiterschleife mit konstanter Geschwindigkeit in einem Magnetfeld, wird in der Leiterschleife eine sinusförmige Spannung induziert.

Zeitliche Flussänderung

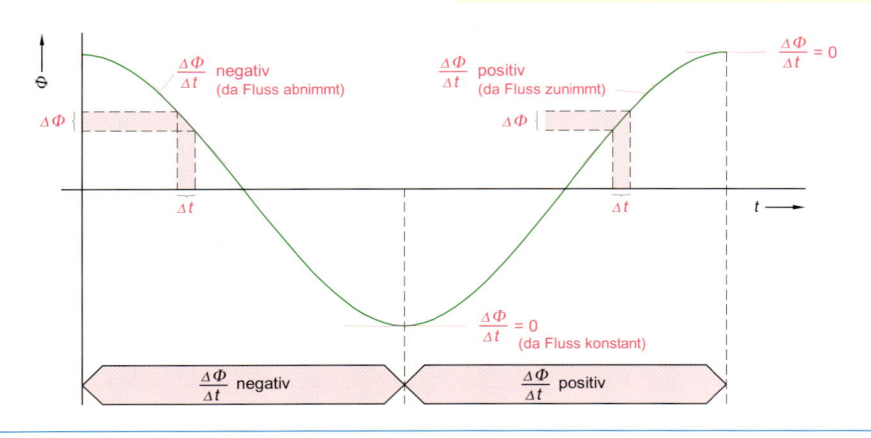

$\frac{\Delta\Phi}{\Delta t}$ negativ (da Fluss abnimmt)

$\frac{\Delta\Phi}{\Delta t}$ positiv (da Fluss zunimmt)

$\frac{\Delta\Phi}{\Delta t} = 0$

$\frac{\Delta\Phi}{\Delta t} = 0$ (da Fluss konstant)

$\frac{\Delta\Phi}{\Delta t}$ negativ

$\frac{\Delta\Phi}{\Delta t}$ positiv

Information

Erzeugung einer Dreiphasen-Wechselspannung

Wenn eine Spule mit *gleichförmiger Geschwindigkeit* in einem Magnetfeld rotiert, wird in dieser Spule eine *sinusförmige Spannung* induziert (→ 192).

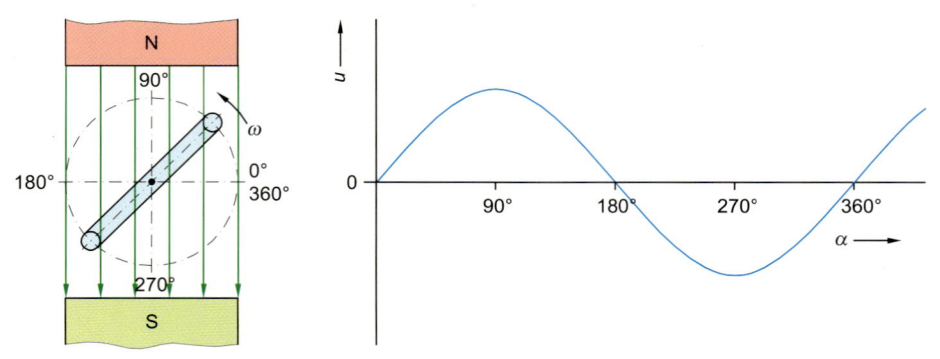

Werden *mehrere Spulen im gleichen Abstand* voneinander angeordnet, wird in *jeder* Spule die gleiche Spannung induziert. Allerdings sind die *Scheitelwerte* und *Nulldurchgänge* der einzelnen Spannungen *gegeneinander verschoben* (Phasenverschiebung).

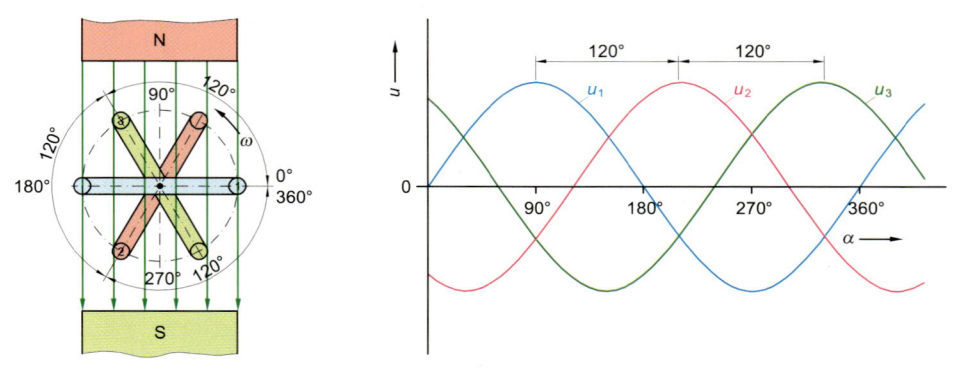

Die *Verschiebung* wird durch den Abstand (den Winkel) zwischen den einzelnen Spulen bestimmt. Bei drei Spulen beträgt der Winkel 360°/3 = 120°.

Das Magnetfeld des *rotierenden Magneten* induziert in den Spulen *drei um 120°* gegeneinander phasenverschobene Wechselspannungen.

Der Maximalwert der Spannungen (der Scheitelwert) wird erreicht, wenn ein Pol des Dauermagneten an der Spule vorbeibewegt wird, da dann die *Flussänderungsgeschwindigkeit* $\Delta\Phi/\Delta t$ am größten ist.

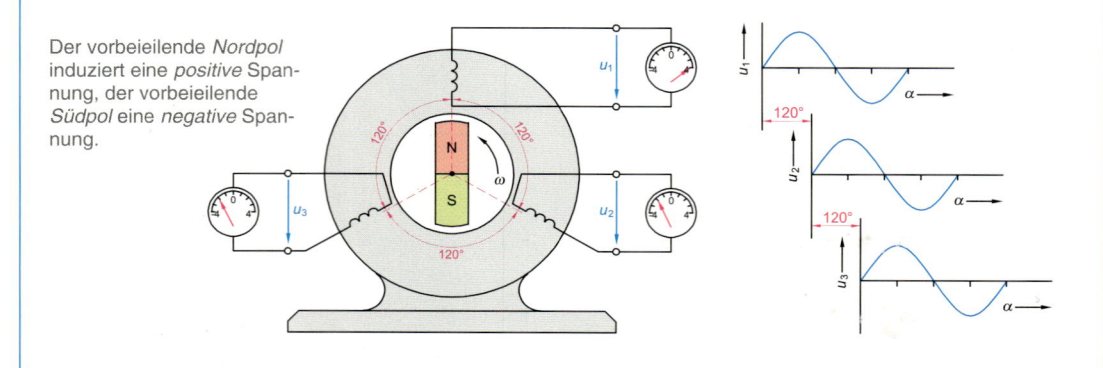

Der vorbeieilende *Nordpol* induziert eine *positive* Spannung, der vorbeieilende *Südpol* eine *negative* Spannung.

Information

In den drei räumlich um 120° versetzt angeordneten Spulen werden Wechselspannungen induziert, die um 120° gegeneinander phasenverschoben sind.

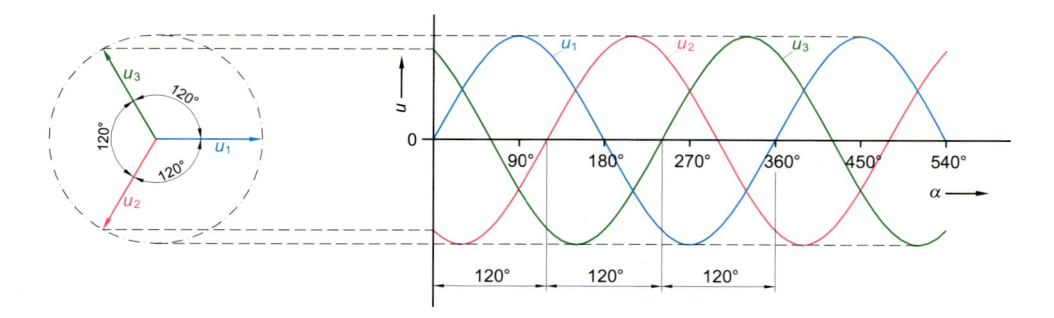

Verkettung

Die drei um 120° gegeneinander versetzten Spulen werden **Stränge** genannt.

Die **Stranganschlüsse** heißen:

U1-U2, V1-V2, W1-W2.

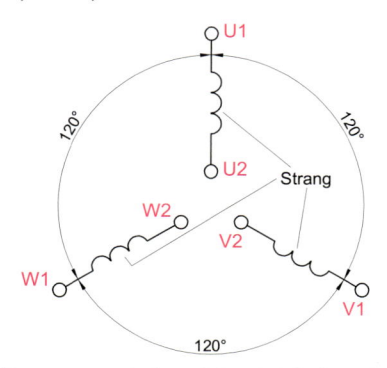

Die „Zusammenschaltung" der drei Stränge heißt **Verkettung**.

Dabei sind zwei Schaltungen zu unterscheiden:
- Sternschaltung
- Dreieckschaltung

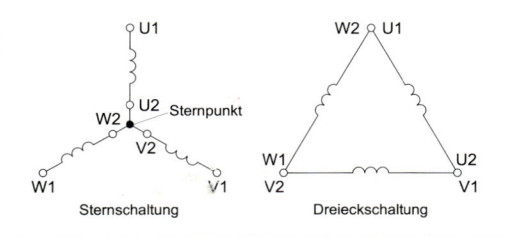

Zur Erläuterung der *Verkettung* soll noch einmal der *unverkettete Drehstromgenerator* betrachtet werden (→ 194).

Jeder *Strang* wird mit dem *ohmschen Widerstand R* belastet.

Die Widerstände werden von den *Strangströmen* I_1, I_2 und I_3 durchflossen.

Wenn alle Widerstände gleich groß sind, sind auch die Strangströme gleich groß ($I_1 = I_2 = I_3$).

Man nennt dies **symmetrische Belastung** des Generators.

Für jeden Winkel (also zu jedem Zeitpunkt) ist die *Summe* der Spannungen Null.

Zum Beispiel für die eingezeichneten roten Punkte (→ 196):

Bei $\alpha = 90°$ gilt:

$u_1 = +300\,\text{V}$

$u_2 = -150\,\text{V}$

$u_3 = -150\,\text{V}$

$u_1 + u_2 + u_3 = 300\,\text{V} + (-150\,\text{V}) + (-150\,\text{V}) = 0$

Information

Unverketteter Drehstromgenerator

Die Summe der Spannungen ist für jeden Winkel Null.

Bei *ohmscher Belastung* sind die *Strangströme* mit den *Strangspannungen in Phase*.

Für jeden Zeitpunkt (Winkel) ist die Summe der Spannungen Null.

Ströme beim Drehstromgenerator

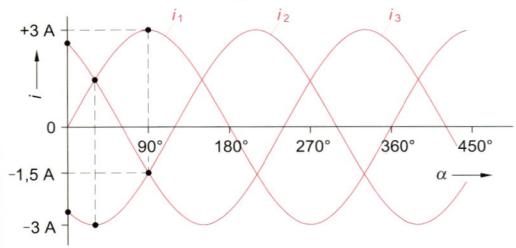

Somit muss auch die *Summe der Ströme* für jeden Winkel (zu jedem Zeitpunkt) *Null* sein.

Für $\alpha = 90°$ gilt z.B.

$i_1 + i_2 + i_3 = 0$

$3 A + (-1,5 A) + (-1,5 A) = 0$

In den sechs Leitern des unverketteten Systems fließen bei $\alpha = 90°$ also folgende Ströme:

Ströme bei Generatorbelastung ($\alpha = 90°$)

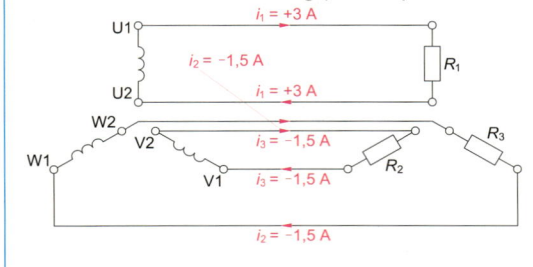

In den drei Leitern, die von den Strangenden U2, V2, W2 ausgehen, ist die *Summe der Ströme Null*.

Diese drei Leiter können *zu einem einzigen Leiter*, dem **Mittelpunktleiter** oder **Neutralleiter** zusammengefasst werden.

Auf Erzeuger- und Verbraucherseite werden die Strangenden zusammengeschaltet (verkettet). Man spricht dann von einer **Sternschaltung**.

Neutralleiter, Mittelpunktleiter

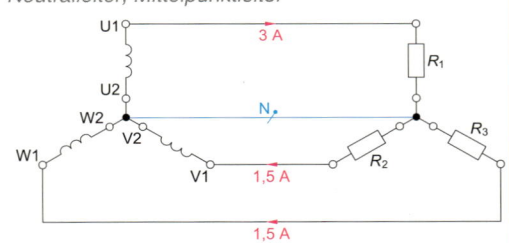

Bei der Schaltung werden *vier Leiter* verwendet (**Vierleiter-Drehstromnetz**).

Bei **symmetrischer Belastung** (alle Strangströme gleich groß) ist die Summe der Ströme in jedem Augenblick Null. Im *Neutralleiter* fließt dann kein Strom, er kann somit entfallen.

Wenn der Neutralleiter entfällt, spricht man von einem **Dreileiter-Drehstromnetz**.

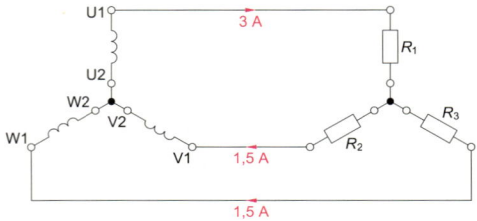

Dreileiter-Drehstromnetz

Information

Sternschaltung

Durch *Verkettung* der drei Wicklungsstränge des Generators ist aus drei voneinander unabhängigen Wechselstromkreisen die **Sternschaltung** entstanden.

Bei dieser Schaltung sind folgende Spannungen messbar:

- Strangspannungen U_1, U_2, U_3
- Außenleiterspannungen U_{12}, U_{23}, U_{31}

Sternschaltung Generator, Spannungen

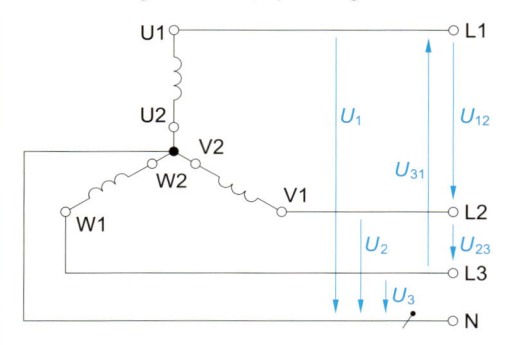

Die Verbindungsleitungen zwischen den Stranganfängen heißen **Außenleiter**. Sie werden mit L1, L2 und L3 bezeichnet.

Zusammenhang zwischen Außenleiter- und Strangspannungen

Sternschaltung Verbraucher

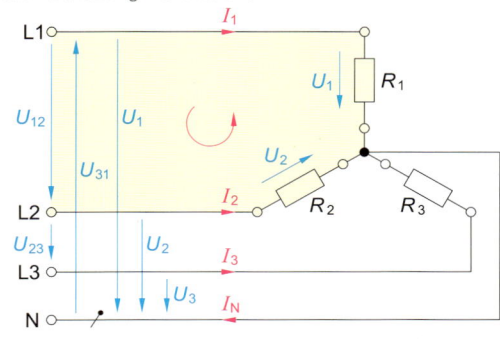

Für die hervorgehobene *Netzmasche* ($\rightarrow$ 50) gilt:

$U_{12} + U_2 - U_1 = 0$

$U_{12} = U_1 - U_2$

Da es sich um *Wechselgrößen* handelt, sind *geometrische* Additionen bzw. Subtraktionen erforderlich.

Außenleiter- und Strangspannung

Die Außenleiterspannung U_{12} ist die *geometrische Differenz* der beiden Strangspannungen U_1 und U_2.

Die *geometrische* Subtraktion

$U_{12} = U_1 - U_2 \equiv U_1 + (-U_2)$

kann im **Liniendiagramm** durchgeführt werden.

Subtraktion im Liniendiagramm

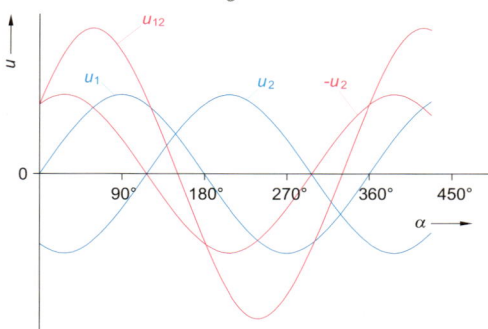

Im *Liniendiagramm* ist die Subtraktion allerdings schwierig durchführbar.

Zweckmäßigerweise wird die geometrische Subtraktion mit Hilfe des **Zeigerdiagramms** durchgeführt, wobei i. Allg. die **Effektivwerte** ($\rightarrow$ 80) der Wechselstromgrößen verwendet werden.

Drehstrommotor (ein häufig eingesetzter Drehstromverbraucher)

Information

Geometrische Subtraktion im Zeigerdiagramm

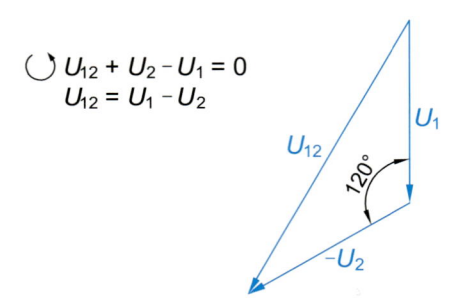

↻ $U_{12} + U_2 - U_1 = 0$
$U_{12} = U_1 - U_2$

Damit wurde die *Außenleiterspannung* U_{12} bestimmt.
Die verbleibenden Außenleiterspannungen

$U_{23} = U_2 - U_3$
$U_{31} = U_3 - U_1$

können in gleicher Weise bestimmt werden.
Das Ergebnis zeigt das **Zeigerbild der Spannungen bei Sternschaltung**.

Zeigerbild der Spannungen bei Sternschaltung

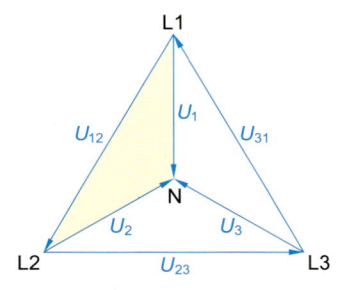

Verkettungsfaktor

Ausschnitt aus dem Zeigerbild der Spannungen

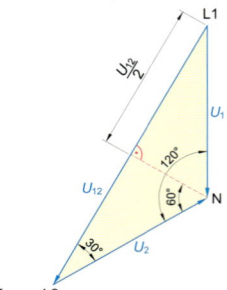

$$\cos 30° = \frac{\frac{U_{12}}{2}}{U_1} \rightarrow U_1 = \frac{U_{12}}{2 \cdot \cos 30°}$$
$\cos 30° = 0{,}866$

$$U_1 = \frac{U_{12}}{2 \cdot 0{,}866} = \frac{U_{12}}{1{,}73}$$

$1{,}73 = \sqrt{3}$

$$U_1 = \frac{U_{12}}{\sqrt{3}}$$

$$U_{12} = \sqrt{3} \cdot U_1$$

In gleicher Weise lassen sich auch die Außenleiterspannungen U_{23} und U_{31} bestimmen:

$U_{23} = \sqrt{3} \cdot U_2$
$U_{31} = \sqrt{3} \cdot U_3$

$\sqrt{3}$ bezeichnet man als *Verkettungsfaktor*.

Die Außenleiterspannungen sind um den Verkettungsfaktor $\sqrt{3}$ größer als die Strangspannungen.

Spannungen und Ströme bei Sternschaltung

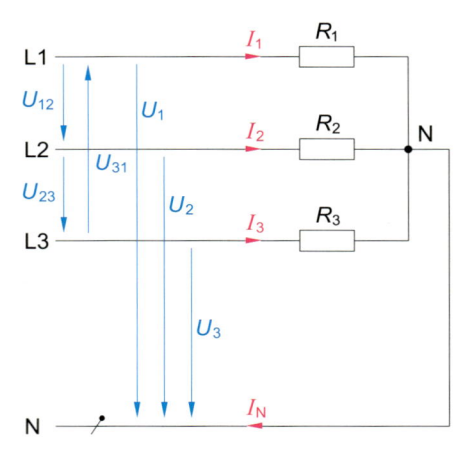

Bei der Sternschaltung stimmen Strangstrom und Außenleiterstrom überein.

Beispiel

Die Außenleiterspannung im Energieverteilungsnetz beträgt 230 V.

Wie groß ist die Strangspannung?

$$U_1 = U_2 = U_3 = \frac{U_{12}}{\sqrt{3}} = \frac{U_{23}}{\sqrt{3}} = \frac{U_{31}}{\sqrt{3}} = \frac{400\,V}{\sqrt{3}} = 231\,V$$

Information

Dreieckschaltung

An jedem der drei *Stränge* liegt die Außenleiterspannung.

Dreieckschaltung, Spannungen und Ströme

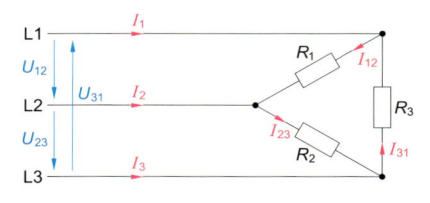

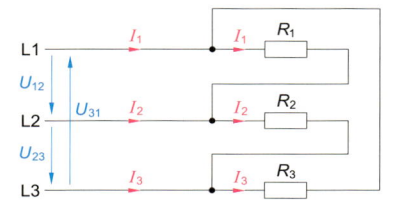

Ströme bei der Dreieckschaltung

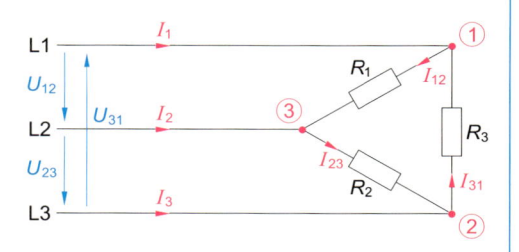

Selbstverständlich müssen die Subtraktionen *geometrisch* durchgeführt werden.

Bei *rein ohmscher Belastung* sind die *Ströme mit den Spannungen in Phase*.

Strangströme bei ohmscher Belastung

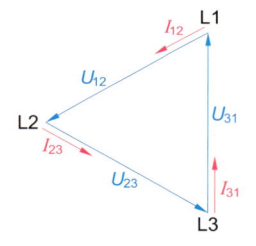

Strangströme

$$I_{12} = \frac{U_{12}}{R_1}$$

$$I_{23} = \frac{U_{23}}{R_2}$$

$$I_{31} = \frac{U_{31}}{R_3}$$

Da die Außenleiterspannungen um 120° phasenverschoben sind, ist ihre *geometrische Summe* Null.

Das *Zeigerbild* ist ein gleichseitiges Dreieck.

Zeigerbild der Außenleiterspannungen

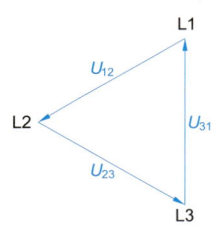

Subtraktion für den Knotenpunkt 1

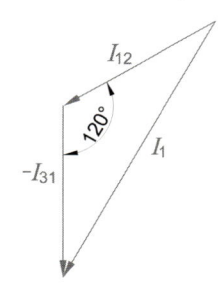

Bei der Dreieckschaltung treten *drei Stromverzweigungspunkte* auf, für die der *1. kirchhoffsche Satz* (→ 51) gilt.

Knotenpunkt 1
$I_1 + I_{31} - I_{12} = 0 \rightarrow I_1 = I_{12} - I_{31}$

Knotenpunkt 2
$I_3 + I_{23} - I_{31} = 0 \rightarrow I_3 = I_{31} - I_{23}$

Knotenpunkt 3
$I_2 + I_{12} - I_{23} = 0 \rightarrow I_2 = I_{23} - I_{12}$

Werden auch die beiden anderen Subtraktionen durchgeführt, ergibt sich das dargestellte *Zeigerbild der Ströme*.

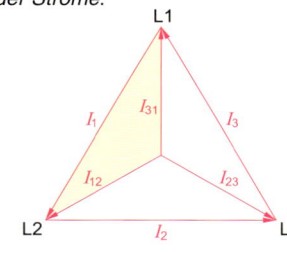

Knotenpunkt 1:
$I_1 + I_{31} - I_{12} = 0$
$I_1 = I_{12} - I_{31}$

Zeigerbild der Ströme

Information

Zusammenhang zwischen Strangstrom und Außenleiterstrom

$$\cos 30° = \frac{\frac{I_1}{2}}{I_{31}} \rightarrow I_{31} = \frac{I_1}{2 \cdot \cos 30°}$$

$$\cos 30° = 0{,}866$$

$$I_{31} = \frac{I_1}{2 \cdot 0{,}866} = \frac{I_1}{1{,}73} = \frac{I_1}{\sqrt{3}}$$

$$I_{31} = \frac{I_1}{\sqrt{3}} \rightarrow I_1 = \sqrt{3} \cdot I_{31}$$

> Bei der Dreieckschaltung ist der Außenleiterstrom um den Verkettungsfaktor $\sqrt{3}$ größer als der Strangstrom.

Beispiel
Drehstrom-Heizgerät in Dreieckschaltung.
Strangleistung P_{Str} = 1 kW,
Außenleiterspannung 400 V.

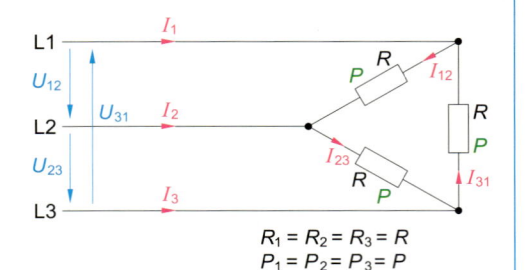

$R_1 = R_2 = R_3 = R$
$P_1 = P_2 = P_3 = P$

Strangströme

$$I_{12} = \frac{P_{Str}}{U_{12}} = \frac{1000\,W}{400\,V} = 2{,}5\,A$$

$$I_{23} = I_{31} = I_{12} = 2{,}5\,A$$

Außenleiterströme

$$I_1 = \sqrt{3} \cdot I_{12} = \sqrt{3} \cdot 2{,}5\,A = 4{,}3\,A$$

$$I_2 = I_3 = I_1 = 4{,}3\,A$$

Englisch

Leitungsschutzschalter
circuit breaker, automatic cut-out

Überlastungsschutz
overload protection

Kurzschlussschutz
short-circuit heating

Freiauslösung
trip-free

Verteiler
distributor, distribution board

Verteilung
distribution, dispersion

Schaltvermögen
switching capability, breaking capacity

Selektivität
selectivity, overcurrent discrimination

Induktion
induction

Magnetfluss
magnetic flux

Selbstinduktivität
self-inductor, (self-)inductance

Induktivität
inductance, inductivity

Zeitkonstante
time constant

Wechselstromgröße
a.c. quantity

Wechselstromkreis
a.c. circuit

Drehstrom
three-phase current

Drehstromnetz
three-phase network, three-phase system

Phasenverschiebung
phase shift

Strangspannung
phase voltage

Sternschaltung
star [wye] connection, Y-connection

Dreieckschaltung
delta connection

Verkettung
interlinking

Belastung
load, loading

Außenleiter
line-to-earth

Neutralleiter
neutral

Anwendung

1. Installationsplan der Tiefgarage auf Seite 171.

a) Erstellen Sie eine Materialliste für die Installationsarbeiten in der Tiefgarage.

b) Erstellen Sie einen Arbeitsplan (Aufbau des Arbeitsplanes siehe Seite 173).
In welcher Reihenfolge werden welche Arbeiten mit welchen Werkzeugen durchgeführt?

2. Verteilungsplan der Tiefgarage auf Seite 183.
Sie sollen die Verdrahtungsarbeiten vornehmen.
a) Hierzu erstellen Sie einen Verdrahtungsplan der Verteilung (→ 264).

b) Erstellen Sie den Arbeitsplan.

c) Erstellen Sie die Materialliste.

2.3 Leuchtstofflampen auswählen

Leuchten für die Tiefgarage
Leuchtstofflampe, freistrahlend

Gehäuse:
Stahlblech, weiß lackiert; Abdeckung mit Stehbolzen und Unterteil über Schaumstoffdichtung mit Rändelmuttern verschraubt.

Verdrahtung und Anschluss:
Anschlussfertig mit wärmebeständigen Leitungen, Anschluss stirnseitig über Anschluss- und Verbindungsklemme. Geeignet für starre und flexible Leiter bis 2,5 mm^2.

Schutzart: IP54

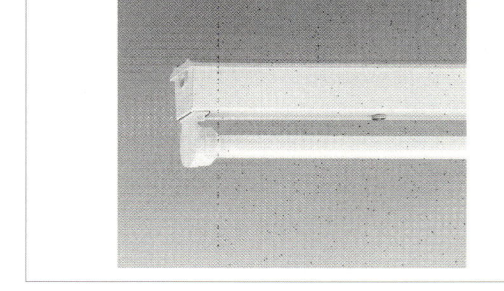

1 Leuchtstofflampe, freistrahlend

Leuchten für Dusche und WC
Leuchtstofflampe mit Acrylglaswanne

Gehäuse:
Polyester, hellgrau und glasfaserverstärkt und schwer entflammbar; mit alterungsbeständiger Gummidichtung und unsichtbaren Verschlüssen; Reflektor aus Stahlblech, weiß lackiert.

Wanne:
Acrylglas, gespritzt und eckenstabil

Anschluss: siehe oben

Schutzart: IP54

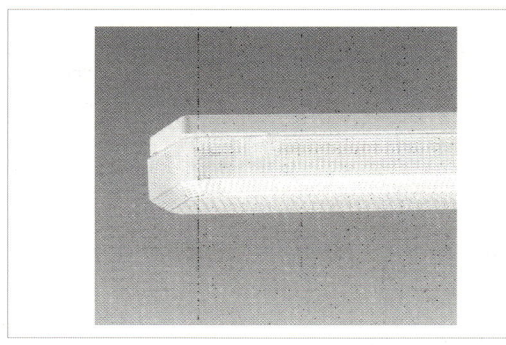

2 Leuchtstofflampe mit Acrylglaswanne, IP 54

Leuchten für Waschanlage
Leuchtstofflampe mit Acrylglaswanne

Gehäuse:
Polycarbonat, hellgrau, gespritzt; mit umlaufendem Dichtrand und angeformten Wannenhalteklipsen; werkzeuglos montierbar.

Schutzart: IP67

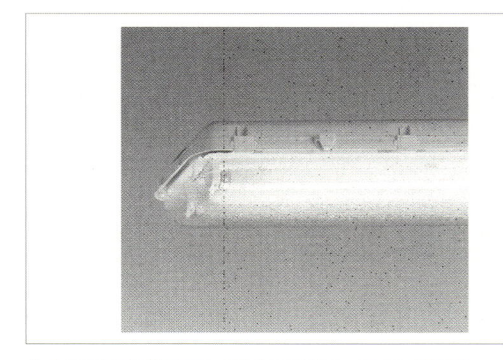

3 Leuchtstofflampe mit Acrylglaswanne, IP 67

Englisch

Leuchtstofflampe
fluorescent lamp

Gehäuse
case, casing, housing, box, cubicle, cabinet

Verdrahtung
wiring, cabling

montieren
mount, install

Drossel
choke, choking coil, reactor

Vorschaltgerät
series reactor, ballast

Zündspannung
starting voltage

Gasentladung
gas(eous) discharge, discharge in a gas

Duoschaltung
dual lamp circuit, twin-lamp circuit

Stroboskop
stroboscope

Information

Leuchtstofflampen

Leuchtstofflampen zählen zu den *Gasentladungslampen*. Im Vergleich mit *Glühlampen* haben sie wesentliche Vorteile:
- erheblich höhere Lichtausbeute (mehr Licht aus einem Watt elektrischer Leistung)
- höhere Wirtschaftlichkeit
- längere Lebensdauer

Kennzeichnend für **Gasentladungslampen** ist das *Entladungsrohr*, das mit *Gas* oder *Metalldampf* gefüllt und durch zwei *Elektroden* abgeschlossen ist.

Wenn an die Elektroden eine *elektrische Spannung* gelegt wird, entsteht zwischen ihnen im Entladungsrohr ein *elektrisches Feld* (→ 128).

Dadurch werden *freie Elektronen* und *Ionen* im Entladungsrohr *beschleunigt* und *stoßen* mit den Gasatomen *zusammen*.

Dabei sind *drei Möglichkeiten* zu unterscheiden:

1. *Die Elektronen- oder Ionengeschwindigkeit ist gering*

Das Elektron oder Ion prallt beim Zusammenstoß vom getroffenen Atom ab. Die frei werdende Energie wird in Wärme umgewandelt.

2. *Die Elektronen- oder Ionengeschwindigkeit erreicht mittlere bis hohe Werte*

Durch den Zusammenstoß wird das betroffene Atom *angeregt*, also in einen Zustand höherer Energie versetzt. Dabei tritt kurzfristig eine *Strahlungsemission* auf. Danach fällt das angeregte Atom wieder in seinen Ausgangszustand zurück.

3. *Die Elektronen- oder Ionengeschwindigkeit ist sehr hoch*

Jetzt werden Elektronen aus der Atomhülle des angestoßenen Atoms abgespalten.

Dadurch entstehen *weitere freie positive Ionen*. Dies bedeutet eine Zunahme der Stromstärke.

> Ohne Begrenzung der Ladungsträgerzunahme wird die Lampe zerstört.

Anregung eines Gasatoms

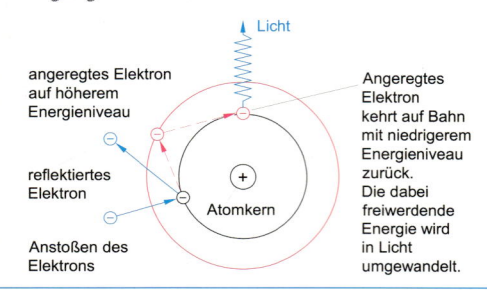

Problem:
Einerseits müssen *genügend freie Ladungsträger* vorhanden sein, damit ausreichend viele Gasatome angeregt werden.

Andererseits dürfen *nicht unkontrolliert viele Ladungsträger freigesetzt* werden.

Zum Betrieb von *Gasentladungslampen* ist deshalb ein **Vorschaltgerät** (→ 204) notwendig, das
- die notwendige **Zündspannung** erzeugt und
- den **Strom** nach dem Zünden **begrenzt**.

Im Inneren der Leuchtstofflampe entsteht zwischen den beiden Enden eine *Gasentladung* mit unsichtbarer UV-Strahlung.

Diese bringt den *Leuchtstoff* auf der Lampenkolbeninnenwand zum Leuchten.

Von diesem **Leuchtstoff** sind **Lichtfarbe** und **Farbwiedergabe** der Leuchtstofflampe abhängig.

Leuchtstofflampen

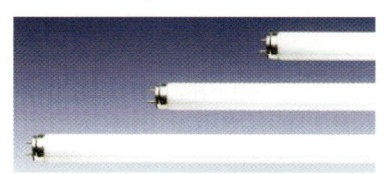

Leuchtstofflampen arbeiten mit *Quecksilberdampf* unter sehr niedrigem Druck.

An den Lampenenden befinden sich **Elektroden** aus Wolframdraht, der mit einem Emitter (Aussender) überzogen ist, damit der *Elektrodenaustritt* erleichtert wird.

Die Elektronen treffen auf ihrem Weg im Entladungsrohr auf die Quecksilberatome.

Beim Zusammenstoß wird ein Quecksilberelektron aus seiner Bahn abgelenkt und umkreist in größerem Abstand den Atomkern.

Es kehrt danach auf seine ursprüngliche Bahn zurück und gibt die aufgenommene Stoßenergie in Form von **Strahlung** ab.

> Leuchtstofflampen haben bei Umgebungstemperatur von 20 ... 25 °C die maximale Lichtleistung.
>
> Bei niedrigeren und höheren Temperaturen treten *erhebliche Lichtstromeinbußen* auf.
>
> Lampen mit 26 mm Ø statt 38 mm Ø haben unterhalb von 20 °C eine besonders starke Lichtstromverminderung.

Leuchtstofflampen auswählen **203**

Information

Wirkungsweise der Leuchtstofflampe

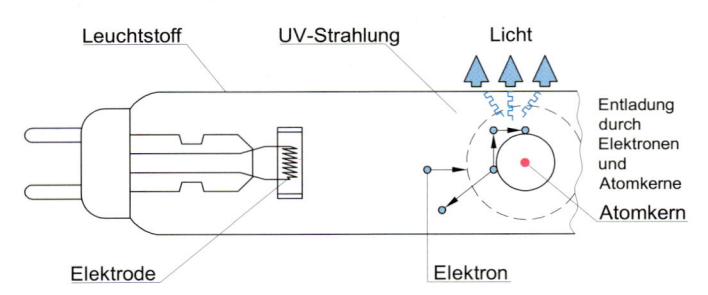

Leuchtstoff — UV-Strahlung — Licht — Entladung durch Elektronen und Atomkerne — Atomkern — Elektron — Elektrode

Es gibt auch **Leuchtstofflampen für niedrige Temperaturen**, die oftmals ein Füllgas anderer Zusammensetzung enthalten.

Diese zünden bei Temperaturen bis $-20\,°C$ leichter als Standardlampen.

Lampenausfall

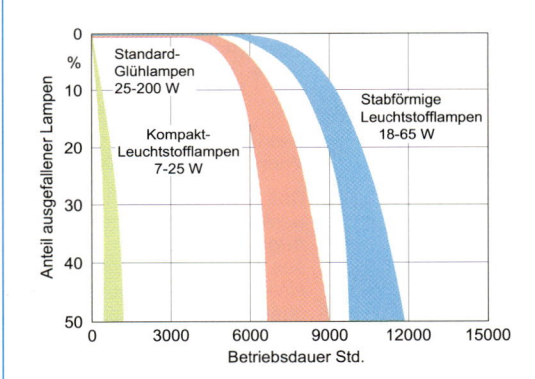

Anteil ausgefallener Lampen (%) vs. Betriebsdauer Std.
- Standard-Glühlampen 25-200 W
- Kompakt-Leuchtstofflampen 7-25 W
- Stabförmige Leuchtstofflampen 18-65 W

Abnahme der Lichtleistung

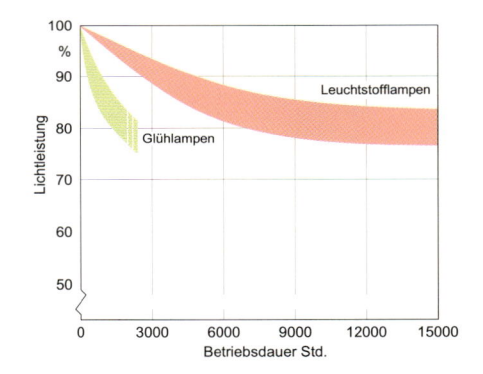

Lichtleistung (%) vs. Betriebsdauer Std.
- Leuchtstofflampen
- Glühlampen

Technische Daten von Leuchtstofflampen (Auswahl)
→ *Tabellenbuch*

Leistung in W		Länge in mm
Lampe	Vorschaltgerät	
20	5	590
40	10	1200
65	13	1500

Konventionelle Vorschaltgeräte (KVG)

Konventionelle Vorschaltgeräte bestehen aus einer *Drosselspule*. Zum Starten (Zünden) wird ein **Starter** benötigt, der meist *Bimetallelektroden* enthält.

Vorschaltgerät und Starter
(aus einer älteren Leuchtstofflampe)

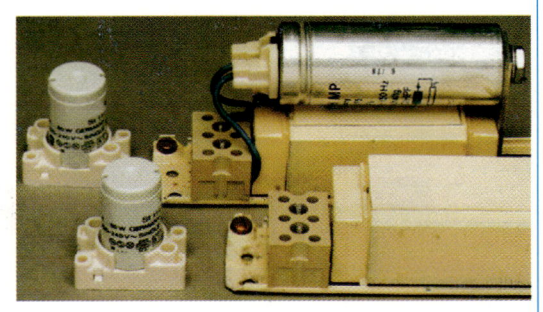

Betrieb von Leuchtstofflampen

Der Betrieb von Leuchtstofflampen erfordert **Vorschaltgeräte**.

Diese haben folgende Aufgaben:
- Vorheizung der Lampenelektroden
- Erzeugung der Zündspannung
- Begrenzung des Lampenstromes

Information

- Beim *Einschalten* der Leuchtstofflampe fließt ein geringer Strom über die Drossel, die Lampenelektroden und den Starter.
- Die Bimetallkontakte des Starters werden durch *Glimmentladung* erwärmt. Sie biegen sich dabei und schließen den Stromkreis.
- Dadurch fließt ein höherer Strom, der die Lampenelektroden erhitzt. Die *Elektronenemission* wird dadurch begünstigt.
- Die Glimmentladung an den Bimetallkontakten erlischt. Die Bimetallkontakte kühlen ab und öffnen den Stromkreis.
- Durch diese plötzliche *Stromflussunterbrechung* wird an der Drossel eine hohe *Selbstinduktionsspannung* (ca. 1000 V) hervorgerufen. Dadurch wird die Leuchtstofflampe *gezündet*.
- *Der induktive Blindwiderstand* (→ 206) der Drossel begrenzt die Spannung an der Lampe auf ca. 80 V. *Der Lampenstrom* wird dadurch auf den *Bemessungsstrom* begrenzt.

Vorschaltgeräte von Leuchtstofflampen

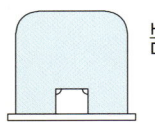

Herkömmlich
Drossel aus Kupfer-Eisen

Leistung im System

Lampe z.B. 58 W 80 %	13 W 20 %
System: 71 W	

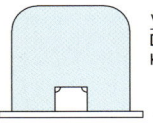

Verlustarm
Drossel mit weniger/dickerem Kupferdraht und besserem Eisen

Lampe z.B. 58 W 85 %	8 W 15 %
System: 66 W	

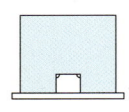

Elektronisch
Frequenzwandler und Filter

Lampe z.B. 50 W 90 %	5 W 10 %
System: 55 W	

Das *konventionelle Vorschaltgerät* (KVG) verursacht relativ hohe *Wärmeverluste*.

Es benötigt Blindleistung, da der *Leistungsfaktor* von Leuchtstofflampen gering ist ($\cos\varphi = 0{,}4 \cdots 0{,}5$).

Elektronische Vorschaltgeräte (EVG)

Das *elektronische Vorschaltgerät* besteht aus einem *Hochfrequenz-Generator* (3), der aus der Netzfrequenz (50 Hz) eine Spannung hoher Frequenz (ca. 35 kHz) erzeugt.

Dies wird durch schnell schaltende Transistoren bewirkt, die eine erzeugte Gleichspannung (2) in eine hochfrequente Rechteckspannung umwandeln.

Das *Filter* (1) verhindert die Rückwirkung der hohen Generatorfrequenz auf die Netzzuleitung.

Die *Begrenzung des Lampenstromes* wird über eine *miniaturisierte Drossel* (4) erreicht.

Der *Vorheizkreis* (5) gewährleistet, dass die Lampe sicher und flackerfrei gezündet wird.

Elektronische Vorschaltgeräte von Leuchtstofflampen

Netz — Filter (1) — Gleichrichter u. Siebung (2) — Hochfrequenz-Generator (3) — Strombegrenzung (4) — Vorheizkreis (5) — Lampe

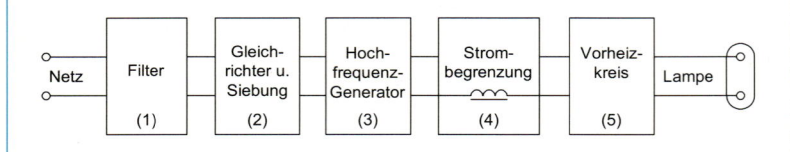

Leuchtstofflampen auswählen

Information

Schaltung einer Leuchtstofflampe

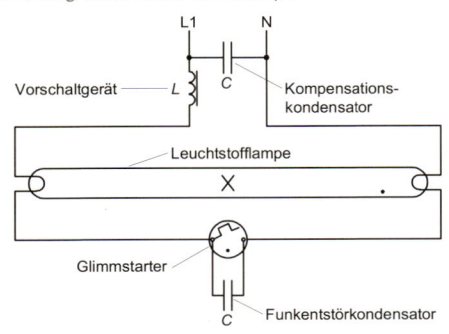

(Schaltbild: L1, N, Vorschaltgerät L, Kompensationskondensator C, Leuchtstofflampe, Glimmstarter, Funkentstörkondensator C)

Bei 230 V werden die *Bemessungs-Lichtströme* abgegeben. Wechselspannungen von 198 V bis 254 V sind zulässig.

Betrieb an *Gleichspannungsnetzen* ist möglich. Der Spannungsbereich liegt hierbei zwischen 176 V und 254 V.
Der Einsatz in *Notbeleuchtungsanlagen* ist bei Dauerschaltung zulässig. Ausnahme:
Bereiche mit Bereitschaftsschaltung, in denen Einschaltzeiten unter 1 Sekunde gefordert werden.

Beim *Betrieb an Drehstromnetzen* (→ 194) ist sicherzustellen, dass der N-Leiter angeschlossen ist.

Überspannungen (durch Sternpunktverschiebung) könnten die EVGs zerstören.

Vorteile der EVGs

- Geringe Verlustleistung
- Zuverlässige und schonende Zündung
- Keine Blindleistung ($\cos \varphi = 1$)
- Kein stroboskopischer Effekt

Vorsicht!

Bei Isolationsmessungen (500 V DC gegen Erde) ist das Öffnen der Neutralleiter-Trennklemme nur bei abgeschalteter Netzspannung zulässig.

Vor der Inbetriebnahme ist stets auf ordnungsgemäße N-Leiter-Verbindungen zu achten.

Während des Betriebs der Beleuchtung den N-Leiter nicht allein oder zuerst unterbrechen.

Stroboskopischer Effekt

Lichtstromschwankungen als Folge des Wechselstroms können zu *Sehstörungen* oder *Sehirrtümern* führen (*stroboskopischer Effekt* an beweglichen Teilen).

Gasentladungslampen, die *im Rhythmus der Frequenz* leuchten, rufen bei Beleuchtung *bewegter Teile* den *Eindruck des Stillstandes* hervor.

Dies bedeutet erhebliche Unfallgefahr!

Bei Leuchten mit **konventionellen Vorschaltgeräten** wird der stroboskopische Effekt vermieden durch die

- Duoschaltung (→ 206)
- Aufteilung der Lampen auf die drei Außenleiter des Drehstromsystems (→ 197)

Lichtstrom

Elektrische Lichtquellen wandeln elektrische Leistung in *Strahlungsleistung* um.
Die im sichtbaren Bereich liegende Strahlungsleistung, die allseitig abgestrahlt wird oder auf eine Fläche auftrifft, wird *Lichtstrom* Φ genannt.

(Abbildung: Glühlampe mit Lichtstrom Φ)

Lichtausbeute

Die *Lichtausbeute* η bezieht den erzeugten Lichtstrom Φ auf den elektrischen Anschlusswert P.

$$\eta = \frac{\Phi}{P} \qquad [\eta] = \frac{\text{lm}}{\text{W}} \qquad (\text{lm} = \text{Lumen})$$

Je höher die Lichtausbeute, umso wirtschaftlicher kann die Lichtquelle betrieben werden.

Information

Duoschaltung mit Glimmstarter und Drossel

Zwei Leuchtstofflampen sind *parallel* geschaltet. Eine Lampe wird über eine Drossel, die andere über eine *Reihenschaltung von Drossel und Kondensator* angeschlossen.

Der *kapazitive Widerstand* des Kondensators C ist 2-mal so groß wie der *induktive Blindwiderstand* der Drossel.

Beide Lampen erreichen dadurch einen *guten Leistungsfaktor*.

Außerdem wird durch unterschiedliche Phasenverschiebung in den beiden Zweigen der *stroboskopische Effekt* vermieden.

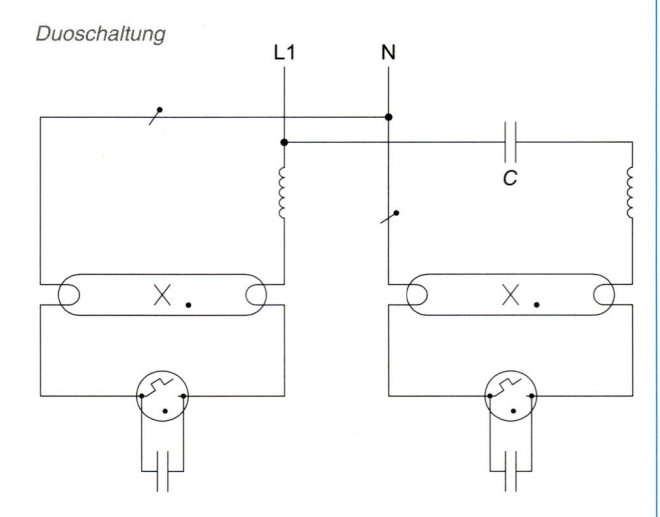

Duoschaltung

Induktiver Widerstand

Der **Wechselstromwiderstand** einer Spule ist größer als ihr *Gleichstromwiderstand*.

Im *Wechselstromkreis* ist also offensichtlich ein „*Zusatzwiderstand*" wirksam. Dieser Zusatzwiderstand wird **induktiver Widerstand** X_L genannt.

	Gleichstromwiderstand
+	Zusatzwiderstand
=	Wechselstromwiderstand

Wirksame Spannung

je größer u_w, desto geringer der Zusatzwiderstand

Zusatzwiderstand Null ⟶ $u_i = 0$

Ursache des Zusatzwiderstandes ist die *Selbstinduktionsspannung* (→ 188) der Spule.

Da diese der angelegten Spannung *entgegengerichtet* ist, verringert sich die wirksame (stromtreibende) Spannung.

Wenn sich die wirksame Spannung verringert, verringert sich auch die Stromstärke.

Eine Abnahme der Stromstärke ist gleichbedeutend mit einer *Zunahme des Widerstandes*.

Widerstand ist allgemein die Eigenschaft der Strombegrenzung.

Strombegrenzung kann durch „Reibung" der Ladungsträger (ohmscher Widerstand) oder durch *Gegenspannung* (induktiver Widerstand) erfolgen.

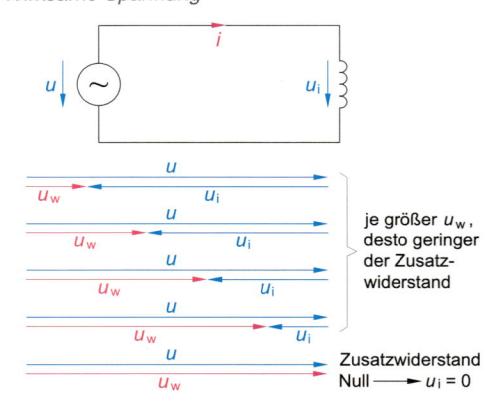

Widerstand

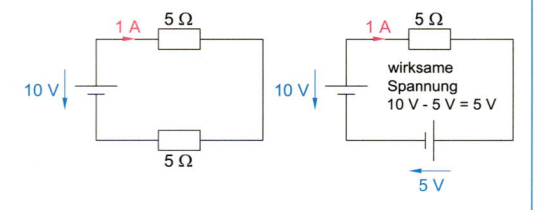

wirksame Spannung
10 V - 5 V = 5 V

Der *induktive Widerstand* wird durch die *Selbstinduktionsspannung* hervorgerufen.

$$u_i = -L \cdot \frac{\Delta i}{\Delta t}$$

Leuchtstofflampen auswählen, Wechselstromwiderstände

Information

Je größer die Selbstinduktionsspannung, umso größer ist der **induktive Widerstand**.

Das Induktionsgesetz zeigt, dass u_i von der Induktivität L und von der Stromänderungsgeschwindigkeit $\Delta i/\Delta t$, also letztlich von der *Frequenz f* bzw. *Kreisfrequenz ω* abhängt.

$$X_L = \omega \cdot L = 2\pi \cdot f \cdot L$$

X_L induktiver Widerstand in Ω
ω Kreisfrequenz in 1/s
L Induktivität in H
f Frequenz in Hz
$\omega = 2\pi \cdot f$

Einheit

$$[X_L] = \frac{1}{s} \cdot \frac{Vs}{A} = \frac{V}{A} = \Omega$$

Einfluss der Frequenz

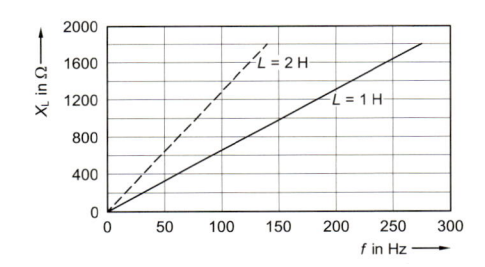

Einfluss der Induktivität

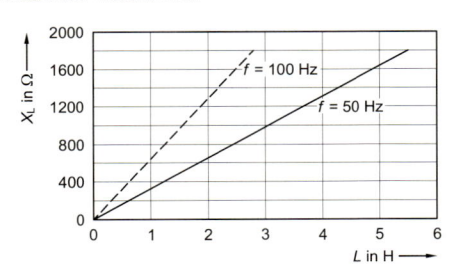

Beispiel
Eine Spule hat die Induktivität $L = 100\,\text{mH}$. Sie wird an die Spannung 24 V/50 Hz angeschlossen.

Induktiver Widerstand

$X_L = \omega \cdot L = 2\pi \cdot f \cdot L$

$X_L = 2\pi \cdot 50\,\text{Hz} \cdot 0{,}1\,\text{H} = 31{,}4\,\Omega$

Stromstärke

$I = \dfrac{U}{X_L} = \dfrac{24\,\text{V}}{31{,}4\,\Omega} = 764\,\text{mA}$

Scheinwiderstand

Eine Spule an *Wechselspannung* hat neben dem **Wirkwiderstand** R auch den **Blindwiderstand** X_L.

Der aus diesen Teilen gebildete gesamte Widerstand wird **Scheinwiderstand** Z genannt.

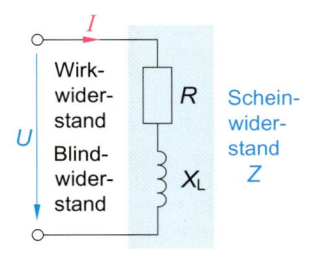

Scheinwiderstand

$$Z = \frac{U}{I}$$

Z Scheinwiderstand in Ω
U Spannung in V
I Stromstärke in A

Der Scheinwiderstand Z ist das Verhältnis von Spannung und Stromstärke im Wechselstromkreis.

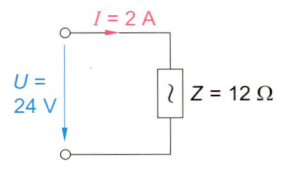

Kapazitiver Widerstand

Wenn ein *Kondensator* an Wechselspannung angeschlossen wird, wird er fortlaufend geladen und entladen. Es fließt also ständig ein *elektrischer Strom*.

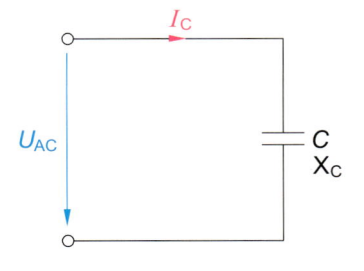

Information

Wenn eine Wechselspannung einen Stromfluss im Kreis mit Kondensator hervorruft, dann kann für diesen Kreis ein *Widerstand* angegeben werden.

Dieser Widerstand

$$X_C = \frac{U}{I_C}$$

wird **kapazitiver Blindwiderstand** (oder kurz **kapazitiver Widerstand**) genannt.

Abhängigkeit von der Frequenz

Je höher die Frequenz, umso schneller lädt bzw. entlädt sich der Kondensator. Bei gleicher Spannung ist hierzu ein höherer Strom notwendig. Demnach wird X_C mit steigender Frequenz geringer.

$$X_C \sim \frac{1}{f}$$

Abhängigkeit von der Kapazität

Je größer die Kapazität C, umso mehr Ladungen kann der Kondensator aufnehmen bzw. abgeben. Der Lade- und Entladestrom wird mit zunehmender Kapazität größer.
Somit wird der kapazitive Blindwiderstand mit steigender Kapazität geringer.

$$X_C \sim \frac{1}{C}$$

Zusammengefasst

Der *kapazitive Blindwiderstand* ist umso geringer, je höher die Frequenz und je größer die Kondensatorkapazität sind.

$$X_C = \frac{1}{\omega \cdot C} = \frac{1}{2\pi \cdot f \cdot C}$$

X_C kapazitiver Blindwiderstand in Ω
ω Kreisfrequenz in 1/s
C Kondensatorkapazität in F
f Frequenz in Hz

Beispiel

$$X_C = \frac{1}{\omega \cdot C}$$

$f = 50...500$ Hz $C = 1\ \mu F$

f in Hz	50	100	150	200	250	300	350	400	450	500
X_C in Ω	3185	1592	1062	796	637	531	445	398	354	318

Bei 50 Hz:

$$X_C = \frac{1}{2\pi \cdot f \cdot C} = \frac{1}{2\pi \cdot 50\,Hz \cdot 1 \cdot 10^{-6}\,F} = 3185\ \Omega$$

Stellen Sie die Abhängigkeit des induktiven Widerstandes von der Frequenz als Kennlinie dar.

2.4 Leuchtstofflampe in der Elektrowerkstatt analysieren

Für die Beleuchtung der *Elektrowerkstatt* werden *Leuchtstofflampen 2 x 65 W in Duoschaltung* eingesetzt (→ 206). Die Lampen sind mit einem *konventionellen Vorschaltgerät* ausgerüstet. Prinzipiell handelt es sich um zwei *parallel* an das Netz angeschlossene Lampen. Bei einer Lampe ist allerdings *ein Kondensator in Reihe* mit dem Vorschaltgerät geschaltet.

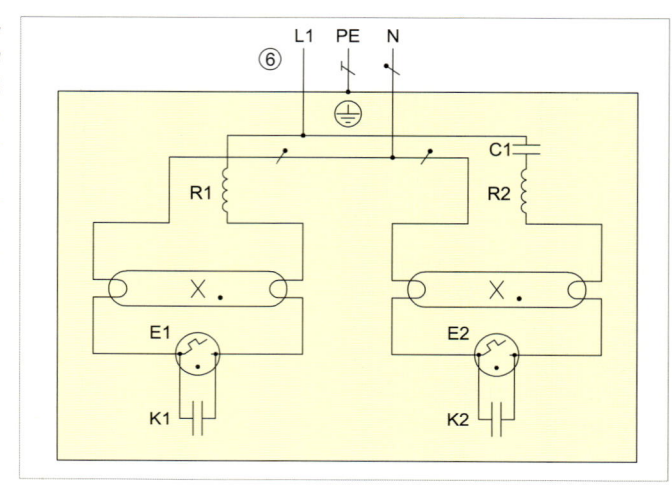

1 Duoschaltung von Leuchtstofflampen 2 x 65 W

Leuchtstofflampen in der Elektrowerkstatt analysieren

Induktiver Zweig der Duoschaltung

Die Leuchtstofflampe selbst kann als *ohmscher Widerstand* R_1 angesehen werden.

In Reihe mit dem ohmschen Widerstand ist das *Vorschaltgerät* mit der *Induktivität* L_1 bzw. dem *induktiven Widerstand* X_L geschaltet (→206).

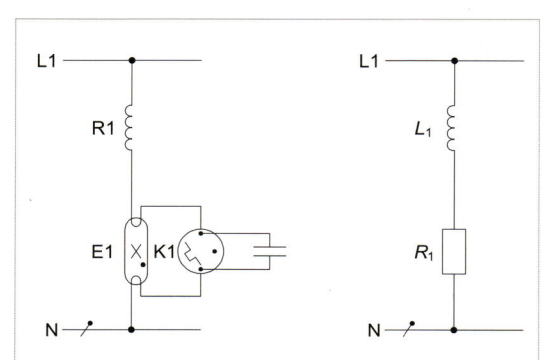

Reihenschaltung von induktivem und ohmschem Widerstand. Die Leuchtstofflampe selbst kann als ohmscher Widerstand angesehen werden.
Beachten Sie: Links sind die *Kennbuchstaben*, rechts die *Formelzeichen* eingetragen.

1 Induktiver Zweig der Duoschaltung

Eine *Spannungsmessung* ergibt:

$U = 230$ V   (Netzspannung)
$U_L = 192$ V   (Spannung am Vorschaltgerät)
$U_R = 126{,}5$ V   (Spannung an der Lampe)

Messung der *Stromstärke* im Kreis:

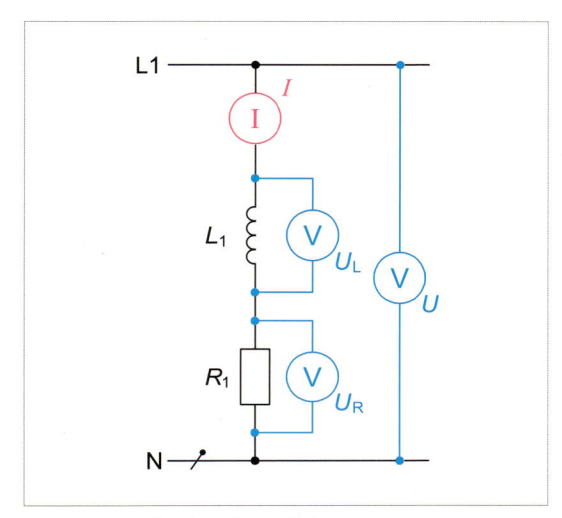

$I = 0{,}7$ A

2 Induktiver Zweig, Messschaltung

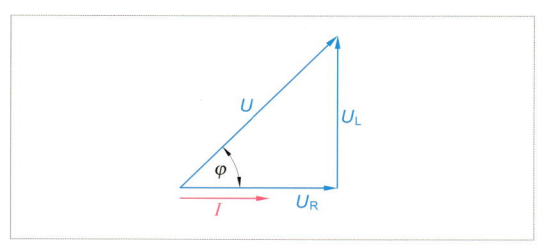

3 Zeigerbild der Spannungen

Die Spannung an der Lampe U_R ist mit dem Strom I in Phase.
Die Spannung am Vorschaltgerät U_L eilt dem Strom um 90° voraus. Die **Phasenverschiebung** zwischen Strom und Spannung beträgt 90°.

Das Zeigerbild der Spannungen (nicht maßstäblich) zeigt Bild 3.

Satz des Pythagoras

$$U = \sqrt{U_R^2 + U_L^2}$$

$$U = \sqrt{(126{,}5\text{ V})^2 + (192\text{ V})^2} = 230\text{ V}$$

Dieses Ergebnis wurde durch die Messung bestätigt.

Winkelfunktionen

$$\cos\varphi = \frac{U_R}{U} = \frac{126{,}5\text{ V}}{230\text{ V}} = 0{,}55$$

Dieser Zweig der Leuchtstofflampe hat einen *schlechten Leistungsfaktor*.

Scheinleistung des Zweiges

$$S = U \cdot I = 230\text{ V} \cdot 0{,}7\text{ A} = 161\text{ VA}$$

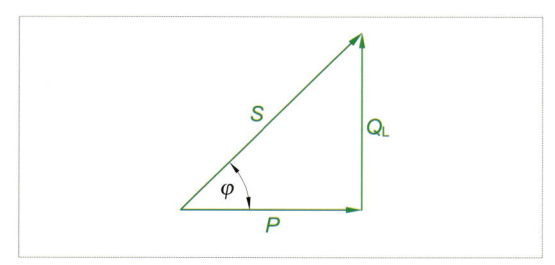

4 Leistungsdreieck, nicht maßstäblich

$$\cos\varphi = \frac{P}{S} \rightarrow P = S \cdot \cos\varphi$$

$$P = 161\text{ VA} \cdot 0{,}55 = 88{,}55\text{ W}$$

Die Wirkleistung ist größer als 65 W, da auch im Vorschaltgerät Wirkleistung umgesetzt wird.

Induktive Blindleistung des Vorschaltgerätes

$\sin\varphi = \dfrac{Q_L}{S} \rightarrow Q_L = S \cdot \sin\varphi$

$\cos\varphi = 0{,}55 \rightarrow \varphi = 56{,}6° \rightarrow \sin\varphi = 0{,}84$

$Q_L = 161\,\text{VA} \cdot 0{,}84 = 135{,}2\,\text{var}$

Scheinwiderstand

$Z = \dfrac{U}{I} = \dfrac{230\,\text{V}}{0{,}7\,\text{A}} = 328{,}6\,\Omega$

Kapazitiver Zweig der Duoschaltung

Leuchtstofflampe und *Vorschaltgerät* im *kapazitiven Zweig* haben die *gleichen* technischen Daten wie im induktiven Zweig.

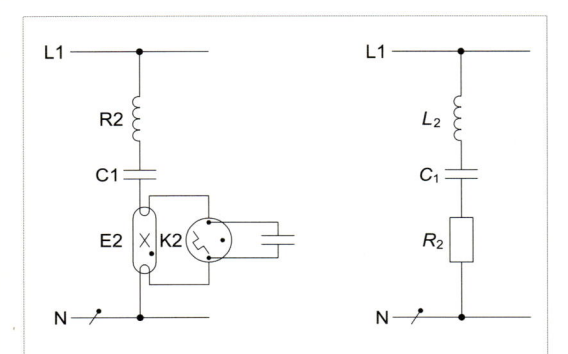

Reihenschaltung von induktivem, kapazitivem und ohmschem Widerstand. Der induktive und kapazitive Widerstand heben sich zum Teil auf. Sie kompensieren sich.

1 Kapazitiver Zweig der Duoschaltung

Aus dem *induktiven Zweig* ergibt sich:

Spannung am Vorschaltgerät: $U_L = 192\,\text{V}$

Strom durch das Vorschaltgerät: $I = 0{,}7\,\text{A}$

Induktiver Widerstand des Vorschaltgerätes:

$X_L = \dfrac{U_L}{I} = \dfrac{192\,\text{V}}{0{,}7\,\text{A}} = 274{,}3\,\Omega$

Spannung an der Lampe: $U_R = 126{,}5\,\text{V}$

Strom durch Lampe: $I = 0{,}7\,\text{A}$

Ohmscher Widerstand der Lampe:

$R = \dfrac{U_R}{I} = \dfrac{126{,}5\,\text{V}}{0{,}7\,\text{A}} = 180{,}7\,\Omega$

Eingebaut ist ein *Kondensator:*

$C = 5{,}3\,\mu\text{F} \pm 4\,\%$ (450 V)

Kapazitiver Widerstand des Kondensators bei einer Frequenz von 50 Hz (Netzfrequenz):

$X_C = \dfrac{1}{\omega \cdot C} = \dfrac{1}{314\,\dfrac{1}{\text{s}} \cdot 5{,}3 \cdot 10^{-6}\,\text{F}} = 601\,\Omega$

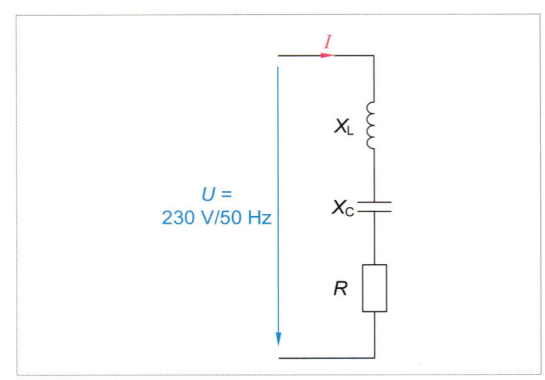

2 Schaltung des kapazitiven Zweiges

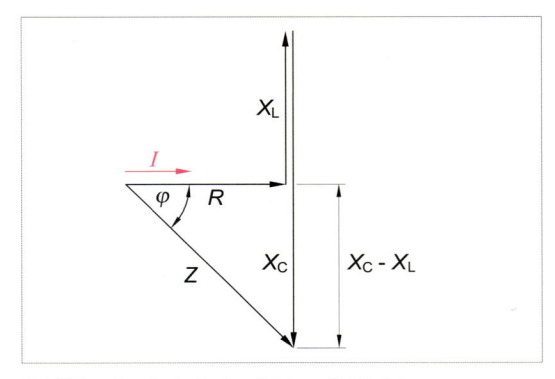

3 Widerstandsdreieck, nicht maßstäblich

Wegen der Phasenverschiebung von 180° heben sich X_L und X_C teilweise auf. Sie *kompensieren sich.*

$X_L = 274{,}3\,\Omega$ (induktiv, voreilend)
$X_C = 601\,\Omega$ (kapazitiv, nacheilend)

Der Zeiger von X_L eilt dem Zeiger des Stromes I um 90° voraus.
Der Zeiger von X_C eilt dem Zeiger des Stromes I um 90° nach.

Zwischen X_L und X_C besteht also eine Phasenverschiebung von 180°.

Mit Hilfe eines **maßstäblichen Zeigerbildes** kann der Scheinwiderstand des kapazitiven Zweiges ohne Rechnung ermittelt werden (Bild 1, Seite 211).

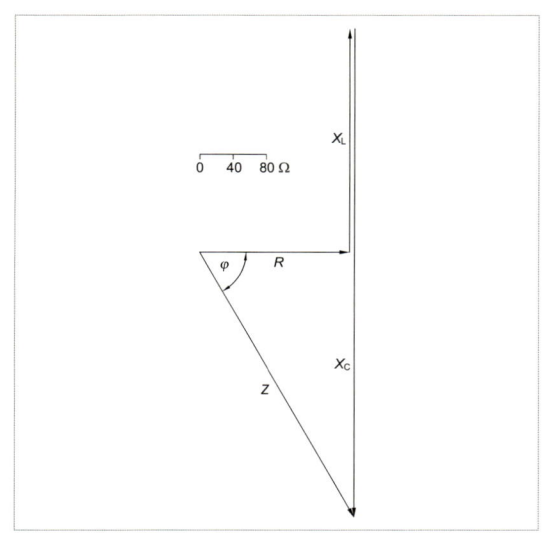

Leuchtstofflampen in der Elektrowerkstatt analysieren

1 Maßstäbliches Zeigerbild, Widerstandsdreieck

Aus dem *Zeigerbild* ergeben sich folgende Werte:
$Z \approx 380\,\Omega$
$\varphi \approx 60°$ (kapazitiv)

Rechnerische Lösung

$Z = \sqrt{R^2 + (X_C - X_L)^2}$

$Z = \sqrt{(180{,}7\,\Omega)^2 + (601\,\Omega - 274{,}3\,\Omega)^2} = 375\,\Omega$

$\cos \varphi = \dfrac{R}{Z} = \dfrac{180{,}7\,\Omega}{375\,\Omega} = 0{,}482 \rightarrow \varphi = 61°$ (kapazitiv)

Stromstärke im kapazitiven Zweig:

$I = \dfrac{U}{Z} = \dfrac{230\,\text{V}}{375\,\Omega} = 0{,}61\,\text{A}$

Gesamte Duoschaltung

Induktiver und kapazitiver Zweig sind *parallel geschaltet*. Dies wird hier durch die Parallelschaltung der Wechselstromwiderstände (Scheinwiderstände) Z_1 und Z_2 ausgedrückt (Bild 2).

Induktiver Zweig:

$Z_1 = 328{,}6\,\Omega;\ I_1 = 0{,}7\,\text{A};$
$\varphi_1 = 56{,}6°;\ \cos \varphi_1 = 0{,}55$ (ind.)

Kapazitiver Zweig:

$Z_2 = 380\,\Omega;\ I_2 = 0{,}61\,\text{A};$
$\varphi_2 = 61°;\ \cos \varphi_2 = 0{,}482$ (kap.)

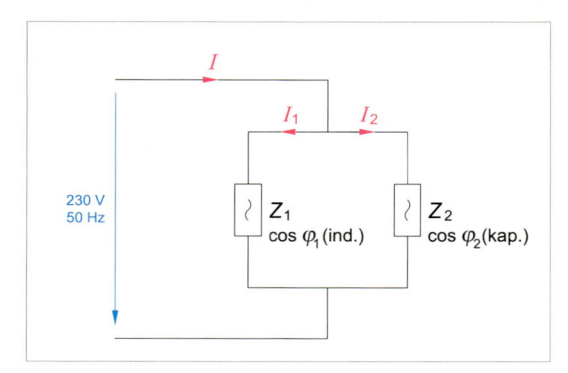

2 Gesamte Duoschaltung

Ermittlung des *Gesamtstromes I* der Duoschaltung mit Hilfe eines *maßstäblichen Zeigerbildes*.

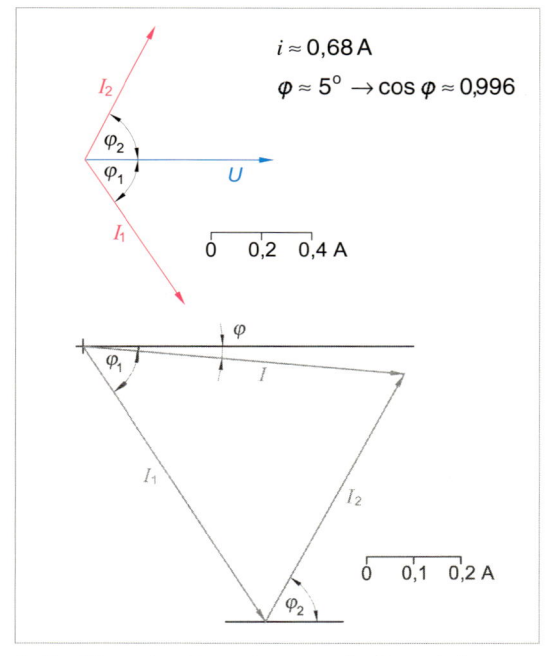

3 Ermittlung des Gesamtstromes der Duoschaltung

Der dem Netz entnommene *Gesamtstrom I* ist die *geometrische Summe* der beiden Teilströme I_1 und I_2.

Aus dem *maßstäblichen Zeigerbild* ergibt sich:

$I \approx 0{,}68\,\text{A}$

$\varphi \approx 5° \rightarrow \cos \varphi \approx 0{,}996$

Die *Duoschaltung* hat einen *sehr guten Leistungsfaktor*. Die Analyse der Werkstattlampe hat dies bestätigt.

Information

Wechselstromkreise

Kreis mit idealer Spule
Bei der *idealen Spule* wird der ohmsche Wicklungswiderstand vernachlässigt. Es wird idealisiert angenommen, dass die Spule nur aus einer Induktivität besteht.

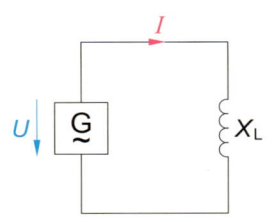

> Spannung und Strom sind um 90° (π/2) phasenverschoben; Phasenverschiebungswinkel φ = 90°.
> Im rein induktiven Stromkreis eilt der Strom der Spannung um 90° nach.

Stromstärke im Kreis:

$$I = \frac{U}{X_L}$$

Leistung
Wechselstromleistung ist das Produkt der *Augenblickswerte* von Spannung und Strom (→ 80):

$p = u \cdot i$

Leistung der idealen Spule

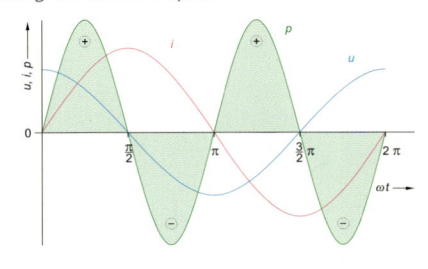

Die Leistungskurve verläuft je zur Hälfte im *positiven und negativen Bereich*.

– **Positive Leistung**
Elektrische Energie wird in magnetische Energie umgewandelt.
Energieflussrichtung:
von der Spannungsquelle zur Spule.

– **Negative Leistung**
Magnetische Energie wird in elektrische Energie umgewandelt.
Energieflussrichtung:
von der Spule zur Spannungsquelle.

Sind positive und negative Leistungsteile gleich groß, ist die *mittlere Leistung* (die **Wirkleistung**), Null.
In einer idealen Spule wird keine elektrische Energie umgewandelt ($P = 0$).
Die Leistung $U \cdot I$ dient zum ständigen *Auf- und Abbau des magnetischen Feldes*.
Da hierbei keine Nutzenergie entsteht, spricht man von **Blindleistung**.

$$Q = U \cdot I$$

Q Blindleistung in var
U Spannung in V
I Stromstärke in A

Energieumwandlung im Wechselstromkreis mit Spule
(Darstellung auf Seite 213)

- **Erste Viertelperiode**
Stromstärke nimmt nach Sinusfunktion zu.
Auch der magnetische Fluss Φ nimmt zu.
Elektrische Energie wird in magnetische Energie umgewandelt.

- **Zweite Viertelperiode**
Stromstärke nimmt ab. Φ wird geringer.
Die Selbstinduktionsspannung treibt den Strom gegen die angelegte Spannung durch den Kreis.
Magnetische Energie wird in elektrische Energie umgewandelt.

Kreis mit idealer Spule, Zeigerdiagramm und Liniendiagramm

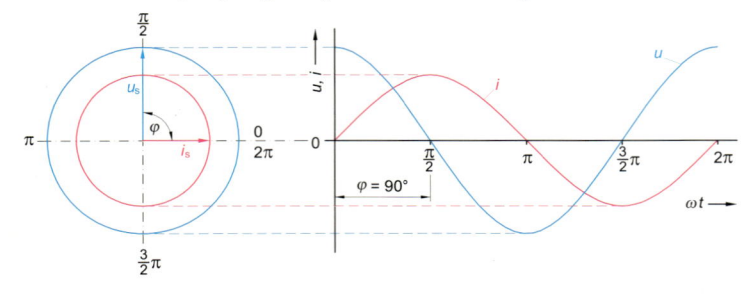

Leuchtstofflampen in der Elektrowerkstatt analysieren, Wechselstromkreise

Information

Energieumwandlung im Wechselstromkreis mit Spule

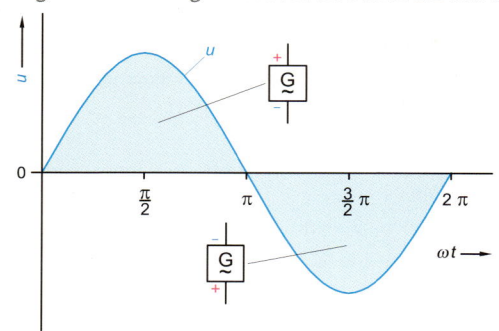

- **Dritte Viertelperiode**
  Stromstärke und Magnetfeld haben ihre Richtung umgekehrt.
  Das Magnetfeld wird mit umgekehrter Polarität wie in der ersten Viertelperiode aufgebaut.
  Elektrische Energie wird in magnetische Energie umgewandelt.

- **Vierte Viertelperiode**
  Stromstärke und Magnetfeld nehmen ab.
  Die Selbstinduktionsspannung treibt einen Strom gegen die anliegende Spannung durch den Kreis.

RL-Reihenschaltung

Die anliegende Spannung ist gleich der geometrischen Summe der Teilspannungen U_R und U_L.
U_R ist mit dem Strom I in Phase. Die Zeiger von U_R und I haben die gleiche Richtung.

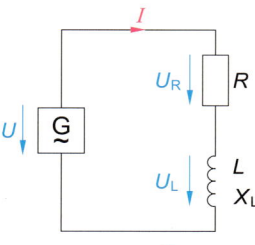

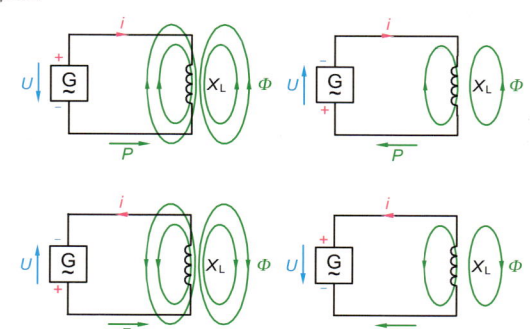

Spannungsdreieck

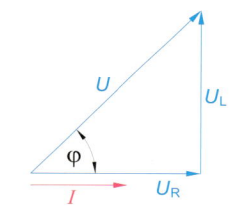

$$U = \sqrt{U_R^2 + U_L^2}$$

$$\cos\varphi = \frac{U_R}{U}$$

Der Phasenverschiebungswinkel φ gibt die **Phasenverschiebung** der Gesamtspannung U in Bezug auf die Stromstärke I an.

Bei der RL-Reihenschaltung ist φ größer als 0° und kleiner als 90°.
Der Strom eilt der Spannung nach.

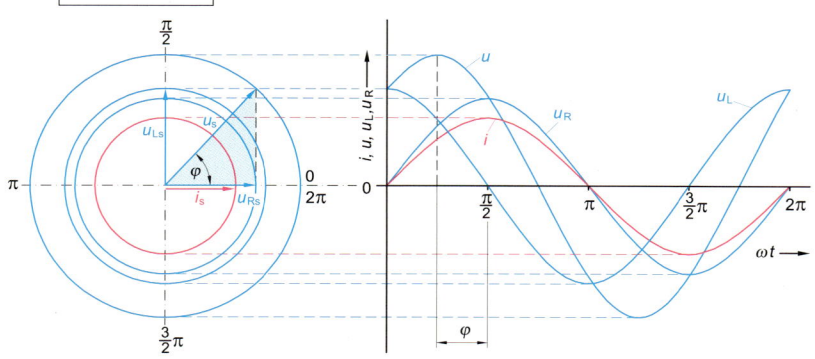

Information

Widerstandsdreieck

Aus dem *Spannungsdreieck* lässt sich das *Widerstandsdreieck* ermitteln.

Bei der *Reihenschaltung* ist die Stromstärke in allen Bauelementen gleich groß. Daher gilt:

$$Z = \frac{U}{I} \qquad R = \frac{U_R}{I} \qquad X_L = \frac{U_L}{I}$$

Widerstandsdreieck aus Spannungsdreieck

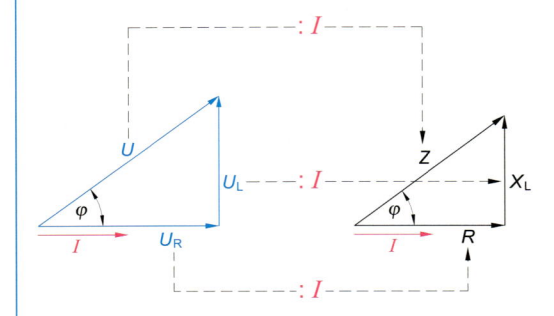

$$Z = \sqrt{R^2 + X_L^2}$$

$$\cos\varphi = \frac{R}{Z}$$

Leistung

Wirkleistung	$P = U_R \cdot I$	$[P] = W$
Blindleistung $[Q_L]$ = var	$Q_L = U_L \cdot I$	
Scheinleistung	$S = U \cdot I$	$[S] = VA$

Leistungsdreieck aus Spannungsdreieck

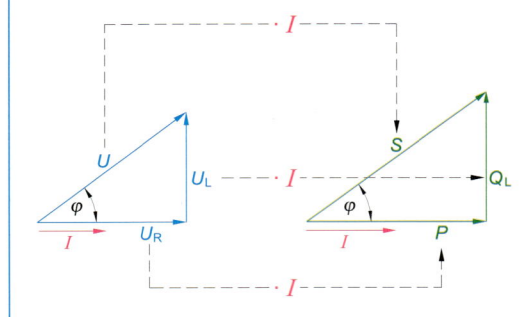

$$S = \sqrt{P^2 + Q_L^2}$$

$$\cos\varphi = \frac{P}{S}$$

Der cos φ ist der Quotient von Wirk- und Scheinleistung. Er wird Leistungsfaktor genannt.

Der **Leistungsfaktor** gibt an, welcher Anteil der Scheinleistung in Wirkleistung umgewandelt wird. Daher spricht man auch von **Wirkleistungsfaktor**.

$$P = S \cdot \cos\varphi$$

Der *Leistungsfaktor* kann Werte zwischen 0 und 1 annehmen.

$\cos\varphi = 0 \rightarrow \varphi = 90°$ rein *induktiver* Stromkreis
$\cos\varphi = 1 \rightarrow \varphi = 0°$ rein *ohmscher* Stromkreis

Der **Blindleistungsfaktor** sin φ gibt an, wie groß der Anteil der Blindleistung an der Scheinleistung ist.

$$Q_L = S \cdot \sin\varphi$$

$$\sin\varphi = \frac{Q_L}{S}$$

Aus dem *Leistungsdreieck*:

$$P = S \cdot \cos\varphi$$
$$P = U \cdot I \cdot \cos\varphi$$
$$Q_L = S \cdot \sin\varphi$$
$$Q_L = U \cdot I \cdot \sin\varphi$$

Beispiel

$U = 230$ V, $R = 100\,\Omega$, $L = 1$ H, $f = 50$ Hz

Induktiver Widerstand
$X_L = \omega \cdot L = 2\pi \cdot f \cdot L = 2\pi \cdot 50\,\text{Hz} \cdot 1\,\text{H} = 314\,\Omega$

Scheinwiderstand
$Z = \sqrt{R^2 + X_L^2} = \sqrt{(100\,\Omega)^2 + (314\,\Omega)^2} = 329{,}5\,\Omega$

Der Scheinwiderstand wirkt strombegrenzend. Er ist der Quotient von anliegender Spannung und aufgenommenem Strom.

$$Z = \frac{U}{I}$$

Stromstärke der Schaltung

$$I = \frac{U}{Z} = \frac{230\,\text{V}}{329{,}5\,\Omega} = 0{,}7\,\text{A}$$

Spannung am ohmschen Widerstand
$U_R = I \cdot R = 0{,}7\,\text{A} \cdot 100\,\Omega = 70\,\text{V}$

Spannung am induktiven Widerstand
$U_L = I \cdot X_L = 0{,}7\,\text{A} \cdot 314\,\Omega = 220\,\text{V}$

Leistungsfaktor

$$\cos\varphi = \frac{U_R}{U} = \frac{70\,\text{V}}{230\,\text{V}} = 0{,}3$$

Leuchtstofflampen in der Elektrowerkstatt analysieren, Wechselstromkreise

Information

Phasenverschiebungswinkel
$\cos\varphi = 0{,}3 \rightarrow \varphi = 72{,}5°$

Scheinleistung
$S = U \cdot I = 230\,\text{V} \cdot 0{,}7\,\text{A} = 161\,\text{VA}$

Wirkleistung
$P = S \cdot \cos\varphi = 161\,\text{VA} \cdot 0{,}3 = 48{,}3\,\text{W}$

Blindleistung (induktive)
$Q_L = S \cdot \sin\varphi$
$\cos\varphi = 0{,}3 \rightarrow \varphi = 72{,}5° \rightarrow \sin\varphi = 0{,}954$
$Q_L = 161\,\text{VA} \cdot 0{,}954 = 153{,}6\,\text{var}$

Stromdreieck

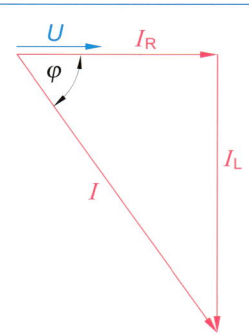

$I = \sqrt{I_R^2 + I_L^2}$

$\cos\varphi = \dfrac{I_R}{I}$

$\sin\varphi = \dfrac{I_L}{I}$

RL-Parallelschaltung

Die Bauelemente R und L liegen an der gleichen Spannung U.

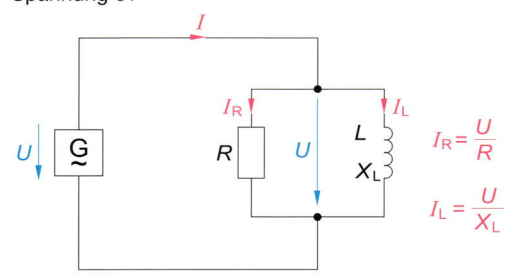

$I_R = \dfrac{U}{R}$

$I_L = \dfrac{U}{X_L}$

Der Strom im *ohmschen Kreis* ist mit der Spannung in Phase.

Der Strom im *induktiven Kreis* eilt der Spannung um 90° nach.

Die *geometrische Summe* von I_R und I_L ergibt den Gesamtstrom I.

Leitwertdreieck

Aus dem *Stromdreieck* lässt sich das *Leitwertdreieck* ableiten.

Sämtliche Zeiger des Stromdreiecks werden durch die *Spannung U* dividiert.

Leitwertdreieck aus Stromdreieck

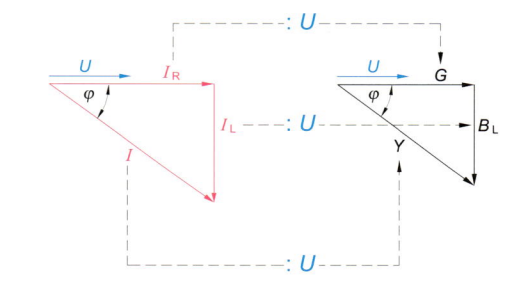

Zeiger- und Liniendiagramm, RL-Parallelschaltung

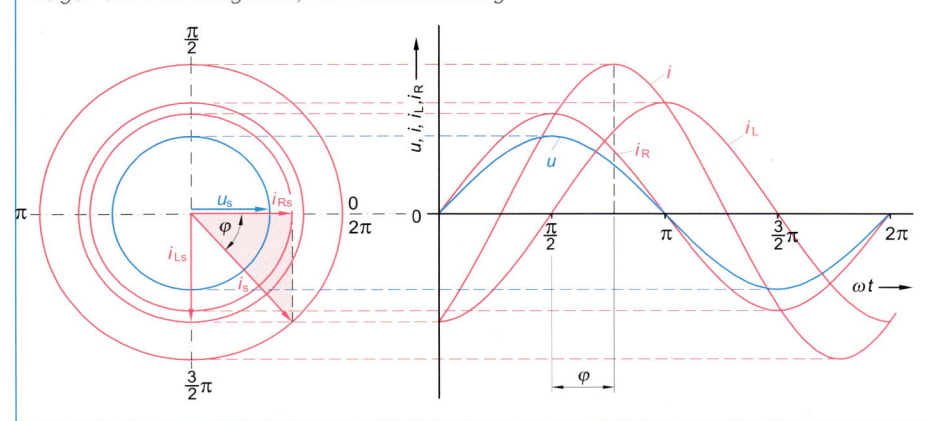

Information

Wirkleitwert $\quad G = \dfrac{I_R}{U}$

Blindleitwert, induktiver $\quad B_L = \dfrac{I_L}{U}$

Scheinleitwert $\quad Y = \dfrac{I}{U}$

$$Y = \sqrt{G^2 + B_L^2}$$
$$\cos\varphi = \dfrac{G}{Y} = \dfrac{1/R}{1/Z} = \dfrac{Z}{R}$$
$$\sin\varphi = \dfrac{B_L}{Y} = \dfrac{1/X_L}{1/Z} = \dfrac{Z}{X_L}$$

Leistungsdreieck

Das *Leistungsdreieck* kann aus dem *Stromdreieck* abgeleitet werden.

Leistungsdreieck aus Stromdreieck

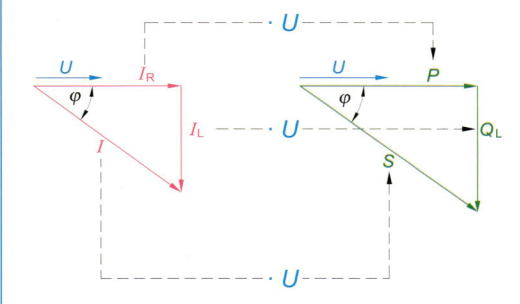

$$P = I_R \cdot U$$
$$Q = I_L \cdot U$$
$$S = U \cdot I$$
$$S = \sqrt{P^2 + Q_L^2}$$

$$\cos\varphi = \dfrac{P}{S}$$

$P = S \cdot \cos\varphi$
$P = U \cdot I \cdot \cos\varphi$
$Q_L = S \cdot \sin\varphi$
$Q_L = U \cdot I \cdot \sin\varphi$
$S = U \cdot I$

Wechselstromkreis mit Kondensator

Im Takte der Sinusschwingung werden dem Kondensator Ladungen zugeführt und entzogen.

Der *Lade-* bzw. *Entladestrom* ist abhängig von der Spannungsänderungsgeschwindigkeit $\Delta u_c / \Delta t$.

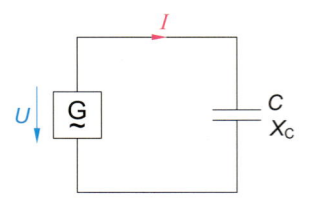

$$i = -C \cdot \dfrac{\Delta u_c}{\Delta t}$$

$$I = \dfrac{U}{X_C}$$

Der Strom eilt der Spannung um 90° ($\pi/2$) voraus.

Idealer Kondensator an Wechselspannung

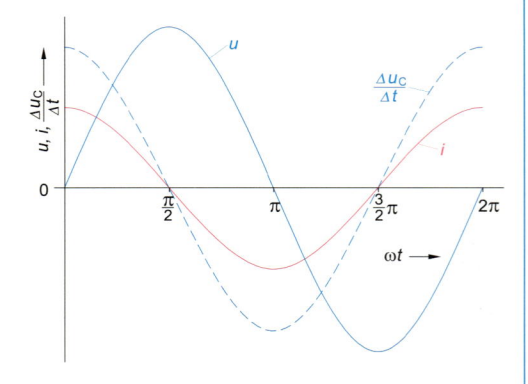

Spannung und Strom beim Kondensator auf Seite 217.

Vom positiven Scheitelwert sinkt die Spannung auf Null ab (2. Viertelperiode).
Die Kondensatorspannung ist dann größer als die Netzspannung.
Der Strom fließt vom Kondensator zur Spannungsquelle (negative Stromrichtung).

Information

Spannung und Strom beim Kondensator

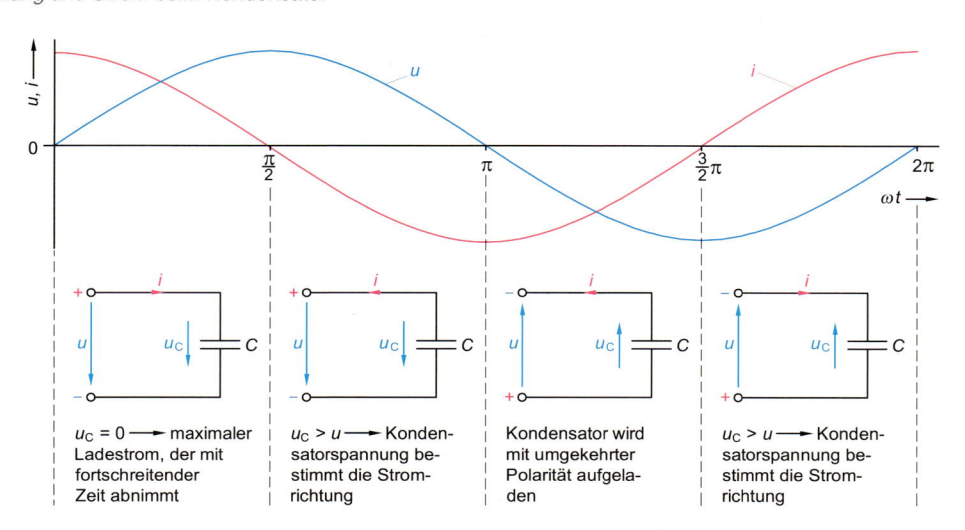

$u_C = 0 \rightarrow$ maximaler Ladestrom, der mit fortschreitender Zeit abnimmt	$u_C > u \rightarrow$ Kondensatorspannung bestimmt die Stromrichtung	Kondensator wird mit umgekehrter Polarität aufgeladen	$u_C > u \rightarrow$ Kondensatorspannung bestimmt die Stromrichtung

Leistung

Der Strom eilt der Spannung um 90° voraus.

$p = u \cdot i$

Die *mittlere Leistung* (Wirkleistung) ist Null.

Das Produkt

$Q_C = U \cdot I$

ist die **kapazitive Blindleistung** (in var).

Leistung beim idealen Kondensator

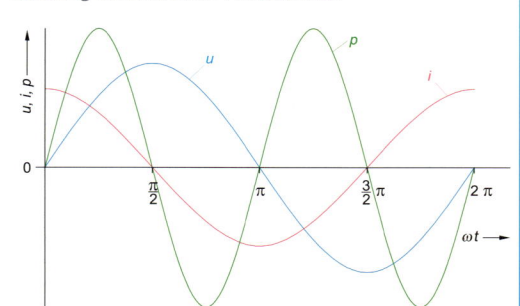

Zeiger- und Liniendiagramm, RC-Reihenschaltung

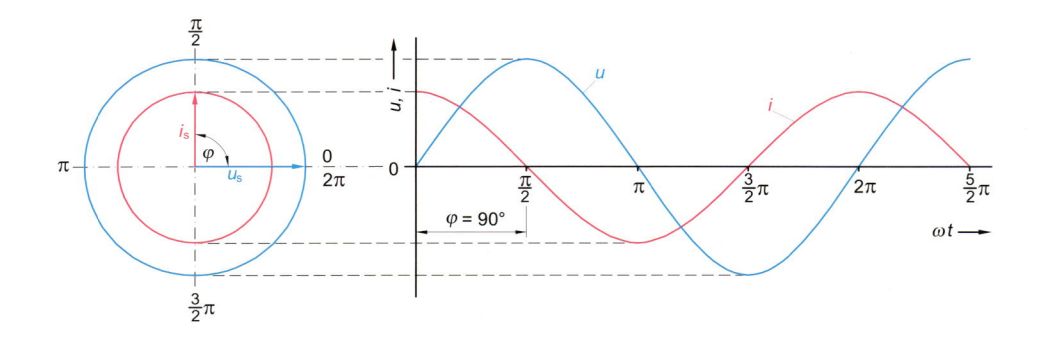

$\varphi = 90°$

Information

RC-Reihenschaltung

Ohmscher Widerstand und kapazitiver Blindwiderstand werden vom *gleichen Strom I* durchflossen.

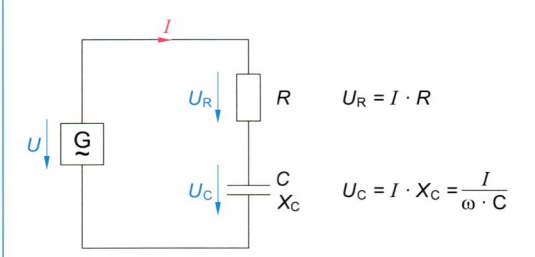

$U_R = I \cdot R$

$U_C = I \cdot X_C = \dfrac{I}{\omega \cdot C}$

U_R ist mit I in Phase, U_C eilt I um 90° nach (Seite 217).

Spannungsdreieck

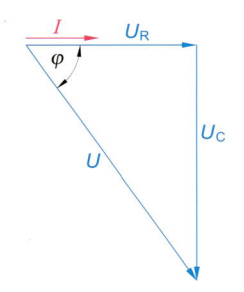

$U = \sqrt{U_R^2 + U_C^2}$

$\cos\varphi = \dfrac{U_R}{U}$

Widerstandsdreieck

Die Spannungszeiger werden durch den Strom I dividiert.

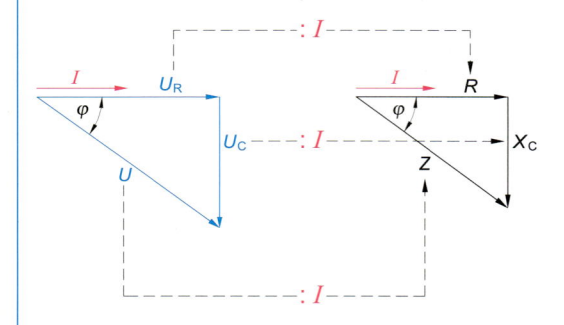

$Z = \sqrt{R^2 + X_C^2}$

$\cos\varphi = \dfrac{R}{Z}$

$\sin\varphi = \dfrac{X_C}{Z}$

Leistung

Der Phasenverschiebungswinkel φ ist kleiner als 90°.

Die Leistungskurve verläuft überwiegend im positiven Bereich.

Das bedeutet, dass der größte Teil der von der Spannungsquelle gelieferten Energie in *Wirkleistung* umgesetzt wird.

Durch Multiplikation mit dem Strom I ergibt sich aus dem Spannungsdreieck das *Leistungsdreieck*.

Leistung bei der RC-Reihenschaltung

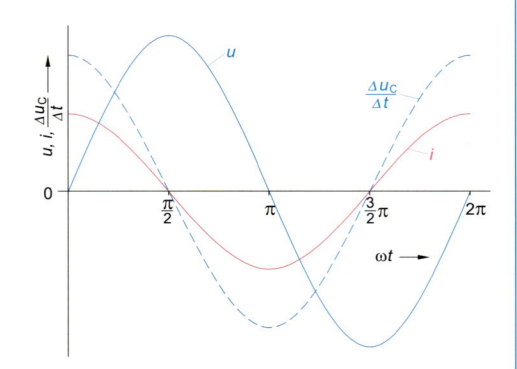

Leistungsdreieck

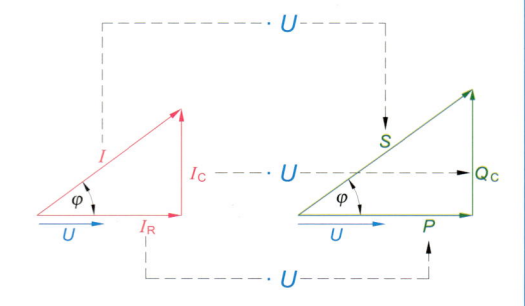

$S = \sqrt{P^2 + Q_C^2}$

$\cos\varphi = \dfrac{P}{S}$

$\sin\varphi = \dfrac{Q_C}{S}$

$P = S \cdot \cos\varphi = U \cdot I \cdot \cos\varphi$

$Q_C = S \cdot \sin\varphi = U \cdot I \cdot \sin\varphi$

$S = U \cdot I$

Information

RC-Parallelschaltung

An jedem der beiden Bauelemente liegt die Spannung U. Wegen des ohmschen Widerstandes R ist die Phasenverschiebung kleiner als 90°.

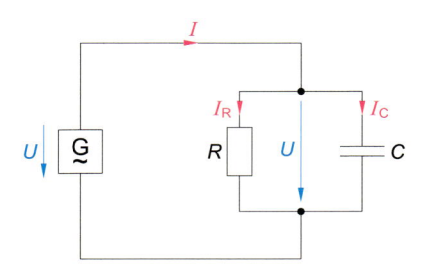

I_R ist mit U in Phase, I_C eilt U um 90° voraus.

Stromdreieck

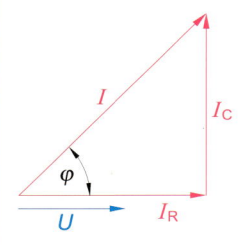

$$I = \sqrt{I_R^2 + I_C^2}$$

$$\cos\varphi = \frac{I_R}{I}$$

$$\sin\varphi = \frac{I_C}{I}$$

Leitwertdreieck

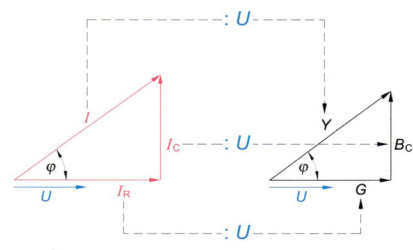

$$Y = \sqrt{G^2 + B_C^2}$$

$$\cos\varphi = \frac{G}{Y} = \frac{Z}{R}$$

$$\sin\varphi = \frac{B_C}{Y} = \frac{Z}{X_C}$$

Leistungsdreieck

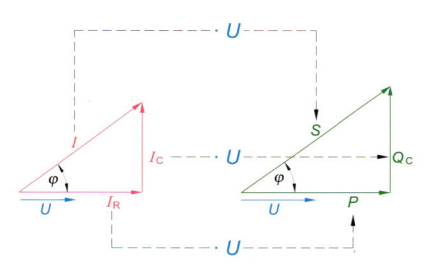

$S = U \cdot I$ Scheinleistung
$P = U \cdot I_R$ Wirkleistung
$Q_C = U \cdot I_C$ kapazitive Blindleistung

$$S = \sqrt{P^2 + Q_C^2}$$

$$\cos\varphi = \frac{P}{S}$$

$$\sin\varphi = \frac{Q_C}{S}$$

Zeiger- und Liniendiagramm, RC-Parallelschaltung

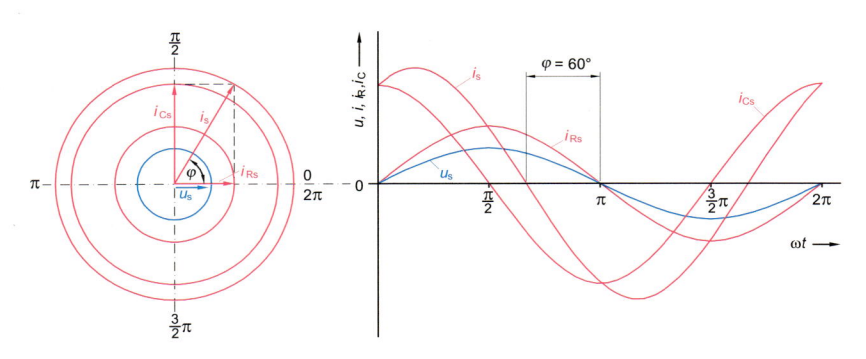

Information

Beispiel
RC-Parallelschaltung:
$U = 230$ V/50 Hz, $R = 1$ kΩ, $C = 4{,}7$ µF

Kapazitiver Blindwiderstand

$$X_C = \frac{1}{\omega \cdot C} = \frac{1}{2\pi \cdot f \cdot C}$$

$$X_C = \frac{1}{2\pi \cdot 50\,\text{Hz} \cdot 4{,}7 \cdot 10^{-6}\,\text{F}} = 677{,}6\,\Omega$$

Ströme

$$I_R = \frac{U}{R} = \frac{230\,\text{V}}{1000\,\Omega} = 230\,\text{mA}$$

$$I_C = \frac{U}{X_C} = \frac{230\,\text{V}}{667{,}6\,\Omega} = 345\,\text{mA}$$

$$I = \sqrt{I_R^2 + I_C^2} = \sqrt{(0{,}23\,\text{A})^2 + (0{,}345\,\text{A})^2} = 0{,}415\,\text{A}$$

Scheinwiderstand

$$Z = \frac{U}{I} = \frac{230\,\text{V}}{0{,}415\,\text{A}} = 554\,\Omega$$

2.5 Installation von Duschraum, WC und PKW-Waschanlage

Auftrag: Vor der Installation von Duschraum, WC und PKW-Waschanlage werden Sie von Ihrem Meister darauf hingewiesen, dass in derartigen Räumen Sonderbestimmungen bei der Installation zu beachten sind.

Selbstverständlich sind diese Sonderbestimmungen bei der Arbeitsdurchführung zu beachten.

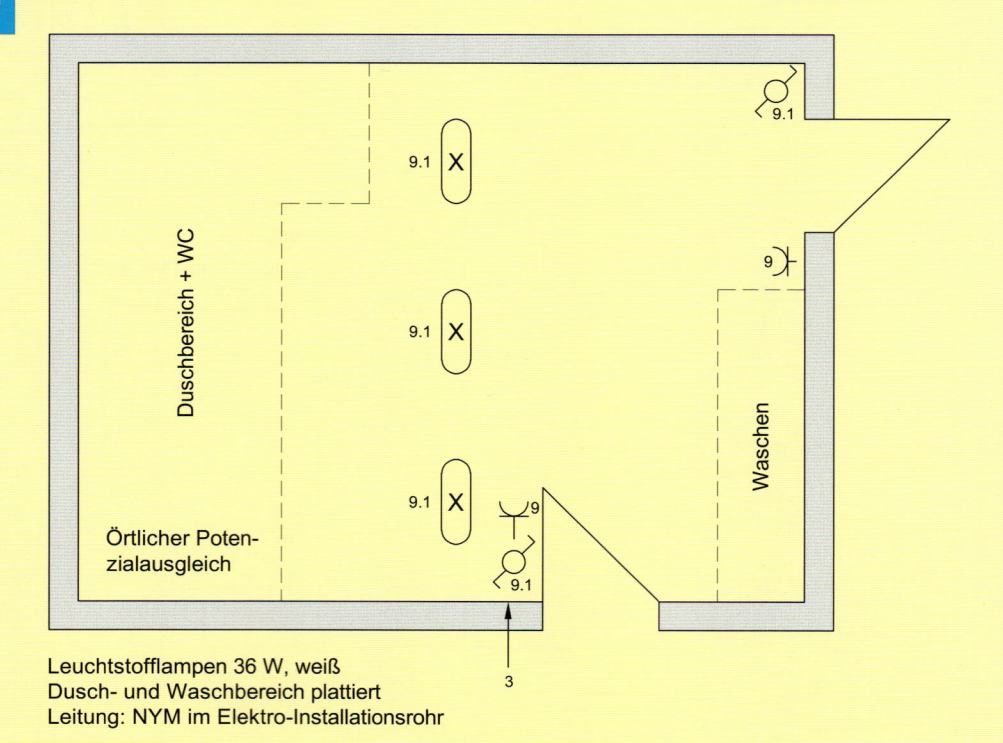

Duschbereich + WC

Örtlicher Potenzialausgleich

Waschen

Leuchtstofflampen 36 W, weiß
Dusch- und Waschbereich plattiert
Leitung: NYM im Elektro-Installationsrohr

Installationsplan Dusche u. WC

Räume mit Badewanne oder Dusche

DIN VDE 0100 Teil 701 gilt für die Errichtung elektrischer Anlagen in Räumen, die dem *Baden und/oder Duschen* von Personen dienen und in denen *Bade- bzw. Duscheinrichtungen fest angeordnet* sind.

Dabei werden die **Bereiche** 0, 1 und 2 unterschieden, durch die **Gefahrenzonen** begrenzt sind.

Darüber hinaus muss auch noch der restliche Raum bestimmten Anforderungen genügen.

In diesen *Gefahrenzonen* kann durch
- Feuchtigkeit
- Verringerung des menschlichen Körperwiderstandes (→ 84)
- Verbindung mit Erdpotenzial

in der elektrischen Anlage oder in Geräten ein *gefährlich hoher Fehlerstrom* auftreten.

Bereich 0
Entspricht dem Inneren der Bade- oder Duschwanne. Der Bereich 0 hat das höchste Gefährdungspotenzial.

Bereich 1
Wird durch die senkrechten Flächen um die Bade- oder Duschwanne begrenzt.

Die Höhe dieses Bereiches beträgt 2,25 m über der Oberkante des Fertigfußbodens.

Auch der Raum *unter* der Bade- bzw. Duschwanne wird dem Bereich 1 zugeordnet.
Der Bereich 0 gehört nicht zum Bereich 1!

Bereich 2
Der Bereich 2 schließt sich seitlich an den Bereich 1 an. Breite 0,6 m, Höhe über dem Fertigfußboden 2,25 m.

Bei *Duschen ohne Wannen* (Seite 222)
- wird der *Bereich 1* begrenzt durch die senkrechte Mantelfläche mit dem Radius $r = 1{,}2$ m um die Austrittstelle des Wassers (z.B. Duschkopf) bis zu einer Höhe von 2,25 m über dem Fertigfußboden;
- mit dem auf 120 cm *vergrößerten Bereich 1* entfällt der Bereich 2;
- ist das *Umgreifen* (Fadenmaß 60 cm) zu berücksichtigen, wenn die Abtrennung weniger als 102 cm breit ist.

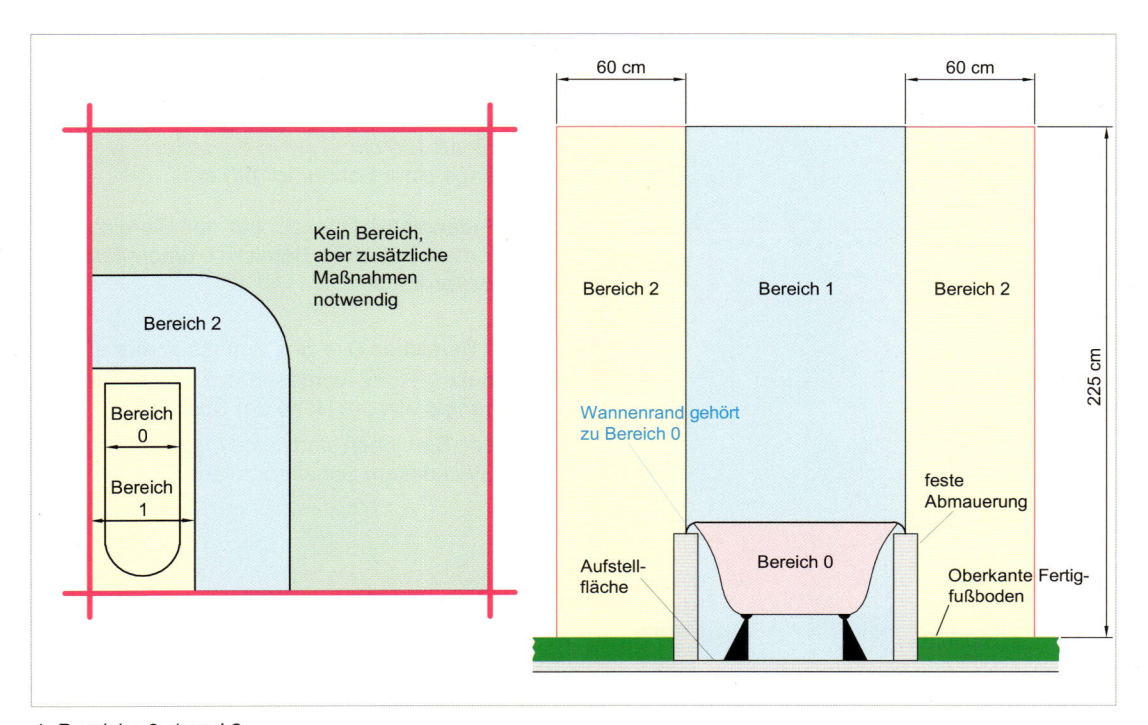

1 Bereiche 0, 1 und 2

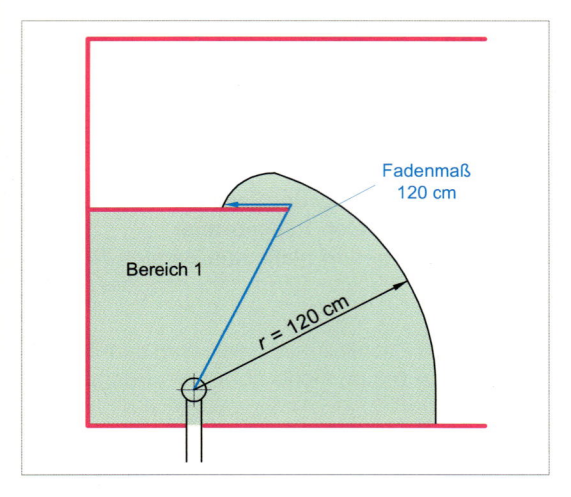

1 Umgreifradius bei Duschen ohne Wanne

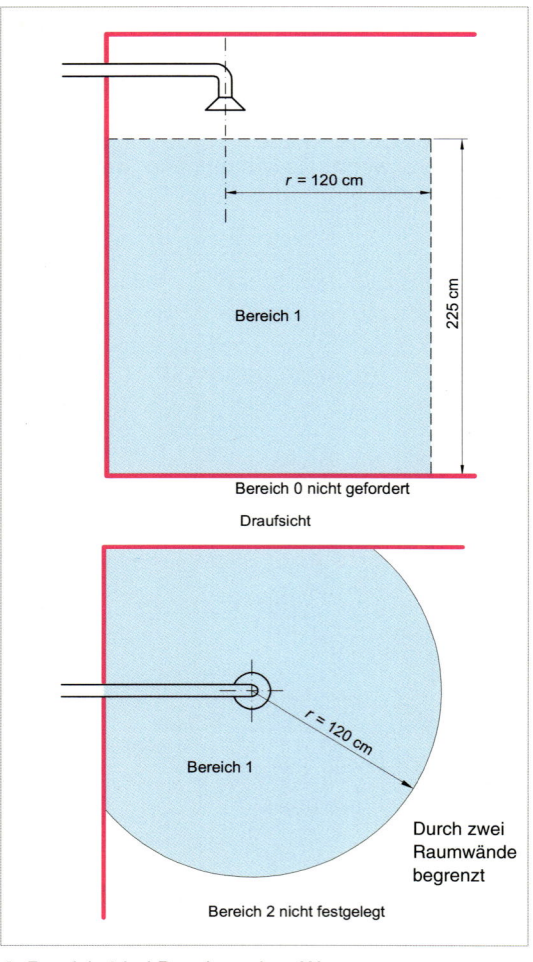

2 Bereich 1 bei Duschen ohne Wanne

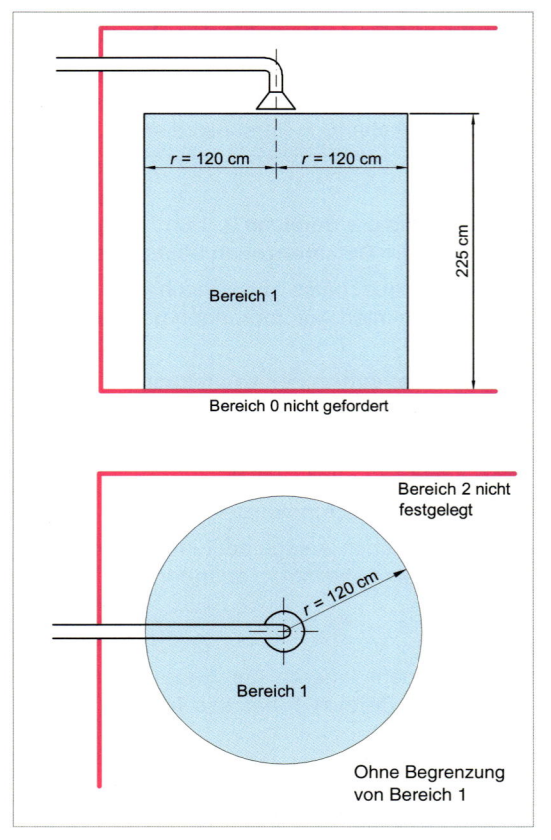

3 Bereich 1 bei Duschen ohne Wanne

Fadenmaß 120 cm:
Die Länge einer Schnur ist 120 cm.

Das **Fadenmaß** berücksichtigt den Bereich, den ein Mensch aus dem Bereich 1 *umgreifen* oder *übergreifen* kann.

In den Bereichen 0, 1 und 2 muss immer ein **Basisschutz** (→ 235) vorgesehen werden. Dies gilt *unabhängig* von der Höhe der Spannung.

In diesen Bereichen sind *keine Installationsgeräte* (z.B. Steckdosen, Schalter) zulässig.

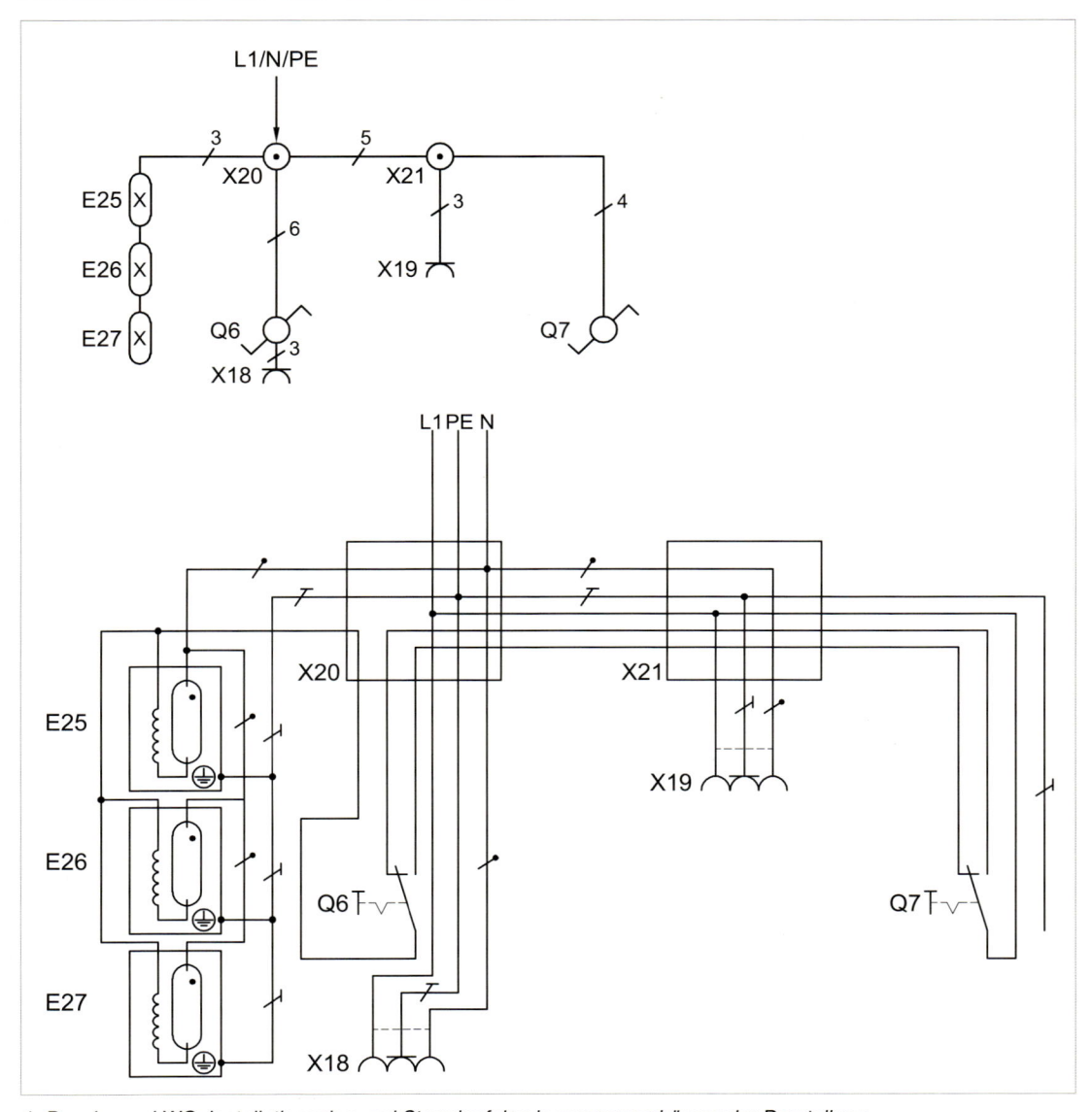

Installation von Duschraum, WC und PKW-Waschanlage **223**

1 Dusche und WC; Installationsplan und Stromlaufplan in zusammenhängender Darstellung

Schutz gegen elektrischen Schlag (Fehlerschutz)

Für nahezu sämtliche Stromkreise sind *RCDs* (→ 231) mit einem *Bemessungs-Differenzstrom* von $I_{\Delta n} \leq 30\,mA$ einzusetzen.

Ausnahmen:
- Stromkreise mit *Schutztrennung* (→ 240), die ein einzelnes Verbrauchsmittel erfordern
- Stromkreise mit SELV oder PELV (→ 236)
- Stromkreise, die ausschließlich der Versorgung von Warmwassererwärmern dienen

Schutztrennung mit *mehreren Verbrauchsmitteln* im Raum ist *nicht* zulässig.

Schutzarten (→ 167)
Bereich 0	mind. IPX7
Bereich 1	mind. IPX4
Bereich 2	mind. IPX4

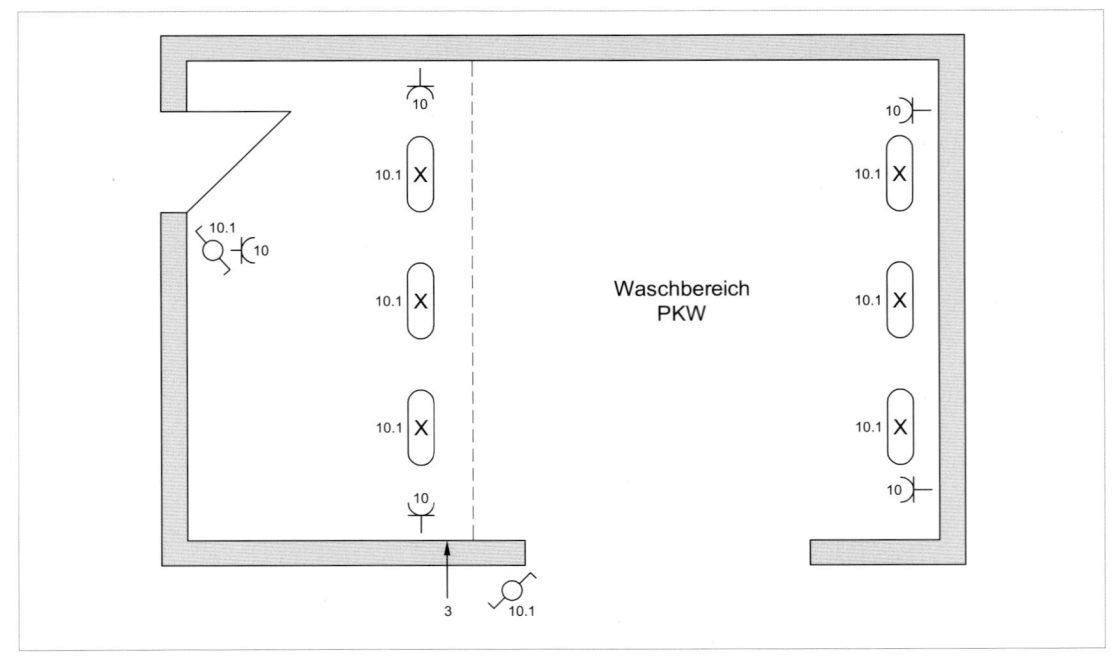

1 Waschbereich PKW, Installationsplan

Sind die Betriebsmittel *Strahlwasser* ausgesetzt, kann eine *höhere Schutzart* notwendig werden.

Zulässige Betriebs- und Verbrauchsmittel in den Bereichen 0, 1 und 2

Bereich 0
Ausdrücklich *für diesen Bereich zugelassene* Verbrauchsmittel.
Zum Beispiel *Wannenleuchten* SELV bis 12 V AC bzw. 30 V DC, wobei die *Spannungsquelle außerhalb der Bereiche 0 und 1* angeordnet werden muss.

Bereich 1
Fest angebrachte und fest angeschlossene Geräte sowie deren Anschlussdosen für z.B.:
- Warmwasserbereiter
- Whirlpoolgeräte
- Pumpen für Abwasser
- Geräte oder Leuchten für SELV oder PELV bis 25 V AC bzw. 60 V DC

Spannungsquellen für SELV oder PELV dürfen nicht in den Bereichen 0 und 1 installiert werden.

Bereich 2
- Sämtliche in Bereich 1 zugelassenen Betriebsmittel
- Rasiersteckdosen mit Trenntransformator

Leitungen und Leitungsverlegung

In den Bereichen 0, 1 und 2 ist die Verlegung von *Stegleitung* (NYIF) nicht zulässig.

Grundsätzlich dürfen in Räumen mit Badewanne und Dusche nur Leitungen verlegt werden, die *Betriebsmittel in diesen Räumen* versorgen.

In den Bereichen 1 und 2 sind die Leitungen (z.B. NYM) *senkrecht* oder *von der Rückseite* her in den Anschlussraum zu führen.

Auf der Rückseite der die Bereiche 1 oder 2 begrenzenden Wände muss bei der Leitungsverlegung eine *Restwandstärke* von 60 mm erhalten bleiben.

Wenn dies nicht möglich sein sollte, müssen diese Leitungen durch **RCDs** mit $I_{\Delta n} \leq 30$ mA geschützt sein.

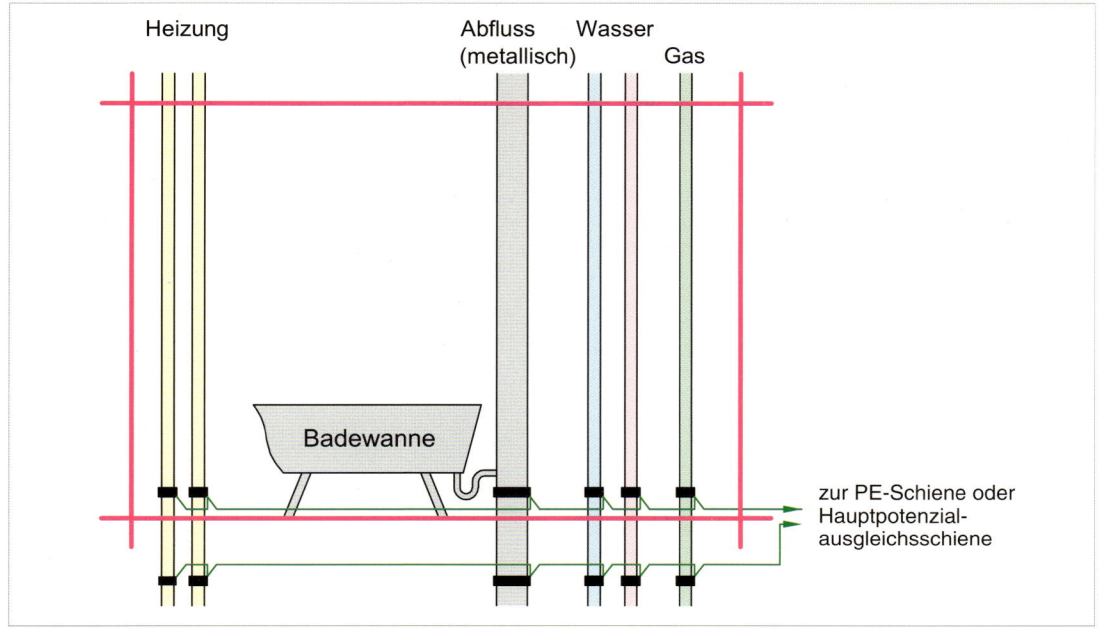

Installation von Duschraum, WC und PKW-Waschanlage **225**

1 Potenzialausgleich innerhalb oder außerhalb des Raumes (alternativ) möglich

Zusätzlicher Potenzialausgleich

In den *zusätzlichen, örtlichen Potenzialausgleich* (→ 236) sind einzubeziehen:

Teile für
- Frisch- und Abwasser
- Heizung und Klima
- Gas

Diese Teile werden *untereinander* und mit der **Schutzleiterschiene** im Verteiler oder mit der **Hauptpotenzialausgleichsschiene** über einen **Potenzialausgleichsleiter** mit dem Mindestquerschnitt $q_{min} = 4\,\text{mm}^2$ verbunden.

Das Leitermaterial muss *Kupfer* sein. Aluminium und andere Materialien sind nicht erlaubt. Der **Potenzialausgleich** kann auch *außerhalb* des Raumes (vorzugsweise in der Nähe der Einführung) erfolgen.

**Doch Vorsicht!
Eine Entfernung von 1 m vom Raum kann schon zu einer *verminderten Wirkung* des Potenzialausgleichs führen.**

Nicht gefordert ist die Einbeziehung *leitfähiger Badewannen* oder *Duschwannen* in den zusätzlichen Potenzialausgleich.

Auch kunststoffummantelte metallene Rohre müssen *nicht* in den zusätzlichen Potenzialausgleich einbezogen werden.

Englisch

Deutsch	English
Fehlerstrom	*fault current, leakage current*
Fehlerstrom-Schutzschalter (RCD)	*fault-current circuit breaker, current-operated earth-leakage circuit breaker*
Schutz durch RCD	*protection by RCD*
Schutz bei indirektem Berühren	*protection against indirect contact*
Schutz gegen direktes Berühren	*protection against direct contact*
Schutz gegen elektrischen Schlag	*protection against elektric-shock*
Schutztrennung	*protective separation*
Schutzkleinspannung	*safety extra low voltage, SELV*
Schutzbereiche	*zones of protection*
Potenzialausgleich	*equipotential bonding*
Potenzialausgleichsleiter	*equipotential bonding conductor*
Potenzialausgleichsschiene	*equipotential bonding bar*
Schutzisolierung	*total insulation*
Schutzleiter	*protective earth conductor*
Funktionskleinspannung	*functional extra low voltage*

Information

Potenzialausgleich

Die wesentliche Aufgabe des **Potenzialausgleichs** besteht darin, die durch *Fehler* in elektrischen Anlagen bewirkten *Spannungsunterschiede* zu beseitigen oder erst gar nicht auftreten zu lassen.

Wenn *alle Metallteile und Gehäuse* elektrischer Betriebsmittel über **Potenzialausgleichsleitungen** miteinander verbunden sind, haben diese Teile stets das gleiche Potenzial.

Zwischen diesen Teilen kann also *keine gefährlich hohe Berührungsspannung* auftreten.

Der Potenzialausgleich verhindert ebenfalls **Spannungsverschleppungen** über metallische Rohr- bzw. Konstruktionsteile.

Hauptpotenzialausgleich

Nach DIN VDE 0100 Teil 540 wird bei jedem Hausanschluss oder gleichwertigen Versorgungseinrichtungen ein *Hauptpotenzialausgleich* gefordert, der folgende leitfähigen Teile miteinander verbindet:

- Fundamenterder
- Abwasserleitungen
- Frischwasserleitungen
- Heizungsrohre (Vorlauf und Rücklauf)
- Gasleitung im Inneren des Gebäudes
- Fernmeldeanlage
- Antennenanlage
- leitfähige Gebäudeteile (Stahlträger usw.)
- PEN- bzw. PE-Leiter im TN-System

Spannungsverschleppung und Spannungsunterschied

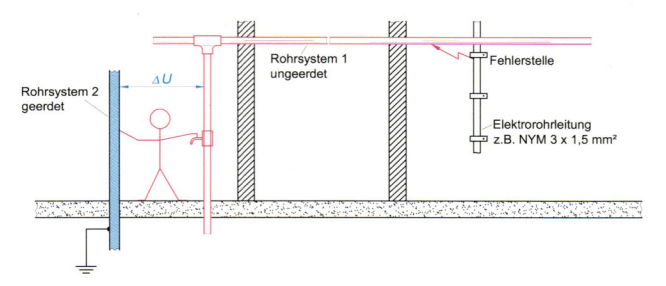

> Grundsätzlich ist der Potenzialausgleich keine Schutzmaßnahme.
>
> Er trägt aber wesentlich zur Erhöhung des Sicherheitsstandards in elektrischen Anlagen bei.

Fundamenterder

Bemessung

- Verzinkter *Bandstahl*
  30 mm × 3,5 mm (25 mm × 4 mm)
- Verzinkter *Rundstahl*
  (min. 10 mm Durchmesser)

Fundamenterder

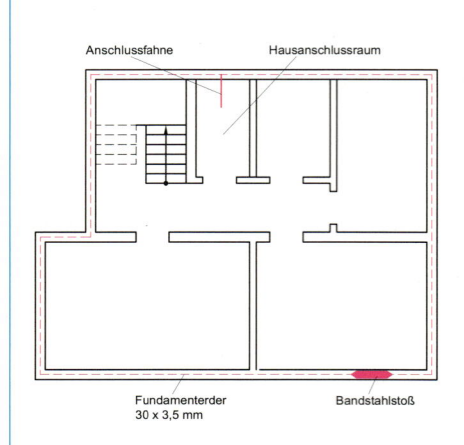

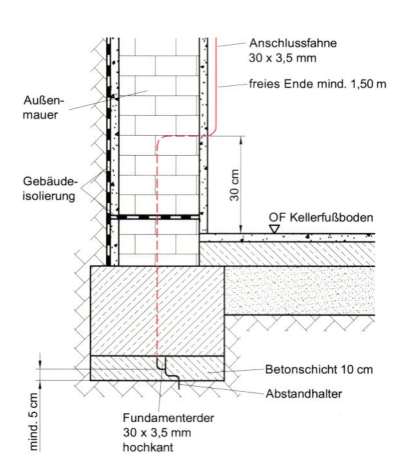

Potenzial → 28

Installation von Duschraum, WC und PKW-Waschanlage

Information

Potenzialausgleichsschiene (PA-Schiene)

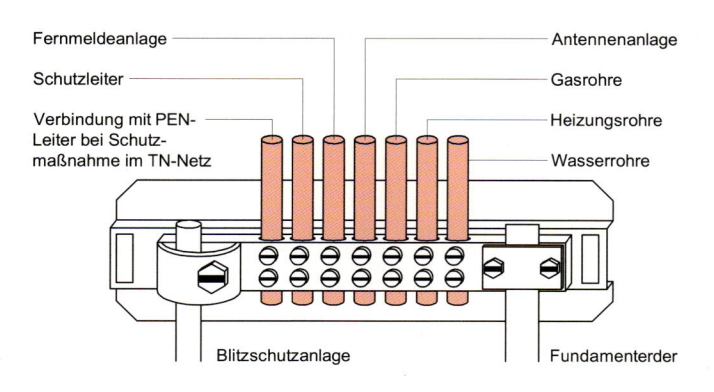

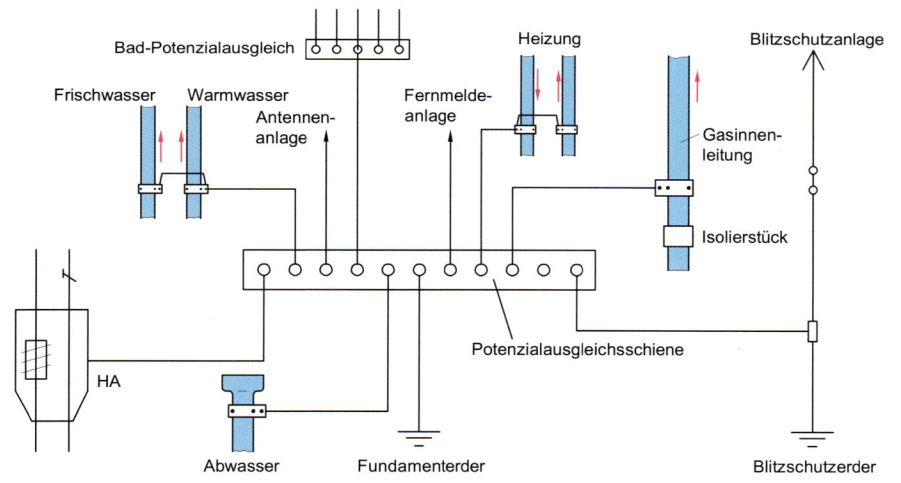

Fernmeldeanlage — Antennenanlage — Schutzleiter — Gasrohre — Verbindung mit PEN-Leiter bei Schutzmaßnahme im TN-Netz — Heizungsrohre — Wasserrohre — Blitzschutzanlage — Fundamenterder

Bad-Potenzialausgleich — Heizung — Blitzschutzanlage — Frischwasser — Warmwasser — Antennenanlage — Fernmeldeanlage — Gasinnenleitung — Isolierstück — HA — Potenzialausgleichsschiene — Abwasser — Fundamenterder — Blitzschutzerder

> Im TN-System (→ 229) ist eine leitende Verbindung zwischen Hauptpotenzialausgleich und PEN- bzw. PE-Leiter herzustellen.

Querschnitt der Hauptpotenzialausgleichsleitung, Cu
DIN VDE 0100 Teil 540

Außenleiter mm^2	10	16	25	35	50	70
Hauptschutzleiter mm^2	10	16	16	16	25	35
Hauptpotenzialausgleichsleiter mm^2	6	10	10	10	16	25

Hauptschutzleiter
Vom Hauptverteiler bzw. vom Hausanschlusskasten abgehender Schutzleiter.

Farbkennzeichnung
Potenzialausgleichsleiter *dürfen grün-gelb* gekennzeichnet sein.
Schutzleiter *müssen grün-gelb* gekennzeichnet sein.

Der *Leiterquerschnitt* des **Hauptpotenzialausgleichsleiters** darf auf 25 mm^2 begrenzt werden (unabhängig vom Außenleiterquerschnitt).
Sein *Mindestquerschnitt* beträgt 6 mm^2.

Information

Prüfung des Potenzialausgleichs

Durch *Besichtigung* und *Messung* ist vor der *Inbetriebnahme* die Wirksamkeit des *Potenzialausgleichs* nachzuweisen.

Besichtigung
- richtiger Leitungsquerschnitt
- einwandfreie, fachgerechte Verbindungsstellen

Messung

Widerstand zwischen Potenzialausgleichsschiene und dem Ende der in den Potenzialausgleich einbezogenen Rohrleitung bzw. Anlagenteil.

- Widerstandswert $R_{PA} \leq 3\,\Omega$
- Messspannung 4...24 V
- Messstrom $\geq 0{,}2$ A

Der Widerstand der Messleitungen ist beim Messergebnis zu berücksichtigen, d.h. zu subtrahieren.

$$R_{PA} = \frac{U_1 - U_2}{I} - R_L$$

R_{PA} Widerstand des PA in Ω
U_1 Spannung, offener Prüfkreis in V
U_2 Spannung, geschlossener Prüfkreis in V
I Prüfstrom in A
R_L Messleitungswiderstand in Ω

Messschaltung zur Prüfung des Potenzialausgleichs

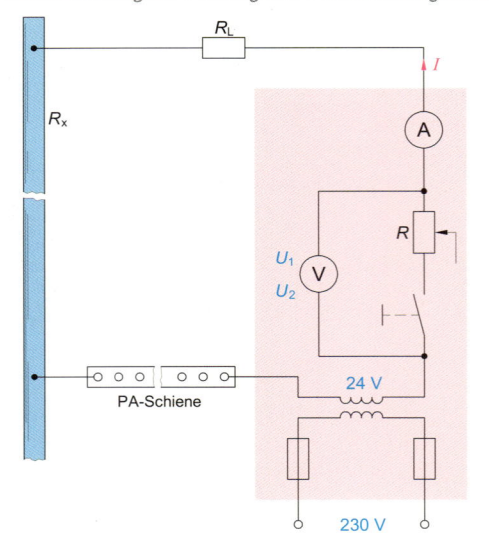

Anwendung

1. Warum sind bei der Installation von Duschraum, WC und PKW-Waschanlage Sonderbestimmungen zu beachten?
Worin besteht die besondere Gefährdung in diesen Räumen?

2. Beschreiben Sie genau, wie Sie den örtlichen Potenzialausgleich in diesen Räumen durchführen.
Erstellen Sie hierzu eine Materialliste und einen Arbeitsplan.

3. Erstellen Sie den Arbeitsplan für die Installation von Duschraum und WC.
Welche terminlichen Abstimmungen müssen bei dieser Installation mit welchen Personen getroffen werden?

4. Sie werden gefragt, ob zur Brauchwasserbereitung für die Dusche auch ein Durchlauferhitzer verwendet werden kann. Insbesondere, ob dieser Durchlauferhitzer im Duschbereich zu installieren ist.
Sicherlich überlassen Sie die endgültige Entscheidung Ihrem Meister.
Wie würden Sie entscheiden?

5. Die Mitarbeiter äußern den Wunsch, im Waschbereich (siehe Installationsplan Seite 220) drei weitere Steckdosen zu erhalten, um gleichzeitig einen Haarföhn betreiben zu können.

a) Ist dies unter Berücksichtigung der Vorschriften möglich?
b) Wenn ja, was ist dabei zu beachten?
c) Wie würden Sie (falls möglich) die Installation durchführen?

6. Außerdem wird der Wunsch geäußert, im Duschbereich einen Ventilator einzubauen, der die Dämpfe aus diesem Bereich ableitet.

a) Welche Vorschriften sind dabei unbedingt zu beachten?
b) Wenn Sie den Ventilator nicht selbst montieren (gemeint ist nicht der elektrische Anschluss):
Welche Absprachen sind mit welcher Abteilung zu treffen, um einen reibungslosen Arbeitsablauf zu ermöglichen?

Installation von Duschraum, WC und PKW-Waschanlage, Netzsysteme **229**

Information

Netzsysteme

Bei *Niederspannungsnetzen* werden international genormte **Netzsysteme** unterschieden.

Charakteristische Merkmale für diese *Netzsysteme* (Verteilungssysteme) sind:
- Art und Anzahl der aktiven Leiter der Systeme
- Art der Erdverbindung der Systeme

Aktive Leiter
Leiter, die dazu bestimmt sind, *bei ungestörtem Betrieb* unter Spannung zu stehen (einschließlich des Neutralleiters). Dies gilt nicht für den PEN-Leiter.

Bezeichnung
Erster Buchstabe (Beziehung des Systems zur Erde)

T Direkte Verbindung eines Punktes zur Erde

I Alle aktiven Teile von Erde getrennt oder ein Punkt über eine Impedanz mit Erde verbunden

Zweiter Buchstabe (Beziehung der Körper der elektrischen Anlage zur Erde)

T Körper direkt geerdet, unabhängig von der etwa bestehenden Erdung eines Punktes des Versorgungssystems

N Körper direkt mit dem geerdeten Punkt des Systems verbunden

Weitere Buchstaben (Anordnung von Neutral- und Schutzleiter)

S Für die Schutzfunktion ist ein Leiter vorgesehen, der von dem Neutralleiter oder dem geerdeten Außenleiter getrennt ist

C Neutralleiter- und Schutzleiterfunktion sind in einem Leiter kombiniert (PEN-Leiter)

TN-Systeme
Bei *TN-Systemen* ist ein Punkt *direkt* geerdet.
Die einzelnen Körper der elektrischen Anlage sind über *Schutzleiter* mit diesem Punkt verbunden.

TN-S-System

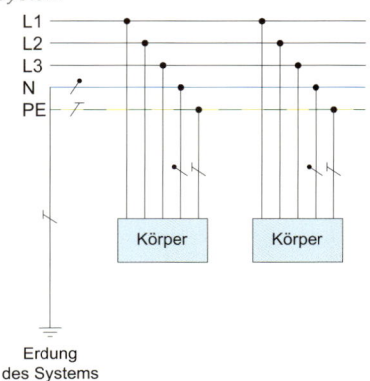

TN-CS-System

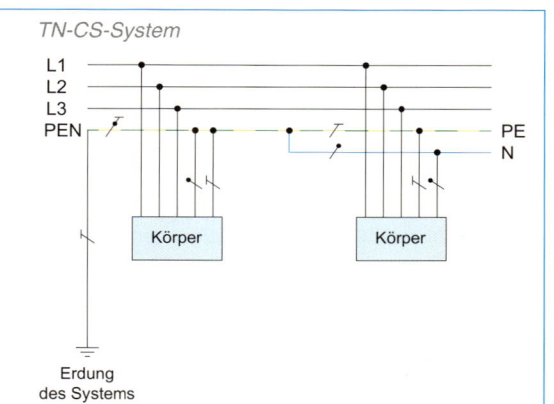

TN-C-System

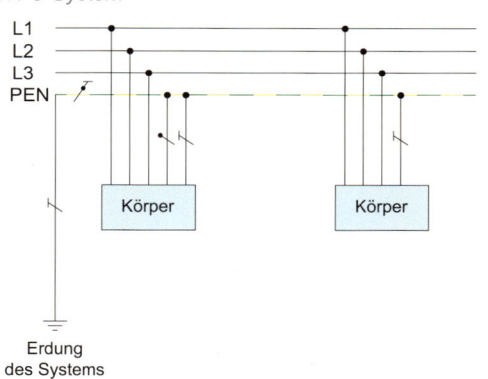

TN-S-System
Getrennter Schutzleiter im gesamten System.
Neutralleiter und Schutzleiter getrennt verlegt.

TN-C-S-System
In einem *Teil des Systems* sind die Funktionen des Neutralleiters und des Schutzleiters in einem einzigen Leiter kombiniert.

TN-C-System
Im *gesamten System* sind die Funktionen des Neutralleiters und des Schutzleiters in einem einzigen Leiter kombiniert.

Elektrische Anlagen
Sämtliche einander zugeordneten elektrischen Betriebsmittel für einen bestimmten Zweck und mit koordinierten Kenngrößen.

Körper
Berührbares, leitfähiges Teil eines elektrischen Betriebsmittels, das normalerweise nicht unter Spannung steht, jedoch im Fehlerfall Spannung annehmen kann.

Erde
Leitfähiges Erdreich, dessen elektrisches Potenzial an jedem Punkt vereinbarungsgemäß gleich Null gesetzt wird.

Information

Erder
Leitfähiges Teil oder leitfähige Teile, die in gutem Kontakt mit der Erde stehen und mit dieser eine elektrische Verbindung bilden.

Schutzleiter (PE)
Leiter, der für einige Schutzmaßnahmen gegen gefährliche Körperströme erforderlich ist, um eine elektrische Verbindung zu einem der folgenden Teile herzustellen:
- Körper der elektrischen Betriebsmittel
- fremde leitfähige Teile
- Haupterdungsklemme
- geerdeter Punkt der Stromquelle oder künstlicher Sternpunkt

PEN-Leiter (Nullleiter)
Geerdeter Leiter, der gleichzeitig die Funktion von Schutzleiter und Neutralleiter erfüllt.

Fehlerstromkreis im TN-C-S-System
Fehlerstromkreis

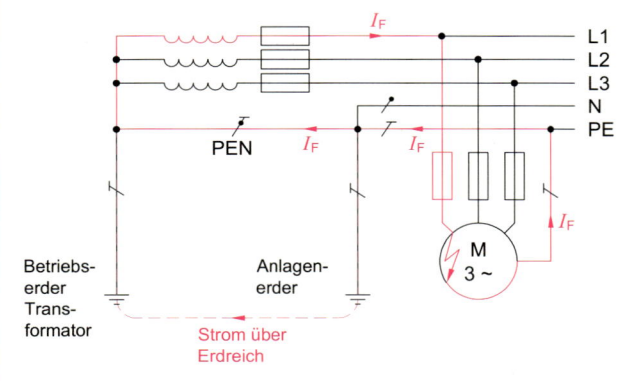

1. PEN-Leiter in Ordnung
Fehlerstromkreis (siehe oben):
Transformator, Außenleiter L1, Fehlerstelle Motor, Gehäuse (Körper), PE-Leiter, PEN-Leiter, Sternpunkt-Transformator

2. PEN-Leiter unterbrochen
Fehlerstromkreis (siehe oben):
Transformator, Außenleiter L1, Fehlerstelle Motor, Gehäuse (Körper), PE-Leiter, Anlagenerder, Erdreich, Betriebserder, Sternpunkt des Transformators

In beiden Fällen muss ein so hoher **Fehlerstrom** I_F fließen, dass das *vorgeschaltete Überstrom-Schutzorgan* in der vorgeschriebenen Zeit auslöst.

Ein *auftretender* **Körperschluss** muss einen **Kurzschlussstrom** hervorrufen, der das vorgeschaltete **Überstrom-Schutzorgan** innerhalb der *vorgeschriebenen Zeit* zum *Ansprechen* bringt.
Eine *unzulässig hohe Berührungsspannung* an den Körpern der Betriebsmittel kann dann *nicht* bestehen bleiben.

TN-System
Maximale Abschaltzeiten (DIN VDE 0100 Teil 410)

Stromkreise, die über festen Anschluss oder Steckdosen ortsveränderliche Betriebsmittel der Schutzklasse I oder Handgeräte versorgen	≤ 120 V AC	0,8 s
	≤ 230 V AC	0,4 s
	≤ 400 V AC	0,2 s
	> 400 V AC	0,1 s
Verteilungsstromkreise in Gebäuden		5 s
Stromkreise mit ortsfesten Verbrauchsmitteln		

Der *Gesamterdungswiderstand* aller **Betriebserder** soll 2 Ω nicht überschreiten.

Der **Gesamterdungswiderstand** wird durch *mehrmalige Erdungen* verringert:
- Betriebserder (am Transformator)
- Anlagenerder (Verbraucheranlage)
- weitere Erder (bei Bedarf)

Schleifenimpedanz
Der *Gesamtwiderstand des Fehlerstromkreises* wird **Schleifenimpedanz** Z_s genannt.

Wesentliche Bestandteile der *Schleifenimpedanz* sind:
- Widerstand der Transformatorwicklung
- Widerstand des Außenleiters
- Widerstand des Schutzleiters
- Widerstand des PEN-Leiters

Damit ein ausreichend großer **Abschaltstrom** fließen kann, muss gelten:

$$Z_s \leq \frac{U_0}{I_a}$$

Z_s Schleifenimpedanz in Ω
U_0 Spannung gegen Erde in V
I_a Abschaltstrom des Überstrom-Schutzorgans in A

Information

Näherungswerte für die Höhe des Abschaltstromes I_a

Schmelzsicherung gG	$I_a \approx 8 \cdot I_n$ $I_a \approx 6 \cdot I_n$	$t_a \leq 0{,}4\,s$ $t_a \leq 5\,s$
Leitungs-Schutzschalter, B-Charakteristik	$5 \cdot I_n$	$t_a < 0{,}1\,s$
Leitungs-Schutzschalter, C-Charakteristik	$10 \cdot I_n$	$t_a < 0{,}1\,s$

I_a Abschaltstrom des Überstrom-Schutzorgans
I_n Bemessungsstrom des Überstrom-Schutzorgans
t_a Abschaltzeit des Überstrom-Schutzorgans

Beispiel

Ein Leitungsschutzschalter B16A sichert einen Steckdosenstromkreis mit 230 V gegen Erde ab. Es wurde für diesen Stromkreis eine Schleifenimpedanz von $Z_s = 1{,}48\,\Omega$ ermittelt.
Ist die Abschaltbedingung $I_a \cdot Z_s \leq U_0$ erfüllt?

Zulässige Abschaltzeit: $t_a \leq 0{,}4\,s$ (bei 230 V)
Abschaltstrom: $I_a = 5 \cdot I_n = 5 \cdot 16\,A = 80\,A$
(siehe Tabelle)

Abschaltbedingung (DIN VDE 0100 Teil 410):
$I_a \cdot Z_s \leq U_0$

$$I_K = \frac{U_0}{Z_s} = \frac{230\,V}{1{,}48\,\Omega} = 155{,}4\,A$$

Der Kurzschlussstrom $I_K = 155{,}4\,A$ ist größer als der Abschaltstrom $I_a = 80\,A$ des Überstrom-Schutzorgans.
Die Abschaltbedingung ist also erfüllt.

Oder:
$80\,A \cdot 1{,}48\,\Omega \leq 230\,V$
$118{,}4\,V \leq 230\,V$ (Abschaltbedingung erfüllt!)

Beachten Sie:
- **TN-C-System**
  Fest verlegte Leitungen mit Querschnitten von mindestens 10 mm^2 Cu bzw. 16 mm^2 Al
- **TN-S-System**
  Querschnitte kleiner als 10 mm^2 Cu

RCD

Der **RCD** (Fehlerstrom-Schutzschalter) wird in dem zu schützenden Stromkreis *vor* das Betriebsmittel oder Anlagenteil geschaltet.

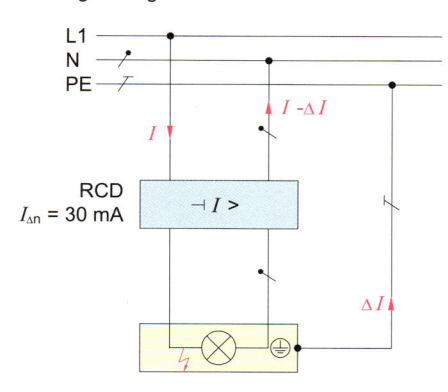

Im Fehlerfall fließt im Schutzleiter der Strom ΔI, der als **Fehlerstrom** angesehen werden kann.

Der über den RCD ins Netz zurückfließende Strom ist um den Anteil ΔI kleiner als der dem Netz entnommene Strom I.

Der RCD muss nun *innerhalb von 200 ms* den Verbraucher vom Netz trennen, wenn ΔI den **Bemessungs-Differenzstrom** von 30 mA erreicht.

Praktisch wird der RCD jedoch wesentlich schneller abschalten (ca. 50 ms).

Daher kann der Fehlerstrom ΔI nur kurzzeitig den menschlichen Körper durchfließen, ohne bleibende Schäden zu verursachen.

Aufbau eines zweipoligen RCD

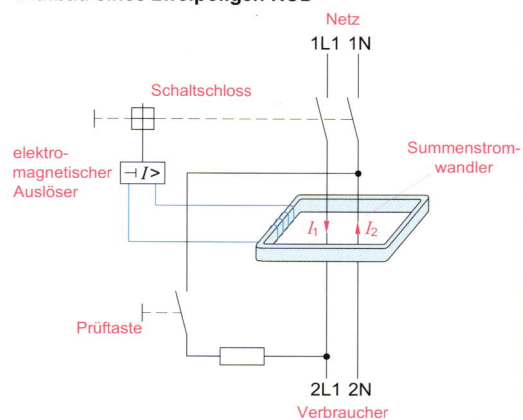

Vorsicht!

PEN- und PE-Leiter dürfen nicht abgesichert sein.

PEN und N dürfen nicht allein schaltbar sein.

Das im PEN-Leiter liegende Schaltstück muss beim Einschalten voreilen und beim Ausschalten nacheilen.

Information

Fehlerfreier Betrieb
- Da kein Fehlerstrom auftritt, ist $I_1 = I_2$.
- Die beiden Ströme sind *gleich groß*, haben aber *entgegengesetzte Richtung*.
- Die Summe dieser Ströme ist Null
- Die entgegengesetzt gerichteten Ströme rufen *Magnetfelder entgegengesetzter Richtung* hervor.
- Die magnetische *Wirkung* ist also Null.
- In der Sekundärwicklung wird keine Spannung induziert.
- Die Auslösespule ist stromlos, der RCD löst nicht aus.

Fehlerhafter Betrieb
Wenn in einem angeschlossenen Betriebsmittel ein Körperschluss auftritt, fließt ein Fehlerstrom I_F über den Schutzleiter PE zum Sternpunkt des Transformators zurück.

Körperschluss im RCD-Kreis

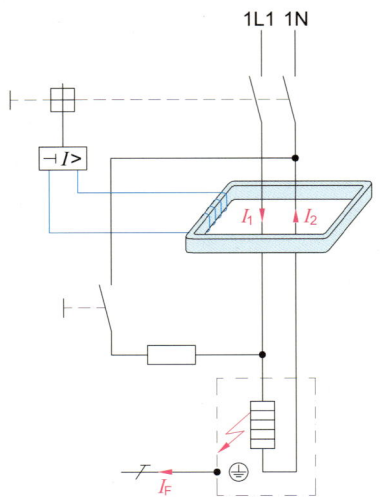

- Der Strom I_2 ist nun um den Fehlerstrom I_F kleiner als I_1.
- Das magnetische Gleichgewicht im Eisenkern ist gestört.
- Ungleiche Ströme rufen ungleiche magnetische Wirkungen hervor.
- Das verbleibende Magnetfeld induziert in der Sekundärwicklung des Summenstromwandlers eine Spannung.
- Durch die Auslösespule fließt Strom. Der RCD löst aus.

> Der Fehlerstrom, der den Auslöser zum Ansprechen bringen soll, wird **Bemessungs-Differenzstrom** $I_{\Delta n}$ genannt.

Bemessungs-Differenzströme von RCDs:
10 mA; 30 mA; 0,3 A; 0,5 A

Auslösezeiten (Herstellerangaben):
$I_F = I_{\Delta n}$: $t_a \leq 200$ ms
$I_F = 5 \cdot I_{\Delta n}$: $t_a \leq 40$ ms

Die *Auslösung des RCD* (nicht die Wirksamkeit der Schutzmaßnahme) kann mit Hilfe der **Prüftaste** bewirkt werden. Dadurch wird ein Fehler simuliert.

> Bei nicht stationären Anlagen ist die Auslösung des RCD arbeitstäglich, bei stationären Anlagen mindestens alle 6 Monate zu prüfen.

Aufbau eines vierpoligen RCD
Der *Aufbau des vierpoligen RCD* entspricht grundsätzlich dem des zweipoligen RCD.
Allerdings werden hier die Außenleiter L1, L2, L3 und der N-Leiter durch den *Summenstromwandler* geführt.

Vierpoliger RCD

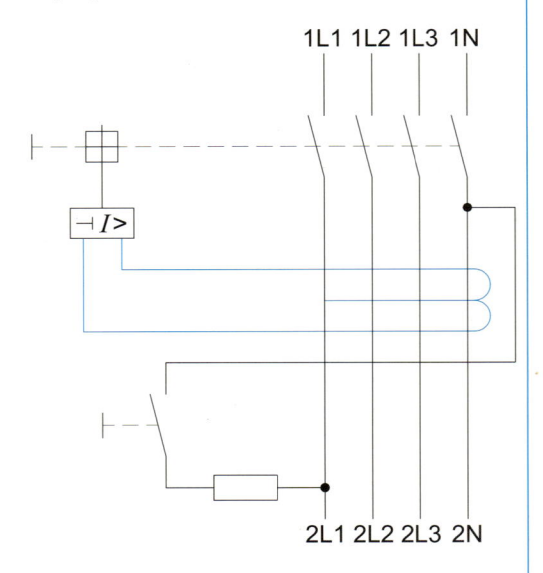

Darstellung auf Seite 233:
Fall 1
Kein Fehlerstrom, symmetrische Belastung.
Die Außenleiterströme sind gleich groß.
Die Summe der Ströme ist zu jedem Zeitpunkt Null.
In der Sekundärwicklung des Summenstromwandlers wird keine Spannung induziert.
Der RCD löst nicht aus.

Information

RCD, unterschiedliche Fälle

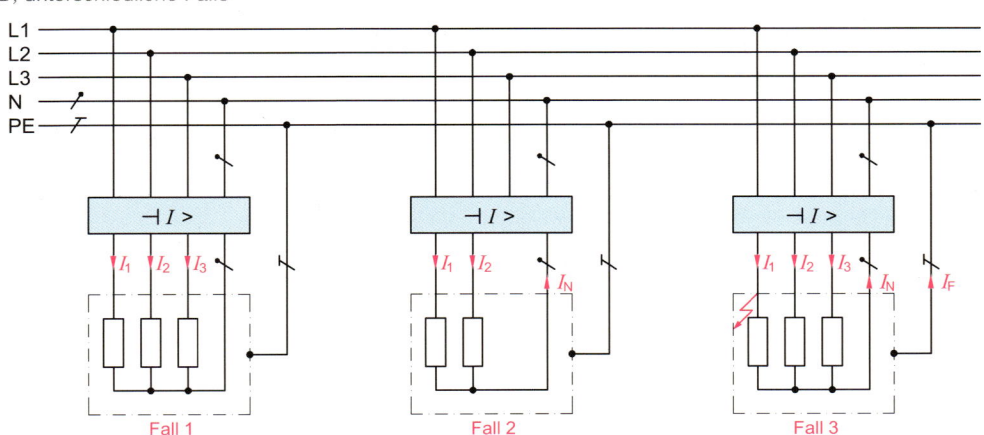

Fall 2
Kein Fehlerstrom, aber unsymmetrische Belastung.
Die Außenleiter führen unterschiedliche Ströme.
Der N-Leiter ist nicht stromlos.
Innerhalb des Summenstromwandlers heben sich jedoch alle drei ungleichen Ströme auf.
Keine Spannung in der Sekundärwicklung des Summenstromwandlers.
Der RCD löst nicht aus.

Fall 3
Körperschluss: Ein Teil des Stromes fließt über den Schutzleiter ab.
Das magnetische Gleichgewicht im Summenstromwandler wird gestört.
In der Sekundärwicklung wird eine Spannung induziert.
Der RCD löst aus.

30-mA-RCD
Ein RCD mit $I_{\Delta n}$ = 30 mA bietet sogar noch Schutz, wenn an einem Betriebsmittel ein *Körperschluss* auftritt und der *Schutzleiter unterbrochen* ist.

RCD bei Erdschluss
Ein **Erdschluss** liegt vor, wenn der Fehlerstrom infolge eines *Isolationsfehlers* aus der Zu- bzw. Rückleitung *direkt ins Erdreich* oder über mit Erde in Verbindung stehenden leitfähigen Konstruktionsteilen fließt.

Man spricht dann von einem **Erdschlussstrom**.
Der RCD erkennt diesen *Erdschlussstrom* ebenso wie einen durch einen Körperschluss verursachten *Fehlerstrom*, wenn der Fehler hinter dem RCD auftritt.

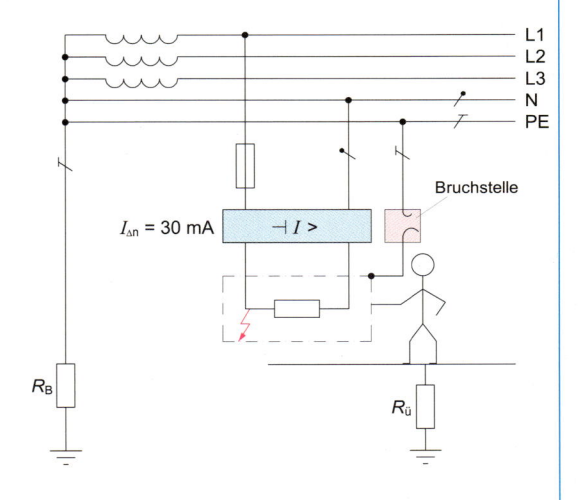

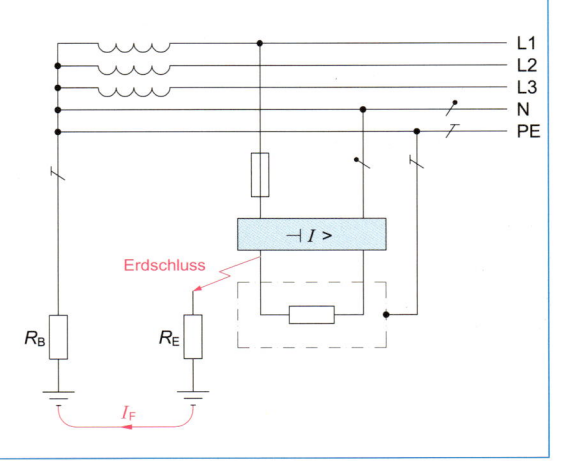

Information

Der RCD schaltet spätestens allpolig ab, wenn der Erdschlussstrom den Wert des Bemessungs-Differenzstromes $I_{\Delta n}$ erreicht.

Erdschlussströme können ab Stromstärken von 1 A **Brände** verursachen. Besonders dann, wenn in der Strombahn des Erdschlusses ein *Lichtbogen* auftritt.

Daher kommen RCDs besonders in *feuergefährdeten Betriebsstätten* und zur *Isolationsüberwachung* zum Einsatz.

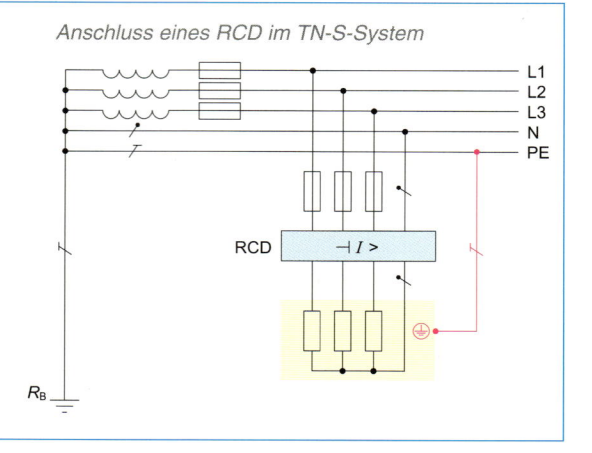

Anschluss eines RCD im TN-S-System

Englisch

Netz
power supply system

Netzeinspeisung
power supply

Erdung
earthing

Erdungswiderstand
earth(ing) resistance

Erder
earth(ing) electrode

Schutzleiter
protective (earthed) conductor

Nullleiter
zero (neutral) conductor, neutral (wire)

Mittelleiter
middle wire

Kleinspannung
low voltage

abdecken
cover, shield

umhüllen
sheathe, case, jacket, cover

isolieren
insulate

Abstand
spacing, separation

Schutzschalter
earth-leakage trip

RCD
residual-current protective decive

Strom, Stromstärke
current

schützend, Schutz
protective

Vorrichtung, Einrichtung, Gerät
decive

Differenzstromauslösung
differential-current tripping

Schutzisolierung
total insulation

Schutz durch RCD
protection by RCD

Schutz gegen direktes Berühren
protection against direct contact

Schutz bei indirektem Berühren
protection against indirect contact

Schutz gegen elektrischen Schlag
protection against electric shock

Schutztrennung
protective separation

Erdschluss
earth fault, line-to-earth fault, earth-leakage fault, short circuit to earth

Englisch

Potenzialausgleich
potential equalization

Potenzialausgleichsleiter
equipotential bonding conductor

Potenzialausgleichsschiene
eqipotential bonding bar

Fehlerstrom
fault current, leakage current

Netzsysteme
network types

Schleifenimpedanz
loop impedance

Abschaltbedingung
cutt-off condition

Abschaltstrom
interrupting current

Körperschluss
body contact

Anwendung

1. Im Antriebsmotor des Ventilators ($\rightarrow$ 270) tritt ein Körperschluss auf (Außenleiter L1).

a) Welche Folge hat dies?
b) In welcher Zeit muss das vorgeschaltete Überstrom-Schutzorgan spätestens auslösen?
c) Der Schleifenwiderstand beträgt 1,3 Ω. Wie groß ist der Fehlerstrom?
Nach welcher Zeit würde bei diesem Fehlerstrom eine 10-A-Schmelzsicherung (gG) auslösen?

2. Verteilung der Tiefgarage ($\rightarrow$ 183):

a) Welches Netzsystem liegt hier vor?
b) Ist der Einsatz der beiden RCDs hier unbedingt notwendig?

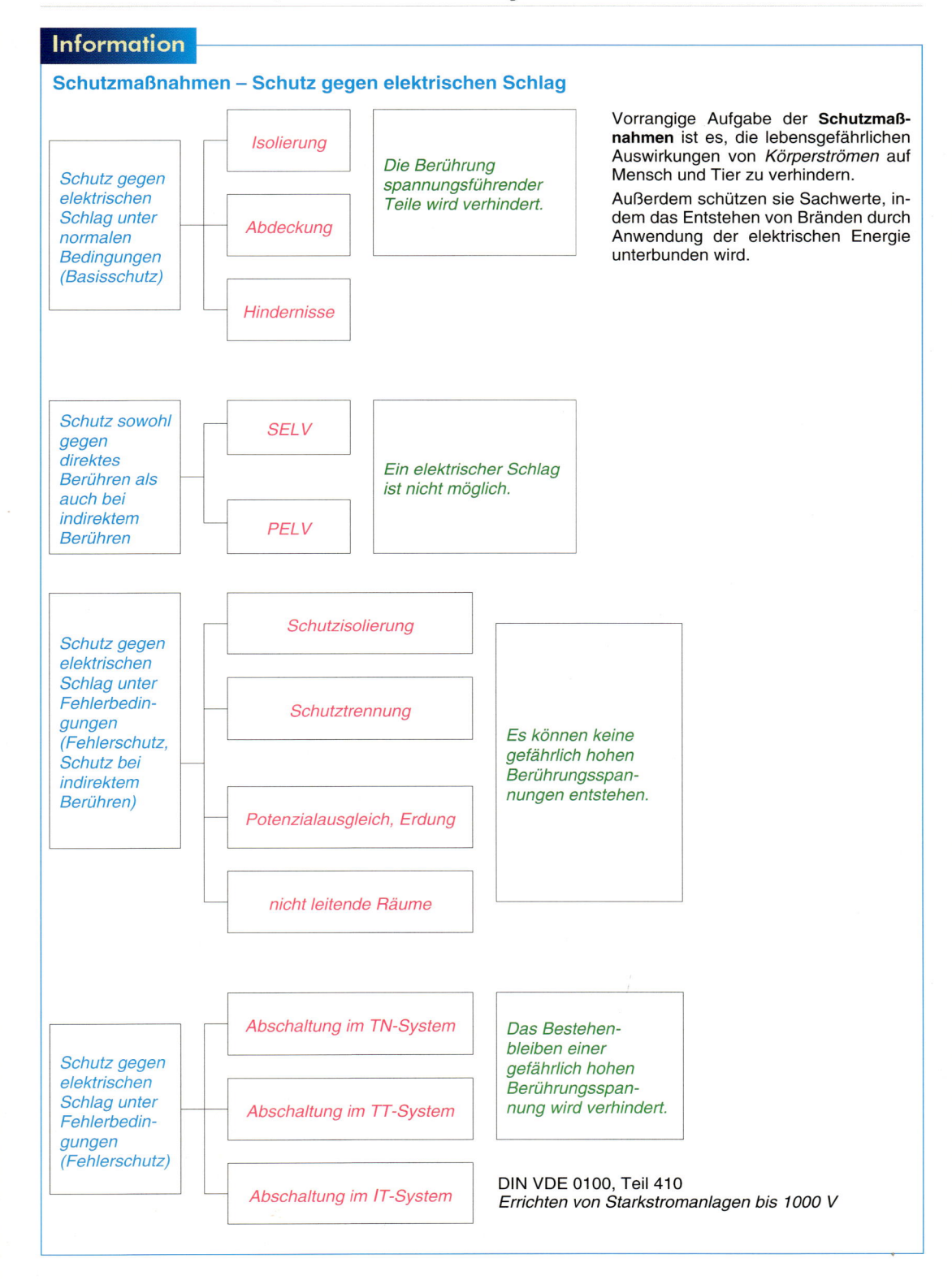

Installation von Duschraum, WC und PKW-Waschanlage **235**

Information

Schutzmaßnahmen – Schutz gegen elektrischen Schlag

Vorrangige Aufgabe der **Schutzmaßnahmen** ist es, die lebensgefährlichen Auswirkungen von *Körperströmen* auf Mensch und Tier zu verhindern.

Außerdem schützen sie Sachwerte, indem das Entstehen von Bränden durch Anwendung der elektrischen Energie unterbunden wird.

Schutz gegen elektrischen Schlag unter normalen Bedingungen (Basisschutz)
- Isolierung
- Abdeckung
- Hindernisse

Die Berührung spannungsführender Teile wird verhindert.

Schutz sowohl gegen direktes Berühren als auch bei indirektem Berühren
- SELV
- PELV

Ein elektrischer Schlag ist nicht möglich.

Schutz gegen elektrischen Schlag unter Fehlerbedingungen (Fehlerschutz, Schutz bei indirektem Berühren)
- Schutzisolierung
- Schutztrennung
- Potenzialausgleich, Erdung
- nicht leitende Räume

Es können keine gefährlich hohen Berührungsspannungen entstehen.

Schutz gegen elektrischen Schlag unter Fehlerbedingungen (Fehlerschutz)
- Abschaltung im TN-System
- Abschaltung im TT-System
- Abschaltung im IT-System

Das Bestehenbleiben einer gefährlich hohen Berührungsspannung wird verhindert.

DIN VDE 0100, Teil 410
Errichten von Starkstromanlagen bis 1000 V

Information

Schutz sowohl gegen direktes als auch bei indirektem Berühren

Ein *Schutz gegen elektrischen Schlag* gilt als erreicht, wenn die Nennspannung des Stromkreises 50 V AC bzw. 120 V DC nicht überschreitet (Spannungsbereich 1).

Bei *Berührung* kann dann nur ein *geringer* und meist *ungefährlicher* Strom fließen.

Schutz durch Kleinspannung

Bei *Schutz durch Kleinspannung* (SELV, PELV) werden Nennspannungen bis 50 V AC und 120 V DC verwendet.

SELV- und *PELV-Stromkreise* unterscheiden sich in ihrer *Erdverbindung*.

- **SELV-Stromkreise**
Keine sekundärseitige Verbindung mit Erde *oder mit anderen Spannungssystemen.*

- **PELV-Stromkreise**
Sekundärseitige *Verbindung mit Erde*, wie dies beispielsweise in *Steuerstromkreisen* der Fall sein kann.

SELV
Safety **E**xtra **L**ow **V**oltage;
Sicherheitskleinspannung

PELV
Protective **E**xtra **L**ow **V**oltage;
Funktionskleinspannung mit sicherer Trennung

FELV
Functional **E**xtra **L**ow **V**oltage;
Funktionskleinspannung ohne sichere Trennung

SELV-Stromkreise mit Transformator

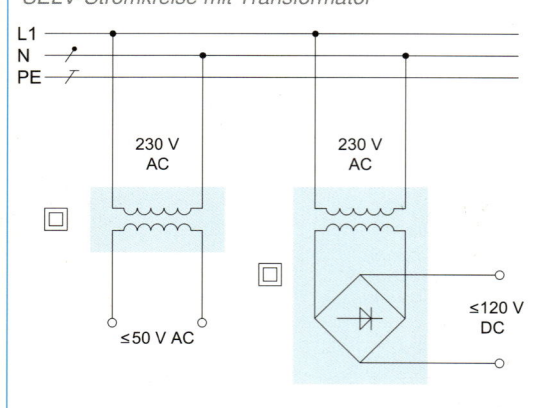

PELV-Stromkreis mit Transformator

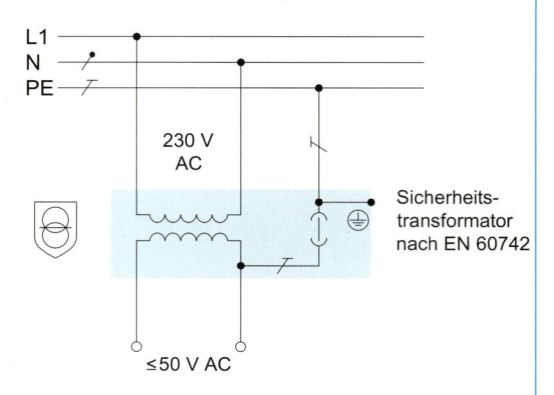

Sicherheitstransformator nach EN 60742

In *SELV-* und *PELV-Stromkreisen* kann auf einen *Schutz gegen direktes Berühren* verzichtet werden, wenn die Nennspannung 25 V AC bzw. 60 V DC nicht überschreitet.

Dies gilt allerdings nicht bei **erhöhter Gefährdung**, wie bei Spielzeug, medizinischen Geräten, Geräte in landwirtschaftlichen Betrieben.

In solchen Fällen sind auch *kleinere Spannungen* vorgeschrieben.

$U_N \leq 25\,V$:
Spielzeug,
Geräte in landwirtschaftlichen Betriebsstätten

$U_N \leq 12\,V$:
Geräte in Badewannen etc.

$U_N \leq 6\,V$:
medizinische Geräte
(Strom führende Teile im Körper)

Spannungsquellen für Kleinspannung
- Akkumulatoren, Batterien
- Sicherheitstransformatoren (getrennte Wicklungen)
- Elektronische Geräte zur Erzeugung von Gleich- bzw. Wechselspannung
- Motorgenerator mit getrennten Wicklungen

Vorsicht! **Spartransformatoren, Spannungsteiler und Vorwiderstände eignen sich nicht zur Erzeugung von Schutzkleinspannung.**

Installation von Duschraum, WC und PKW-Waschanlage, Schutzmaßnahmen

Information

Steckvorrichtungen für Kleinspannung

Spannung	Frequenz	Lage der Grundnase immer 6^h Lage der Hilfsnase		Kennfarbe
20 bis 25 V AC	50 bis 60 Hz	ohne	ohne	violett
40 bis 50 V AC	50 bis 60 Hz	12^h	12^h	weiß
	über 100 Hz bis 200 Hz	4^h	4^h	grün
20 bis 25 V AC und 40 bis 50 V AC	300 Hz	2^h	2^h	grün
	400 Hz	3^h	3^h	grün
	über 400 Hz bis 500 Hz	11^h	11^h	grün
bis 50 V DC	—	10^h		grau

Verwechselungsfreie **CEE-Steckvorrichtungen** nach DIN 49 465 sind vorgeschrieben.

Sie unterscheiden sich durch *Kennfarbe*, *Polzahl* und *Lage der Hilfsnase*.

Wichtige Hinweise

- Es müssen besondere Steckvorrichtungen verwendet werden, die mit solchen anderer Stromkreise nicht verwechselt werden können.
- Stecker- und Steckdosen dürfen keine Schutzkontakte haben.
- Leiter müssen zusätzlich zur Basisisolierung gegeneinander isoliert sein.
- Eine gemeinsame Verlegung von Leitungen für unterschiedliche Spannungen und Stromkreise ist möglich, wenn die Isolierung für die höchste Spannung bemessen ist.

Steckvorrichtungen für Kleinspannung

SELV

SELV-Stromkreise werden *ungeerdet* betrieben.

Dann können im Fehlerfall keine höheren Spannungen über den Schutzleiter in den SELV-Stromkreis übertragen werden.

SELV-Stromkreise müssen von Stromkreisen höherer Spannung *sicher getrennt* sein.

Das bedeutet, das Primär- und Sekundärstromkreis des Transformators *keine leitende Verbindung* miteinander haben dürfen. Es kommen stets *Sicherheitstransformatoren* zum Einsatz.

Beachten Sie:
- Keine Verbindung von aktiven Teilen mit Erdungsleitungen, Schutzleitern, Körpern einer anderen Anlage oder fremden leitfähigen Teilen anderer Stromkreise.
- Aktive Teile müssen von aktiven Teilen anderer Stromkreise getrennt sein.

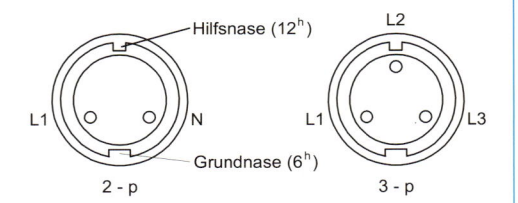

PELV

Im Unterschied zu SELV-Stromkreisen dürfen PELV-Stromkreise *geerdet* sein.

Für Nennspannungen bis 6 V AC bzw. 15 V DC ist ein *Schutz gegen direktes Berühren* nicht mehr erforderlich, wenn sich die versorgten Betriebsmittel in einem Gebäude befinden und gleichzeitig berührbare Körper und fremde leitfähige Teile mit demselben Erdungssystem verbunden sind.

Wenn der Kleinspannungsstromkreis aus einem *Steuertransformator* gespeist wird, ist der Körper des Betriebsmittels an den Schutzleiter des Primärstromkreises anzuschließen.

Der *Steuertransformator* ist ein Transformator mit *getrennten Wicklungen*, der jedoch nicht den Anforderungen eines Sicherheitstransformators entspricht.

Steckvorrichtungen müssen *unverwechselbar* sein, auch gegenüber *SELV-Systemen*.

Information

FELV

Die Anforderung nach *sicherer Trennung* wird bei FELV-Stromkreisen nicht erfüllt.

Es handelt sich bei FELV nicht um eine Schutzmaßnahme.

Schutz durch Begrenzung von Ladung

Eine Schutzmaßnahme gegen direktes Berühren ist verzichtbar, wenn die Spannungsquelle eine *Entladungsenergie* von 0,35 J nicht überschritten wird.

Dies gilt z.B. für Weidezaunanlagen.

Funktionskleinspannung mit sicherer Trennung

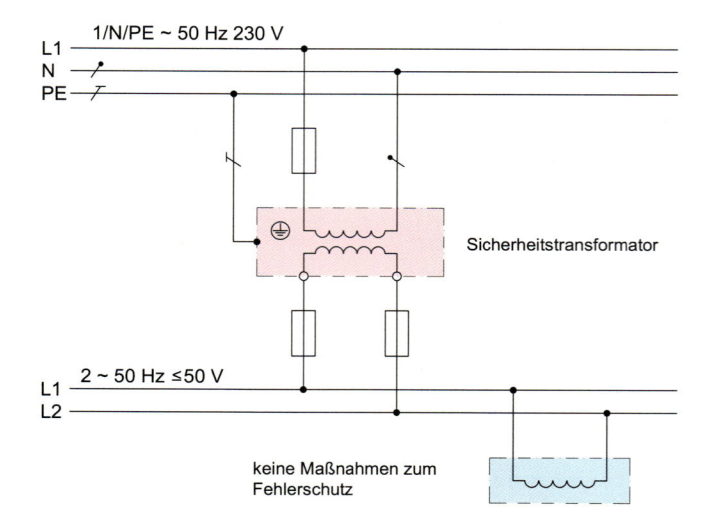

1/N/PE ~ 50 Hz 230 V
L1
N
PE

Sicherheitstransformator

2 ~ 50 Hz ≤50 V
L1
L2

keine Maßnahmen zum Fehlerschutz

Funktionskleinspannung ohne sichere Trennung

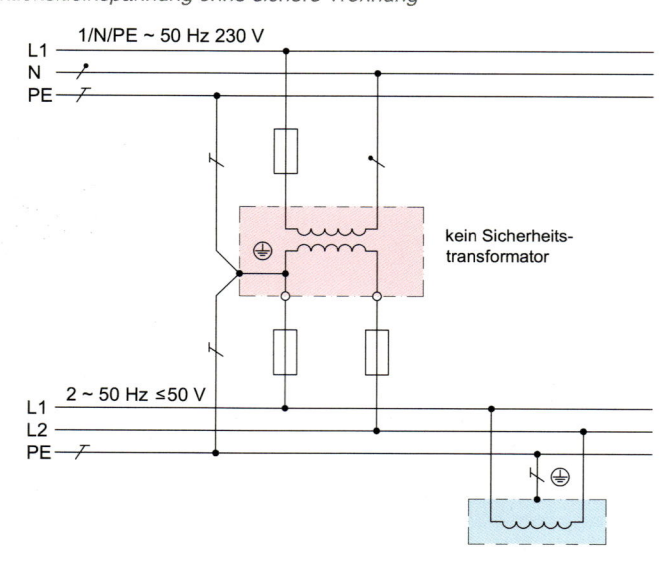

1/N/PE ~ 50 Hz 230 V
L1
N
PE

kein Sicherheitstransformator

2 ~ 50 Hz ≤50 V
L1
L2
PE

Schutz gegen elektrischen Schlag unter normalen Bedingungen

Schutz gegen elektrischen Schlag unter normalen Bedingungen (Schutz gegen direktes Berühren oder Basisschutz) ist zwingend, wenn die Nennspannung 25 V AC oder 60 V DC überschreitet.

Bei *elektromotorisch angetriebenen Verbrauchsmitteln und Werkzeugen* ist auch unterhalb von 25 V AC und 60 V DC ein **Basisschutz** erforderlich.

Isolierung aktiver Teile

Vollständiger Basisschutz durch *Isolierung* von unter Spannung stehenden Teilen mit einer *Basis-* und *Betriebsisolierung*.

Die Isolation darf nur durch Zerstörung entfernt werden können.

Bei einer *Leitung* stellt die *Aderisolation* die *Betriebsisolierung* und der umhüllende *Mantel* die *Basisisolierung* dar.

Installation von Duschraum, WC und PKW-Waschanlage, Schutzmaßnahmen **239**

Information

Abdeckung, Umhüllung

Sichere und feste Abdeckungen der unter Spannung stehenden Teile durch *Isoliermaterialien*.

Schutzart mindestens IP2X, bei waagerecht angeordneten Abdeckungen mindestens IP4X.

Abdeckungen und Umhüllungen dürfen nur von *Elektrofachkräften* mit Hilfe von *Werkzeugen* entfernt werden.

Anwendungsbeispiele
Abdeckungen bei Installationsschaltern, Verteilern

Schutz durch Hindernisse

Hindernisse wie *Geländer*, *Schutzgitter* oder *Schutzleisten* verhindern, dass Personen sich *zufällig* unter Spannung stehenden Teilen nähern können.

Sie bieten *teilweise Schutz* gegen direktes Berühren; können ohne Werkzeug entfernt werden.

Schutz durch Abstand

Aktive Teile müssen außerhalb des Handbereichs liegen.

Der *Handbereich* wird durch die Maße 2,5 m nach oben und 1,25 m zur Seite abgegrenzt.

Im Handbereich dürfen sich keine *gleichzeitig berührbaren* Teile *unterschiedlichen Potenzials* befinden.

Zwei Teile gelten als gleichzeitig berührbar, wenn sie nicht mehr als 2,5 m voneinander entfernt sind.

Zusätzlicher Schutz durch RCD

Wenn andere Schutzmaßnahmen versagen, bietet der **RCD** (Fehlerstromschutzschalter) einen *zusätzlichen Schutz bei direktem Berühren*.

RCD-Bemessungsstrom
I_n: 16 A, 25 A, 40 A, 63 A

Bemessungs-Differenzstrom
$I_{\Delta n}$: 10 mA; 30 mA; 0,1 A; 0,3 A; 0,5 A

Größtmöglichen Schutz bieten RCDs mit *Bemessungs-Differenzströmen* von 10 mA bzw. 30 mA.

Auch bei *direktem Berühren* erfolgt eine sofortige Abschaltung.

Schutz gegen elektrischen Schlag unter Fehlerbedingungen

Bei *indirektem Berühren* eines *fehlerhaften* Gerätes oder Anlagenteils dürfen Menschen und Nutztiere keiner Gefahr ausgesetzt werden.

Schutzmaßnahmen müssen sicherstellen, dass das *Entstehen* oder *Bestehenbleiben* einer *gefährlichen Berührungsspannung* verhindert wird.

Man spricht dann *von Schutz bei indirektem Berühren* oder **Fehlerschutz**.

Handbereich

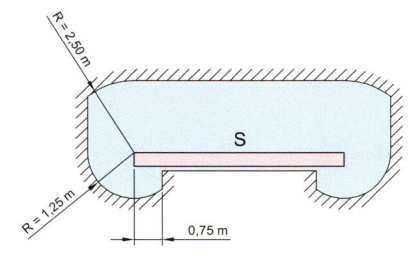

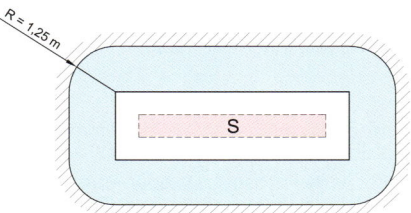

S = Standfläche, deren Benutzung durch Personen zu erwarten ist

Schutzisolierung

Korrekt wird die **Schutzisolierung** als „*Schutz durch Verwendung von Betriebsmitteln der Schutzklasse II oder durch gleichwertige Isolierung*" bezeichnet.

Eine *besondere Isolation* verhindert, dass eine *schadhafte Basisisolierung* eine gefährlich hohe Berührungsspannung hervorrufen kann.

Schutzisolierte Geräte tragen des Symbol der *Schutzklasse II*.

Schutzisolierung

- Betriebsisolierung
- Basisisolierung
- Schutzisolierung

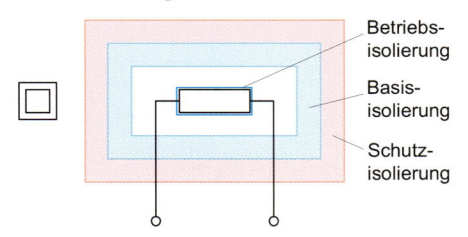

- Schutzisolierte Betriebsmittel haben *keinen Schutzleiteranschluss*.
- Der Stecker hat keine leitenden Schutzkontaktstücke, passt aber in jede Steckdose.
- Bei *Neugeräten* sind Anschlussleitungen und Stecker miteinander verschweißt.
- Bei *Instandsetzungen* dürfen eine dreiadrige Anschlussleitung und ein Schutzkontaktstecker verwendet werden.
- Im Gerät darf der Schutzleiter allerdings nicht angeschlossen werden.

Information

Die Schutzisolierung verhindert, dass unzulässig hohe Berührungsspannungen zwischen den Körpern geerdeter Betriebsmittel und geerdeten leitfähigen Teilen überbrückt werden können.

Farb- oder Lacküberzüge gelten *nicht* als Schutzisolierung.

Ein wesentlicher Vorteil der Schutzisolierung besteht darin, dass Fehler auch von Laien erkannt werden können.

Die Fehler sind nämlich i. Allg. mit erheblichen mechanischen Beschädigungen verbunden.

Beachten Sie:
Schutzisolierte Geräte können Metallklemmen mit dem Schutzleiterzeichen enthalten.

Sie ermöglichen den Anschluss oder das Durchschleifen des Schutzleiters.

Solche Klemmen müssen zu sämtlichen Metallteilen des schutzisolierten Gerätes isoliert sein.

Vorsicht! Bei Leitungseinführungen in schutzisolierte Gehäuse Verschraubungen aus Kunststoff oder Würgenippel verwenden.

Leitungen und *Kabel,* die den VDE-Bestimmungen entsprechen, *gelten als schutzisoliert*, obgleich sie *nicht* durch das entsprechende *Symbol* gekennzeichnet sind.

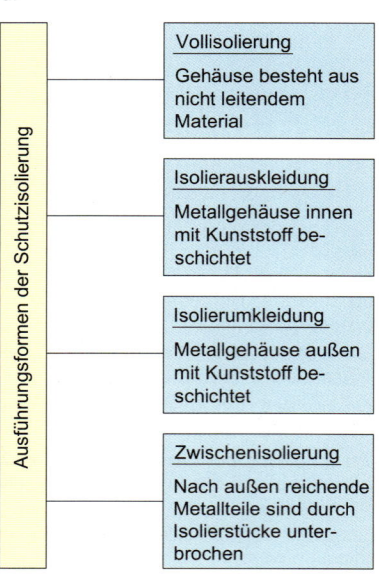

Ausführungsformen der Schutzisolierung

- **Vollisolierung** — Gehäuse besteht aus nicht leitendem Material
- **Isolierauskleidung** — Metallgehäuse innen mit Kunststoff beschichtet
- **Isolierumkleidung** — Metallgehäuse außen mit Kunststoff beschichtet
- **Zwischenisolierung** — Nach außen reichende Metallteile sind durch Isolierstücke unterbrochen

Schutztrennung

Bei der **Schutztrennung** sind die Betriebsmittel vom speisenden Netz sicher galvanisch getrennt.

Für die Potenzialtrennung sorgt ein *Trenntransformator* nach DIN VDE 0550 oder ein *Motorgenerator* nach DIN VDE 0530.

Für **Trenntransformatoren** gilt:
Primärspannung $U_{1\,N} \leq 1000\ V$
Sekundärspannung $U_{2\,N} \leq 500\ V$

Schutztrennung

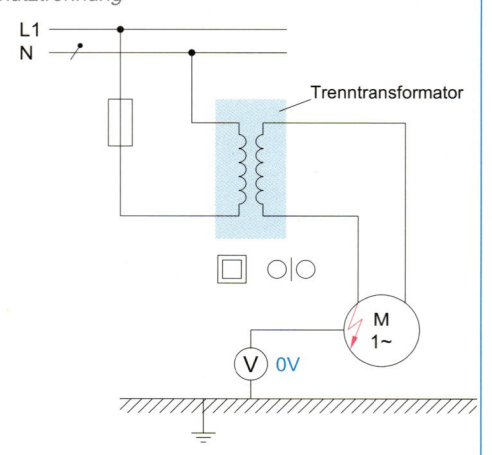

Im Fehlerfall kann *kein* **Fehlerstromkreis** entstehen, da zum Versorgungsnetz keine leitende Verbindung besteht.

Eine **Fehlerspannung** tritt also ebenfalls nicht auf; keine Spannung gegen Erde.

Wenn wegen besonderer Gefährdung die Schutzmaßnahme **Schutztrennung** *zwingend vorgeschrieben* ist, darf nur *ein* Verbraucher an den Trenntransformator angeschlossen werden.

Dies gilt zum Beispiel für das Arbeiten in Kesseln.

Höchstzulässiges Produkt von Spannung und Leitungslänge: 100 000 Vm

Maximale Leitungslänge: 500 m

Ortsveränderliche Trenntransformatoren müssen *schutzisoliert* sein. Die *Steckvorrichtungen des Ausgangsstromkreises* dürfen *keinen Schutzkontakt* haben.

Außerdem darf der Ausgangsstromkreis *nicht geerdet* sein und *keine Verbindung mit anderen Anlageteilen* haben.

Installation von Duschraum, WC und PKW-Waschanlage, Schutzmaßnahmen **241**

Information

Die *Leitungen* müssen gut isoliert sein, um das Risiko eines Erdschlusses bei ortsveränderlichen Verbrauchsmitteln zu vermeiden:
- Gummischlauchleitungen H07RN-F oder gleichwertige Leitungen
- Mehraderleitungen in Installationsrohren bzw. Installationskanälen
- Leitungen von Schutztrennungs-Stromkreisen getrennt verlegen

Wenn *Schutztrennung* nicht zwingend vorgeschrieben ist, dürfen *mehrere Verbrauchsmittel* an eine Spannungsquelle angeschlossen werden.

Es sind dabei *nur Steckdosen mit Schutzkontakt* zu verwenden.

Die Schutzkontakte sind über *ungeerdete*, *isolierte Potenzialausgleichsleiter* miteinander zu verbinden. Dadurch soll verhindert werden, dass zwischen zwei Gehäusen eine Potenzialdifferenz (eine Spannung) auftreten kann.
Das Gleiche gilt auch für die *Körper ortsunveränderlicher Verbraucher*.

Alle beweglichen Leitungen, ausgenommen die Anschlussleitungen schutzisolierter Betriebsmittel, müssen einen *Schutzleiter* enthalten, der den *Potenzialausgleich* zwischen den Körpern aller an Steckdosen angeschlossenen Betriebsmittel herstellt.

Eine *Schutzeinrichtung* muss die *Abschaltung* bewirken, wenn *zwei Körperschlüsse* in verschiedenen Außenleitern auftreten.

Die *Abschaltzeit* darf nicht größer sein als spannungsabhängige 0,1 bis 0,4 s ($\rightarrow$ 230).

Als Schutzeinrichtung kommen *Überstrom-Schutzorgane* in Betracht, da es sich bei zwei Fehlern um einen *Kurzschluss* handelt.

Der Kurzschlussstrom fließt u.a. über den ungeerdeten Potenzialausgleichsleiter (PA).

Schutztrennung wird u.a. gefordert für
- Handnassschleifmaschinen auf Baustellen
- Leuchten in engen leitfähigen Räumen
- tragbare Elektrowerkzeuge und Messgeräte in engen leitfähigen Räumen

Schutztrennung mit Potenzialausgleich

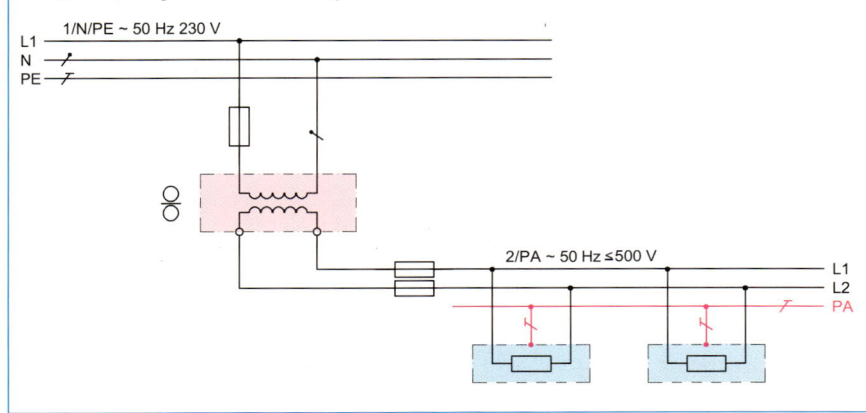

Anwendung

1. Welche Schutzmaßnahmen kommen bei der Installation der Tiefgarage einschließlich der Torsteuerung zur Anwendung?

2. Sie erhalten den Auftrag, die Anschlussleitung einer Handbohrmaschine auszuwechseln.
Zur Verfügung steht Ihnen eine dreiadrige Leitung und ein Stecker.
a) Welche Anschlussleitung würden Sie verwenden?
b) Worauf ist beim Anschluss der neuen Leitung besonders zu achten?

3. Warum dürfen SELV-Stromkreise nicht geerdet werden?

4. Bei einem 24-V-Steuerstromkreis (DC) ist ein Leiter geerdet.
a) Ist dies zulässig?
b) Um welche Schutzmaßnahme handelt es sich?

5. Ein Fehlerstrom kann nur fließen, wenn der Fehlerstromkreis geschlossen ist.
a) Wie sieht dies bei der Schutzmaßnahme Schutztrennung aus.
b) Warum darf i. Allg. nur ein Verbraucher angeschlossen werden? Welche Gefährdung kann auftreten, wenn z.B. über eine Mehrfachsteckdose mehrere Verbraucher angeschlossen sind?
c) Wann ist Schutztrennung vorgeschrieben?

2.6 Rufanlage und Gegensprechanlage installieren

Auftrag

Am Haupttor der Betriebseinfahrt und im ehemaligen Pförtnerhaus (→ 18) soll eine Ruf- und Gegensprechanlage installiert werden.

Sie werden beauftragt, eine einfache Lösung zu erarbeiten.

Englisch

Rufanlage
personnel calling system

Gegensprechanlage
duplex operation system

Wechselsprechanlage
intercommunication system

Klingelanlage
bell system

Wecker
ringer, bell

Hupe
electric hooter, horn

Summer
buzzer, sounder

Türsprechanlage
door intercom system, door interphone

Information

Rufanlagen

Einfache Rufanlage
Bei Betätigung des Tasters S1 ertönt der *Wecker* P1.

Einfache Rufanlage mit Wecker

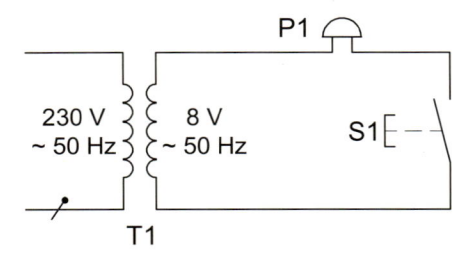

230 V ~ 50 Hz / 8 V ~ 50 Hz
P1, S1, T1

Rufanlagen werden mit *Kleinspannung* betrieben. Zum Beispiel mit einem *Klingeltransformator* T1 mit den Spannungen 230 V/8 V.
Die Rufanlage wird dann mit der Spannung 8 V betrieben und vom Wechselstromnetz gespeist.

Vorsicht!
**Klingeltransformatoren müssen schutzisoliert und kurzschlussfest sein.
Die Nenn-Ausgangsspannung darf maximal 24 V betragen.**

Der *kurzschlussfeste* Klingeltransformator könnte *dauerhaft im Kurzschluss betrieben* werden (Ausgangsklemmen kurzgeschlossen), ohne dass sich hierdurch der Transformator *unzulässig erwärmen* würde.
Keine Brandgefahr bei Kurzschluss des Trafos.

Symbol für einen kurzschlussfesten Transformator

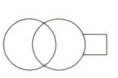

Symbol	Benennung
(Trafo 3V/8V/5V)	Klingeltransformator
(Block ~230V / ~3V, ~8V, ~5V)	Klingeltransformator, Blockschaltbild
(Block ~230V / ~8V, -6V)	Spannungsversorgungsgerät für Gleich- und Wechselspannung
(Symbol)	Wecker, Klingel
(Symbol)	Sirene
(Symbol)	Gong
(Symbol)	Schnarre, Summer
(Symbol)	Horn, Hupe
(Symbol)	Türöffner

Rufanlage und Gegensprechanlage installieren **243**

Information

Türöffnerschaltung

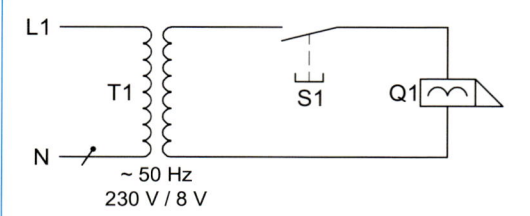

Mehrere Taster können parallel geschaltet werden.

Wecker und Türöffneranlage als Stromlaufplan in aufgelöster Darstellung

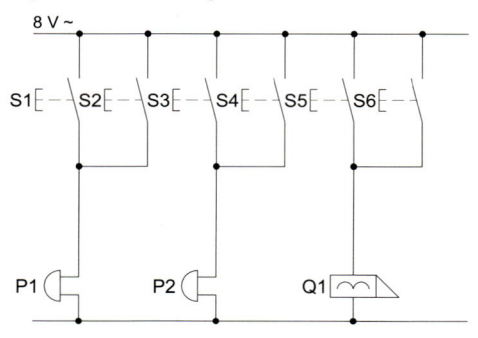

Sprechanlagen

Sprechanlagen sind Fernsprecheinrichtungen zwischen mindestens zwei Sprechstellen.

Wechselsprechanlage
Die *Gesprächsrichtung* wird *durch Tastendruck* gesteuert.

Gegensprechanlage
Ein *gleichzeitiges Sprechen in beiden Richtungen* ist möglich.

Prinzip einer Gegensprechanlage

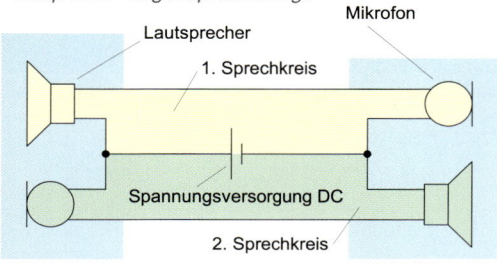

Gegensprechanlagen haben zwei getrennte Sprechkreise.

Jeder der beiden Sprechkreise umfasst ein **Mikrofon** und einen **Lautsprecher** (bzw. **Hörer**). Beide liegen *in Reihe* mit einer *Gleichspannungsquelle*.

Wenn Schallwellen auf die Membran des Mikrofons auftreffen, verändert sich der Widerstand im Sprechkreis.

Dadurch wird der im Kreis fließende Gleichstrom in einen *Sprechwechselstrom* umgeformt, der vom Lautsprecher (Hörer) wieder in entsprechende Schallwellen umgewandelt wird.

Die menschlich Sprache wird so von Sprechstelle 1 nach Sprechstelle 2 übertragen.

Tor- oder Türsprechstelle mit Lautsprecher und Mikrofon

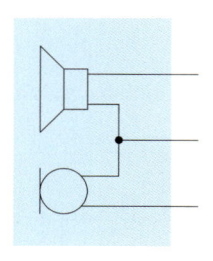

Haussprechstelle mit Hörer und Mikrofon

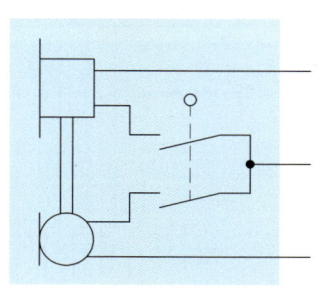

Bei *Abnehmen des Hörers* wird die Verbindung hergestellt.

Information

Gegensprechanlage

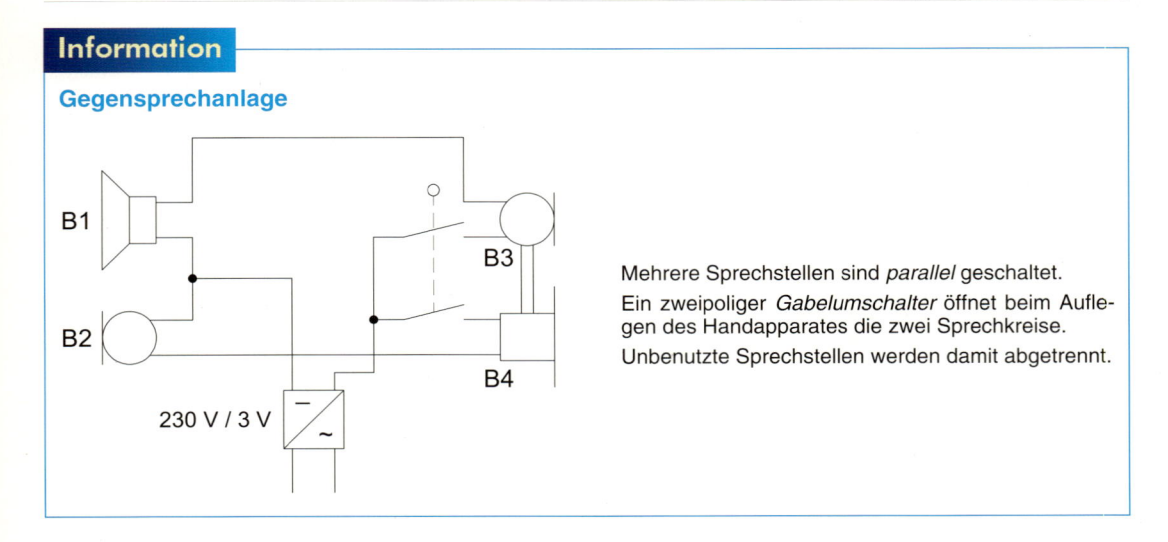

Mehrere Sprechstellen sind *parallel* geschaltet.

Ein zweipoliger *Gabelumschalter* öffnet beim Auflegen des Handapparates die zwei Sprechkreise.

Unbenutzte Sprechstellen werden damit abgetrennt.

Bild 1 zeigt eine mögliche Lösung für die *Ruf- und Gegensprechanlage* laut Auftrag Seite 242.

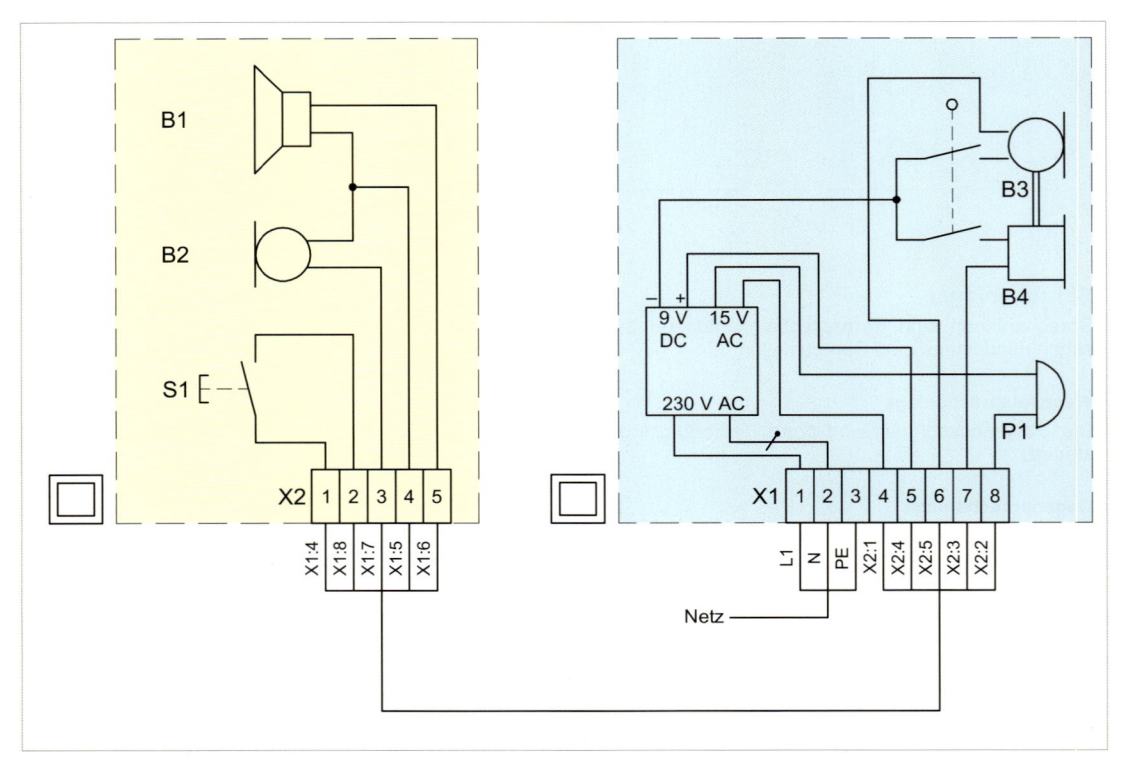

1 Ruf- und Gegensprechanlage (Betriebseinfahrt)

Verriegelungsmagneten installieren, Schaltplandarstellung 245

3 Steuerungen analysieren und anpassen

3.1 Verriegelungsmagneten installieren

Auftrag

Arbeitsauftrag siehe Lernfeld 1, Seite 19.
Abstimmung mit der Metallwerkstatt des Betriebes
Die Montage der Verriegelungsmagneten sowie die Herstellung des Ständers für die beiden Akkumulatoren und des Ladegerätes sind Aufgaben der Metallabteilung.

Dem Verantwortlichen der Metallwerkstatt werden die Maße von Akkumulatoren und Ladegerät übergeben. Ferner ist eine terminliche Abstimmung notwendig.

Gespräch mit dem Verantwortlichen der Elektroabteilung

Ergebnisprotokoll:

– Der Torantriebsmotor darf nur eingeschaltet werden können, wenn zuvor die Verriegelungsmagneten erregt wurden und damit das Tor entriegeln.

– Bei offenem und geschlossenem Tor werden die Verriegelungsmagneten spannungslos geschaltet. Im geschlossenen Zustand wird dadurch das Tor verriegelt. Im geöffneten Zustand belasten die Verriegelungsmagneten nicht dauerhaft die Spannungsquelle.

– Die Verriegelungsmagneten werden ausschließlich aus den Akkumulatoren gespeist.

– Bei Netzspannungsausfall (230 V/50 Hz) wird auch der Torantrieb von den Akkumulatoren gespeist. Die Umschaltung von Netz auf Akkubetrieb erfolgt automatisch.

– Das Öffnen und Schließen des Tores soll nicht mehr nur über die Fernbedienung, sondern auch über einen Schlüsseltaster (außen) und einen Drucktaster (innen) erfolgen.

– Eine Meldelampe (grün) soll den Netzbetrieb, eine Meldelampe (rot) den Akkubetrieb anzeigen.

– Für die Spannungsversorgung des Ladegerätes soll eine Doppelsteckdose installiert werden.

Dabei ist wichtig:
Das Schütz K1 überwacht die Netzspannung.
Netzspannung vorhanden: K1 zieht an. Der Akkumulator wird vom Torantrieb getrennt (Öffner von K1). Die Meldelampe P1 (Meldung Netz) leuchtet.

Netzspannung ausgefallen:
K1 fällt ab. Der Torantrieb wird mit dem Akkumulator verbunden. Die Meldelampe P2 (Meldung Akku) leuchtet.

S3 oder S4 betätigt:
Das Schütz K3 zieht an (Motorspannung für den Torantrieb).
Die beiden Verriegelungsmagneten werden erregt. Dadurch werden die Mikroschalter S1 und S2 betätigt und das Schütz K2 zieht an.
Der Motorstromkreis wird geschlossen.
Der Torantrieb arbeitet.

Der Elektromeister übergibt Ihnen eine Prinzipskizze, die die grundsätzliche Arbeitsweise der Steuerung verdeutlicht (→ 246).

246 Steuerungen analysieren und anpassen

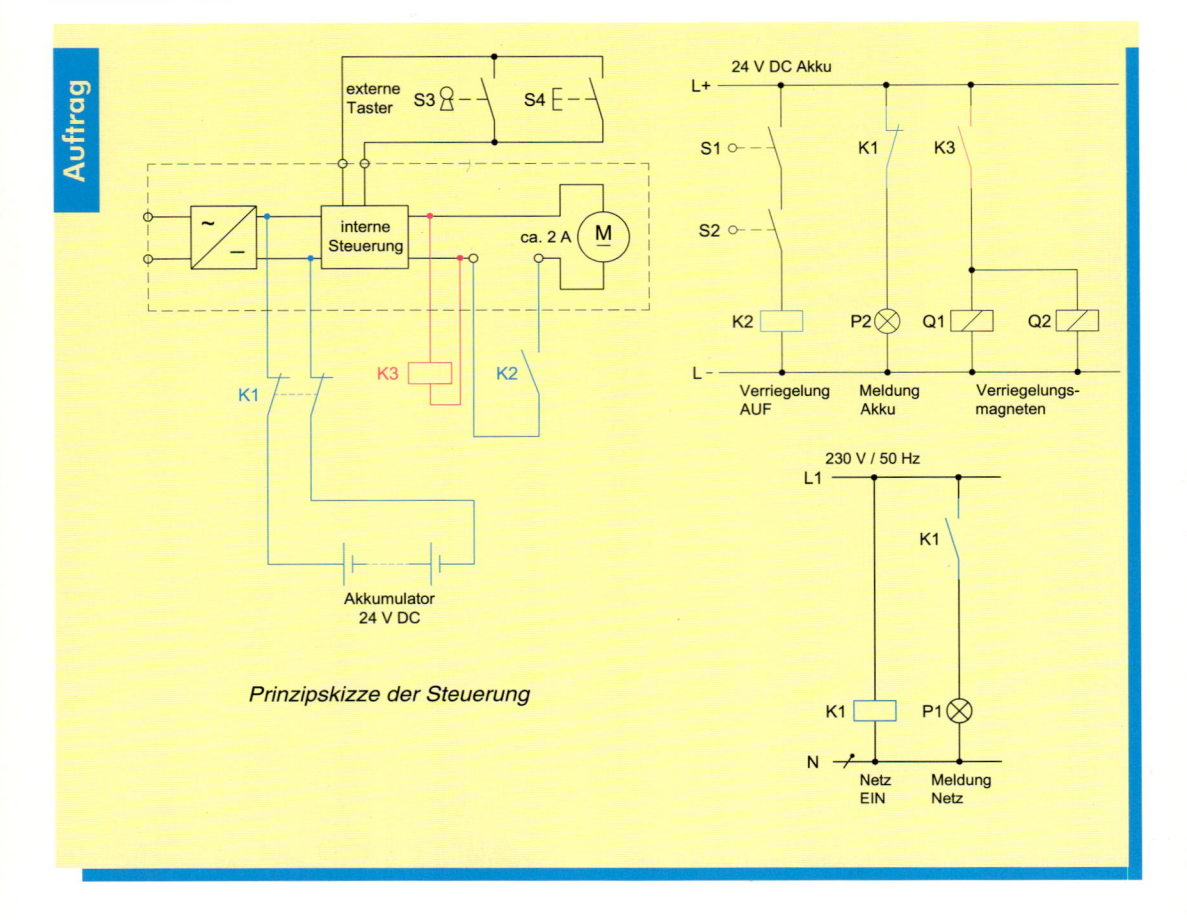

Auftrag

Prinzipskizze der Steuerung

(Schaltplan mit externen Tastern S3, S4, interner Steuerung, Motor ca. 2 A, Schützen K1, K2, K3, Akkumulator 24 V DC)

24 V DC Akku – S1, S2, K1, K3, K2, P2 (Meldung Akku), Q1, Q2 (Verriegelungsmagneten), Verriegelung AUF

230 V / 50 Hz – K1, P1, Netz EIN, Meldung Netz

Englisch	
Schütz contactor, control gate	**Schaltzeichen** circuit symbol, graphic symbol
Hauptschütz master contactor	**Betätigungselement** actuator, actuating element
Hilfsschütz auxiliary contactor	
Schaltglied contact element, switching element	**Relais** relay
Schließer closer, a-contact, normally open contact	**Relaisspule** relay coil
Taster feeler, tracer, push-botton switch	**Netzspannung** mains voltage, net voltage
Wechsler change-over contact, double-throw contact	**Stromlaufplan** circuit diagram
	Klemmenbezeichnung terminal marking
Spule coil, inductance coil	**Klemmenverbindung** terminal connection
	Mikroschalter microswitch

Information

Beachten Sie die Kennbuchstaben nach DIN EN 61 346-2: 2000-12.

Die Betriebsmittel erhalten Kennbuchstaben nach ihrer **Hauptaufgabe** bzw. ihrem **Hauptzweck**.

Informationen hierzu → 259

Zum Beispiel:
K
Verarbeiten von Signalen oder Informationen; hier nur noch für Hilfsschütze
Q
Kontrolliertes Schalten von Energiefluss; hier für die Verriegelungsmagneten; bisher Y
P
Darstellen von Information; hier für die Meldelampen; bisher H
B
Umwandeln einer physikalischen Größe in ein Signal, das weiterverarbeitet wird, z.B. Motorschutzrelais; bisher F

Darstellung von Schützschaltungen → 261

Verriegelungsmagneten installieren, Schaltplandarstellung **247**

Netzspannungsüberwachung

Aufgabe:
Bei Ausfall der Netzspannung soll der Torantrieb mit dem Akkumulator verbunden werden.

Eine grüne Meldelampe signalisiert „Netzspannung vorhanden", eine rote Meldelampe „Netzspannung ausgefallen".

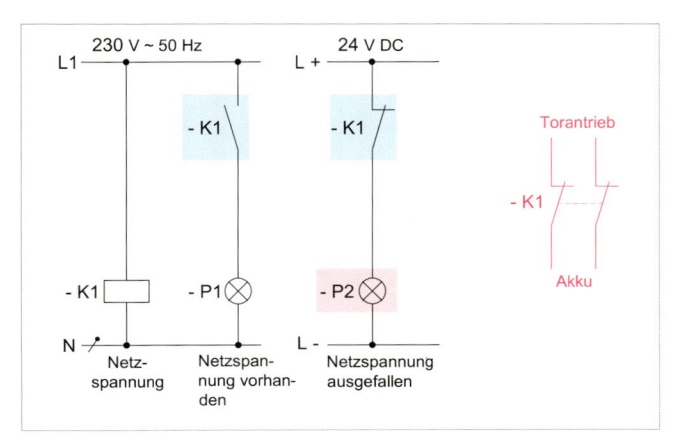

Bei *Ausfall der Netzspannung* fällt das Schütz K1 ab (keine Spulenspannung). Die Schaltglieder von K1 nehmen ihre *Ruhelage* ein (Bild 2).

- Der Stromkreis zu P1 ist unterbrochen (P1 erlischt).
- Der Stromkreis zu P2 wird geschlossen (P2 leuchtet).
- Der Torantrieb wird mit Akkumulatorspannung betrieben.
- Zwei Öffner des Schützes K1 verbinden den Antrieb mit dem Akkumulator.

Bei *vorhandener Netzspannung* zieht das Schütz K1 an. Die Schützspule liegt unmittelbar an Netzspannung.

- Die Meldelampe P2 erlischt, die Meldelampe P1 wird eingeschaltet (Bild 1).
- Der Torantrieb wird von der Akkumulatorspannung getrennt.

Der **Stromlaufplan in aufgelöster Darstellung** verdeutlicht sehr anschaulich die Wirkungsweise der Steuerung. Er eignet sich sehr gut für Verdrahtungsarbeiten und natürlich für den Service.

Die im Stromlaufplan dargestellten Stromkreise sind im **Verdrahtungsplan** (Bild 2, Seite 248) farbig hervorgehoben. Zusätzlich sind hier die Schmelzsicherungen für den Gleichstromkreis und der Leitungsschutzschalter für den Wechselstromkreis aufgenommen.

Wenn die *Klemmenbezeichnungen* im Stromlaufplan eingetragen sind, ist die Verdrahtung ziemlich einfach (Bild 1, Seite 248).

Zum Beispiel:
- Klemme X1:1 mit Anschluss 1 des LS-Schalters verbinden.
- Anschluss 2 des LS-Schalters mit Anschluss A1 der Schützspule verbinden.
- Anschluss A2 der Schützspule mit Klemme X1:2 verbinden.
- Von Anschluss A1 der Schützspule zur Klemme 13 des Schützes K1.
- Von der Klemme 14 des Schützes K1 zum Anschluss X1 der Meldelampe P1.
- Vom Anschluss X2 der Meldelampe P1 zum Anschluss A2 der Schützspule K1.

Nach diesem Prinzip wird die gesamte Schaltung verdrahtet.
Stromlaufplan mit Klemmenbezeichnungen → 268; Verdrahtungsplan → 269.

Wirkungsweise der Steuerung
Netzspannung vorhanden
- Der Akkumulator ist vom Torantrieb getrennt (Schütz K1).
- Wenn einer der beiden externen Taster (S3, S4) betätigt wird, zieht das Schütz K3 an.
- Ein Schließer des Schützes K3 schaltet dann die beiden Verriegelungsmagneten ein.

1 Netzspannung vorhanden

2 Netzspannung ausgefallen
Stromlaufplan → 261, Verdrahtungsplan → 264

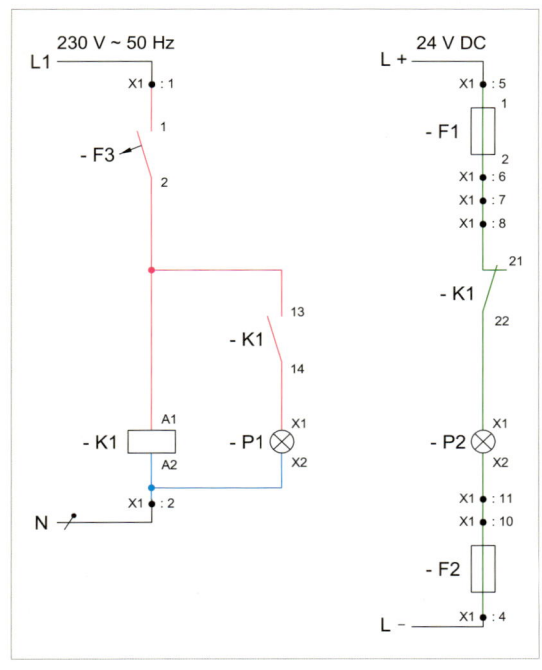

- Wenn die Verriegelungsmagneten entriegelt sind, werden die Mikroschalter S1 und S2 betätigt.
- Wenn beide Mikroschalter betätigt sind, zieht das Schütz K2 an.
- Der Schließer von K2 schließt den Stromkreis zum Antriebsmotor, das Tor bewegt sich.
- Wird das Tor wieder ausgeschaltet, fällt das Schütz K3 ab.
- Ist K3 abgefallen, werden die Verriegelungsmagneten spannungslos. Die Bolzen kehren dann durch Federkraft in ihre Ruhelage zurück.
- Bei spannungslosen Verriegelungsmagneten sind die Mikroschalter S1 und S2 unbetätigt. Das Schütz K2 fällt ab und der Motorstromkreis wird wieder unterbrochen.
- Die Verriegelungsmagneten werden vom Akkumulator gespeist.

Netzspannung ausgefallen

- Der Akkumulator wird bei Abfallen des Schützes K1 mit dem Torantrieb verbunden.
- Die Meldelampe P1 erlischt, die Meldelampe P2 leuchtet.

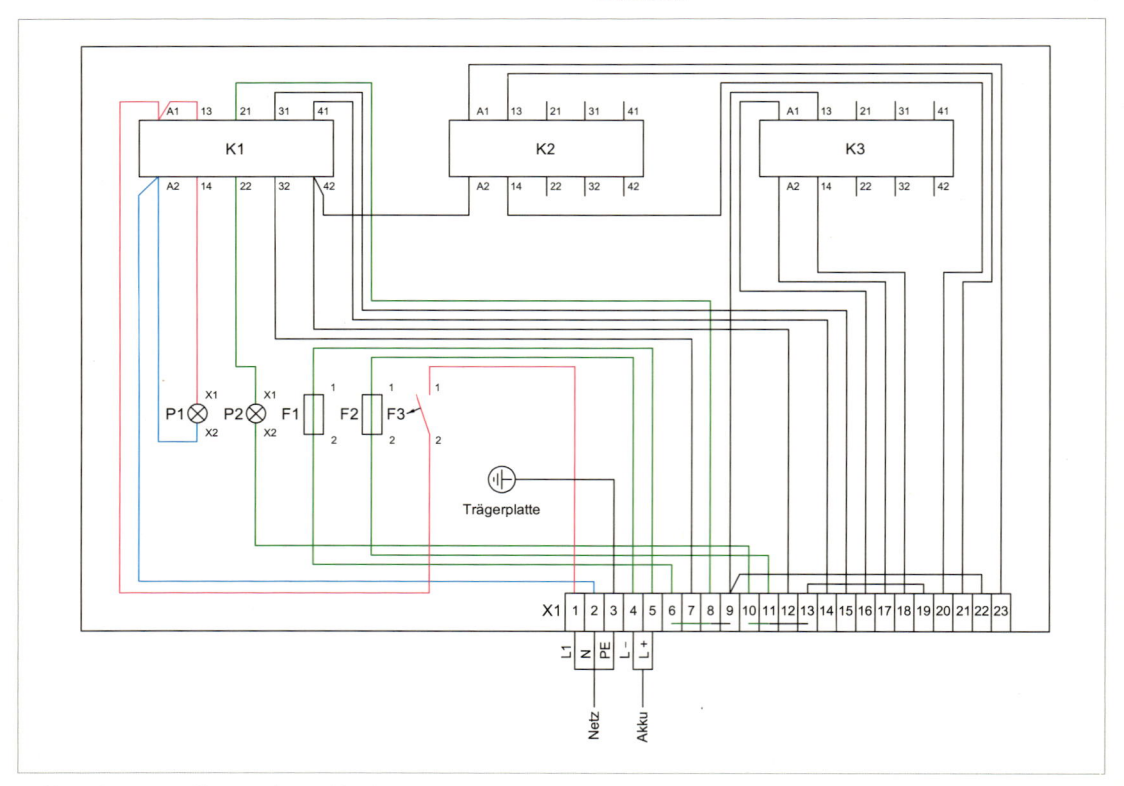

1 Netzspannungsüberwachung, Klemmenbezeichnung

2 Netzspannungsüberwachung, Verdrahtungsplan (farbig eingezeichnet)
Schütze, Schützkontakte → 251

Verriegelungsmagneten installieren, Schaltplandarstellung

S4 betätigt → Befehl Tor auf bzw. zu → interne Steuerung liefert Spannung für den Motor.

Motorstromkreis durch K2 noch unterbrochen. K3 zieht durch die Motorspannung der internen Steuerung an (Bild 1).
Der Schließer von K3 legt die Verriegelungsmagneten an Spannung.

Die Bolzen der Verriegelungsmagneten werden angezogen (Bild 2).
Wenn die Bolzen beider Verriegelungsmagneten angezogen sind, werden die Mikroschalter S1 und S2 betätigt. Das Schütz K2 zieht dann an (Bild 3).

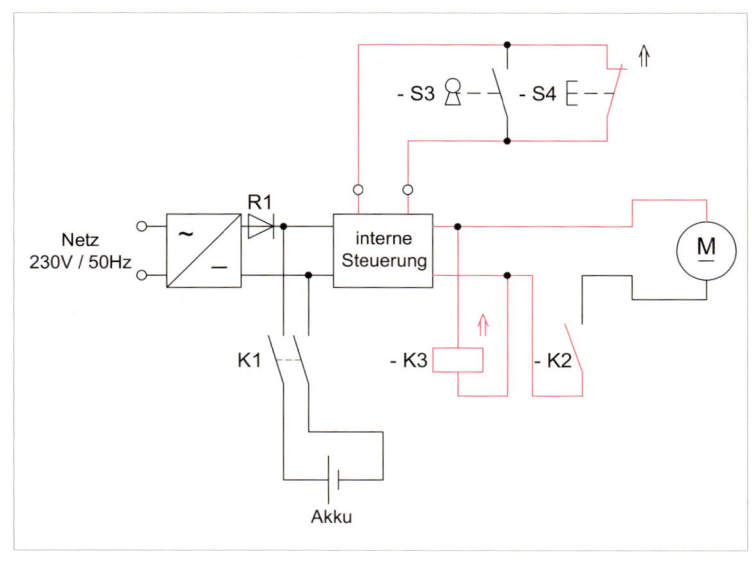

1 Bei Betätigung von S4 zieht K3 an

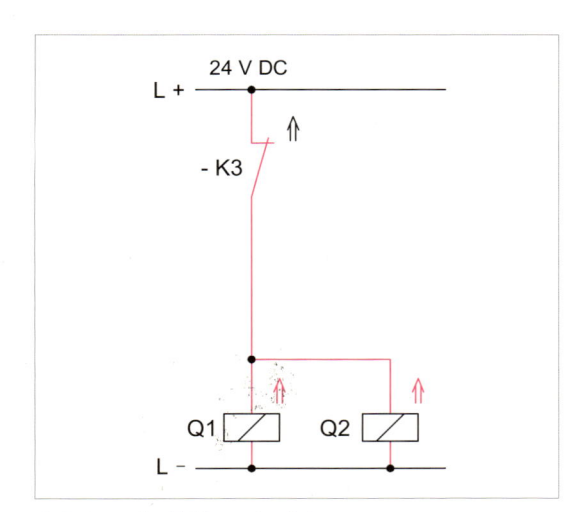

2 Bolzen der V-Magnete ziehen an

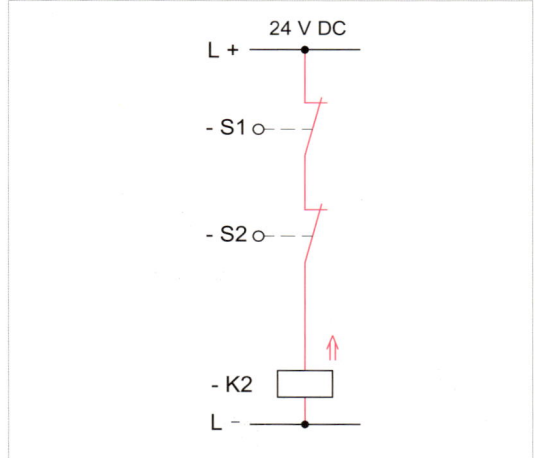

3 Schütz K2 zieht an

Wenn K2 anzieht, wird der Motorstromkreis geschlossen. Der Torantrieb arbeitet (Bild 4). Das *Ausschalten des Torantriebes* erfolgt durch die interne Steuerung, die den Motorstromkreis spannungslos schaltet.

Motorstromkreis spannungslos
→ K3 fällt ab → Verriegelungsmagneten werden spannungslos → Bolzen bewegen sich durch Federkraft in ihre Ruhelage → Mikroschalter springen in Ruhelage zurück → K2 fällt ab.

Damit ist der Ausgangszustand wieder hergestellt.
Diode (Sperrdiode) → 121

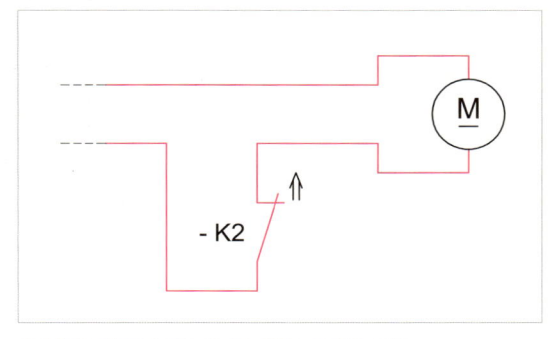

4 Motorstromkreis durch K2 geschlossen

Information

Elektromagnetisch betätigte Schaltgeräte

Schütze und **Relais** sind elektromagnetisch betätigte Schaltgeräte.

Typisch für diese Schaltgeräte ist ein *Steuerstromkreis* und ein *Hauptstromkreis* (Laststromkreis), die galvanisch voneinander getrennt sind.

Mit einem geringen **Steuerstrom** wird ein hoher **Laststrom** geschaltet.

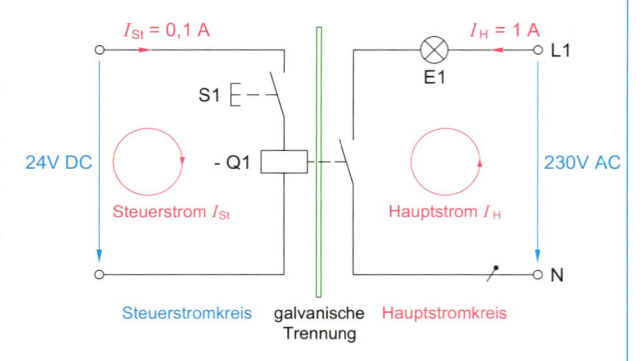

I_{St} = 0,1 A I_H = 1 A

24V DC — Steuerstrom I_{St} — S1 — -Q1 — E1 — Hauptstrom I_H — 230V AC — L1 — N

Steuerstromkreis — galvanische Trennung — Hauptstromkreis

Schütze

Schütze sind mit *Hilfsenergie* betätigte Schaltgeräte.

Die Hilfsenergie erregt die *Schützspule*.

Das dadurch entstehende *Magnetfeld* zieht den *Anker* mit den *beweglichen Schaltstücken* an.

Die beweglichen Schaltstücke verbinden die *festen Schaltstücke* (Schließer) oder unterbrechen bestehende Verbindungen (Öffner).

Spulenspannungen
Schütze werden mit Spulen für *Gleichstrom*- und *Wechselstrombetätigung* angeboten.

Mögliche *Betätigungsspannungen*:
24 V, 48 V, 110 V, **230 V**.

Die *Spulenanschlüsse* werden mit A1 und A2 bezeichnet.

Der Anschluss mit der niedrigeren (ungeraden) Zahl wird mit der Steuerleitung, der Anschluss mit der höheren (geraden Zahl) mit der Spannungsversorgung (z.B. dem N-Leiter) verbunden.

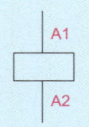

Vorsicht! Die Spulen von Wechselstromschützen dürfen nicht an Gleichspannung angeschlossen werden.
Eine starke Überlastung der Spule wäre die Folge.

Verriegelungsmagneten installieren, Schütze

Information

Hauptschütz (Lastschütz)

Dient zum Schalten von **Hauptstromkreisen** (z.B. Elektromotoren); fernbedient über Hilfsstromkreise.

Solche Schütze verfügen über **drei Hauptstromkontakte** (Hauptschaltglieder). Sie können zusätzlich mit **Steuerkontakten** (Hilfsschaltglieder) ausgerüstet sein oder ausgerüstet werden.

Die Ausführung der **Hauptschaltglieder** wird im Wesentlichen vom erforderlichen **Schaltvermögen** und von der **Stromart** (DC, AC) bestimmt.

Jedes Hauptschaltglied hat **Doppelunterbrechung** und eine eigenständige *Lichtbogenlöschkammer*.

Prinzip der Doppelunterbrechung

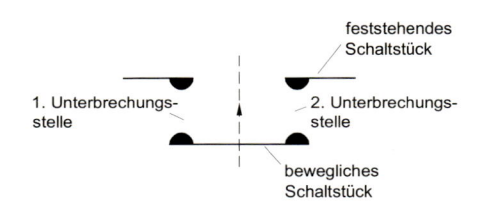

Die **Hilfsschaltglieder** haben Schaltkammern ohne Löscheinrichtungen und werden für Nennströme von etwa 2 bis 20 A gebaut.
Auch sie haben *Doppelunterbrechung*.

Kontaktbezeichnungen beim Schütz

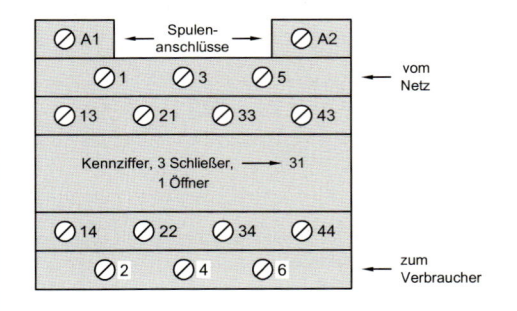

Kontaktbezeichnung im Schaltplan

Alternative Darstellung
(in der Praxis weniger gebräuchlich)

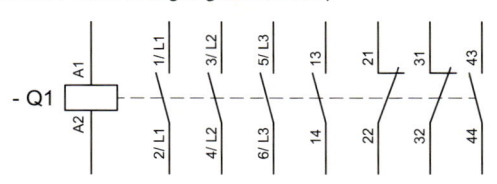

Kontaktbezeichnung
Die *Hauptschaltglieder* werden mit *einzifferigen* Zahlen bezeichnet.
Ungerade Zahlen (1, 3, 5): Netzanschluss
Gerade Zahlen (2, 4, 6): Verbraucheranschluss

Die *Hilfsschaltglieder* tragen *zweizifferige* Zahlen.
An erster Stelle steht dabei die *Ordnungsziffer*, an zweiter Stelle die *Funktionsziffer*.

Funktionsziffern:
- 1 - 2   Steuerkontakt Öffner
- 3 - 4   Steuerkontakt Schließer
- 5 - 6   Steuerkontakt Spätöffner
- 7 - 8   Steuerkontakt Frühschließer

Hilfsschaltglieder

Öffner   Spätöffner   Schließer   Frühschließer

Kennzahlen

Kennzahlen geben Auskunft über Art und Anzahl der Hilfsschaltglieder:

1. Ziffer: Anzahl der Schließer
2. Ziffer: Anzahl der Öffner

Beispiel:
Kennzahl **31**: **3** Schließer, **1** Öffner
Kennzahl **22**: **2** Schließer, **2** Öffner

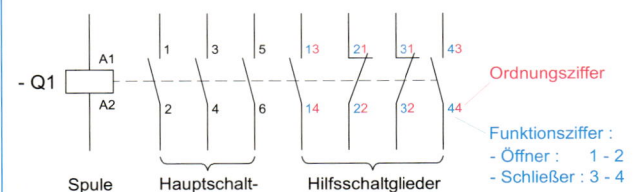

Hauptschütze sind bezüglich ihres Schaltvermögens Motorstarter. Sie müssen blockierte Motoren sicher ausschalten können.
Dabei kann der Strom den 10fachen Wert des Nennstroms annehmen.

→ 252

Information

Hilfsschütz
Prinzipieller Aufbau wie Hauptschütze.

Sie verfügen allerdings ausschließlich über **Hilfsschaltglieder**, die nur relativ gering belastbar sind (etwa 2 bis 20 A).

Hilfsschütze werden daher nicht zum Schalten von Verbrauchern, sondern z.B. für Verriegelungs- und Verknüpfungsfunktionen eingesetzt.

Verhalten von Schützen bei schwankender Steuerspannung

Aus Gründen der Betriebssicherheit muss ein sicheres Anziehen im Spannungsbereich $0,85 \cdots 1,1 \cdot U_N$ möglich sein.

Beispiel
Steuerspannung 24 V DC: $U_{NSt} = 24$ V
$0,85 \cdot U_{NSt} = 0,85 \cdot 24$ V $= 20,4$ V
$1,1 \cdot U_{NSt} = 1,1 \cdot 24$ V $= 26,4$ V
Sicheres Anziehen im Bereich 20,4 – 26,4 V.

Gebrauchskategorie (DIN VDE 0660)

Wechselspannung	AC - 1	Nicht oder schwach induktive Last, Widerstandsöfen
	AC - 2	Schleifringläufermotor, Anlassen, Ausschalten
	AC - 3	Käfigläufermotoren, Anlassen, Ausschalten
	AC - 4	Käfigläufermotoren, Anlassen, Gegenlaufbremsen, Reversieren, Tippen
Gleichspannung	DC - 1	Nicht oder schwach induktive Last, Widerstandsöfen
	DC - 4	Nebenschlussmaschinen, Anlassen, Gegenlaufbremsen, Reversieren, Tippen, Widerstandsbremsen
	DC - 5	Reihenschlussmaschinen, Anlassen, Gegenlaufbremsen, Reversieren, Tippen, Widerstandsbremsen

Mechanische Lebensdauer
Wird in **Schaltspiele** angegeben.
Ein Schaltspiel ist ein Ein- und Ausschaltvorgang.
Zum Beispiel:
$10 \cdot 10^6$ Schaltspiele: 10 Millionen Schaltspiele.

Schaltwege
Durch den *Magnetantrieb* werden die Schaltstücke beim Ein- und Ausschalten um einen Hub von einigen Millimetern bewegt.

Das **Schaltfolgediagramm** zeigt den genauen Schaltzeitpunkt.

Beispiele
Schließ- und Öffnungswege der Kontakte von Hilfsschützen

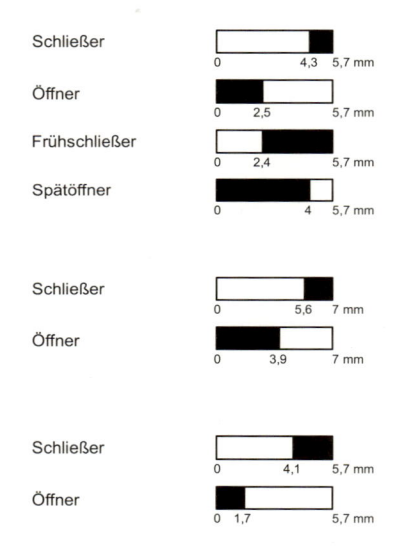

Schließer	0 ... 4,3 ... 5,7 mm
Öffner	0 ... 2,5 ... 5,7 mm
Frühschließer	0 ... 2,4 ... 5,7 mm
Spätöffner	0 ... 4 ... 5,7 mm

| Schließer | 0 ... 5,6 ... 7 mm |
| Öffner | 0 ... 3,9 ... 7 mm |

| Schließer | 0 ... 4,1 ... 5,7 mm |
| Öffner | 0 ... 1,7 ... 5,7 mm |

Bei *Hilfsschützen* öffnen zunächst die Öffner, danach schließen die Schließer.

Relais
Relais sind *elektromagnetische Schalter* mit einer geringeren Schaltleistung als Schütze.
Relais können bei Spannungen bis 250 V Ströme bis ca. 10 A schalten.
Sie werden für Gleich- und Wechselstrom und für *Spulenspannungen* von 1,5 V bis 230 V hergestellt.
Die Kontakte sind *einfachunterbrechend* und häufig als *Wechsler* ausgeführt.

Der Spulenstrom ruft ein Magnetfeld hervor, wodurch das Kontaktstück gegen Federkraft bewegt wird.

Spule und Kontakte sind galvanisch gegeneinander isoliert. Beim Abschalten des Spulenstromes kehren die Kontakte durch Federkraft wieder in ihre Ruhelage zurück.

Information

Eingesetzt werden Relais z.B. zur *galvanischen Trennung* zwischen dem Leistungsteil einer Steuerung (mit Schützen) und dem elektronischen Teil der Steuerung.

Relaiskontakte

Benennung	Kontaktbild	Schaltzeichen
Schließer		
Öffner		
Wechsler		
Wechsler		
Brückenschließer		
Doppelschließer		
Folgeschließer		
Brückenöffner		
Doppelöffner		

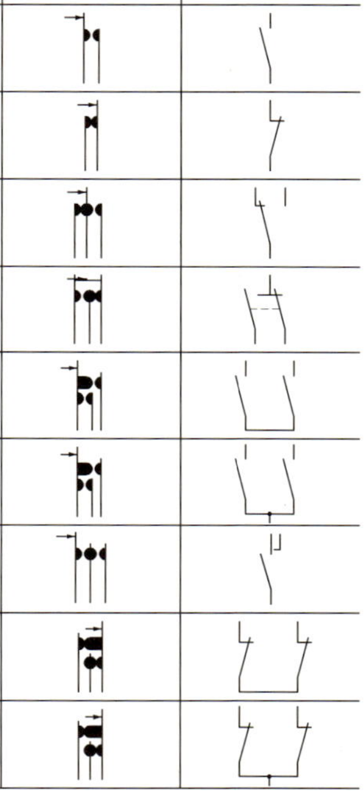

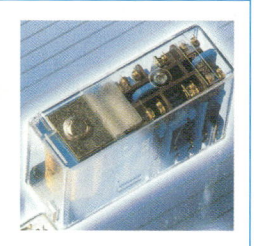

Funkenlöschung
Maßnahme zur Unterdrückung von Schaltlichtbögen. Geeignete Maßnahmen sind z.B. RC-Glieder, Dioden, VDR-Widerstände.
Zu beachten ist, dass hierdurch das Zeitverhalten der Schaltung beeinflusst wird.

Schaltung eines bistabilen Relais

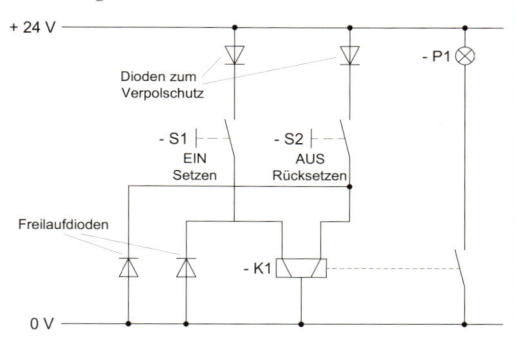

Relais mit einer Spule
Umschaltung mit Impulsen entgegengesetzter Polarität.

Relais mit zwei Spulen
Eine Spule ist für das *Setzen* (Einschalten), die andere Spule für das *Rücksetzen* (Ausschalten) zuständig.

Wechselstrombetätigtes Relais
Der Eisenteil des magnetischen Kreises muss aus *Elektroblech* (gegeneinander isolierte Bleche) bestehen.
Dadurch werden die Wirbelstromverluste gering gehalten. Zu hohe *Wirbelstromverluste* würden zu einer starken Erwärmung führen.

Wichtige Begriffe
Ruhestellung (Ausgangsstellung)
Schaltstellung eines monostabilen Relais im unerregten Zustand. Vom Hersteller als solche bezeichnete Schaltstellung eines bistabilen Relais.
Arbeitsstellung (Wirkstellung)
Schaltstellung eines monostabilen Relais im erregten Zustand. Die der Ruhestellung entgegengesetzte Schaltstellung eines bistabilen Relais.

Monostabile Relais
Fallen nach Abschalten des Spulenstromes (Erregerstromes) durch Federkraft in die Ruhestellung zurück.
Gespeicherte Informationen sind *nullspannungssicher*. Sie bleiben bei Spannungsausfall erhalten.

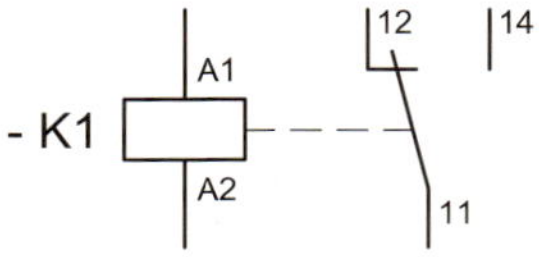

Bistabile Relais
Durch den Restmagnetismus (die Remanenz) des Eisenkerns behalten bistabile Relais ihren Schaltzustand nach einem *Ansteuerungsimpuls* bei.

Diode → 113

Information

Ansprechen
Vorgang, bei dem ein Relais von der Ruhestellung in die Arbeitsstellung wechselt.

Rückfallen
Vorgang, bei dem ein monostabiles Relais von der Arbeitsstellung in die Ruhestellung zurückkehrt.

Rückwerfen
Vorgang, bei dem ein bistabiles Relais von der Arbeitsstellung in die Ruhestellung übergeht.

Prellen
Ein- oder mehrmaliges kurzzeitiges Öffnen oder Schließen der Kontakte beim Schalten des Relais.

Erregung
Durchflutung des magnetischen Kreises durch den Erregerstrom in der Relaiswicklung.
Durchflutung: $\Theta = I \cdot N$ ($\to 65$).

Bemessungsleistung (Nennleistung)
Leistungsaufnahme der Wicklung bei Bemessungsspannung des Relais und Bemessungswert des Wicklungswiderstandes.

Ansprechwert (Strom, Spannung)
Erregungswert, bei dem das Relais sicher anspricht.

Haltewert (Strom, Spannung)
Erregungswert, bei dem ein monostabiles Relais nicht rückfällt.

Kenndaten eines Kleinrelais

Kontaktbestückung		Einheit	1 Wechsler	2 Wechsler
Erregung				
Betriebsspannungen		V DC	5 V, 6 V, 12 V, 24 V	
Bemessungsleistung (Nennleistung)		W	0,45	0,6
Obere Grenztemperatur		°C	90	
Thermische Dauerbelastbarkeit bei 20 °C Umgebungstemperatur		W	1,15	1,1
Kontakte				
Kontaktwerkstoff			Silber, vergoldet	
Schaltspannung, max.		V DC	60	
		V AC	250	
Schaltstrom, max.		A	3	
Schaltleistung, max.		W (DC)	85	
		VA (AC)	360	
Grenz-Dauerstrom		A	3	
Sonstige Daten				
Zulässige Umgebungstemperatur		°C	−30 bis + 50	−30 bis + 40
Ansprechzeit		ms	≈ 7	≈ 5
Rückfallzeit		ms	≈ 3	≈ 2
Schalthäufigkeit		Schaltspiele/s	20	
Lebensdauer, elektrische		24 V/3 A (DC), Schaltspiele	≈ 10^5	
		100 V/3 A (AC), Schaltspiele	≈ 10^5	

Verriegelungsmagneten installieren, Relais, Befehls- und Meldegeräte

Information

Spulenausführungen

Bemessungs-spannung V DC	Betriebsspannungsbereich bei 20°C		Widerstand bei 20°C Ω
	Minimalspannung V DC	Maximalspannung V DC	
1 Wechsler			
5	4	6,5	58 ± 6
6	4,8	8	85 ± 8,5
12	9,6	19	300 ± 30
24	19,2	38	1250 ± 125
2 Wechsler			
5	4	7,5	42 ± 4,5
6	4,8	9	60 ± 6
12	9,6	18	230 ± 23
24	19,2	36	960 ± 96

Schaltdiagramm Mikroschalter

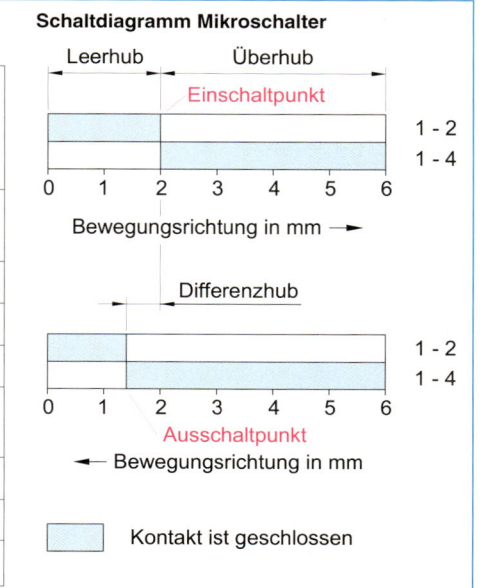

Leerhub — Überhub
Einschaltpunkt
1 - 2
1 - 4
Bewegungsrichtung in mm →

Differenzhub
1 - 2
1 - 4
Ausschaltpunkt
← Bewegungsrichtung in mm

☐ Kontakt ist geschlossen

Kleinrelais W12
V23100-W12**
Mit 2 Wechslern
Staubgeschützt
Für Einbau in gedruckte Schaltungen

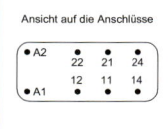

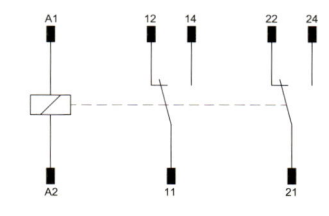

Ansicht auf die Anschlüsse

Ausschaltpunkt und *Einschaltpunkt* liegen an zwei unterschiedlichen Stellen (Differenzhub).

Die *Sprungkontakte* erschweren eine Wiederzündung in der Lichtbogenstrecke, was den *Kontaktabbrand* vermindert.

Dies ist besonders beim *Schalten von Gleichströmen* von Bedeutung.

Befehls- und Meldegeräte

Drucktaster
Drucktaster dienen zur *gezielten Befehlsgabe* bei Steuerungen. Sie werden *von Hand* (also willentlich) betätigt.

Sie müssen nicht nur leicht und gefahrlos erreichbar sein, sondern auch verschiedenen Normen genügen:
- Farben
- Symbole
- Anordnung

Mikroschalter

Mikroschalter (auch *Momentschalter* genannt) verfügen über schnell schaltende *Sprungkontakte*.

Bei *geringen Schaltzeiten* und *kleinen Abmessungen* werden relativ *hohe Schaltleistungen* erreicht.

Die zum Schalten notwendigen *Antriebskräfte* sind sehr gering.

→ 257

Information

Farben von Drucktastern und Leuchtmeldern

Farbe	Bedeutung bei		Anwendungsbeispiel
	Drucktaster	Leuchtmelder	
Rot	HALT, AUS	Gefahr	Not-Aus, Ausschalten
Grün	Sicherheit	EIN	Anlage in störungsfreiem Zustand einschalten
Gelb	Eingriff	Vorsicht	Eingriff zur Vermeidung unerwünschter Änderungen
Weiß	keiner besonderen Bedeutung zugeordnet (alternativ: Schwarz, Grau)	Allgemeine Information	Verwendung mit Ausnahme für Aus und Not-Aus beliebig
Blau	Beliebige Bedeutung, die nicht Rot, Gelb, Grün erfordert	Spezielle Information	—

Hinweise
Die Farbe Rot darf nur dann für Stopp-/Aus-Funktionen verwendet werden, wenn in unmittelbarer Nähe kein Bedienteil zum Stillsetzen oder Ausschalten im Notfall angeordnet ist.

Symbole
Neben der Farbkennzeichnung können die Druckknöpfe Symbole tragen (z.B. 0 I II).

Drucktaster bestehen aus einem *Schaltelement* und einem *Betätigungselement*.

Das *Schaltelement* kann bis zu 4 Schließer oder Öffner umfassen. Im Allgemeinen verfügt es über einen Öffner und einen Schließer, die ohne Überschneidung arbeiten.

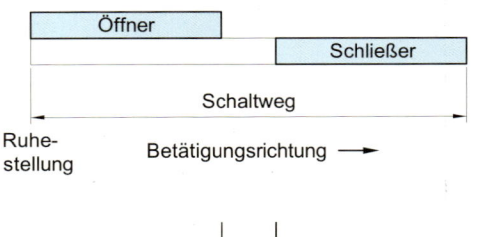

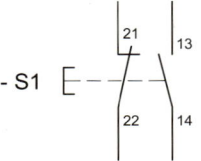

Englisch

Schaltstück
contact element, contactor

Schaltkammer
arc chamber, quenching chamber

Lichtbogen
(electric) arc

Gebrauchskategorie
utilization classes

Lebensdauer
lifetime, life-cycle, operating life

monostabil
monostable

bistabil
bistable

Wechselstrom
alternating current, a.c., A.C.

gepolt
polarized

Remanenz
remanence

Ruhestellung
position of rest, rest-position, off-position

Funkenlöschung
spark extinguisthing, arc quenching

Drucktaster
push-button switch

Lampe
lamp

Schaltelement
switching element

Betätigungselement
actuator, actuating element

Schlüsseltaster
key-operated push button

Glühlampe
incandescent lamp, filament lamp

Leuchtdiode
light-emitting diode, LED, injection luminescent diode

Leitungsschutzschalter
circuit breaker, automatic cut-out, miniature circuit breaker

Überlastungsschutz
overload protection, overload protector

Kurzschlussschutz
short-circuit protection

Schaltvermögen
switching capability, breaking capacity

Strombegrenzung
current limitation, current-limit control

Selektivität
selectivity, overcurrent discrimination

Nennstrom
rated current, nominal current

Schnellauslösung
instantaneous tripping, quick release

Schmelzsicherung
fuse, fuse cut-out, blow-out fuse

Verriegelungsmagneten installieren, Befehls- und Meldegeräte, Schützschaltungen 257

Information

Betätigungselemente

Druckknopf
Zur Verhinderung unwillkürlicher Betätigung nicht vorstehend.

Pilz-Druckknopf
Vorstehend, geeignet für großflächige Handhabung (Not-Aus).

Schlüsselantrieb
Nur Befugte können die Betätigung vornehmen.

Leuchtdrucktaster

Kombination von Drucktaster und Leuchtmelder in einem System. Besonders sinnvoll bei Aufforderungen an das Bedienpersonal.

Zum Beispiel:
Leuchtdrucktaster „Referenzposition anfahren" blinkt.

Leuchtmelder

Leuchtmelder geben durch Aufleuchten oder Erlöschen eines Lichtsignals eine Information.

Auch für sie ist eine festgelegte *Farbkennzeichnung* zu beachten (→ 256).

Die *Glühlampen* der Leuchtmelder werden für unterschiedliche Spannungen angeboten. Zum Beispiel:

110 –130 V/2,4 W	2000 h
6 V/2 W	5000 h
12 V/2 W	5000 h
24 V/2 W	5000 h
48 V/2 W	5000 h
60 V/2 W	5000 h

alle: max. 28 mm, 10 mm ⌀

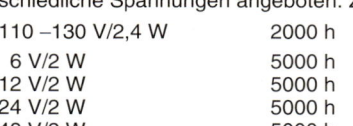

Darstellung von Schützschaltungen

Leiterkennzeichnung

Wechselstromnetz
Außenleiter L1, L2, L3
Neutralleiter N
Schutzleiter PE

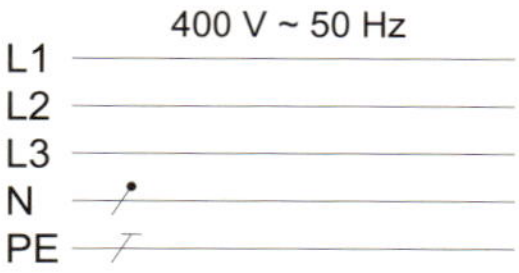

400 V ~ 50 Hz
L1
L2
L3
N
PE

Gleichstromnetz

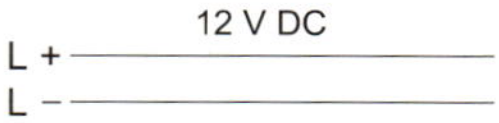

12 V DC
L +
L −

Betriebsmittelkennzeichnung

Verwendung finden 4 *Kennzeichnungsblöcke*:
• Art, Zählnummer, Funktion
• Anlage
• Ort
• Anschluss

Jeder **Kennzeichnungsblock** besteht aus einem *Vorzeichen, Buchstaben und Ziffern*.

Folgende **Vorzeichen** finden Verwendung:

− Art, Zählnummer, Funktion
= Anlage
+ Ort
: Anschluss

LED für Leuchtmelder

12 – 30 V   AC/DC/15 mA   1 000 000 h
Farben: Weiß, Rot, Grün, Gelb, Blau
Verpolungssicher mit Schutzschaltung bis 1500 V.

Information

Kennbuchstaben für die Kennzeichnung der Betriebsmittelart (alt)
(Auswahl nach DIN 6779 T.1/07,95)

B	Umsetzer von nichtelektrischen in elektrische Größen	P	Messgeräte Prüfeinrichtungen
C	Kondensatoren	Q	Starkstrom-Schaltgeräte
D	Binäre Elemente	R	Widerstände
F	Schutzeinrichtungen	S	Schalter, Taster
H	Meldeeinrichtungen	T	Transformatoren
K	Schütz, Relais	V	Halbleiter
L	Induktivitäten	X	Klemmen, Steckdosen, Stecker

Kennbuchstaben zur Kennzeichnung allgemeiner Funktionen (alt)
(Auswahl)

A	Hilfsfunktion	M	Hauptfunktion
E	Funktion EIN	N	Messung
F	Schutz	P	Proportional
G	Prüfung	Q	Zustand
H	Meldung	R	Rückstellen
K	Tastbetrieb	T	Zeitmessung, verzögern

Beachten Sie unbedingt:
In DIN EN 61346-2: 2000-12 ist die Kennzeichnung sämtlicher *technischer Objekte* beschrieben.
Diese werden nun nach ihrer *Aufgabe* bzw. ihrem *Zweck in einem System* benannt.
Dadurch ergeben sich zum Teil andere Kennbuchstaben für die Betriebsmittel.
In diesem Buch wird das berücksichtigt.
Da die bisherige Norm jedoch noch lange Zeit in technischen Dokumenten zu finden sein dürfte, wird auch auf sie hingewiesen (siehe oben).

Kennbuchstaben nach DIN EN 61 346-2 → 259

Beachten Sie:
Zur *Anschlusskennzeichnung* werden arabische Ziffern (1, 2 ...) verwendet.
1 bedeutet Eingang,
2 bedeutet Ausgang.

Sind bei einem Betriebsmittel weitere Elemente vorhanden, werden die *weiteren Eingänge* mit 3, 5 und die *weiteren Ausgänge* mit 4, 6 bezeichnet.

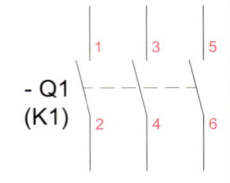

Bei Drehstrom-Betriebsmitteln werden die Anfänge (z.B. einer Wicklung) mit U1, V1, W1, die Enden mit U2, V2, W2 bezeichnet.

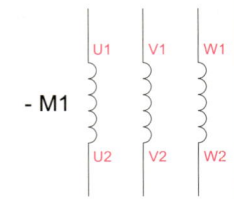

+2 –Q1
Betriebsmittel mit der Kennzeichnung + liegen am gleichen Ort.
Hier handelt es sich um einen Schalter mit der Zählnummer 1.

Anschlüsse für Taster
Schließer
Bei Betätigung ist der Stromkreis geschlossen.
Öffner
Bei Betätigung wird der Stromkreis geöffnet.
Wechsler
Kombination von Öffner und Schließer.

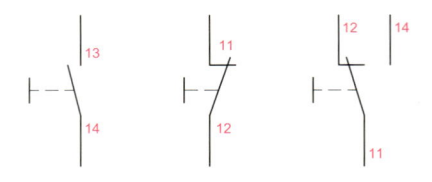

Bei *senkrechtem* Verlauf der Stromwege wird die *Betriebsmittelkennzeichnung* links vom Schaltzeichen, bei *waagerechtem* Verlauf *unterhalb* des Schaltzeichens angeordnet.
Die *Anschlussbezeichnung* steht auf der entgegengesetzten Seite.

Verriegelungsmagneten installieren

Information

Kenn-buch-stabe	Zweck oder Aufgabe von Objekten	Beispiele
A	Zwei oder mehr Zwecke oder Aufgaben Nur für Objekte, für die kein Hauptzweck angegeben werden kann	Verteilung, Schaltschrank, Sensorbildschirm
B	Umwandlung einer Eingangsvariablen in ein Signal zur Weiterverarbeitung	Begrenzer, Bewegungswächter, Fotozelle, Grenzwertschalter, Positionsschalter, Näherungsschalter, Sensor, Stromwandler, Überlastrelais, Wächter, Videokamera
C	Speichern von Material, Energie oder Information	Puffer, Kondensator, Festplatte, Speicher, Videorecorder
E	Bereitstellung von Strahlungsenergie oder Wärmeenergie	Boiler, Heizung, Herd, Gefrierschrank, Leuchte, Mikrowellengerät, Laser
F	Direkter Personen- bzw. Sachschutz vor Gefahren durch Energie- oder Signalfluss	Abschirmung, Sicherung, Schutzschalter, Überspannungsableiter, Motorschutzschalter, Sicherheitsventil, Schutzdiode, RCD
G	Initiieren eines Energie- oder Materialflusses, Erzeugen von Signalen	Generator, Akkumulator, Batterie, Signalgenerator, Solarzelle
K	Verarbeitung von Signalen oder Informationen	Hilfsschütz, Hilfsrelais, Zeitrelais, CPU, Transistor, Spannungsregler, Steuergerät, Regler, Automatisierungsgerät, Optokoppler
M	Bereitstellung von mechanischer Energie für Antriebszwecke	Motor, Antriebsspule, Stempelantrieb
P	Darstellung von Informationen	Hupe, Horn, Klingel, Uhr, Wecker, Display, LED, Lautsprecher, Meldelampe, Drucker, Monitor, Messgerät, Zähler
Q	Kontrolliertes Schalten oder Variieren von Signal- oder Energiefluss	Hauptschütz, Leistungsschalter, Trennschalter, Leistungstransistor, Thyristor, Stromstoßschalter, Motoranlasser, Stellventil
R	Begrenzen oder Stabilisieren von Energie- oder Informationsfluss	Diode, Drossel, Widerstand, Zenerdiode
S	Umwandlung von manueller Betätigung in Signale	Tastschalter, Wahlschalter, Steuerschalter, Tastatur, Lichtgriffel, Maus
T	Umwandlung von Energie unter Beibehaltung der Energieart	Transformator, Gleichrichter, Ladegerät, Verstärker, Frequenzwandler, Antenne
V	Verarbeiten oder Behandeln von Produkten	Filter, Entfeuchter, Abscheider, Waschmaschine
W	Leiten von Energie oder Signalen	Kabel, Leiter, Sammelschiene, Datenbus
X	Verbinden von Objekten	Klemme, Klemmleiste, Steckdose, Stecker

Information

Beispiel
Schaltung eines Drehstrommotors

Leitungsverbindungen
Auf den Verbindungspunkt kann verzichtet werden, wenn dadurch keine Missverständnisse entstehen.

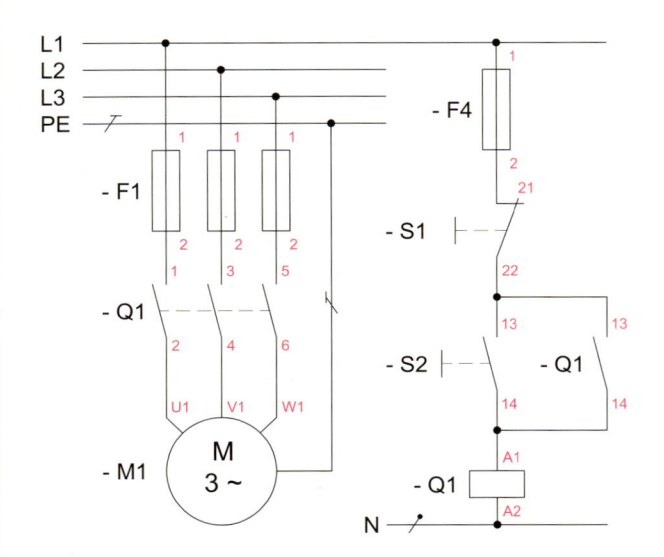

oder

Leiterkreuzung und Leiterverbindung

Kreuzung　　　Verbindung

Technische Daten können in die Schaltung eingetragen werden

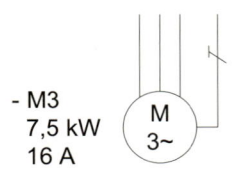

- M3
7,5 kW
16 A

Stromwege im Stromlaufplan

Die *Stromwege* sollen möglichst geradlinig, kreuzungsfrei und ohne Richtungsänderungen dargestellt werden.

Die Änderung des Signalflusses verläuft entweder von oben nach unten oder von links nach rechts.

Gleichartige Schaltzeichen sollen auf gleicher Höhe dargestellt werden. Die einzelnen Stromwege können nummeriert werden.

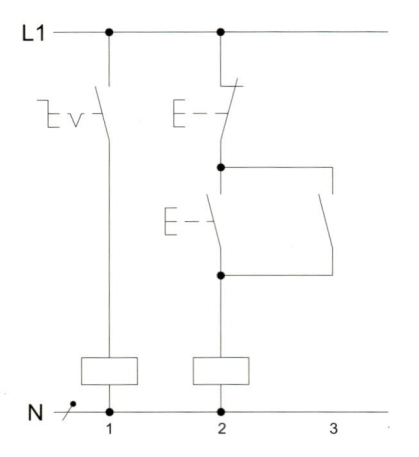

Die *technischen Daten der Stromversorgung* werden oberhalb der ersten Leiterdarstellung eingetragen.

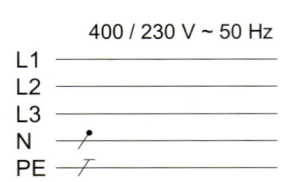

400 / 230 V ~ 50 Hz

L1
L2
L3
N
PE

Fertigungshinweise können in die Zeichnung eingetragen werden.

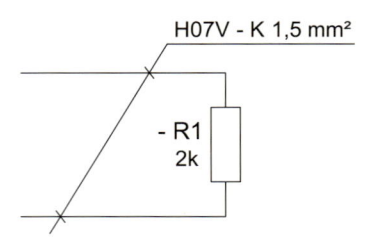

H07V - K 1,5 mm²

- R1
2k

Information

Schaltungsunterlagen

Darstellungsregeln

Die *Leserichtung* in den Schaltplänen ist von *oben nach unten* und *von links nach rechts*.

Die *Leitungsführung* erfolgt *waagerecht* und *senkrecht*, keinesfalls jedoch schräg.

Die *Schaltglieder* werden in *Ruhestellung* (Schließer offen, Öffner geschlossen) dargestellt. Wird davon abgewichen, muss das besonders gekennzeichnet werden.

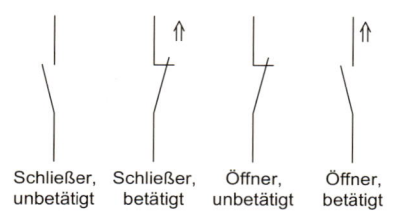

Schließer, unbetätigt — Schließer, betätigt — Öffner, unbetätigt — Öffner, betätigt

Die *Arbeitsrichtung* der Schaltglieder ist *von links nach rechts*, z.B. Schließer schließen nach rechts.

Übersichtsschaltplan

Vereinfachte, meist *einpolige* Darstellung ohne Hilfseinrichtungen und Hilfsleitungen.

Nur die wirksamen Teile des Hauptstromkreises werden dargestellt.

Funktionelle Zusammenhänge sind nicht ersichtlich.

B1: thermisches Motorschutzrelais (→ 273)

Stromlaufplan in zusammenhängender Darstellung

Sämtliche Haupt- und Hilfsleitungen sind eingetragen. Anschluss und Funktion der Schaltgeräte und Betriebsmittel sind eindeutig erkennbar.

Nachteilig ist die Unübersichtlichkeit, vor allem bei umfangreichen Schaltungen. Die einzelnen Teile der Betriebsmittel werden durch die mechanische Verbindung miteinander verbunden.

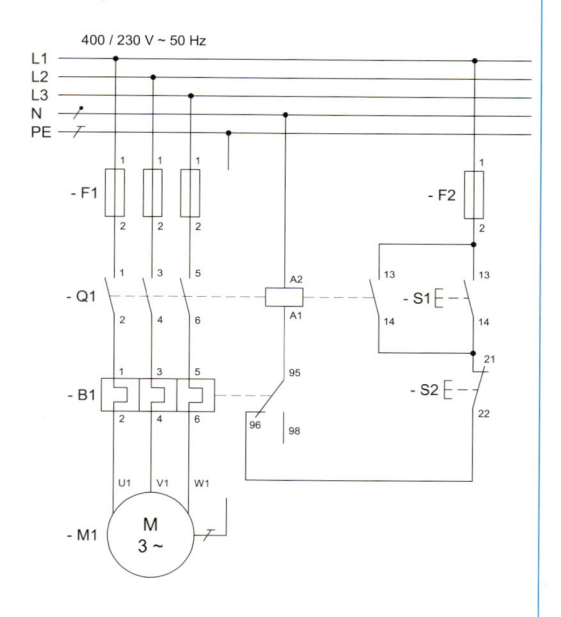

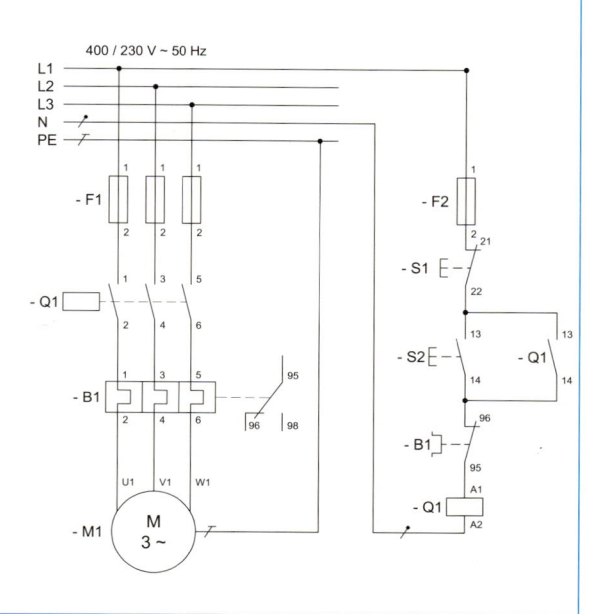

→ Die Teile der Betriebsmittel werden getrennt dargestellt.

Auf die (räumliche) Zusammengehörigkeit wird dabei nicht geachtet.

Die einzelnen Elemente werden dort dargestellt, wo sie funktional hingehören.

Die Zusammengehörigkeit wird durch gleiche Kennbuchstaben und Kennzahlen verdeutlicht.

Information

Lage der Betriebsmittel bei aufgelöster Darstellung

Bei *aufgelöster Darstellung* muss die *Zusammengehörigkeit der Betriebsmittel* erkennbar sein. Ebenso sind Hinweise zum *Auffinden der Betriebsmittel* sinnvoll.

1. Möglichkeit: HSÖ-Tabellen (siehe unten)

Die einzelnen *Strompfade* werden nummeriert.

Unterhalb der Schützspulen stehen die HSÖ-Tabellen (H: Hauptstrompfad, S: Schließer, Ö: Öffner).

– Das Schütz Q1 (unter dem die HSÖ-Tabelle steht) hat *drei Hauptschaltglieder in Strompfad 31*.
– Das Schütz Q1 hat einen *Schließer in Strompfad 2* und einen *Schließer in Strompfad 3*.
– Das Schütz Q1 hat einen *Öffner in Strompfad 4*.

Hinweis

Die Strompfade des Steuerstromkreises werden mit 1 beginnend fortlaufend nummeriert.

Die Strompfade der Hauptstromkreise dürfen nicht die gleichen Nummern wie die Strompfade des Steuerstromkreises tragen. Ihre Nummerierung kann z.B. ab 31 fortlaufend erfolgen.

2. Möglichkeit: Angabe der Schützkontakte, Kontaktschaltbilder und Koordinatensystem

Unterhalb der Schütze sind die einzelnen Schützkontakte dargestellt (→ 263).

Im Beispiel hat das Schütz Q1 *drei Hauptschaltglieder* im Planquadrat 1.

Ein Schließer des Schützes liegt in Planquadrat 6, ein Öffner in Planquadrat 7 und ein weiterer Öffner in Planquadrat 9.

Diese Planquadrate werden den einzelnen Schützkontakten zugeordnet.

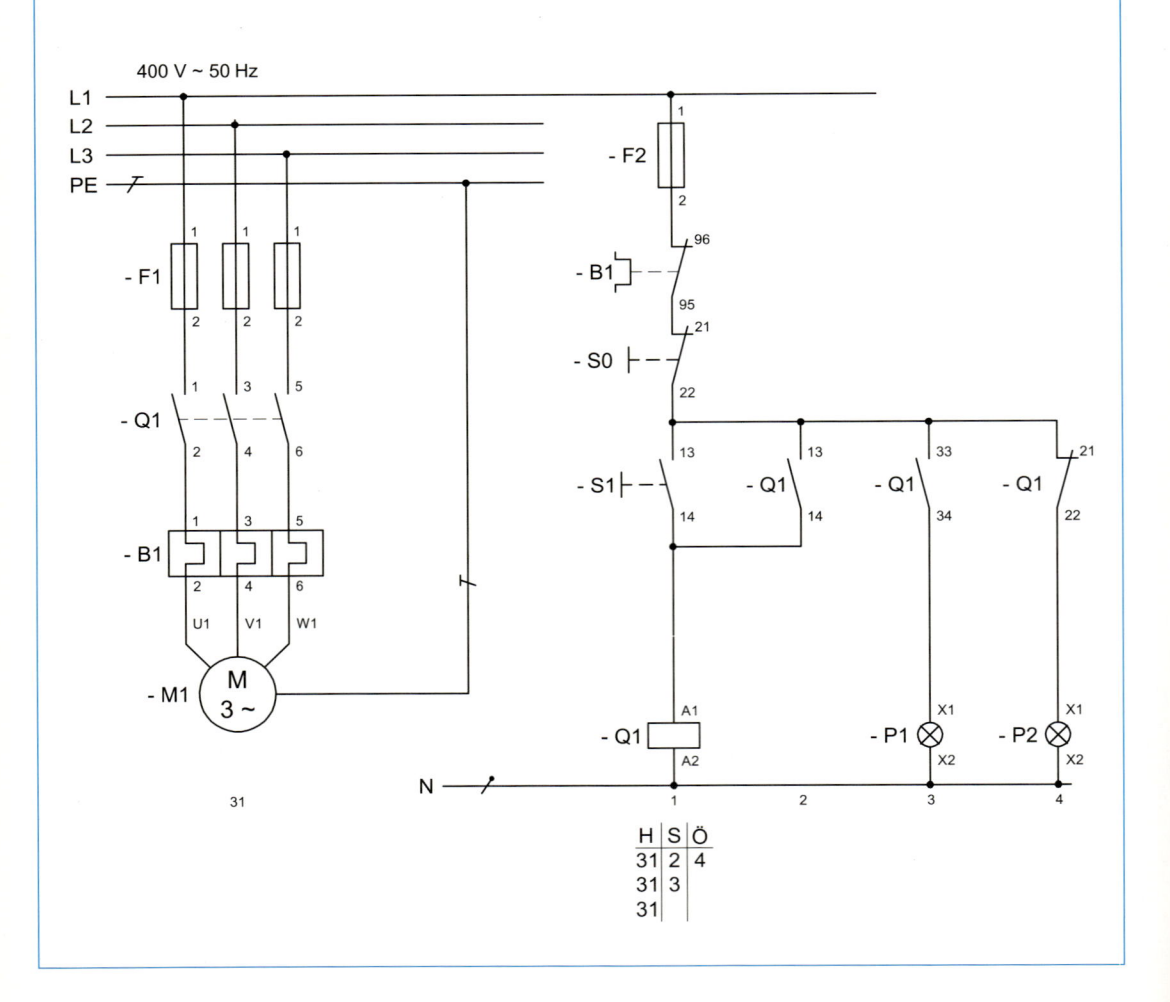

H	S	Ö
31	2	4
31	3	
31		

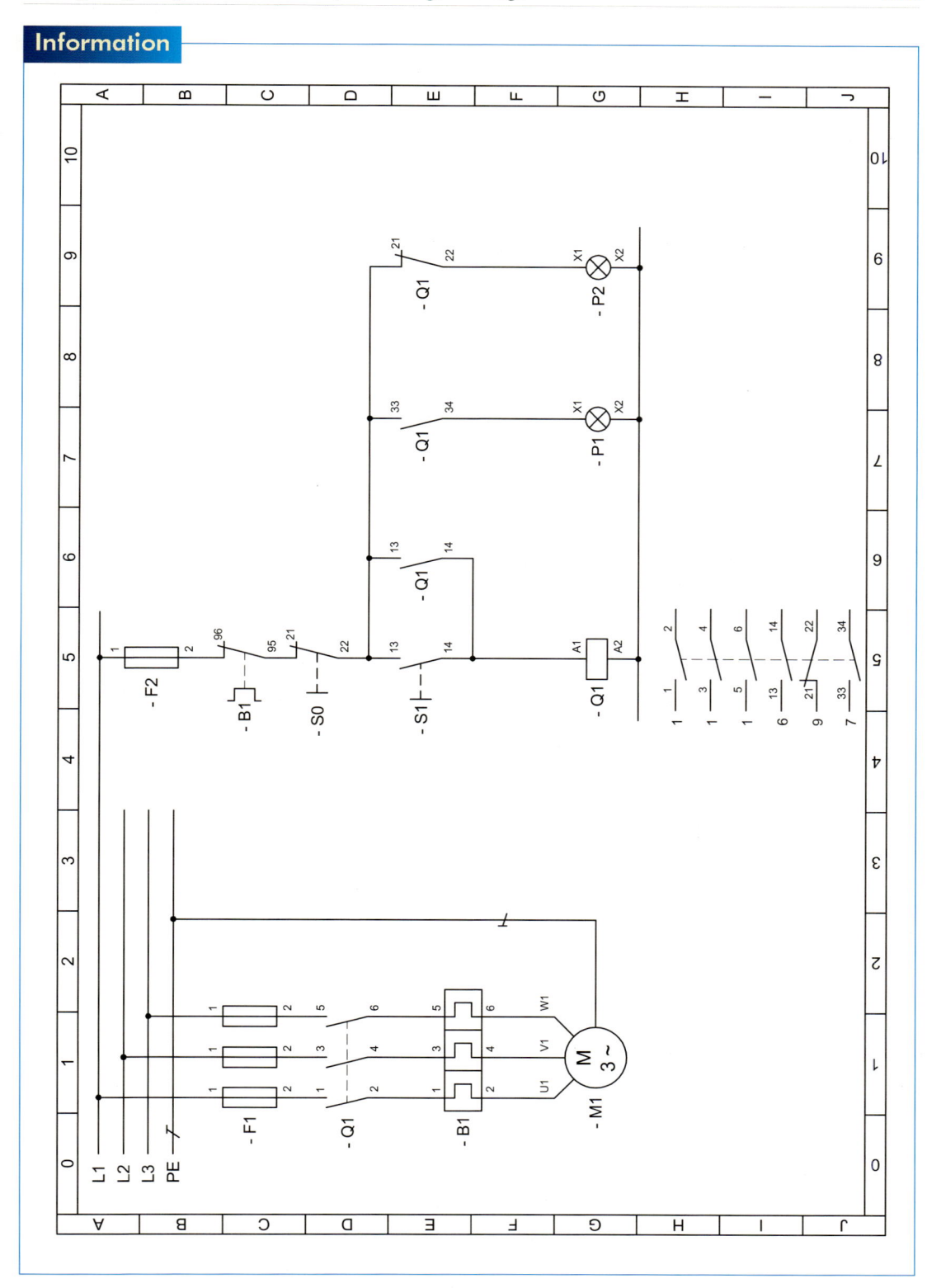

Verriegelungsmagneten installieren, Schaltungsunterlagen

Information

Information

Angegeben werden
Zielbezeichnungen:
8.B7 Blatt **8**, Planquadrat **B7**
6.A8 Blatt **6**, Planquadrat **A8**

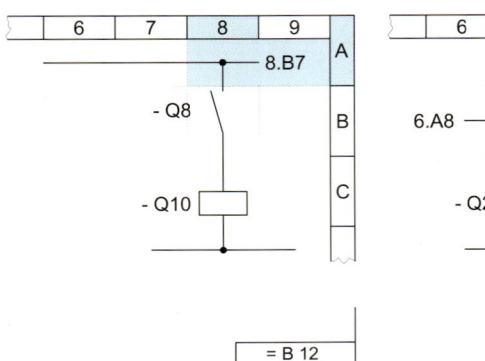

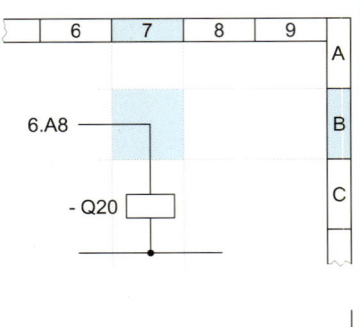

Geräteverdrahtungsplan, Anschlussplan, Verbindungsplan

Geräteverdrahtungsplan
Sämtliche *Verbindungen innerhalb eines Gerätes* werden dargestellt. Sämtliche Verbindungen sind *lagerichtig* angeordnet.

Anschlussplan
Gezeigt werden die *Anschlusspunkte* einer elektrischen Anlage oder eines elektrischen Betriebsmittels sowie die daran angeschlossenen *inneren* und *äußeren Verbindungen*.

Verbindungsplan
Die Verbindungen zwischen den unterschiedlichen Geräten einer Anlage werden dargestellt.

Hinweise

- Klemmleiste X1 mit drei Klemmen:
  Die Anschlussbezeichnung (Zielbezeichnung: Wo führt die Leitung hin?) steht links neben der Verbindungslinie.
  Die Klemme X1:1 ist beispielsweise mit dem Anschluss 14 des Betriebsmittels S6 verbunden.

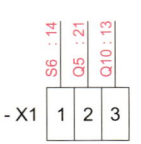

- Die Bezeichnung der Klemmleiste X3 wird nur einmal angegeben, wenn die benachbarten Anschlussbezeichnungen auf gleicher Höhe liegen.

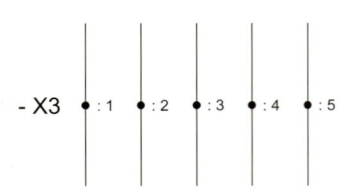

- Verbindungen an Klemmleisten werden im Stromlaufplan in aufgelöster Darstellung mit den Klemmstellenbezeichnungen versehen.

- Wenn Leitungen innerhalb eines Gerätes zu einer Klemmleiste führen, werden die Anschlüsse der Betriebsmittel mit der Nummer der Anschlussklemme bezeichnet.
  Zum Beispiel ist der Anschluss 14 des Tasters S8 mit der Klemme 2 der Klemmleiste X2 verbunden (:2).
  Auch Klemmen innerhalb der Klemmleiste müssen miteinander verbunden werden.

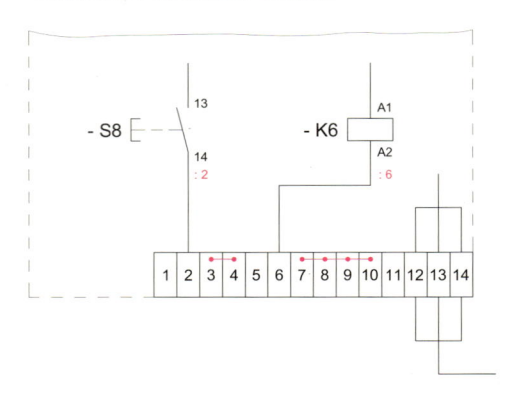

Verriegelungsmagneten installieren, Schaltungsunterlagen **265**

Information

- Leitungen *außerhalb des Gerätes müssen*, Leitungen *innerhalb des Gerätes können zusammengefasst* werden. Siehe Anschluss an den Klemmen 12, 13 und 14 (→ 264).

- Bei mehreren Klemmleisten werden die abgehenden Leitungen mit Zielbezeichnungen versehen. Dabei werden Klemmleiste und Klemme angegeben, wohin die abgehende Leitung führt bzw. angeschlossen werden muss.
  So führt die von der Klemme X1:3 abgehende Leitung zur Klemme X2:5.
  Umgekehrt gilt natürlich auch, dass die von der Klemme X2:5 abgehende Leitung zur Klemme X1:3 führt.

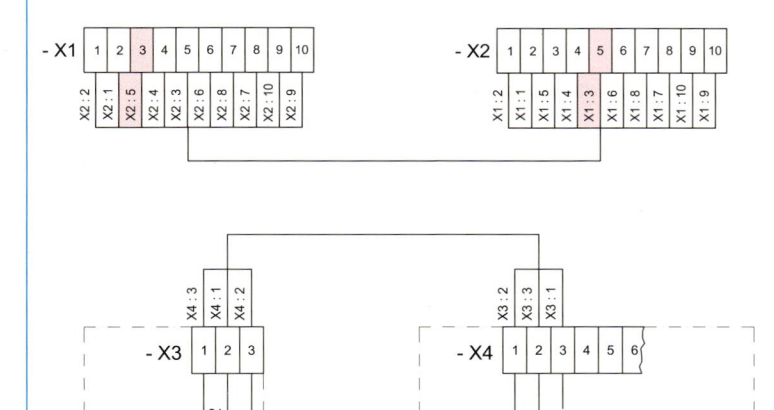

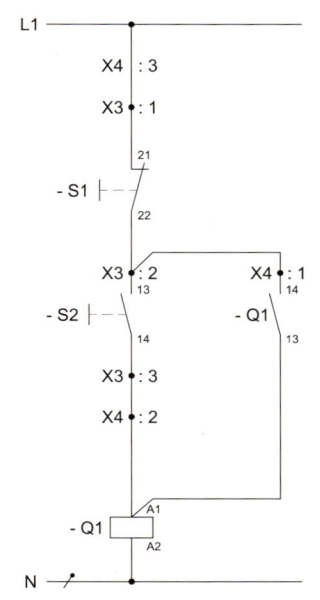

Englisch				
Schaltplan circuit diagram, connection diagram, wiring diagram	**Motorschutzrelais** motor protective relay	**Auslöser** trigger, tripping device, trip, release	**Bimetallauslöser** bimetallic release	
Motorschutzschalter motor protection switch, motor circuit breaker	**thermisch** thermal	**Auslösecharakteristik** tripping characteristics	**Bimetallrelais** bimetallic strip relay	
Motorschutz motor protection	**Anschlussplan** terminal diagram	**Auslösezeit** tripping time	**Handbetrieb** manual operation (working)	
	Verbindungsplan connection plan	**Auslösekennlinie** tripping curves	**automatisch** automatic(al), self-action	
	Geräteverdrahtungsplan unit wiring diagram	**Auslöseverhalten** tripping behaviour		

Anwendung

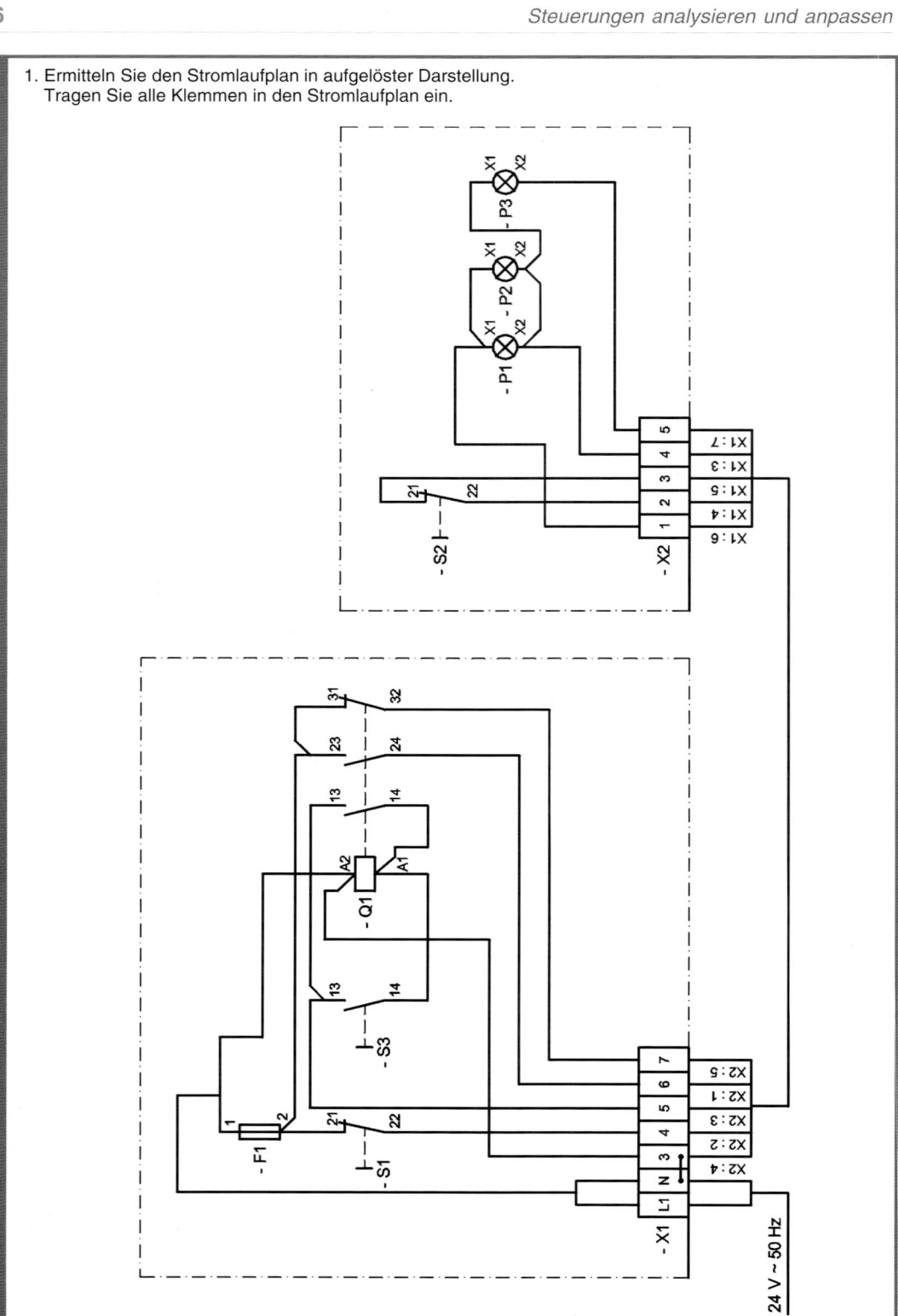

1. Ermitteln Sie den Stromlaufplan in aufgelöster Darstellung.
   Tragen Sie alle Klemmen in den Stromlaufplan ein.

Verriegelungsmagneten installieren, Schaltungsunterlagen

Anwendung

2. Stellen Sie den Stromlaufplan in aufgelöster Darstellung als Geräteverdrahtungsplan dar.
Die Signalgeber S0 bis S2 sind im gleichen Gehäuse wie die Schütze untergebracht.

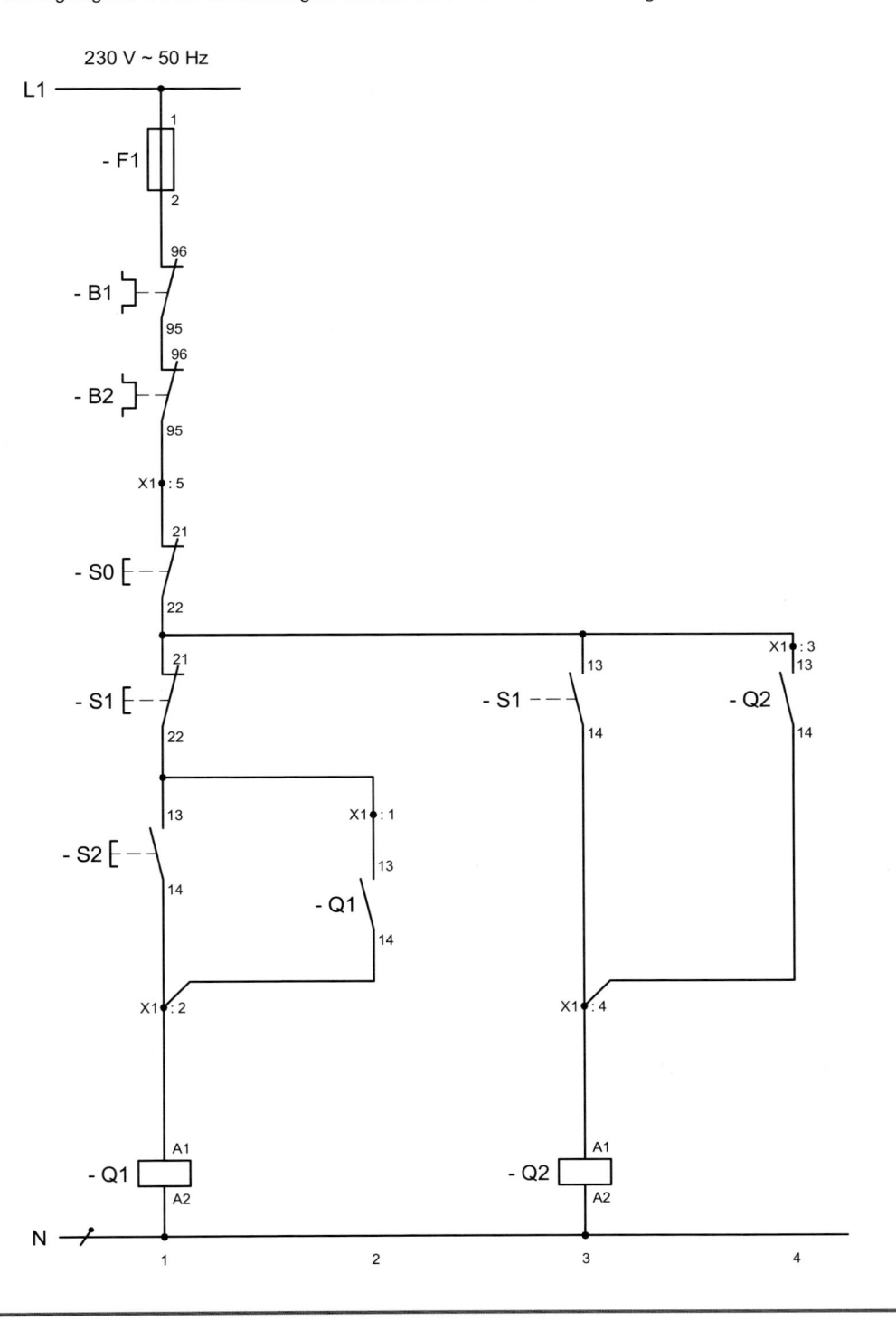

230 V ~ 50 Hz

268 — Steuerungen analysieren und anpassen

Schaltung von Torantrieb und Torverriegelung mit Netzspannungsüberwachung

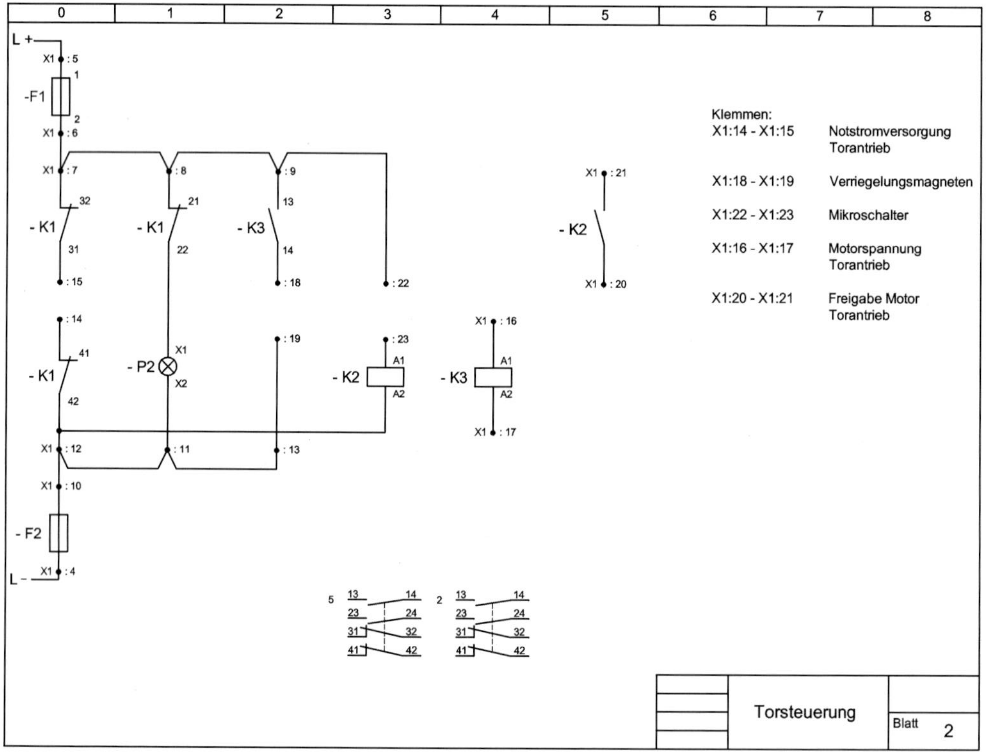

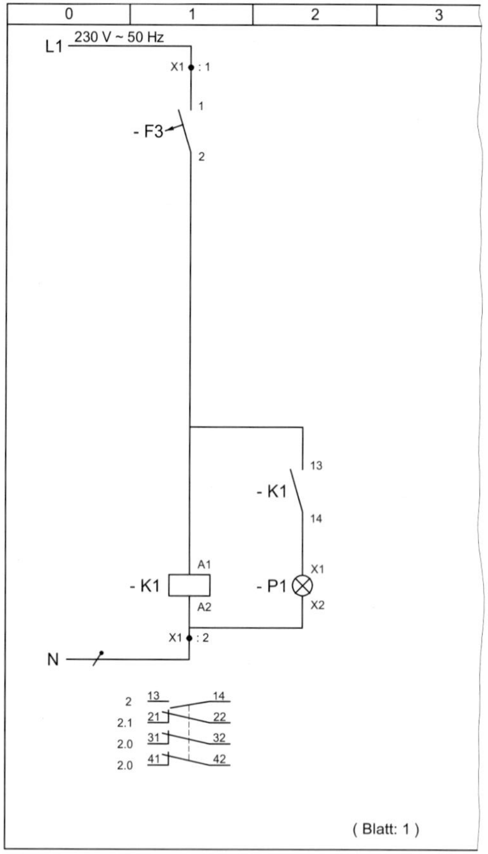

(Blatt: 1)

Blatt 2 — Torsteuerung

Klemmen:
X1:14 – X1:15   Notstromversorgung Torantrieb
X1:18 – X1:19   Verriegelungsmagneten
X1:22 – X1:23   Mikroschalter
X1:16 – X1:17   Motorspannung Torantrieb
X1:20 – X1:21   Freigabe Motor Torantrieb

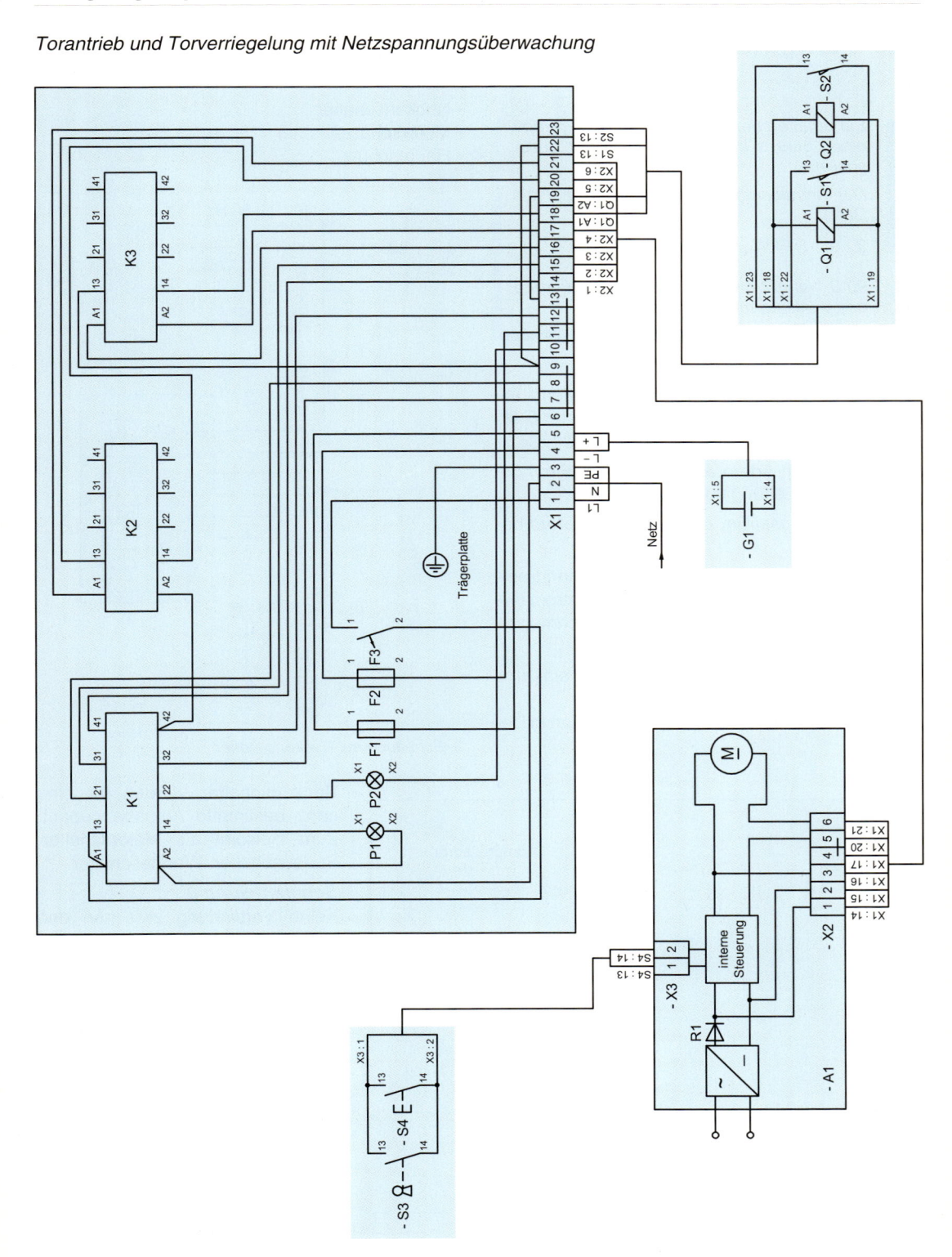

Torantrieb und Torverriegelung mit Netzspannungsüberwachung

3.2 Ventilatorsteuerung in der Tiefgarage

Auftrag

Sie erhalten den Auftrag, in der Tiefgarage einen bereits installierten Ventilator anzuschließen.

Der Antriebsmotor des Ventilators hat die Daten:

90 S   1,1 kW   1410 $\frac{1}{min}$ 3,7 A

90 S kennzeichnet hierbei die Baugröße des Ventilatormotors.

- Nockenschalter
- Motorschutzschalter
- Hauptschütz

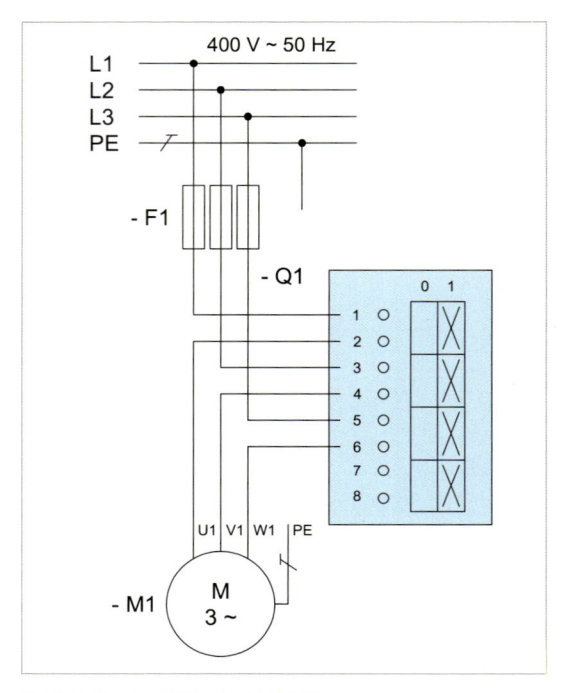

Vorgesehen ist eine 4-adrige *Mantelleitung* mit dem Querschnitt 1,5 mm². Die Leitung ist im *Elektroinstallationsrohr* verlegt (Verlegeart B2 → 34).

Bei 3 belasteten Adern ergibt sich eine *Strombelastbarkeit* der Leitung von 16 A.

Der *Bemessungsstrom des Ventilatormotors* beträgt 3,7 A.

In der Unterverteilung wird der Ventilatorstromkreis mit Schmelzsicherungen gG, Nennstrom 6 A (grün) abgesichert. Benötigt werden 3 Schmelzsicherungen.

Selbstverständlich muss der Ventilator *ein- und ausgeschaltet* werden können. Dabei kommen verschiedene Möglichkeiten in Betracht:

2 Schaltung mit Nockenschalter

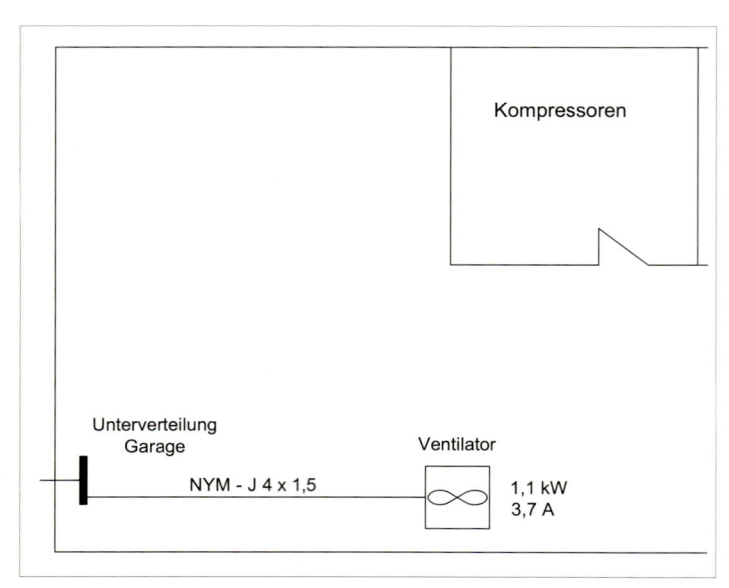

1 Installation des Ventilators in der Tiefgarage

Nockenschalter werden für eine ganz bestimmte Aufgabe gebaut. Zum Beispiel als Motorschalter, Stufenschalter, Wendeschalter.

Schaltstellung 0
Keine Verbindung zwischen den Anschlussklemmen 1-2, 3-4, 5-6 und 7-8 (hier nicht benötigt).

Schaltstellung I
Verbindung zwischen den Anschlussklemmen 1-2, 3-4, 5-6, 7-8. Die Verbindung bei dieser Schaltstellung wird durch das eingetragene „X" symbolisiert.

Der Nockenschalter könnte in die Zuleitung zum Ventilator eingebaut werden. Allerdings ergibt sich ein

Problem: Von wem wird dann der **Motorschutz** übernommen?

Ventilatorsteuerung in der Tiefgarage, Nockenschalter, Motorschutz

Information

Motorschutz

Beim Anlauf nehmen Elektromotoren einen hohen Strom auf (bis zu $8 \cdot I_N$; achtfacher Bemessungsstrom).

Der alleinige Schutz der Motoren durch Schmelzsicherungen ist nicht möglich, da diese so groß gewählt werden müssten, dass sie den hohen Anlaufstrom aushalten.

Dies würde aber eine Gefährdung des Leitungsschutzes bedeuten.

Schmelzsicherungen lösen beim 1,5fachen Nennwert des Stromes ($1,5 \cdot I_N$) erst innerhalb von 1 bis 2 Stunden aus. Die Motorwicklung kann in dieser Zeit bereits zerstört sein.

Motorschutzeinrichtungen überwachen die *Temperatur* der Motorwicklung. Fachgerecht installiert und eingestellt, schalten sie den Motor ab, bevor Wicklungsschäden hervorgerufen werden.

Motorschutzschalter

Motorschutzschalter haben einen ähnlichen Aufbau wie *Leitungsschutzschalter* (→ 182).
Sie haben einen

- *thermischen Auslöser* (Bimetallauslöser), der bei *Überlastung verzögert* auslöst.
- *elektromagnetischen Auslöser*, der bei *hohen Strömen unverzüglich* auslöst.

Motorschutzschalter können auch für das *Ein- und Ausschalten* des Motorstromkreises eingesetzt werden. Sie sind dann sowohl *Schutzgerät* wie auch *Schaltgerät*.

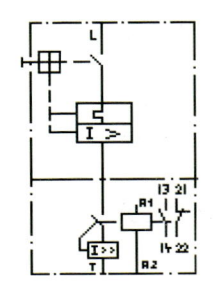

Motorschutzschalter

- schützen die Motorwicklungen gegen Zerstörung durch
  – Nichtanlauf
  – Überlastung
  – Netzspannungseinbruch
  – Ausfall eines Außenleiters
- sind i. Allg. auf den *Nennstrom* des zu schützenden Motors einzustellen (dieser steht auf dem Leistungsschild des Motors).
- sind mit einer *Freiauslösung* ausgerüstet. So ist ein Wiedereinschalten erst nach *Abkühlung* des Bimetalls möglich.
- werden für *leichte Anlaufbedingungen* (Trägheitsgrad TI) und für *schwere Anlaufbedingungen* (Trägheitsgrad TII) angeboten.
- haben eine begrenzte *Schalthäufigkeit* (bei Motoren ca. 25 bis 50 Schaltungen pro Stunde).
- werden gestuft für unterschiedliche *Nennstrombereiche* angeboten. Zum Beispiel:
  2,5 – 4 A
  4   – 6,3 A
  6,3 – 10 A
  10 – 16 A
  16 – 20 A
  20 – 25 A
  Durch Verstellung am Auslöser kann der konkrete *Nennstromwert* innerhalb des Bereiches auf einer Skala genau *eingestellt* werden.
- haben einen *elektromagnetischen Auslöser*, der zumeist *unveränderlich* auf den 8- bis 16fachen Nennstrom eingestellt ist.
- haben ein begrenztes *Schaltvermögen*. Es sind dann *Vorsicherungen* erforderlich, deren Werte die Angaben der Hersteller nicht überschreiten dürfen. Ansonsten wäre trotz elektromagnetischer Schnellauslösung ein schädlicher *Lichtbogen* zwischen den Schaltstücken möglich.
- können mit *Zusatzausrüstungen* ausgestattet werden:
  – Hilfsschalter
  – Ausgelöstmelder
  – Unterspannungsauslöser
  – Schaltantrieb

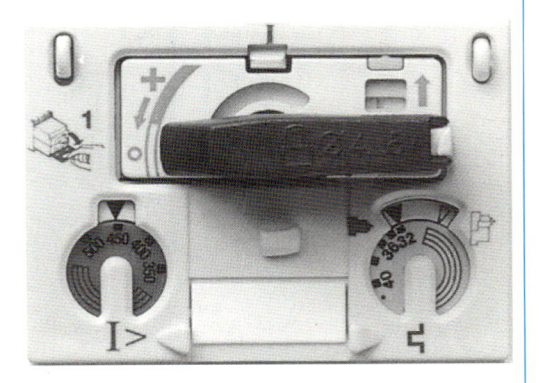

Information

Bei Motoren mit *kleinen Nennströmen* (bis etwa 4 A) übernehmen die Motorschutzschalter auch den *Kurzschlussschutz*.

Es werden dann *keine Vorsicherungen* benötigt. Im Einzelfall sind allerdings die Herstellerangaben zu beachten.

Die Motorschutzschalter sind dann *am Anfang des Stromkreises* zu installieren, damit Überlastungs- und Kurzschlussschutz für die Leitung gewährleistet ist.

- Bei einer Belastung mit dem 1,05fachen Wert des Motornennstromes darf keine Auslösung erfolgen.
- Wenn Stromstärke auf den 1,2fachen Wert des Motornennstromes ansteigt, muss eine Auslösung innerhalb von 2 Stunden erfolgen. Bei 1,5fachem Nennstrom soll die Abschaltung innerhalb von 2 Minuten erfolgen.
- Der 1,5fache Nennstrom ergibt sich z.B. bei Nennlast eines Drehstrommotors nach *Ausfall eines Außenleiters* (Zweiphasenbetrieb).

Grundsätzlich sind alle Elektromotoren gegen die Auswirkungen von Überlastung zu schützen.

Aus Gründen der technischen Zumutbarkeit darf bei Motoren mit Nennleistungen unter 0,5 kW auf den Motorschutz verzichtet werden.

Ein *automatischer Wiederanlauf* nach Auslösung muss i. Allg. verhindert werden. Ein gewollter Startbefehl ist dann unumgänglich.

Motorschutzschalter schalten den Hauptstromkreis. Sie haben Trenneigenschaften und können zum betriebsmäßigen Schalten ebenfalls als Hauptschalter und Not-Aus-Schalter eingesetzt werden.

Motorschutzschalter, symbolische Darstellung

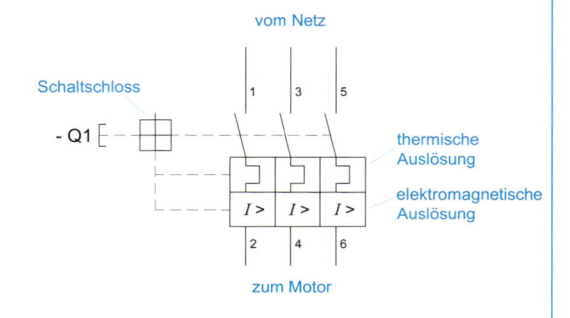

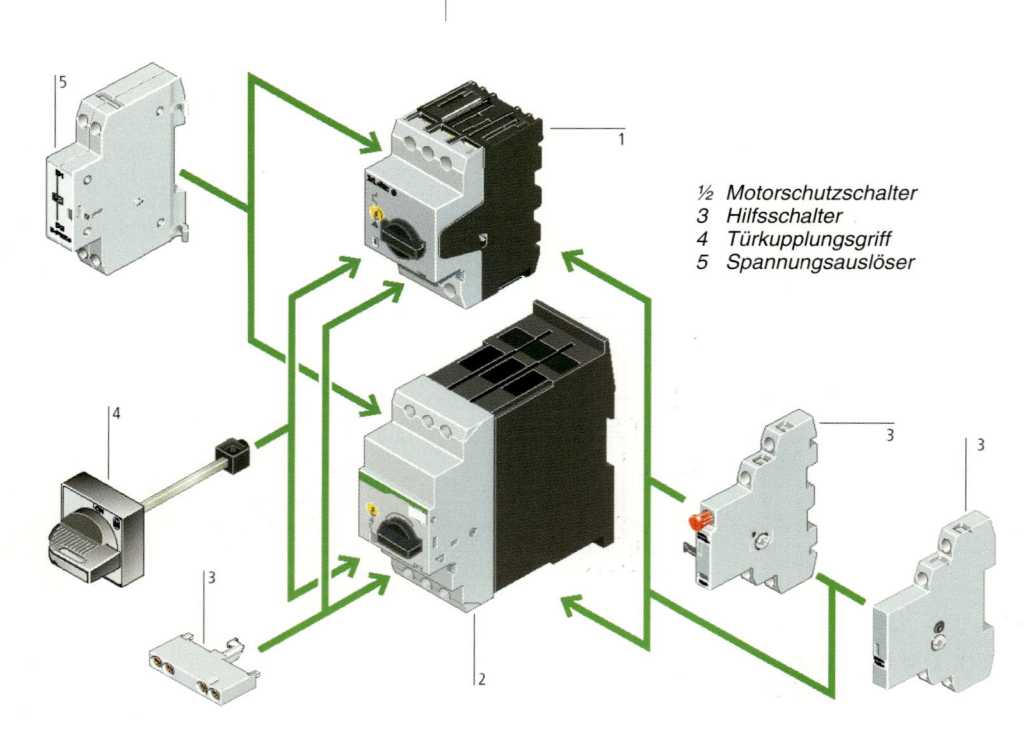

½ Motorschutzschalter
3 Hilfsschalter
4 Türkupplungsgriff
5 Spannungsauslöser

Information

Auslösekennlinie

Auslösekennlinien zeigen die *Auslösezeit* in Abhängigkeit vom *Ansprechstrom*.

Angegeben sind *Mittelwerte* bei 20 °C Umgebungstemperatur vom kalten Zustand aus.

Bei *betriebswarmen* Geräten sinkt die Auslösezeit der Bimetallauslöser auf $\frac{1}{4}$ der abgelesen Werte.

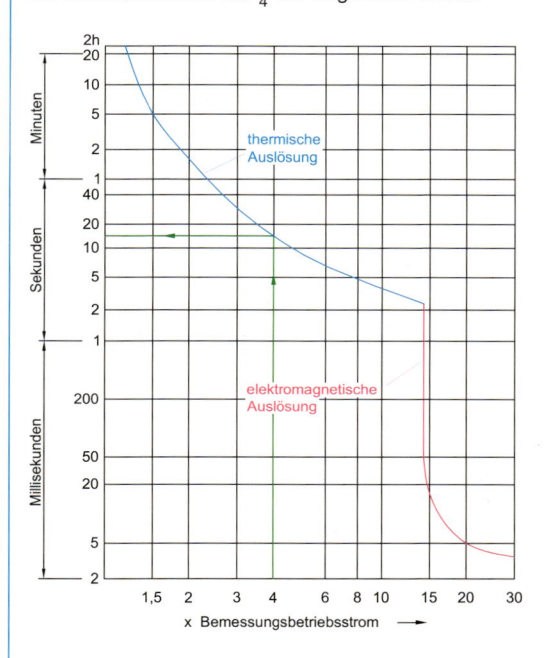

Beispiel
Ein Motor nimmt den 4fachen Nennstrom (Bemessungsbetriebsstrom) auf.

Nach etwa 15 Sekunden spricht der Motorschutz an.

Motorschutzrelais (Bimetallrelais)

Eingesetzt werden *Motorschutzrelais* i. Allg. in Verbindung mit Schützsteuerungen. Sie können unmittelbar am Hauptschütz angebaut werden.

Motorschutzrelais schalten nur *Steuerstromkreise*.
Da Motorschutzrelais nur über eine *thermische Überstromauslösung* verfügen, muss der *Kurzschlussschutz* durch vorgeschaltete Sicherungen erfolgen.

Bei Biegung der *Bimetallstreifen* wird ein *Steuerkontakt* betätigt, der als *Wechsler* ausgeführt ist.

Dieser Steuerkontakt (Öffner) unterbricht dann den Steuerstromkreis des Motorschützes; der Motor wird abgeschaltet.

- **Betriebsart Hand**
  Der ausgelöste Überstromauslöser muss mit Hilfe der Rückstelltaste wieder betriebsbereit geschaltet werden.

- **Betriebsart Automatik**
  Nach Abkühlung der Bimetallstreifen stellt sich der Steuerkontakt des Überstromauslösers automatisch wieder in seine Ruhelage zurück.

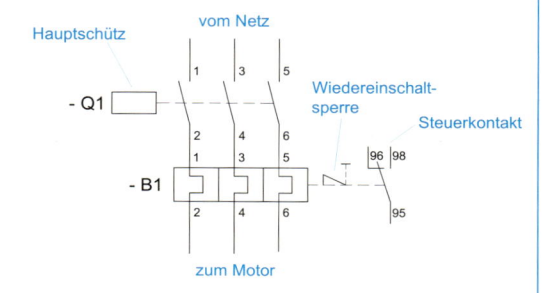

Auslösekennlinie

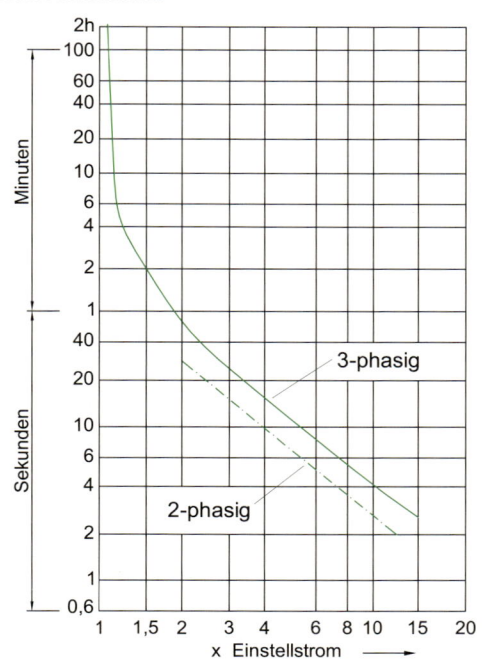

Information

Motorvollschutz

Der *thermische Motorschutz* wird zumeist als *Überlastschutz* ausgeführt.

Bimetallauslöser oder *Bimetallrelais* werden vom lastabhängigen Strom durchflossen. Damit lassen sich allerdings nur die *belastungsabhängigen Stromwärmeverluste* erfassen.

Reibungsverluste, zu hohe Umgebungstemperatur und mangelhafte Kühlung des Motors können dadurch aber nicht erfasst werden.

Beim *Motorvollschutz* wird die *Temperatur* an den kritischen Stellen des Motors (z.B. Wicklungen, Lagern) erfasst. Werden Grenzwerte überschritten, wird der Motor mit Hilfe einer *Steuereinrichtung* abgeschaltet.

Beim *Motorvollschutz mit Kaltleitern* wird die Wicklungstemperatur des Motors überwacht. Die Kaltleiter werden auf der Abluftseite des Motors in den Wickelkopf eingebaut.

Die *Nenn-Ansprechtemperatur* wird durch die Isolation der Wicklung bestimmt. Wächst die Wicklungstemperatur über die Nenn-Ansprechtemperatur an, wird der Motor abgeschaltet.

Wirkungsweise

- Die Thermistoren (Kaltleiter) sind in Reihe geschaltet an das Steuergerät B1 (Klemmen T1, T2) angeschlossen.
- Die Nenn-Ansprechtemperatur der Thermistoren ist auf die Isolation der Ständerwicklung abgestimmt.
- Liegt die Wicklungstemperatur *unter dem Grenzwert*, fließt im Fühlerkreis ein Strom, der mit Hilfe eines Verstärkers das Relais K1 im Steuergerät B1 zum Anziehen bringt. Damit ist der Schließer 13-14 von K1 geschlossen. Das Lastschütz Q1 kann dann eingeschaltet werden.
- Wenn die Ansprechtemperatur erreicht wird, hat der Gesamtwiderstand der drei in Reihe geschalteten Kaltleiter zugenommen. Im Fühlerkreis fließt dann ein geringerer Strom. Das Relais K1 fällt ab. Der Schließer 13-14 von K1 unterbricht den Spulenstrom des Schützes Q1, der Motor wird abgeschaltet.

Statt Thermistoren können auch *Bimetallschalter* in die Wicklung des Motors eingebaut werden.
Sie können Steuerströme bis ca. 300 mA direkt schalten.

Motorvollschutz mit Kaltleitern

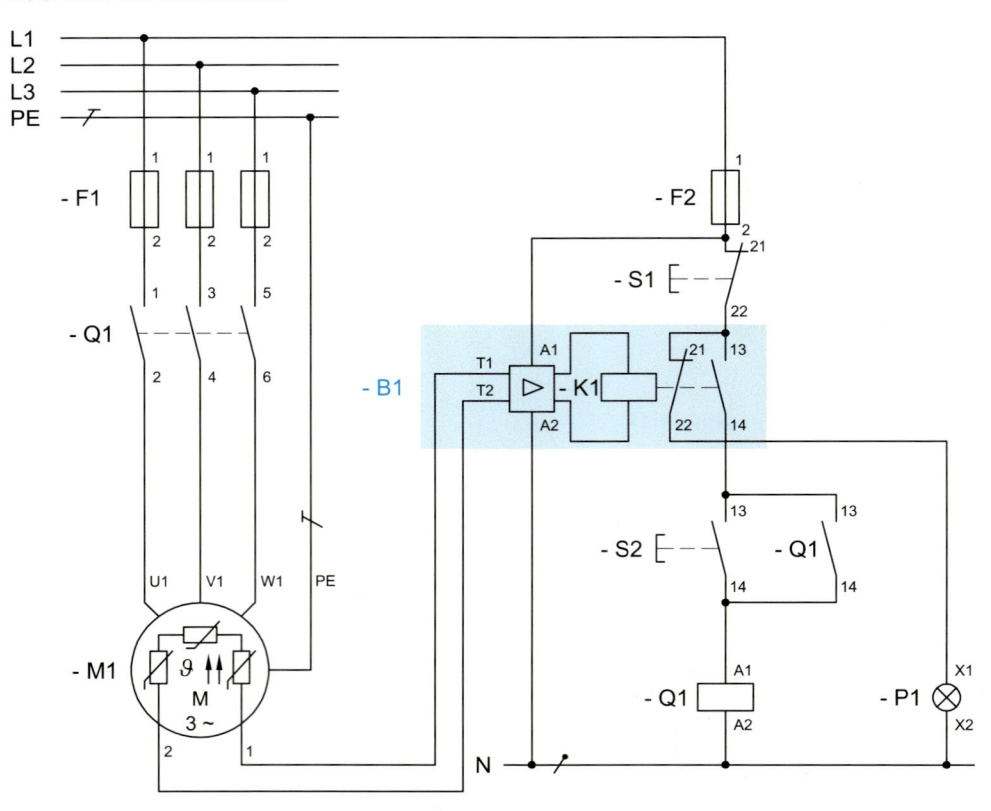

Ventilatorsteuerung in der Tiefgarage, Motorschutz

Sicherlich könnte auch noch ein *Motorschutzschalter* in die Ventilatorzuleitung eingebaut werden. Der Nockenschalter ist dann jedoch *überflüssig*, weil der Motorschutzschalter den Ventilatormotor schalten kann.

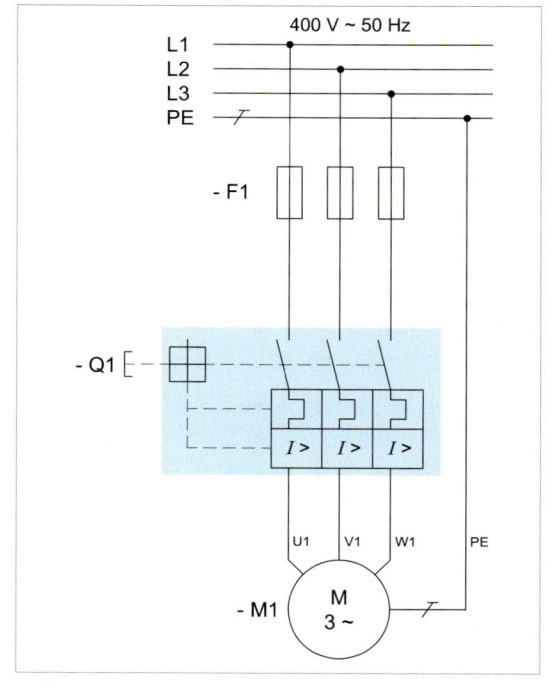

Schaltung mit Motorschutzschalter

Der Motorschutzschalter wird auf den Bemessungsstrom des Ventilatormotors $I_N = 3{,}7$ A eingestellt.

Er übernimmt dann zwei Aufgaben:
- betriebsmäßiges Schalten des Ventilatormotors
- Schutz des Motors vor Überlastung und Kurzschluss

Schaltung mit Schütz und Motorschutzrelais

Taster S2 wird betätigt → Lastschütz Q1 zieht an und geht in *Selbsthaltung* (Schließer von Q1).

Der Ventilatormotor wird eingeschaltet.

Bei *Überlastung* des Motors spricht der *thermische Motorschutz* B1 an.

Im Steuerstromkreis unterbricht der *Öffner von B1* den Spulenstromkreis. Der Motor wird über das Schütz Q1 vom Netz getrennt.

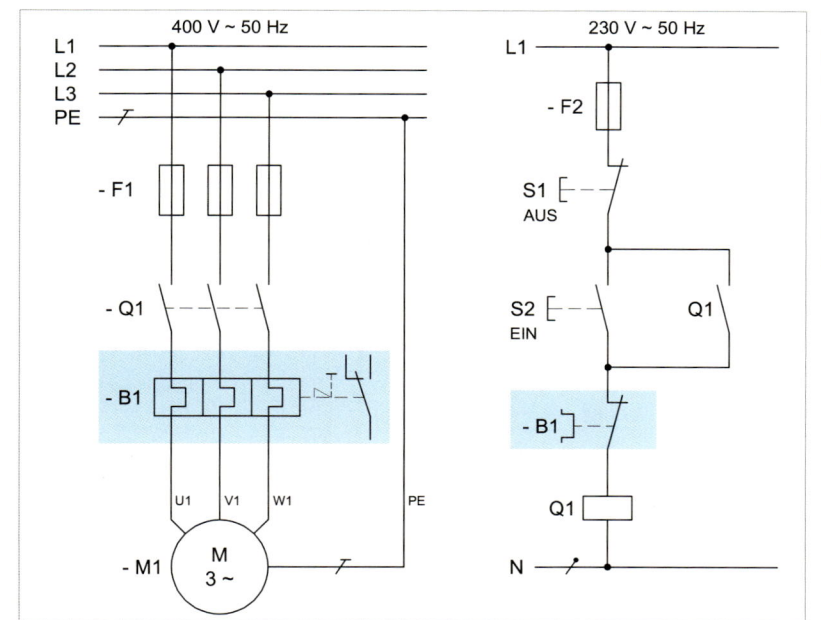

1 Schaltung mit Motorschutzschalter

Folgerung

Sinnvoll erscheint für den Ventilator die Verwendung eines *Motorschutzschalters*, der als kompakte und betriebsfertige Funktionseinheit die wirtschaftlichste Lösung darstellen dürfte.

2 Schaltung mit Schütz und Motorschutzrelais

3.3 Torsteuerung für die Betriebseinfahrt

Auftrag

Die Betriebseinfahrt wird von einem Schiebetor gesichert, für das eine Steuerung geplant und verdrahtet werden soll.

Das Tor ist mechanisch installiert und hat folgende technische Daten:

Motor:
400 V 750 W 3500 N 1
35 Nm 10,5 m/min

Torgewicht: 3500 kg

Am Tor ist eine Sicherheitsleiste nebst Stromzuführungssystem zur Sicherheitsleiste installiert.
Bei Betrieb des Tores weist eine Rundumleuchte auf die Gefahrensituation hin.

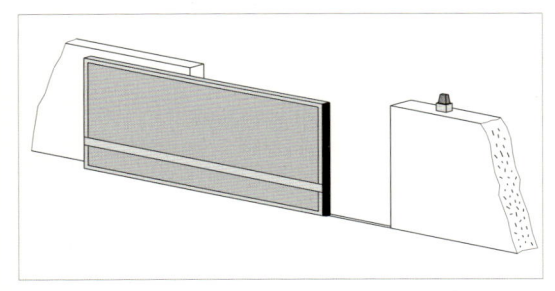

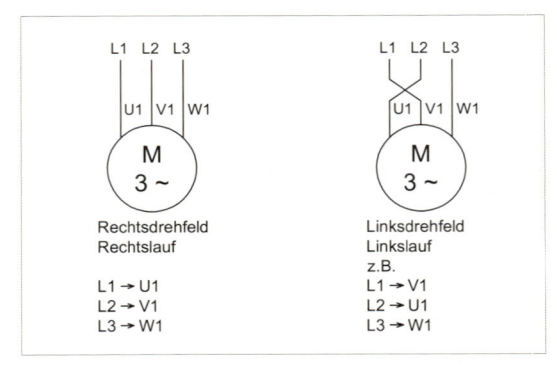

2 Drehrichtungsänderung beim Drehstrommotor

Für *Torsteuerungen* kommt der Nockenschalter allerdings nicht in Betracht.

1 Tor der Betriebseinfahrt (Prinzipdarstellung)

Das Tor wird von einem **Drehstrommotor** angetrieben.

Dies ist aus der technischen Angabe 400 V ersichtlich.

Damit die Verfahrbewegungen „Tor AUF" und „Tor ZU" verwirklicht werden können, ist eine **Drehrichtungsumkehr** des Drehstrommotors notwendig.

Die *Drehrichtungsumkehr* erfolgt beim Drehstrommotor durch *Vertauschen von zwei Außenleitern*.

Welche Außenleiter vertauscht werden, ist beliebig (Bild 2).

Bei häufigem betriebsbedingtem *Drehrichtungswechsel* kann die Drehrichtung natürlich nicht durch *Umklemmen am Motorklemmbrett* erfolgen.

Der Drehrichtungswechsel muss komfortabler erfolgen. Hier bieten sich grundsätzlich der *Nockenschalter* und die *Schützsteuerung* an.

Schützsteuerung Drehrichtungsumkehr

Benötigt werden *zwei Hauptschütze*, die den Motor so an das Drehstromnetz anschließen, dass sich einmal *Rechtslauf* und einmal *Linkslauf* ergibt.

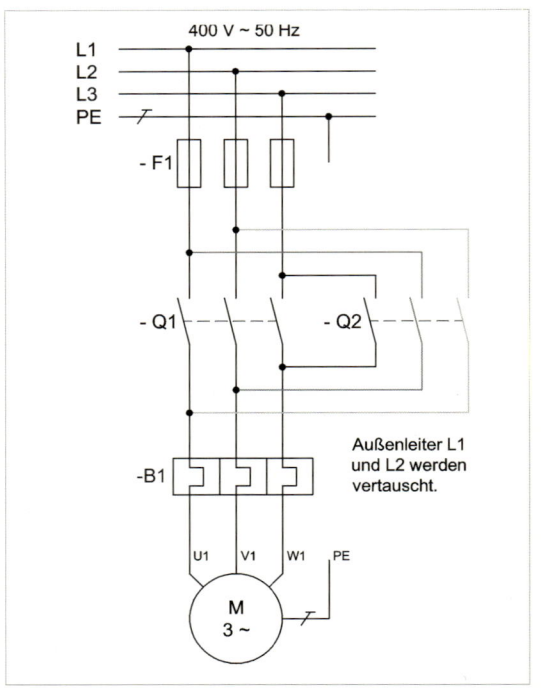

3 Drehrichtungsumkehr mit zwei Schützen

Torsteuerung für die Betriebseinfahrt, Wendeschaltung, Verriegelung

- **Hauptschütz Q1 angezogen**
  L1 → U1
  L2 → V1
  L3 → W1
  Motor hat *Rechtslauf*.

- **Hauptschütz Q2 angezogen**
  L1 → V1 (rot)
  L2 → U1 (blau)
  L3 → W1
  Motor hat *Linkslauf*.

- **Beide Hauptschütze angezogen**
  Zweipoliger Kurzschluss zwischen L1 und L2.
  Muss unbedingt vermieden werden!
  Abhilfe: *Verriegelung*

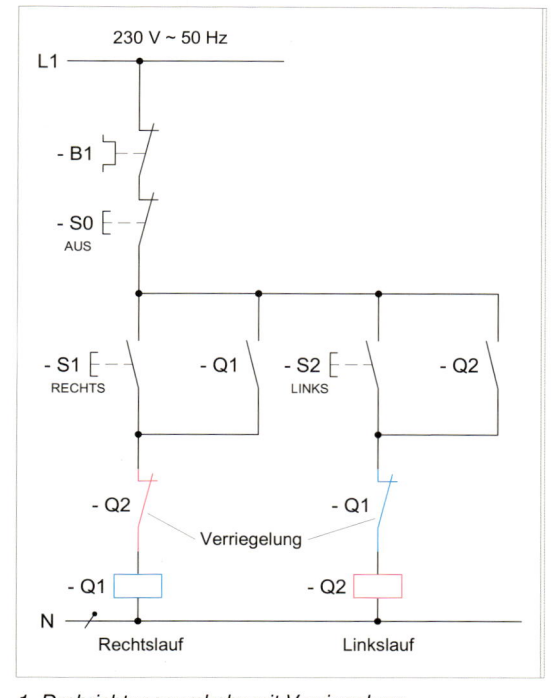

1 Drehrichtungsumkehr mit Verriegelung

Alles AUS:

S1 betätigt → Q1 zieht an und geht in Selbsthaltung
S2 betätigt → Q2 zieht an und geht in Selbsthaltung

Mit S0 kann das jeweils angezogene Schütz zum Abfallen gebracht werden.

Verriegelung

Q1 und Q2 dürfen *niemals gemeinsam* angezogen sein (zweipoliger Kurzschluss).

Dies wird durch die *Verriegelung* (Schützverriegelung, Kontaktverriegelung) verhindert.

Wenn zum Beispiel Q1 angezogen ist (Rechtslauf), unterbricht der Öffner von Q1 vor dem Schütz Q2 den Spulenstromkreis des Schützes Q2 für Linkslauf.

Bei Betätigung von S2 zieht dann Q2 nicht an.

Um Q2 einschalten zu können, muss
- mit Hilfe von S0 das Schütz Q1 zum Abfallen gebracht werden
- mit Hilfe von S2 das Schütz Q2 eingeschaltet werden

Die Verriegelung verhindert, dass **gegensinnige Befehle** (z.B. links/rechts) gemeinsam ausgegeben werden können.

Wenn das Tor vollständig geöffnet ist, muss es sich selbsttätig ausschalten.

Dies kann mit Hilfe eines **Positionsschalters** (Endschalter) erfolgen, der das Schütz für Rechtslauf bei *Erreichen der Endposition* ausschaltet.

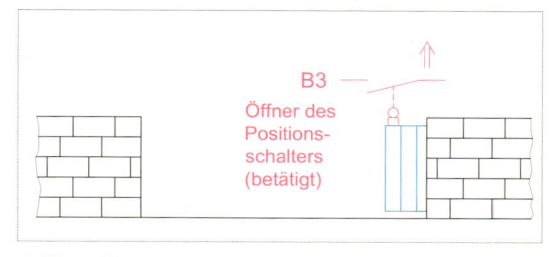

2 Tor vollständig geöffnet

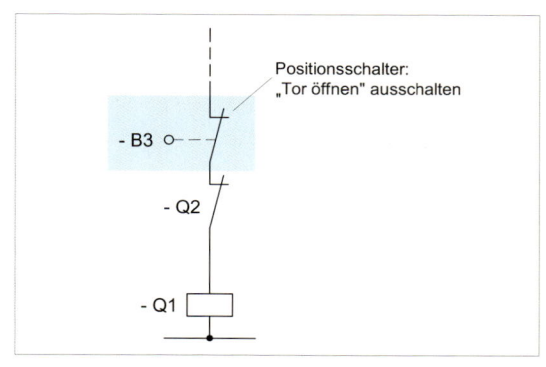

3 Ausschalten durch Positionsschalter B3

Information

Selbsthaltung

Der Taster S2 wird kurzzeitig betätigt, der Ventilatormotor arbeitet dann dauerhaft.

Erst durch (kurzzeitiges) Betätigen von S1 wird er wieder ausgeschaltet (S2: Eintaster, S1: Austaster).

Wenn die *Dauer der Befehlsgabe* (hier: Tastendruck EIN) *kürzer* ist als die *Dauer der Befehlsausführung* (hier: Ventilatormotor arbeitet), wird eine **Speicherschaltung** benötigt, die in der Schütztechnik **Selbsthaltung** genannt wird.

Wirkungsweise der Selbsthaltung

1. Ruhezustand

Die Schützspule liegt nicht an Spannung.

Das Schütz ist abgefallen.

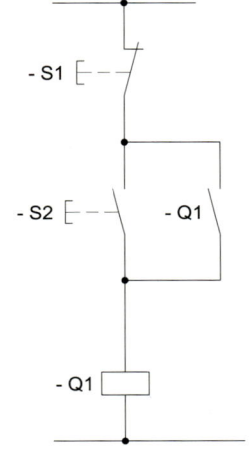

2. Der Eintaster wird (gerade) betätigt

Der Schützspulenstromkreis wird geschlossen.

Das Schütz zieht an.

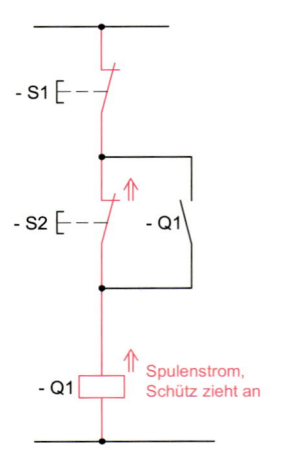

3. Schütz geht in Selbsthaltung

Wenn das Schütz anzieht, wird der Schließer des Schützes (Hilfsschaltglied) betätigt.

Der Spulenstrom fließt dann über diesen Schließer weiter.

Auch wenn der Taster S2 losgelassen wird, bleibt das Schütz angezogen.

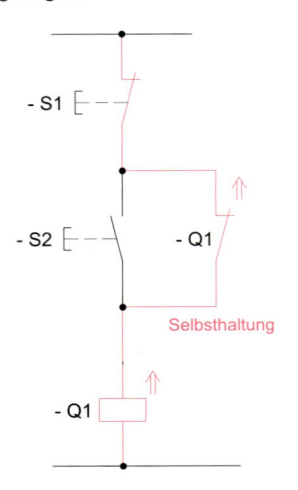

4. Der Austaster S1 wird betätigt

Der Spulenstromkreis des Schützes wird unterbrochen.

Das Schütz fällt ab.

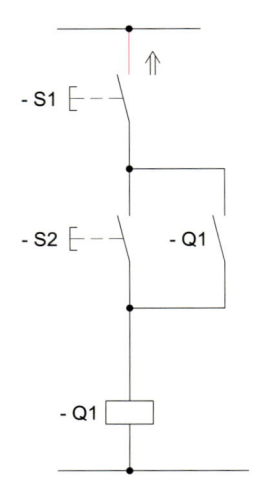

Torsteuerung für die Betriebseinfahrt, Selbsthaltung, Positionsschalter

Information

Positionsschalter

Auch **Grenztaster** oder **Endtaster** genannt.

Positionsschalter sind *wegabhängige Befehlsschalter mit Rückzugskraft*.

Im Allgemeinen werden sie als *Begrenzer in Hilfsstromkreisen* (Steuerstromkreisen) eingesetzt.

Hier haben sie dann die Aufgabe, *Strompfade ein- oder auszuschalten*, wenn der *Grenzwert* der zu überwachenden Größe erreicht ist.

Positionsschalter sind im Allg. mit einem *Schließer* und einem *Öffner* (beide mit *Doppelunterbrechung* wie beim Schütz) ausgestattet.

Es sind aber auch ganz unterschiedliche Kontaktzusammenstellungen möglich.

Positionsschalter mit Sicherheitsfunktion müssen *zwangsöffnend* sein bzw. eine vergleichbare Zuverlässigkeit bieten.

Zwangsöffnend bedeutet:
„Sicherstellung der Kontakttrennung als Ergebnis der festgelegten Bewegung des Bedienteils über nicht federnde Teile".

Zwangsöffnende Positionsschalter müssen eine *Kennzeichnung* tragen.
Zwangsöffnung (positive opening operation)

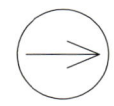

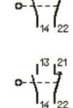

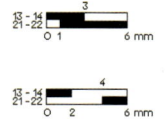

Technische Daten eines Positionsschalters (Auszug)

Bemessungs-Betriebsstrom	24 V 10 A 230 V 6 A 400 V 4 A 500 V 2 A 24 V DC 10 A 110 V DC 1 A 220 V DC 0,5 A
max. Schmelzsicherung	10 A
Wiederholungsgenauigkeit des Schaltpunktes	± 0,02 mm
Lebensdauer	$20 \cdot 10^6$ Schaltspiele
Betätigungsfrequenz	6000 S/h
max. Anfahrgeschwindigkeit bei DIN-Nocken	1,5 m/s

Darstellung von Öffner-Schließer-Kombinationen im Stromlaufplan in aufgelöster Darstellung

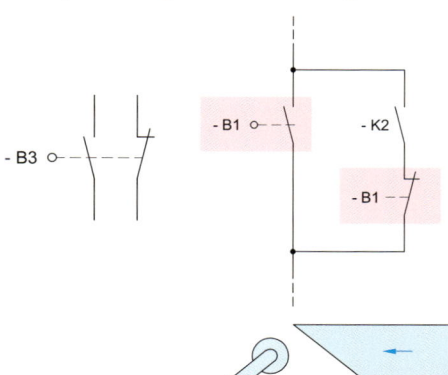

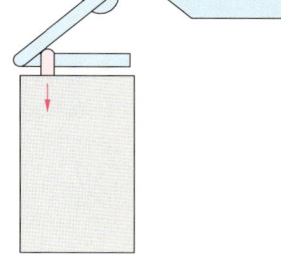

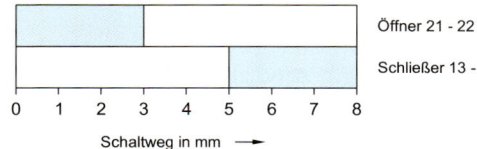

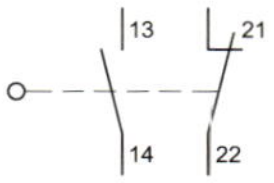

Schließerkontakt   Öffnerkontakt   Stößel

Öffner 21 - 22
Schließer 13 - 14

Schaltweg in mm

Wenn der Öffner des Positionsschalters betätigt wird, muss er unbedingt das Schütz Q1 (siehe Bild 3, Seite 277) ausschalten.

Wenn das Tor vollständig geschlossen ist, muss ein Positionsschalter selbsttätig ausschalten.

Auch hier wirkt wieder ein *Positionsschalter*, der das Schütz Q2 (Tor schließen) bei geschlossenem Tor ausschaltet.

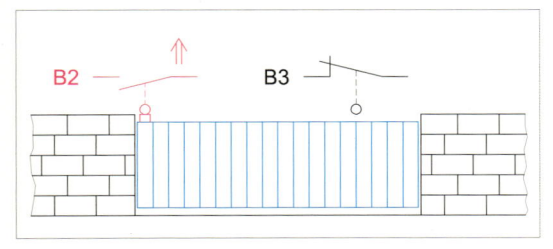

Vorsicht! Torsteuerungen unterliegen strengen Sicherheitsvorschriften.

Diese einführende Problemstellung berücksichtigt dies nicht.

1 Tor ist geschlossen

Bei Betätigung des Öffners B2 wird die Verfahrbewegung „Tor schließen" beendet. Das Schütz Q2 wird durch B2 ausgeschaltet.

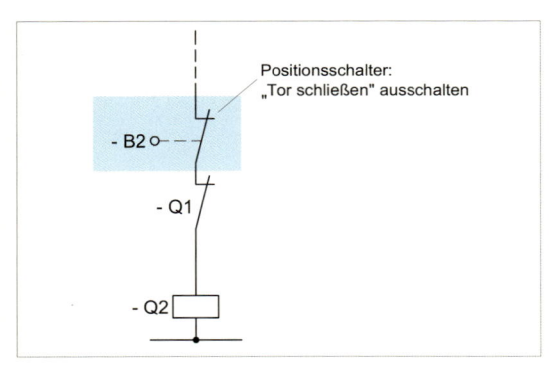

Sicherheitsleiste

Wenn das Tor beim Schließen auf ein *Hindernis* aufläuft, muss die Verfahrbewegung „*Tor schließen*" sofort *ausgeschaltet* und die Verfahrbewegung „*Tor öffnen*" eingeschaltet werden.

Die Hinderniserkennung kann eine **Sicherheitsleiste** übernehmen.

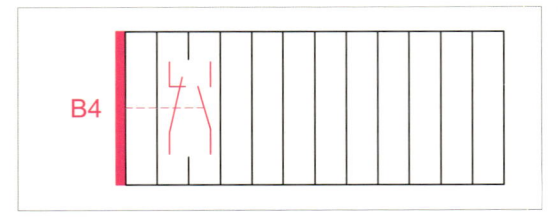

3 Sicherheitsleiste, Prinzip

Die *Sicherheitsleiste* muss in die Schaltung nach Bild 1, Seite 277 einbezogen werden (Bild 4).

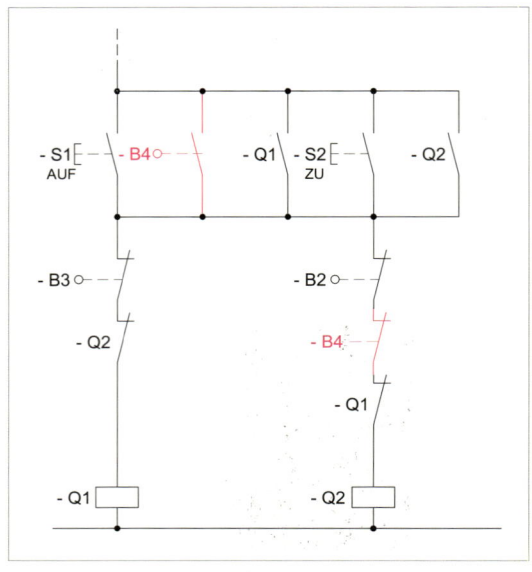

2 Ausschalten durch Positionsschalter B2

Nun werden noch *Befehlsgeber* für
- Tor öffnen (S1)
- Tor schließen (S2)
- Stopp (S0)

benötigt.

Der Torantriebsmotor wird durch einen *thermischen Motorschutz* vor Überlastung geschützt.

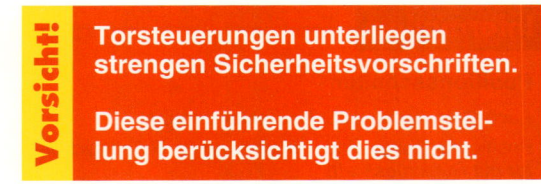

4 Schaltung mit Sicherheitsleiste

Torsteuerung für die Betriebseinfahrt, Schaltpläne

Annahme: Tor fährt zu (Schütz Q2 angezogen)

Tor fährt auf ein Hindernis:

Der Öffner von B4 lässt das Schütz Q2 abfallen (Tor fährt nicht mehr weiter zu).

Danach schaltet der Schließer von B4 das Schütz Q1 ein. Das Tor fährt wieder auf.

Wirkungsweise der Steuerung (Bild 1)

Ausgangssituation:
Tor ist geschlossen

- S1 betätigt → Q1 zieht an (Selbsthaltung) → Tor fährt auf
- B3 erreicht (Öffner betätigt) → Q1 fällt ab → Tor bleibt stehen
- S2 betätigt → Q2 zieht an (Selbsthaltung) → Tor fährt zu
- B2 erreicht (Öffner betätigt) → Q2 fällt ab → Tor bleibt stehen

Mit dem Stopptaster S0 kann die Verfahrbewegung des Tores jederzeit angehalten werden.

Bei Bewegung des Tores (Q1 oder Q2 angezogen) wird die **Rundumleuchte** eingeschaltet.

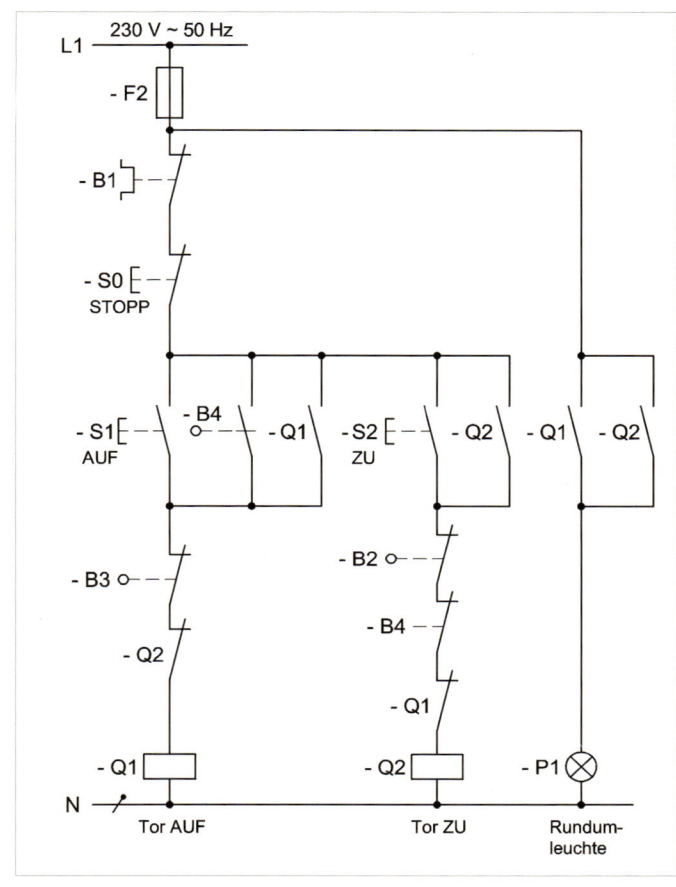

1 Torsteuerung der Betriebseinfahrt

Anwendung

1. Die Torsteuerung soll mit Not-Aus-Einrichtungen ausgerüstet werden.

   Nehmen Sie diese Erweiterung vor, indem Sie den Stromlaufplan (Bild 1) ergänzen.

2. Auf welchen Wert ist die Motorschutzeinrichtung einzustellen?

3. Wie kann die Wirksamkeit der Motorschutzeinrichtung überprüft werden?

4. Bei der Inbetriebnahme stellen Sie fest, dass der thermische Motorschutz in unregelmäßigen Zeitabständen anspricht.

   Woran kann das liegen?

5. Für die Torsteuerung sind Leiterquerschnitte und Schmelzsicherungen zu dimensionieren.

Englisch

Steuerung
control, open-loop control

Rundumleuchte
rotating flashing beacon

Drehstrommotor
three-phase (current) motor

Drehrichtung
direction of rotation

Außenleiter
phase conductor, phase wire

Nockenschalter
cam switch

Schützsteuerung
contactor control, contactor equipment

Verriegelung
interlocking

Verriegelungskontakt
interlocking contact

Endschalter
limit switch, position switch

Strompfad
current path

Hilfsstromkreis
auxiliary circuit, subcircuit

Grenzwert
limit value, limit

Sicherheitsvorschriften
safety regulations

Notabschaltung
emergency shutdown

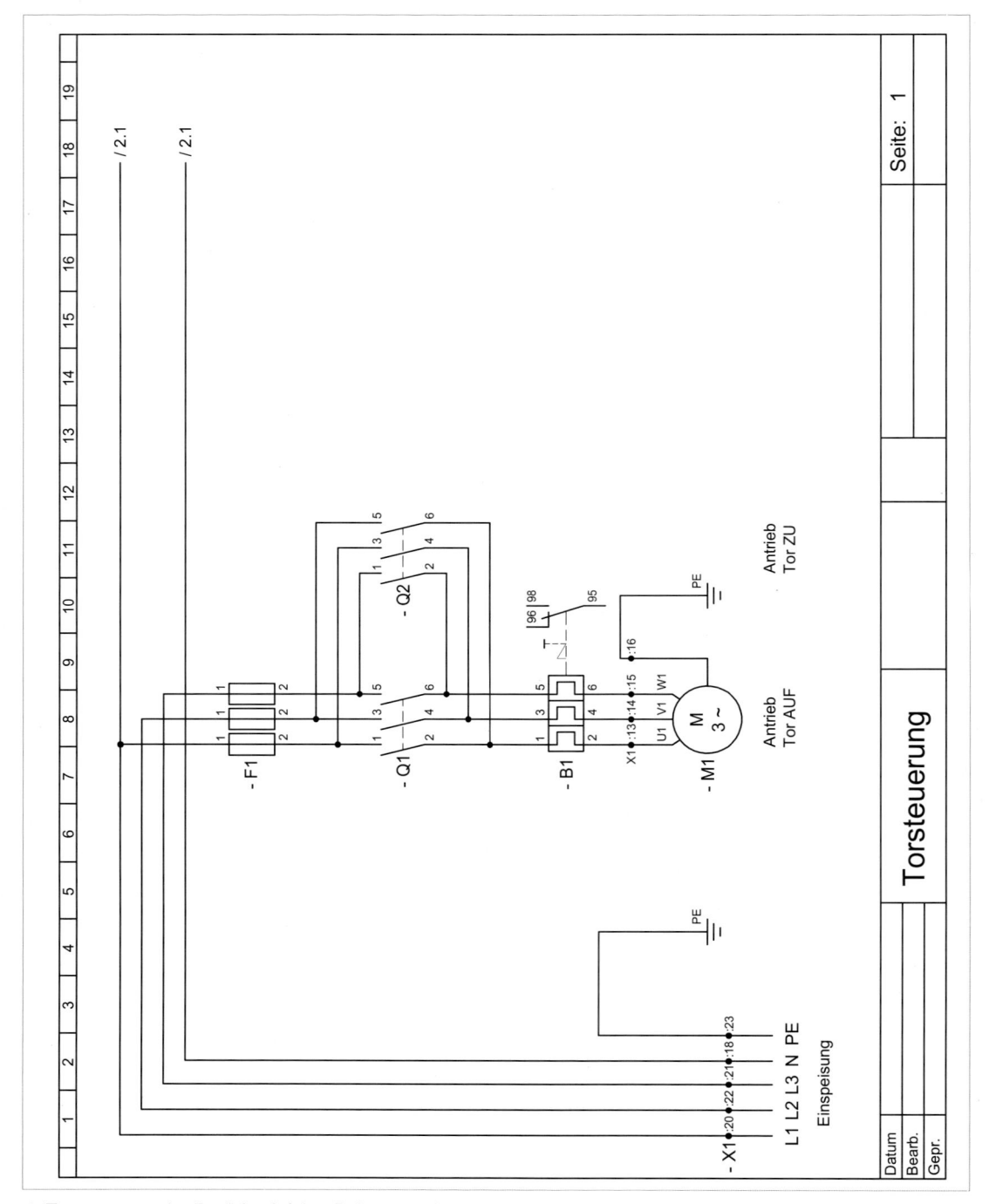

1 Torsteuerung der Betriebseinfahrt, Dokumentation

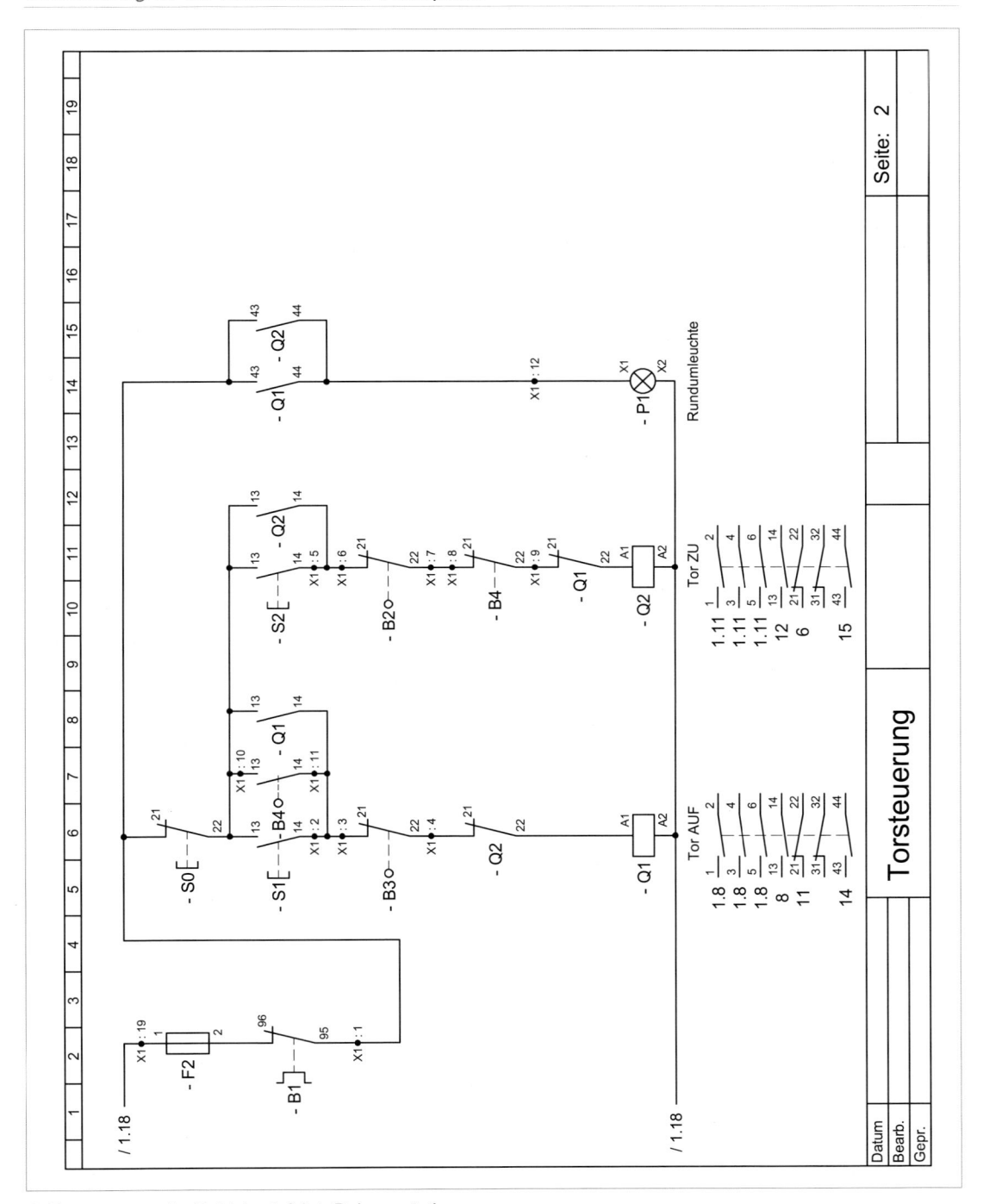

Torsteuerung für die Betriebseinfahrt, Schaltpläne

1 Torsteuerung der Betriebseinfahrt, Dokumentation

Information

Handlungen im Notfall (Stillsetzen, Ausschalten)

Im *Gefahrenfall* muss die Anlage (Maschine) ganz oder teilweise *stillgesetzt* werden.

Dies bedeutet nicht zwingend, dass dies durch einfaches Abschalten der Versorgungsspannung erfolgen kann.

Unter Umständen müssen bestimmte Funktionen im Gefahrenfall aktiv bleiben oder aktiv werden (z.B. Spannvorrichtungen, Kühleinrichtungen).

Die *Not-Aus-Einrichtung* muss *rot* gekennzeichnet sein, die darunter liegende Fläche muss *gelb* sein.

Die Handhabe der Not-Aus-Einrichtung muss vom Standplatz des Bedieners leicht erreichbar sein. Gegebenenfalls sind mehrere Not-Aus-Einrichtungen zu installieren.

Bedienteile von Not-Aus-Einrichtungen:
- Pilzdruckknöpfe
- Reißleinen
- Trittleisten

Vorsicht! Das Entriegeln der Not-Aus-Einrichtung (z.B. durch Herausziehen des Pilzkopfes) darf keinesfalls zum unmittelbaren Wiederanlaufen der Maschinen führen.

Oftmals ist nicht im Voraus bekannt, *an welchen Orten* Not-Aus-Einrichtungen benötigt werden.

Daher ist es steuerungstechnisch sinnvoll, weitere Not-Aus-Einrichtungen anschließen zu können.

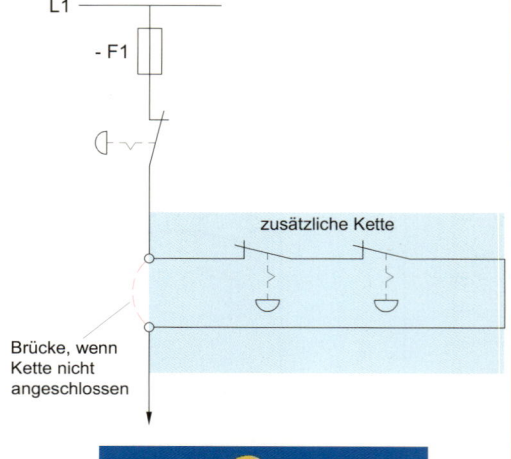

Beispiel

1 Ö

1 S 1 Ö

3.4 Torsteuerung mit Verriegelungsmagneten für Kleinsteuerung vorbereiten

Auftrag

Die Torsteuerung einschließlich Verriegelungsmagneten soll für den Einsatz einer Kleinsteuerung vorbereitet werden.

Hierfür ist das Steuerungsprogramm zu entwickeln.

UND-Verknüpfung

Nur wenn Mikroschalter S1 und Mikroschalter S2 geschlossen sind (den Signalzustand „1" führen), zieht das Schütz K2 an (Bild 1, Seite 285).

Kurzschreibweise
K2 = S1 ∧ S2
lies: K2 gleich S1 UND S2

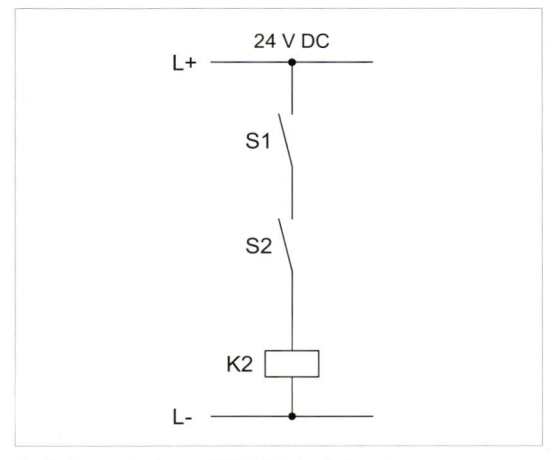

Torsteuerung mit Verriegelungsmagneten für Kleinsteuerung vorbereiten, UND

1 Reihenschaltung (UND-Verknüpfung)

Die *Reihenschaltung* von S1 und S2 entspricht einer **UND-Verknüpfung**.

> Der Ausgang der *UND-Verknüpfung* hat nur dann den Signalzustand „1", wenn *sämtliche* Eingänge den Signalzustand „1" haben.

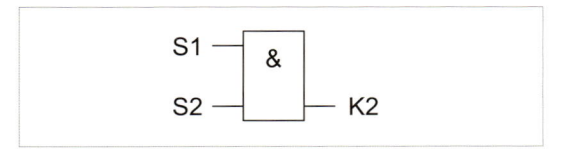

2 UND-Verknüpfung mit zwei Eingängen (Symbol)

In allgemeiner Darstellung werden die *Ausgänge* mit A und die *Eingänge* mit E bezeichnet.

Zuordnung (Bild 3):
- Mikroschalter S1 an Eingang E1 der Steuerung
- Mikroschalter S2 an Eingang E2 der Steuerung
- Schütz K1 an Ausgang A1 der Steuerung

Funktionstabelle

Eingang		Ausgang
E1	E2	A1
L	L	L
L	H	L
H	L	L
H	H	H

Für die Darstellung der *Funktionstabelle* werden die *Spannungspegel* „L" und „H" verwendet.

Nur wenn *sämtliche* Eingänge (hier E1 und E2) den Spannungspegel H (z.B. 24 V) haben, nimmt der Ausgang A1 den Spannungspegel H an.

Wahrheitstabelle

Hier werden die logischen Zustände „0" und „1" verwendet. Dabei gilt die Zuordnung:
„0": L-Pegel
„1": H-Pegel

Man spricht auch von *booleschen Zuständen*, *booleschen Werten*, vor allem aber von **Signalzuständen**.

Eingang		Ausgang
E1	E2	A1
0	0	0
0	1	0
1	0	0
1	1	1

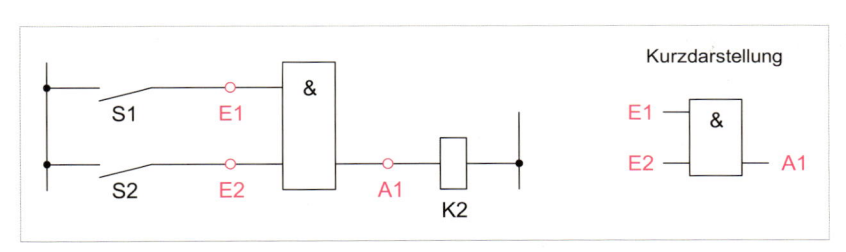

3 UND-Verknüpfung (Reihenschaltung) der Mikroschalter

Information

Binäre Steuerung

Binäre Steuerungen verarbeiten *binäre Signale*.

Ein binäres Signal kann nur *einen von zwei möglichen* Zuständen annehmen.

- Signalzustand „0": keine Spannung
- Signalzustand „1": Spannung (z.B. 5 V)

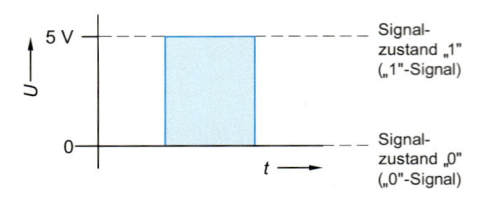

Häufig wird auch die Bezeichnung **Spannungspegel** verwendet.

Es gilt dann z.B. folgende Zuordnung:

- Signalzustand „0": L-Pegel (kurz L)
- Signalzustand „1": H-Pegel (kurz H)

Den beiden Pegeln sind keine Spannungswerte, sondern **Spannungsbereiche** zugeordnet.

Dabei müssen die Spannungsbereiche durch einen „*verbotenen Bereich*" eindeutig voneinander getrennt sein.

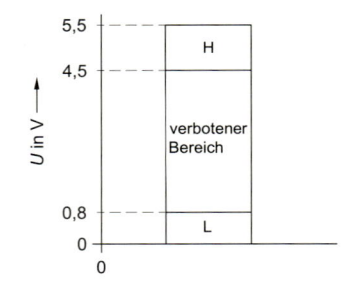

Eingabe – Verarbeitung – Ausgabe

Steuerungen arbeiten nach dem **EVA-Prinzip**.

Eingabe

Eingabeelemente sind z.B. Drucktaster, Positionsschalter, Lichtschranken.

Verarbeitung

Die Eingabegrößen werden entsprechend dem Steuerungsprogramm *verarbeitet*.

Bei *freiprogrammierbaren Steuerungen* wird das Steuerungsprogramm im Programmspeicher abgelegt.

Bei Kontaktsteuerungen bzw. *verbindungsprogrammierten Steuerungen* erfolgt die Programmierung durch Verdrahtung.

Ausgabe

Die Verarbeitungsergebnisse werden als Ausgangssignale an den Steuerungsprozess (z.B. an die Maschine) *ausgegeben*.

Ausgabeelemente sind z.B: Hauptschütze, Magnetventile, Meldelampen.

Torsteuerung mit Verriegelungsmagneten für Kleinsteuerung vorbereiten, ODER **287**

Information

Analoge Steuerung

Analoge Steuerungen verarbeiten *analoge Signale*.
Innerhalb eines bestimmten Bereiches können *analoge Signale beliebige Zwischenwerte* annehmen.
Analoge Signale ändern sich im Allg. *stetig*, nicht sprunghaft.
Die Eingabe, Verarbeitung und Ausgabe von analogen Signalen erfolgt mit **analogen Steuerungen**.

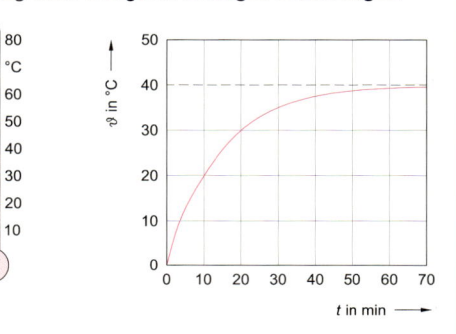

Die Temperatur ist ein Beispiel für eine *analoge Größe*. Sie kann jeden beliebigen Wert annehmen.

Englisch

Deutsch	Englisch
logische Verknüpfung	*logical interconnection*
Verknüpfungsoperation	*logic operation*
Verknüpfungsschaltung	*switching circuit, logic accembly*
UND	AND
ODER	OR
NICHT	NOT
UND-Funktion	AND function
Ausgang	output
Eingang	input
binär	*binary*
Binärglied	*binary unit*
Signal	signal
Zustand	state, status, condition
Pegel	level
Bereich	range, region, field
Toleranz	tolerance, allowance
Toleranzbereich	*tolerance range, permissible variation*
Verarbeitung	*processing*
analog	*analogue*

ODER-Verknüpfung

1 Parallelschaltung (ODER-Verknüpfung)

Wenn *mindestens* einer der beiden Taster S3 und S4 betätigt wird (den Signalzustand „1" hat), zieht das Relais K4 an.

Kurzschreibweise
K4 = S3 ∨ S4
lies: K4 gleich S3 ODER S4

Die *Parallelschaltung* von S3 und S4 entspricht einer **ODER-Verknüpfung**.

Der Ausgang der *ODER-Verknüpfung* hat nur dann den Signalzustand „1", wenn *mindestens ein Eingang* den Signalzustand „1" führt.

2 ODER-Verknüpfung, Symbol

Funktionstabelle

Eingang		Ausgang
E1	E2	A1
L	L	L
L	H	H
H	L	H
H	H	H

Wahrheitstabelle

Eingang		Ausgang
E1	E2	A1
0	0	0
0	1	1
1	0	1
1	1	1

NICHT-Verknüpfung

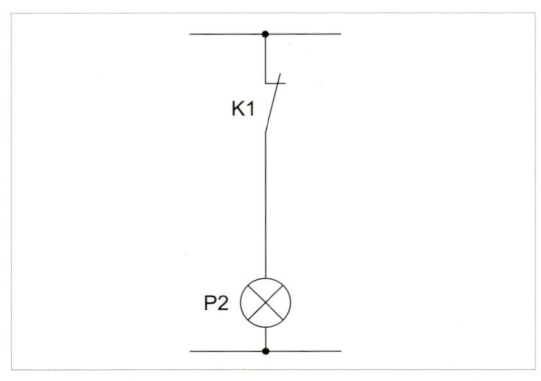

1 NICHT-Verknüpfung, Negation

Betriebsverhalten der Schaltung
- K1 NICHT angezogen → Lampe P2 leuchtet
- K2 angezogen → Lampe P2 leuchtet NICHT

Kurzbeschreibung
- K1=„0" → P2=„1"
- K1=„1" → P2=„0"

Eine solche logische Verknüpfung wird *NICHT-Verknüpfung* genannt.

> Bei der NICHT-Verknüpfung nimmt der Ausgang den entgegengesetzten Signalzustand des Einganges an.
> Aus „0" wird „1" und aus „1" wird „0".
> Eingang „0" → Ausgang „1"
> Eingang „1" → Ausgang „0"

Kurzschreibweise
A1= $\overline{E1}$
lies: A1 gleich NICHT E1

Funktions- und Wahrheitstabelle

E1	A1
L	H
H	L

E1	A1
0	1
1	0

> Kontakttechnisch kann die *NICHT-Verknüpfung* durch einen *Öffner* verwirklicht werden.

2 NICHT-Verknüpfung, Negation (Symbol)

NAND-Verknüpfung

Die *Negation einer UND-Verknüpfung* nennt man **NAND-Verknüpfung**.

Schaltungstechnisch wird sie durch *Negation des Ausganges* eines UND-Gliedes erreicht.

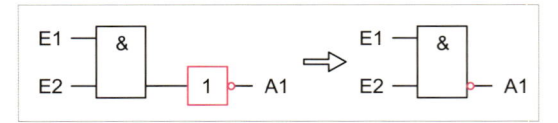

3 NAND-Verknüpfung

Kurzschreibweise
A1= $\overline{E1 \wedge E2}$
lies: A1 gleich (E1 UND E2) NICHT

Wahrheitstabelle

Eingang		Ausgang
E1	E2	A1
0	0	1
0	1	1
1	0	1
1	1	0

Entgegengesetzter Ausgangs-Signalzustand wie bei der UND-Verknüpfung (→ 285).

Torsteuerung mit Verriegelungsmagneten für Kleinsteuerung vorbereiten, NICHT, NAND, NOR **289**

Der Ausgang der NAND-Verknüpfung nimmt immer dann den Signalzustand „1" an, wenn nicht sämtliche Eingänge den Signalzustand „1" führen.

Der Ausgang einer NOR-Verküpfung nimmt nur dann den Signalzustand „1" an, wenn sämtliche Eingänge „0"-Signal führen.

Kontakttechnische Realisierung (NAND)

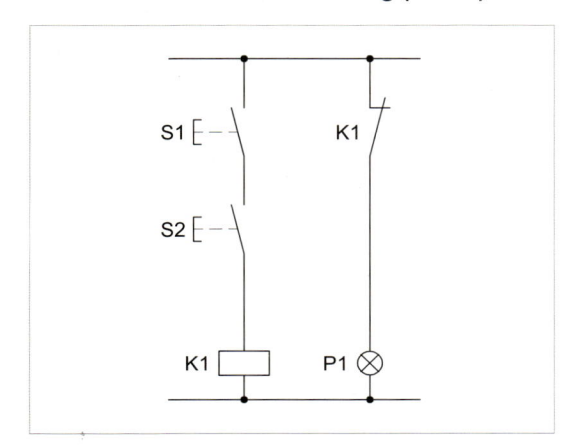

1 NAND-Funktion in Kontakttechnik

Kontakttechnische Realisierung (NOR)

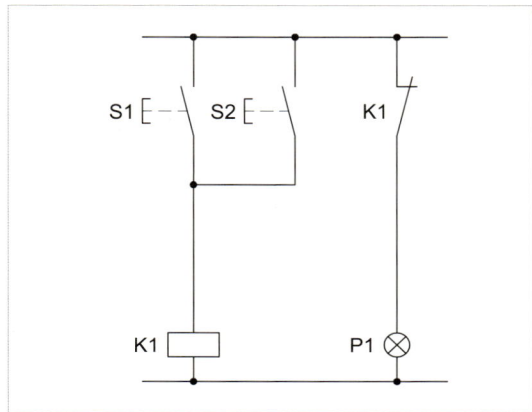

3 NOR-Funktion in Kontakttechnik

NOR-Verknüpfung

Die *Negation einer ODER-Verknüpfung* ergibt die **NOR-Verknüpfung**.

Schaltungstechnisch wird sie durch *Negation des Ausganges* eines ODER-Gliedes erreicht.

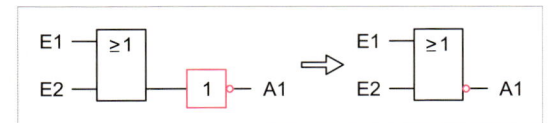

2 NOR-Verknüpfung

Kurzschreibweise

A1 = $\overline{E1 \vee E2}$

lies: A1 gleich (E1 ODER E2) NICHT

Wahrheitstabelle

Eingang		Ausgang
E1	E2	A1
0	0	1
0	1	0
1	0	0
1	1	0

Nun kann der Auftrag von Seite 284 bearbeitet werden.

• **Anschluss der Betriebsmittel an die Steuerung**

Der Anschluss ist in Bild 1, Seite 290 dargestellt.

• **Zuordnungsliste (Belegungsplan)**

S1	E1	Mikroschalter, Verriegelung 1, Schließer
S2	E2	Mikroschalter, Verriegelung 2, Schließer
K1	E4	Netzspannungsschütz, Schließer
K3	E3	Relais, Motor Torantrieb EIN, Schließer
Q1	A1	Verriegelungsmagnet 1
Q2	A2	Verriegelungsmagnet 2
K2	A3	Freigabe Motor Torantrieb, Relais
P1	A4	Meldung Netzspannung vorhanden
P2	A5	Meldung Netzspannung ausgefallen

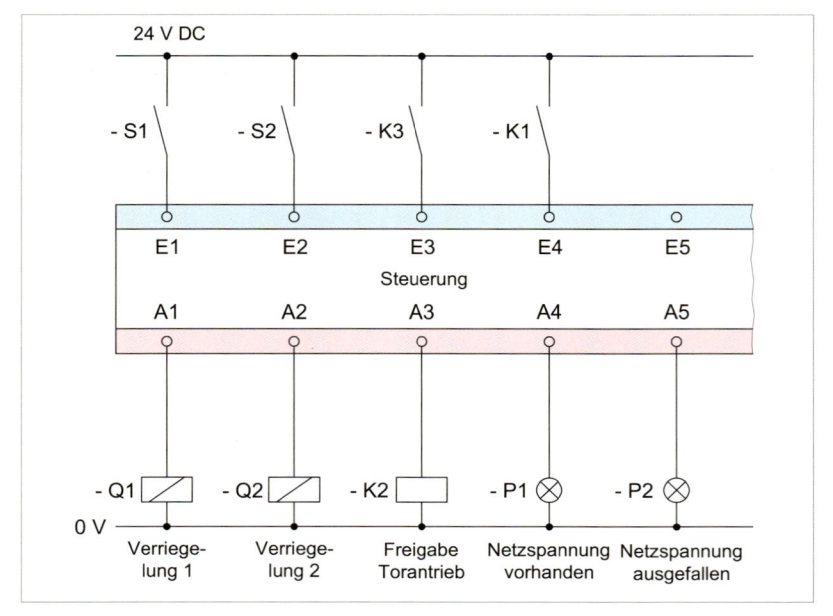

1 Anschlussplan (siehe Zuordnungsliste auf Seite 289)

Anschlussplan und Zuordnungsliste machen die gleiche Aussage:

Welche Betriebsmittel sind an die Ein- und Ausgänge anzuschließen?

Diese Information ist sowohl für die Fachkraft, die die *Verdrahtungsarbeiten* durchführt, als auch für den *Programmierer* interessant.

- **Steuerungsprogramm erstellen**

Mit Hilfe der *logischen Verknüpfungen* kann das *Steuerungsprogramm für den Torantrieb* erstellt werden.

1. Wenn beide Mikroschalter betätigt sind, zieht das Schütz K2 an

Die Steuerung kann die Betriebsmittelkennzeichen S1, S2, K1 nicht verarbeiten (Bild 2). Sie kann nur abfragen, ob an ihrem Eingang

- *Spannung anliegt (Signalzustand „1")* oder
- *keine Spannung anliegt (Signalzustand „0")*.

Hier sind nun der *Anschlussplan* bzw. die *Zuordnungsliste* von Bedeutung.

S1 ist am Eingang E1, S2 am Eingang E2 der Steuerung angeschlossen.

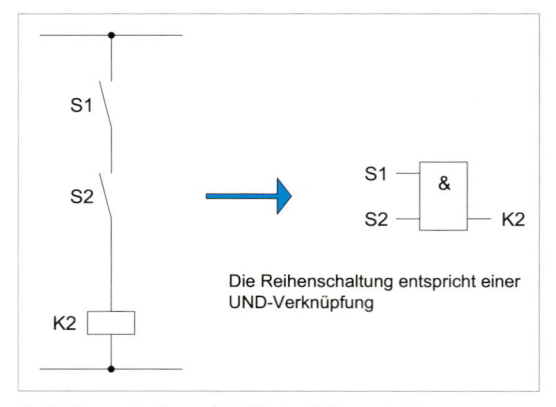

2 Reihenschaltung (UND) der Mikroschalter

Das Schütz K2 ist am Ausgang A3 angeschlossen.

Es ergibt sich die UND-Verknüpfung nach Bild 3.

2. Wenn das Schütz K3 anzieht, werden die beiden Verriegelungsmagneten Q1 und Q2 eingeschaltet

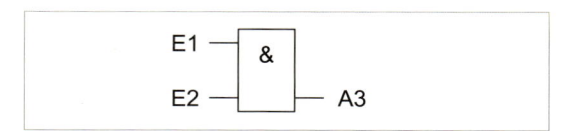

3 UND-Verknüpfung der Mikroschalter

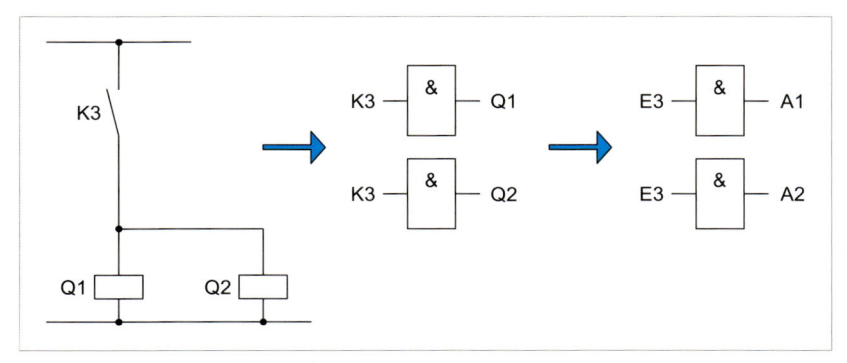

1 Ansteuerung der Verriegelungsmagneten

Diese Darstellung ist in der Steuerungstechnik durchaus üblich. Obgleich es sich nicht um eine „echte" Verknüpfung handelt (die ist nur zwischen mindestens zwei Eingangsvariablen möglich), werden „Signaldurchreichungen" in der Form nach Bild 1 dargestellt.

- Der Signalzustand von Eingang 3 (E3) wird an den Ausgang A1 durchgereicht.
- Der Signalzustand von Eingang 3 (E3) wird ebenfalls an den Ausgang A2 durchgereicht.

A1 und A2 nehmen also den gleichen Signalzustand wie E3 an.

3. Wenn das Schütz K1 angezogen ist, leuchtet die Meldelampe P1

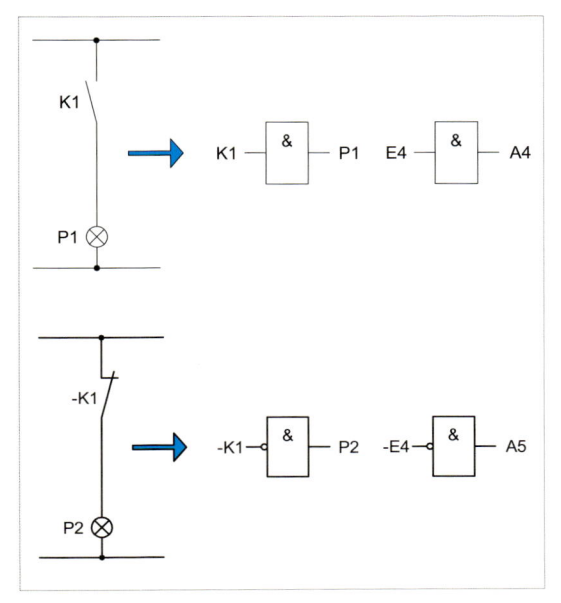

2 Steuerung der Meldelampen P1 und P2

4. Wenn das Schütz K1 abgefallen ist, leuchtet die Meldelampe P2

Der Signalzustand an Eingang E4 wird abgefragt und *negiert*.

Der negierte Signalzustand wird an den Ausgang A5 durchgereicht.

5. Zusammenstellung des Programms

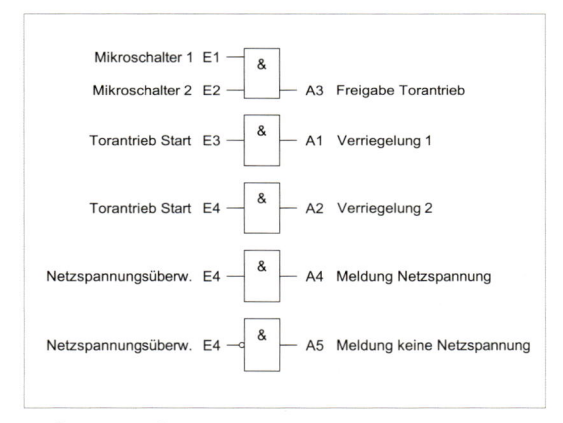

3 Gesamtes Steuerungsprogramm

Das Steuerungsprogramm wurde als **Funktionsplan** (Abkürzung **FUP**) dargestellt.

Die FUP-Darstellung beruht auf den *Symbolen* der *Logikverknüpfungen* und ist sehr anschaulich. Dadurch werden *Serviceaufgaben* besonders erleichtert.

6. Eingabe des Steuerungsprogramms in das Kleinsteuergerät

Mit Hilfe der zugehörigen *Software*, die relativ preiswert bei den Herstellern der Kleinsteuergeräte zu erwerben ist, kann das *Steuerungsprogramm* zum Beispiel in *FUP-Darstellung* erstellt werden.

Die Programmierung ist so einfach, dass die der Software beigefügten *Handbücher* bzw. die *Onlinehilfen* kaum benötigt werden.

Bild 1, Seite 293 zeigt eine mögliche Darstellung des Steuerungsprogramms in FUP.

Information

Kleinsteuergeräte

Kleinsteuergeräte werden zunehmend für vergleichsweise einfache Steuerungsaufgaben eingesetzt.

Sie verfügen dabei als Kompaktgeräte über sämtliche „Werkzeuge", die notwendig sind, um eine Steuerung zu programmieren und zu testen.

Spannungsversorgung
12/24 DC und 230 V AC

Eingänge
Anzahl 6 ... 24
(Schalteingänge)

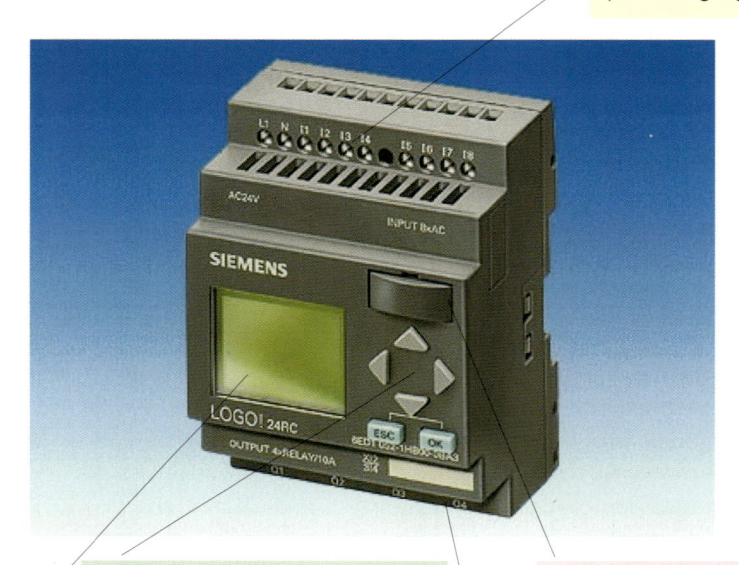

Tastenbedienfeld
Zur Eingabe und Änderung des Steuerungsprogramms. Zur Änderung von Programmparametern.
Die Programmeingabe ist allerdings ziemlich unkomfortabel.

Speicherkarte, PC-Schnittstelle
Datenspeicherung auf EEPROM; problemlos austauschbar
Schnittstelle zum Datenaustausch mit Personalcomputer (PC)

LCD-Anzeige
Dient beispielsweise zur Anzeige des Steuerungsprogramms, von eingestellten Parametern (z.B. Zeitwerten) bzw. Diagnoseinformationen

Ausgänge
Anzahl 4 ... 12 (Schaltausgänge)
Mit Schalttransistor bzw. Relais
Belastbarkeit: bis 24 V DC: 1A
                230 V AC: 8 ... 20 A

Die **Tastenfeld-Programmierung** ist sehr mühsam und wird praktisch kaum angewendet.

Komfortabler wird das Steuerungsprogramm mit Hilfe eines Personalcomputers und zugehöriger **Programmiersoftware** erstellt.

Vor seinem Einsatz kann das Programm mit Hilfe des **Simulators** (Bestandteil der Programmiersoftware) getestet werden.

Das getestete (und sicherlich dokumentierte) Programm kann auf eine **Speicherkarte** übertragen und so leicht zum Einsatzort verbracht werden.

Funktionen der Kleinsteuerung (Auswahl)

- Logische Grundverknüpfungen
  UND, ODER, NICHT, NAND, NOR

- Sonderfunktionen
  Speicher, Zeitgeber, Zähler, Schaltuhr, Taktgeber, Stromstoßrelais

- Analogwertverarbeitung
  Vergleicher, Schwellwertschalter

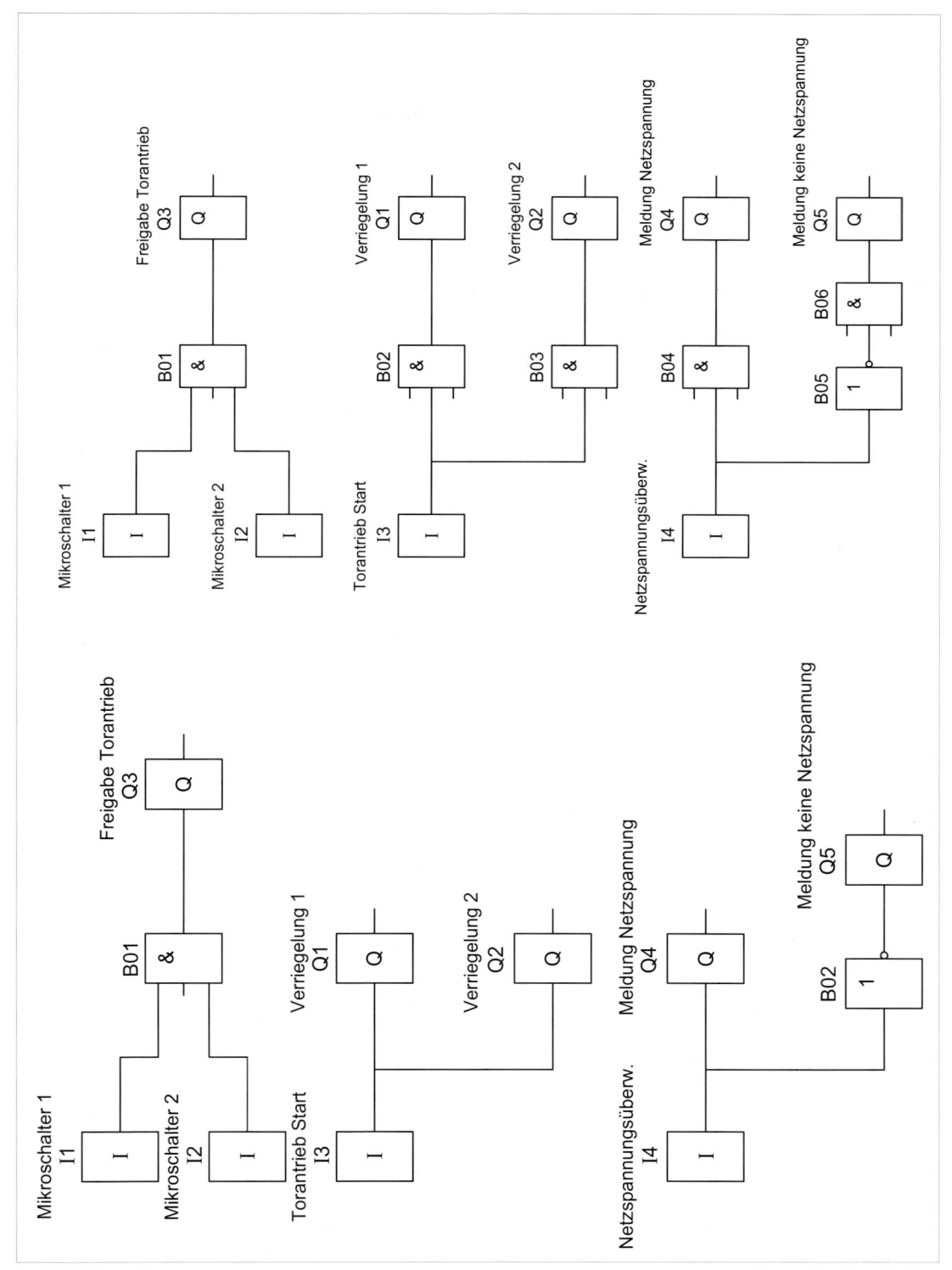

Torsteuerung mit Verriegelungsmagneten für Kleinsteuerung vorbereiten, **Kleinsteuerug** 293

1 Steuerungsprogramm für Kleinsteuerung (zwei unterschiedliche Varianten)

3.5 Ventilator der Tiefgarage schadstoffabhängig schalten

Bei den „Signaldurchreichungen" kann auf die UND-Verknüpfungen verzichtet werden (siehe Varianten des Programms Bild 1, Seite 293).

Beachten Sie:
Bei manchen Steuerungsprogrammen wird für die Eingänge nicht E, sondern **I** verwendet.
Für die Ausgänge wird dann **Q** statt A benutzt.

Auftrag

Der Ventilator in der Tiefgarage wird bislang mit Hilfe eines Motorschutzschalters ein- und ausgeschaltet.
Er soll abhängig vom Schadstoffgehalt der Luft in der Garage automatisch eingeschaltet werden.
Hierzu werden drei CO_2-Sensoren montiert.
Wenn mindestens zwei dieser Sensoren einen zu hohen Schadstoffgehalt signalisieren, soll der Ventilator eingeschaltet werden.
Sinkt der Schadstoffgehalt unter den Grenzwert, wird der Ventilator ausgeschaltet. Bei Ansprechen des Motorschutzes ertönt eine Hupe, die auf eine möglicherweise erhöhte Schadstoffkonzentration hinweist.

Die Steuerung ist zu entwickeln.

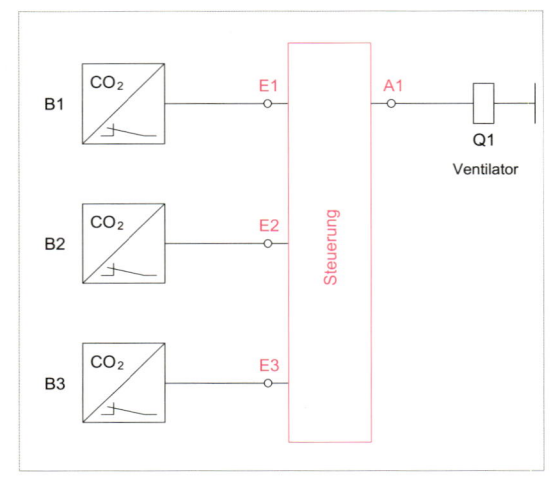

1 Technologieschema der Ventilatorsteuerung

1. Problembeschreibung

CO_2-Sensoren:
Wenn der Schadstoffgehalt *über* dem *Grenzwert* liegt, liefert der Sensor „0"-Signal an die Steuerung (Öffnerfunktion).
Wenn *mindestens zwei* der drei Sensoren „0"-Signal liefern, soll der Ventilator eingeschaltet werden.
Melden *alle* Sensoren *Grenzwertunterschreitung*, schaltet sich der Ventilator wieder aus.

Die Steuerung hat *drei Eingänge* und *einen Ausgang*.

- *Eingänge:* Sensor 1: E1
  Sensor 2: E2
  Sensor 3: E3

- *Ausgang:* Schütz für Ventilatormotor: A1

Bei drei Eingängen sind 8 unterschiedliche Signalkombinationen möglich ($2^3 = 8$).

Die *Wahrheitstabelle* für drei Eingänge hat also 8 Zeilen.

2. Wahrheitstabelle

Eingänge			Ausgang	
E1	E2	E3	A1	
0	0	0	1	$\overline{E1} \wedge \overline{E2} \wedge \overline{E3}$
0	0	1	1	$\overline{E1} \wedge \overline{E2} \wedge E3$
0	1	0	1	$\overline{E1} \wedge E2 \wedge \overline{E3}$
0	1	1	0	
1	0	0	1	$E1 \wedge \overline{E2} \wedge \overline{E3}$
1	0	1	0	
1	1	0	0	
1	1	1	0	

Für die Steuerungsentwicklung sind nur die Zeilen der Wahrheitstabelle interessant, bei denen der Ausgang den Signalzustand „1" annehmen muss.

In obiger Wahrheitstabelle sind das 4 Zeilen.

Ventilator der Tiefgarage schadstoffabhängig schalten, Steuerungsentwicklung

E1	E2	E3	A1
0	0	0	1

Der Ausgang A1 nimmt den Signalzustand „1" an, wenn

- Eingang E1 = 0

UND

- Eingang E2 = 0

UND

- Eingang E3 = 0

In diesem Fall melden alle 3 Sensoren eine zu hohe Schadstoffkonzentration.

Boolesche Werte kennen nur den Signalzustand „1" und „0".
Statt „0" kann man also auch *NICHT „1"* schreiben.

Wenn nämlich der Signalzustand NICHT „1" ist, kann er bei booleschen Werten nur „0" sein.

Damit kann man dann formulieren:
Der Ausgang A1 nimmt den Signalzustand „1" an, wenn

- Eingang E1 **NICHT** „1"

UND

- Eingang E2 **NICHT** „1"

UND

- Eingang E3 **NICHT** „1"

Kurzschreibweise:
A1 = $\overline{E1} \wedge \overline{E2} \wedge \overline{E3}$

Diese Überlegungen werden für alle Zeilen der Wahrheitstabelle wiederholt, bei denen A1 = 1 sein muss.
Es ergeben sich mit *vier UND-Verknüpfungen:*

$\overline{E1} \wedge \overline{E2} \wedge \overline{E3}$

$\overline{E1} \wedge \overline{E2} \wedge E3$

$\overline{E1} \wedge E2 \wedge \overline{E3}$

$E1 \wedge \overline{E2} \wedge \overline{E3}$

Bei diesen vier UND-Verknüpfungen muss A1 = 1 sein. Zusammenfassend gilt also:
A1 = $(\overline{E1} \wedge \overline{E2} \wedge \overline{E3}) \vee (\overline{E1} \wedge \overline{E2} \wedge E3) \vee (\overline{E1} \wedge E2 \wedge \overline{E3})$
    $\vee (E1 \wedge \overline{E2} \wedge \overline{E3})$

Wenn *mindestens eine* dieser UND-Verknüpfungen erfüllt ist, soll der Ventilator eingeschaltet werden (A1 = 1).

Die vier UND-Verknüpfungen müssen also *ODER-verknüpft* werden.

3. Funktionsplan (FUP)

Symbolische Darstellung der vier UND-Verknüpfungen (Bild 1).

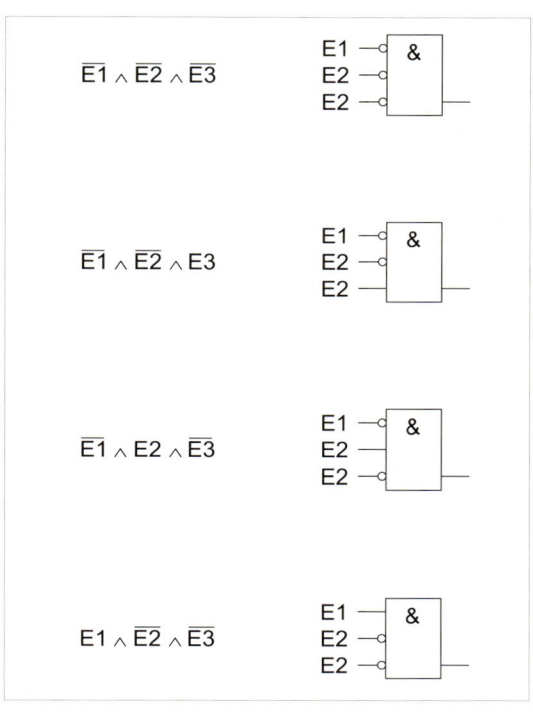

1 Vier UND-Verknüpfungen (gleichberechtigt)

Wenn *mindestens eine* dieser vier UND-Verknüpfungen das Ergebnis „1" liefert, soll der Ausgang A1 den Signalzustand „1" annehmen.

Der **Funktionsplan** (FUP) der Ventilatorsteuerung ergibt sich, wenn die Ergebnisse der vier UND-Verknüpfungen *ODER-verknüpft* werden.
Der FUP ist in Bild 1, Seite 296 dargestellt.

Der Funktionsplan ermöglicht die *Beschreibung einer Steuerung in allgemeinster Form.*

Er ist nicht nur bei der Entwicklung von *freiprogrammierbaren Steuerungen* (Kleinsteuerungen, SPS) dienlich. Mit seiner Hilfe können auch *Kontaktsteuerungen* systematisch entwickelt werden.

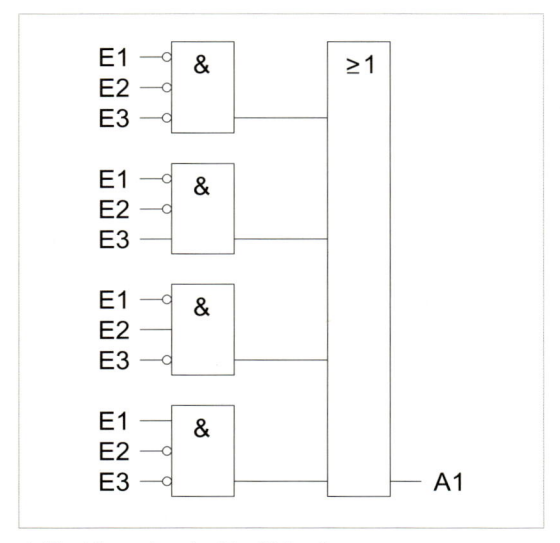

1 Funktionsplan der Ventilatorsteuerung

Entwicklung einer Kontaktsteuerung mit Hilfe des FUP (Bild 2)

Beachten Sie:
- UND-Verknüpfung → Reihenschaltung
- ODER-Verknüpfung → Parallelschaltung
- NICHT-Verknüpfung → Öffner

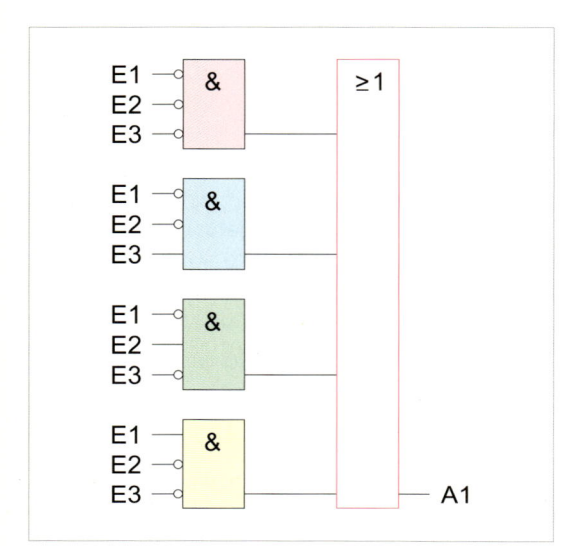

2 Logikfunktionen der Ventilatorsteuerung

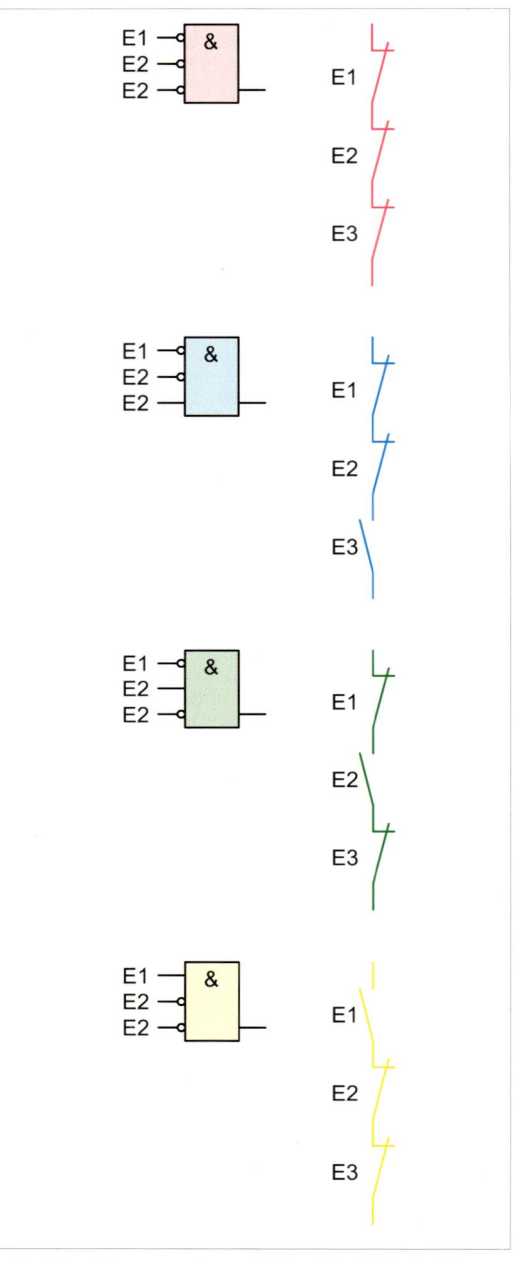

3 Logikfunktionen und zugehörige Kontaktschaltungen

Die Schaltung ist *funktionstüchtig*, aber ein *wenig aufwendig*.

Sie ist offenkundig stark zu *vereinfachen*:
- Der rote Strompfad entfällt völlig.
- Aus den verbleibenden drei Strompfaden müssen dann die Schließer entfernt werden.

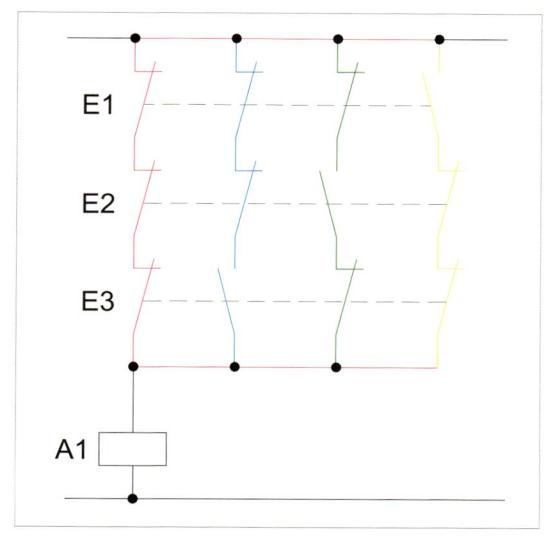

Ventilator der Tiefgarage schadstoffabhängig schalten, Steuerungsentwicklung

1 Kontaktsteuerung vor Vereinfachung

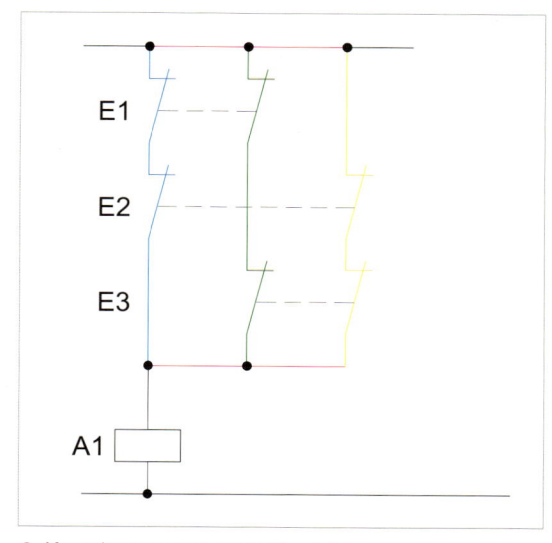

2 Kontaktsteuerung nach Vereinfachung

Aus der *vereinfachten Kontaktsteuerung* (Bild 2) ergibt sich ein *vereinfachter Funktionsplan* (Bild 3).

Die Wirkungsweise dieses Funktionsplans entspricht der von Bild 2, Seite 296.

Die Richtigkeit der *Vereinfachung* nach Bild 3 kann gedanklich nachvollzogen werden:

Wenn *mindestens zwei von drei* Meldern einen zu hohen Schadstoffgehalt melden, soll der Ventilator eingeschaltet werden.

Er wird also *eingeschaltet*, wenn
- Sensor 1 und Sensor 2 ODER
- Sensor 1 und Sensor 3 ODER
- Sensor 2 und Sensor 3

einen zu hohen Schadstoffgehalt signalisieren.

Mehr Möglichkeiten gibt es nicht.

Daher besteht der *vereinfachte Funktionsplan* aus drei UND-Verknüpfungen mit jeweils zwei Eingängen und einer ODER-Verknüpfung mit drei Eingängen (Bild 3). Die *Negationen* sind notwendig, weil die Sensoren auf den Signalzustand „0" abgefragt werden (Öffner).

Eigentlich müssen an die Kontaktsteuerung die *Betriebsmittelkennzeichen* und nicht die Ein- und Ausgangsbezeichnungen geschrieben werden. Aus Gründen der Übersichtlichkeit wurde hier darauf verzichtet.

Der vereinfachte Funktionsplan (Bild 3) ist auf Seite 299 als *FUP für eine Kleinsteuerung* dargestellt.

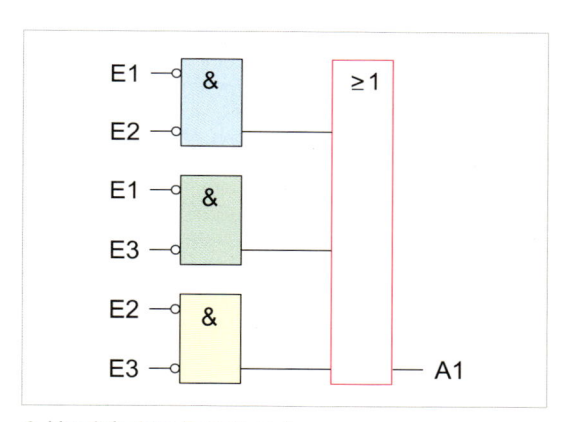

3 Vereinfachter Funktionsplan

Englisch

NAND
NOT-AND, NAND

NAND-Glied
NAND element

NAND-Verknüpfung
NAND operation

NOR
NOT-OR, NOR

Anschluss
connection

Betriebsmittel
appliance

Zuordnungsliste
assignment list

Ventilator
blower, fan

IC
integrated circuit

Steuerungsprogramm
handling routine, control program

negieren
negate

Funktionsplan
sequential function chart, logic diagram

Schnittstelle
interface

Programmierung
programming

Speicher
memory, store, storage

Information

Steuerung–Regelung

Ein Elektromotor wird über ein Hauptschütz ein- und ausgeschaltet.

Wenn er eingeschaltet ist, dann ist seine *Drehzahl* belastungsabhängig.

Je höher die Belastung, umso geringer ist die Drehzahl.

Die Belastungserhöhung kann als **Störgröße** in Bezug auf die Drehzahlkonstanz angesehen werden.

Die Wirkung der Störgröße(n) auf die Drehzahl wird bei der *Steuerung* nicht korrigiert.

Man sagt, **Steuerungen** haben einen *offenen Wirkungsweg*.

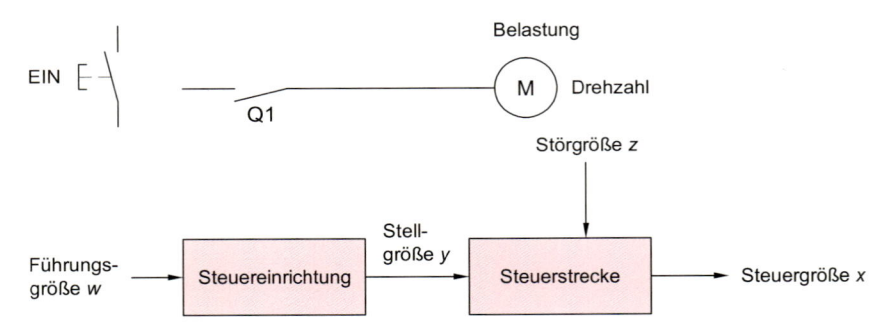

Bei der **Regelung** wird die Drehzahl des Motors über einen Tachogenerator (liefert eine drehzahlabhängige Spannung) fortlaufend erfasst.

Die **Regelgröße** Drehzahl wird mit der Führungsgröße (**Sollwert** der Drehzahl) verglichen.

Ziel des Vergleiches ist, die Regelgröße (den **Istwert**) an die Führungsgröße (den **Sollwert**) anzupassen. Regelungen haben einen *geschlossenen Wirkungsweg*.

Typisch für den *Regelvorgang* sind
- Messen (Tachogenerator)
- Vergleichen (Regler)
- Stellen (Stellglied)

w Führungsgröße (Sollwert)
x Regelgröße (z.B. Drehzahl)
r Rückführgröße
    (z.B. Spannung des Tachogenerators)
y Stellgröße
$e = w - r$ Regeldifferenz

Bei der *Regelung* wird der Einfluss von **Störgrößen** auf die Regelgröße *selbsttätig ausgeglichen*.

Die Regelgröße wird dabei auf einem vorgegebenen **Sollwert** gehalten.

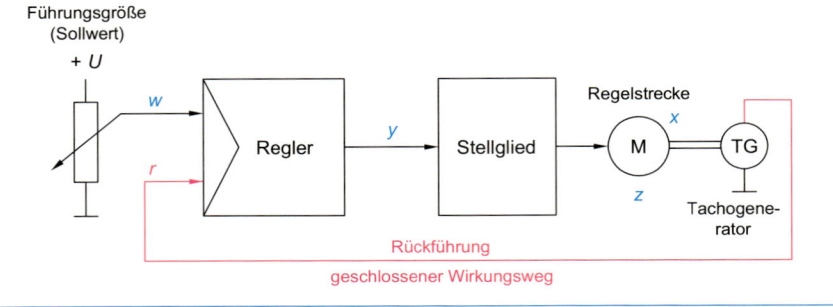

Englisch

Deutsch	Englisch
Regelung	automatic control, regulation, control process
Hupe	electric hooter
Speicher	memory, store, storage
Verriegelung	locking, blocking
Signalspeicherung	signal storage
rücksetzen	reset, release
setzen	set
Setzimpuls	set pulse
Vorrang	precedence, priority
Rundumleuchte	rotating flashing beacon
Drahtbruch	break of wire

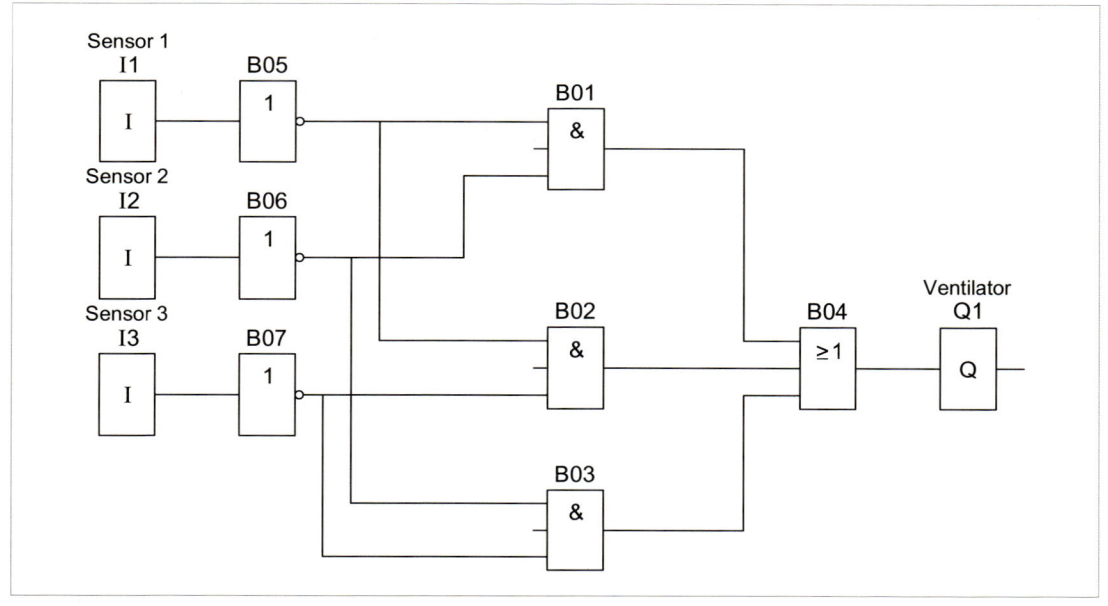

Ventilator der Tiefgarage schadstoffabhängig schalten, Steuerungsentwicklung

1 Ventilatorsteuerung (als FUP für eine Kleinsteuerung)

Steuerung mit Logik-ICs

Logik-ICs enthalten *mehrere Logikverknüpfungen* in einem gemeinsamen Gehäuse.

Sie verfügen über 14 Anschlüsse, wovon 2 Anschlüsse für die Betriebsspannung vorbehalten sind.

Gedacht sind sie für das Einlöten in Platinen bzw. für das Einstecken in IC-Haltern, die ihrerseits in Platinen eingelötet werden.

Die Auswahl der ICs erfolgt mit Hilfe der Datenblätter der Hersteller.

Ausgangspunkte für die **IC-Verdrahtung** ist der *Funktionsplan*.

Benötigt werden (siehe Bild 1, Seite 302):
- 3 NICHT-Verknüpfungen
- 3 UND-Verknüpfungen mit zwei Eingängen
- 1 ODER-Verknüpfung mit drei Eingängen

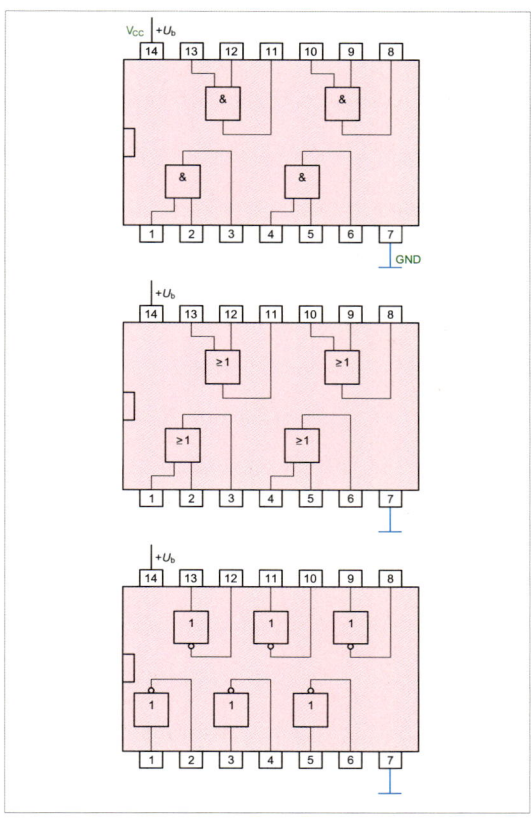

2 ICs für logische Grundverknüpfungen

Information

Anschluss eines Kleinsteuerungsgerätes (230 V AC)

Steuerungsprogramm als Funktionsplan (FUP)

Steuerungsprogramm als Kontaktplan (KOP)

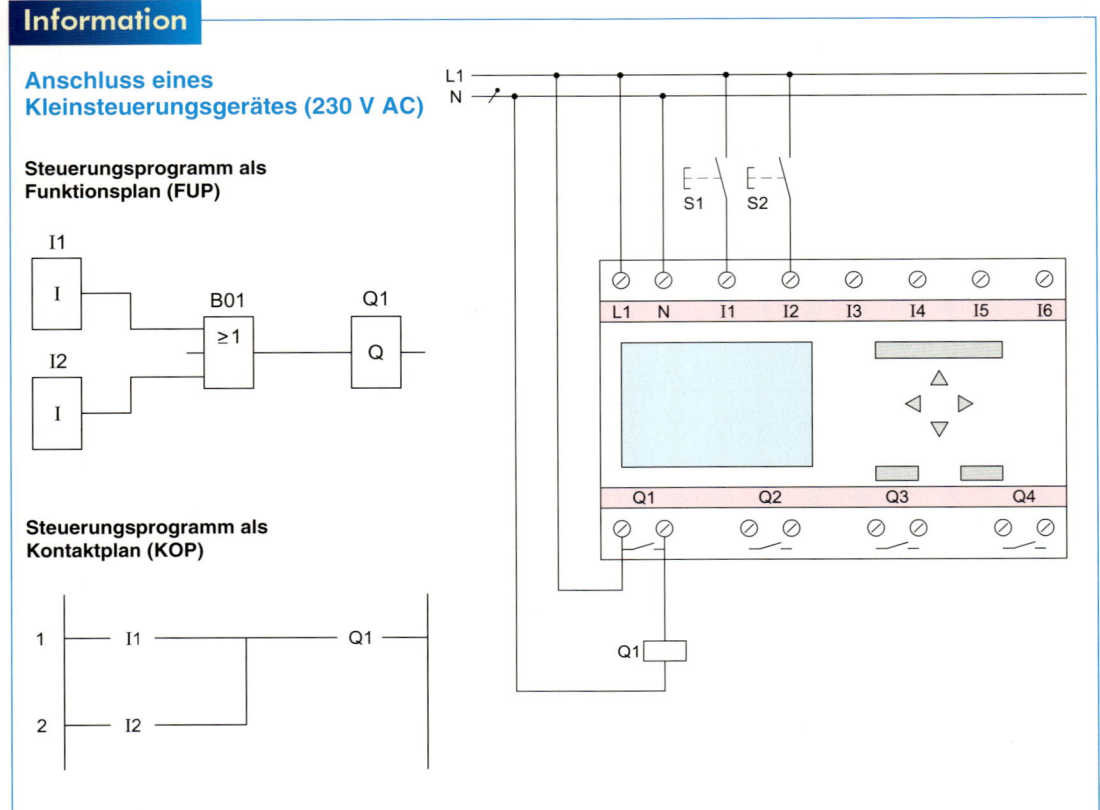

Beachten Sie:

Im Funktionsplan haben die *binären Verknüpfungen* drei Eingänge.

Unbenutzte Eingänge führen bei der
- UND-Verknüpfung den Signalzustand „1"
- ODER-Verknüpfungen den Signalzustand „0"

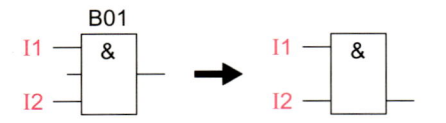

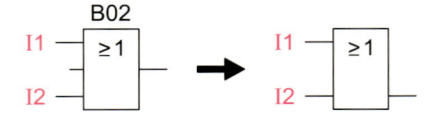

Dadurch wird das Ergebnis der Logikverknüpfung nicht beeinflusst.
Wenn *mehr als drei Eingänge* benötigt werden, können mehrere binäre Verknüpfungen hintereinander geschaltet werden.

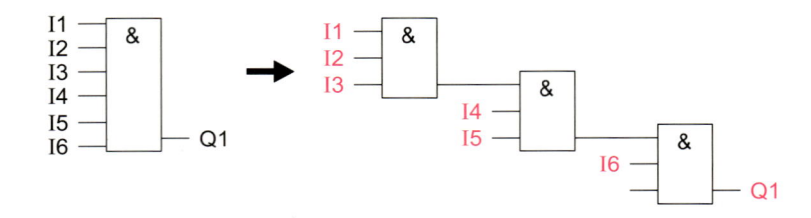

Ventilator der Tiefgarage schadstoffabhängig schalten, Steuerungsentwicklung

Information

Anschluss einer Kleinsteuerung in Schaltplandarstellung (24 V DC)

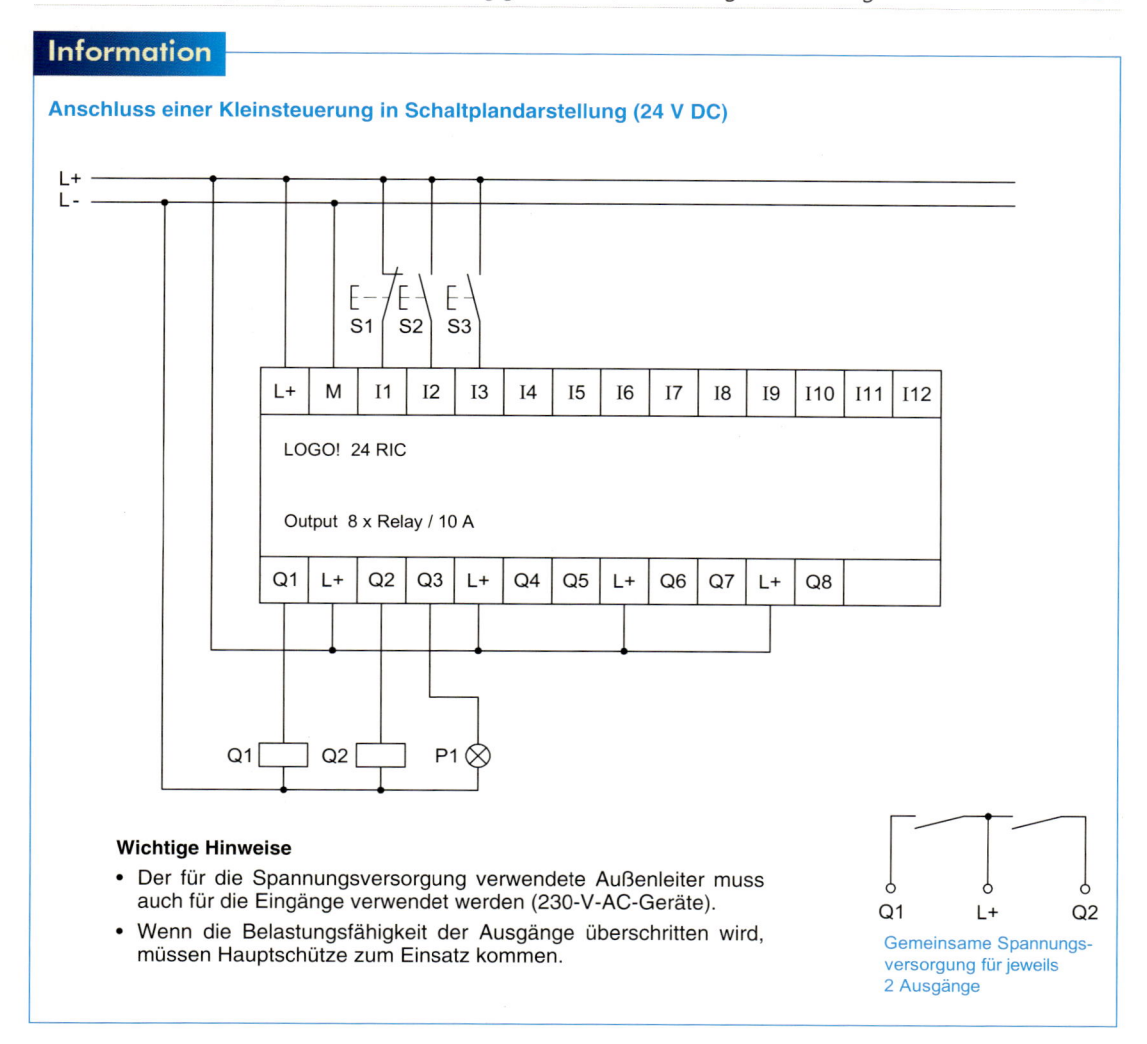

Wichtige Hinweise
- Der für die Spannungsversorgung verwendete Außenleiter muss auch für die Eingänge verwendet werden (230-V-AC-Geräte).
- Wenn die Belastungsfähigkeit der Ausgänge überschritten wird, müssen Hauptschütze zum Einsatz kommen.

Gemeinsame Spannungsversorgung für jeweils 2 Ausgänge

Das ausgewählte ODER-IC hat nur ODER-Verknüpfungen mit 2 Eingängen. Daher sind zwei dieser Verknüpfungen notwendig. Sie werden wie in Bild 1 dargestellt geschaltet.

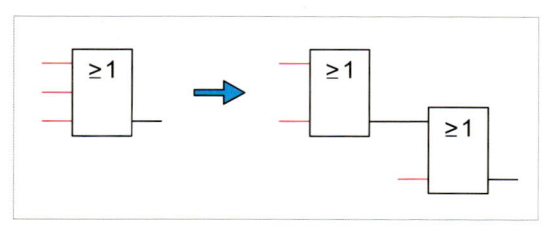

Ein wesentlicher *Nachteil* der Steuerungen mit Logik-ICs besteht darin, dass sie *nur mit sehr hohem Aufwand änderbar* sind.

Wie die Schütz- und Relaissteuerungen zählen sie zu den **verbindungsprogrammierten Steuerungen** (VPS).

1 *ICs für logische Grundverknüpfungen*

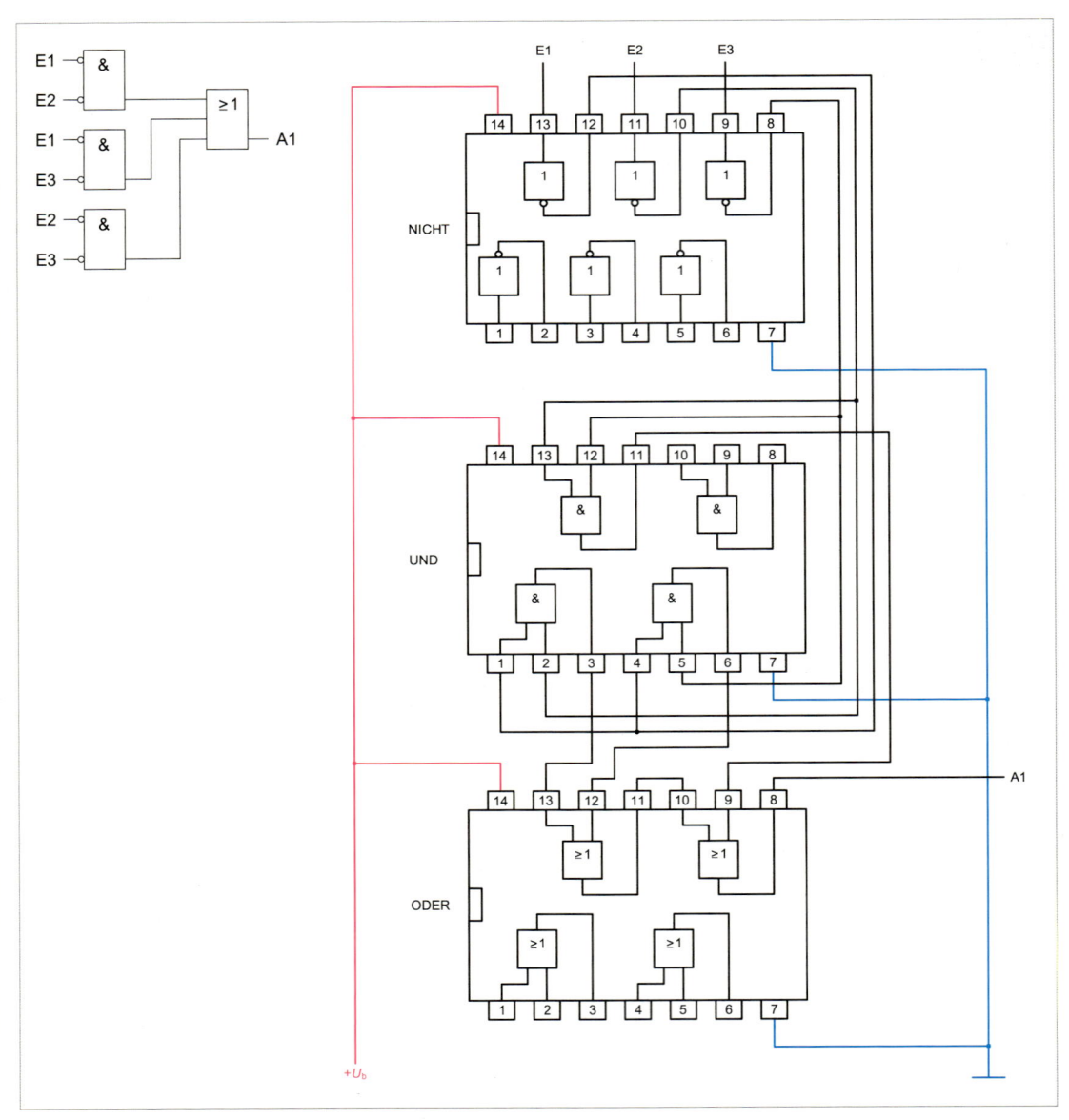

1 Ventilatorsteuerung mit Logik-ICs (logische Grundverknüpfungen)

NAND- und NOR-Schaltungstechnik

Sämtliche *logische Grundverknüpfungen* (UND, ODER, NICHT) lassen sich mit *NAND*- oder *NOR-Gliedern* verwirklichen.

Dies ist besonders interessant, wenn die Steuerung mit Hilfe von ICs verwirklicht werden soll, da dann nur noch NAND- bzw. NOR-Glieder bevorratet werden müssen und diese auch wesentlich preiswerter sind.

Ventilatorsteuerung in NAND-Technik

Jede logische Grundverknüpfung wird durch die zugehörige NAND-Schaltung ersetzt (Seite 304).

Direkt hintereinander liegende Negationen heben sich auf (Bild 2, Seite 304). Sie können aus der Schaltung entfernt werden.

Information

NAND- und NOR-Schaltungstechnik

Jede logische Grundverknüpfung kann durch eine NAND- bzw. NOR-Ersatzschaltung ersetzt werden.

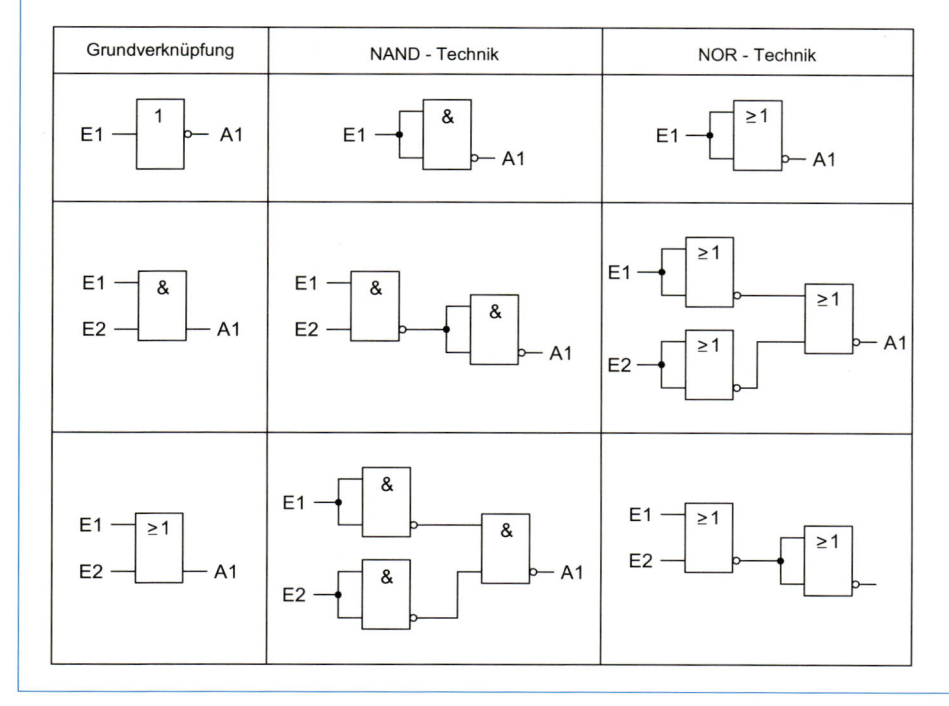

Grundverknüpfung	NAND - Technik	NOR - Technik
E1 —[1]— A1	E1 —[&]— A1	E1 —[≥1]— A1
E1, E2 —[&]— A1	E1, E2 —[&]—[&]— A1	E1, E2 —[≥1][≥1][≥1]— A1
E1, E2 —[≥1]— A1	E1, E2 —[&][&][&]— A1	E1, E2 —[≥1][≥1]— A1

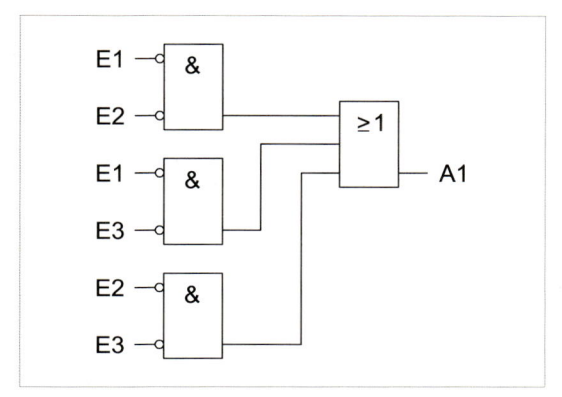

1 Ventilatorschaltung mit Grundverknüpfungen

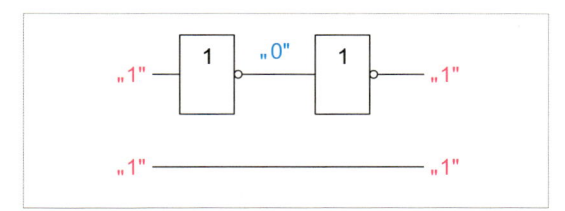

2 Reihenschaltung von Negationen

Die Schaltung nach Bild 2, Seite 304 kann mit zwei NAND-ICs aufgebaut werden.

(**IC**: **I**ntegrated **C**ircuit, integrierte Schaltung)

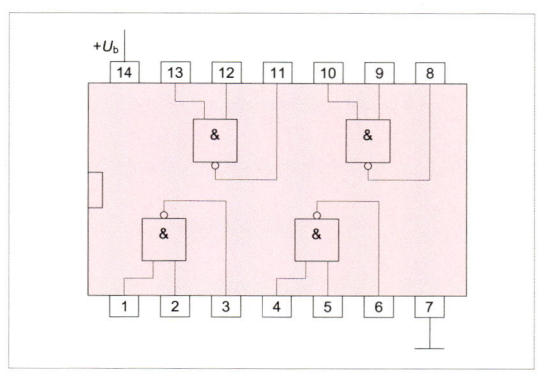

3 NAND-IC

Ventilatorschaltung in NOR-Technik

Schaltung mit logischen Grundgliedern siehe Bild 1, Seite 303, NOR-Schaltung Bild 1, Seite 305.

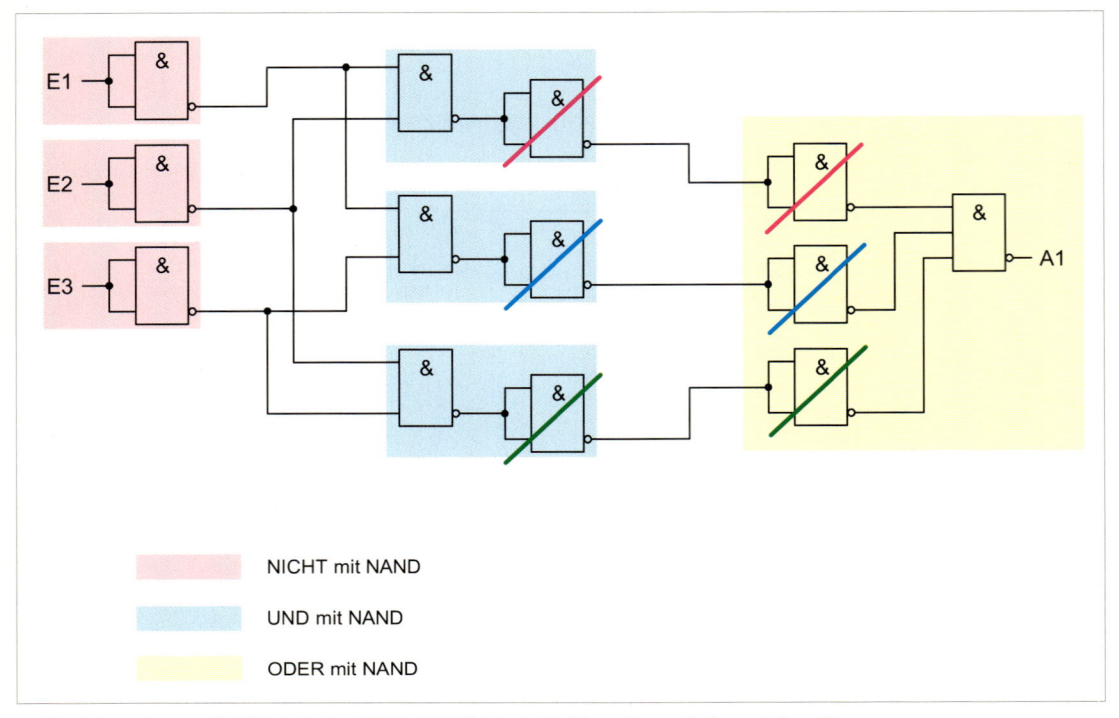

1 Funktionsplan nach Bild 1, Seite 303 in NAND-Technik (Negationen heben sich auf)

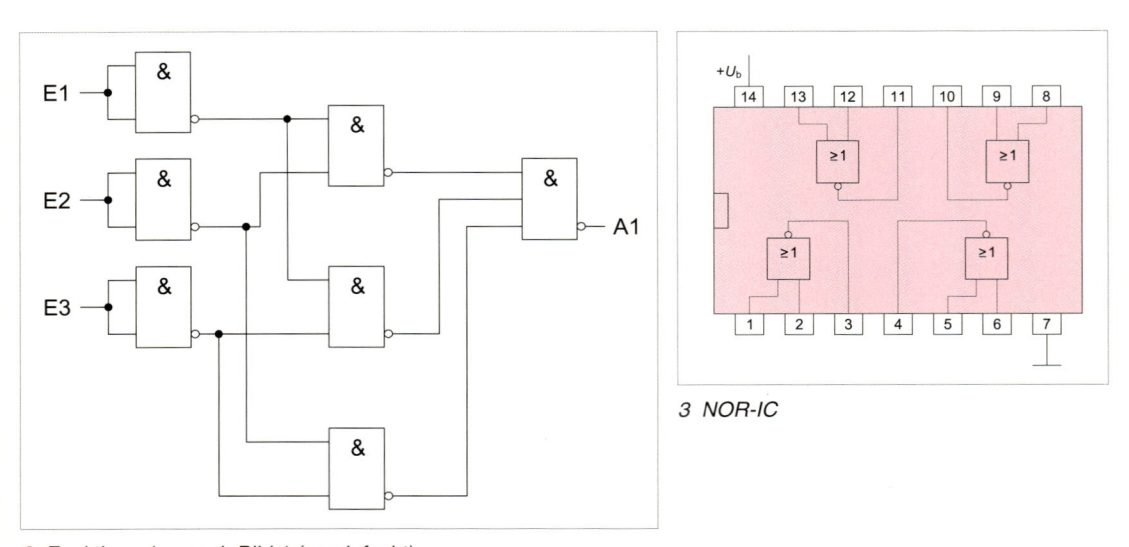

NICHT mit NAND
UND mit NAND
ODER mit NAND

2 Funktionsplan nach Bild 1 (vereinfacht)

3 NOR-IC

Für die Ventilatorsteuerung werden zwei NOR-ICs benötigt.

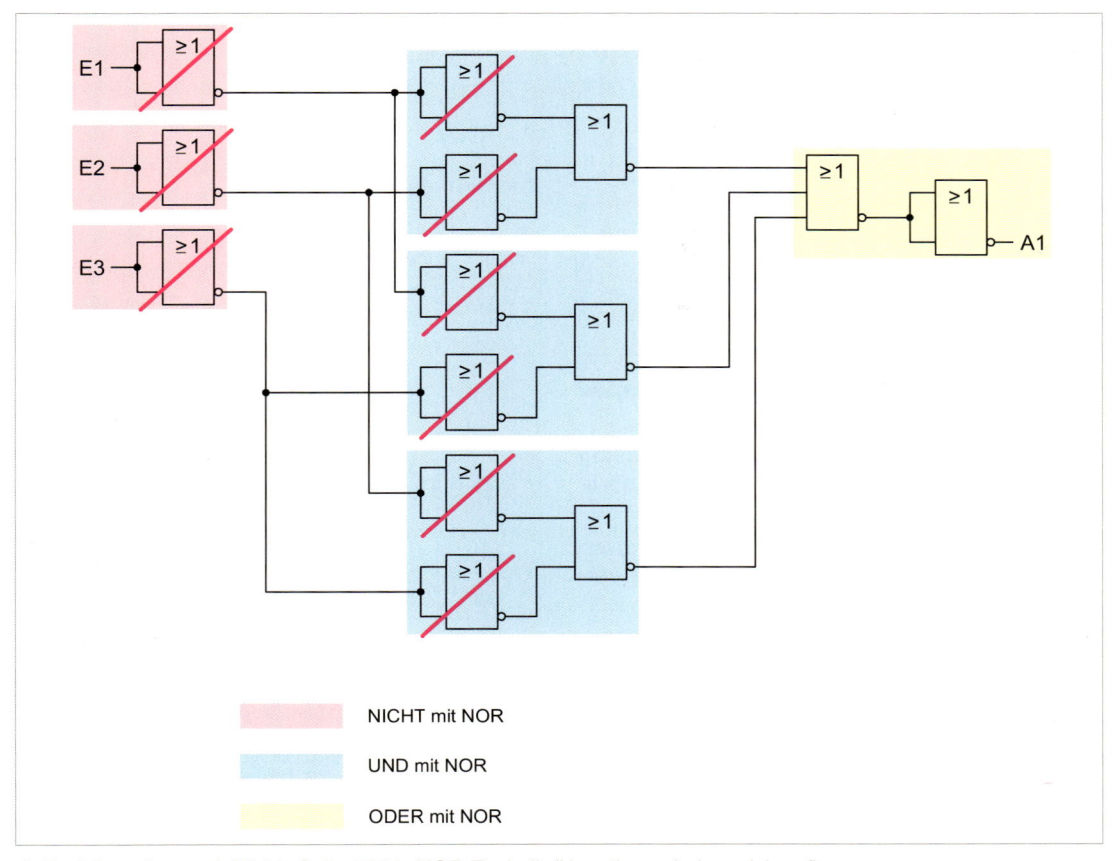

Ventilator der Tiefgarage schadstoffabhängig schalten, NAND- und NOR-Technik **305**

NICHT mit NOR
UND mit NOR
ODER mit NOR

1 Funktionsplan nach Bild 1, Seite 303 in NOR-Technik (Negationen heben sich auf)

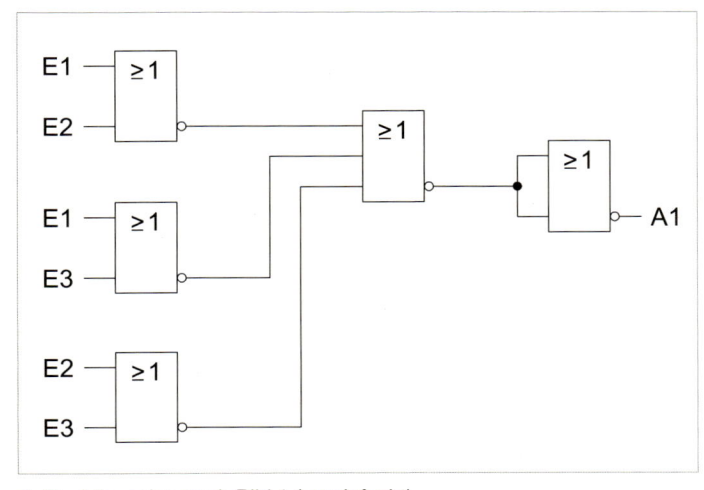

Die **Hupe** (vgl. Seite 294) wird an den Schließerkontakt 95-98 des Motorschutzrelais angeschlossen.

Wenn das Motorschutzrelais auslöst, liegt die Hupe an Spannung.

Durch die **Entsperrungstaste** des Motorschutzrelais kann die Hupe wieder abgeschaltet werden.

Dies bedeutet: Solange der Motorschutz ausgelöst ist, ertönt die Hupe. Sie ist nur über die Entsperrungstaste „quittierbar".

Bei der Bedeutung des Ventilators in der Tiefgarage ist dies auch sehr sinnvoll.

2 Funktionsplan nach Bild 1 (vereinfacht)

3.6 Torsteuerung Betriebseinfahrt mit Kleinsteuerung aufbauen

Auftrag

Die Torsteuerung der Betriebseinfahrt (Seite 276) soll mit Hilfe einer Kleinsteuerung aufgebaut werden.

Dazu ist der Funktionsplan der Torsteuerung zu entwickeln.

Zuordnungsliste

Betriebsmittel	Ein-/Ausgang	Kommentar
S1	I1	Taster Tor AUF, Schließer
S2	I2	Taster Tor ZU, Schließer
S3	I3	Taster Tor STOPP, Öffner
K1	I4	Not-AUS-Eingang
B1	I5	Motorschutzrelais, Öffner 95 - 96
B2	I6	Grenztaster Tor AUF, Öffner
B3	I7	Grenztaster Tor ZU, Öffner
B4	I8	Sicherheitsleiste, Öffner
Q1	Q1	Tor öffnen
Q2	Q2	Tor schließen
P1	Q3	Rundumleuchte

Wichtige Hilfsmittel für die **Programmentwicklung** sind das **Technologieschema** und die **Zuordnungsliste**.

Das *Technologieschema* zeigt den prinzipiellen Aufbau der Anlage bzw. der Maschine in stark vereinfachter Form.

Die Betriebsmittel sind lagerichtig eingezeichnet, so dass sich hierdurch schon ein erster Eindruck über die Funktion der Steuerung ergibt.

Die *Zuordnungsliste* verdeutlicht, welche Betriebsmittel an welche Eingänge bzw. Ausgänge der Steuerung anzuschließen sind. Sie ist maßgeblich für die *Verdrahtung* und die *Programmierung*.

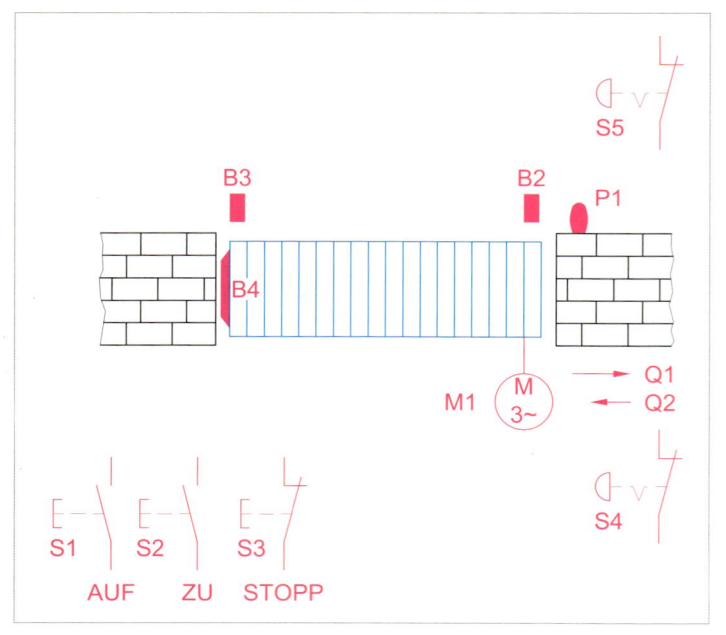

Beachten Sie beim Lesen der Zuordnungsliste:

- Die Ausgänge tragen bei der Kleinsteuerung die Bezeichnung Q1, Q2, Q3 usw.
- Auch die Hauptschütze werden mit dem Kennbuchstaben Q bezeichnet (kontrolliertes Schalten von Energiefluss).

1 Technologieschema der Torsteuerung

Torsteuerung Betriebseinfahrt mit Kleinsteuerung aufbauen, **Anschlussplan, Not-Aus**

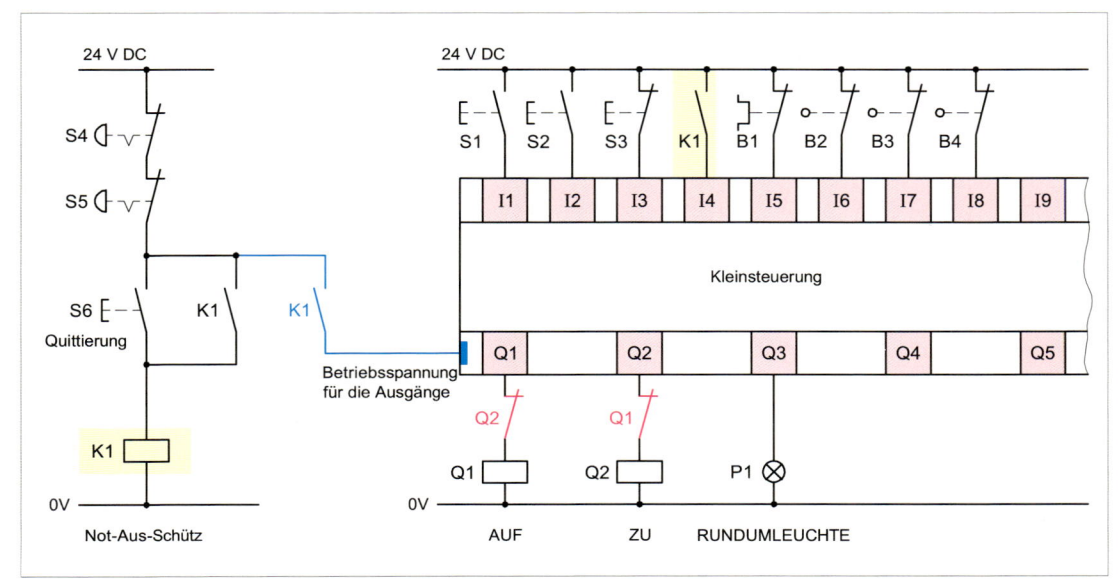

1 Anschlussplan (laut Zuordnungsliste Seite 306)

Beachten Sie:

Der **Not-Aus** muss **elektromechanisch** wirken.

Im einfachsten Fall kann hierzu ein Schütz (K1) verwendet werden.

Nach **Quittierung** (S6) zieht das Schütz K1 an und hält sich selbst (Bild 1).

Dann liegt am Eingang I4 der Signalzustand „1". Die Spannungsversorgung für die Betriebsmittel an den Ausgängen (Q1, Q2, P1) wird freigegeben.

Nur wenn K1 angezogen ist, kann der Torantrieb arbeiten.

Wird S4 oder S5 betätigt, fällt das Schütz K1 ab.

Der Eingang I4 nimmt den Signalzustand „0" an. Hierauf kann das Steuerungsprogramm reagieren.

Die Ausgänge werden spannungslos geschaltet. Selbst wenn z.B. Q1 = „1" bliebe (Programmfehler), könnte das Schütz Q1 nicht mehr anziehen oder angezogen bleiben.

Beim „Herausziehen" (Entriegelung) von S4 bzw. S5 passiert nichts. Das muss auch so sein.

Die Entriegelung des Not-Aus darf nicht zum sofortigen Wiederanlauf führen; es muss zuvor quittiert werden.

Die Quittierung erfolgt mit Hilfe des Tasters S6.

Gegensinnig wirkende Ausgangsbefehle (Q1: Tor AUF; Q2: Tor ZU) **müssen auch außerhalb der Steuerung gegeneinander *verriegelt* werden.**

Dies erfolgt mit Hilfe der Öffnerkontakte Q1, Q2 (rot dargestellt in Bild 1).

Wegen der **Kontaktverriegelung** kann immer nur eines der beiden Schütze Q1 oder Q2 anziehen; unabhängig vom Steuerungsprogramm.

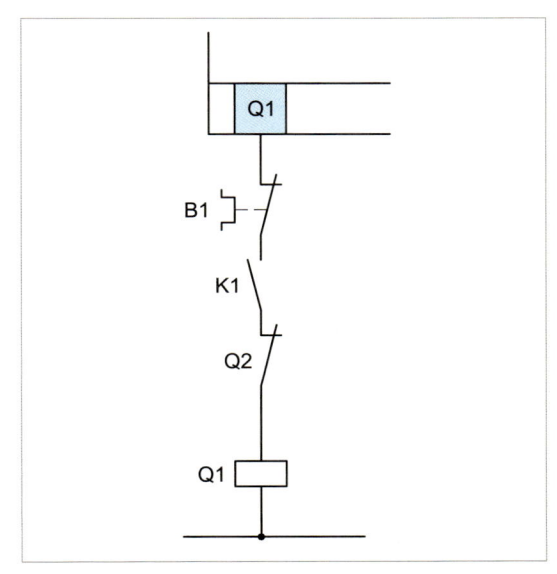

2 Beschaltungsmöglichkeit eines Ausganges

Der *Öffner des Motorschutzrelais B1* schaltet das Hauptschütz Q1 aus.

Q2 ist die Kontaktverriegelung.

Wenn das Not-Aus-Schütz K1 abgefallen ist, kann Q1 ebenfalls nicht anziehen (Bild 2, Seite 307).

Erstellung des Steuerungsprogramms

- **Grundüberlegungen**
  1. Werden Speicher benötigt?
  2. Wie viele Speicher werden benötigt?
  3. Welches Speicherverhalten ist notwendig?
  4. Wer setzt die Speicher?
  5. Wer setzt die Speicher zurück?

Speicher werden benötigt, wenn die *Zeitdauer der Befehlsgabe* kleiner ist als die *Zeitdauer der Befehlsausführung*.

Beispiel
Bei Betätigung von S1 soll sich das Tor vollständig öffnen.

Ein kurzer Tastendruck auf S1 soll zu einem längeren Anziehen des Schützes Q1 führen.

1 Signalspeicherung

Es werden also zwei *Speicher* benötigt.
1. Speicher: Tor öffnen
2. Speicher: Tor schließen

S1 betätigt → Tor öffnet sich,
 bis z.B. Grenztaster B2 abschaltet
S2 betätigt → Tor öffnet sich,
 bis z.B. Grenztaster B3 abschaltet

Zwei *Speichersymbole* werden in ausreichendem Abstand voneinander auf ein Blatt Papier skizziert.

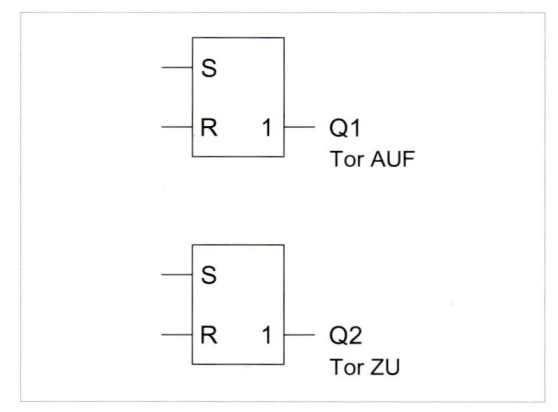

2 Zwei Speicher werden benötigt

Jeder Speicher hat einen **Setzeingang (S)** und einen **Rücksetzeingang (R)**.

Haben nun *beide Eingänge gleichzeitig* den Signalzustand „1", darf es nicht dem Zufall überlassen bleiben, ob der Speicherausgang *gesetzt* oder *rückgesetzt* wird.

Wenn gleichzeitig S = „1" und R = „1", dann

- wird der Speicherausgang rückgesetzt (vorrangiges Rücksetzen)
- wird der Speicherausgang gesetzt (vorrangiges Setzen)

Vorrangig ist, was sich durchsetzt, wenn *gleichzeitig* R = „1" und S = „1".

Wenn sich der *Rücksetzeingang* durchsetzt, dann spricht man von *vorrangigem Rücksetzen* (vorrangig AUS, dominant AUS).

Wenn sich der *Setzeingang* durchsetzt, spricht man von *vorrangigem Setzen* (vorrangig EIN, dominant EIN).

- **Vorrangiges Rücksetzen**

Die in Bild 1, Seite 309 dargestellte Schützschaltung hat das Speicherverhalten *vorrangiges Rücksetzen*.

Wenn nämlich Ein- und Austaster *gleichzeitig* betätigt werden, setzt sich der *Austaster* durch.

Bei betätigtem Austaster kann kein Schützspulenstrom fließen. Das Schütz fällt ab bzw. zieht nicht an.

Beachten Sie die Kennzeichnung des vorrangigen Rücksetzens im *FUP-Symbol*.

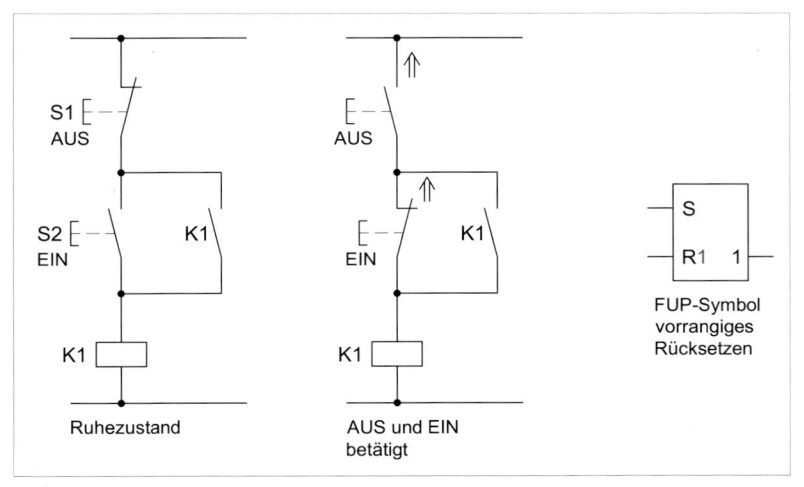

1 Vorrangiges Rücksetzen

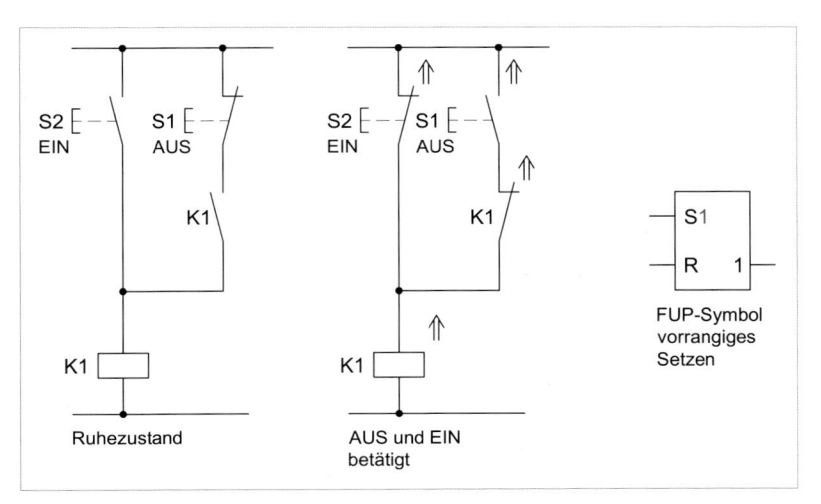

2 Vorrangiges Setzen

• **Vorrangiges Setzen**

Die in Bild 2 dargestellte Schützschaltung hat das Speicherverhalten *vorrangiges Setzen*.

Werden Ein- und Austaster *gleichzeitig* betätigt, setzt sich hier der Eintaster durch.

Bei betätigtem Eintaster fließt unabhängig vom Austaster ein Spulenstrom. Das Schütz zieht an.

Aus Sicherheitsgründen wird bei der *Torsteuerung* das Speicherverhalten *vorrangiges Rücksetzen* verwendet (Bild 3).

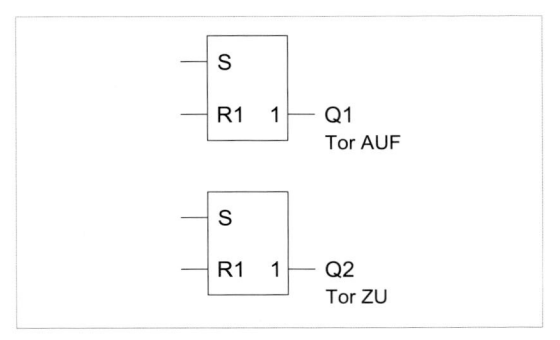

3 Speicher für die Torsteuerung

Der Speicher *Tor AUF* wird gesetzt, wenn
- Taster S1 betätigt wird (I1 = „1")

ODER
- die Sicherheitsleiste B4 betätigt wird (I8 = „1")

Der Speicher *Tor ZU* wird gesetzt, wenn
- Taster S2 betätigt wird (I2 = „1")

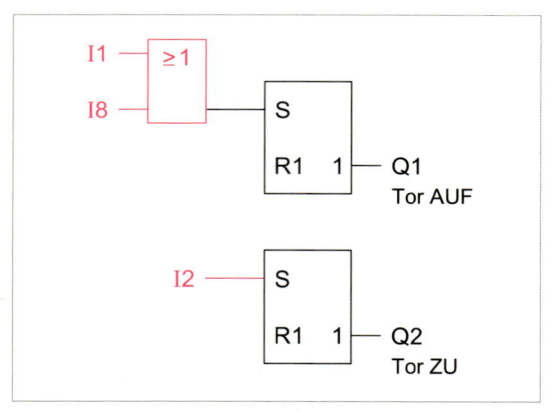

- die Sicherheitsleiste betätigt wird (I8 = 0)

ODER
- der Ausgang Q1 gesetzt ist (Q1 = 0); Verriegelung

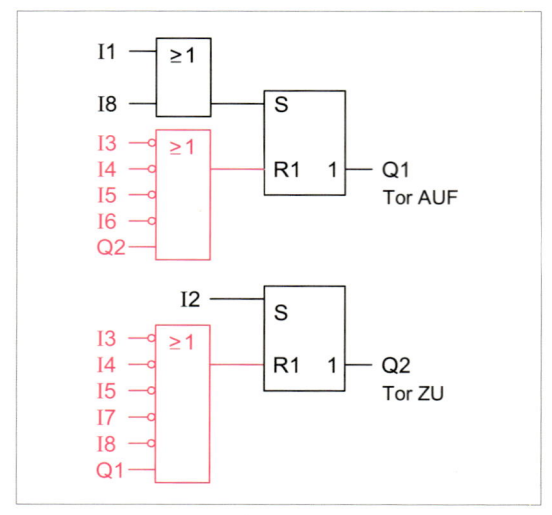

1 Setzbedingungen für die beiden Speicher

2 Rücksetzbedingungen für die beiden Speicher

Der Speicher *Tor AUF* wird zurückgesetzt, wenn
- der Stopptaster betätigt wird (I3 = 0)

ODER
- das Not-Aus-Schütz abgefallen ist (I4 = 0)

ODER
- der Motorschutz angesprochen hat (I5 = 0)

ODER
- der Grenztaster „Tor AUF" betätigt ist (I6 = 0)

ODER
- der Ausgang Q2 gesetzt ist (Q2 = 1); Verriegelung

Der Speicher *Tor ZU* wird zurückgesetzt, wenn
- der Stopptaster betätigt wird (I3 = 0)

ODER
- das Not-Aus-Schütz abgefallen ist (I4 = 0)

ODER
- der Motorschutz angesprochen hat (I5 = 0)

ODER
- der Grenztaster „Tor ZU" betätigt ist (I7 = 0)

ODER

Rundumleuchte

Wenn sich das Tor bewegt, soll die Rundumleuchte eingeschaltet werden.

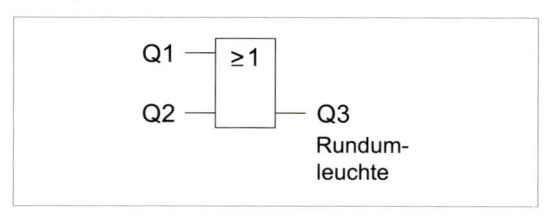

3 Funktionsplan der Rundumleuchte

Abfrage auf den Signalzustand „0"

Der Speicher wird *zurückgesetzt*, wenn an seinem *Eingang R* der Signalzustand „1" anliegt.

Wenn ein *Schließer zum Rücksetzen* verwendet wird, würde eine *Betätigung dieses Schließers* den Signalzustand „1" bewirken.

Bei Betätigung des Schließers würde also der Speicher zurückgesetzt (Bild 1, Seite 311).

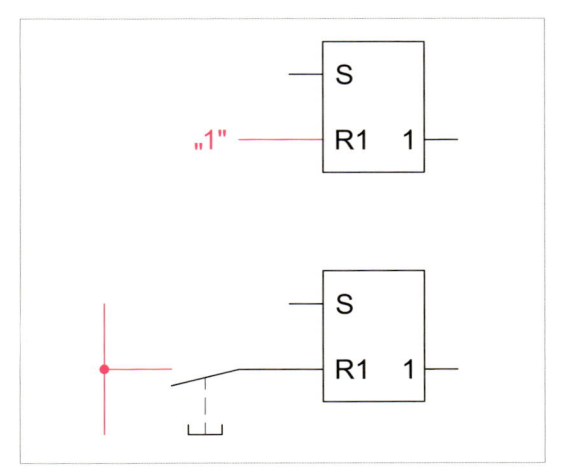

Torsteuerung Betriebseinfahrt mit Kleinsteuerung aufbauen, Speicher

1 Rücksetzen mit Schließer

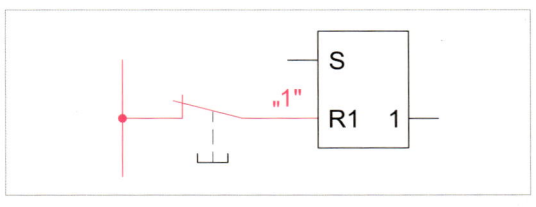

3 Rücksetzen mit Öffner

Forderung:

- Öffner unbetätigt; nicht rücksetzen; Rücksetzeingang R = „0"
- Öffner betätigt; rücksetzen; Rücksetzeingang R = „1"

Erfüllt werden kann diese Forderung, wenn der Rücksetzeingang *negiert* wird (Bild 2).

Wird ein *Öffner zum Rücksetzen* verwendet, liefert der unbetätigte Öffner „1"-Signal zum R-Eingang des Speichers (Bild 3).

Ein Speicher mit *vorrangigem Rücksetzen* kann dann *niemals gesetzt* werden.

Aus diesen Überlegungen kann eine allgemein gültige Regel abgeleitet werden, die in der Steuerungstechnik von großer Bedeutung ist.

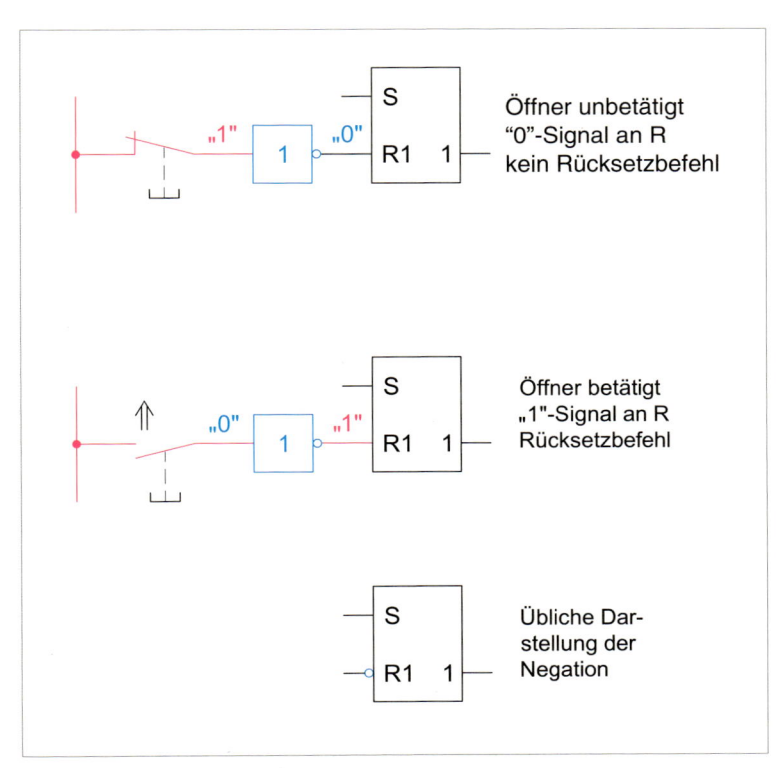

Öffner unbetätigt "0"-Signal an R kein Rücksetzbefehl

Öffner betätigt „1"-Signal an R Rücksetzbefehl

Übliche Darstellung der Negation

Wenn ein steuerungstechnischer Vorgang (z.B. Rücksetzen eines Speichers) mit dem *Signalzustand „0"* durchgeführt werden soll, muss der entsprechende Eingang *negiert* werden.

Abfrage auf „0"-Signal bedeutet also Negation.

2 Negation des Rücksetzeinganges

Beispiele bei der Torsteuerung

- **Stopptaster S3 an I3**
  Bei Betätigung von S3 liegt am Eingang I3 der Steuerung der Signalzustand „0".
  Dann sollen die Verfahrbewegungen „Tor AUF" bzw. „Tor ZU" ausgeschaltet werden.
  I3 ist also auf den Signalzustand „0" abzufragen.
  I3 muss negiert werden.

- **Motorschutz B1 an Eingang I5**
  Wenn das Motorschutzrelais auslöst, liegt „0"-Signal am Eingang I5.
  Da dann die Speicher zurückgesetzt werden müssen, ist I5 auf den Signalzustand „0" abzufragen. Auch hier ist eine Negation erforderlich.

- **Grenztaster B2 (Tor AUF) an Eingang I6**
  Der Grenztaster B2 ist ein Öffner.
  Wenn das Tor ganz aufgefahren ist, liefert der Öffner „0"-Signal an den Eingang I6.
  Bei „0"-Signal an I6 muss der Speicher „Tor AUF; Q1" zurückgesetzt werden.
  I6 ist auf den Signalzustand „0" abzufragen; Negation.

- **Not-Aus-Schütz K1 an Eingang I4**
  Wenn das Not-Aus-Schütz abfällt, öffnet der Schließer an Eingang I4.
  An I4 liegt dann der Signalzustand „0".
  Dann müssen beide Speicher zurückgesetzt werden.
  I4 wird also auf den Signalzustand „0" abgefragt; Negation.

- **Verriegelung von Q2 am Rücksetzeingang des Speichers Q1**
  Sinn der Verriegelung ist es, dass nur einer der beiden Speicher Q1 und Q2 zu einem bestimmten Zeitpunkt gesetzt sein darf.
  Wenn also z.B. Q2 gesetzt ist (Q2 = „1"), dann darf Q1 nicht gesetzt werden können.
  Wenn Q2 = „1", muss der Rücksetzeingang von Q1 den Signalzustand „1" haben.
  Zum Rücksetzen wird Q2 also auf „1"-Signal abgefragt.
  Bei Abfrage auf „1"-Signal ist eine Negation nicht notwendig (Bild 1).

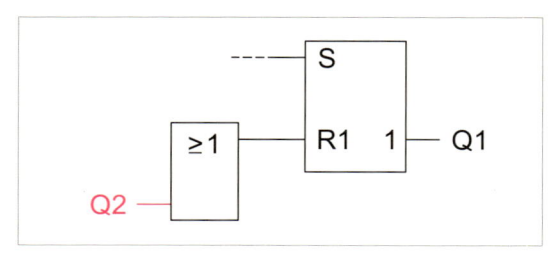

1 Verriegelung im Steuerungsprogramm

Drahtbruchsicherheit

- *Ausschaltvorgänge*, die *sicherheitsbedeutsam* sind, müssen grundsätzlich mit *Öffnern* durchgeführt werden.
- Auch die Positionsschalter (Endschalter) für „Tor AUF" und „Tor ZU" müssen Öffner sein.

Bei der *Schützsteuerung* ist dies sofort einleuchtend:

Zum Ausschalter muss der Schützspulenstromkreis *unterbrochen* werden.

Ein *betätigter Öffner* erfüllt genau diese Aufgabe.

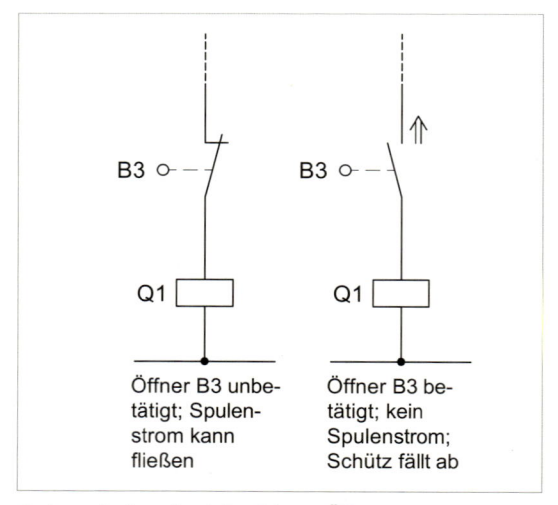

2 Ausschalten durch betätigten Öffner

Die Verwendung von *Schließern* zum Ausschalten wäre bei *Schützsteuerungen* technisch unsinnig, abgesehen von sicherheitstechnischen Forderungen.

Bei *Speichern* wäre ein Rücksetzen mit *Schließern* technisch unproblematisch.

Entscheidend ist nur, dass zum Rücksetzen „1"-Signal am *R-Eingang* liegt.

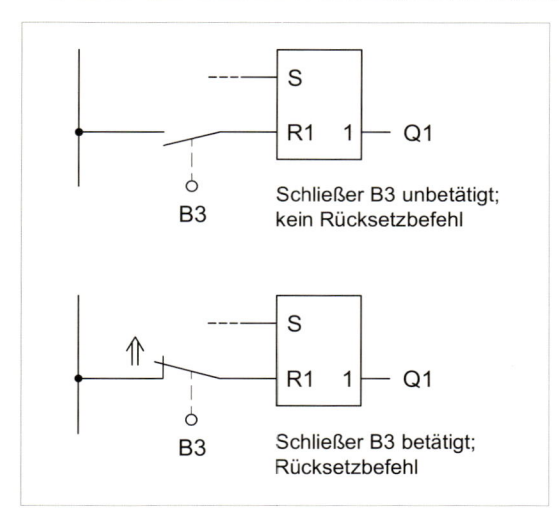

Torsteuerung Betriebseinfahrt mit Kleinsteuerung aufbauen, Speicher

1 Rücksetzen mit Schließer

Bei *Verwendung von Schließern* kann sogar noch auf die *Negation* verzichtet werden (Bild 1).

Dennoch ist aus *sicherheitstechnischen Gründen* die Verwendung von Schließern *verboten*.

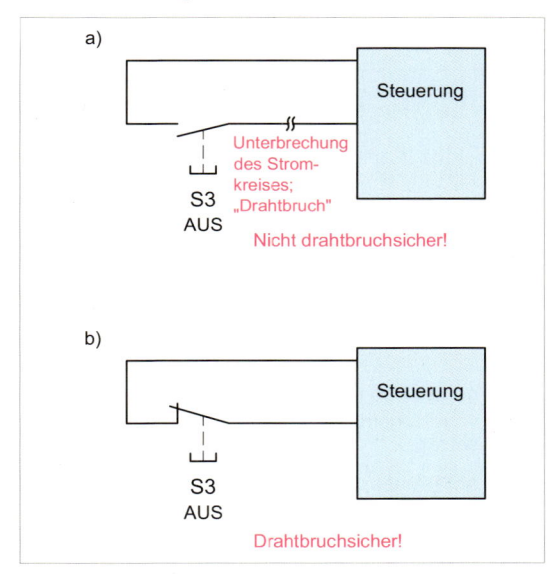

2 Drahtbruchsicherheit

Annahme: Ausschalten mit Schließer (Bild 2,a)
Wenn der Stromkreis *Schließer-Steuerung* unterbrochen wird, kann der Befehl „Steuerung AUS" bei Betätigung des *Schließers* nicht mehr zur Steuerung übertragen werden.

Dies ist sehr gefährlich!
Solche *Stromkreisunterbrechungen* können zum Beispiel durch *gelöste Klemmverbindungen* oder *beschädigte Leitungen* hervorgerufen werden.

Annahme: Ausschalten mit Öffner (Bild 2,b)
Zum Ausschalten *unterbricht* der Öffner den Stromkreis Öffner-Steuerung.

Eine *Leitungsunterbrechung* in diesem Stromkreis hat also die *gleiche Wirkung* wie die Betätigung des Öffners.

In beiden Fällen wird die Anlage (Maschine) *stillgesetzt*.

Man sagt: *Öffner sind* **drahtbruchsicher**.

Ein betätigter Öffner hat die gleiche Wirkung wie eine durch Fehler unterbrochene Leitungsverbindung.

In beiden Fällen wird der Befehl „AUS" an die Steuerung gegeben.

Programmtest

Die zugehörige *Software von Kleinsteuerungen* umfasst einen *Simulator*, mit dem erstellte Steuerungsprogramme nach der Programmierung am *Personalcomputer* getestet werden können.

Für den Test sollten das *Technologieschema* und die *Zuordnungsliste* vorliegen.

Eine **Checkliste** kann den Programmtest wesentlich vereinfachen.

Die Liste auf Seite 315 zeigt das *Grundprinzip* des Programmtests ohne Anspruch auf Vollständigkeit.

Professionelle Tests sind sicherlich aufwendiger, wie im Verlauf der Ausbildung noch gezeigt werden wird.

Auch die ausschließliche Einbindung der Sicherheitsleiste in das Steuerungsprogramm (ohne elektromechanische Wirkung) ist auf Dauer nicht akzeptabel.

An dieser Stelle geht es allerdings auch nur um eine elementare Einführung in die Steuerungstechnik.

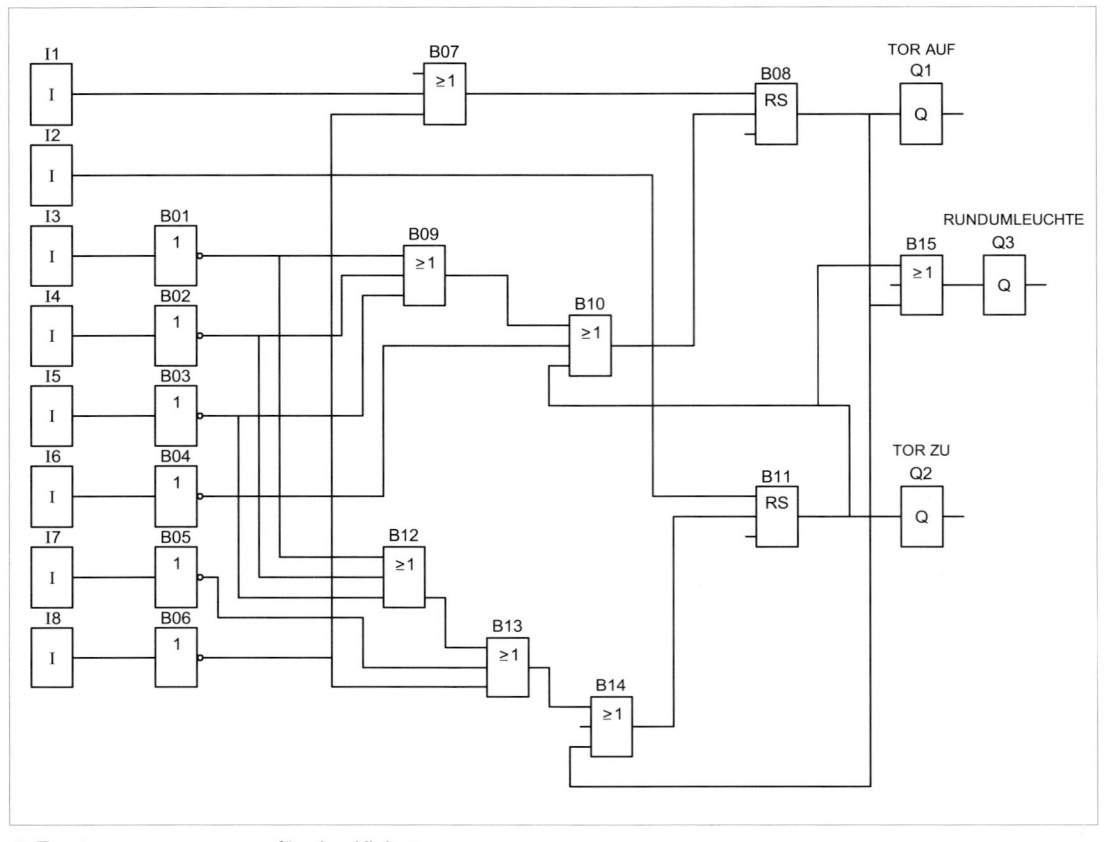

1 Torsteuerungsprogramm für eine Kleinsteuerung

> **1.** Entwickeln Sie eine Steuerung für folgende Aufgabenstellung:
>
> Die Steuerung hat zwei Eingänge und einen Ausgang.
>
> Wenn die Signalzustände an den Eingängen ungleich sind, soll der Ausgang den Signalzustand „1" annehmen.
>
> Ungleich sind die Eingangs-Signalzustände bei E1= 0, E2 = 1 sowie bei E1 = 1, E2 = 0.
>
> a) Entwickeln Sie die Steuerung durch Verwendung der logischen Grundverknüpfungen.
>
> b) Entwickeln Sie die Steuerung in NAND-Technik.
>
> c) Entwickeln Sie die Steuerung in NOR-Technik.
>
> d) Erstellen Sie das Steuerungsprogramm für eine Kleinsteuerung.

> **2.** Warum ist die Drahtbruchsicherheit in der Steuerungstechnik von so großer Bedeutung? Geben Sie verschiedene technische Beispiele hierfür an.
>
> **3.** Bei Speichern unterscheidet man zwischen vorrangigem Setzen und vorrangigem Rücksetzen.
>
> a) Welches der beiden Speicherverhalten wird in der Steuerungstechnik überwiegend angewendet?
>
> b) Geben Sie Anwendungsbeispiele für das Speicherverhalten „vorrangiges Setzen" an.
>
> **4.** Beim Programmtest stellen Sie fest, dass ein Speicherausgang nicht eingeschaltet werden kann, obgleich am Setzeingang der Signalzustand „1" anliegt.
>
> Woran kann das liegen?

Torsteuerung Betriebseinfahrt mit Kleinsteuerung aufbauen

Checkliste zum Programmtest (beachten Sie Bild 1, Seite 316)

	Handlung	Reaktion	richtig	falsch
1.	Ausgangssituation: Tor geschlossen	I3 = 1 I4 = 1 I5 = 1 I6 = 1 I8 = 1		
	Handlung	Reaktion	richtig	falsch
2.	I1:1 → 0	Q1 = 1 Q3 = 1	X	
3.	I7 = 1	keine Änderung	X	
4.	I6 = 0	Q1 = 0 Q3 = 0	X	
5.	I2:1 → 0	Q2 = 1 Q3 = 1	X	
6.	I6 = 1	keine Änderung	X	
7.	I7 = 0	Q2 = 0 Q3 = 0	X	
8.	I1:1 → 0	Q1 = 1 Q3 = 1	X	
9.	I3:0 → 1	Q1 = 0 Q3 = 0 Wirkung des Stopptasters	X	
10.	I1:1 → 0	Q1 = 1 Q3 = 1	X	
11.	I5:0 → 1	Q1 = 0 Q3 = 0 Wirkung des Motorschutzes	X	
12.	I1:1 → 0	Q1 = 1 Q3 = 1	X	
13.	I4:0 → 1	Q1 = 0 Q3 = 0 Wirkung des Not-Aus	X	
14.	Tor wieder auffahren; siehe 2. bis 4.			
15.	I2:1 → 0	Q2 = 1 Q3 = 1	X	
16.	I6 = 1	keine Änderung	X	
17.	I8:0 → 1	Q2 = 0 Q1 = 1 Q3 = 1 Wirkung der Sicherheitsleiste	X	

Beachten Sie bei der Checkliste:

- *Unbetätigte Öffner* liefern den *Signalzustand „1"* an die Steuerungseingänge.
  Dies ist bei der *Ausgangssituation* der Checkliste zu berücksichtigen. Die Eingänge I3, I4, I5, I6 und I8 führen den Signalzustand „1".

- 1 → 0
  bedeutet, dass der Eingang nur kurzzeitig auf den Signalzustand „1" gebracht wird, um danach wieder den Signalzustand „0" anzunehmen.
  Dies entspricht z.B. der kurzzeitigen Betätigung eines Schließers.

- 0 → 1
  bedeutet, dass der Eingang nur kurzzeitig auf den Signalzustand „0" gebracht wird, um danach wieder den Signalzustand „1" anzunehmen.
  Dies entspricht z.B. der kurzzeitigen Betätigung eines Öffners.

- = 1
  bedeutet, dass der Eingang dauerhaft auf den Signalzustand „1" gebracht wird, bis er wieder (durch = 0) auf den Signalzustand „0" zurückgesetzt wird.

Ausgangssituation
Öffner B3 betätigt

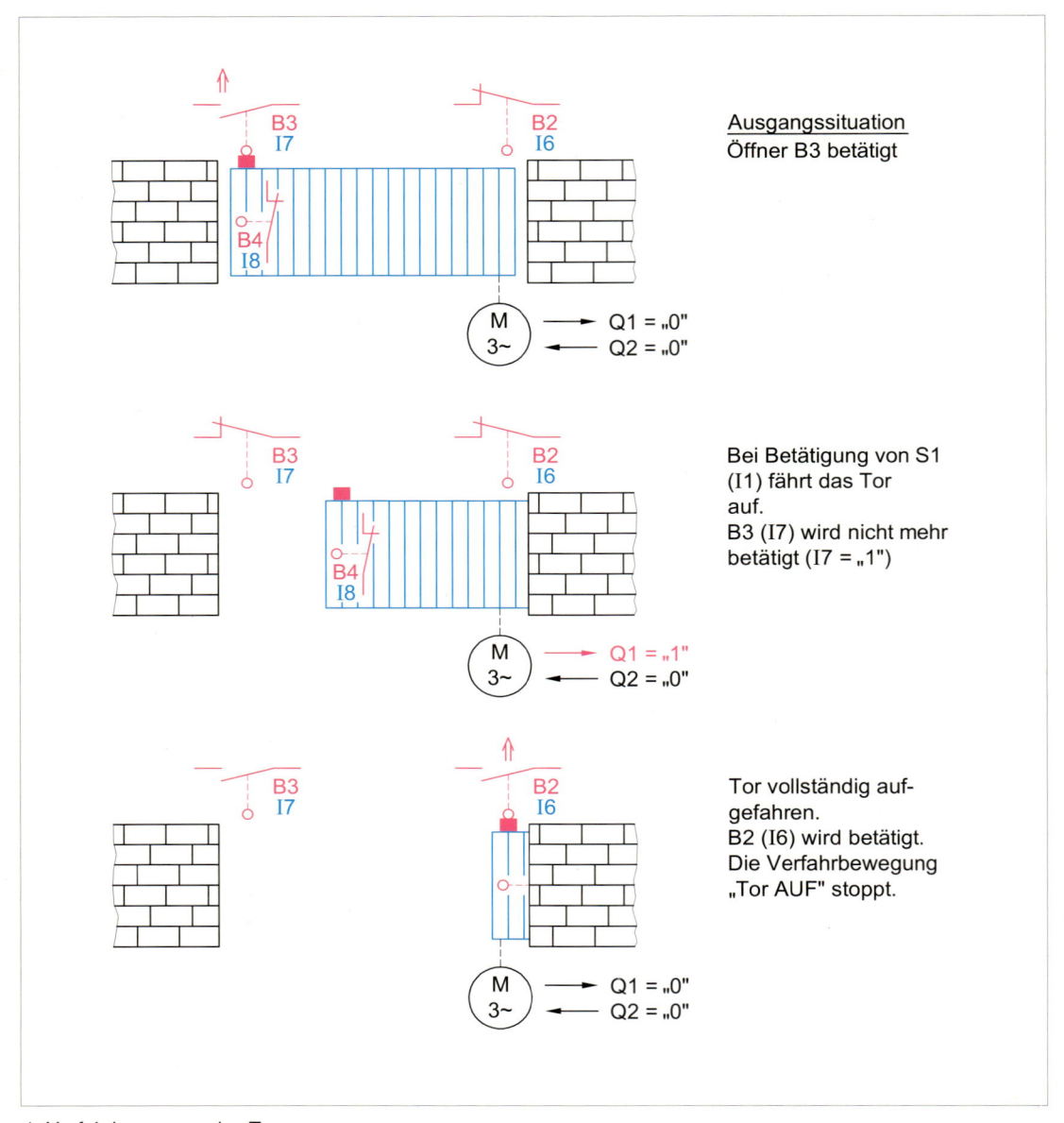

Bei Betätigung von S1 (I1) fährt das Tor auf.
B3 (I7) wird nicht mehr betätigt (I7 = „1")

Tor vollständig aufgefahren.
B2 (I6) wird betätigt.
Die Verfahrbewegung „Tor AUF" stoppt.

1 Verfahrbewegung des Tores

Englisch				
Ventilator blower, fan	**Verriegelung** locking, blocking	**Setzimpuls** set pulse	**Drahtbruch** break of wire, wire break
IC integrated circuit	**Signalspeicherung** signal storage	**Vorrang** precedence, priority	**Test** check
Hupe electric hooter	**rücksetzen** reset, release	**Rundumleuchte** rotating flashing beacon	
Speicher memory, store, storage	**setzen** set		

4 Informationstechnische Systeme bereitstellen

Auftrag

Für die Elektrowerkstatt soll ein Computersystem (Hardware und Software) beschafft werden, mit dem sämtliche anfallenden Arbeiten erledigt werden können.

Sie werden vom Meister beauftragt, einen diesbezüglichen Vorschlag zu erarbeiten.

4.1 Hardware- und Softwarekomponenten auswählen

Um spätere Probleme zu vermeiden, ist eine vorherige *Absprache* mit den voraussichtlichen Nutzern des Systems erforderlich.

Wer möchte welche Aufgaben mit dem Computersystem erledigen?

Hieraus ergibt sich, welche **Hardware** und welche **Software** beschafft werden muss.

Diese Informationen werden zusammengetragen und *schriftlich* festgehalten. Jeder Beteiligte unterschreibt diesen *Anforderungskatalog*. Dies ist eine wirksame Absicherung gegen spätere unberechtigte Reklamationen.

Man kann hier von einem so genannten **Pflichtenheft** sprechen, das sämtliche *Systemanforderungen* beschreibt.

Es stellt eine gute Arbeitsgrundlage dar und kann als *Beweismittel* bei eventuellen späteren Streitigkeiten dienen.

Im *Pflichtenheft* sollten möglichst genau alle *Eigenschaften* beschrieben sein, die das System erfüllen soll.

Systemanforderungen (Auswahl)
- Taktfrequenz Mikroprozessor mind. 2,66 MHZ
- Mindestens 1-GByte-Arbeitsspeicher
- Mindestens 60-GByte-Festplatte
- $3\frac{1}{2}$-Zoll-Diskettenlaufwerk
- 64-MB-Grafikkarte
- 750-MByte-Zip-Laufwerk (abwärtskompatibel)
- DVD-Writer
- Wasserdichte Industrietastatur mit Silikonummantelung und PS/2-Anschluss
- Optische Maus mit Scrollrad und programmierbaren Tasten (nicht kabellos)
- DAT-Laufwerk (intern) 20–40 GByte
- Netzwerkkarte
- DSL-Modem (Internet u. Intranet)

Softwareausstattung (Auswahl)
- Betriebssystem Windows XP (professional)
- Office XP (Textverarbeitung, E-Mail, Termine, Kalkulation, Präsentation usw.)
- Programmiersoftware für Kleinsteuerung(en)
- CAD-Software für Schaltplanerstellung
- Software für SPS-Programmierung

Beachten Sie, dass bei Industrieeinsatz nicht in erster Linie der Preis, sondern Qualität, Zuverlässigkeit und schneller Service im Vordergrund stehen.

1 Computersystem und Computer-Arbeitsplatz

Personalcomputer und Zubehör (Vorschlag)

Anzahl	Artikel	Preis in EUR
1	PC 3,06 GHz; 512 MB DDR-RAM; 80 GB HDD; DVD; LAN; 64-MB-Grafikkarte; Win XP Prof; $3\frac{1}{2}$-Zoll-Disk-Drive	1.300,00
1	Speichererweiterung 512 B; DDR-RAM	85,00
1	DVD-Writer (intern); auch zum Lesen und Beschreiben von CDs geeignet	349,00
1	Zip-Laufwerk 750 MB (intern)	135,00
1	DAT-Laufwerk (intern); 20 – 40 GB	939,00
1	Industrietastatur mit PS/2-Anschluss	209,00
1	Maus mit Scrollrad (optisch)	47,00
1	DSL-Modem	289,00
1	Monitor; LCD; 19 Zoll	916,00
1	Drucker; Laserdrucker 1200 × 1200 dpi	945,00
		5.214,00
	zuzüglich 16 % MwSt.	834,24
		6.048,24

Die *Beschaffung der Software* erfolgt durch einen Beauftragten der *kaufmännischen Abteilung*, mit dem Sie Rücksprache nehmen.

Dieser Beauftragte hat Informationen darüber, welche *Software-Lizenzen* bereits erworben wurden bzw. noch zu erwerben sind.

Sie übergeben ihm die *Softwareliste*. Es erfolgt dann eine Rückmeldung an die Elektroabteilung, mit welchen *Softwarekosten* das *Budget* der Elektrowerkstatt belastet wird.

Anwendung

1. Erstellen Sie bitte ein Vergleichsangebot unter Berücksichtigung der qualitativen Anforderungen.

2. Der Kollege, der die Schaltpläne zeichnet, schlägt Ihnen vor, noch einen Scanner zu beschaffen, mit dessen Hilfe alte (handgezeichnete) Pläne digitalisiert und am Rechner eingesehen werden können.
Bitte erweitern Sie die Aufstellung dementsprechend.

Englisch

Pflichtenheft
performance specification, TOOLS specification

Lizenz
license

Tastatur
keyboard

Maus
PROG mouse

Scanner
PRINT scanner

Information

Hardware
„harte Ware"; gerätetechnische Ausstattung des Computersystems

Software
„weiche Ware"; programmtechnische Ausstattung des Computersystems

Kathodenstrahlmonitor
CRT-Monitor; **C**atode **R**ay **T**ube

TFT-Monitor
Thin **F**ilm **T**ransistor
Zwischen zwei Elektrodenplatten befindet sich ein dünner Flüssigkristallfilm.

Die einzelnen Kristalle sind um 90° „verdrillt" (twisted) und somit lichtdurchlässig.

In einer Elektrodenplatte sind schmale Leiterbahnen zeilenweise, in der anderen Elektrodenplatte spaltenweise eingelassen. Dadurch ergibt sich eine Punktmatrix.

Wenn an eine Zeilen- und eine Spaltenleitung eine elektrische Spannung angelegt wird, dann wird ein elektrisches Feld hervorgerufen, wodurch die „Verdrillung" und damit die Lichtdurchlässigkeit aufgehoben wird.

Das reflektierte Licht erscheint als dunkler Punkt.

Information

Eingabegeräte
Tastatur

Funktionstasten
Navigationstasten
Alphanumerische Tasten

Maus

Die *Maus* ist neben der Tastatur das am meisten verwendete PC-Eingabegerät.

Der **Mauscursor** (Anzeigemarke auf dem Monitor) erlaubt die *Navigation* im Betriebssystem bzw. in Anwendungsprogrammen entsprechend den Mausbewegungen.

Die *linke Maustaste* ermöglicht die Auswahl und Bestätigung verschiedener Optionen der Anwendungsprogramme.

Die *rechte Maustaste* dient i. Allg. zum Aufruf so genannter **Kontext-Menüs**, die eine Auswahl der an dieser Stelle und unter den aktuellen Bedingungen möglichen Programmfunktionen zeigen.

Die Maus wird mit einer zugehörigen **Treibersoftware** geliefert, die anwenderorientierte und individuelle Mausfunktionen ermöglicht.

Maus

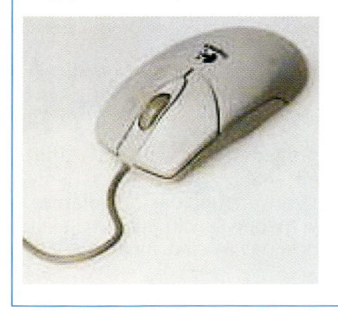

Tablett

Das *Tablett* wird vorrangig bei CAD-Anwendungen als Eingabegerät eingesetzt.

Auf dem Tablett wird eine zum jeweiligen CAD-Programm zugehörige *Schablone* gelegt, auf der mit einem Griffel bestimmte Programmfunktionen ausgelöst werden können.

Die mit dem Griffel auf dem Tablett gezeichneten Objekte werden direkt auf dem Monitor sichtbar.

Scanner

Scanner ermöglichen die *Digitalisierung von Papiervorlagen* für die weitere Bearbeitung am PC.

Gescannt werden können Texte und Bilder. Die notwendigen *Bearbeitungsprogramme* sind im Lieferumfang des Scanners enthalten.

Neben **Handscannern** werden vor allem **Flachbettscanner** eingesetzt.

Flachbettscanner

Information

Ausgabegeräte
Monitor

Der *Monitor* ist ein wichtiges Ausgabegerät des Personalcomputers.

Seine **Bildschirmdiagonale** wird in Zoll angegeben. Standard sind 15-, 17- und 19-Zoll-Monitore. Für Spezialanwendungen (z.B. CAD) können noch größere Monitore eingesetzt werden, zum Beispiel 21-, 22-, 24-Zoll-Monitore.

TFT-Monitore haben eine besonders flache Bauform und damit einen geringen Platzbedarf. Im Vergleich zu herkömmlichen Monitoren sind sie allerdings noch relativ teuer.

Der gewählte Monitor muss ein ermüdungsfreies und augenschonendes Arbeiten ermöglichen.

Qualitätskriterien für Monitore sind:
- Bildschirmgröße
- Bildschirmdiagonale
- Bildwiederholfrequenz
- Bildschärfe
- Bildschirmauflösung
- Strahlungsarmut

Die *Größe des Monitors* wird in Zoll für die sichtbare *Bildschirmdiagonale* gemessen (17 Zoll = 43,18 cm). Außerdem wird angegeben, wie viele *Bildpunkte* (*Pixel* genannt) gleichzeitig mit wie vielen *Farben* flimmerfrei dargestellt werden können.

Hier spielt die eingesetzte **Grafikkarte** eine entscheidende Rolle. Sie hat die Aufgabe, die Daten für die Bildschirmausgabe schnellstens zwischenzuspeichern, aufzubereiten und auszugeben.

VGA und **SVGA** sind mögliche Videostandards für die Ausgabe und Darstellung. Zum Beispiel:
- 640 · 480 Pixel in 256 Farben
- 1024 · 768 Pixel in 16,7 Millionen Farben

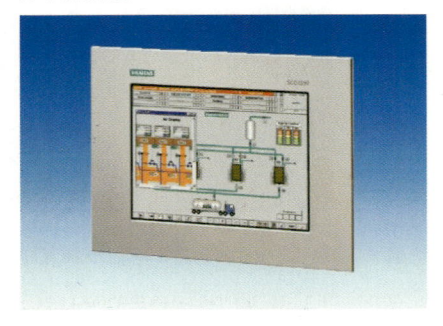

Drucker

Der jeweiligen Anforderung entsprechend, werden unterschiedliche Drucker mit unterschiedlichen *Anschaffungs-* und *Betriebskosten* angeboten.

Oftmals haben scheinbar preiswerte Drucker relativ hohe Betriebskosten. Dies ist besonders dann von Bedeutung, wenn ein hoher *Druckdurchsatz* zu erwarten ist.

Nadeldrucker
Der *Druckknopf* enthält Stifte (Nadeln), die auf ein Farbband drücken und so Zeichen auf Papier abbilden.

Dabei wird jedes Zeichen durch ein *Punktmuster* dargestellt, wodurch die Qualität des Ausdrucks eingeschränkt wird. Bestimmt wird die Qualität wesentlich durch die *Anzahl der Nadeln*, die ein Zeichen bilden (9-Nadel-Drucker, 24-Nadel-Drucker).

Kathodenstrahlmonitor

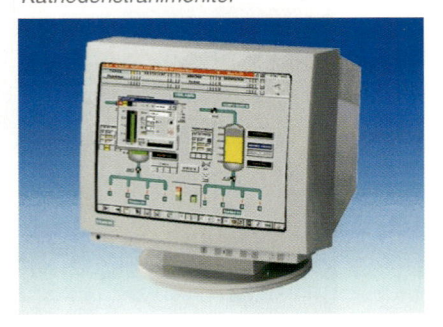

TFT-Monitor

Nadeldrucker sind relativ teuer, haben aber *niedrige Betriebskosten* (Farbband) und eignen sich besonders für die *Erstellung von Durchschlägen* (z.B. bei Frachtpapieren).

Nadeldrucker

Tintenstrahldrucker
Beim *Tintenstrahldrucker* werden feinste Tintentröpfchen auf das Papier (oder das jeweils zu bedruckende Medium) abgegeben.

Damit lassen sich *Ausdrucke hoher Qualität* erreichen (Fotoqualität).

Farbdrucke sind durch Verwendung der Grundfarben Cyan, Magenta, Yellow (neben Black) möglich.
Bei noch höherer Druckqualität sind mehr als vier Farben möglich.

Hardware- und Softwarekomponenten auswählen

Information

Tintenstrahldrucker

Die Drucke sind dann besonders wirtschaftlich, wenn der Drucker getrennte Tanks für schwarze und farbige Tinten hat. Die *Druckqualität* hängt ganz wesentlich vom verwendeten Papier ab.

Ein wesentliches Merkmal von Tintenstrahldruckern ist die **Auflösung** in dpi (**d**ot **p**er **i**nch).

Dadurch wird ausgesagt, wie viele *Druckpunkte* der Drucker in einer Linie der Länge von 1 Inch (2,54 cm) setzen kann. Mögliche Werte sind zum Beispiel 1200 dpi, 2880 dpi.

Tintenstrahldrucker werden zum Teil sehr preisgünstig angeboten. Zu prüfen ist allerdings, ob der niedrige Anschaffungspreis mit relativ hohen Betriebskosten (teure Patronen) verbunden ist.

Der billigste Drucker ist nicht unbedingt der preisgünstigste.

Laserdrucker
Laserdrucker sind besonders schnell und besonders leise.
Bei ihnen wird das Negativ des Druckbildes auf eine rotierende, elektrisch geladene Trommel aufgebracht. An den vom *Laserstrahl* getroffenen Stellen wird die *Ladung der Trommel* so verändert, dass die Trommel an dieser Stelle *Toner* aufnimmt.
Anschließend wird das Papier unter der Trommel durchgeführt, so dass der Toner auf das Papier aufgebracht werden kann.
Beheizte Walzen oder ein Heizdraht schmelzen den Toner auf das Papier ein.

Leistungsmerkmale von Laserdruckern (die auch farbige Ausdrucke ermöglichen können) sind *Geschwindigkeit*, *Auflösung in dpi* und die *Größe des Druckerspeichers*.

Zum Beispiel beim Farb-Laserdrucker:

Auflösung:	1200 dpi
Geschwindigkeit:	20 Seiten/min schwarz, 12 Seiten/min farbig
Speicher:	64 MByte

Auch bei Laserdruckern sind neben den Anschaffungskosten die *Betriebskosten* (Toner, Drucktrommel) zu beachten, die bei den verschiedenen Modellen ganz unterschiedlich sein können.

Laserdrucker

Plotter
Plotter ermöglichen es, exakte Linien in unterschiedlicher Strichstärke und Farbe auch auf sehr große Papierformate zu bringen, was insbesondere bei CAD-Anwendungen von Bedeutung ist.

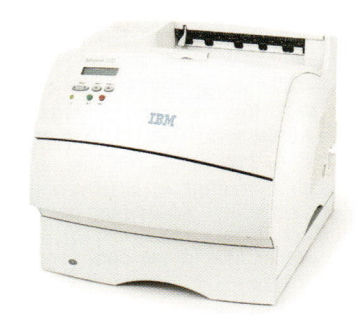

Plotter

Entscheidungskriterien für Drucker
- Anschaffungskosten und Betriebskosten
- Ausgabequalität
- Druckgeschwindigkeit
- Papiergröße
- Papierzufuhr (z.B. Endlospapier)
- Druckgeräusch

MByte (Megabyte)
1 MByte = 1024 KByte
KByte (Kilobyte)
1 KByte = 1024 Byte
GByte
1 GByte = 1024 MByte
Byte
1 Byte = 8 Bit

Information

Zentraleinheit

Das wesentliche Bauelement der **Zentraleinheit** ist der **Mikroprozessor**. Er kann nur relativ wenige Operationen durchführen (z.B. Addieren und Subtrahieren), allerdings mit einer sehr hohen Geschwindigkeit.

Außerdem lassen sich alle höheren Operationen (z.B. Multiplikation) aus den vom Mikroprozessor beherrschten Grundoperationen aufbauen.

Ein wesentliches Maß für die **Verarbeitungsgeschwindigkeit** eines Prozessors ist die **Taktfrequenz**.

Da der Prozessor seine Operationen in mehreren Takten ausführt, hat eine kürzere Taktzeit (eine höhere Taktfrequenz) eine schnellere Ausführung der einzelnen Operationen zur Folge.
Taktfrequenzen moderner Mikroprozessoren liegen jenseits der 3-GHz-Grenze.

Die Taktfrequenz des Prozessors allein sagt jedoch noch relativ wenig über die *tatsächliche Verarbeitungsgeschwindigkeit* des Personalcomputers aus.

In einem PC kommen viele unterschiedliche Komponenten zum Einsatz (z.B. Speicher), die die Verarbeitungsgeschwindigkeit bei falscher Wahl deutlich verringern können.

Aufbau eines Personalcomputers

Cache-Speicher
Cache-Speicher sind *RAM-Speicher*, die Daten oder Programme zwischenspeichern.

Prozessor-Cache-Speicher
Hier werden Programmcodes zwischengespeichert, die eine *beschleunigte Bearbeitung* des Programms ermöglichen.
Verwendet werden besonders schnelle Speicherbausteine auf der Hauptplatine des PCs oder direkt im Prozessor integrierte Speicherbereiche.

Festplatten-Cache
Hiermit lassen sich *Festplattenzugriffe minimieren*. Ein Teil des Arbeitsspeichers wird als Cache-Speicher abgezweigt.
Sämtliche vom Prozessor auszuführende Programmschritte sind für die Verarbeitung durch den Mikroprozessor im Arbeitsspeicher abgelegt. Hier muss der Prozessor auf diese Daten zugreifen.
Nun können allerdings nicht alle Programme im Arbeitsspeicher vorgehalten werden, da hierfür i. Allg. der Speicherplatz (die Speicherkapazität) nicht ausreicht. Die Programme sind in der Regel auf der Festplatte gespeichert.
Wenn ein Anwenderprogramm aufgerufen wird (z.B. das Programmiersystem für eine SPS), werden zunächst die wichtigsten (unmittelbar benötigten) *Programmteile* in den Arbeitsspeicher geladen.
Wenn nun im Verlauf der Arbeit mit diesem Anwenderprogramm eine Option gewählt wird, deren Programmcode noch nicht in den Arbeitsspeicher geladen wurde, wird auf die Festplatte zugegriffen und dieser Programmcode in den Arbeitsspeicher geladen.
Wegen der begrenzten Speicherkapazität müssen im Gegenzug Programmteile im Arbeitsspeicher gelöscht werden.
Ein häufiger Festplattenzugriff bewirkt allerdings eine merkliche Verringerung der Arbeitsgeschwindigkeit.
Um die Anzahl dieser Festplattenzugriffe zu minimieren, wird ein Teil des für den Arbeitsspeicher vorgesehenen RAM-Bereiches als *Cache-Speicher* abgezweigt.
Hier werden benötigte Programme zwischengespeichert, damit sie bei Bedarf schnell in den Arbeitsspeicher zurückgeladen werden können.
Die Programmbearbeitung wird dadurch wesentlich beschleunigt.

Arbeitsspeicher
Programme und Daten werden im **Arbeitsspeicher** abgelegt. Der Prozessor liest die Daten aus dem Arbeitsspeicher; die Verarbeitungsergebnisse des Prozessors werden ebenfalls im Arbeitsspeicher abgelegt.
Daher ist der Arbeitsspeicher ein *Schreib-Lese-Speicher (RAM)*. Je größer der Arbeitsspeicher, umso größer ist die Verarbeitungsgeschwindigkeit.
Ein Arbeitsspeicher von mindestens 512 MByte ist heute Standard.

Zentraleinheit
Über die Eingabegeräte werden Daten aufgenommen, dem Programm entsprechend verarbeitet, ausgegeben bzw. abgespeichert.

RAM
Random Access Memory; Speicher mit wahlfreiem Zugriff; Schreib-Lese-Speicher

ROM
Read Only Memory; Nur-Lese-Speicher

Hardware- und Softwarekomponenten auswählen

Information

CPU
Central Processing Unit, zentrale Verarbeitungseinheit

Taktfrequenz
Rechenoperationen pro Sekunde in Mhz (Megahertz = 10^6 HZ)

Cache
Pufferspeicher für einen schnellen Datenzugriff

RAM-Arten
DRAM (dynamisches RAM)
Speicherung der Datenbits mit Hilfe von Kondensatorladungen, die durch Transistoren ge- und entladen werden.
Vorteil: preisgünstig
Nachteil: Selbstentladung; müssen ständig regeneriert werden (refreshing). Das kostet Zeit, was die Speicher „langsam" macht.

SRAM (statisches RAM)
Vorteil: schneller als DRAM
Nachteil: erheblich teurer

DDR-RAM (Double Date Rate-RAM)
Nochmals beschleunigter Datenzugriff

Festplatte
Die Festplatte (**hard disc**) ist der wichtigste *Massenspeicher* eines Personalcomputers.

Wichtige Kenngrößen von Festplatten sind **Speicherkapazität** und **Zugriffszeit**.

Die Zugriffszeit bestimmt die Zeitdauer für die Positionierung der Schreib-Lese-Köpfe.

> Da Festplatten große Datenmengen speichern können, kann es bei einem Defekt zum Verlust großer Datenmengen kommen. Die Festplattendaten sind daher unbedingt auf einem anderen Massenspeicher (z.B. Magnetbandlaufwerk, Streamer) zu sichern (**Sicherungskopie**).

Festplatte

Diskette
Standardmäßig wird heute die $3\frac{1}{2}$-*Zoll-Diskette* verwendet. Sie ist in ein festes Kunststoffgehäuse eingebaut und hat ein Speichervermögen von 1,44 MByte.

Mittlerweile gibt es Weiterentwicklungen mit einer Speicherkapazität von bis zu mehreren GByte (Gigabyte). Hierfür werden allerdings spezielle Laufwerke benötigt.

Diskettenlaufwerk, extern

CD-ROM
CD-ROMs haben eine Speicherkapazität von 700 MB und mehr.

Schnelle CD-ROM-Laufwerke haben eine 50fache Lesegeschwindigkeit.

Die *CD-ROM* (**Compact Disk Read Only Memory**) ist ein sehr gebräuchliches Speichermedium. Die Daten werden mit Laserlicht berührungslos abgetastet bzw. gelesen.
Software wird üblicherweise auf CD-ROM geliefert.

DVD-ROM-Laufwerke entwickeln sich zur Standardausstattung von *Personalcomputern* und *Notebooks* (**DVD**: **D**igital **V**ersatile **D**isk). DVDs ähneln der CD, ihre Speicherkapazität ist jedoch sehr viel höher (z.B. 5,2 GByte).

Für CDs und DVDs werden **Lesegeräte** und **Brenner** angeboten, die die eigene Erstellung solcher Datenträger ermöglichen.

Die *DVD* verfügt über mehrere übereinander angeordnete *Datenschichten*, die durch Laser verschiedener Frequenz abgetastet werden. Solche Datenschichten können auf *beiden Seiten* des Datenträgers (versatile: wendbar) aufgebracht sein.

DVD-Laufwerke können auch „normale" CDs lesen.

Compact Disc

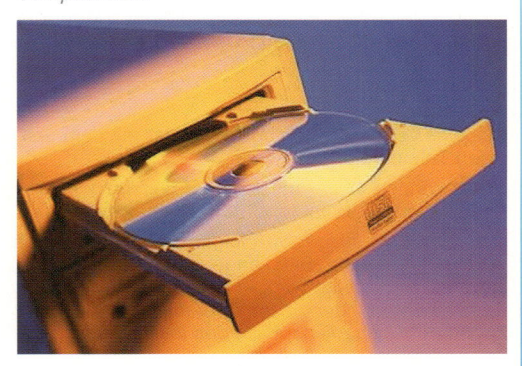

Information

CDR bzw. DVD-R (R: Recordable)
Diese Datenträger sind im Ausgangszustand unbeschrieben. Die Datenschicht besteht aus einem organischen Farbstoff, dessen Lichtdurchlässigkeit durch hohe Temperaturen beeinflussbar ist.

Man spricht von *Brennen* und meint damit das *einmalige* Beschreiben mit Daten. Solche Datenträger können beliebig oft gelesen werden.

Wieder beschreibbare Datenträger werden als *RW* (rewritable), *ROD* (Rewritable Optical Disk) oder als *MOD* (Magneto-Optical Disk) bezeichnet.

Solche Datenträger können oftmals beschrieben, gelöscht und erneut beschrieben werden.

CD- und DVD-Brenner sind Kombigeräte für das Lesen von CDs bzw. DVDs sowie das Beschreiben von R- und RW-Datenträgern.

Soundkarte
Die *Soundkarte* wird in einen Steckplatz (Slot) der Hauptplatine (Motherboard) der Zentraleinheit eingebracht. Sie kann als Ausgabegerät für *Audiosignale* des PCs genutzt werden (Line Out).

Über den *Line-In-Eingang* kann ein Audiosignal aufgenommen, bearbeitet und über Lautsprecher wiedergegeben werden.

Netzwerkkarte
Damit Daten der *Ressourcen* (z.B. Drucker) anderer Computer in einem *Netzwerk* genutzt werden können, sind folgende Voraussetzungen notwendig:
- Der Computer muss an ein Netzwerk angeschlossen sein.
- Die notwendige Netzwerksoftware muss installiert und eingerichtet sein.
- Im Netzwerk muss eine Benutzerberechtigung erteilt sein.

Der PC kann über eine *Netzwerkkarte* an ein bestehendes Netzwerk (z.B. ein *LAN*, Local Area Network) angeschlossen werden.

Wenn die entsprechende Netzwerksoftware installiert ist, kann ein PC mit jedem anderen an dieses Netzwerk angeschlossenen Computer Daten austauschen und dessen Ressourcen nutzen. So kann z.B. ein Drucker von mehreren PCs genutzt werden.

Modem
Modems verbinden Personalcomputer mit dem analogen Telefonnetz.

Somit können zwei räumlich weit voneinander entfernt stehende Computer Daten austauschen.

Die *Übertragungsgeschwindigkeit* eines Modems wird in Bit/Sekunde (Bit/s) angegeben. Sie bestimmt, welche Zeit benötigt wird, um Daten zu übertragen. Durch die Verbindung zum Telefonnetz ist auch der Zugriff auf *Onlinedienste* und das *Internet* möglich.

ISDN-Karte
Die *ISDN-Karte* verbindet den PC mit dem ISDN-Telefonnetz. Die Übertragungsgeschwindigkeit ist deutlich größer als bei einem Modem.

Im Allgemeinen wird die ISDN-Karte in einen Steckplatz (Slot) der Hauptplatine eingebaut und über eine Leitung mit dem ISDN-Telefonanschluss verbunden.

Netzwerkkarte

Modem

ISDN
Integrated **S**ervices **D**igital **N**etwork

DSL
Digital **S**ubscriber **L**ine
Ein normaler DSL-Anschluss ermöglicht eine Datenübertragungsrate von 128.000 Bit/s für ausgehende und 768.000 Bit/s für eingehende Daten. Diese Daten sind eher als untere Grenze anzusehen.
Zum Vergleich: ISDN 64.000 Bit/s.

Für den DSL-Anschluss muss am analogen oder ISDN-Telefonanschluss ein *Splitter* eingestellt werden, der das aufgesetzte DSL-Signal trennt. An diesem Splitter wird ein *DSL-Modem* angeschlossen.

4.2 Betriebssystem

Betriebssysteme steuern sämtliche Abläufe beim Betrieb eines Computers; sie beinhalten sämtliche für diesen Zweck benötigten *Programme* und *Dateien*.

Das **Betriebssystem** stellt die Verbindung zwischen den angeschlossenen Geräten wie Tastatur, Monitor, Drucker, Festplatten usw. her.

Außerdem organisiert es die Verwaltung des vorhandenen Speichers und übersetzt die Bedienereingabe in Maschinensprache.

Neben dem **BiOS (B**asic **I**nput **O**utput **S**ystem) ist der *Betriebssystemkernel* der Kernbestandteil des Betriebssystems, der sich immer im *Hauptspeicher* des Computers befinden muss.

Ferner umfassen moderne Betriebssysteme eine ganze Reihe weiterer *Zusatz-* und *Hilfsprogramme*, die für den Computerbetrieb wichtig sind oder dem Anwender die Arbeit mit dem Computer erleichtern.

Beim **Booten** (Neustart) des Computers werden die Hardwarekomponenten vom Bios erkannt und für die Arbeit bereitgestellt.

Wenn nach dem Einschalten des Computers eine Taste oder eine Tastenkombination beteiligt wird, dann wird das **Setup-Menü** des *BIOS* aktiviert.

Dabei sind z.B. folgende Einstellungen möglich:

- *Standard-Einstellungen*
Systemuhr (Datum und Uhrzeit), Bauart der Disketten und Festplattenlaufwerke, Grafikkarte und Fehlerbehandlung

- *BIOS-Einstellungen*
Prozessor-Code, Bootlaufwerke, Floppy-Zugriffskontrolle, Viruskontrolle

- *Chipsatz-Einstellungen*
Speicherkonfiguration, Schnittstellen

- *PCI-Einstellungen*
IRQs, Slots, DMA-Kanäle

- *Stromsparfunktionen*
Reduzierung des Energieverbrauches bei Nichtbenutzung des Computersystems, z.B. durch Abschalten des Monitors.

Wichtige Betriebssysteme

- **DOS (Disk Operating System)**

Ein Betriebssystem, das in den 1980er Jahren die breite Anwendung des Personalcomputers wesentlich unterstützt hat.

Die Hauptfunktion bestand in der *Verwaltung von Festplatten und Disketten*. Zu seiner Zeit war es das am häufigsten bei Personalcomputern eingesetzte Betriebssystem.

Einige wesentliche Nachteile haben DOS heute praktisch vollständig verdrängt:

- Es stehen nur 60 KByte für Programme und Daten zur Verfügung.
- Es kann immer nur ein Programm gestartet werden.
- Die Dateiverwaltung ist umständlich und unübersichtlich.
- Die Befehle müssen über die Tastatur eingegeben werden.

Sollen mehrere Computersysteme zu **Mehrplatzsystemen** miteinander verbunden werden, sind die Betriebssysteme
- **Windows 95/98/ME**
- **Windows 2000**
- **Windows XP**
- **OS/2**
- **Linux**

vorteilhaft einsetzbar.

Diese Betriebssysteme haben eine **grafische Benutzeroberfläche**, was dem Anwender die Bedienung ganz wesentlich vereinfacht.

Die große Mehrzahl der heutigen PC-Anwender arbeiten mit einem **Windows**-Betriebssystem.

Für größere Rechneranlagen wird häufig das Betriebssystem **UNIX** eingesetzt. Der wesentlichste Nachteil von UNIX ist der hohe Preis (zumindest gilt das für die breite Anwendung). Die Vorteile von UNIX, angeboten zu einem sehr niedrigen Preis, beinhaltet das Betriebssystem **LINUX**. Es ist am ehesten geeignet, dem Windows-System Konkurrenz zu machen.

Betriebssystemaufbau

Das Betriebssystem besteht im Wesentlichen aus zwei Funktionselementen.

1. Funktionselement
Wird zuerst geladen und umfasst sämtliche für den Systemablauf wichtigen Programmteile.

Die *Ablaufplanung* steuert den Programmablauf (die Reihenfolge der abzuarbeitenden Arbeitsaufträge des Anwenders).

Der *Dateizugriff* stellt dem Anwender Speicherplatz zum Laden und Speichern von Dateien auf Massenspeichermedien zur Verfügung.

Die *Betriebsmittelzuteilung* vergibt die benötigten Speicherplätze, die Datenkanäle, Rechenzeit usw.

Die *Interrupt-Behandlung* ermöglicht es, laufende Programme zu unterbrechen und zu einem späteren Zeitpunkt fortzusetzen.

2. Funktionselement

Wird zu einem späteren Zeitpunkt als das erste Funktionselement geladen und umfasst Zusatz- und Hilfsprogramme, die für die anwenderfreundliche Arbeit am Computer notwendig sind.

Wenn diese beiden Funktionselemente geladen wurden, ist der Computer bereit, die gewünschten Anwenderprogramme zu laden und zu bearbeiten. Das Betriebssystem stellt sich dabei i. Allg. mit einer komfortablen *Bedienoberfläche* vor (Bild 1).

Bedienoberfläche von Windows

Desktop und Taskleiste

Nach Einschalten des Computers und abgeschlossenem Bootvorgang erscheint die **Bedienoberfläche** auf dem Monitor. Man spricht hierbei vom **Desktop** (Schreibtischoberfläche, Bild 1).

Grundsätzlich ist der *Desktop* nur eine leere Fläche, die vom *Anwender* nach seinen Bedürfnissen gestaltet werden kann.

Nur einige **Symbole** (z.B. Arbeitsplatz) sind nach dem Start unmittelbar verfügbar (Bild 1, Seite 327). Weitere Symbole gestaltet der Anwender nach seinen Bedürfnissen.

Ein Mausklick (Doppelklick) auf das jeweilige Symbol startet das gewünschte Programm.

Von besonderem Interesse ist die **Taskleiste** des Desktops (Bild 1, Seite 327).

Neben der „Start"-Schaltfläche umfasst sie sämtliche in diesem Betriebssystem gestarteten Anwendungen. Ein Mausklick auf eine *Schaltfläche* öffnet das **Programmfenster** (Bild 2, Seite 327).

Die Schaltfläche „Start" ermöglicht es, mehrere Menüs mit verschiedenen Optionen zu öffnen. So kann z.B. ein Anwenderprogramm gestartet werden, das (noch) nicht als Symbol auf dem Desktop liegt (Bild 3, Seite 327).

Die Beendigung einer Arbeitssitzung erfolgt ebenfalls über die Schaltfläche „Start". Nach Bestätigung einer **Dialogbox** wird die Bearbeitung des Programms „Betriebssystem" beendet.

Danach kann der PC ausgeschaltet werden oder wird (je nach Betriebssystem) automatisch ausgeschaltet.

1 Bedienoberfläche von Windows nach dem Booten

Arbeitsplatz
Ein Doppelklick der Maus auf das Desktop-Symbol *Arbeitsplatz* öffnet das Fenster „Arbeitsplatz", das wesentliche Angaben über die *Konfiguration* des Computers macht, zum Beispiel: Welche Laufwerke stehen zur Verfügung? Das Symbol „*Drucker*" ermöglicht die Installation weiterer Drucker sowie die Einstellung der Optionen für den jeweiligen Drucker. Außerdem kann festgelegt werden, welcher Drucker als **Standarddrucker** verwendet wird. Wenn vom Anwender keine andere Einstellung vorgenommen wurde, wird immer dieser *Standarddrucker* verwendet.

Betriebssystem

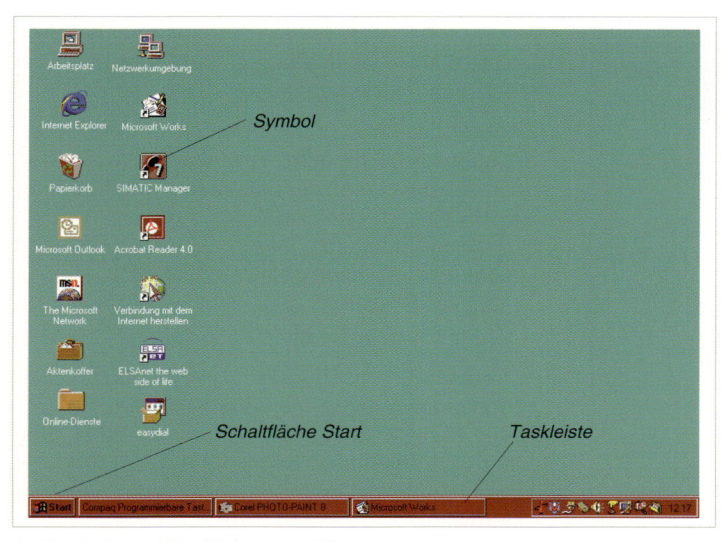

1 Symbole und Taskleiste von Windows

2 Geöffnetes Programmfenster

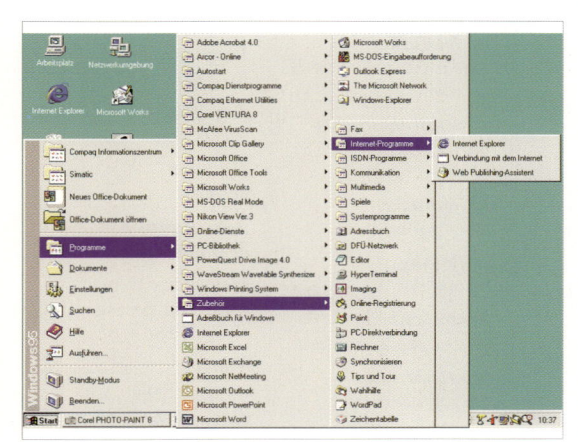

3 Schaltfläche Start

Das Symbol „*Systemsteuerung*" ermöglicht eine Vielzahl von Systemeinstellungen.

Sämtliche Einstellungsänderungen (vor allem solche, die nicht nur Änderungen der Darstellung bewirken) sollten sehr sorgfältig durchdacht und nur von qualifizierten Fachkräften vorgenommen werden. Für den „normalen" Anwender sind Einstellungsänderungen ohnehin kaum notwendig.

Netzwerkumgebung
Wenn der PC über eine Netzwerkkarte mit einem **Netzwerk** verbunden ist, erscheint nach dem Einschalten und Booten das Symbol „*Netzwerkumgebung*" auf dem Desktop.

Ein Doppelklick der Maus auf dieses Symbol öffnet ein Fenster und zeigt die an das Netz angeschlossenen Personalcomputer.

Sofern die *Sicherheitseinstellungen* des Netzwerks dies gestatten, kann der Anwender nun durch Doppelklick auf einen dieser Netzwerkrechner z.B. dessen *Verzeichnisstrukturen* sehen bzw. ändern.

Ein Austausch von Daten zwischen den Netzwerk-PCs ist dann selbstverständlich auch möglich.

Browser
Wenn der Personalcomputer über einen *Internet-Anschluss* verfügt, kann durch Doppelklick auf das Symbol eines *Browsers* (Internet-Anwendersoftware) eine **Internet-Verbindung** aufgebaut werden.

Explorer
Der Explorer wird über einen Mausklick auf die „Start"-Schaltfläche der Taskleiste geöffnet. Es erscheint das *Explorer-Fenster* (Bild 3, Seite 328).

Im linken Bereich des Explorer-Fensters wird die *Laufwerks- und Verzeichnisstruktur* des Computers angezeigt.

Die Dateien des geöffneten Verzeichnisses werden in der rechten Fensterhälfte des Explorers angezeigt. Wenn eine Datei selektiert wird (Mausklick), ermöglicht ein Klick auf die rechte Maustaste verschiedene Optionen (z.B. Löschen, Umbenennen).

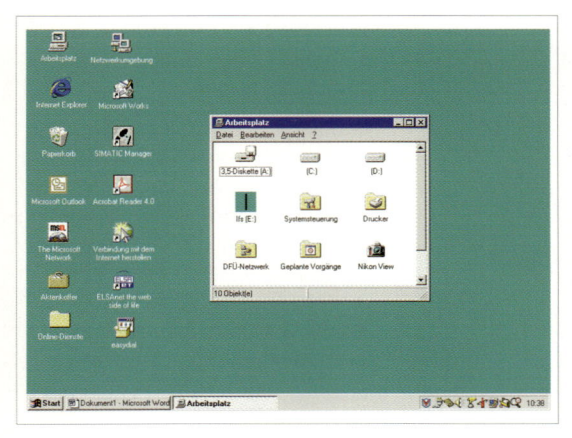

1 Fenster Arbeitsplatz

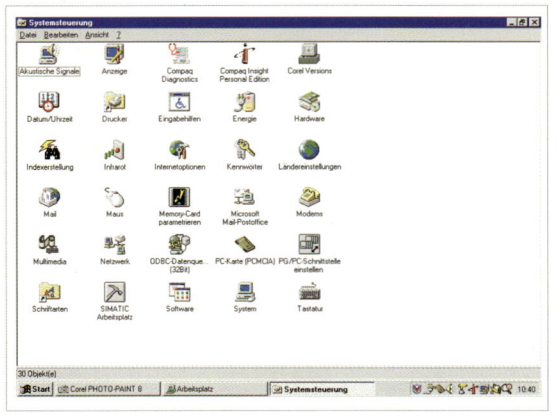

2 Fenster Systemsteuerung

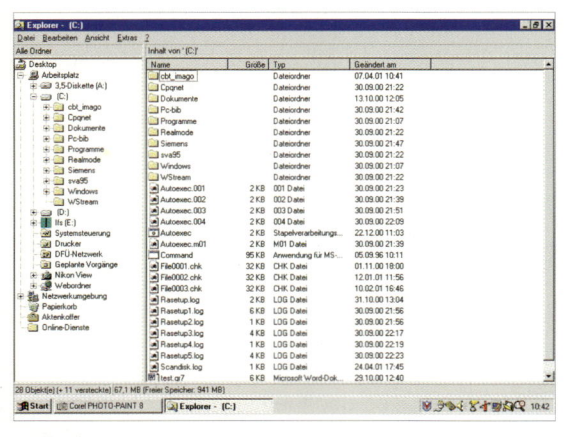

3 Explorer

Moderne Betriebssysteme sind mit ausführlichen **Onlinehilfen** ausgestattet, die dem Anwender bei möglichen Problemen unterstützen.

Zwar ist der Leistungsumfang der Betriebssysteme sehr hoch und damit relativ unüberschaubar, doch die meisten Anwender nutzen den Computer als „Werkzeug" und benötigen damit nur wenige Betriebssystemsfunktionen (z.B. Kopieren und Löschen von Dateien und Datenträgern).

Anforderungen an Betriebssysteme

- Problemlose Arbeit mit neuer Hardware; technische Fortschritte auf dem Hardwaregebiet müssen vom Betriebssystem unterstützt werden.
- Unabhängigkeit des Betriebssystems von der Hardware.
- Sicherheit gegen unerlaubte Zugriffe; bestmöglicher Schutz vor Systemabstürzen und vor Viren.
- Hohe, an moderne Hardware angepasste Arbeitsgeschwindigkeit.
- Multitaskingfähigkeit muss den gleichzeitigen Ablauf von mehreren parallelen Prozessen ermöglichen, z.B. den Ausdruck mit Hintergrund, während der Anwender weiterarbeiten kann.
- Netzwerkfähigkeit und Multiuserfähigkeit.

Englisch

Monitor
monitor, visual display unit

Drucker
printer

Grafiktablett
graphics tablet

Nadeldrucker
wire printer, dot matrix printer

Tintenstrahldrucker
ink jet printer, bubble jet printer

Laserdrucker
laser printer

Auflösung
resolution

Zentraleinheit
central processing unit

Mikroprozessor
microprocessor

Taktfrequenz
clock frequency

Arbeitsspeicher
main memory, working memory, working storage

Speicherkapazität
capacity, memory capacity, storage capacity

Festplatte
fixed disk, hard disk

Zugriffszeit
access time

Netzwerk
network

Betriebssystem
operating system

Mehrplatzsystem
multi-user system, shared logic system

Symbol
icon, symbol

Onlinehilfe
on-line user assistance

Anwenderprogramme

4.3 Anwenderprogramme

Der Computer findet heute in nahezu allen Bereichen des täglichen Lebens Anwendung. Vor allem Unternehmen und Betriebe sind ohne Computereinsatz nicht mehr denkbar.

Was der Computer dabei im Einzelfall „erledigen" soll, ist dabei ganz unterschiedlich.

Er kann zur Erstellung von Briefen genutzt werden, ebenso zur Lohn- und Gehaltsabrechnung, zur Kalkulation, zur Arbeitsvorbereitung, zur Projektplanung, zur Produktionssteuerung, zur Programmierung von Maschinen und Anlagen usw.

Alle diese Aufgabengebiete erfordern spezielle Programme (spezielle Software), die in vier Bereiche unterteilt werden:

1. Individualsoftware

Individualsoftware wird für eine *spezielle Aufgabe entwickelt*. Dies bedeutet *hohe Kosten* für solche Programme, was nur dann vertretbar ist, wenn das konkrete Problem nicht anders gelöst werden kann.

Der Vorteil der Individualsoftware liegt in der exakten Berücksichtigung der *Anwenderbedürfnisse*.

Individualsoftware wird entweder firmenintern durch qualifizierte Mitarbeiter entwickelt, oder bei einem Softwareentwickler in Auftrag gegeben (Fremdleistung).

2. Branchenneutrale Software

Branchenneutrale Software löst die Probleme einer *Vielzahl unterschiedlicher Anwender*. Dies gilt zum Beispiel für die Finanzbuchhaltung, die Lohn- und Gehaltsabrechnung, die Kostenrechnung und die Auftragsverwaltung.

Die Software ist *preisgünstiger* als die Individualsoftware, da sich die Entwicklungskosten auf viele Kunden verteilen.

3. Branchenspezifische Software

Für viele Branchen (z.B. Elektroinstallation, Arztpraxen, Versandhandel) werden spezielle *Branchenprogramme* entwickelt und zu *maßvollen Preisen* angeboten.

4. Standardsoftware

Für den Personalcomputer (PC) wird eine große Anzahl von *Standardprogrammen* (für sehr viele Anwender nutzbar) angeboten. Beispiele hierfür sind Programme zur Textbearbeitung, Tabellenkalkulation und Datenbankanwendungen.

Der Markt bietet hier in allen Bereichen eine Vielzahl von Angeboten mit mehr oder minder großen Marktanteilen.

Nutzung von Standardsoftware

Techniker haben auch die Aufgabe, Informationen mit den unterschiedlichsten Programmen zu erstellen, zu verarbeiten, zu verwalten und zu verteilen. Im Bereich der **Standardsoftware** sind dies vor allem Programme zur

- Textverarbeitung
- Tabellenkalkulation
- Präsentationssoftware

An dieser Stelle sollen beispielhaft die grundlegenden Elemente der **Textverarbeitung** und **Tabellenkalkulation** vorgestellt werden.

Selbst diese Programme sind so umfangreich, dass im Rahmen dieses Buches nicht der gesamte Funktionsumfang, sondern nur ein elementarer Einstieg in die Benutzung vermittelt werden kann.

Weitere Funktionen sind den *Handbüchern* und der ausführlichen *Onlinehilfe* der einzelnen Programme zu entnehmen.

Die *Präsentationssoftware* wird im Rahmen der Fachqualifikationen in Zusammenhang mit der Projektarbeit vorgestellt und angewendet.

Textverarbeitung mit Word

Beim **Start** von Word erscheint die **Word-Oberfläche** mit einem geöffneten, leeren Dokument und einer Anzahl von Symbolen und Leisten (Bild 1, Seite 330).

Dies sind wichtige Hilfsmittel für die *Gestaltung* von Word-Dokumenten und für die *Navigation* innerhalb dieser Dokumente.

Englisch

Standardsoftware off-the-shelf software	*Dokument* text file, document
Textbearbeitung text manipulation	*Menüleiste* menu bar
Tabellenkalkulation spreadsheet program	*Symbolleiste* toolbar
Präsentation presentation	*Statusleiste* status bar

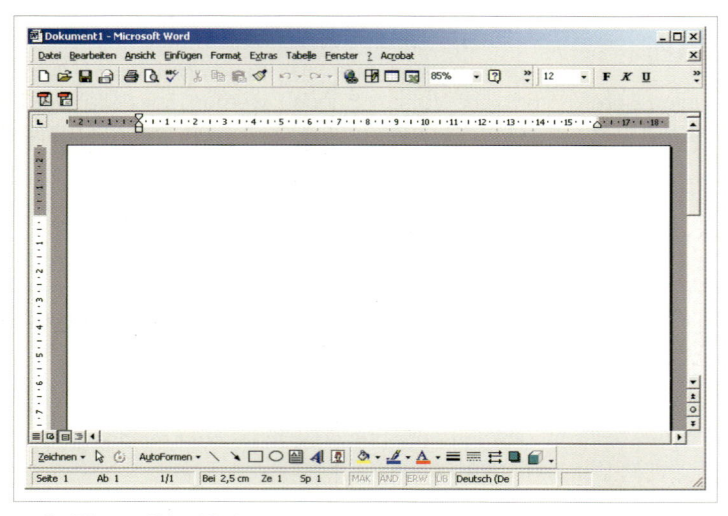

Natürlich ist diese *Bedienoberfläche* individuell gestaltbar und als Dokumentvorlage abzuspeichern.

Titelleiste
Hier wird der *Name des geöffneten Dokuments* angezeigt. Ganz rechts enthält die Titelleiste drei *Windows-Schaltflächen:*
- Schaltfläche zum Ablegen der Anwendung auf die Taskleiste
- Schaltfläche zur Reduktion der Anwendung in ein Windows-Fenster
- Schaltfläche zum Schließen der Anwendung

Menüleiste
Wenn ein Begriff der Menüleiste (z.B. Datei, Bearbeiten) mit der Maus angeklickt wird, lässt sich ein *Pull-down-Menü* aufklappen, das eine Anzahl von weiteren Optionen umfasst (Bild 3). Schwarze Optionen sind momentan ausführbar, graue Optionen derzeit nicht.

Wenn dem Eintrag rechts ein schwarzes Dreieck folgt und dieses mit der Maus selektiert wird, öffnet sich ein weiteres Pull-Down-Menü.

Wenn dem Eintrag drei Punkte folgen, wird beim Anklicken mit der Maus eine Dialogbox geöffnet, die die Einstellung bzw. Bestätigung weiterer Optionen ermöglicht.

Die jeweiligen Einträge des Pull-down-Menüs haben einen unterstrichenen Buchstaben.
Wenn dieser Buchstabe über die Tastatur eingegeben wird (Alt-Taste + Buchstabe), kann die jeweilige Option ausgewählt werden (Alternative zur Mausbenutzung).

Bei manchen Einträgen in den Pull-down-Menüs stehen rechts so genannte **Shortcuts** (z.B. Strg + S beim Eintrag *Speichern*).

Hiermit kann über die Tastatur die Option ausgeführt werden, ohne das Pull-down-Menü zu öffnen.

1 Geöffnetes Word-Dokument

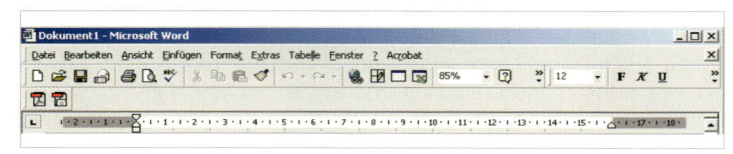

2 Titelleiste von Word

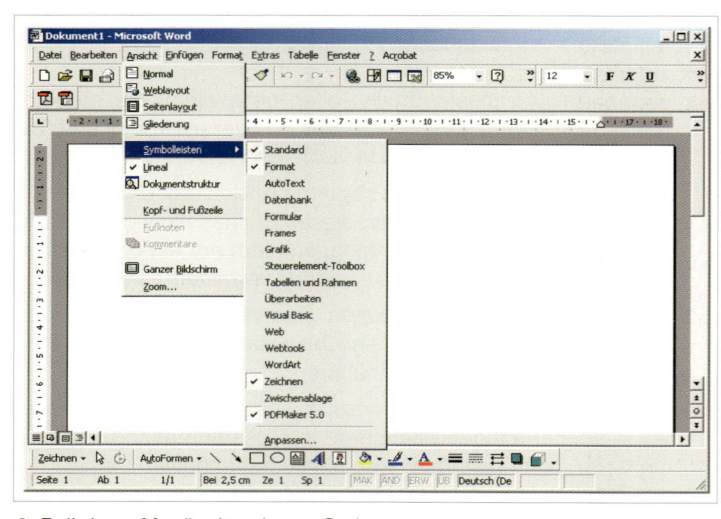

3 Pull-down-Menü mit weiteren Optionen

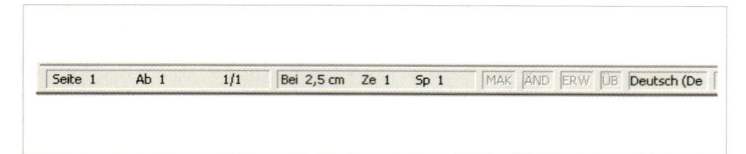

4 Statuszeile, Ausschnitt

Anwenderprogramme

Symbolleisten Standard und Format
Diese Symbolleisten werden standardmäßig in der Oberfläche von Word angezeigt. Sie umfassen Symbole (so genannte Buttons), über die durch Mausklick (Bild 1)

- Optionen aktiviert bzw. deaktiviert werden können, Dialogboxen geöffnet werden können,
- neue Symbolleisten geöffnet werden können,
- Pull-down-Menüs der Symbolleiste geöffnet werden können.

Wenn der Mauszeiger eine gewisse Zeit auf einem Button verbleibt, wird ein *Quickinfo* geöffnet, das die Funktion dieses Buttons erklärt (Bild 2).

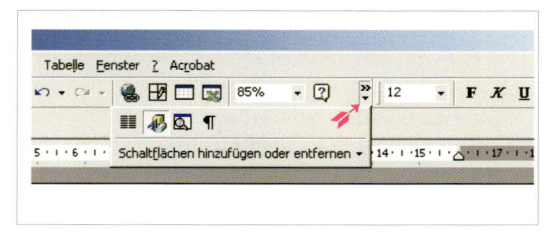

1 Symbolleisten von Word

Statuszeile
Informationen zum geöffneten Dokument werden in der Statuszeile angezeigt, z.B. die Seitenanzahl des Dokumentes, die Nummer der momentan angezeigten Seite sowie die momentane Cursorposition auf der angezeigten Seite (Bild 4, Seite 330).

Piktogramme verdeutlichen den Status von Grammatik- und Rechtschreibprüfung eines eventuellen Speicher- oder Druckvorganges.

2 Quickinfo auf Button

Lineale
Waagerechte und senkrechte Lineale verdeutlichen die Cursorposition auf der aktuellen Seite des Dokumentes. Ferner sind die Seiten-, Spalten- und Tabelleneinstellungen zu erkennen und zu verändern.
Tabulatorarten und Tabulatoreinstellungen sind über dem waagerechten Lineal sichtbar und einstellbar (Bild 3).

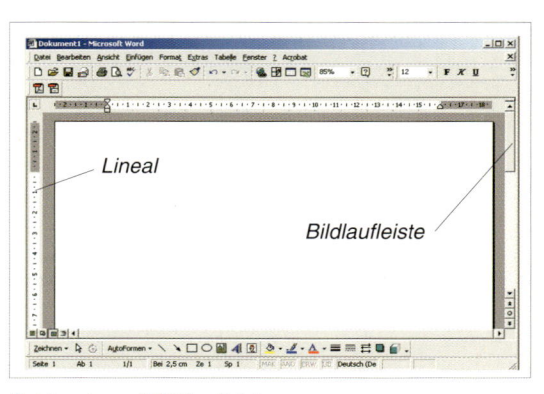

3 Lineale und Bildlaufleisten

Bildlaufleisten
Am rechten und unteren Rand der Word-Oberfläche befinden sich die Bildlaufleisten, mit deren Hilfe eine Navigation im gesamten Dokument möglich ist. Die Schieber der Bildlaufleisten lassen sich mit der Maus bewegen (Bild 3).

Wird ein Button mit der Maus angeklickt, wird der Bildschirminhalt um eine Zeile nach unten bzw. oben oder um eine Spalte nach rechts bzw. links gescrollt.

Bevorzugt wird i. Allg die *Seitenlayoutansicht,* da hier das Dokument in der Regel so dargestellt wird, wie es später ausgedruckt erscheint.

Ansichtsarten
- Normalansicht
- Online-Layout-Ansicht
- Seiten-Layout-Ansicht
- Gliederungsansicht

Text- und Seitengestaltung

Auftrag
Sie erhalten den Auftrag, die vorliegende Seite aus den Unfallverhütungsvorschriften mit Word zu gestalten (DIN A4) und innerbetrieblich zu verteilen (Bild 1, Seite 332).

Ortsfeste elektrische Anlagen und Betriebsmittel

Für ortsfeste elektrische Anlagen und Betriebsmittel sind die Forderungen hinsichtlich Prüffrist und Prüfer erfüllt, wenn die in Tabelle 1A genannten Forderungen eingehalten werden.

Tabelle 1A: Wiederholungsprüfung ortsfester elektrischer Anlagen und Betriebsmittel

Anlage/Betriebsmittel	Prüffrist	Art der Prüfung	Prüfer
Elektrische Anlagen und ortsfeste Betriebsmittel	4 Jahre	Auf ordnungsgemäßen Zustand	Elektrofachkraft
Elektrische Anlagen und ortsfeste elektrische Betriebsmittel in „Betriebsstätten, Räumen und Anlagen besonderer Art"	1 Jahr		
Schutzmaßnahmen mit RCD in nichtstationären Anlagen	1 Monat	Auf Wirksamkeit	Elektrofachkraft oder elektrotechnisch unterwiesene Person bei Verwendung geeigneter Mess- und Prüfgeräte
RCD, Differenzstrom-Schutzschalter - in stationären Anlagen - in nichtstationären Anlagen	6 Monate arbeitstäglich	Auf einwandfreie Funktion durch Betätigung der Prüfeinrichtung	Benutzer

Die Forderungen sind für ortsfeste elektrische Anlagen und Betriebsmittel auch erfüllt, wenn diese von einer Elektrofachkraft ständig überwacht werden.

Ortsfeste elektrische Anlagen und Betriebsmittel gelten als ständig überwacht, wenn sie kontinuierlich

- von Elektrofachkräften instand gehalten und
- durch messtechnische Maßnahmen im Rahmen des Betreibens (z.B. Überwachen des Isolationswiderstandes)

geprüft werden.

Die ständige Überwachung als Ersatz für die Wiederholungsprüfung gilt nicht für die elektrischen Betriebsmittel Der Tabellen 1B und 1C.

1 Vorlage für die Texteingabe und Seitengestaltung

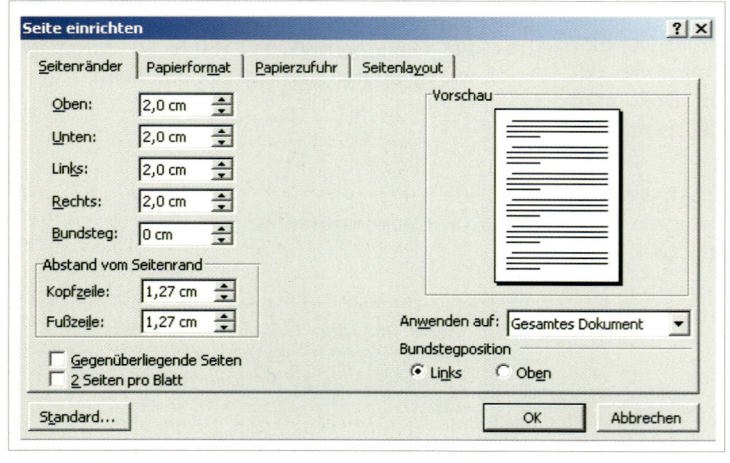

2 Dialogbox: Seite einrichten

- *Word starten*
(entweder direkt vom Desktop aus oder über *Start – Programme – Microsoft Word*)

- *Papierformat und Seitenränder einstellen*
(DIN A4, alle Ränder 2,0 cm)

Datei – Seite einrichten ...
Danach erscheint die Dialogbox *Seite einrichten* mit den vier Registerkarten (Bild 2):
– Seitenränder
– Papierformat
– Papierzufuhr
– Seitenlayout
Den Abschluss der Einstellungen mit OK bestätigen.
Es erscheint die WORD-Oberfläche mit einer leeren Seite.

Da noch kein anderer Name bestimmt wurde, lautet die Bezeichnung *Dokument 1*.

- *Schriftattribute auswählen*
(Arial, 10 Punkt, normal)
Zur Auswahl der Schriftart Arial wird im Pull-down-Menü *Schriftart* der Symbolleiste Arial ausgewählt (Mausklick auf gewünschte Schriftart, Bild 1, Seite 333).

Zur Auswahl der *Schriftgröße* (10 Punkt) wird das benachbarte Pull-down-Menü benutzt.

Wenn keiner der Buttons **F** (fett), *K* (kursiv, schräg), U (unterstreichen) betätigt ist, erfolgt die Textdarstellung in Normalschrift (Bild 2, Seite 333).

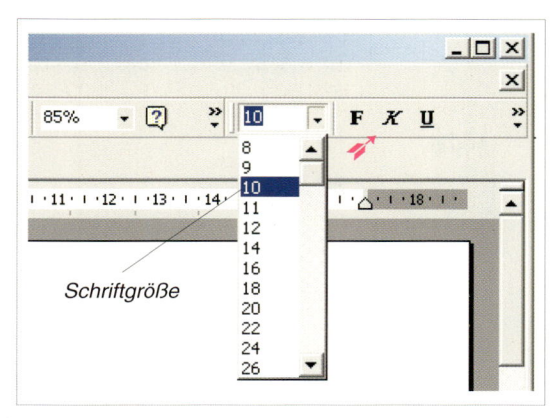

Anwenderprogramme

1 Schriftgröße wählen: fSett, kursiv, unterstreichen

- *Text eingeben*
  (z.B. noch ohne Formatinformationen)
  Mit Ausnahme der Tabelle wird der gesamte Text der Seite eingegeben, wobei auf die Textformatierung usw. noch keine Rücksicht genommen wird (Bild 2).

- *Überschrift fett und unterstrichen*
  Überschrift mit Hilfe der Maus selektieren (Mauscursor vor Überschrift setzen, linke Maustaste gedrückt halten und Maus über die Überschrift ziehen, Bild 3).
  Danach die Buttons Fett (F) und Unterstreichen (U) anklicken. In entsprechender Weise wird auch *Tabelle 1A* fett geschrieben.

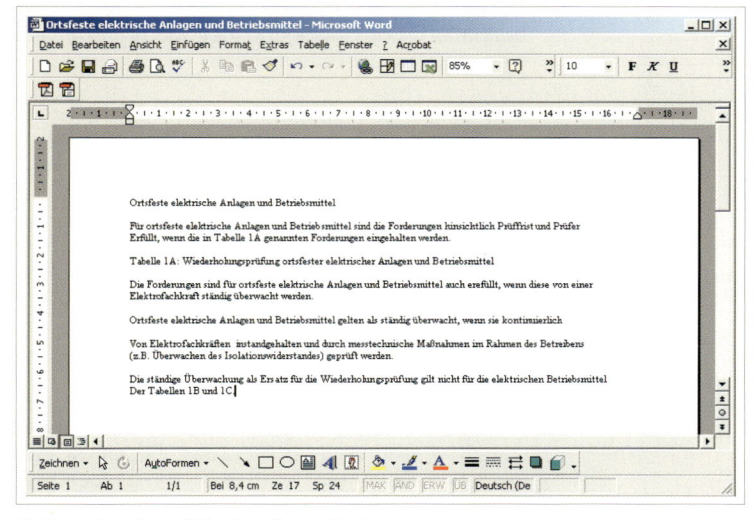

- *Tabelle einfügen*
  Cursor an die Stelle im Text setzen, wo die Tabelle eingefügt werden soll.
  Tabelle – Zellen einfügen – Tabelle (Bild 1, Seite 334)

  In einer Dialogbox kann die gewünschte Anzahl der *Zeilen* und *Spalten* eingegeben werden. Eine spätere Veränderung ist allerdings durchaus möglich (Bild 2, Seite 334). Es erscheint eine Tabelle mit 5 Zeilen und 4 Spalten.

- *Text in die Tabellenzellen eintragen*
  Mit Hilfe der Tab-Taste springt der Cursor von Spalte zu Spalte, was eine erhebliche Eingabehilfe bedeutet (Bild 3, Seite 334).

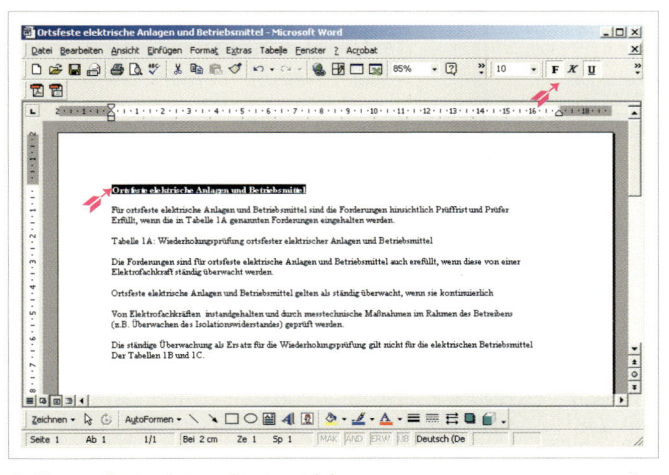

2 Texteingabe in Word, unformatiert

- *Tabelle gestalten*
  Die Tabelle macht noch einen relativ unübersichtlichen Eindruck (Bild 3, Seite 334).
  Zunächst einmal muss der Abstand oben und unten zwischen Text und Linienumrandungen vergrößert werden.

  Cursor in eine Tabellenzelle platzieren und rechte Maustaste drücken. Danach *Tabelleneigenschaften* wählen (Bild 1, Seite 335).

  In der Dialogbox *Tabelleneigenschaften* die Schaltfläche *Optionen* betätigen.

3 Textattribute, fett und unterstrichen

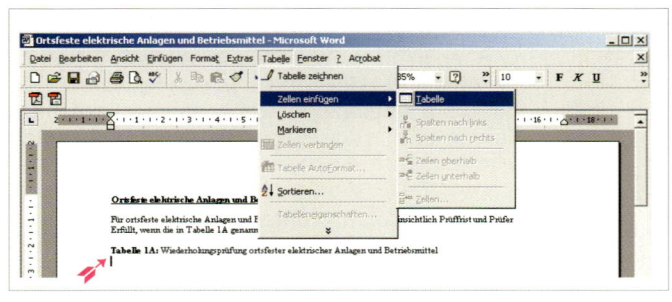

1 Tabelle einfügen, nachdem der Cursor im Text platziert wurde

4 Zellen verbinden

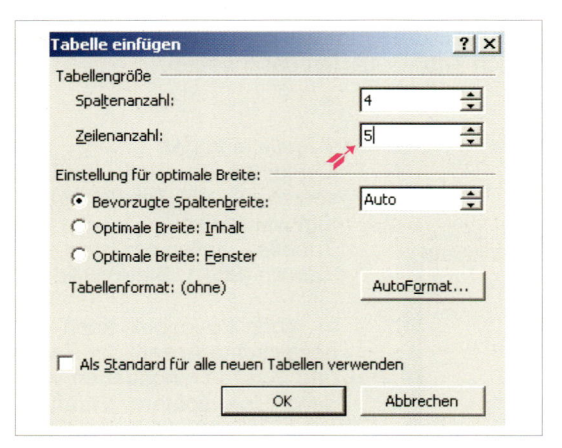

2 Anzahl der Tabellenzeilen und Tabellenspalten

Maus über Spaltenlinien bewegen, bis sich der Cursor ändert. Linke Maustaste drücken und festhalten; bei Bewegung der Maus verändert sich die Spaltenbreite sichtbar.

- *Tabellenzellen zusammenfassen*
  Nun müssen noch jeweils zwei Tabellenzellen zusammengefasst werden (siehe Tabellenvorlage Seite 332).
  Hierzu werden die zu verbindenden Zellen mit der Maus bei gedrückter linker Maustaste überstrichen. Danach wird die rechte Maustaste gedrückt und *Zellen verbinden* gewählt (Bild 4).

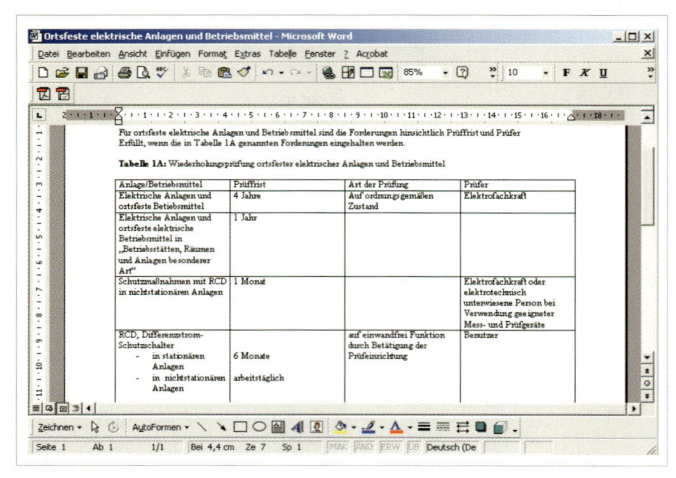

3 Tabelle im Text

Die Tabelle entspricht nun der Vorgabe und macht einen relativ lesefreundlichen Eindruck. Damit ist das Dokument fertig und kann gespeichert werden.

- *Text unter Tabelle ausrichten*
  Der unterhalb der Tabelle stehende Text wird entsprechend der Vorlage ausgerichtet (Bild 3, Seite 335).

- *Dokument speichern*
  Entweder über *Datei – Speichern* oder kurz Strg + S (Tastatureingabe). Wenn noch kein Name vergeben wurde, ist die Vergabe eines Dokumentnamens (Dateinamens) nun möglich.

Dort für *Oben* und *Unten* jeweils den Wert 0,25 cm eingeben und mit OK bestätigen. Auch die Dialogbox *Tabelleneigenschaften* mit OK schließen (Bild 4). Die Spaltenbreite kann z.B. mit der Maus verändert werden.

- *Dokument drucken*
  Entweder über *Datei – Drucken* oder kurz Strg + P (Tastatureingabe). Unter der Voraussetzung, dass ein Drucker installiert ist, erscheint eine Dialogbox, die u.a. die Eingabe der Anzahl der Ausdrucke ermöglicht.

Anwenderprogramme **335**

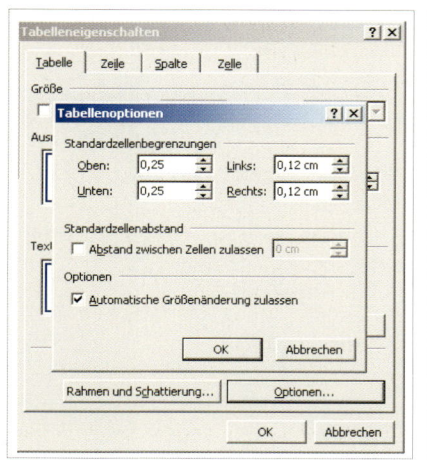

1 Tabelleneigenschaften

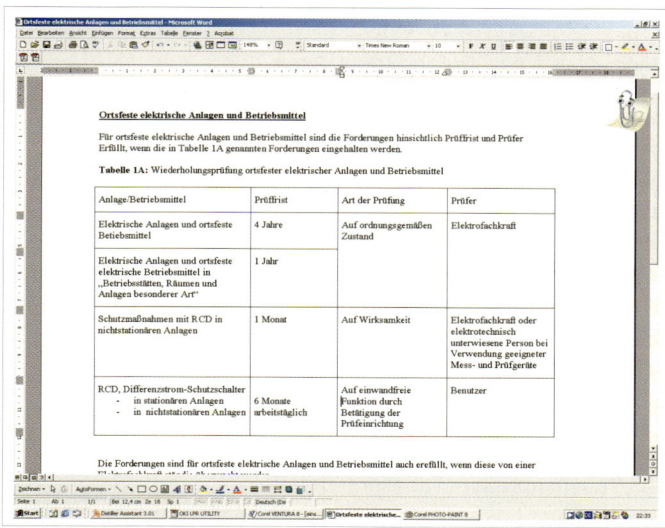

2 Formatierte und korrigierte Tabelle (Spaltenbreite angepasst)

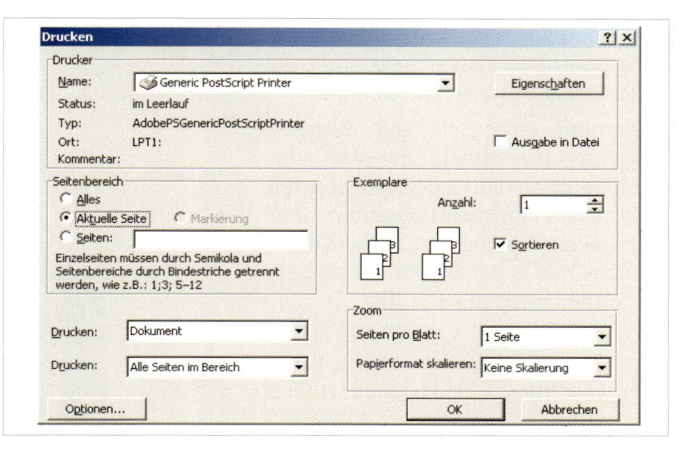

3 Fertig ausgerichteter Text, Arbeitsfassung

4 Dialogbox Drucken

Anwendung

1. Sie werden beauftragt, für die Elektrowerkstatt einen Bestell- und Anforderungsvordruck mit Word im DIN-A4-Format zu erstellen.

Der Vordruck soll enthalten:
– Firmenname und Anschrift
– Abteilung
– Name des Bestellenden
– Datum der Bestellung
– Name und Anschrift der Firma, die die Bestellung erhält; eventuell Name des Bearbeiters dieser Bestellung
– tabellarische Auflistung der zu bestellenden Produkte
– Anzahl
– Bezeichnung
– Einzelpreis
– Gesamtpreis

Am Ende der Liste soll der Gesamtpreis der Bestellung angegeben werden.

2. Erstellen Sie mit Word ein Formular für die Anfertigung von Arbeitsplänen (siehe Seite 173).

Erstellen Sie unter Benutzung dieses Formulars einen Arbeitsplan für die komplette Installation einer Wechselschaltung.

Tabellenkalkulation (Excel)

Nach *Aufruf* des Programmes **Excel** erscheint die **Excel-Oberfläche**, die ähnlich wie die Word-Oberfläche eine Anzahl von Leisten und Symbolen neben einer *leeren Tabelle* enthält.

Die *Tabellenzeilen* sind von 1 bis 65536, die *Tabellenspalten* von A bis Z und danach von AA bis IV beschriftet. Dadurch ist jede *Tabellenzelle* eindeutig identifizierbar.

In der Darstellung nach Bild 1 ist die Tabellenzelle C8 selektiert.

Excel-Dokumente werden als **Mappe** bezeichnet. Jede Mappe kann bis zu 255 **Tabellenblätter** (Tabellen) enthalten.

In jede **Tabellenzelle** können Daten verschiedener Kategorien und Formate eingetragen werden. Zum Beispiel *Zahlen*, *Texte* und *Datumsangaben*.

Außerdem kann in jede Tabellenzelle eine **Formel** eingetragen werden. Diese Formeln können von elementaren Rechenoperationen über komplexe Funktionen bis hin zur booleschen Algebra reichen.

Die Formeln können auch *Bezüge* auf andere Tabellenzellen des gleichen Tabellenblattes auf Tabellenzellen anderer Tabellenblätter der geöffneten Mappe oder auf Tabellenzellen anderer Excel-Mappen enthalten.

In der **Bearbeitungsliste** wird der Wert bzw. die Formel der aktivierten Tabellenzelle angezeigt. Die Koordinaten der aktivierten Tabellenzelle sind links in der Bearbeitungsleiste sichtbar.

Außerdem ermöglicht die *Bearbeitungsliste* die **direkte Eingabe von Formeln** oder die Formeleingabe mit Hilfe eines **Formelassistenten**, der durch einen Mausklick auf das Gleichheitszeichen in der Bearbeitungsleiste aufgerufen werden kann (Bild 2).

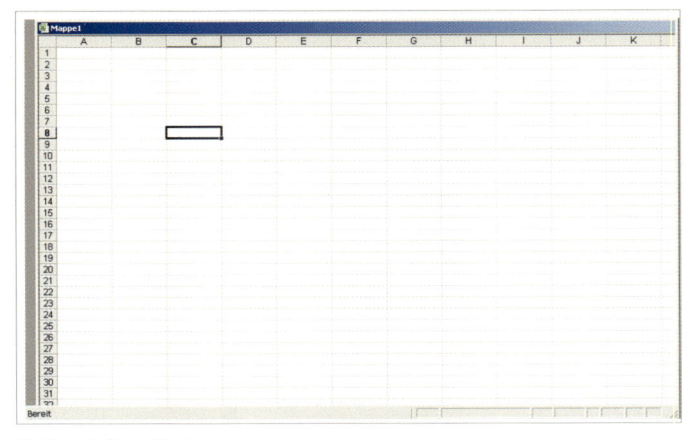

1 Excel-Oberfläche

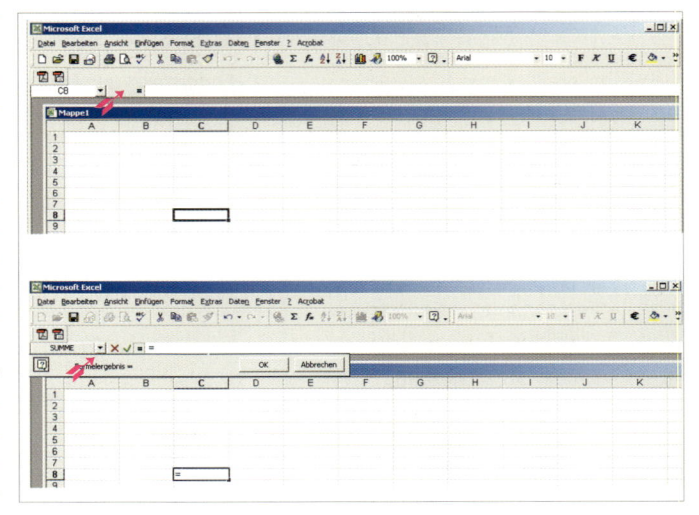

2 Formelansicht von Excel

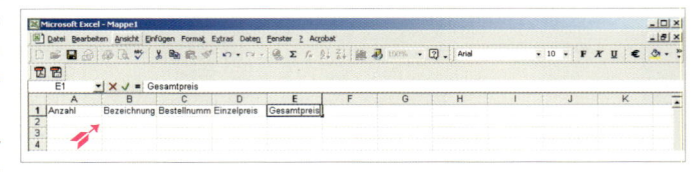

3 Tabellenüberschriften bei Excel

Auftrag

Sie erhalten den Auftrag, die Tabelle für den Bestell- und Anforderungsvordruck (Anwendung Seite 335) in Excel zu erstellen. Spalten: Bezeichnung, Bestellnummer, Einzelpreis, Gesamtpreis.
Die Endsumme (der Rechnungsbetrag) soll ebenfalls ausgegeben werden.

Anwenderprogramme

- *Excel aufrufen*
  Es erscheint die Excel-Oberfläche.

- *Tabellenüberschriften eingeben*
  Hierzu die Tabellenzellen, in die die Überschriften eingegeben werden sollen, aktivieren und Text eingeben (Bild 3, Seite 336).
  Texteingabe kann z.B. durch einen Mausklick auf eine andere Tabellenzelle beendet werden.
  Auch die Tab-Taste ermöglicht die Navigation von Tabellenzelle zu Tabellenzelle.

- *Spaltenbreite anpassen*
  Noch entspricht die Spaltenbreite den Standardvorgaben; sämtliche Spalten sind gleich breit.
  Ein Mausklick auf A selektiert die linke Spalte *Anzahl*.
  Wenn sich der Mauszeiger in dieser Spalte befindet und die rechte Maustaste gedrückt wird, erscheint ein Menü, in dem *Spaltenbreite...* gewählt wird (Bild 1).
  In der aufgerufenen Dialogbox *Spaltenbreite* kann die gewünschte Spaltenbreite eingegeben werden.
  Möglich ist die Eingabe eines Wertes zwischen 0 und 255. Der eingegebene Wert bestimmt die Anzahl der Zeichen, die eingegeben werden können. Bei einer Spaltenbreite 0 wird die Spalte ausgeblendet.

  Folgende *Spaltenbreiten* werden gewählt:
  Anzahl: 6
  Bezeichnung: 35
  Bestellnummer: 15
  Einzelpreis: 10
  Gesamtpreis: 12

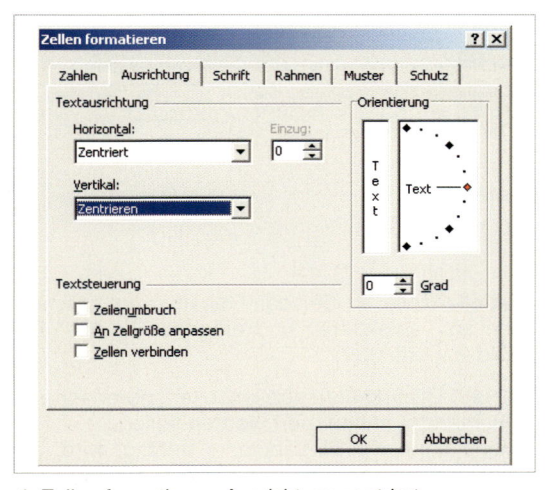

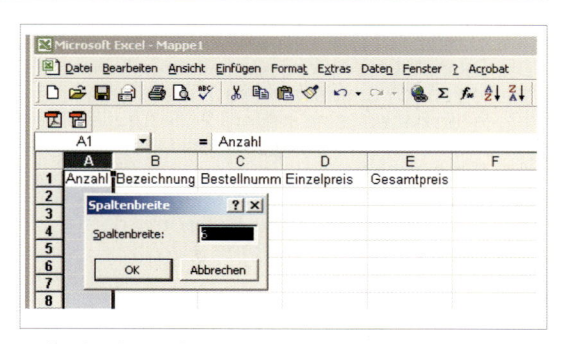

1 *Spaltenbreite festlegen*

2 *Tabelle nach Eingabe der Spaltenbreiten*

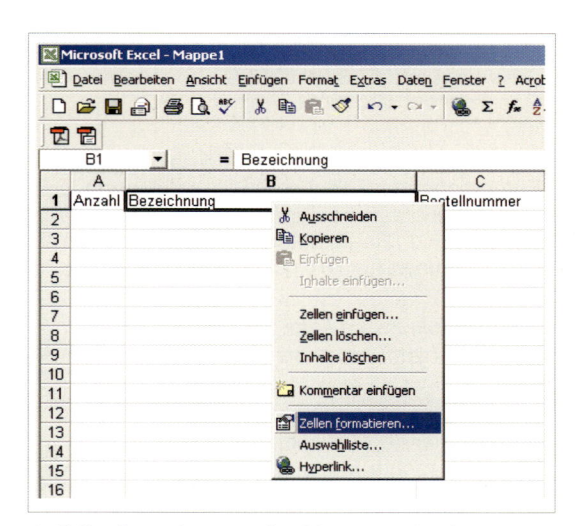

3 *Zellen formatieren; rechte Maustaste drücken*

- *Tabellenüberschriften formatieren*
  Die Tabellenüberschriften sollen horizontal und vertikal auf Mitte (zentriert) gesetzt werden. Die Tabellenüberschriften durch Überfahren mit der Maus selektieren und danach rechte Maustaste betätigen. *Zellen formatieren...* wählen (Bild 3).

  In der Dialogbox *Zellen formatieren* die Registerkarte *Ausrichtung* wählen und bei Horizontal und Vertikal *zentrieren* eingeben. Danach mit OK bestätigen (Bild 4).

4 *Zellen formatieren; Ausrichtung zentriert*

- *Anzahl der Tabellenzellen bestimmen*
  Die Bestell- und Anforderungsliste soll maximal 15 Positionen umfassen. Die Tabelle muss also 17 Zeilen haben (eine weitere Zeile für die Überschriften und eine Zeile für den Gesamtbetrag am Tabellenende).
  Mit Hilfe der Maus werden demnach 16 Tabellenzeilen selektiert. Vorsicht: Dabei mit der Maus nicht über A, B, C, D ... fahren (Bild 2).

- *Tabellenumrandung bestimmen*
  Bei selektierten Tabellenzeilen die rechte Maustaste betätigen und *Zellen formatieren...* wählen. Hier die Registerkarte *Rahmen* selektieren. Voreinstellung *Außen* und *Innen* wählen, wodurch die einzelnen Tabellenzellen umrandet werden. Die Linienart der Umrandung ist dabei wählbar.
  Nun erscheint die Tabelle mit der Umrandung der einzelnen Tabellenzellen.

- *Eine Anforderung eingeben*
  Für die weitere Tabellengestaltung wird eine Anforderung (Bestellung) eingegeben (Bild 3).
  Die Eingabe erscheint unformatiert, der Einzelpreis wird mit 17,8 statt 17,80 angegeben, der Gesamtpreis wird nicht ermittelt.

- *Anzahl auf Mitte setzen (zentrieren)*
  Entsprechende Tabellenzellen selektieren und rechte Maustaste betätigen. *Zellen formatieren...* wählen und Registerkarte *Ausrichtung* anklicken. *Zentriert* für Textausrichtung wählen.

- *Bestellnummer auf Mitte setzen*
  Wie bei *Anzahl* vorgehen.

- *Einzelpreis in Euro eingeben*
  Entsprechende Tabellenzellen selektieren; rechte Maustaste drücken und *Zellen formatieren...* wählen. Registerkarte *Zahlen* anklicken. *Währung* wählen und Symbol Euro wählen (Bild 1).
  Zwei Dezimalstellen sind natürlich ausreichend. Das Gleiche wird für die Spalte *Gesamtpreis* durchgeführt.

- *Gesamtpreis automatisch errechnen lassen*
  Der *Gesamtpreis* ist das *Produkt* von *Anzahl* und *Einzelpreis*.
  Für die Durchführung der Berechnung gibt es bei Excel viele, auch sehr komfortable Möglichkeiten. Hier wird zur Problemlösung ein sehr einfaches Verfahren gewählt.

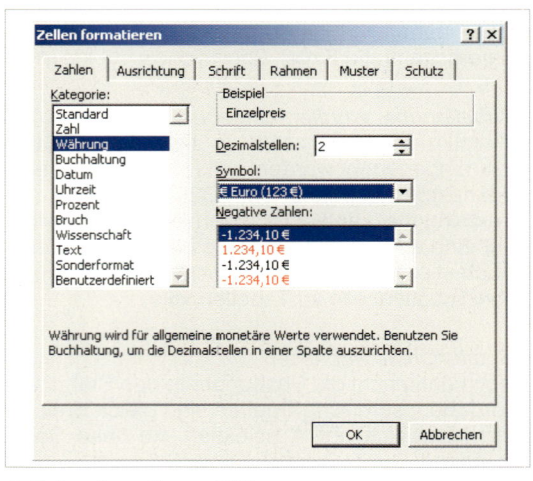

1 Zellen formatieren, Währung

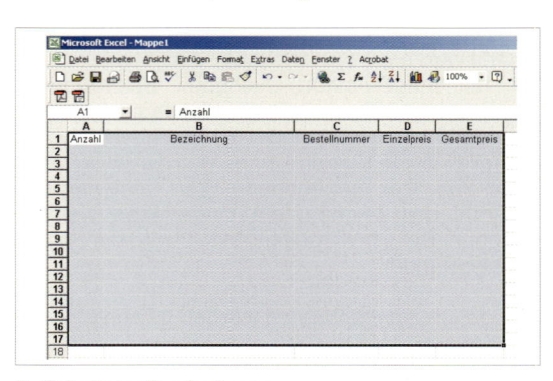

2 Tabellenzellen festlegen

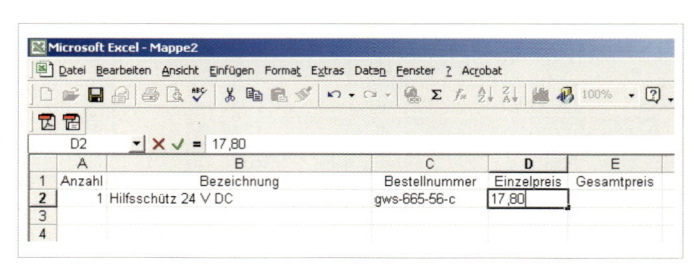

3 Eingabe in Tabellenzellen

Tabellenzelle, in der der Gesamtpreis erscheinen soll, selektieren und eingeben: = A2 * D2 (Bild 2, Seite 339).

A2 und D2 sind die Tabellenzellen, deren Inhalte miteinander multipliziert werden sollen.
Wenn dann die Eingabetaste betätigt wird, erscheint der Gesamtpreis in der gewünschten Tabellenzelle (Bild 3, Seite 339).

Anwenderprogramme

Wird nun der nächste Artikel eingegeben, kommt es nicht zur automatischen Berechnung des Gesamtpreises.
Man könnte in die entsprechende Tabellenzelle zwar die Formel = A3 * D3 eingeben, doch erscheint dies relativ aufwendig, zumal dieses Verfahren für jede Zelle der Spalte *Gesamtpreis* wiederholt werden müsste.

Eine weitere Möglichkeit besteht nun darin, die Zelle E2 zu selektieren (hier wurde bereits der Gesamtpreis nach der eingegebenen Formel ermittelt) und zu kopieren. Entweder *Bearbeiten – Kopieren* oder kurz Strg + C.

Danach die Zelle E3 selektieren und die Formel der Zelle E2 hier einfügen. Entweder über *Bearbeiten – Einfügen* oder kurz Strg + V.

Dieses Verfahren kann nun für die Zellen E4 bis E16 wiederholt werden, um die gesamte Liste zu komplettieren. Wenn nun eine weitere Bestellung eingegeben wird, errechnet sich der Gesamtpreis automatisch (Bild 1, Seite 340).

- *Gesamtsumme der Bestellung ermitteln*
In der Zelle E17 soll der gesamte Bestellwert ausgegeben werden.
Zelle E17 mit der Maus selektieren.
Gleichheitszeichen anklicken,
Formel eingeben.

Wenn nun OK angeklickt wird, erscheint der Gesamtpreis in der Zelle E17.

- *Gesamtbetrag in Fettschrift darstellen*
Feld E18 selektieren und die rechte Maustaste drücken.
Zellen formatieren wählen.
In der Dialogbox *Zellen formatieren* die Registerkarte *Schrift* wählen und dort *Fett* selektieren (Bild 2, Seite 340).
Damit ist die Tabelle erstellt und wird gespeichert. Entweder über *Datei – Speichern* oder kurz Strg + S.

1 Ausgefüllte Tabellenzeile (ohne Gesamtpreisberechnung)

2 Berechnung des Gesamtpreises

3 Nach Betätigung der Eingabetaste: Gesamtpreis

4 Komplette Bestellliste

Anwendung

1. Importieren Sie die Excel-Tabelle für den Bestell- und Anforderungsvordruck in ein Word-Programm, mit dem Sie einen geeigneten Briefkopf mit dem Firmennamen Ihres Ausbildungsbetriebes gestalten.

2. Geben Sie die Materialliste von Seite 172 in die Excel-Tabelle ein.

Ermitteln Sie die Einzelpreise und lassen Sie den Gesamtpreis automatisch berechnen.

3. Entwickeln Sie ein Arbeitsplanformular mit Hilfe von Excel.
Der Arbeitsplan soll die einzelnen Tätigkeiten in der richtigen Reihenfolge umfassen.

Ferner sind die für die einzelnen Tätigkeiten benötigten Werkzeuge und die Zeitdauer der einzelnen Tätigkeiten aufzunehmen.

Die Gesamtzeit kann dann automatisch errechnet werden.

Wenn Sie den Stundensatz im Betrieb erfragen, lassen sich auch die Personalkosten für die Aufgabe ermitteln.

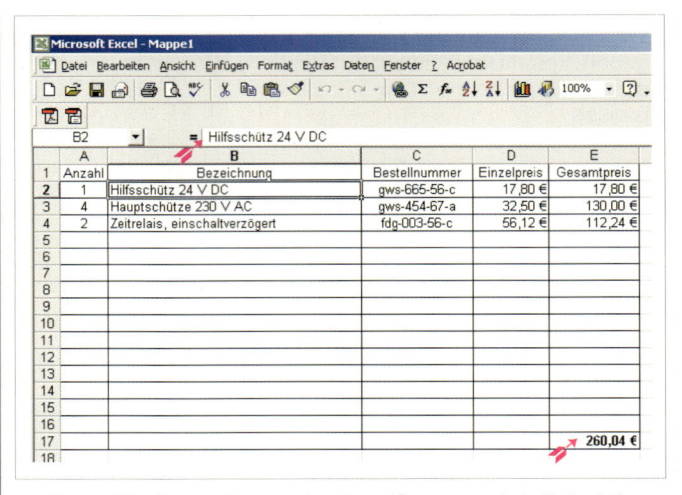

1 Formel für Gesamtbetrag eingeben (Gesamtpreis in Zeile 17)

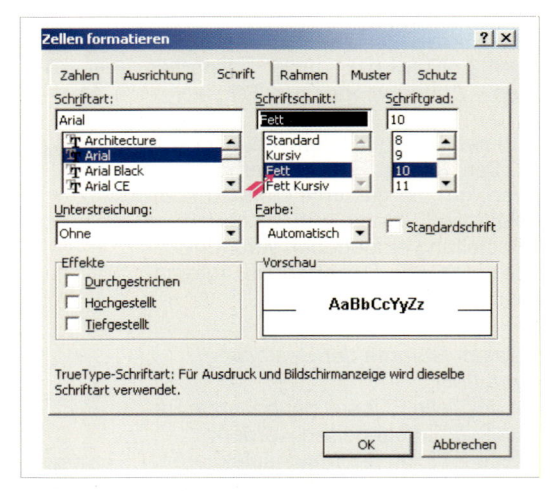

2 Fettschrift für Gesamtbetrag wählen

3 Gesamte Tabelle

4.4 Internet und Online-Dienste

Millionen Computer sind weltweit über ein Netz von *Telefon- und Datenleitungen* miteinander verbunden.

Jeder von ihnen hat Zugriff auf ein riesiges Informationsangebot. Benötigt wird hierzu neben einem *Personalcomputer* nur ein *Modem* bzw. eine *ISDN-Karte* (DSL) sowie die notwendige Software.

Bei der betrieblichen Nutzung ist davon auszugehen, dass Hardware und Software problemlos installiert und konfiguriert wurden.

Das **Internet** besteht aus einer Vielzahl weltweit miteinander verbundener Netze. Damit über diese Netze eine Datenübertragung ermöglicht wird, benutzen die **Internetserver** das weltweit standardisierte *Übertragungsprotokoll TCP/IP*.

Dieses *Protokoll* ermöglicht es, dass Personalcomputer, UNIX-Rechner, Apple-Rechner und Großrechner Daten auf einer *einheitlichen Basis* austauschen können.

Das gesamte Internet ist aus einer Vielzahl von *Servern* aufgebaut, die Informationen anbieten. Die einzelnen Server sind über Kupferleitungen, Glasfaserleitungen, Richtfunkstrecken und Satellit miteinander verbunden.

Ein **Datenpaket**, das zwischen zwei Punkten der Erde verschickt wird, wird in kleine Bestandteile zerlegt und über den optimalen Weg verschickt, der nicht unbedingt der kürzeste Weg sein muss.

Dies hat seinen Grund darin, dass die an jedem *Knotenpunkt* ankommenden Datenpakete über die Verbindung mit der geringsten Belastung weitergeleitet werden.

Beispiel
Eine Nachricht (E-Mail) soll von Punkt A nach Punkt B verschickt werden.
Sie lautet: Maschine nicht reparierbar; benötige Ersatzteil 3SE-0246-26; dringend.

Es ist durchaus möglich, dass die Information „zerstückelt" wird und auf unterschiedlichen Wegen zum Empfänger gelangt; natürlich ohne, dass der Anwender dies merkt (Bild 1, Seite 342).

> **Information**
>
> **Online**
> „am Draht"; Zustand, bei dem ein Computer mit anderen Computern kommunizieren kann
>
> **Offline**
> „vom Draht"; beendete bzw. abgebrochene Onlineverbindung
>
> **Modem**
> **Mo**dulator-**Dem**odulator; wandelt digitale in analoge Signale um; und umgekehrt.
>
> **ISDN**
> **I**ntegrated **S**ervices **D**igital **N**etwork; für die Datenübertragung werden die Telefonleitungen genutzt. Daten werden digital übertragen.
> Schnellere Datenübertragung als bei analogen Verfahren (Modem).
>
> **Server**
> Leistungsfähige Computer, auf denen Angebote für Internet-Nutzer abgelegt sind.
>
> **TCP/IP**
> **T**ransmission **C**ontrol **P**rotocol/**I**nternet **P**rotocol
>
> **E-Mail**
> Electronic Mail, elektronische Post
>
> **CERN**
> Europäisches Kernforschungsinstitut
>
> **FTP**
> **F**ile **T**ransfer **P**rotocol
> Die meisten Anwender benötigen nur die Möglichkeit, Dateien von FTP-Servern herunterzuladen (Download), was problemlos mit Hilfe von Browsern (ursprünglich nur für das WWW gedacht) funktioniert.
> Reine FTP-Programme kommen daher bei den meisten Anwendern kaum noch zum Einsatz.
>
> **Browser** (to browse, engl.: schmökern)
> Browser ermöglichen das Navigieren (Surfen) im Internet unter Verwendung eines Personalcomputers. Der Browser ist ein Programm (Software), das ermöglicht, dass Dokumente und Bilder aus dem vielfältigen Internet-Angebot auf dem PC-Monitor angezeigt werden. Browser sind damit die *Benutzeroberfläche* für diesen Internet-Bereich.
>
> **Provider** (to provide, engl.: bereitstellen)
> Provider ermöglichen den Zugang zum Internet. Hier sind viele Anbieter (Provider) am Markt.
> Da sind zunächst die *Onlinedienste* zu nennen, die zunächst einmal durch die eigenen Angebote lotsen, die oft kostenpflichtig sind. Sensible Dienste (wie z.B. Homebanking) sind hier allerdings sicherer als im Internet. Daneben gibt es eine große Anzahl regionaler Provider, die ausschließlich den Internetzugang ermöglichen. Eine Übersicht bietet die Internetseite mit der Adresse: http://www.entry.de
> Solche Provider sind nur als Vermittler anzusehen, die den Internetzugang verkaufen.

Das *Internet* besteht aus mehreren unterschiedlichen Informationsangebotsarten.

Dabei ist das 1992 von mehreren Wissenschaftlern am CERN in Genf entwickelte *World Wide Web (WWW)* das weitaus bekannteste Informationsangebot. So dominant, dass Internet heute praktisch mit **WWW** gleichgesetzt wird.

Neben dem WWW kommt z.B. noch das **E-Mail** (die elektronische Post) und **FTP** für die Datenübertragung zum Einsatz.

Die technische Grundlage des World Wide Web sind das **Hypertext Transfer Protocol** *(HTTP)* und die **Hypertext-Markup-Language** *(HTML)*, die nicht nur im Internet, sondern auch in firmeninternen Intranets bzw. bei temporären Verbindungen (z.B. Service-PC, der nur vorübergehend angeschlossen ist) eingesetzt werden.

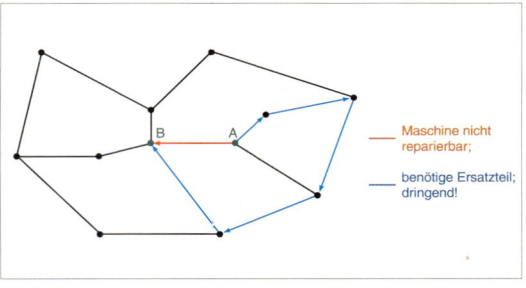

1 Übertragung einer E-Mail-Nachricht

- *Favoriten*
  Lesezeichen aufrufen, einfügen, verwalten.
- *Verlauf*
  Anzeige der zuletzt aufgerufenen Seiten.
- *E-Mail*
  Start des E-Mail-Programms.
- *Drucken*
  Druck der aktuellen Seite.
- *Links*
  Ein Doppelklick auf *Links (Verbindungen)* schiebt eine Menüleiste persönlicher *Quicklinks* über die Adressleiste.
- *Adresse*
  Eingabe der Adresse oder **URL** (**U**niform **R**esource **L**ocator); vollständige Adresse eines Internetdokumentes (z.B. http://www.web.de).

Unter dieser Adresse finden sich wichtige Informationen zur Internetnutzung.

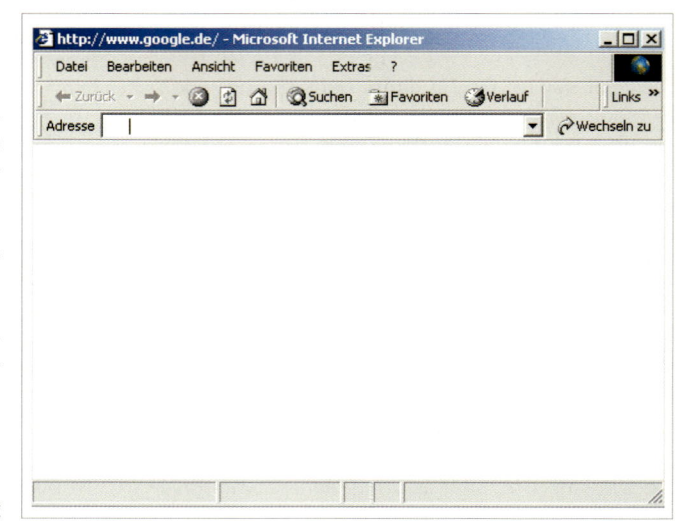

Arbeiten mit dem Internet

Die beiden am meisten benutzten *Browser* sind der **Netscape-Communicator** und der **Internet-Explorer**.

An dieser Stelle soll beispielhaft der Internet-Explorer benutzt werden.

Rechner starten und Internet-Explorer aufrufen

Verbindung zum Provider herstellen
(Hier wird ein Call-by-Call-Provider genutzt.)
Kennwort für den Zugang eingeben und *Verbinden* anklicken. Es erscheint die Startseite.

Bedeutung der Buttons
(Bild 1, Seite 343)
- *Zurück, Vorwärts*
  Blättern in den gerade besuchten Seiten vorwärts und rückwärts (wenn möglich). Schwarze Pfeile präsentieren Listen direkt aufrufbarer Seiten.
- *Abbrechen*
  Beendet das Laden der aktuellen Seite.
- *Aktualisieren*
  Neues Laden der Seite (zwecks Aktualisierung oder bei Übertragungsfehlern).
- *Startseite*
  Aufruf der wählbaren Startseite.
- *Suchen*
  Suchmaschine (z.B. Webseite mit wählbarem Inhalt suchen).

2 Internet-Explorer

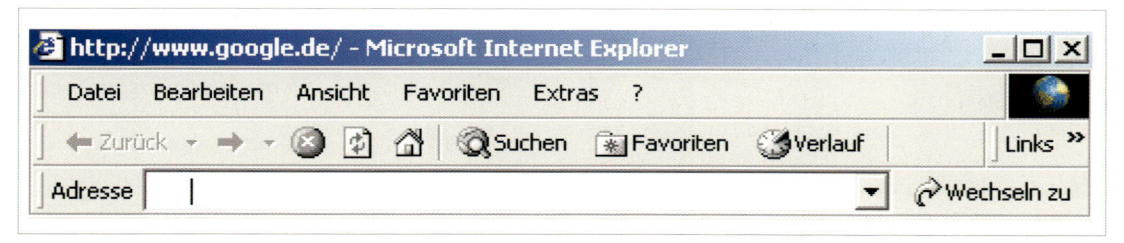

Internet und Onlinedienste

1 Explorer-Buttons

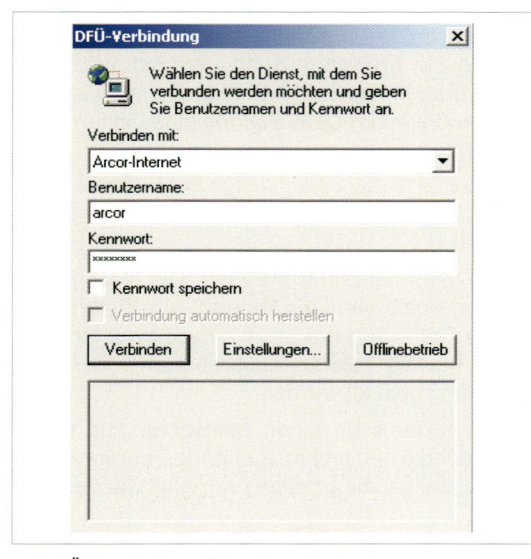

2 DFÜ-Verbindung (hier über Modem)

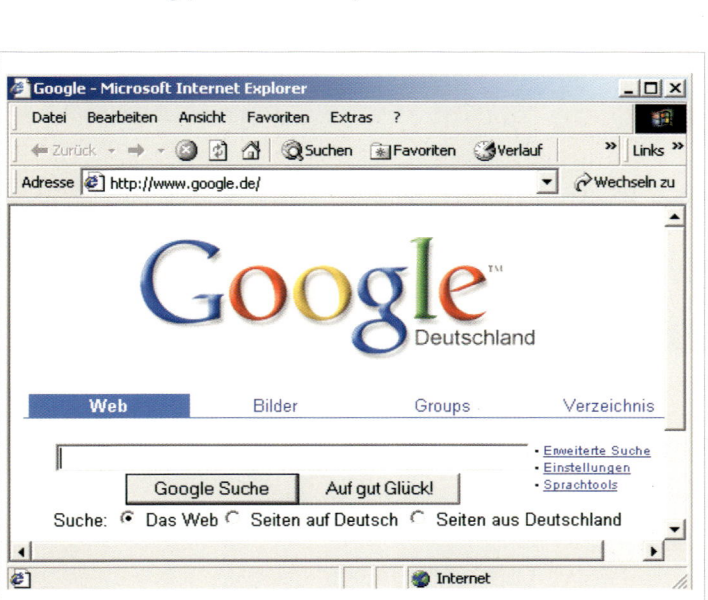

Man kann auch Strg + O drücken, um eine Internetadresse einzugeben.

Um eine Webseite zu wechseln, wird die Internetadresse eingegeben und anschließend auf die Schaltfläche *Wechseln zu* geklickt.

Beachten Sie bei der Adresseingabe:
Bei WWW-Adressen wird der Protokollzusatz http:// automatisch ergänzt.

Statuszeile (Bild 1, Seite 344)
Die Statuszeile (unten) gibt Auskunft über den Ladefortschritt der aktuellen Seite. Ein Symbol in dieser Statuszeile zeigt an, ob zurzeit eine Internetverbindung besteht oder nicht.

Tastaturbefehle

ESC	Laden abbrechen
Strg + B	Lesezeichen (Favoriten) bearbeiten
Strg + F	Suchen innerhalb eines Dokumentes
Strg + N	Neues Fenster öffnen
Strg + P	Seite drucken
Strg + R	Seite neu laden
Alt + →	Vorwärts blättern
Alt + ←	Rückwärts blättern

Offline arbeiten
Menü – Datei – Offlinebetrieb
(Bild 2, Seite 344)

Wenn längere Informationen gelesen werden sollen, kann man die Verbindung zum Provider trennen (Offlinemodus).

3 Startseite des Internets (Beispiel)

1 Statuszeile

2 Anzeige des Offlinebetriebs in der Statuszeile

2. Möglichkeit
Geben Sie als Suchbegriff *Verriegelungsmagnete* ein. Im WEB suchen nach *Verriegelungsmagnete*.

Es erscheint eine Vielzahl von Angeboten zum Thema *Verriegelungsmagnete*.

Nun kann die Information in Ruhe ausgewertet werden, ohne dass hierfür laufende Kosten anfallen. Im Offlinebetrieb arbeiten Sie mit dem Cache-Speicher der Festplatte.

Mit Hilfe der *Links* könnte man sich vermutlich mit hohem Zeitaufwand bis zum Ziel *durchsurfen*.

Wählen Sie *Erweiterte Suche* und geben Sie die Suchwörter in das Feld *Im WEB suchen nach* ein. Wählen Sie in der Liste *Suchen* eine Option aus.

Beschaffung von Informationen (Beispiel)

Sie suchen im Internet nach Verriegelungsmagneten, um deren technische Daten zu erfragen.

1. Möglichkeit
Sie wissen, dass zum Beispiel die Fa. Binder-Magnete Verriegelungsmagneten herstellt. Auf einem Ihnen vorliegenden Katalog dieser Firma findet sich die Internetadresse:
http://www.binder-magnete.de

Diese geben Sie direkt als Adresse im Internet ein. Danach kann man sich durch Anklicken der entsprechenden *Links* bis zum Ziel vorarbeiten.

E-Mail

E-Mail heißt elektronische Post. Die Nachrichten sind innerhalb weniger Minuten am Zielort rund um die Erde. Und das zu *minimalen Kosten*, weil immer nur die Telefongebühren zum *Provider* in Rechnung gestellt werden.

Der *Provider* stellt einen **Mailserver** zur Verfügung, der die ein- und ausgehende Post verwaltet. Solche Mailserver arbeiten prinzipiell wie Postämter.

Der Anwender kann Nachrichten über „seinen" Mailserver zum „Postamt" der Zielperson senden und die eigene Post bei seinem „Postamt" *abrufen*.

3 Eingabe der Internetadresse

Es erscheint die **Homepage** der Firma Kendrion/Binder-Magnete.

Dies ist wichtig zu wissen: E-Mails müssen *abgerufen* werden, sie gelangen *nicht automatisch* zur Zielperson.

Besonders interessant ist, dass sich als Anlage (Attachment) zum E-Mail ganze Dateien mit beliebigem Inhalt (z.B. Zeichnungen oder Bilder) versenden lassen.

Wenn z.B. der Servicetechniker in Fernost eine Skizze zu einem technischen Detail benötigt, kann sie ihn als E-Mail von Deutschland aus innerhalb kurzer Zeit erreichen.

4 Homepage der Firma (Ausschnitt)

Internet und Onlinedienste

1 Suchbegriff: Verriegelungsmagnet

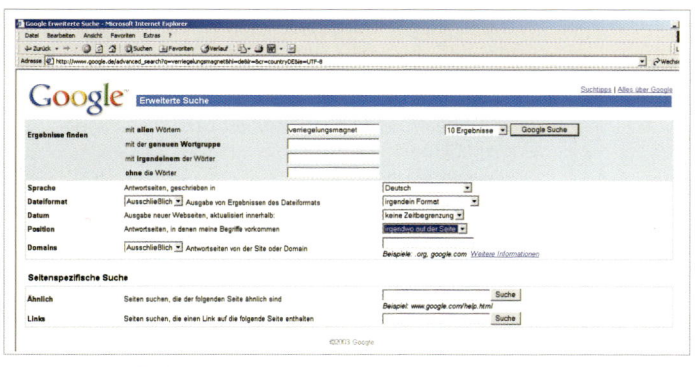

2 Erweiterte Suche

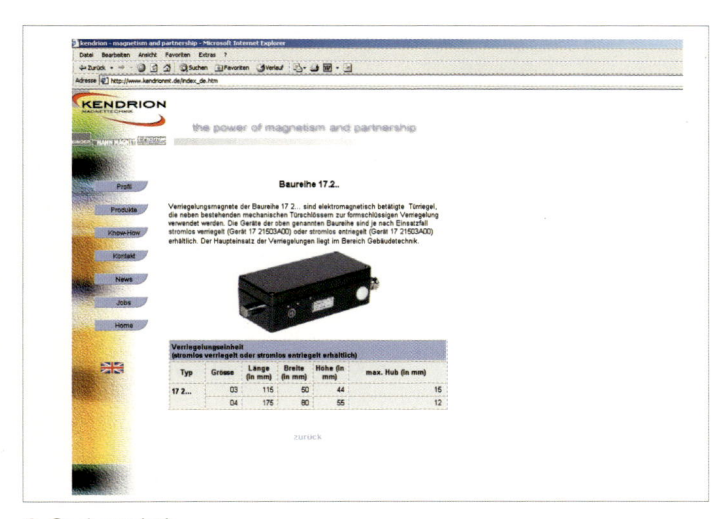

3 Suchergebnis

Information

Länderkennungen

at   Österreich
ca   Kanada
ch   Schweiz
de   Deutschland
uk   United Kingdom
      (Großbritannien)

Bereiche

Com
kommerzieller Anbieter (commercial)
Edu
Bildungseinrichtungen (educational)
Org
nicht kommerzielle Organisationen
Net
Netzwerkbetreiber

Homepage
Anfangs- bzw. Leitseite eines Anbieters im World Wide Web. Enthält Inhaltsangabe, Querverweise, Navigationshilfen und Links.

Website
Angebot im Internet mit Homepage und sämtlichen Folgeseiten.

Web-Seite
Von einem Web-Server abrufbare Multimedia-Seite, die in den eigenen Computer eingeladen und betrachtet werden kann.

Hyperlink, Link
Hyperlinks sind Schlüssel zum Surfen im Internet.

Es handelt sich hierbei um farblich (meist blau) hervorgehobene Textstellen (Textlink) oder bestimmte Grafiken (Hotspots) in WWW-Dokumenten. Auch Bilder können Links sein.

Wenn mit der Maus über einen Link gefahren wird, ändert sich der Mauspfeil in eine Hand.

Wenn dann die linke Maustaste gedrückt wird, wird das entsprechende Dokument geladen.

Im Internet surfen bedeutet, sich über Links durch das Internet zu bewegen. Dabei ändert ein bereits besuchter Link seine Farbe (z.B. in einen Rotton).

Information

mind. eines der Wörter
Bringt Seiten in Vorschlag, die mindestens eines der Wörter (im Suchbegriff) enthalten, nicht aber unbedingt alle Wörter.

alle Wörter
Bringt Seiten in Vorschlag, in denen jedes Wort mindestens einmal enthalten ist; nicht aber unbedingt in der eingegebenen Reihenfolge.

Wörter im Titel
Bringt Seiten in Vorschlag, die Suchwörter im Titel enthalten.

genauer Ausdruck
Bringt Seiten in Vorschlag, die den Suchausdruck ohne dazwischen liegende Wörter (mit Ausnahme von der, und, ein, eine und von) enthalten.

Boolescher Ausdruck
Gestaltet die Suche entsprechend den verwendeten booleschen Operatoren (AND, OR und AND NOT). Achten Sie darauf, dass die Operatoren in Großschrift eingegeben werden müssen.

Hyperlinks zu URL
Bringt Seiten in Vorschlag, die einen Hyperlink zu der eingegebenen Internetadresse (URL) enthalten.

Suchen im Web

So erhalten Sie weniger Ergebnisse:
Mit einem Minuszeichen vor einem Wort können Sie Seiten ausschließen, die das betreffende Wort enthalten. Vor dem Minuszeichen muss ein Leerzeichen stehen, dahinter darf kein Leerzeichen stehen.
Wenn z.B. *Schütze -Hilfsschütze* eingegeben wird, werden Seiten gesucht, die das Wort *Schütze* nicht aber das Wort *Hilfsschütze* enthalten.

So erhalten Sie mehr Ergebnisse:

Platzhalterzeichen: Geben Sie hinter einem Wort oder Wortteil einen Stern (*) ein.
Pluszeichen (+): Ein Pluszeichen vor dem Suchwort bringt Seiten in Vorschlag, die das Wort enthalten. Vor dem Pluszeichen muss ein Leerzeichen stehen, dahinter darf kein Leerzeichen stehen. Die Eingabe +Hilfsschütz +Schütz bringt Seiten in Vorschlag, die beide Wörter enthalten.

Suchen mit booleschen Ausdrücken

AND
Seiten, in denen jedes Suchwort mindestens einmal vorkommt.

OR
Seiten, in denen jedes Suchwort mindestens einmal vorkommt, nicht aber unbedingt alle Wörter.

AND NOT
Seiten, die das Suchwort vor dem booleschen Operator, nicht aber das Wort nach dem booleschen Operator enthalten.

Achtung! Nicht einheitlich bei den verschiedenen Suchmaschinen.

Als Suchbegriff wird zum Beispiel *binder-magnete AND Verriegelungsmagnete* eingegeben, wodurch das Auffinden der gesuchten Information erleichtert werden kann.

Die Anzahl der Suchergebnisse begrenzen

Das häufigste Problem bei der Suche im Internet sind zu viele Suchergebnisse.

Daher ist es außerordentlich wichtig, die Suche einzugrenzen. Dies funktioniert bei den einzelnen Suchmaschinen (z.B. YAHOO, MSN, Fireball, Web.de, Alta Vista, Lycos) leider nicht nach einheitlichen Kriterien.

Im Laufe Ihrer Tätigkeit werden Sie bestimmte Suchmaschinen bevorzugen. Bei diesen sollten Sie unbedingt die Arbeit mit den speziellen Suchwerkzeugen gründlich üben, da sich dadurch Zeit und damit Kosten sparen lassen.

Die einzelnen Suchmaschinen verfügen über Hilfen, die auch Angaben zum Suchen (Suchtipps) enthalten.

Internetadressen ausgewählter Suchmaschinen
www.msn.de
www.yahoo.de
www.fireball.de
www.intersearch.de
www.lycos.de
www.hatbot.com

Zu jedem Thema die passende Suchmaschine findet sich unter:
www.search.com

Beachten Sie, dass im Adressfeld nur die E-Mail-Adresse des Empfängers steht.
Keinesfalls hier die „Anschrift" des Empfängers einfügen.
@
Für das "at"-Zeichen AltGR + Q betätigen.
Mac-Anwender betätigen Alt, Shift + 1.

www.suchen.de
Deutsches E-Mail-Adressverzeichnis mit freiwilligem Eintrag.

Cc
Carbon copy (Durchschrift)
Eine Kopie des E-Mails wird an die dort eingetragene Adresse geschickt.

Bcc
Blind carbon copy
Identisch mit Cc, allerdings bleibt dem Empfänger verborgen, wer diese Nachricht noch erhielt.

Internet und Onlinedienste

E-Mail mit dem Internet-Explorer

Das E-Mail „*Benötige die technischen Unterlagen zum Projekt W14-6 dringend*" soll verschickt werden.

- Button *E-Mail* rechts oben in der Menüleiste des Internet-Explorers öffnet das Programm **Outlook-Express** (Bild 1).

1 Outlook-Express öffnen

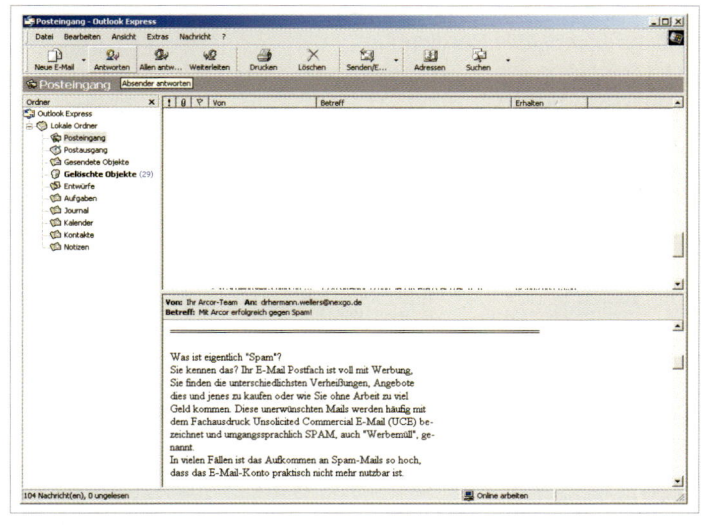

Natürlich kann das Programm auch *offline* über die Windows-Startleiste oder vom Desktop aus geöffnet werden.
Es erscheint ein Nachrichtenfenster, in dem Sie unter *An: die E-Mail-Adresse des Empfängers* eintragen (Bild 3).

Tragen Sie auch den Betreff ein, weil der Empfänger die Nachricht damit zuordnen kann.
Danach können Sie den Text eingeben.
Durch Klick auf die Schaltfläche *Senden* wird das E-Mail abgeschickt.

2 Outlook-Express geöffnet

- Zum Lesen (Abholen) eigener E-Mails Button *E-Mail* im Internet-Explorer anklicken und dann *E-Mail lesen* wählen. Der Posteingang wird dann angezeigt.

- Ein Mausklick auf den jeweiligen Posteingang ermöglicht das Lesen des E-Mails.

- *Datei versenden*
  Wenn Sie neben einer Information (Text) noch eine Datei versenden wollen, klicken Sie auf Button *Büroklammer* oder wählen Sie im Menü *Einfügen* die Option *Datei*.

  Es wird dann das Fenster *Datei einfügen* geöffnet, wo Sie die zu übertragende Datei auswählen können.
  Wenn Sie danach die Schaltfläche *Einfügen* anklicken, erscheint diese Datei als Anlage zum E-Mail.

3 E-Mail-Fenster (E-Mail versenden)

4.5 Informationsübertragung in Datenverarbeitungsanlagen

Die technisch einfachste (nicht unbedingt komfortabelste) Möglichkeit der **Informationsübertragung** zwischen Personalcomputern besteht darin, einen *Datenträger* (z.B. Diskette oder CD) zu beschreiben und von einem anderen Computer lesen zu lassen. Voraussetzung hierfür ist allerdings *kompatible* Hardware.

Bei größeren Datenmengen ist dieses Verfahren allerdings problematisch.

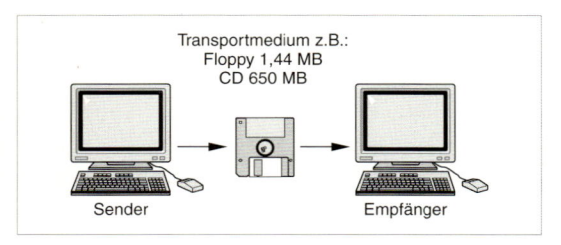

1 Datentransport und Datenträger

Beispiel
Ein geändertes *Logo-Programm* wird auf einen Datenträger kopiert und zum Kunden gebracht.

Oftmals ist es sinnvoll, *zwei* Personalcomputer miteinander über eine *Datenleitung* zu verbinden.

Möglich ist die Verbindung z.B. über die *seriellen Schnittstellen* des Computers.

Selbstverständlich ist auch eine geeignete Software notwendig, die aber oftmals Bestandteil des Betriebssystems ist.

Beispiel
Zwischen Personalcomputer und Kleinsteuerung wird eine solche serielle Datenübertragung stattfinden.
Zwischen dem PG (prinzipiell ein normaler PC) und der SPS-Hardware können dann in beiden Richtungen Daten ausgetauscht werden.

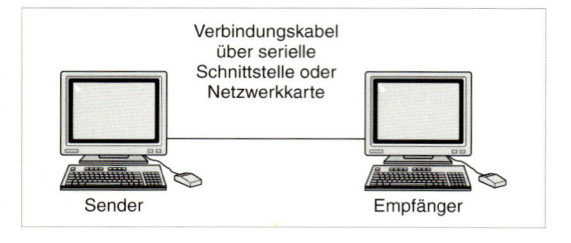

2 Datentransport über Datenleitung

Statt die Verbindung über die *serielle Schnittstelle* herzustellen, kann in den Personalcomputer auch eine **Netzwerkkarte** eingebaut werden. Das Ergebnis ist ein kleines **lokales Netzwerk** *(LAN)*. Die notwendige Software ist i. Allg. Bestandteil der gängigen Betriebssysteme.

Weiterhin können *Peripheriegeräte* (Drucker usw.) von beiden Computern genutzt werden. Außerdem kann jeder Computer auch auf die Festplatte(n) des jeweils anderen Computers zugreifen; so als wäre dies seine eigene Festplatte.

Wenn die Computer nicht in relativer Nähe stehen, kommt eine Übertragung über das *Telefonnetz* in Frage. Dazu müssen die Computer über *Modem* (analoger Telefonanschluss) oder *ISDN-Adapter* (digitaler Telefonanschluss) mit dem Telefonnetz verbunden werden.

Aufbau von PC-Netzwerken

Netzwerke ermöglichen es dem Anwender, auf zentrale Daten zugreifen zu können sowie Netzwerkressourcen (z.B. Drucker) im Netzwerk gemeinsam zu nutzen.
Um **Netzwerkfähigkeit** zu schaffen, ist die Einhaltung von Standards notwendig, damit verschiedene Rechner unterschiedlicher Netzwerkstrukturen miteinander kommunizieren können.

Grundlage des gemeinsamen Standards ist das von ISO verabschiedete **OSI-Referenzmodell** für die Kommunikation offener Systeme.

Information

LAN
Local **A**rea **N**etwork
(lokales Netzwerk)

Topologie
Lehre von der Lage und der Anordnung geometrischer Gebilde im Raum

Ressourcen
Hilfsmittel

OSI
Open **S**ystems **I**nterconnection
(Verbindung offener Systeme)

ISO
International **O**rganization for **S**tandardization (internationaler Normenausschuss)

Hub
Mittelpunkt, Angelpunkt

OSI-Referenzmodell

Anwendungsschicht
Stellt die Anwendersoftware zur Verfügung, die dem Anwender die Netzwerknutzung ermöglicht.

Präsentationsschicht
Stellt Software zur Darstellung von Daten zur Verfügung, die mit Hilfe der untergeordneten Schichten übertragen werden soll.

Verbindungsschicht
Stellt Software zur Verfügung, die die Verbindung zwischen den Kommunikationspartnern kontrolliert.

Transportschicht
Stellt Software zur Verfügung, die die Datenübertragung in Datenpaketen organisiert.

Netzwerkschicht
Stellt die Software zur Verfügung, die die Netzwerkverbindungen mit Hilfe der untergeordneten Schichten herstellen und verwalten kann.

Datenübertragungsschicht
Verantwortlich für die zuverlässige Informationsübertragung; kontrolliert den Datentransport.

Physikalische Schicht
Verantwortlich für die Datenübertragung über Leitungen.

Da dieses *OSI-Schichtenmodell* die Kommunikation offener Systeme eindeutig beschreibt, *nicht aber Realisierungsdetails* wie Computer oder Betriebssystemeigenschaften, ist es für sich genommen wenig geeignet, ein reales Netzwerk zu beschreiben.

Daher werden häufig Modelle verwendet, die sich zwar am OSI-Modell anlehnen, jedoch näher am realen Netzwerk liegen. Das *Schichtenmodell* ist hierfür ein Beispiel.

Topologie von Netzwerken

In einem *lokalen Netzwerk (LAN)* sind die vernetzten PCs über *Leitungen* miteinander verbunden. Die *Art der Vernetzung* eines LAN ist z.B. abhängig von den räumlichen Gegebenheiten, den vorgesehenen Netzwerkanwendungen sowie den Anschaffungs- und Installationskosten.

Grundsätzlich wird zwischen folgenden *Topologien* unterschieden:
- Bus-Topologie
- Ring-Topologie
- Stern-Topologie

Bus-Topologie
Sämtliche Netzwerk-PCs sind über eine offene (an beiden Enden durch Abschlusswiderstände abgeschlossen) Leitung (den Bus) miteinander verbunden (Bild 1, Seite 350).

Die wesentlichen *Vorteile* sind:
- relativ geringer Leitungsaufwand,
- leichte Erweiterungsmöglichkeiten an den Busenden.

Nachteilig wirkt sich aus, dass ein Leitungsdefekt das gesamte Netzwerk außer Betrieb setzen kann.

Auch unzureichende Steckverbindungen an den Netzwerkkarten können zu gleichen Problemen führen, die im Übrigen relativ schwierig zu lokalisieren sind.

Sämtliche angeschlossenen PCs können gleichberechtigt Daten über den Bus senden.

Dies bedeutet, dass es bei sehr vielen angeschlossenen PCs zu einer Überlastung und damit zu Datenübertragungsfehlern kommen kann.

Für kleinere Netzwerke ist die Bus-Topologie allerdings völlig ausreichend.

Ring-Topologie
Sämtliche Netzwerk-PCs sind über eine geschlossene Leitung (den Ring) miteinander verbunden (Bild 2, Seite 350). Auch hier treten die für die Bus-Topologie typischen Nachteile auf. Bei einem Leitungsdefekt kommt es auch hier zu einem kompletten Netzwerkausfall.

Beim **Token-Ring-System** wird das Problem der Netzwerküberlastung zum Teil dadurch gelöst, dass die angeschlossenen PCs für den Netzwerkzugriff ein *Token* (Gutschein) benötigen.

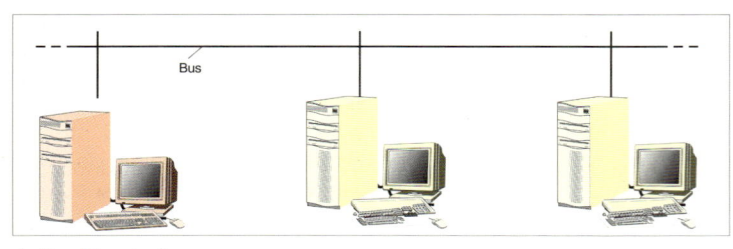

1 Bus-Topologie

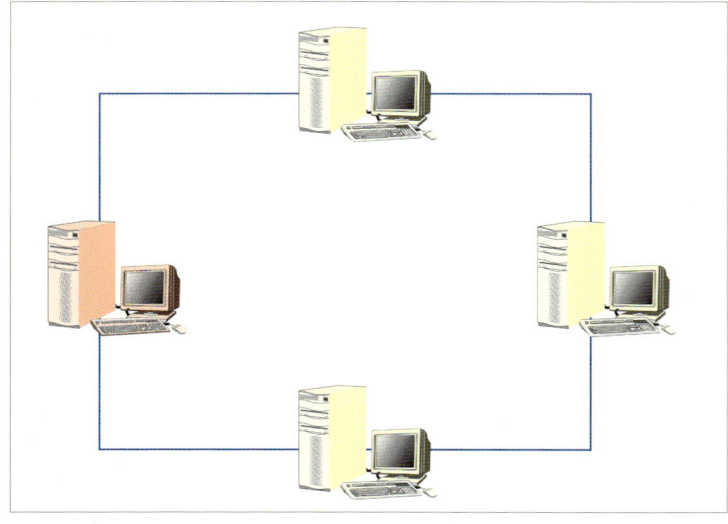

2 Ring-Topologie

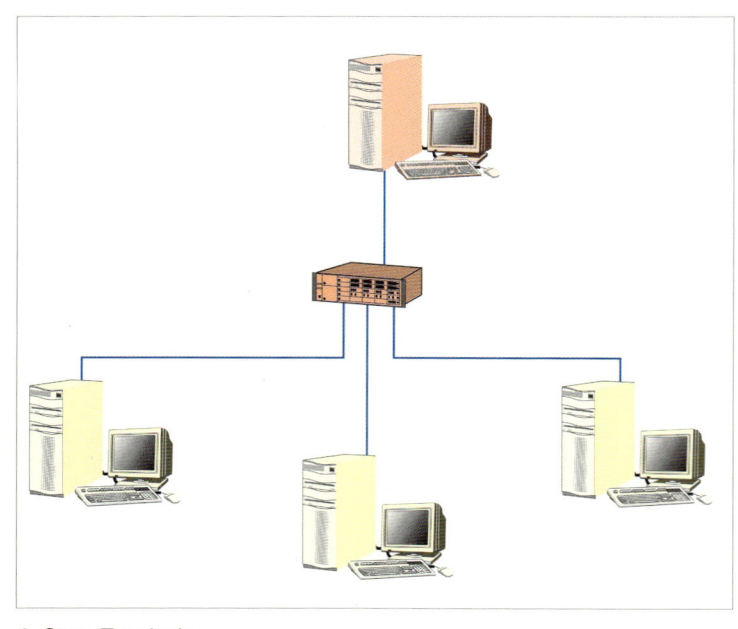

3 Stern-Topologie

Dieser Token steht im Netzwerk zur Verfügung und kann von jedem an das Netzwerk angeschlossenen PC angefordert wer- den, wenn er Daten auf das Netzwerk geben will. Nach erfolgter Datenübertragung wird der Token für Sendeanforderungen anderer PCs freigegeben.

Stern-Topologie

Sämtliche an das Netzwerk angeschlossenen PCs sind über eine eigene Leitung mit einer zentralen Hardwarekomponente, dem *HUB*, verbunden. Ein Leitungsfehler kann somit nicht zum Ausfall des gesamten Netzwerkes führen.
Allerdings ist der Leitungsaufwand beträchtlich (Bild 3).

Protokolle

Protokolle sind im weiteren Sinne Vereinbarungen zur Datenstrukturierung mit dem Ziel der Datenweiterleitung.

In jeder Station, die eine Information auf ihrem Weg vom Sender bis zum Empfänger durchläuft, wird sie in *Protokolle* eingebunden, die die Informationsweitergabe sicherstellt (Bild 1, Seite 351).

Mit Hilfe des Anwendungsprogrammes *Internet-Explorer* will der Anwender an Personalcomputer 1 auf dem Netzwerk-Personalcomputer 2 eine Information abfragen.

Diese Information muss zunächst durch die 7 Schichten des PC 1 bis auf die Netzwerkleitung gelangen.

Über diese Leitung gelangt die Informationsanforderung über die 7 Schichten des PC 2 bis zum *Intranet-Server-Programm* in der Schicht 7.

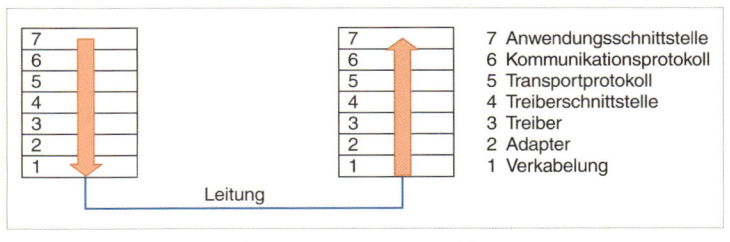

Informationsübertragung in Datenverarbeitungsanlagen

```
7                    7        7 Anwendungsschnittstelle
6                    6        6 Kommunikationsprotokoll
5                    5        5 Transportprotokoll
4                    4        4 Treiberschnittstelle
3                    3        3 Treiber
2                    2        2 Adapter
1                    1        1 Verkabelung
         Leitung
```

1 Zwei vernetzte Computer (einfaches Netzwerk)

Personalcomputer 1 (PC 1)		
Mit dem Anwendungsprogramm Internet-Explorer gibt der Anwender die Adresse der gewünschten Information ein.	Anwendungs-schnittstelle	7
Der Internet-Explorer packt die Informationsanforderung in das Kommunikations-Protokoll http.	Kommunikations-protokoll	6
Das Betriebssystem packt die Informationsanforderung im http-Protokoll in das Transportprotokoll TCP/IP.	Transportprotokoll	5
Das Datenpaket muss im TCP/IP-Format für die Übertragung über die Netzwerkkarte an die Netzleitung vorbereitet werden.	Treiberschnitt-stelle	4

Personalcomputer 2 (PC 2)		
Über die Netzwerkleitung gelangt die Information an den PC 2.	Leitung	1
Die Netzwerkkarte (Hardware) decodiert die vorliegende Information und leitet das Datenpaket zum Treiber der Netzwerkkarte weiter.	Adapter	2
Die Treibersoftware der Netzwerkkarte decodiert das Datenpaket derart, dass es von der Treiberschnittstelle des Betriebssystems erkannt werden kann.	Treiber	3
Die Treiberschnittstelle des Betriebssystems entpackt das Datenpaket so weit, dass es im TCP/IP-Format vorliegt.	Treiberschnitt-stelle	4
Das Betriebssystem entpackt das TCP/IP-Datenpaket; die Informationsanforderung liegt dann im http-Format vor.	Transportprotokoll	5
Das http-Protokoll wird decodiert und die Informationsanforderung von PC 1 an die Intranet-Server-Software von PC 2 weitergeleitet.	Kommunikations-protokoll	6
Die Intranet-Server-Software interpretiert die Informationsanforderung, stellt die Informationen zusammen und sendet sie an PC 1.	Anwendungs-schnittstelle	7

Englisch

Netzwerk net, network, web	**Topologie** topology
Netzwerkplanung network planning	**Protokoll** protocol
Netzwerkprotokoll network protocol	**Treiber** driving unit

Datenpaket ON-LINE packet
Datenbank data bank, database
Verdrillen twisting

Der *Intranet-Server* registriert die Informationsanforderung und sendet die gewünschten Informationen über seine 7 Schichten, die Leitung und die 7 Schichten des PC 1 an das Anwendungsprogramm Internet-Explorer in Schicht 7 des PC 1 zurück.

Dabei werden sowohl die Informationsanforderungen (PC 1 an PC 2) als auch die gewünschten Informationen (PC 2 an PC 1) durch Protokolle an die jeweiligen Schichten bzw. an die Leitung angepasst, so das eine sichere Datenübertragung ermöglicht wird.

Beachten Sie:
- Die Kommunikations- und Transportprotokolle http und TCP/IP müssen auf allen Netzwerkcomputern vorhanden sein.
- Die Netzwerkkarten sämtlicher Rechner müssen das gleiche Übertragungsprotokoll unterstützen.
- Netzwerkkarten inklusive Treiber können in den einzelnen Netzwerk-PCs unterschiedlich sein.
- Betriebssysteme mit ihren Treiberschnittstellen können in den einzelnen Netzwerk-PCs unterschiedlich sein.
- Der *Netzwerkadministrator* hat im Wesentlichen die Aufgabe, die einzelnen Netzwerkkomponenten und ihre Treiber aufeinander abzustimmen.
  Kenntnisse über den Aufbau der einzelnen Treiber und der Protokolle sind i. Allg. nicht erforderlich.

Netzwerkkarten
Damit Personalcomputer in einem *Netzwerk* betrieben werden können, muss jeder einzelne PC mit einer *Netzwerkkarte* ausgerüstet und über Leitungen miteinander verbunden werden (Bild 1, Seite 352).

1 Netzwerkkarte

Netzwerksysteme

Das *Ethernet* ist das am meisten verwendete Netzwerksystem. Als *Zugriffsverfahren* wird das *Kollisionsverfahren CSMA/CD* benutzt.

Thin Ethernet/10 Base-2

Dieses Netz wird mit ca. 0,5 cm dünner Koaxialleitung (RG58) in *Bus-Topologie* aufgebaut.

Bandbreite: 10 MBit/s (10 Base)

Stranglänge: bis 185 m (-2)

Minimaler PC-Abstand: 0,5 m

Mehrere Thin-Ethernet-Stränge können über **Repeater** zusammengeschaltet werden. An einen Strang können bis zu 30 PCs angeschlossen werden.

An beiden Enden werden die Stränge durch **Terminatoren** (Abschlusswiderstände) abgeschlossen. Die dünne Leitung ist leicht zu installieren und vergleichsweise preiswert.

Netzwerkkarten sind entweder mit einem *BNC-Anschluss* für das *Thin-Ethernet-Leitungssystem* (Bus-Topologie) und/oder über einen *RJ45-Anschluss* für das Twisted-Pair-Ethernet (Stern-Topologie mit HUB) ausgestattet.

Karten mit *Boot-ROM-Sockel* ermöglichen bei Computern ohne eigene Festplatte die Aufnahme eines Boot-ROMs. Dabei enthält das Boot-ROM dann alle Programme, um den PC zu booten und um eine Verbindung zum Netzwerkserver aufzubauen. Für den Einsatz in *Notebooks* werden spezielle *Netzwerkadapter* angeboten, die sich durch eine besonders kleine Bauform auszeichnen (PCMCIA-Karten).

Twisted-Pair-Ethernet/10 Base-T

Verwendet verdrillte Leitungspaare und ist nach der *Stern-Topologie* (Bild 3, Seite 350) aufgebaut (HUB).

Bis zu vier Hubs sind zusammenschaltbar.

Bandbreite: 10 MBit/s (10 Base)

Stranglänge: bis 100 m

Leitungen

UTP (Unshielded Twisted Pair)
Paarweise verdrillte Leitung, nicht abgeschirmt.

STP (Shielded Twisted Pair)
Paarweise verdrillte Leitung, abgeschirmt.

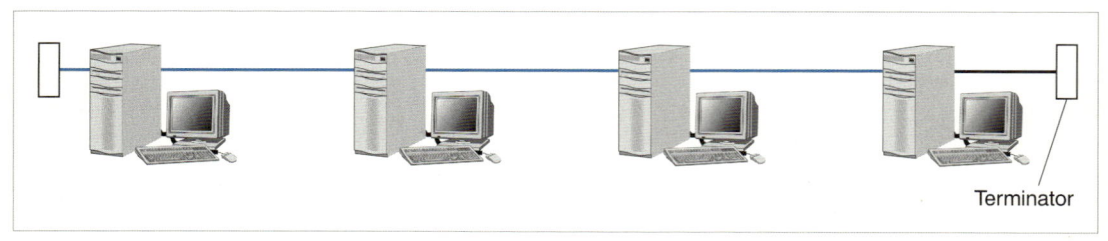

2 Thin-Ethernet-Netzwerk

Information

Kollisionsverfahren CSMA/CD

Sämtliche Netzwerk-PCs sind grundsätzlich *gleichberechtigt*, Daten über die Netzwerkleitung zu transportieren.

Direkt vor dem Senden der Daten prüft die Netzwerkkarte, ob die Leitung frei ist. Wenn dies zutrifft, startet der Sendevorgang.

Trotzdem kann nicht ausgeschlossen werden, dass mehrere PCs zum gleichen Zeitpunkt mit dem Senden von Daten begonnen haben. Es kommt dann zu Datenkollisionen; die gesendeten Daten werden nicht einwandfrei übertragen.

Diese Datenkollision wird von der sendenden Netzwerkkarte erkannt, indem sie kontrolliert, ob die gesendeten Daten fehlerfrei zum Empfänger gelangt sind.

Wenn der Datenempfänger keine diesbezügliche Meldung zurücksendet, prüft die sendende Netzwerkkarte die Leitung erneut, um bei freier Leitung einen weiteren Sendevorgang zu veranlassen. Erst nach erfolgreicher Datenübertragung wird dieser Vorgang beendet.

CSMA/CD
Carrier **S**ense **M**ultiple **Ac**cess/**C**ollision **D**etect

Domäne
hier: Verbund der angeschlossenen Netzwerkrechner

Administrator
Netzwerkverwalter

Hierarchie
Rangordnung, Wertigkeit

Sharing
Teilung

Peer
gleich, ebenbürtig

Client
Abhängiger

Intranet
Intranet ist prinzipiell ein firmenintern organisiertes Internet.
Es verwendet das TCP/IP-Protokoll, die gleiche Server-Software und die gleichen Browser wie das Internet.
Die Informationsbeschaffung ist allerdings auf das firmeninterne LAN (Local Area Network) begrenzt.

Weitere Netzwerkkomponenten

Hub

Sämtliche Netzwerk-PCs sind über den Hub miteinander verbunden. Wenn eine Netzwerkkarte ausfällt, hat dies keine Auswirkungen auf das restliche Netzwerk.

Repeater

Repeater können die Beschränkungen (Buslänge max. 185 m, PCs pro Strang max. 30) bei Thin-Ethernet-Netzen aufheben. Eignen sich zur Verbindung unterschiedlicher Ethernet-Varianten.

Bridges

Bridges sind mit eigenem Prozessor und eigenem Speicher ausgerüstet und eignen sich dazu, ein Netzwerk in *Netzwerkstränge* aufzuteilen.

Dadurch ist zu erreichen, dass der Datenverkehr von unbeteiligten Netzwerksträngen fern gehalten wird, was die Datenübertragungsgeschwindigkeit wesentlich steigert.

Router

Prinzipiell hat ein *Router* die gleiche Aufgabe wie eine Bridge. Im Unterschied zur Bridge, die die spezifische Ethernet-Kartennummer nutzt, verwendet der Router als Netzwerkadresse die spezifische PC-Adresse als IP-Adresse beim Netzwerkprotokoll TCP/IP.

Durch den Netzwerkadministrator werden zusammengehörige Netzwerkbereiche mit einer bestimmten Gruppe von IP-Adressen versehen. Der Router muss dann nicht jedes Datenpaket lesen, da der Sender bereits feststellt, ob der Empfänger im gleichen Netzwerkstrang liegt oder nicht.

Durch die damit verbundene Reduzierung der Datenmenge erhöht sich die Geschwindigkeit im gesamten Netzwerk.

Gateway

Hierunter versteht man *Verbindungsrechner*, die eine Datenübertragung zwischen Netzwerken mit unterschiedlichen *Netzwerkprotokollen* ermöglichen. Zum Beispiel lassen sich PC-Netzwerke über Gateways mit Zentralrechnern verbinden.

Planung von PC-Netzwerken

Folgende Fragestellungen sind bei der *Planung* (auch bei Erweiterungsarbeiten) *von Netzwerken* unbedingt zu beachten:

- Wie viele Personal-Computer sollen am Netz betrieben werden?
- Welche Datennutzungshierarchie liegt im Netzwerk vor?

Netzwerkauswahl			
3 bis 5 PCs		**mehr als 5 PCs**	
flache Hierarchie	Peer-to-Peer möglich	flache Hierarchie	Client-Server sinnvoll
steile Hierarchie	Client-Server zwingend	steile Hierarchie	Client-Server zwingend

- Welche Netzwerksegmente und welche Leitungslängen sind zu planen?
- Welches Ressourcen-Sharing ist vorgesehen?
- Welche Netzwerks-Organisationsform wird gewählt?

Hierarchie
Bei *flacher Datenhierarchie* werden die meisten Daten von sämtlichen Netzwerknutzern bearbeitet. Bei *steiler Datenhierarchie* ist der Datenzugang individuell durch *Benutzerberechtigungen* festgelegt (Client-Server).

Ressourcen-Sharing
Ein typisches Ressourcen-Sharing ist die gemeinsame Nutzung von Druckern, Festplatten, Fax, E-Mail, Intranet bzw. Internet.

Peer-to-Peer-Netzwerke
Solche Netzwerke werden auch von „normalen" Betriebssystemen unterstützt. Die freigeschaltete Ressource erhält zusätzlich zu einem Freigabenamen ein *Passwort*, über das jeder Anwender diese Ressource nutzen kann.

Client-Server-Netzwerke
Der *Server* verwaltet eine *Domäne*, die über eine Benutzer-Datenbank verfügt. In dieser Datenbank sind die individuellen Benutzerrechte für Benutzergruppen oder auch einzelne Benutzer festgelegt.

Bei der Ressourcenfreigabe wird dann über die Benutzer-Datenbank der Domäne festgelegt, welche Benutzergruppe oder welcher Benutzer die Ressource in welchem Umfang nutzen darf.

Anwendung

1. Sie werden beauftragt, im Internet Informationen über DVD-Laufwerke zu beschaffen.
Wie gehen Sie dabei vor?

2. Wenn Sie einen geeigneten Anbieter für DVD-Laufwerke gefunden haben, fordern Sie weitere Informationen vor einer möglichen Bestellung an.
Diese Informationsanforderung soll per E-Mail erfolgen.
Wie gehen Sie dabei vor?

3. Sie möchten per E-Mail eine Zeichnung an ein Zweigwerk ihres Unternehmens senden.
Wie gehen Sie dabei vor?
(Hinweis: Für geheime Zeichnungen eignet sich dieser Übertragungsweg natürlich nicht.)

4. Beschreiben Sie den grundsätzlichen Aufbau eines LAN.

5. Wie binden Sie den neuen Werkstattcomputer in das Betriebs-Netzwerk ein?
Wo würden Sie sich bei Problemen technische Unterstützung holen?

4.6 Datensicherung und Datenschutz

Die **Datensicherung** umfasst sämtliche Verfahren, die den Verlust von einzelnen Daten, ganzen Datenbeständen, Datenträgern sowie deren Verfälschung durch menschliches Versagen, Sabotage und technische Ursachen verhindern sollen.

Der zunehmende Einsatz lokaler und öffentlicher Netzwerke ermöglicht es den unterschiedlichen Benutzern, auf die Datenbestände zuzugreifen.

Nun sind selbstverständlich nicht alle Daten für die Öffentlichkeit bestimmt.

Dies gilt zum Beispiel für betriebsinterne Daten wie Programme, Patente, Umsatzzahlen, Gewinne usw. Aber auch für **personenbezogene Daten**, für die sogar ein gesetzlich festgeschriebener Schutz vorzusehen ist (**Datenschutzgesetz**).

Datensicherung und Datenschutz

> Datensicherung und Datenschutz können nicht streng voneinander getrennt werden. Viele Datensicherungsmaßnahmen bedeuten gleichzeitig einen Schutz vor der missbräuchlichen Datenverwendung (Datenschutz).

Datensicherungsmaßnahmen in der Elektrowerkstatt

Risikoanalyse

- *Welche Daten sind zu sichern?*

Zum Beispiel:
Schaltpläne, Steuerungsprogramme, Lagerbestandslisten, Materialanforderungslisten, Arbeitszeitkonten usw.

- *Wie groß ist die Gefährdung der Daten?*

Rauer Werkstattbetrieb.
Viele Personen haben Zugang zu den Daten.
Auch ungeübte Personen arbeiten mit dem PC.

- *Schadensauswirkungen?*

Verlorene Zeichnungen bzw. Programme sind u.U. nur mit hohem Arbeitsaufwand zu rekonstruieren.
Verlorene Lagerbestandslisten und Arbeitszeitkonten der Werkstatt-Mitarbeiter können ebenfalls zu großen Problemen führen.

- *Schutz vor unautorisiertem Zugang möglich?*

Zum Beispiel:
Nur der Programmierer hat Zugang zu den Steuerungsprogrammen. Nur der für die Zeichnungserstellung zuständige Mitarbeiter hat Zugang zu den Zeichnungsdaten.
Nur der Werkstattleiter hat Zugang zu den Arbeitszeitkonten. Der Auszubildende hat keinen Zugang zu betriebswichtigen Daten. Bei seinen Programmierübungen kann er auch nicht versehentlich wichtige Steuerungsprogramme verändern oder löschen.

Maßnahmen zur Datensicherung

- *Speicherung der Daten auf externe Datenträger. In regelmäßigen Abständen während der Arbeit.*

Nach Beendigung der Arbeit die Daten mehrfach auf unterschiedlichen Datenträgern (CD-ROM, DVD, ZIP) speichern und diese Datenträger sicher verwahren (Stahlschrank, Panzerschrank etc.).

Für die Datensicherung steht beim Werkstatt-PC ein ZIP- und ein DVD-Laufwerk zur Verfügung.

Wichtige Daten sollten auf mehrere Datenträger gesichert werden, die möglichst an unterschiedlichen Orten sicher verwahrt werden. Mehrere DVDs brennen und sicher verwahren.

Für die Datensicherung während der Projektbearbeitung („zwischendurch") ist das ZIP-Laufwerk sehr gut geeignet. Sein Datenbestand kann ähnlich einer Diskette oder Festplatte während der laufenden Arbeit ständig problemlos aktualisiert werden. Und dies bei einer akzeptablen Zugriffsgeschwindigkeit.

Viele Programme fertigen bei einer erneuten Speicherung eine *Sicherungskopie* auf der Festplatte an. Dies schützt natürlich nicht vor einem Festplattenschaden. Diese Datei
Sicherungskopie von ...
*.BAK (Backup)
kann bei Verlust der Originaldatei leicht umbenannt und weiter bearbeitet werden. Sinnvoll z.B. bei „Absturz" des Rechners und Verlust der Originaldatei.

Zur Beschleunigung der Datensicherung werden eine Reihe von nützlichen Hilfsprogrammen angeboten, die neben der *Backup-Aufgabe* auch noch eine Datenkomprimierung vornehmen.

Dann passen mehr Daten auf den gewählten Datenträger; seine Speicherkapazität wächst. Solche Programme werden als Packprogramme bezeichnet. Textdaten und Bitmapgrafiken können so bis auf 10 % der ursprünglichen Datenmenge komprimiert werden.

Die Verwendung solcher *Packprogramme* ist einfach, aber unterschiedlich. Ihre Bedienung ist im jeweiligen Fall der Dokumentation bzw. der Onlinehilfe zu entnehmen.

Bei professionellen Anwendungen werden zur Datensicherung oftmals **Streamer** eingesetzt, die auf relativ kleinen Magnetbändern große Datenmengen speichern können. Auch hier werden die Daten auf *unterschiedlichen Datenträgern mehrfach* gespeichert.

> Die Datensicherung ist von größter Bedeutung. Unwiederbringlich verlorene Datenbestände können größte Schäden anrichten, die durchaus zur Betriebsaufgabe führen können. Vernachlässigen Sie niemals die Datensicherung. Ziel der Datensicherung ist es, z.B. durch Festplattendefekt verloren gegangene Daten schnellstmöglich und in möglichst aktueller Form wieder verfügbar zu machen.

Datensicherungsverfahren

Hardware:
- Brandschutz
- Schutz vor Spannungsausfall
- Schutz vor Überspannungen
- Arbeit mit Parallelrechnern

Software:
- Schreibschutz
- Virenschutz
- Passwort
- Firewall

Mitarbeiter:
- Zugriffsberechtigung
- Personalschulung
- Datenschutzbeauftragte

Organisatorische Maßnahmen:
- Zutrittskontrollen
- Daten duplizieren
- Revisionen

Datenschutz

Zielsetzung des Datenschutzes ist es, eine Schädigung von Personen oder Personengruppen zu verhindern, die durch Weitergabe von **personenbezogenen Daten** hervorgerufen werden können (Bundesdatenschutzgesetz vom 27.01.1977).

Personenbezogene Daten sind Einzelangaben über persönliche oder sachliche Verhältnisse einer bestimmten oder bestimmbaren Person (§ 3 BDSG). Beispiele hierfür sind Einkommen und Gesundheitszustand.

Bei der *automatischen Verarbeitung personenbezogener Daten* sind geeignete Maßnahmen zu treffen, die

- Unbefugten den Zutritt zu Datenverarbeitungsunterlagen verwehren (Zugangskontrolle)
- Personen, die personenbezogene Daten verarbeiten, daran hindern, Datenträger unbefugt zu entfernen (Abgangskontrolle)
- unbefugte Eingaben, Kenntnisnahmen, Veränderung oder Löschung gespeicherter Daten verhindern (Speicherkontrolle)
- eine Benutzung von Datenverarbeitungsanlagen durch unbefugte Personen verhindern (Benutzerkontrolle)
- eine Zugriffsberechtigung der befugten Personen nur für die Daten ihres Arbeitsbereiches erteilen (Zugriffskontrolle)
- sicherstellen, dass festgestellt werden kann, an welche Stellen personenbezogene Daten übermittelt werden können (Übermittlungskontrolle)
- ermöglichen festzustellen, welche personenbezogenen Daten zu welcher Zeit und von welcher Person eingegeben wurden (Eingabekontrolle)
- sicherstellen, dass personenbezogene Daten nur den Weisungen des Auftraggebers entsprechen und verarbeitet werden können (Auftragskontrolle)
- dafür sorgen, dass bei der Übermittlung personenbezogener Daten und beim Transport derartiger Datenträger diese nicht unbefugt gelesen, verändert oder gelöscht werden können (Transportkontrolle)

Datenschutz im Internet

Das Surfen im World Wide Web (WWW) erfordert einen *Browser*, der die geladenen Seiten auf der Festplatte in einem so genannten Cache speichert.

Seiten, die mehrfach aufgerufen werden, müssen dann nur noch *aktualisiert* herunter geladen werden. Bereits zuvor geladene Daten dieser Seite werden aus dem schnellen Cache entnommen.

Allerdings können diese Seiten auch dann noch von fremden Personen gelesen werden, wenn die Internetverbindung längst unterbrochen wurde und der Aufruf dieser Seiten bereits in Vergessenheit geraten ist.

Abhilfe: Bei Übermittlung personenbezogener Daten den Cache löschen.

Wenn eine bestimmte Seite im Internet besucht werden soll, ist oftmals deren Adresse in eine spezielle *Browserzeile* einzugeben. Alle diese eingegebenen Adressen merkt sich der Browser in seiner so genannten *History-Liste*.
Dies erspart zwar Schreibarbeit, ermöglicht es aber auch anderen Personen, die besuchten Seiten aufzulisten.

Abhilfe: History-Liste löschen.

Rechner im Internet können Daten auf anderen Rechnern speichern. Diese Daten heißen *Cookies* und dienen der Identifizierung bei wiederholten Besuchen.

Mit Hilfe dieser Cookies kann ein *Benutzerprofil* des Anwenders erstellt werden.

Abhilfe: Cookies deaktivieren (im Browser).

Aktuell aus unserem Elektrotechnik-Programm:

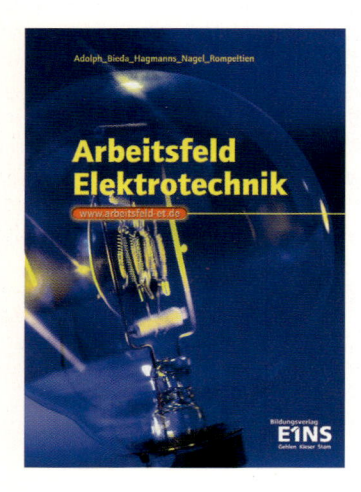

Adolph, Bieda, Nagel, Rompeltien
Mitarbeit: Hagmanns
Arbeitsfeld Elektrotechnik

152 Seiten, vierfarbig, DIN C5
€ 12,90*
BV EINS 00111
📄 Probeseiten im Internet

Der neue lernfeldorientierte Lehrplan für die Elektrotechnik lässt aufgrund der Fülle seiner Inhalte nur wenig Platz für die Grundbegriffe der Elektrotechnik. Diese Grundsachverhalte so komprimiert und übersichtlich wie möglich zu vermitteln, ist Ziel dieses Buches.

„Arbeitsfeld Elektrotechnik" hilft den Schülern, dem Unterricht zu folgen, indem es die Grundbegriffe der Elektrotechnik klar und einfach erklärt. Auf je einer Doppelseite werden Begriffe und ihre Anwendungsgebiete in knappen Texten erläutert. Dabei kann der Schüler beim Durcharbeiten an jeder beliebigen Stelle einsteigen – er hält stets das Ganze im Blick.
Um der zunehmenden Leseunwilligkeit der Schüler entgegenzukommen, setzen die Autoren vor allem auf die visuelle Erklärung eines Begriffs.
Weitere Erläuterungen findet der Schüler im Internet in einer Softlink-Datenbank, die ständig aktualisiert wird.
Unabhängig vom eingesetzten Lehrbuch ist „Arbeitsfeld Elektrotechnik" ein wertvolles Nachschlagewerk, nicht nur für die Elektroberufe, sondern auch für die anderen technischen Berufe, in denen elektrotechnische Grundlagen verlangt werden (z. B. Gas-, Wasser-, Metallberufe).

Die Pluspunkte im Überblick:

- leicht verständliche, visuell basierte Erklärung der Elektrotechnik-Grundbegriffe
- wenig Text, viel Bild
- Softlinkdatenbank im Internet
- für alle gewerblichen Berufe geeignet

* Preise: Stand 2004

Hotline: 0180 3 031322 (€ 0,09/Min.)
Fax: 02241 3976-191
E-Mail: info@bv-1.de
www.Bildungsverlag1.de

Bildungsverlag EINS
Gehlen Kieser Stam

Bewährtes aus unserem Elektrotechnik-Programm:

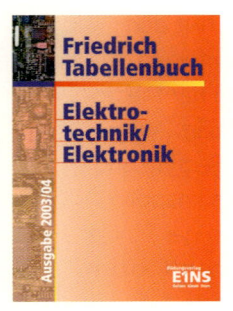

Hrsg.:
Prof. Dr. Lipsmeier
Friedrich – Tabellenbuch Elektrotechnik/ Elektronik

580. Auflage
520 Seiten
zweifarbig, DIN A5, Hardcover
€ 34,50*, BV EINS 5302
 Probeseiten im Internet

Das Tabellenbuch ist für die Neuauflage komplett überarbeitet und technologisch auf den neuesten Stand gebracht. Die Themen sind den Änderungen im Lehrplan entsprechend umstrukturiert: So wird der Kommunikationstechnik mit einem eigenen Kapitel mehr Raum gegeben. Das Kapitel „Elektrische Anlagen" wurde um lehrplanrelevante Themen wie Gebäudesystemtechnik und Installations- und Kommunikationsschaltungen erweitert.

Die Pluspunkte im Überblick:
- für handwerkliche und industrielle Elektroberufe sowie Mechatroniker
- berücksichtigt die neuen Entwicklungen in elektrotechnischen und informationstechnischen Berufen
- integriert Zahlenmaterial und Tabellen, soweit sinnvoll und möglich, in technologische Zusammenhänge
- erschließt den Inhalt durch viele Nachschlagehilfen und ein durchgängiges System von Querverweisen

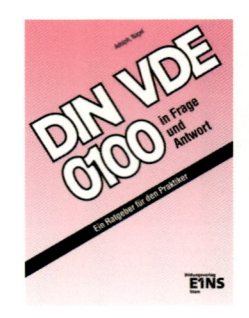

Adolph, Nagel
DIN VDE 0100 in Frage und Antwort
Ein Ratgeber für den Praktiker

5. Auflage, 96 Seiten
zweifarbig, DIN C5
€ 10,00* Stam 1000

Auf „spielerische" Art (Frage-Antwort-Form) wird der Leser mit den DIN-VDE-Vorschriften bekannt gemacht. Die Neuauflage berücksichtigt die Weiterentwicklung der DIN VDE 0100.

Machon, Mölder
Formeln, Tabellen und Schaltzeichen
für elektrotechnische Berufe – mit umgestellten Formeln

3. Auflage, 280 Seiten, zweifarbig
17 cm x 11 cm, € 13,30*, Stam 7120

Dieses Heft ist zugelassen in den Prüfungen der industriellen Elektroberufe. Es erläutert nahezu alle Formeln durch eine Zeichnung und enthält eine Schaltzeichen-Übersicht nach DIN. Alle Zeichnungen nach den neuen Normen!

* Preise: Stand 2004

Hotline: 0180 3 031322 (€ 0,09/Min.)
Fax: 02241 3976-191
E-Mail: info@bv-1.de
www.Bildungsverlag1.de

Bildungsverlag
EINS
Gehlen Kieser Stam